毫无PS痕迹

你的第一本 Photoshop 书

第二版

赵鹏 / 著

本书素材下载： http://www.wsbookshow.com/bookshow/kjlts/jsj/txtxdmt/13461.html

本书视频观看： 扫描书中相应位置二维码可观看

作者相关课程： www.99ut.com

中国水利水电出版社
www.waterpub.com.cn
· 北京 ·

内 容 提 要

本书是豆瓣评分超过9.2分、销量超过10万册的《毫无PS痕迹——你的第一本Photoshop书》的更新版，也是资深Adobe认证Photoshop培训讲师赵鹏老师的最新力作。

与普遍注重菜单、注重实例、注重炫技的Photoshop书不同，本书更加追求对隐藏在Photoshop那令人眼花缭乱的功能与参数之下的基本机制、实现机理的探求与讲解，从而可以使读者在看到某一个功能之后会产生“哇，原来是这么回事”或者“本该如此”的感觉。在面对各种设计需求时，那个最恰当的工具、最具体的实现方案，也会神奇而自动地在你的脑海中浮现。当然，作为资深的Adobe认证Photoshop培训讲师，在作者二十余年的授课经验及实践经验的加持之下，本书的精彩是难以用几句话来表达的。

本书将指引您步入对于Photoshop的“上帝视角”。如果您打算买一本Photoshop书，本书是您的不二之选。

图书在版编目（CIP）数据

毫无PS痕迹 ：你的第一本Photoshop书 / 赵鹏著
. -- 2版. -- 北京 ：中国水利水电出版社，2022.4（2023.12重印）
ISBN 978-7-5170-9317-6

Ⅰ. ①毫… Ⅱ. ①赵… Ⅲ. ①图像处理软件 Ⅳ.
①TP391.413

中国版本图书馆CIP数据核字(2021)第044934号

策划编辑：周春元　责任编辑：杨元泓　加工编辑：王开云　装帧设计：梁燕

书　名	毫无PS痕迹——你的第一本Photoshop书（第二版） HAOWU PS HENJI——NI DE DI-YI BEN Photoshop SHU
作　者	赵鹏　著
出版发行	中国水利水电出版社 （北京市海淀区玉渊潭南路1号D座　100038） 网址：www.waterpub.com.cn E-mail：mchannel@263.net（答疑） sales@mwr.gov.cn 电话：(010) 68545888（营销中心）、82562819（组稿）
经　售	北京科水图书销售有限公司 电话：(010) 68545874、63202643 全国各地新华书店和相关出版物销售网点
排　版	北京万水电子信息有限公司
印　刷	雅迪云印（天津）科技有限公司
规　格	184mm×240mm　16开本　35印张　874千字
版　次	2015年1月第1版　2015年1月第1次印刷 2022年4月第2版　2023年12月第3次印刷
印　数	8001—11000册
定　价	98.00元

本书的前身是浏览量上千万的网络版《大师之路》系列教程，多年以来在各类针对Photoshop的问题解答中被广泛引用，已成为事实上的Photoshop标准教程。

以下是部分《毫无PS痕迹——你的第一本Photoshop书》第一版的读者评价：

- 它不只告诉我怎么做，还告诉我为什么要这么做，能够帮助我灵活使用PS。
- 让我理清了很多概念，而不是简简单单地传授如何使用软件，我想这是最重要的。
- 自学PS这么多年，翻破数本教材，却没有一本比这本书更加系统全面的。
- 读了此书才知道一本好教材的重要性。这是所有PS书籍里我觉得最好的一本，绝非普通教程，而是教授学习方法与思考方法。
- 读了以后才知道什么叫好教材！全书完全站在读者角度讲解，概念和思路讲解清晰、语言幽默，完全没有枯燥的感觉。读完后不仅知道如何用，还能理解为什么这样用。
- 真真是一本极好的书，每当读到一个段落有一些小问题产生的时候，立马就会看到一个解释，作者真的是非常了解初学者的问题。没有类似“这些基本的东西你应该会”的高高在上的态度。
- 学习PS已经两年，以前看过的不少书籍总是不讲原理只是一味输入参数，不以读者的身份去讲解，很难继续学习下去。而这本书深入浅出，用生活中的例子来讲解原理，非常生动，使我愿意读下去，而且记忆深刻。
- 这本书是我的老师，现在我已经用它来教我的学生。

作者一直努力撰写一部能最广泛适用的教材，让所有初学者都能轻松掌握Photoshop的相关知识，因此本书的目的不仅是让大家学会用Photoshop实现几个案例，更是要通过它让读者提升平面设计各领域的能力。

《毫无PS痕迹——你的第一本Photoshop书》第一版上市以后，得到了广大读者的高度认可和一致好评，豆瓣网评分超过9.2分。随着时间的推移，Photoshop在许多方面都有了巨大的变化，如Camera RAW插件的完善、各类自动和智能工具不断涌现等，这些改变或降低了PS的使用难度，或增强及拓展了PS的功能，同时对PS的应用思路和学习过程产生了很大影响。而本书就是针对这些变化，对第一版进行了有针对性的修改、更新与补充。

本书的内容是这样安排的：首先是深入讲解色彩与图像的知识及画笔的使用，随后讲解选区和图层两大部分内容，对于这两部分内容的掌握程度，可以说是Photoshop爱好者与专业人员的分水岭，因此本书力求让读者理解选区、图层、通道、蒙版的本质及内在联系；伴随着各种基础知识的进行，本书通过小示例或大案例，由浅入深地讲解使用色彩调整工具和蒙版进行图像合成操作，以及各类工具、图层样式和滤镜的使用、绘制矢量路径等。

为了符合初学者的实际情况，本书在实例选择及讲解方式上都做了仔细的策划，前期选用的实例较为简单，力求一目了然，讲解上较为细致，力求让读者充分理解，且在多处重复一些重要的知识点以形成惯性思维。后期选用较为复杂的实例但讲解却简明扼要，力求让读者关注实例作品的实现，并在过程中学会自主延伸思考，以创造出不同的衍生作品。本书也基于Camera Raw对摄影后期处理进行了讲解，并介绍了“两法一律”后期制作理念。

在实例制作章节中，我们安排了多个领域的内容，分别是图像合成、UI设计、视频制作等，并专门在第14章介绍了“ACR+智能对象”这种由作者所独创的全新创意后期制作方法，每部分都各具特点并包含具体实例。本书力求通过延伸思考和制作衍生作品来充分延伸知识，而“去参数化”的特点则避免一味地照搬书本内容，推动大家主动多做尝试。

为了应对一些较难理解的内容，本书配备了一些视频教学内容，大家可通过扫码观看来辅助学习。更多教学相关内容可访问大师之路网站www.99ut.com。

另外，对于学习本书过程中所需用到的素材文件，在学习之前可先行通过http://www.wsbookshow.com/bookshow/kjlts/jsj/txtxdmt/13461.html下载到本机电脑。

翻过这一页就正式开始学习了，让我们一起加油！

赵　鹏

目录 CONTENTS

第 4 章　建立和使用选区

第 5 章 使用图层

第6章 色彩调整

第7章 使用图层蒙版

第 8 章 PS 工具及其使用

第 9 章　文字、样式及渐变应用

第 10 章　图层混合模式与滤镜

第 13 章 实例制作

第 14 章 ACR+ 智能对象创意制作

结束语 548

第 1 章　了解色彩

色彩知识不仅是学习 Photoshop 的基础，更是整个计算机图像领域的基础知识之一。因此，在开始学习 Photoshop 之前，我们先学习一下色彩和图像的原理知识。

1.1　RGB 色彩模式

我们用放大镜抵近观察计算机显示器或电视机屏幕，会看到数量极多的分为红、绿、蓝 3 种颜色的小点，如图 1-1-1 所示。图 1-1-2 所示是局部放大。我们在屏幕上看到的所有图像都是由这些不同颜色的小点组合而成，这些小点称为像素。

图 1-1-1

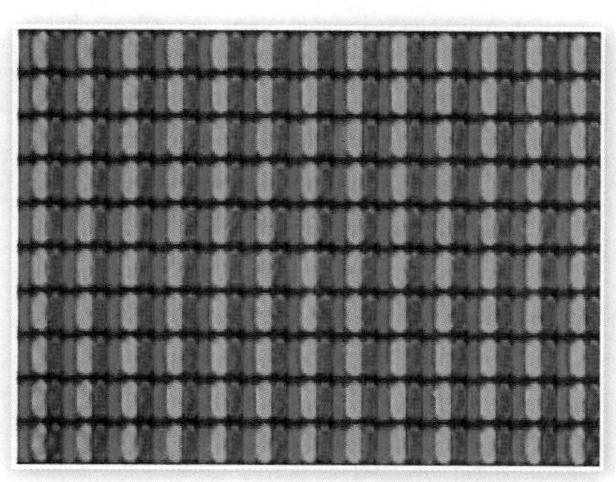

图 1-1-2

现在我们在 Photoshop 中打开位于光盘素材目录下的 s0101.png，如图 1-1-3 所示。打开的方法是通过菜单【文件 > 打开】或使用快捷键〖Ctrl ＋ O〗。也可以直接从 Windows 目录中拖动图像到 Photoshop 窗口中。如果 Photoshop 窗口被遮盖或最小化，也可拖动到其位于任务栏的按钮上，待 Photoshop 窗口弹出后再拖动到窗口中。然后按〖F8〗键或从菜单【窗口 > 信息】调出信息面板，如图 1-1-4 所示。然后试着在图像中移动鼠标，会看到其中的数值在不断地变化。注意当光标移动到蓝色区域的时候，会看到 B 的数值高一些；移动到红色区域的时候则 R 的数值高一些。

计算机屏幕上的每一个像素点都是由红、绿、蓝 3 种色光按照不同的比例混合而成的，因此都可以由一组红绿蓝的色值来记录和表达。而这一个个的像素点按行列排列起来，又组成了五颜六色的图像。图 1-1-5 中的图像，实际上是由右方所示的红、绿、蓝 3 个部分叠加而成的。

图 1-1-3

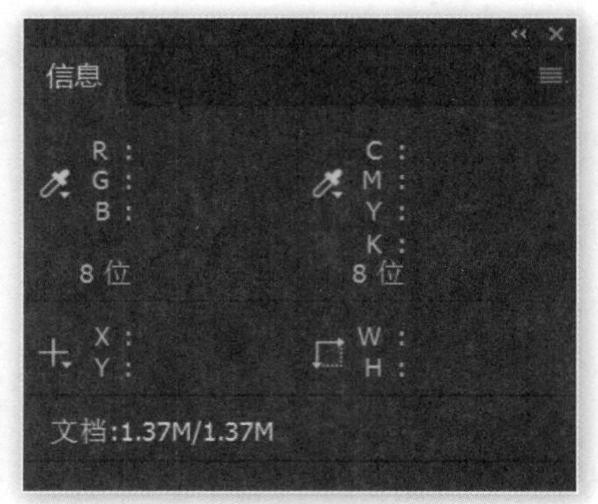

图 1-1-4

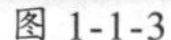

图 1-1-5

1.1.1 三原色光的概念

这里的红、绿、蓝又称为可见光三原色，用英文表示就是 R（red）、G（green）、B（blue）。之所以称为三原色，是指通过 R、G、B 三种色光不同的混合比例，可以合成任意颜色的可见光。也可以把 R、G、B 想象为炒菜时的基本调味品糖、盐、味精，任何味道都可用这 3 种调料调和而成，只是在炒不同的菜时三者投放的比例不同。在不同的颜色中，R、G、B 的“含量”也不尽相同，可能有的颜色中 R（红色）成分多一些，有的 B（蓝色）成分多一些。菜谱中会提示类似“糖 3 克、盐 1 克”等来表示调料的多少。而在计算机中，R、G、B 的所谓“多少”就是指其亮度。计算机中，一般用整数 0、1、2……直到 255 来表示不同的亮度。注意，虽然数字最高值是 255，但 0 也是数值之一，因此每种原色共有 256 级亮度。

RGB 共包含三种原色，每种原色的亮度为 256 级，则 256 级的 RGB 总共能组合出约 1678 万种色彩，即 256×256×256 = 16777216，通常所说的 1600 万色或千万色就是由此而来，也可称为 24 位色。这是因为在计算机中，基本的运算单位是字节，而每个字节包含 8 位二进制数，其可表示的数值范围是 0 ～ 2^8，即每个字节有 256 种可能的取值，所以，为了方便计算，我们就用一个字节（即 8 位二进制数）来表示一种原色（一种原色在 PS 中又称为一个色彩通道，简称通道），那么 3 种原色就需要 24 位二进制数来表示。这也是 24 位色又称为 8 位通道色的原因。

这里所说的色彩通道在概念上不是一件具体的事物。对于观看者而言，感受到的只是图像本身，而不会去联想究竟三种色光是如何混合的。正如同你只关心电影中演员的演出，而不会去想拍摄时导演指挥的过程。因此色彩通道这个概念产生的目的是“控制色彩”，即合成色彩或调整色彩。我们可以把三原色光想象为三盏不同颜色的灯，那么通道就相当于通过灯泡的电流强度，电流大则灯光亮，电流小则灯光暗。和大多数计算机专有名词的来源一样，“通道”一词来源于英文中的“Channel”，直译为汉语就是通道，其实意译为“成分”更为达意。以上所说的是色彩通道，后面还会讲到一些特殊的通道。

可以用字母 R、G、B（大小写均可）加上各自的数值（十进制）来表示一种颜色，如（R32，G157，B95）或（32，157，95）来表示一种颜色，其中以逗号进行分隔。如果省略了其中的字母，则其顺序就是 R、G、B。另外颜色还可用一组十六进制数值表示，如 209d5f，实际上就是将两位十进制数字转换为对应的两位十六进制，并去掉十进制表示法中的分隔符。十六进制表示法常见于网页及程序设计中颜色值的表示。

那么这些数字和颜色究竟如何对应起来，或者说怎样才能从一组数字中判断出是什么颜色呢？实际上直接从数值去判断出颜色对于初学者甚至是老手都是比较困难的。因为要考虑三种色光之间的混合情况，这需要一定的经验。

【思考题】特殊颜色的 RGB 数值

现在来做一个思考题。我们已经知道对于单独的 R、G 或 B 而言，数值为 0 代表这个颜色不发光；如果数值为 255 则该颜色为最高亮度。这就好像调光灯一样，数字 0 就等于把灯关了，数字 255 就等于把调光旋钮开到最大。那么请问：屏幕上的纯黑、纯白、最红色、最绿色、最蓝色、最黄色的 RGB 值各是多少？请现在开始思考，之后再往下阅读。

思考完之后，在 Photoshop 窗口中按〖F6〗键，调出颜色面板，如图 1-1-6 所示。箭头处的色块代表前景色，另一个位于其右下方的色块代表背景色。Photoshop 默认前景色为黑，背景色为白。通过快捷键〖D〗可把前景色和背景色恢复到默认状态。如果你的颜色面板与本图不一致，可以单击颜色面板右上角红圈处，在弹出的菜单中选择“RGB 滑块”。

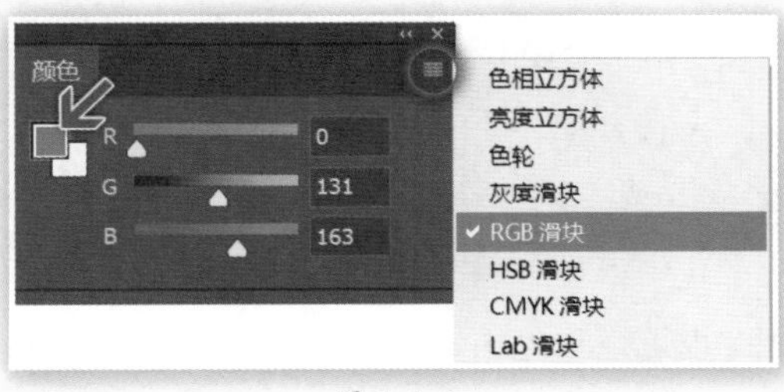

图 1-1-6

纯黑是因为屏幕上没有任何色光存在，也就是相当于 RGB 三种色光都没有发光。所以屏幕上黑的 RGB 值应该是（0，0，0），我们分别调整 RGB 滑块至 0 或直接输入数字 0，可看到色块变成了黑色；而白色正相反，是 RGB 三种色光都发光到最强的亮度，所以纯白的 RGB 值就是（255，255，255）；对于最红的红色，意味着只有红色存在，且亮度最强，同时绿色和蓝色都不发光，因此最红色的数值是（255，0，0）；同理，最绿的绿色就是（0，255，0）；最蓝的蓝色就是（0，0，255）。具体如图 1-1-7 所示。如果思考题没有做对，请重复学习前面的内容。

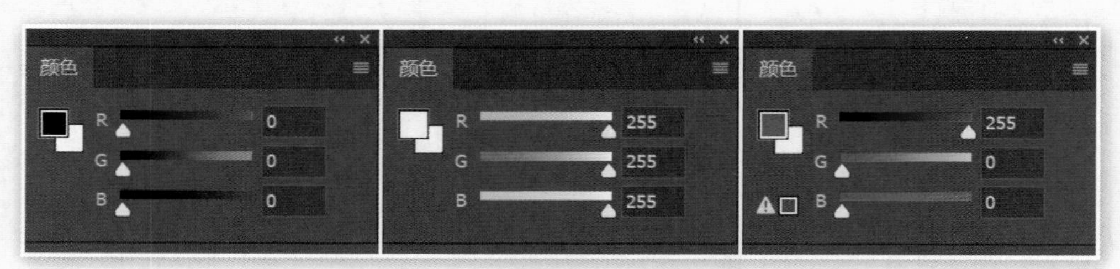

图 1-1-7

1.1.2 反转色的概念

那么最黄的黄色的 RGB 数值是多少呢？可以 RGB 三原色中并没有包含黄色啊？把这个问题暂且放下，我们先来看一下色彩的色相谱。所谓色相就是指颜色的色彩种类，如红、橙、黄、绿、青、蓝、紫等。色相头尾相接形成一个闭合的环。以 X 轴方向表示 0° 起点，逆时针方向展开，如图 1-1-8 左侧图片所示。

在这个环中，相差 180° 夹角的两种颜色（也就是圆的某条直径两端的颜色）称为反转色，又称为互补色，这两种颜色之间是此消彼长的关系，如图 1-1-8 右侧图片所示。可以看出往蓝色移动的同时就会远离黄色，或者接近黄色的同时就远离蓝色，就像在跷跷板上不可能同时往两边走一样，我们也不可能同时接近黄色和蓝色。

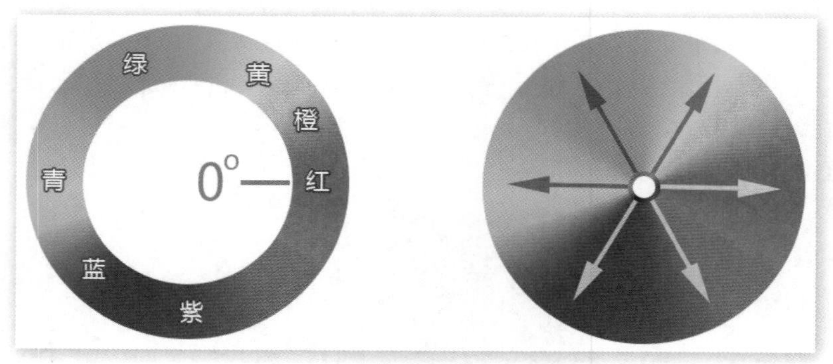

图 1-1-8

通过图 1-1-8 右侧图片，也可以目测出光学三原色各自的反转色。红对青、绿对洋红（也称品红）、蓝对黄。除了目测的方法，我们还可以通过计算来确定任意一个颜色的反转色：

首先取得这个颜色的 RGB 值，再用 255 分别减去现有的 RGB 值即可得出其反转色。比如黄色的 RGB 值是（255，255，0），那么通过计算［R（255-255），G（255-255），B（255-0）］，可得其互补色 RGB 值为（0，0，255），正是蓝色。

可以看出，如要得到最黄色，就需要向最黄色的方向移动，同时也逐渐远离最蓝色。当达到圆环黄色部分的边缘时，就是最黄色，同时离最蓝色也就最远了。由此得出“黄色＝白色－蓝色”。因此，最黄的黄色的数值是（255，255，0），如图 1-1-9 所示。为什么最黄色不是白色＋黄色呢？因为白色是最强的光，所有色光叠加在白色光上面，还是白色。因此，纯黄色＝纯红色＋纯绿色 = 白色－纯蓝色。所以，如果说屏幕上的一幅图像偏黄色（特指屏幕显示，印刷品色彩规则与发光体的色彩规则恰恰相反)，不能说是黄色光太多，而应该说是蓝色光太少。

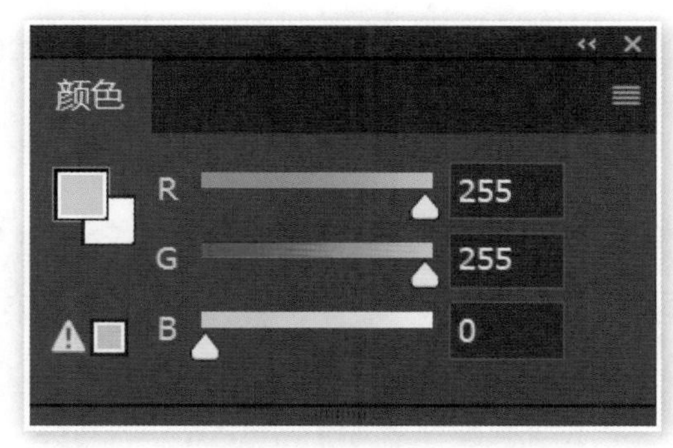

图 1-1-9

现在来作一个小结：对于一幅图像而言，若单独增加 R 的亮度，相当于红色光的成分增加，那么这幅图像就会变得更红。若单独增加 B 的亮度，相当于蓝色光的成分增加，那么这幅图像就会变得更蓝。

通过以上的内容，我们讲述了 RGB 色彩的概念，后面我们还会介绍其他的色彩模式。RGB 模式是显示器的物理色彩模式，这就意味着无论在软件中的图片是何种色彩模式，在显示器上实际都是以 RGB 模式显示的。因此，计算机处理 RGB 格式的图像最快，因为它不需要额外的色彩转换工作，不过这种速度差异由于电脑硬件性能的提高，实际上我们很难察觉。

目前 Photoshop 已经增加了对 16 位和 32 位通道色的支持，这就意味着 RGB 模式可表达的颜色数量可达 $2^{16}\times3$（16 位通道色）或 $2^{32}\times3$（32 位通道色）种。但是由于 8 位通道色的色彩分辨率已经超过了人眼的色彩分辨能力，所以更高的色彩分辨率对于人眼来说并无区别。但更高的通道位数可以表达更为细腻的细节，8 位通道可为每种原色提供 256 级过渡，而 16 位和 32 位的通道则可以为每种原色提供更多的过渡色。

1.2　灰度模式

Photoshop 有色彩管理的功能，这个功能主要用在印刷品制作上。我们目前主要针对网页以及非印刷用途的设计，因此可以先在【编辑 > 颜色设置】中选择“显示器颜色”，如图 1-2-1 所示。如果所用显示器配有专属的色彩配置文件，也可以指定使用它。

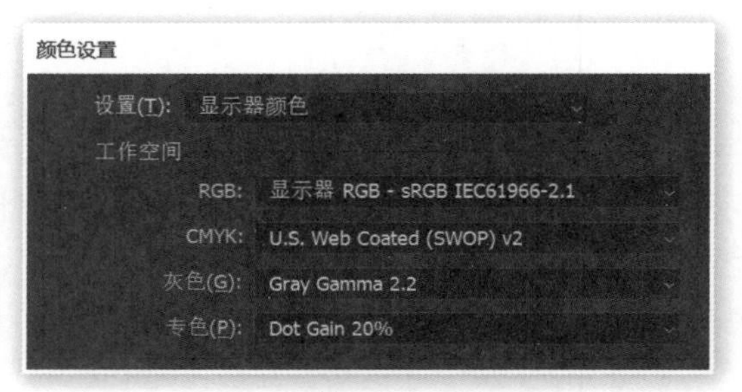

图 1-2-1

1.2.1 灰度色彩的概念

在用 RGB 色彩颜色面板选取颜色的时候，有没有想过如果 RGB 各分色值相等的情况下会是什么颜色？那是一个灰度色。将颜色面板切换到灰度方式，可以看到任意颜色对应的灰度色色值，灰度色是以 K（black）值相对于纯黑的百分比来表示的，如图 1-2-2 所示。

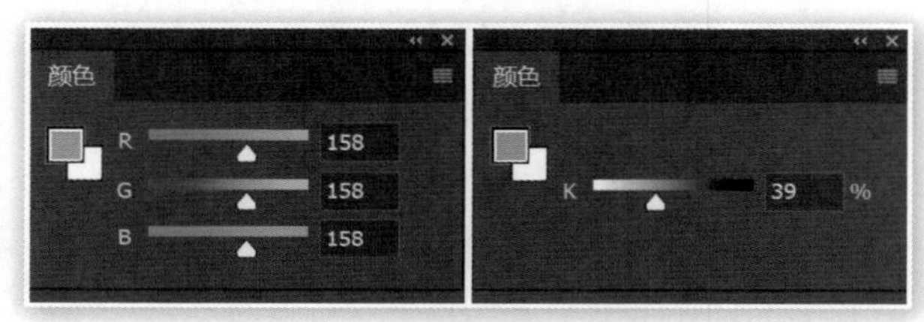

图 1-2-2

所谓灰度色，就是指纯白、纯黑以及两者中的一系列从黑到白的过渡色。我们平常说所的黑白照片和黑白电视，实际上都应该称为灰度照片和灰度电视才更确切。灰度色中不包含任何色相，即不存在红色、黄色这样的颜色。灰度隶属于 RGB 色域（即色彩范围）。

我们已经知道，在 RGB 模式中三原色光各有 256 个级别。由于灰度色只有在 RGB 各分色值的数值相等时才可形成，而 RGB 数值相等的排列组合共有 256 个，那么灰度的数量就有 256 级。其中除了纯白和纯黑以外，还有 254 种中间过渡色，纯黑和纯白也属于反转色。注意，这里说的是在 8 位通道的前提下。

通常灰度的表示方法是用相对于黑色的百分比，其范围从 0% 到 100%。注意这个百分比是以纯黑为基准的百分比。灰度最低相当于最浅的黑，也就是“没有黑”，那就是纯白。灰度最高相当于最黑的黑，也就是“完全黑”，就是纯黑，如图 1-2-3 所示。与 RGB 正好相反，灰度值的百分比越高越偏黑，百分比越低越偏白。

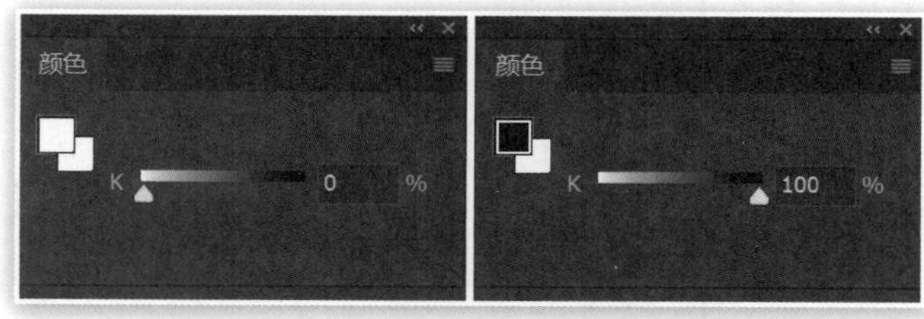

图 1-2-3

1.2.2　灰度的换算

既然灰度和 RGB 一样是有数值的，那么这个数值和百分比是怎么换算的？比如 18% 的灰度，是 256 级灰度中的哪一级呢？是否是 256×18% 呢？没错，灰度的数值和百分比的换算就是相乘后的近似值，由于灰度与 RGB 的数值趋势是相反的，所以 18% 的灰度等于 82% 的 RGB 亮度。256×82% = 209.92，近似算作 210。我们可以先在灰度滑块上选择 18%，再切换到 RGB 滑块看对应的 RGB 数值，如图 1-2-4 所示。

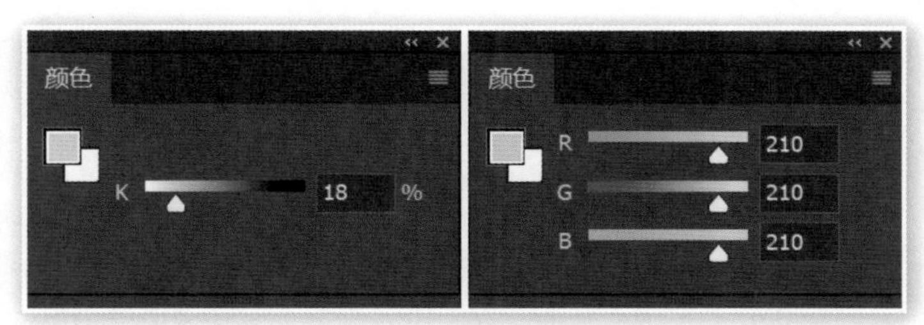

图 1-2-4

注意，以上的换算值与当前选定的色彩管理方案有关。如果色彩管理设置中的灰度标准不是 GrayGamma2.2，那么上面的换算结果就可能有所不同。

虽然灰度共有 256 级，但是由于 Photoshop 的灰度滑块只能输入整数百分比，因此实际上从灰度滑块中只能选择出 101 种灰度（0% 也算一种）。大家可以在灰度滑块中输入递增的数值然后切换到 RGB 滑块查看，可以看到：0% 灰度的 RGB 数值是 255，255，255；1% 灰度的 RGB 数值是 253，253，253；2% 灰度的 RGB 值为 250，250，250。也就是说，252，252，252 这样的灰度是无法用 Photoshop 的灰度滑块选中的。相比之下 Illustrator 的灰度允许输入两位小数，使得选色的精确性大为提高。

认识和理解灰度对于学习 Photoshop 是非常重要的。由于灰度色不包含色相，因此它常被用来表示颜色以外的其他信息，比如我们下面要讲到的通道，灰度在其中已经不是作为一种色彩模式存在，而是作为判断通道饱和度的标准。而在以后的蒙版中，灰度又被用作判断透明度的标准。

灰度的级别数量会影响标准的精确性，理论上更多的数量可以带来更精确的标准。好比汽车的 10 速变速箱比 8 速变速箱换挡更平顺一样，16 位和 32 位通道的图像比 8 位通道的图像具备更丰富的细节，就是因为其中容纳了更多的灰度数量。现在快速回答一个问题：8 位图像能容纳的灰度级别是多少？如果大家看完问题就直接想到了答案，那说明确实掌握了。如果要想上一会儿则说明掌握不足。如果完全回答不出来请重复学习以上内容。

1.3　图像通道

在 Photoshop 中有一个很重要的概念叫图像通道，在 RGB 色彩模式下，通道就是指图像中单独的红色、绿色、蓝色成分。也就是说，一幅完整的图像是由红色、绿色、蓝色 3 个通道组成的。回顾一下前面的图 1-1-5，其中所示的就是图像的 3 个通道，它们共同作用（相互叠加），合成了完整的图像。在这个意义上，通道实际上就是一种色彩成分。

1.3.1 通道的基本概念

大家也许会问：如果图像中根本没使用蓝色，只用了红色和绿色，是不是就意味着没了蓝色成分（通道）？既然黄色和蓝色是互补色，那么一幅全部是纯黄色的图像中，是不是就不包含蓝色成分（通道）？这种想法是错误的。因为一幅完整的图像，红色、绿色、蓝色 3 个通道缺一不可。即使图像中看起来没有蓝色，只能说蓝色光的亮度为 0，但不能说蓝色成分（通道）不存在。“存在但亮度为 0”和“不存在”是两个概念。

现在大家在 Photoshop 中调入素材 s0102.jpg，再调出通道面板。一般来说通道面板和图层面板是组合在一起的，可以通过按〖F7〗键调出图层面板，然后再切换到通道面板，也可以通过菜单【窗口 > 通道】命令来直接调出通道面板。如果面板中没有显示出缩览图，可通过右键单击面板中蓝色通道下方的空白处，在弹出的菜单中选择缩览图的大小。我们看到的通道面板如图 1-3-1 所示。

图 1-3-1

注意，此时红色、绿色、蓝色 3 个通道的缩览图都是以灰度显示的。单击通道名字，可以切换到单独的色彩通道，图像也同时变为了灰度图像。通道切换的快捷键已经标在每个通道的右方。单击通道图片左边的眼睛图标可以显示或关闭该通道。我们可以动手试试看不同通道组合的效果。需要注意的是：最顶部的 RGB 不是一个通道，而是代表 3 个通道的最终效果。如果关闭了红色、绿色、蓝色通道中的任何一个，最顶部的 RGB 也会被关闭。单击了 RGB 后则所有通道都将处于显示状态。

从图 1-3-2 中可以看到，如果关闭了红色通道，那么图像就偏青色；如果关闭了绿色通道，那么图像就偏洋红色；如果关闭了蓝色通道，那么图像就偏黄色。这个现象再次印证了反转色模型：红对青、绿对洋红、蓝对黄。

图 1-3-2

1.3.2 通道的灰度显示

现在单击查看单个通道，发现每个通道都显示为一幅灰度图像（不能说是黑白图像）。如图 1-3-3 所示，从左至右分别是以灰度显示的红色、绿色、蓝色通道。乍一看似乎没什么不同，仔细一看却又有很大不同。虽然都是灰度图像，但有些地方灰度的深浅明显不同，那么此时的这种灰度图像和 RGB 又是什么关系呢？

在回答这个问题之前先复习一下前面的一些概念：计算机屏幕上的所有颜色，都由红绿蓝 3 种色光按照不同的比例混合而成。这就是说实际上图像都是由红图、绿图、蓝图 3 种成分的图像合成的。如果对这两个概念还不明确的话，请再次学习本章前面有关 RGB 色彩理论的部分。

图 1-3-3

明白了上面的话后，再看下面的部分：对于红色而言，它在图像中的分布是不均匀的，有的地方多些、有的地方少些，这就相当于有的地方红色亮度高些、有的地方红色亮度低些。那么把两者对应起来看，红色通道的灰度图实际上等同于红色光的分布情况图。较亮的区域说明红色光较强（红光成分较多），较暗的区域说明红色光较弱（红光成分较少）。纯白的区域说明那里红色光最强（对应于亮度值 255），纯黑的地方则说明那里完全没有红色光（对应于亮度值 0）。某个通道的灰度图像中的明暗对应着该色光的明暗，从而表达出该色光在整体图像上的分布情况。由于通道共有 3 个，所以也就有了 3 幅灰度图像。

从上面的红色通道灰度图中，我们看到车把上挂着的帽子较白，说明红色光在这个区域较亮。那么是否可以借此判定在整个图像中帽子就是红色的呢？还不能，因为完整图像是由 3 个通道综合的效果，所以还需要参考另外 2 个通道才能够定论。下面再次列出 3 个通道的灰度图，并分别在其中从左往右取相同的 4 处颜色，如图 1-3-4 所示。现在不要去看前面的彩色图像，就看这 3 个通道的图像中的 4 个圆圈处，利用已经学到的知识思考一下，在彩色图像中，这 4 处分别应该是什么颜色？

图 1-3-4

现在来做分析：首先第一个选区中（帽子），3 个通道中都呈现出白色，这就意味着 3 种颜色在此处都有着极高的亮度，所以此处的最终合成效果应该是白色（或较白），如图 1-3-5 所示。第二个选区中（车梁部分），其中红色通道较白，而绿色及蓝色通道基本都是黑色，说明此处只有红光，没有或很少有绿光和蓝光，那么这里就应该是红色，如图 1-3-6 所示。

图 1-3-5

图 1-3-6

第三个选区中（车座包部分），其中 3 个通道都是黑色，说明这里每种颜色都不发光，那么应该就是黑色，而其上下两边处在红色通道中是黑色，在绿色通道中是较深的灰色，在蓝色通道中是较浅的灰色，说明此处应该是偏向蓝色的，如图 1-3-7 所示。第四个选区中（轮胎和路面部分），3 个通道均呈现出几乎相同的灰色，说明此处 3 种颜色的亮度大体均等，而 3 种颜色均等的情况就是灰色，因此此处应该就是灰色，如图 1-3-8 所示。

图 1-3-7

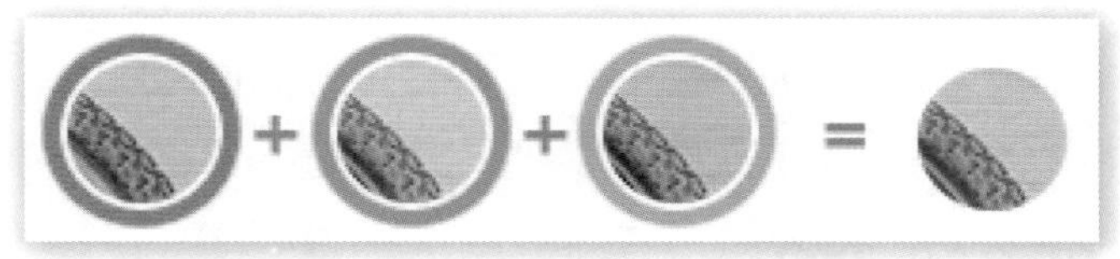

图 1-3-8

现在来明确几个概念：通道中的纯白，代表了该色光在此处为最高亮度，亮度级别是 255；通道中的纯黑，代表了该色光在此处完全不发光，亮度级别是 0。也可以这样记忆：在通道中，白（或较白）代表“该颜色的光较亮”，黑（或较黑）代表“该颜色的光没有或较暗”。

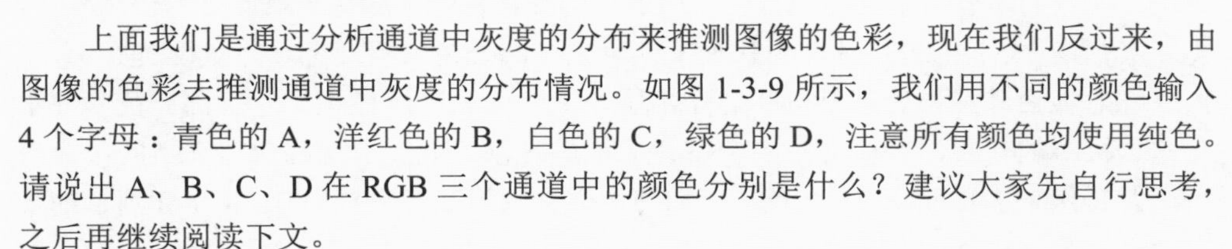

【思考题】特殊颜色的通道情况

上面我们是通过分析通道中灰度的分布来推测图像的色彩，现在我们反过来，由图像的色彩去推测通道中灰度的分布情况。如图 1-3-9 所示，我们用不同的颜色输入 4 个字母：青色的 A，洋红色的 B，白色的 C，绿色的 D，注意所有颜色均使用纯色。请说出 A、B、C、D 在 RGB 三个通道中的颜色分别是什么？建议大家先自行思考，之后再继续阅读下文。

图 1-3-9

来看一下推测过程，首先我们要确定 A、B、C、D 的颜色值：A 是青色，青色是红色的反转色，那么它的 RGB 值就应该是（0，255，255）；B 是洋红色，洋红色是绿色的反转色，那么 RGB 值就是（255，0，255）；C 是白色，白色代表 RGB 均为最大值，那么其 RGB 值应为（255，255，255）；D 是绿色，意味着没有 R 和 B 的成分，则 RGB 值应为（0，255，0）。

再回忆我们已经掌握的知识：亮度 255 在通道灰度图中显示白色，亮度 0 在通道灰度图中显示黑色。由此，我们可得出 A（0，255，255）在 RGB 各通道中会显示为“黑白白”；B（255，0，255）在 RGB 各通道中会显示为“白黑白”；C（255，255，

255）在 RGB 各通道中会显示为“白白白”；D（0，255，0）在 RGB 各通道中会显示为：“黑白黑”，具体如图 1-3-10 所示。如果这道题目没做对，那么重新学习前面讲过的内容。

图 1-3-10

我们再在图像中输入字母 E（200，0，255）和 F（127，0，255），如图 1-3-11 所示。那么这两个字母在 R 通道中应该是什么颜色呢？

首先我们回顾一下前面的定义：通道中的纯白代表了该色光在此处为最高亮度，亮度级别是 255。通道中的纯黑代表了该色光在此处完全不发光，亮度级别是 0。以上只针对纯白和纯黑两种极端状态作出了定义，而在现实图像中，大部分色彩并不是这么极端的。我们之前观察各个图像通道的时候，就会发现纯白和纯黑的部分极少，大部分都是中间的过渡灰色。我们切换到 R 通道，可以看到 E、F 在 R 通道的显示效果如图 1-3-12 所示。从 E、F 在此通道的显示可以看出，同样是灰色，E 的灰度却要比 F 的灰度亮一些。比较 E、F 两个字母的 R 分色值，可以看到，E 的 R 分色值为 200，F 的 R 分色值为 127。可见，分色的亮度值越高，说明该种分色的成分越多，因此其对应的通道灰度看起来就越偏白。

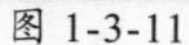
图 1-3-11

图 1-3-12

1.3.3 通道灰度的规律

现在我们对通道的灰度与显示色彩的关系进行总结，以加深对通道的理解：

（1）某通道中的纯白代表了该色光在此处为最高亮度，亮度级别是 255。

（2）某通道中的纯黑代表了该色光在此处完全不发光，亮度级别是 0。

（3）介于纯黑纯白之间的灰度，代表了不同色光的发光程度，亮度级别为 1 ～ 254。

（4）灰度图像中越偏白的部分，表示该颜色亮度值越高，越偏黑的部分则表示亮度值越低。也可称之为该颜色的饱和度越高或越低。

现在就明白为何通道用灰度表示了，因为通道中色光的亮度从最低到最高的特性，正符合灰度模式里从黑到白的过渡。正是因为灰度的这种特性，使得它在以后还会被应用到其他地方，因此理解灰度是非常重要的。

1.3.4　通道的作用

在理解了以上的内容后有一个随之而来的疑问，那就是通道有什么用呢？通道是整个 Photoshop 显示图像的基础，我们在图像上做的所有事情都可以理解为色彩的变动，比如画一条黑色直线，就等同于直线的区域被修改成了黑色。而所有色彩的变动其实都是在对通道中的灰度图进行的改变，而通道的调整最终以彩色图像呈现在我们面前。计算机在显示图像的时候，其实也是将其分为三个通道，然后根据每个通道的情况向显示设备发出指令，控制各部分色彩，从而生成整体图像。

【操作提示 1.1】使用色彩平衡

我们打开素材图片 s0103.jpg，使用色彩平衡命令对其做一个简单的色彩调整。按快捷键〖Ctrl+B〗，或者在菜单中选择【图像 > 调整 > 色彩平衡】命令，调出色彩平衡面板。我们将绿色滑块拉到最右边，下方的其他颜色先不要去管，这时我们可以看到图像明显偏绿色了，如图 1-3-13 所示。那么图像是怎么变绿色的呢？其实就是绿色通道发生了改变——我们增强了绿色光在图像中的亮度。那么思考一下，如果单独比较绿色通道在调整前后的灰度图，绿色通道的灰度现在应该是变得更亮还是更暗了呢？

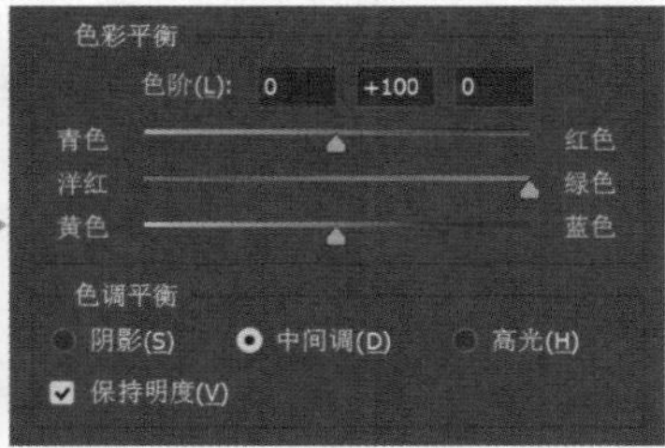

图 1-3-13

对照一下我们在 1.3.3 中总结的 4 条规律中的第 1 条：灰度中越偏白的部分表示色光亮度越高，越偏黑的部分则表示亮度越低。那么反过来，如果亮度值高，就意味着通道的灰度偏白。下面对比一下调整前后绿色通道的灰度图，如图 1-3-14 所示，可以看到后者要显得明亮一些，这就是图像偏绿色的原理。在操作中我们不必直接去修改通道灰度，因为 Photoshop 中有很多便捷和直观的工具可以对通道的灰度进行修改，从而改变图像色彩。

图 1-3-14

既然通过色彩平衡工具把图像调整至偏绿色，导致了绿色通道变亮，那么反过来，增亮绿色通道能否使图像偏绿色呢？首先，前半句的陈述是错误的，因为通道是整个 Photoshop 显示图像的基础，是通道的改变导致了图像的改变，而不是图像改变了通道。所以应该表述为：通过色彩平衡工具的调整，将绿色通道变亮，导致图像色彩偏绿色。

这个问题的答案我们可以动手来验证。重新打开素材 s0103.jpg，调出通道面板，单击绿色通道，此时图像显示出绿色通道的灰度图。然后在菜单中选择【图像 > 调整 > 亮度 / 对比度】命令，将亮度增加到 35，对比度不变，如图 1-3-15 所示，这样得就到了与图 1-3-14 类似变化的 G 通道灰度图。

图 1-3-15

现在按快捷键〖Ctrl ＋ 2〗切换回 RGB 总体效果，就可以看到图像色彩变动的效果了。这又证明了前面的叙述：通道是整个 Photoshop 显示图像的基础，色彩的变动实际上就是对通道灰度图进行改变。通道是 Photoshop 处理图像的核心部分，所有的色彩调整工具都是围绕在这个核心周围来产生作用的。

想象一下，如果我们在三个通道中相同的地方都画上一条白线，那么在整体图像中，这个地方就应该出现一条白线。如果我们在 R 通道画白线，而在 G 通道和 B 通道画黑线，那么整体图像中，就多出了一条红色的线，如图 1-3-16 所示。绘图工具我们将在后面的内容中介绍。

由此可见，不仅色彩调整是通过改变通道内容来实现的，绘图工具也是通过改变通道内容来实现的。

图 1-3-16

想一想，直接在通道中调整色彩与在色彩平衡工具中调整色彩可以达到相同的效果，那各种色彩平衡工具还有什么用呢？这主要是因为直接对通道进行调整不太方便，调整效果也不便直接观察。比如增亮绿色通道的时候我们看到的只是该通道灰度的变化，但不易直观判断最终的调整效果。如果我们要确认调整效果，还必须切换回 RGB 通道进行查看。而色彩平衡工具在拉动滑块的时候就能够实时地把最终效果显示出来，让我们可以准确判断调整效果。

【操作提示 1.2】显示彩色通道

我们可以通过调整 Photoshop 预置让通道显示出色彩。选择【编辑 > 首选项 > 界面】，打开设置窗口，也可以通过快捷键〖Ctrl ＋ K〗调出【编辑 > 首选项 > 常规】窗口，再切换到【界面】窗口。注意其中有“用彩色显示通道”一项，如图 1-3-17 所示，如果将此项打上勾，通道面板就变成彩色的了。此时单击单个通道，图像也会以带有色彩的图像来显示。但如果大家觉得这种显示方式看似比较直观的话，恰恰说明了对通道的理解还不够深刻，熟练之后就会觉得灰度图像更加直观。

图 1-3-17

1.4　CMYK 色彩模式

前面我们都在学习有关 RGB 色彩的相关知识，RGB 色彩模式是最基础的色彩模式，所以它是非常重要的色彩模式。不管图像的色彩模式是什么，只要在屏幕或投影上显示就一定是通过 RGB 色彩模式进行显示的，因为屏幕或投影都是通过发光来显示图像的。我们还学习了灰度色彩模式，灰度色彩模式自身的特性，使得它也被应用在了对色彩成分饱和度（色彩通道）的描述上。除此之外，还有一种非常重要的色彩模式——CMYK 色彩模式。

1.4.1 CMYK 色彩模式的概念

CMYK 也称作印刷色彩模式，顾名思义，对于一些用于印刷的图像文件，常使用这个色彩模式。它和 RGB 色彩模式相比有一个很大的不同点，RGB 色彩模式是一种发光的色彩模式，其原色光的叠加遵循加色原理（越加越亮），在一间黑暗的房间内仍然可以看见屏幕上的内容，但在黑暗房间内是无法阅读报纸的。而 CMYK 色彩模式遵循减色原理，即各分色值越高，图像的色彩越暗。CMYK 色彩模式的分色值不是图像各像素对应的色光值，而是图像在印刷时各像素点对应的油墨浓度值。我们看到一张印满黑色油墨的纸，实际是环境光线照射到纸上，其中的绝大多数光线都被纸上的黑色油墨吸收掉了，以至于我们的眼睛几乎看不到从纸上反射到眼睛中的光线，所以我们感觉纸张就是黑色的。

前面说过，图像在屏幕上显示是通过 RGB 色彩模式被看到的。现在加上一句：只要是在印刷品上看到的图像，都是通过 CMYK 色彩模式被看到的。比如期刊、杂志、报纸、宣传画等都是印刷出来的，那么就都属于 CMYK 色彩模式，其中也包括打印机。CMYK 模式的图像在电脑中显示，是通过用 RGB 色彩模式“模拟”出来的。

【操作提示 1.3】印刷色彩的特点

和 RGB 类似，CMYK 中的 C、M、Y 取的是 3 种印刷油墨名称的首字母：青色 cyan、洋红色 magenta、黄色 yellow。而 K 取的是 black 的最后一个字母，之所以不取首字母 B，是为了避免与 RGB 色彩模式中的蓝色（blue）混淆。其实从理论上来说，只需要 CMY 三种油墨应该就可以混合出各种颜色，它们三个加在一起就应该得到黑色，但由于难以制造出完全纯度的油墨，因此需要加入黑墨来进行调和。

现在在 Photoshop 中单击颜色面板右上方的按钮，将其切换到“CMYK 滑块”，如图 1-4-1 所示。可以看到，CMYK 中的各个分色，也是以百分比来表示的，这个百分比就相当于油墨的浓度。

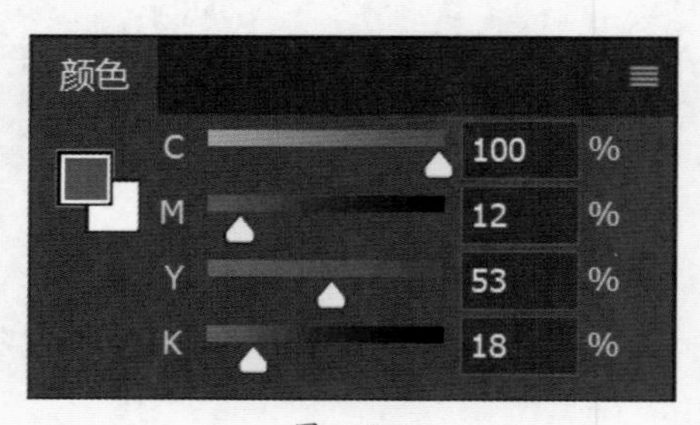

图 1-4-1

和 RGB 色彩模式一样，CMYK 色彩模式也有通道，而且是 4 个，C、M、Y、K 各 1 个。从素材文件中打开 s0104.jpg，图像在 Photoshop 中打开后是 RGB 模式的。图像的色彩模式和其他一些信息可以从图像窗口的标题区看到，如图 1-4-2 所示。标题区显示着图像名称、缩放比例、色彩模式和颜色通道数。其中显示的 RGB/8，表示这是一个 RGB 模式的图像，颜色通道为 8 位。

图 1-4-2

在 RGB 模式下，我们只能看到 RGB 通道，手动把色彩模式转换到 CMYK 后，可以看到 CMYK 通道，转换图像色彩模式的方法是在菜单中选择【图像 > 模式 >CMYK 颜色】命令，该操作可能会出现如图 1-4-3 的提示框，单击确定即可。图像经过色彩模式转换后，其色彩可能会有一些变化，变化的原理在后文将会提到。

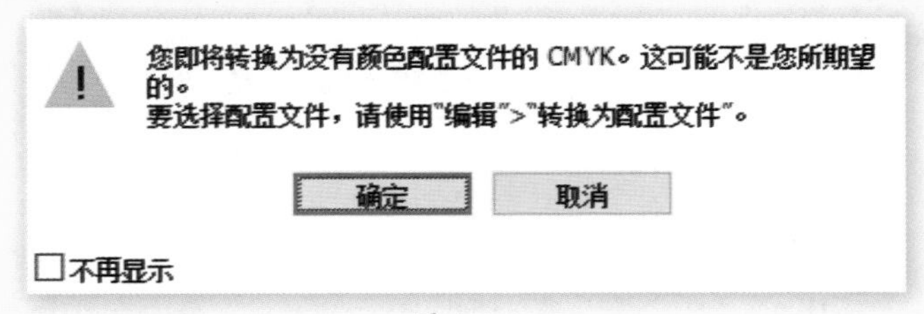

图 1-4-3

此时观察通道就会看到 CMYK 各通道的灰度图像，如图 1-4-4 所示。CMYK 通道的灰度图和 RGB 类似，是一种各分色含量多少的表示。RGB 灰度表示色光亮度，CMYK 灰度表示油墨浓度。但两者对灰度图中的明暗有着不同的定义：RGB 通道灰度图中较白表示亮度较高，较黑表示亮度较低，纯白表示亮度最高，纯黑表示亮度为零；CMYK 通道灰度图中较白表示油墨含量较低，较黑表示油墨含量较高，纯白表示完全没有油墨。纯黑表示油墨浓度最高。用这个定义来看 CMYK 的通道灰度图，会看到黄色油墨的浓度很高，而黑色油墨的浓度比较低。

图 1-4-4

在图像交付印刷的时候，这四个通道是单独印刷的。色彩印刷机一般有 4 个滚筒，分别负责印制青色、洋红色、黄色和黑色。一张白纸进入印刷机后要被印 4 次，顺序如图 1-4-5 所示（有些情况下，实际的印刷顺序可能会不同），先被印上图像中青色的部分，再被印上洋红色、黄色和黑色。可以很明显地感到各种油墨添加后的效果。

图 1-4-5

1.4.2 印刷中的套色误差

大家找一份彩色印刷的报纸，会发现在一些空白的地方会有一个小小的“＋”符号，一般位于正文内容的上方或下方。在印刷过程中纸张在各个滚筒间传送时，由于纸张的缩涨、设备精度或其他原因，各分色的印刷版套印时会产生位移误差，从而使得套印不准确，印刷质量下降。为了提高印刷品的质量，在印刷各个颜色的时候，都会在纸张空白的地方印一个＋符号。如果每个颜色都套印准确，一般会在制版时在印刷范围之外的空白处设计一个四色叠加而成的黑色“＋”符号；如果某一个颜色没有套准，则在印刷品中就可以看到多了一个该颜色的“＋”，如图 1-4-6 所示。不同用途的印刷品对套印错误的宽容度不同，报纸等较低品质的印刷品，套印误差范围可以稍大，画册、精美杂志，尤其是地图等精细印刷品对套印误差的要求就要严格得多。

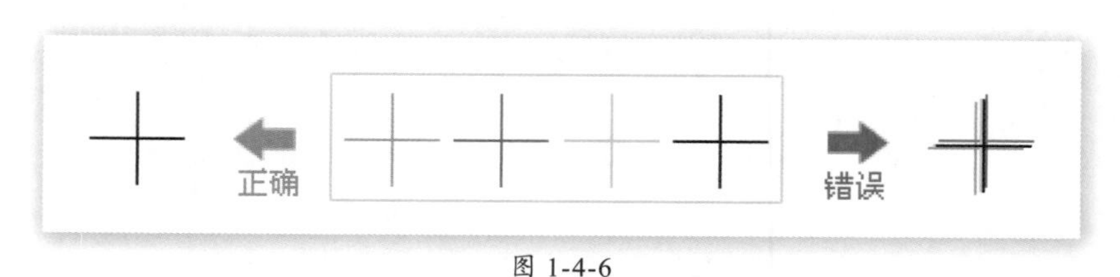

图 1-4-6

印刷机可以根据套印的误差情况对套准误差进行调整，直至符合套准精度要求。喷墨打印机及热升华彩色照片打印机，由于纸张幅面较小，其缩涨幅度基本可以忽略，因此套准误差很小。

【操作提示 1.4】印刷品设计稿的取色技巧

设想一下，在印刷稿中一条 0.1 毫米的细线，如果套印错位 0.1 毫米会使线看起来变粗一倍，如果套印错位 0.2 毫米看起来就是两条线了。正因为在印刷中可能出现套色误差的问题，使得我们在制作用于印刷的图像时要特别注意颜色的选用，能用单一颜色表示的色彩，就尽量避免使用多种颜色混合。比如我们挑选一种绿色，如图 1-4-7 左侧所示，该色在 CMYK 四色上都有成分，那么使用这个颜色画的线将被印刷 4 次。而右侧所示的绿色只使用了 C 和 Y 两种颜色，这样在印刷的时候只要被印 2 次就可以了。后者套印错误的概率自然比前者低。

由这个小例子可见，在设计印刷用途的文件时，应尽可能使颜色所包含的分色数量最少。一般，我们可先选定颜色，之后再通过 CMYK 滑块对颜色的分色值进行优化，使得颜色在达到设计要求的前提下，包含尽可能少的分色（尽量把一种或一种以上的分色值调为 0%）。如果作品仅用于电子屏幕显示，如网站图片，则不必关心这个问题，因为显示设备不存在套印的情况。

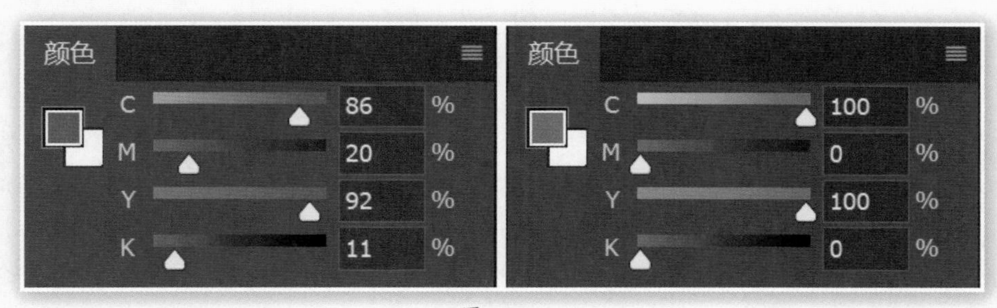

图 1-4-7

1.5 色彩模式的选择

现在我们知道有两大色彩模式：RGB 与 CMYK。它们有各自适用的场景，错误的色彩模式会给后期工作带来不利影响，因此应掌握两者的区别及用途。

1.5.1 RGB 与 CMYK 的区别

那么，到底该如何选择适当的色彩模式呢？我们先来明确一下 RGB 与 CMYK 这两大色彩模式的区别：

（1）用于显示用途的图像文件，我们一般采用 RGB 色彩模式。用于印刷用途的图像文件，我们一般用 CMYK 色彩模式。

（2）RGB 色域比 CMYK 广很多，所以 RGB 色域中的有些色彩是无法在 CMYK 色彩模式下表达出来的。一张 RGB 色彩模式的图片文件中，如果存在着用 CMYK 色彩模式无法表达的颜色，则在其转换为 CMYK 色彩模式时，这些色彩就会失真（通过算法用近似颜色替代），这就是一些图片在屏幕上看非常艳丽，但印刷出来后颜色却大打折扣的主要原因。

（3）RGB 色彩模式下，通道图的灰度越偏白，对应的颜色数值越大，比如 RGB 模式下，白色的各通道色值为（255，255，255）；CMYK 色彩模式下，通道的灰度越偏白则对应的颜色值越小，比如 CMYK 色彩模式下，白色的色值为（0，0，0，0）。

特别注意第（2）条：两者各有部分色彩是互相独立（即不可转换）的，如图 1-5-1 中，大圆表示 RGB 色域，小圆表示 CMYK 色域。其中 RGB 的色域（即色彩数）要大于 CMYK。而在转换色彩模式后，只有位于混合区的色彩可以被保留，位于 RGB 特有区及 CMYK 特有区的颜色将丢失。这意味着如果在 RGB 色彩模式下制作印刷用的图像，那么某些色彩也许无法被印刷出来。一般来说 RGB 特有区中一些较为明亮的色彩无法被印刷出来。

图 1-5-1

1.5.2　模式转换带来的色彩丢失

虽然理论上 RGB 与 CMYK 的转换都会损失一些颜色，不过由于 RGB 的色域比起 CMYK 要广泛，因此从 CMYK 转 RGB 时损失的颜色较少，视觉上有时很难看出区别。而从 RGB 转 CMYK 时将损失较多颜色，大部分都可以被明显分辨出来。需要注意的是，此时再把 CMYK 模式转为 RGB 模式，丢失掉的颜色也找不回来了。这好比原先是一个装满水的 2 升杯子，后来倒入了一个 1.5 升的杯子，流失了 0.5 升，把水再倒回 2 升的杯子，这杯子中装的水实际也只有 1.5 升了。因此不要频繁地转换色彩模式，转换一次就相当于倒了一次杯子，可能有些水就流失了。如果是误操作转换了色彩模式，应通过菜单【编辑 > 还原】或快捷键〖Ctrl ＋ Z〗撤销转换。当然，永远为图片文件保存一份原始的副本，才是明智之举。

另外，我们刚提到过在进行色彩模式转换时可能丢失某些色彩，那么对于这些将要被丢失的色彩，Photoshop 以及大部分软件都会通过算法，将它们转为最接近的 RGB 色或 CMYK 色。即使我们不转换色彩模式，而是直接将 RGB 图像发送给打印机，那么打印机在处理图像信息的时候也会自行将其转化为 CMYK 模式。因此最好先转为 CMYK 模式后进行效果确认，然后再发送给打印机。

1.5.3　RGB 与 CMYK 的选择

明白了以上道理，我们对如何选择图像的色彩模式就有了一个概念，其实很简单，两句话就可以概括。

（1）如果图像只在电子屏幕上显示，就用 RGB 模式，这样可以得到较广的色域。

（2）如果图像需要打印或者印刷，就必须使用 CMYK 模式，才可更好地保证印刷品颜色与设计效果更加接近。

因此，每当我们要开始新图像制作的时候，首先就要确定好作品的用途，从而选用正确的色彩模式。

1.6　颜色的选取

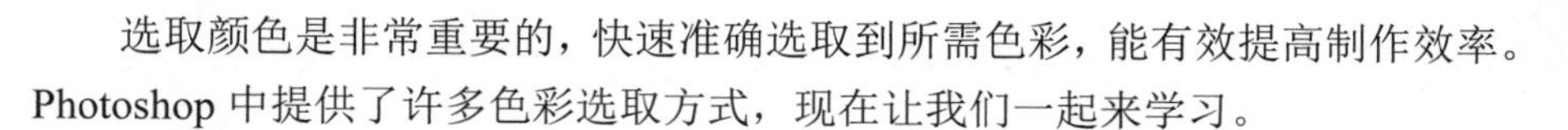

选取颜色是非常重要的，快速准确选取到所需色彩，能有效提高制作效率。Photoshop 中提供了许多色彩选取方式，现在让我们一起来学习。

1.6.1　使用滑块及色谱选取颜色

Photoshop 中提供了三种选择任意色彩的方式。

第一种方式是使用颜色面板，通过快捷键〖F6〗调出颜色面板，调整滑块可调出各种颜色。Photoshop 中的颜色分为前景色和背景色，如图 1-6-1 所示。箭头 1 处的色块代表前景色，箭头 2 处代表背景色。通过单击可以在前景和背景之间切换。注意在选取颜色时，有时会出现一个感叹号标志，这是在警告该颜色不在 CMYK 色域，箭头 3 处所示的，就是自动替换后的 CMYK 色。第二种方式是在上图中的箭头 4 所指的色谱区中，通过单击选取色彩。箭头 5 所指的是纯白与纯黑的选择。单击红圈处的面板菜单可以选择滑块与色谱的类型。

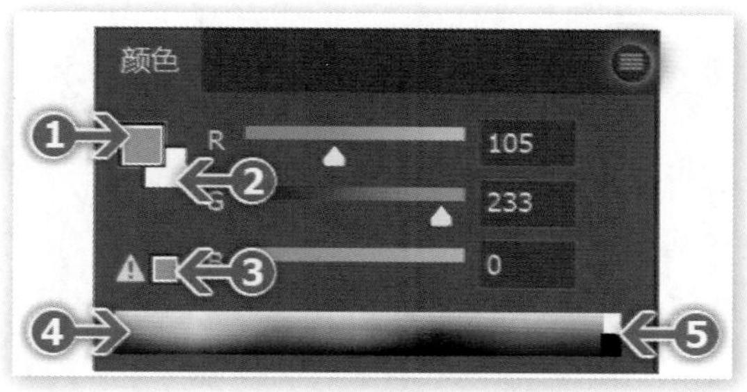

图 1-6-1

图 1-6-2 所示的三种模型分别是色相立方体、亮度立方体、色轮。其中色相立方体在右侧排列了所有色相，在左侧大框内选择该色相的饱和度和亮度，可理解为“色相优先”，适用于先确定某种色相，然后再决定该色相的浓淡明暗等。是较常用的选取色彩的方式。

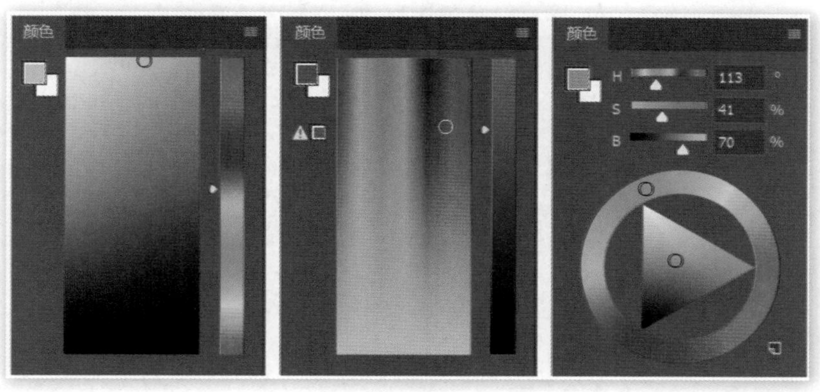

图 1-6-2

亮度立方体可理解为“亮度优先”，在右侧列出所有亮度级别，适用于确定所要的亮度后，寻找符合该亮度的色彩。色轮在操作上接近色相立方体，但多出了 HSB（Hues，色相；Saturation，饱和度；Brightness，亮度或明度）的数值化选项。

1.6.2 使用拾色器选取颜色

第三种选取颜色的方法是使用拾色器进行选取，这是日常工作中最常用的一种方式，其方法是单击工具栏底部的前景色或背景色色块，位置如图 1-6-3 所示。单击箭头 1 处，可将在拾色器中选取的颜色设置为前景色；单击箭头 2 处，可将在拾色器中选取的颜色设置为背景色；单击箭头 3 处，或使用快捷键〖D〗，可将前景色和背景色重置为前黑后白的默认色彩；单击箭头 4 处，或使用快捷键〖X〗，可将前景色与背景色互换。

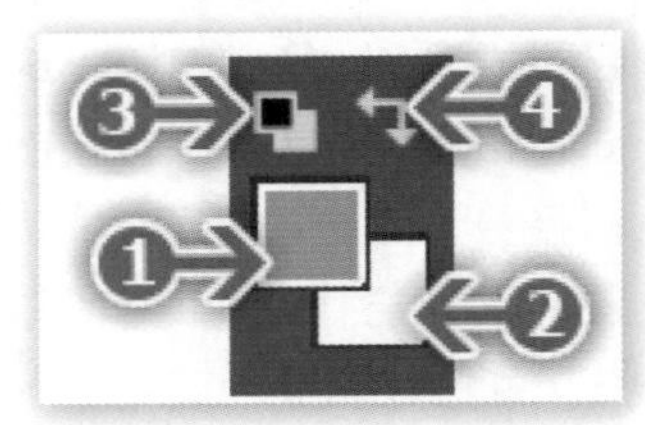

图 1-6-3

现在我们单击一下前景色方块（单击颜色面板上的色块也可），就会出现 Photoshop 的拾色器，如图 1-6-4 所示。箭头 1 处的竖条是色谱，与箭头 4 处的选项相关，H 方式相当于之前的色相立方体，是色相优先的选取方式。比如现在要选择一个紫色，就先将箭头 1 处的色相移动到紫色区域，然后在箭头 2 所指的方框区域内按下鼠标并移动，直到满意时松手。B 方式则相当于之前的亮度立方体，是亮度优先的选取方式，即先在 1 中选择亮度，再在方框内选择色相。

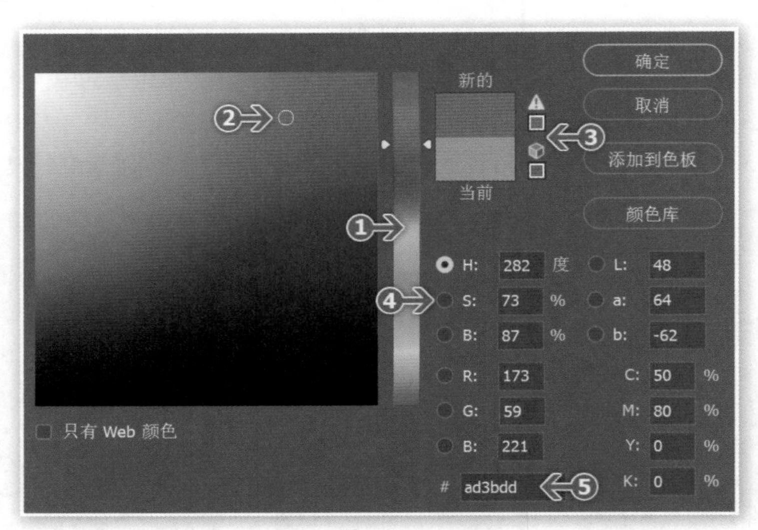

图 1-6-4

选中的颜色会在预览方块中显示为“新的”，而“当前”则是之前的色彩。除了使用鼠标之外，如果有确定的色彩数值，可将数字分别填入到相应的项目中。在网页设计代码中，如果需要使用在 Photoshop 中设置好的颜色，则可直接把箭头 5 处所示的十六进制数拷贝到代码中。

箭头 3 处的感叹号标志是 CMYK 色域超出警告，以及系统自动替换的相近色。立方体标志和色块是 Web 安全色超出警告和自动替换的相近色。Web 安全色共有 216 种固定的颜色，是早年为了统一浏览器中显示的色彩而诞生的。勾选拾色器最底部的“只有 Web 颜色”后，拾色器中可选取的色彩将被限定在 Web 安全色的色域内。

1.6.3　选取特殊色彩

虽然通过改变色相可以得到不同的颜色，但灰度色在拾色方块中始终是固定的，如图 1-6-5 所示，最左方的竖条是灰度色彩，最左上角为纯白色，底部的横向区域都是纯黑色。需要注意的是，选色的小圈的圆心才是选中的颜色，而不是整个圆圈区域，因此要选择最左上角的纯白点，鼠标要移到左上方，圆圈只剩下四分之一才正确，如图 1-6-6 所示。可参考 RGB 数值来确定纯白（RGB 均为 255）、纯黑（RGB 均为 0）及过渡灰色（RGB 相等）的选取。

图 1-6-5

图 1-6-6

除了使用 Adobe 的拾色器外，还可以通过菜单【编辑 > 首选项 > 常规】或快捷键〖Ctrl ＋ K〗把拾色器由 Adobe 改为 Windows。但 Windows 拾色器选色精度不高，除非有特殊用途，否则一般情况下应该使用 Adobe 拾色器来选取颜色。

1.7　HSB 色彩模式

尽管 RGB 与 CMYK 两大色彩模式分占了半壁江山，但它们在定义上较抽象，在使用上则不够方便，因此引入了 HSB 色彩模式以弥补这方面的不足。

1.7.1　RGB 选色的局限

前面我们已经学习过了两大色彩模式 RGB 和 CMYK。在所有色彩模式中，这两种色彩模式是最重要和最基础的。其余各种各样的色彩模式在显示的时候实际上都需要转换为 RGB，在打印或印刷（又称为输出）的时候都需要转为 CMYK。但这两种色彩模式都比较抽象，不符合我们对色彩的习惯性描述。如果要问一张图片中一棵树的 RGB 值或 CMYK 值，大家一定会觉得无从下手，而在 RGB 模式下要组合出一个浅绿色，也很难快速准确地做到。

其实颜色面板的取色滑块提供了色彩预览功能，如图 1-7-1 所示。我们可以预览一下，将 R 滑块往右拉得到粉红色以及把 G 滑块向右拉得到浅绿色的过程等。但这种方式还是不够直观，比如要得到更浅更亮的蓝色，需要拉动三个滑块至不同的位置才可以，如图 1-7-2 所示。

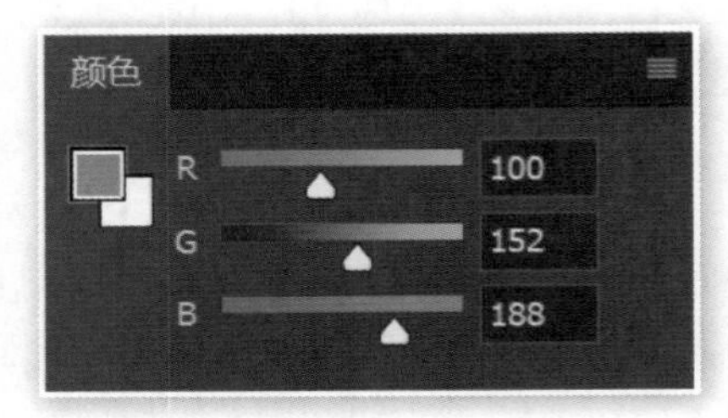

图 1-7-1

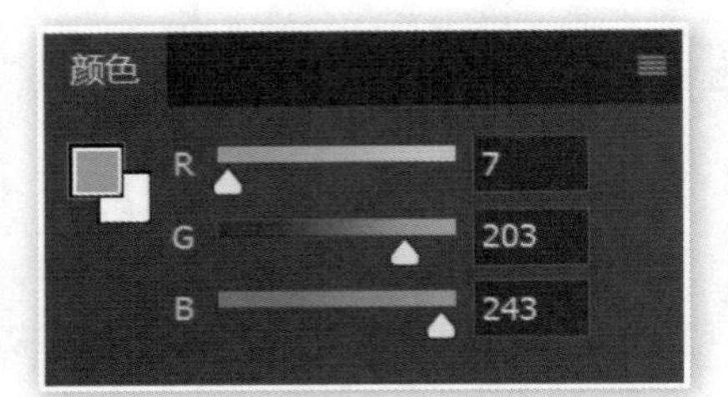

图 1-7-2

1.7.2 源自直觉的色彩模式

习惯上我们都会说人物的衣服是红色，或者说是亮红色的。比如天空，我们首先想到蓝色，然后细化为浅蓝色。比如湖水，首先想到绿色，进一步细化想到碧绿色。我们的大脑对色彩的直觉感知首先是色相，即红色、橙色、绿色、青色、蓝色、紫色中的一个，然后再是它的深浅度。HSB 色彩模式就是由这种认知习惯转化而来，它把颜色分为色相、饱和度、明度（或亮度）三个因素。它将我们大脑的“深浅”概念扩展为饱和度（S）和明度（B）。所谓饱和度相当于家庭电视机的色彩浓度，饱和度高色彩较艳丽，饱和度低色彩就接近灰色。明度也称为亮度，等同于彩色电视机的亮度，亮度高色彩明亮，亮度低色彩暗淡，亮度最高得到纯白，最低得到纯黑。

如图 1-7-3 所示，如果我们需要一个浅绿色，那么先将 H 拉到绿色，再调整 S 和 B 到合适的位置，一般浅色的饱和度较低、亮度较高。如果需要一个深蓝色，就将 H 拉到蓝色，再调整 S 和 B 到合适的位置，一般深色的饱和度高而亮度低。这种方式选取的颜色修改方便，比如要将深蓝色加亮，只需要移动 B 就可以了。如果要选择灰色，只需要将 H 放在任意位置，S 放在 0%，然后拉动 B 滑块就可以了。

需要注意的是，HSB 方式得到的灰度与灰度滑块 K 不同，如果需要专门选择灰度，应以灰度滑块为准。

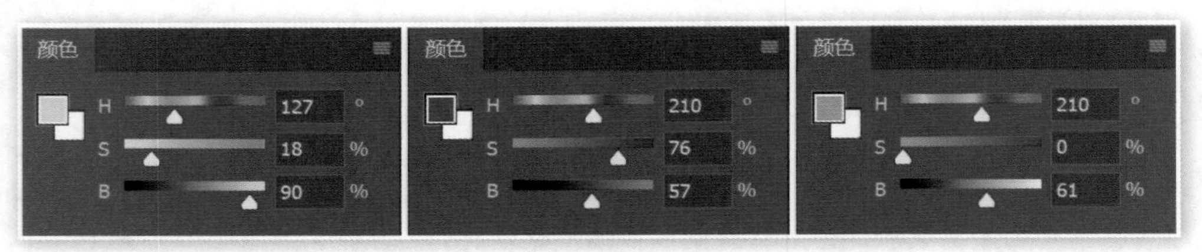

图 1-7-3

在 HSB 模式中，S 和 B 的取值都是百分比，唯有 H 的取值单位是度，这个度数就是角度，表示色彩位于色相环上的位置。如图 1-1-8 中左图所示，从 0° 的红色开始，逆时针方向增加角度，60° 是黄色，180° 是青色，360° 又回到红色，自己可以尝试调节 H 滑块并对照观察。有些地方将色相环表述为顺时针方向，原理相同。

再看 Adobe 拾色器中的 H 方式其实就是 HSB 取色方式。色谱就是色相，而大框就包含了饱和度和明度（横方向是饱和度，竖方向是明度）。可以看出在选取颜色时，HSB 模式较为直观和方便。

1.8　关于像素

到这里我们已经知道所谓像素就是构成图像的元素，它由红、绿、蓝三个部分组成，按照不同的发光比例分配，综合形成了最终的颜色。到这里大家可能会问，像素究竟是不是指单个的红、绿、蓝？不是的，在显示器上能看到的最小发光单位虽然是单独的红、绿、蓝三个颜色的小点，但一个像素是由一组红绿蓝小点组成的，这才是完整意义上的一个像素，而单独的红绿蓝小点称为“子像素”。子像素一般是直立的长方形，3 个一组拼接为一个类似的正方形。如图 1-8-1 所示。这是绝大多数显示设备的像素排列方式。

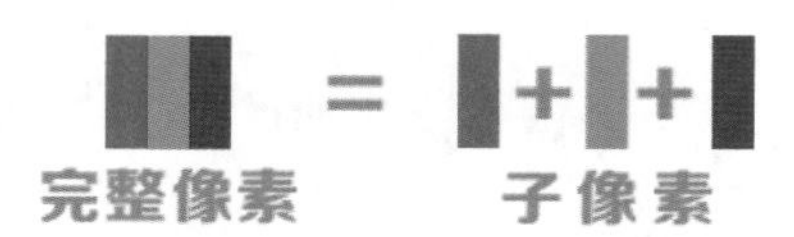

图 1-8-1

除了以上这种常见的子像素排列方式以外，也有一些非常规的排列方式，如品字形排列。还有一些显示设备为了追求更好的显示效果，加入了其他颜色的子像素，如白色。这样由单一的纯白色显示出来的白色，要比红绿蓝混合调配出来的白色效果更好。

第 2 章　了解图像

本章我们会学习有关图像的一些概念。与前一章节所讲的色彩知识一样，本章内容也属于计算机图像的基础知识，适用于 Photoshop 及其他所有与图像有关系的软件。不真正理解这部分知识，对于学习 Photoshop 来说就很难达到灵活与深入的程度，所以掌握这部分知识是必须的。

2.1　图像尺寸

我们通常都习惯用尺寸去描述一幅图像，比如说“这幅画好大”之类。但在计算机中，尺寸有它独特的意义。

2.1.1　图像尺寸的含义

在前一章中我们知道了显示器上的图像是由许多点构成的，这些点称为像素，意思就是“构成图像的元素”。但是要明白，像素作为描述图像尺寸的一种单位，与我们现实生活中的图像“尺寸”的概念是不同的。在现实中我们描述一个人的身高一般不会用像素，比如，我们可以说一个人的身高是 180 厘米，或者说 1.8 米。

那么 180 厘米高的人在电脑中是多少像素呢？这个问题先放下，来进行一下逆向思维的思考，即电脑中的那些不同像素的图像，用打印机打印出来是多大呢？让我们先打开素材图片 s0201.jpg，这幅图像在打印出来以后，在打印纸上的长和宽会是多少厘米呢？使用选择菜单【图像 > 图像大小】命令，或通过快捷键〖Ctrl ＋ Alt ＋ I〗，可看到如图 2-1-1 所示的信息。

图 2-1-1

图中，“尺寸”后面的 500 像素 ×333 像素，指的是本图片文件在计算机中的像素尺寸。其下方的宽度 17.64 和高度 11.75，是本图片打印出来的实际尺寸，其单位是厘米。

那是否就是说 500 像素等同于 17.64 厘米呢？不是的。电脑中的像素尺寸和传统长度单位不能直接换算，之间需要一个桥梁才能够互相转换，就是位于宽度和高度下方的分辨率。注意这里的分辨率是图片文件的分辨率，它与我们在第 1 章里面讲的显示器分辨率是不同的。

2.1.2　图片文件分辨率的作用

我们来举一个例子：有一段 200 米长的街道，现在要在上面等距离种树，如果每隔 40 米种一棵，总共可以种 6 棵，如果每隔 50 米种一棵，那么总共只够种 5 棵了，如图 2-1-2 所示。不难看出，在一定的长度内，可以栽种的树木数量是不同的，而这取决于栽种的密度。同样地，打印同样尺寸的图片，如果分辨率不同，则其包含的像素数也是不同的，分辨率越高，单位尺寸内包含的像素数越多。

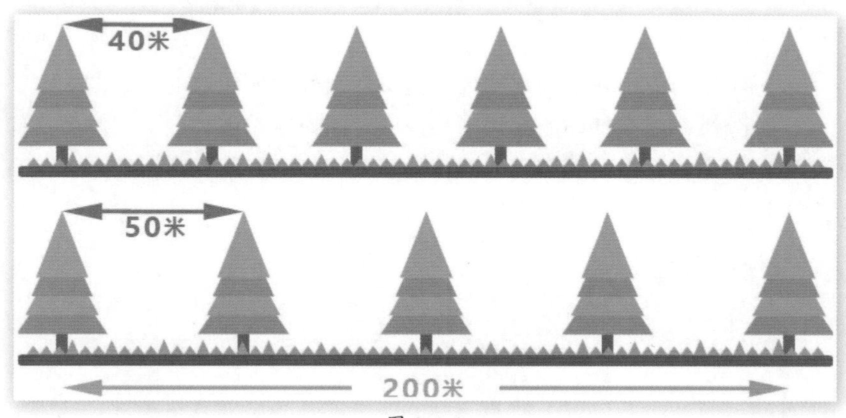

图 2-1-2

分辨率一般用“像素 / 英寸”来表示，通俗地说就是“每英寸多少像素”，即在图片中每英寸的长度中包含有多少行（或者列）像素。再看前面的例子，图片分辨率的取值为 72，则表示该图片每平方英寸的面积中，包含 72（行）×72（列）个像素。

像素 / 英寸英文简称为 dpi，即 dot per inch（点每英寸）。由于历史原因，英寸在实际工作和生活中使用比较普遍，比如我们电视、手机等的屏幕尺寸都是以英寸为单位。印刷制版中，也是以 dpi 作为分辨率的单位。在 Photoshop 中我们也可通过设置，将分辨率的单位改为“像素 / 厘米”，如图 2-1-3 所示。

图 2-1-3

现在我们手动将宽设为 10 厘米、高设为 6.66 厘米、分辨率设为 100 像素 / 厘米，如图 2-1-4 所示，此时可以看到其上方的“尺寸”也随之发生了改变，而其值分别等于分辨率与宽度和高度的乘积。单击红色箭头所指的小图标，可以设置长宽比自动约束。自动约束有效时，改变一个尺寸，另一个尺寸就会同比例自动缩放。

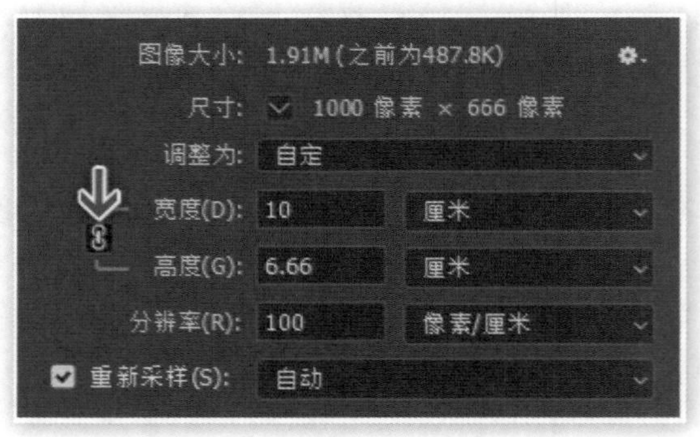

图 2-1-4

综上所述，分辨率的作用就是决定图像单位打印尺寸中所包含的像素的多少。在像素总量不变的情况下，分辨率越高打印的面积越小，同时图像越精细。分辨率越低打印的面积越大，图像也越粗糙。由此可见，要实现大面积高精度的打印，就要求原始图像具有很高的像素尺寸，当今数码影像设备努力追求高像素也是这个原因。

2.1.3　印刷和打印的区别

说起印刷和打印，感觉似乎都是将图像在纸张上表现出来而已。但其实两者对于分辨率有着不同的要求。

印刷对于分辨率有一个基础标准就是 300dpi，也就是 300 像素每英寸，低于这个标准的图像在纸张上会显得不够清晰。除了标准的 300dpi 以外，某些时候也需要 360dpi、600dpi 等更高的分辨率以应对高精细印刷的需要。由于印刷前期需要进行制版等有固定成本的准备工作，因此印刷厂一般对印刷数量有一定的要求，一定范围内，印刷数量越多，印刷单价越便宜。

打印对于分辨率的要求则没有那么严苛，一般的家用喷墨打印机只需要 72dpi 就可以打印了。打印机对图像的解析实际上与显示器一样都是点阵式的，也就是说当我们打印一条直线时，打印机是将其作为若干个连续点进行打印的，因此点的密度越大（分辨率越高）则图像越细腻。所以这也与打印机本身的硬件性能有关，假设你手边打印机的物理打印分辨率为 120dpi，那么即便你用 600dpi 的图像进行打印，也不会超出 120dpi 的实际效果。现在的家用打印机基本已普遍达到 300dpi 或更高的精度，但要想得到高质量的打印照片，还需要打印纸张的配合。高精度打印纸（如相纸）的表面都经过特殊处理，能够实现高质量打印。

综上所述，印刷主要用于批量生产，对图像质量有较高的要求，印刷的内容一旦进行制版后再进行改动，需要付出一定的成本，此外出于成本因素还需要一定的印刷数量。而打印则一般用于家用或办公的少量生产，对图像质量要求一般不太高，可以随时修改内容后再行打印。随着技术的进步，现在的印刷设备（如数码快印）也逐渐具备了打印设备所具有的一些优点。

分辨率的选择还与产品的观看距离有关。对于书籍、报纸、杂志、画册、网页图片等观看距离较近的产品，应使用较高的分辨率以提高观赏性。现在很多掌上设备都在努力提高分辨率，就是为了让小屏幕上的内容看起来更细腻。户外喷绘广告、广场大屏幕等适合远距离观看的产品可使用较低的分辨率，因为人眼在远距离上无法分辨出点阵，对于这些产品，72dpi 的分辨率就已经非常精细了。

2.2　点阵格式图像

要想知道我们所看到的计算机中的图像究竟是如何构成的，就需要了解图像类型的概念。计算机中所存储的图像类型分为两大类，一类称为点阵图，一类称为矢量图，本节将分别进行介绍。

2.2.1　点阵图像的特点

点阵图顾名思义就是由点构成的，如同用马赛克去拼贴图案一样，每个马赛克就是一个点，若干个点以矩阵排列成图案。数码相机拍摄的照片、扫描仪扫描的稿件等都属于点阵图。素材 s0202.jpg 就是一幅点阵图像。使用菜单命令【图像 > 图像大小】或按快捷键〖Ctrl + Alt + I〗就可以看到如图 2-2-1 所示的信息。注意窗口上部像素尺寸的宽度和高度，分别是 800 像素和 450 像素。

图 2-2-1

在平时的使用中，可通过单击 Photoshop 界面底部左边的状态栏来快速查看图像的像素值，如图 2-2-2 箭头 1 处所示。单击箭头 2 处，可以在出现的菜单中选择要在状态栏中显示的其他参数，如“文档尺寸”。注意这里的分辨率缩写是 ppi，即 pixel per inch（像素每英寸）。dpi 和 ppi 都可用作描述分辨率，只不过 dpi 多用于描述打印或印刷的分辨率，ppi 多用于描述显示器、扫描仪等电子设备的分辨率。

图 2-2-2

在菜单中选择【视图 > 放大】命令，或者通过快捷键〖Ctrl ＋＋〗对图片进行持续放大，图片就会出现马赛克（也称锯齿）现象，可以看到有许多不同颜色的小正方形，那就是被放大的像素。由于像素是最小的图像单位，一个像素只能有一个颜色，因此我们就看到类似马赛克拼贴的画面，放大倍数越大这种效果就越明显。

在绝大多数的情况下，图像的像素总量越大，其图像细节就越细腻。刚才我们用来放大的原始图像像素总量为 36 万（800×450），如果使用像素总量为 144 万（1600×900）的原始图像放大同样的倍数，后者明显要更清晰，如图 2-2-3 所示。

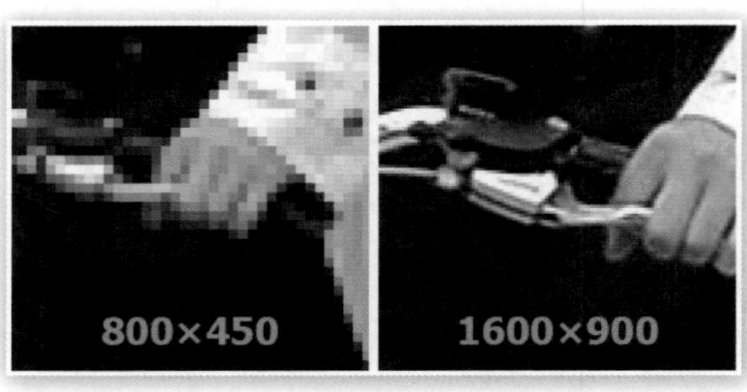

图 2-2-3

【操作提示 2.1】缩放图像显示比例

放大或缩小图像显示的快捷键分别是〖Ctrl ＋＋〗和〖Ctrl ＋−〗，此操作将以图像的中心点为中心进行缩放。还有一种缩放的方法是按住 Alt 键后上下滚动鼠标滚轮进行缩放，则图片会以光标所在处为中心进行缩放。还可以先按住空格再按住 Ctrl 键后单击图像，图片也会以单击的地方为中心进行放大。先按住空格再按住 Ctrl 键后用鼠标拖动出一个矩形，对选中范围进行放大。缩小图片则是先按住空格再按住 Alt 键单击图片或用鼠标拖动出一个矩形。

图像窗口的标题栏以及状态栏都会显示缩放倍数。通过快捷键〖Ctrl ＋ 1〗可将图像缩放比例回归到 100%，〖Ctrl ＋ 0〗可将图像放大到充满 Photoshop 窗口的空白区域（空白区域大小取决于各面板的排列）。

如果图像超过了图像窗口的大小，则在图像窗口的右方和下方会出现滚动条，拉动滚动条即可移动显示区域（不是移动图像）。按住空格键在图像中按下鼠标拖动也可能对显示区域进行移动（当鼠标开始拖动后空格键可以松开）。这些缩放快捷键是非常常用的，记住它们将让操作变得迅速。这里的缩放只是改变图像显示比例，并非改变图像像素总量。

2.2.2 显示器的相关知识

我们可以从 Windows 屏幕分辨率设置中查看或改动屏幕分辨率，如图 2-2-4 所示。目前的屏幕设置分辨率为 3840 像素 ×2160 像素，表示横方向能够显示 3840 行像素点，竖方向能够显示 2160 列像素点。液晶和 OLED 显示器都有一个最佳分辨率（一般也是最高分辨率），在设置中会显示为推荐选项，使用该分辨率可以取得最佳的显示效果。

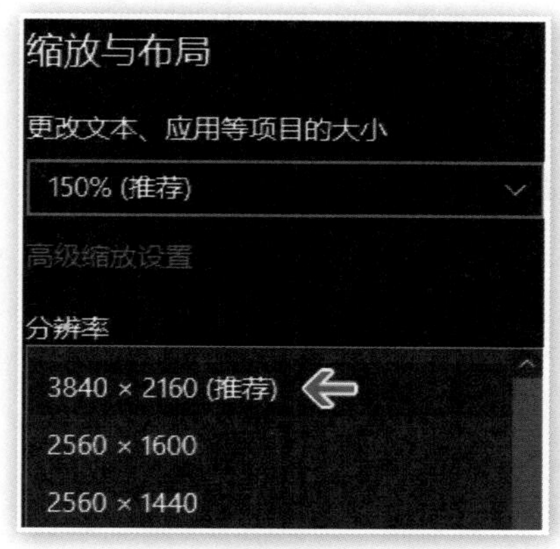

图 2-2-4

如同一张 6 英寸的照片不能完整放入一个 5 英寸的像框一样，如果一幅图像超过了显示器所能支持的最大像素数，那么这幅图像就不能在屏幕上完整显示（100% 原大尺寸显示前提下）。因此，屏幕分辨率越高，能够完整显示的内容就越多。如同站在 5 层楼可以清楚看到马路上的井盖，站在 30 层楼就小了许多，站在 70 层楼可能就看不见了，但井盖的实际大小没有变化，是视野放大导致了井盖看起来变小。

如图 2-2-5 所示的是一个 300×300 像素的方块在不同分辨率显示器中所占用的面积大小。方块的大小并未改变，是因为屏幕像素总量的增加使得它看起来变小了。

图 2-2-5

目前的显示器都是点阵式显示器，之前我们在学习像素时所看的电视屏幕就是由许多的点构成的。

液晶显示器的原理是在一层白色的发光面板（背光层）上覆盖无数个微小的红、绿、蓝滤光片层，这样就得到许多红色、绿色和蓝色的色光单元，再在两者的中间层放置液态晶体，通过对液态晶体的控制改变通过滤光片的色光的亮度，从而达到对各色光进行混合的目的。OLED 显示器与液晶类似，区别在于其色光单元为各自独立的发光元件，因而不需要背光层和滤光片。

从以上原理得知，液晶显示器或 OLED 显示器的分辨率是由色光单元的数量决定的，是固定不变的物理分辨率。因此在 Windows 中将分辨率设定为显示器的物理分辨率，可以有效利用每一个像素，从而达到最佳的显示效果。

由于显示器使用轮流循环的方式控制像素显示，因此计算机的屏幕坐标系是从左上角的 0 点开始，X 方向往右延伸，Y 方向往下延伸（方向与常见的数学坐标系相反）的。快捷键〖F8〗可调出信息面板，当我们在 Photoshop 图像中移动鼠标时，信息面板中会同时显示当前光标所在位置的 XY 坐标值。了解屏幕坐标系对于今后的学习很有帮助。

除了显示设备以外，数码相机也是使用轮流循环方式控制感光元件记录图像的。如果相机与被摄物体之间的相对运动速度较高，容易造成不同行中所记录的图像存在位移偏差的情况，从而使图像发生倾斜，也称果冻效应。有的相机或手机由于性能较低，果冻现象也更明显。

2.2.3 改变图像尺寸

在菜单中选择【图像 > 图像大小】命令，或者通过快捷键〖Ctrl + Alt + I〗，可调出图像大小设计窗口，如图 2-2-6 所示。我们将宽度改为 200（单位选择像素），并按确定键。通过这个操作我们将一幅大图缩成了小图，图像的像素总量从 36 万（800×450）变成了 2.26 万（200×113）。

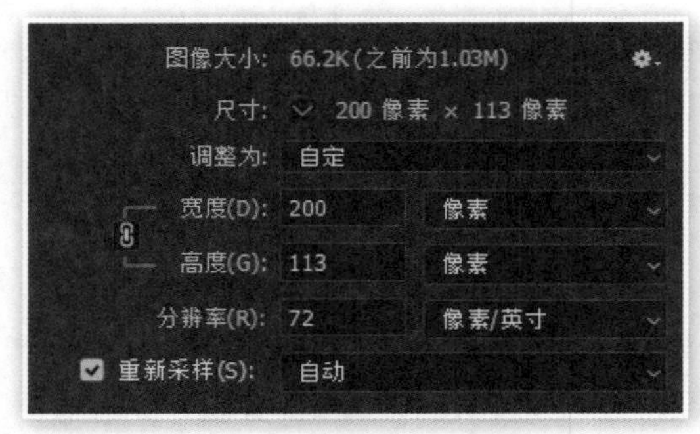

图 2-2-6

现在再次使用【图像 > 图像大小】命令，将宽度改回 800（高度由于余数差变为 452），如图 2-2-7 所示，可以感觉出图像的清晰度明显不如原图了。

图 2-2-7

产生这种现象的原因在于原始像素的丢失。下面我们来模拟一下缩小图像的过程，假设现在要将像素为 10×6 的图像缩小为 5×3，Photoshop 将在原图中平均地抽取像素并丢弃，分别在 X 轴及 Y 轴上丢弃一半，然后将剩余的像素拼合，形成缩小后的图像，如图 2-2-8 所示。

图 2-2-8

接着我们再模拟图片的放大过程。比如要将 2×2 的图像扩大为 3×3，就需要在原先 4 个像素（标号 A、B、C、D）之间新增 5 个像素（标号 1、2、3、4、5），如图 2-2-9 所示。由于新增的 5 个像素是原先没有的，因此只能通过对 A、B 像素取平均后产生新像素 1，对 A、C 取平均后产生新像素 2，以此类推，而新像素 3 则由 1、2、4、5 取平均产生。在这里我们简化了计算原理，实际则更加复杂。

图 2-2-9

回看之前的图像，在第一次缩小之后，像素总量从 36 万下降到了 2.26 万，这其中被丢弃的像素是不可逆的。因此第二次扩大图像像素时，Photoshop 只能基于既有的 2.26 万像素，通过插值算法模拟需要新增的像素，但新增出来的像素无法完全真实地反映图像的本来面貌。图 2-2-10 所示是原图与插值图像的细节对比，可明显看出图像质量的不同。

图 2-2-10

现在回顾一下刚才第二次改变图像宽度至 800 的时候，我们发现高度变成了 452 而不是先前的 450。这是由于图像中的像素总数一定是整数，不存在小数。因此 450÷4=112.5 被近似取整为 113。而后第二次的扩大则是以这 113 作为基数乘上 4，因此得出 452 像素。

需要注意的是，有些图像软件在操作中允许出现含小数的像素数值，但这只是出于一些度量上的需要，图像在实际显示的时候一定是整数个像素。

我们之前所做的操作过程，是否可以说是先将图像缩小一半，再通过扩大还原到原来的大小？严格来讲不能这样说，首先显而易见的是，由于像素的近似计算，最终得到的高度是 452 而不是原先的 450。另外，扩大和还原是两个不同的概念，扩大是一种对图像进行修改的操作，而还原是指对上一步操作的撤销。好比你拒绝一封信并将其原样退回，那是对寄信这个操作的撤销，但如果你把信装入一个新的信封按原地址寄回，那么这已经不是单纯的退信了。有关的撤销操作将在以后学习。

2.3 矢量格式图像

假设我们是创作型歌手，突然有灵感构思出了一首歌，那么记录这首歌有两种方式：一是把它哼唱出来并录音；二是将其写成乐谱。这两种方式的最大区别在于记录的形式，前者是记述型的，其中的信息如节拍、音色等都是固定不变的，相当于点阵图像；后者是描述型的，不包含音频信息，只包含对乐曲的描述，相当于矢量（也称向量）图像。

2.3.1 矢量格式的特点

图 2-3-1 的内容是绿色背景上的黑色线条，这幅图像如果以点阵方式来记录，就是从左上角第一个点开始，到右下角最后一个点结束，记录所有像素的颜色。不管是一条直线还是两条三条，对于点阵图像来说都是一样的，都是去逐个记录图像中的所有像素。按照一个像素一个信息计算，记录这幅图像（300 像素 ×100 像素）需要 3 万个信息。而如果用矢量来记录这条直线，只需要三个信息：直线起点坐标、直线终点坐标、直线的颜色、粗细等信息。在还原的时候利用这些信息去生成图像，就如同乐队把乐谱演奏出来一样。

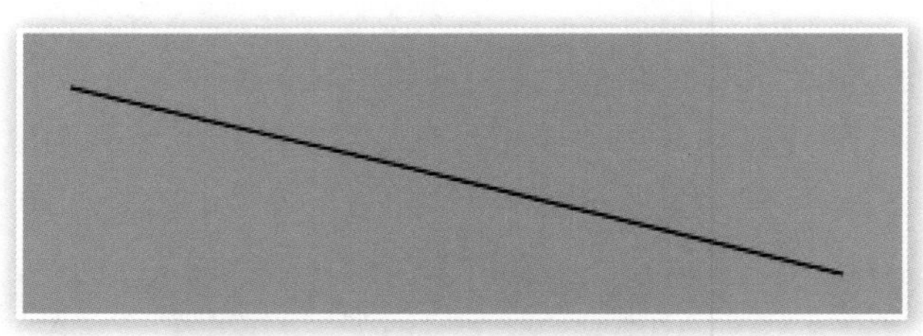

图 2-3-1

由于矢量的这种特点，使得它非常便于修改。比如要把图中的直线旋转一个角度，点阵方式就需要重新记录所有改动过的像素信息，而矢量图只需要改动起点和终点的坐标就好了。当放大图像的时候，点阵图像会产生模糊和锯齿，对图像质量是有损失的。而矢量图像是根据放大后的坐标重新生成图像，不会产生模糊和锯齿，对图像质量是没有损失的。

下面大家来实际动手感受一下矢量与点阵图像在缩小放大之后的区别。在光盘的范例目录中开启素材 s0203.psd 文件，会看到同样的两个人物剪影图像，左边的是矢量格式，右边的是点阵格式。

此时看起来没有区别，原图片大小是 400×300，现在使用【图像 > 图像大小】把其尺寸改为 100×75，按“确定”后再次把图片尺寸改为 400×300，就能明显看出点阵格式变模糊了，而矢量格式却仍然保持着和原先相同的清晰度，如图 2-3-2 所示。缩小到更小的数值再放大，效果的差别会更明显。这是因为矢量图像是基于线段坐标来记录图像的，各坐标之间的相对位置在缩放过程中都保持不变，之后按照新坐标重新产生图像。

图 2-3-2

大家也许注意到点阵与矢量在清晰度上的差别在缩小后是看不出来的，因为尽管点阵的像素被丢弃许多，但剩下的像素也足够描述图像，并没有发生像素空缺，也就不会有插值运算产生。而只在放大的时候才会因为出现像素空缺而产生插值运算，插值运算是图像变模糊的根本原因。

能够记录的最大像素数是数码相机或其他摄录设备性能高低的一项重要指标，如果某些低端产品却可以做到和高端产品拥有同样的像素量，那么那些低端产品所谓的像素数很可能就是插值运算后的数值。插值运算只是数字游戏，无法实际提高图像的清晰度。一个物理识别率 3600 万像素的设备，即便通过插值运算达到 1 亿像素，其图像细节也不及物理识别率为 4200 万像素的设备丰富。

2.3.2　何时使用矢量图形

严格说来，Photoshop 是基于点阵图像的软件，并不擅长处理矢量。Photoshop 一些最具特色的应用如滤镜、图层混合等大都是基于点阵图像的操作，对于矢量图像无效。不过在某些特定的场合还是需要矢量图像的，比如一些标志的设计，使用矢量图像可以精确地描绘和修改。在画面布局上使用一些矢量元素也有很多好处，主要体现在易修改性方面。由于矢量图像基于坐标的特点，可以很容易地实现大面积的修改。如图 2-3-3 所示，将一个矩形改为三角形，对于矢量图形来说只需要两步，而对于点阵图形来说则麻烦得多。如果要接着修改为弧线，矢量图形只需要再多一步，但对于点阵图形来说则基本难以实现。关于这些修改操作我们在后面的章节中将会学习到。

图 2-3-3

2.4　点阵或矢量格式的选择

现在我们已经基本了解，点阵图像是基于像素的，通过逐一记录的像素信

息来产生图像，针对点阵图像的修改其实就是修改像素，点阵图像在缩放操作中会因为丢失像素而损失质量。矢量图像是基于算法的，通过算法的描述来产生图像，矢量图像在缩放中不会失真。

虽然距离实际接触案例操作还有一段距离，但在一开始就把关键概念理解透彻，会非常有利于今后的学习，因此在这里我们介绍一下两种格式的选择。

2.4.1 矢量图形的产生

通过前文的叙述，我们似乎感觉矢量图像会比较先进，因为它能实现图片的无损缩放。但世间万物往往具备两面性，矢量图像在具备显著优点的同时也具备一个明显的缺点，那就是矢量格式难以记录现实世界中丰富的事物细节。因为矢量是基于线段和坐标的，图像中的每个细节都要由线段构成，因此要将图像分成若干条线段，比如人物衣服的每一个褶皱、背景花草的每一片叶子等，因此当用其记录复杂图片时，反而会非常复杂。在面对如图 2-1-1 那样的数码照片时，由于图像细节过于丰富，使用矢量方式很难进行记录。而记录为点阵图像的原理简单，对设备性能要求较低，因此目前在获取和输入图像（指拍照、摄像、扫描等）这一环节中，所获取到的都是点阵格式的图像。

但并不是说照片无法进行矢量化，如图 2-4-1 所示，就是在 Adobe Illustrator 中对点阵图像进行矢量化的效果，左边是矢量后的图像，右边是构成这幅图像所生成的线段。

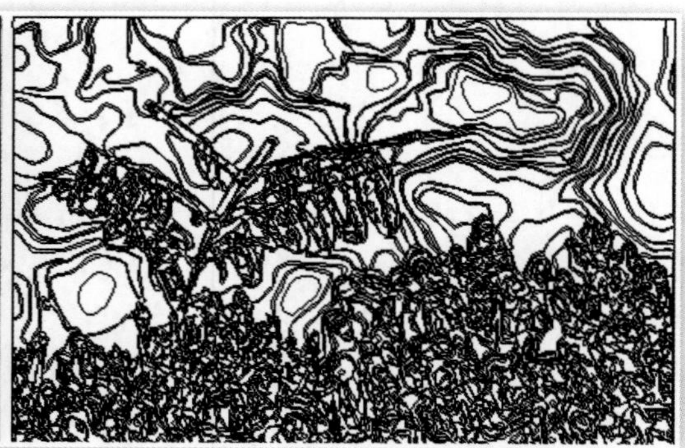

图 2-4-1

初看之下矢量化的效果还是不错的，但在显示比例为 200% 下可以看到矢量图形在一些细微部位的表现以及色彩过渡上还是较差的，其效果对比如图 2-4-2 所示，这也是矢量格式目前的短板所在。

一般情况下，将数码照片转换为矢量图像的意义不大，首先是转换后的画面效果一般不如原先的好，再者转换后产生的线段数量庞大，从而使得照片处理操作的速度极慢。这个转换功能主要的用途还是用来处理一些色彩和形状简单的图像。图 2-4-3 是在 Adobe Illustrator 中使用网格工具绘制的矢量鼠标，其线段数量要比把点阵鼠标图自动转换为矢量鼠标图时所生成的线段少得多。今后如果有机会，我们将会把教程扩展到 Adobe Illustrator，届时大家就可以学习这种绘制方法了。

图 2-4-2

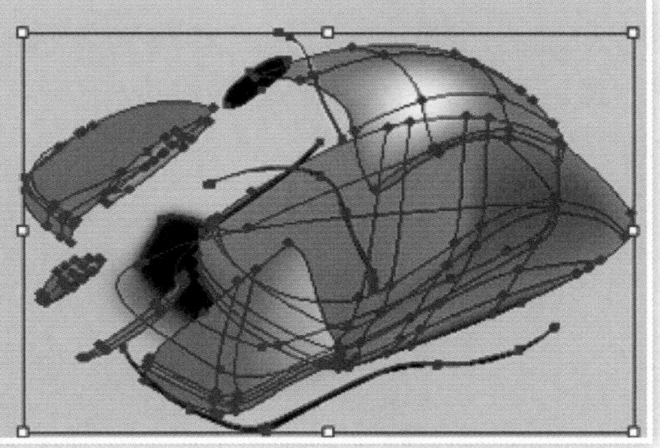

图 2-4-3

2.4.2　保留最大可编辑性

在 Photoshop 中点阵和矢量格式内容可以同时存在。矢量图像可以很容易地转换为点阵图像，而点阵图像要转换为矢量则要复杂一些，因此选择图形格式的时候应遵循矢量优先的原则。Photoshop 中共有三大基础概念：选区、图层、路径，其中路径就是矢量。

虽然在 Photoshop 中我们要学习的绝大部分操作和效果都只能通过点阵图形来完成，但优先使用矢量的原则大家一定要记住，并在我们学习完矢量的内容后立即加以练习。

在这里我们要提出一个原则：大家在今后的操作中，应时刻保留图像的最大可编辑性。比如在改变图像像素总量方面，点阵图像存在失真的问题，而矢量则没有，因此在可达到同等效果的前提下，采用矢量格式就是一种保留最大可编辑性的做法，如之前的图 2-3-2 所示就是一例。我们在今后还将学习很多保留最大可编辑性的技巧，掌握这些技巧可以极大地提高工作效率，而且这也是区分使用者水平的重要标志之一。

2.5　文件的存储格式

制作完成后要将图像储存起来，而图像储存时有各种各样的文件格式可以选择。文件格式主要有通用型和专用型两种，所谓通用型就是大多数软件都能支持的格式，如 BMP、TIF、JPG、GIF、PNG 等。其中 JPG（也称为 JPEG 或者 JPE）是目前最常见的存储格式，如果要将图像展现给别人（如发送邮件、网络上传、存储拷贝等）应优先使用这种格式。

不过，通用图像格式一般是不包含可编辑信息的。比如在 Photoshop 中我们可以通过图层进行布局，保存为 PSD 文件格式后这些图层信息也会被保留，以用于后续的修改。但如果把图像保存为 JPG 格式，那么图层信息就会丢失。因此从保留最大可编辑性的角度出发，应将文件优先存储为专用格式，一般只在生成最终结果的时候再另外把图片输出为 JPG 等通用格式。

Photoshop 的专用存储格式扩展名为 .psd 和 .psb，其中前者最常用。同属 Adobe 体系的软件之间一般都有可以相互兼容文件存储格式，如 Illustrator 的专用格式 .ai 也可以在 Photoshop 中读取并使用，不过仅限于图像类文件，工程项目类文件如 Premiere 的 .prproj 格式就无法兼容。通过在菜单中选择【文件 > 打开】命令，或通过快捷键〖Ctrl ＋ O〗，在开启对话框后可在窗口下方的“文件类型”列表中查看 Photoshop 能够支持读取的所有文件格式。

需要注意的是，Windows 系统默认不显示文件扩展名，在文件夹选项中勾选“文件扩展名”选项可显示文件的扩展名，如图 2-5-1 所示。

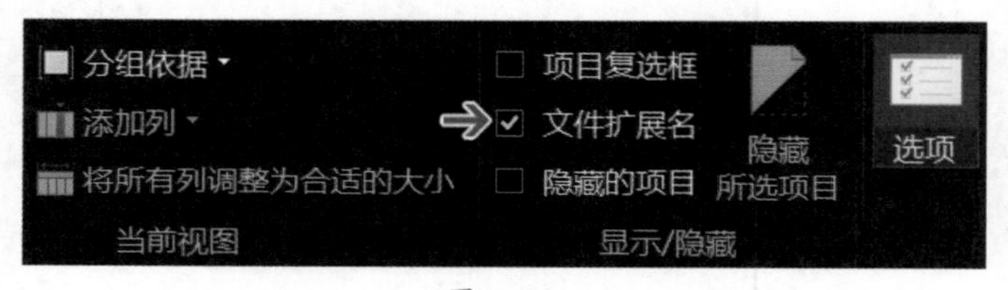

图 2-5-1

第 3 章　设定和使用画笔

从本章起我们算是正式开始学习 Photoshop 的知识了。我们首先学习一下 Photoshop 界面和一些基本操作，然后学习 Photoshop 中画笔的使用。这些内容学习起来并不是十分有吸引力，但都是 Photoshop 的底层知识，掌握透了才能向着更高的层次攀登。

3.1　Photoshop 界面概览

软件的界面是人机交互的重要组成部分，Photoshop 发展这么多年，已经形成了一套独特的界面方案，也同时被其他同类软件所借鉴，因此如果熟悉了 Photoshop 的界面，对很多其他软件的界面也就不会太陌生了。

3.1.1　界面组成

在实际开始操作 Photoshop 之前，我们先来学习一下 Photoshop 的界面组成。在菜单栏处选择【窗口 > 工作区 > 图形和 Web】，可将界面调整到如图 3-1-1 所示的状态，这是一个典型的界面，下面我们分别介绍一下界面的各组成部分，大家可以同步操作练习。

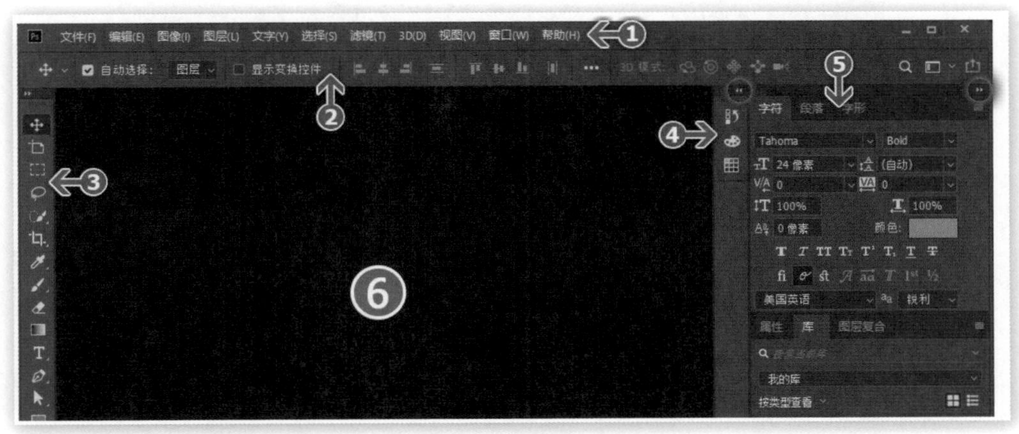

图 3-1-1

（1）菜单栏：各类功能命令都存放在菜单栏中，本书使用【】符号来表示菜单项目。

（2）公共栏：主要用来显示当前所进行操作的一些设置选项，根据所选工具或对象的不

同，公共栏中出现的内容也不尽相同。

（3）工具栏：也称为工具箱。对图像的修饰、绘图等工具都从这里选择，如常见的选区工具、移动工具、画笔工具等。

（4）压缩面板区：存放各种面板。常见的如历史记录面板、色板等。单击红圈处，可使面板在展开与压缩状态间进行切换。

（5）面板区：也是用来存放面板的，实际上和压缩面板区的用途相同。通过单击红圈处的按钮可以使本区域面板在压缩或展开状态间切换。

（6）工作区：用来存放制作中的图像，是操作界面的核心区域。

Photoshop 可以同时打开多幅图像进行制作，可通过菜单【窗口】底部所显示的文件名称在多个图像文件间进行切换，也可以通过快捷键〖Ctrl + Tab〗完成文件切换。在 Photoshop 界面中，除了菜单的位置不可变动外，各种面板的位置都是可以自由移动的，我们可以根据自己的喜好去安排界面。面板在移动过程中有自动对齐其他面板的功能，这可以让界面看上去比较整洁。

需要注意的是，在菜单【窗口 > 工作区】中，选择不同的工作区会影响工具栏所出现的工具类型，部分工具可能被隐藏。为确保显示所有工具栏，应将工作区设置为“基本功能”，这也是本书后面内容所使用的标准工作区。

3.1.2 工作区

接下来介绍工作区域。如图 3-1-2 所示，工作区的顶部包括了图像名称、显示比例、色彩模式和通道模式等信息。如果图像修改后还未存盘，则会显示一个 * 号以示提醒。在工作区的底部，则包括了显示比例、分辨率等信息。如果同时开启了多个图像文件，则在工作区顶部的文件名处，多个文件以选项卡的形式并列显示，通过单击选项卡或〖Ctrl + Tab〗可在多个图像文件间切换，这也是图像的默认排列方式。

图 3-1-2

此外还有一种方式是各图像窗口独立显示，如图 3-1-3 所示，这种方式适合需要在各个图像之间传递数据的时候使用，比如将 A 窗口的一块区域移动到 B 窗口。当然，这种操作在上一种显示方式中也可以完成，只是不够直观。

图 3-1-3

在菜单中选择【编辑 > 首选项 > 工作区】，可以更改默认的图像窗口排列方式，如图 3-1-4 所示。如果显示器尺寸较小，勾选该项可最大效率利用屏幕。如果有较大尺寸的显示器，可取消勾选，让各图像窗口独立移动，以方便视觉查找和对比。

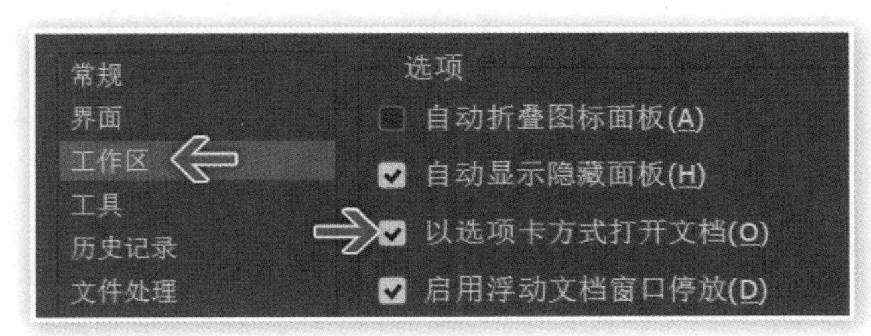

图 3-1-4

【操作提示 3.1】在选项卡和独立窗口间切换

除了更改首选项之外，如果只是临时需要更改工作区的窗口排列方式，可通过鼠标拖动窗口来实现。如图 3-1-5 所示，我们可在选项卡处按下并拖动鼠标后松手，该图像的选项卡即变为独立窗口。

图 3-1-5

若要将独立窗口变为选项卡式，则是将窗口拖动到工作区的顶端，当出现蓝色的合并指示线时（同时窗口会变为半透明）松手即可，如图 3-1-6 所示。由于出现合并线的区域较小，拖动操作需要细心一些。

图 3-1-6

选项卡和独立窗口两种显示方式可以并存，即一部分图像以选项卡方式排列，另外一部分图像以独立窗口方式显示，如图 3-1-7 所示。注意拖动必须是从图像窗口的标题栏（显示名称的区域）开始，而不能从图像区域开始，否则就变成是图像的合并而不是窗口的合并了。

图 3-1-7

3.1.3 使用面板

面板综合了一个操作中各种相关的参数，使用面板可以极大地提高操作的便利和效率。早期版本的 Photoshop 中，面板都是浮动的，为的是尽可能多地为工作区腾出空间，随着主流显示器分辨率的提高，现在的面板都被归并到了右侧，这样可以留出一个相对规整的工作区。

【操作提示 3.2】压缩和展开面板

单击图 3-1-8 所示红圈中的按钮，可使面板在压缩或展开之间进行切换。

图 3-1-8

【操作提示 3.3】分离和合并面板

为保证教程的统一性，大家首先通过在菜单中选择【窗口 > 工作区 > 基本功能】将 Photoshop 界面还原至基本功能状态。然后再在菜单中选择【窗口 > 导航器】，可开启导航器面板，单击如图 3-1-9 中所示红圈处的图标后，导航器面板可以在压缩与展开间进行切换，通过拖动导航器图标可将导航器面板分离出来，分离后的面板可独立压缩或展开。也可将其拖回压缩面板区（注意蓝色合并线），如图 3-1-10 所示。

图 3-1-9

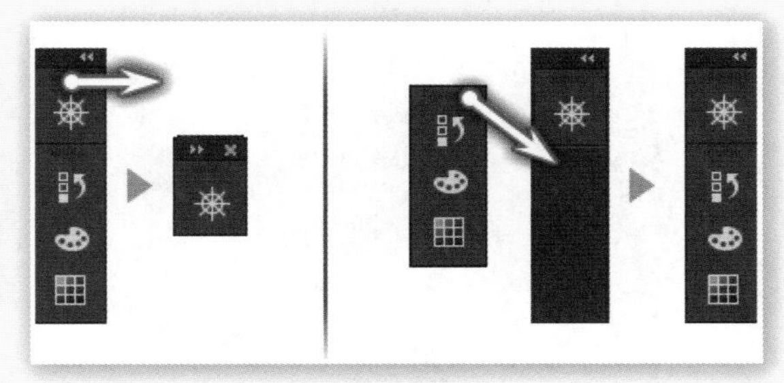

图 3-1-10

【操作提示 3.4】使用面板组合

面板无论在压缩状态还是在展开状态下都可以自由地排列，如可以上下并列、左右并列等，如图 3-1-11 所示。组合的方法就是将一个面板拖动到另一个面板中。

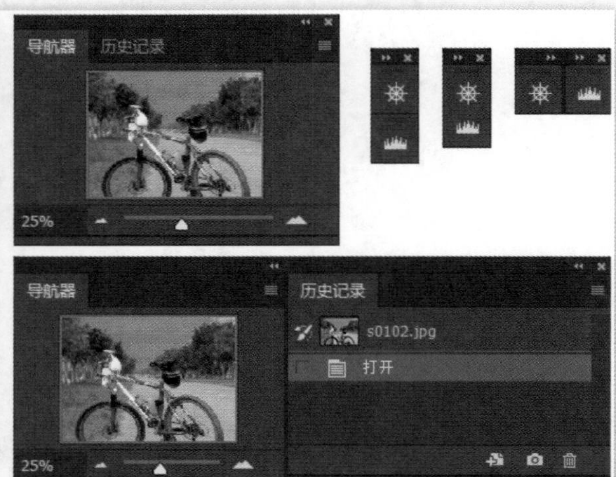

图 3-1-11

【操作提示 3.5】拉伸面板及使用面板菜单

绝大多数面板的大小都是可以改变的，可用鼠标拖动面板的边缘来调整面板的大小。有些面板由于存放的内容较多而配有滚动条。

几乎所有的面板都带有面板菜单，其中存放了一些与该面板相关的内容。通过单击箭头 1 所指处即可打开面板菜单，如图 3-1-12 所示。

图 3-1-12

3.1.4　自定义菜单和快捷键

Photoshop 允许使用者根据自己的习惯使用菜单和快捷键，比如可以将某些极少用到的菜单隐藏以节约菜单占用的空间，或将常用菜单项突出显示以便快速查找。在菜单中选择【编辑 > 菜单】，或者通过快捷键〖Ctrl ＋ Alt ＋ Shift ＋ M〗，可开启菜单定义窗口，如图 3-1-13 所示。单击图中红圈处，可把当前的菜单项打包成一个文件（文件扩展名为 .mnu），拷贝此文件到新的计算机中，即可把当前 PS 中设定好的菜单选项迁移到新计算机的 PS 中，从而可使得新计算机中的 Photoshop 的菜单与现在相同。

图 3-1-13

【操作提示 3.6】如何定义快捷键

自定义菜单的意义实际并不大，与之相比，自定义快捷键的实用性更强。自定义快捷键与自定义菜单是组合在一起的，如图 3-1-14 所示。展开其中的项目就会看到一些菜单项的快捷键设定，并可重新进行自定义。

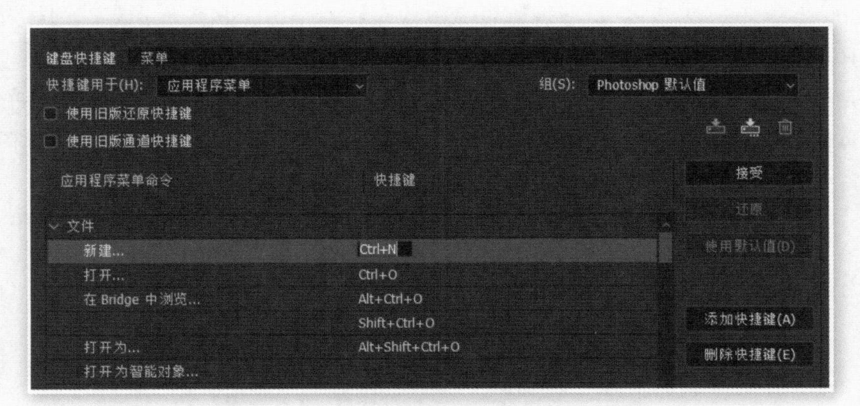

图 3-1-14

为了方便使用，Photoshop 对常用的操作都设置了默认的快捷键。这些默认的快捷键在 Adobe 体系的几大软件之间几乎可以通用，如〖F7〗在 Photoshop、Illustrator、

InDesign 中的作用都是开启图层面板。因此熟练掌握快捷键不仅可以提高工作效率，还可以触类旁通。快捷键设定同样可以保存至一个 .kys 文件中。

在操作中使用快捷键可有效提高效率，我们在今后的学习中会反复强调常用的快捷键，熟练掌握常用快捷键也是大家需要努力达成的目标之一。为保证与本书内容的一致，建议使用系统默认的快捷键。

3.1.5 存储界面布局

关于 Photoshop 界面的布局，每个人都有不同的习惯，最明显的区别就在于各个面板的摆放位置。即使是同一个人在针对不同用途制作时，面板的位置也可能不一样。通过【窗口 > 工作区 > 新建工作区】可将这些都存储起来，如图 3-1-15 所示。注意要勾选相应选项才能同时保存键盘快捷键、菜单和工具栏设定。

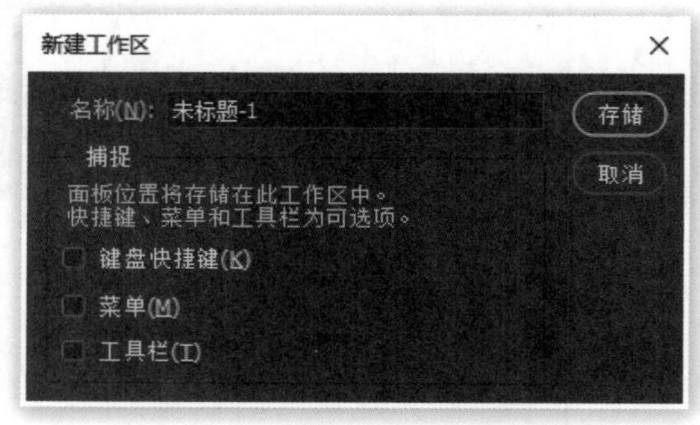

图 3-1-15

3.1.6 切换屏幕显示模式

在 Photoshop 中可通过〖F〗切换屏幕显示模式，或单击工具栏最下方的图标进行切换，如图 3-1-16 所示，共有 3 种显示模式可供选择。

在全屏模式下所有的界面元素都自动隐藏以提供最佳的视觉效果，此时只能通过快捷键开启面板或使用工具。在大家熟练掌握快捷键后，可以极大地提高操作速度。全屏模式按下 Tab 键可显示或隐藏面板，这个操作在任一显示模式下都有效。

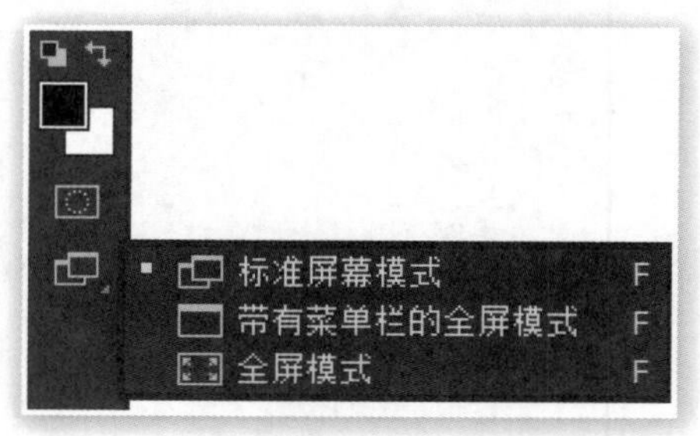

图 3-1-16

3.1.7　Adobe 体系软件的通用性

Adobe 体系的软件在设计风格上都大体相似，操作上也有很高的相似度。如矢量软件 Illustrator 就具有与 Photoshop 相同的面板组合与解散操作。很多快捷键如〖F7〗图层面板、〖Ctrl + K〗开启预置等更是与 Photoshop 完全相同。因此只要大家熟练使用 Photoshop 后，遇到 Adobe 体系中的其他软件也都可以很快上手。即便是在 Adobe 体系之外，大多数同类软件多少都与 Photoshop 有几分相似，因此认真学习好 Photoshop 对今后学习其他软件也有很大的帮助。

3.2　新建图像

我们前面打开的都是现成的图像文件，更多的时候，我们需要新建空白图像文件进行创作，下面我们学习一下如何新建一个空白的图像文件。

3.2.1　新建空白图像文件

新建图像文件的方法是在菜单中选择【文件 > 新建】，或者使用快捷键〖Ctrl + N〗，将会出现如图 3-2-1 所示的对话框，下面我们对其中的内容进行讲解。

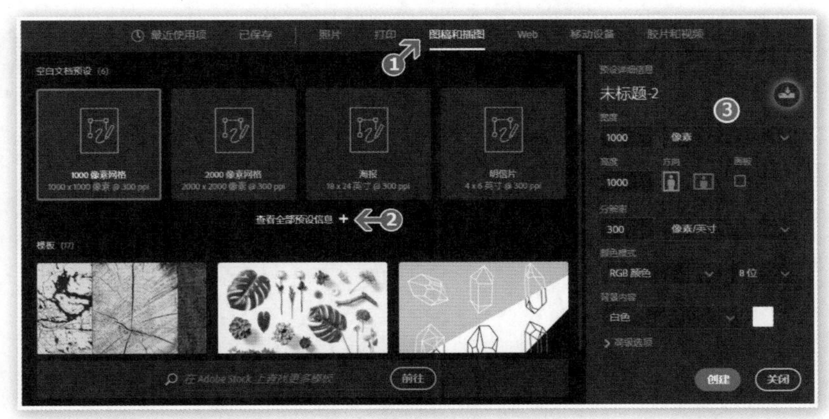

图 3-2-1

（1）单击箭头 1 所在行的几个标签，可选择预设的不同类别；单击箭头 2 处（需登录账号下载模板后才可见），可展开该类别下所有的预设项目。

（2）预设中分为空白文档和模板两种。空白文档会建立一个空白的图像，其仅对文档的尺寸、分辨率和图片模式等基本参数进行了预设。而模板则可建立包含各类素材和元素的图像，如果选择了适当的模板，经过再加工可快速生成作品。模板需要登录账号后经过在线下载方可使用，有些模板需要付费。

（3）在右侧的 3 号区域，为新建图像的预设的显示及修改区，其中的参数依据所选预设的不同而有所差异。它们之间的主要区别在于尺寸、单位和色彩模式。比如 Web 类预设使用像素作为单位，色彩模式为 RGB，分辨率为 72dpi；打印类的预设则使用厘米作为长度单位，色彩模式为 CMYK，分辨率为 300dpi。

（4）除了预设中默认的参数外，也可以通过手动输入的方式来对新建图像的参数进行重新设置。

（5）在高级选项中可以选择色彩配置文件和像素的长宽比。一般 CMYK 色彩需要选择对应的色彩方案，像素长宽比默认 1 ∶ 1（即方形像素）。

（6）单击红圈处可将上述各项参数存储为自定义的预设，方便再次使用。

【操作提示 3.7】纸张规格

在打印类预设中，包含 A4、A3 等纸张规格，这种以 A 开头的纸张规格，称为 A 类纸张规格。如图 3-2-2 所示，造纸厂出产的全张纸对切一半，得到的两张纸就是 A1 规格，A1 再对切后得到 A2，而 A4 就是全张纸经过 4 次对切后得到的，尺寸为 210 毫米 ×297 毫米，这是我们常用的纸张规格之一。还有一类 B 类纸张，切割原理相同，只是尺寸有所区别。

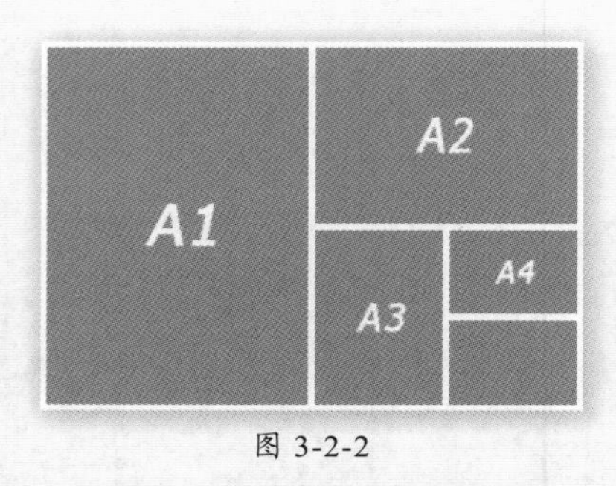

图 3-2-2

3.2.2　新建各种用途的空白图像

依据不用的用途，在新建图像的时候也要加以注意。其中主要注意的有两点：一是长度单位及分辨率；二是色彩模式。

按照之前学习过的知识，如果作品最终是通过显示设备（包括电脑显示器、手机、投影等）来呈现，由于此类设备主要是以自发光的方式呈现图像，所以应该使用 RGB 色彩模式，并使用像素作为长度单位，这样可确保图像与显示设备的匹配。之前范例中我们新建的是 Web 类预设，该类别主要用来进行网页制作，如设计网页页面、设计用于网页中显示的其他图像等。由于此类作品大都在屏幕上呈现，因此也适用 RGB 色彩模式和像素单位。

如果作品需要通过非电子媒介呈现，如打印、印刷、喷绘等，则需要使用 CMYK 色彩模式和传统长度单位。CMYK 色彩模式与打印或印刷的油墨颜色对应，而使用传统单位长度如厘米、英寸等则有利于直观把握图像的输出尺寸。分辨率一般要设置在 300dpi 以上以确保近距离阅读的质量，如果阅读距离较远如大幅喷绘等，则可适当调低分辨率。

【操作提示 3.8】通过剪贴板新建图像

如果系统的剪贴板中保存有一幅图像的话，Photoshop 会自动将其作为新建的空白图像尺寸，此时预设中显示的是“剪贴板”，这样在新建之后便可直接粘贴图像。这个功能适合从浏览器中复制图像后直接粘贴到 Photoshop 中，而不需要先以文件方式保存图像再用 Photoshop 打开。

3.3　画笔工具的使用

画笔工具在 Photoshop 中的应用广泛，它并非字面上所展现的只是用来画图，很多其他的操作也都需要结合画笔来完成，因此我们将其作为单独的内容来学习。

3.3.1　选用画笔

【操作提示 3.9】使用工具栏

画笔工具位于工具栏中，快捷键是〖B〗或〖Shift + B〗。如图 3-3-1 所示，我们发现有 4 个工具都被归到一起，这是由于工具总数太多，所以功能相近的工具被整合在一起以节约界面显示空间。在工具栏对应的工具上单击，可选择该工具，长按、单击工具右下角的小三角，或单击右键都可展开该位置的所有工具。可以看到画笔工具中整合了画笔、铅笔、颜色替换、混合器画笔 4 样工具。

被归类在一起的工具，调用快捷键也相同，如图中 4 种工具的快捷键均为〖B〗。按下快捷键〖B〗的时候，选中的是该处最后一次使用的工具。连续按快捷键〖Shift + B〗则可在 4 种工具中进行切换。

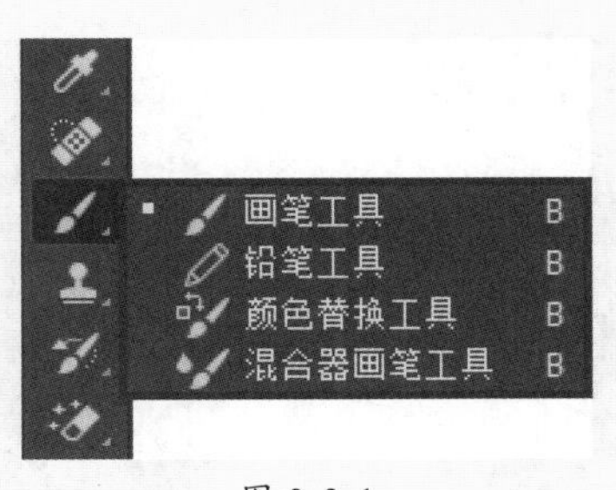

图 3-3-1

【操作提示 3.10】默认色及交换前景色与背景色

在 Photoshop 中，颜色分为前景色与背景色。能够被画笔直接使用的是前景色，有关背景色的用途以后会学习到。在前景色与背景色中，黑白两色最常用，不仅是绘图，

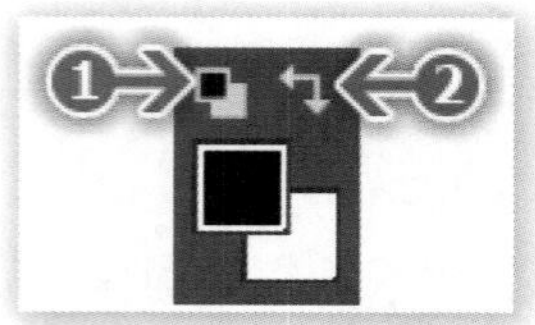
图 3-3-2

还在其他如蒙版等地方发挥着重要作用。按下〖D〗或单击图 3-3-2 中的箭头 1 处，可还原到默认的前景色与背景色色彩设置，即前景黑色、背景白色。按下〖X〗或单击箭头 2 处，可交换前景色和背景色。

在实际操作中如果需要确保将前景色设为黑色，直接按下〖D〗即可。要确保设为白色则依次按下〖D〗、〖X〗，请牢记这两个常用快捷键。

【操作提示 3.11】复位工具

在选择画笔工具〖B〗后，Photoshop 的公共栏就会随之出现有关画笔工具的一些设定选项。大家首先在图 3-3-3 中的标记 1 处单击右键，在弹出的选项中选择“复位工具”，该操作可以将画笔工具恢复到默认状态，“复位所有工具”则面向所有工具。为确保一致性，本书中的内容都会从默认状态开始，如果大家发现自己的软件设定与书中不同，可尝试执行复位操作。

图 3-3-3

接着单击图 3-3-4 中标记 1 处，在弹出的设定框中选择标记 2 处的“硬边圆”画笔。如果画笔设定不一致，可单击红圈处的按钮后下拉菜单中选择“恢复默认画笔”并按下确定按钮。单击标记 3 处可开启如图 3-3-5 所示的画笔详细设置面板，可以看到其中大小的值为 13 像素，硬度为 100%，间距为 5%。这个设置面板中的内容将在后文介绍。

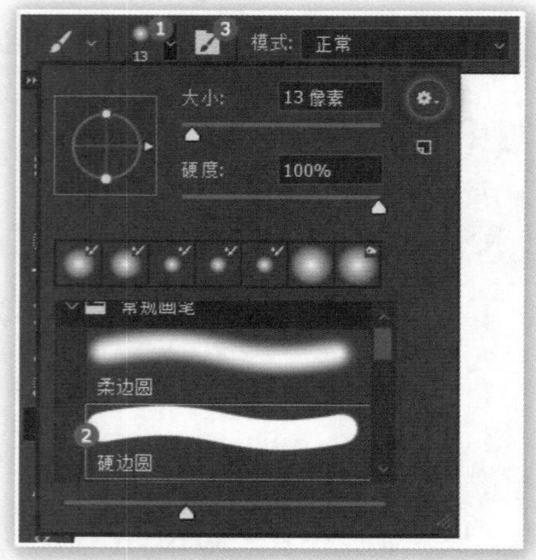

图 3-3-4

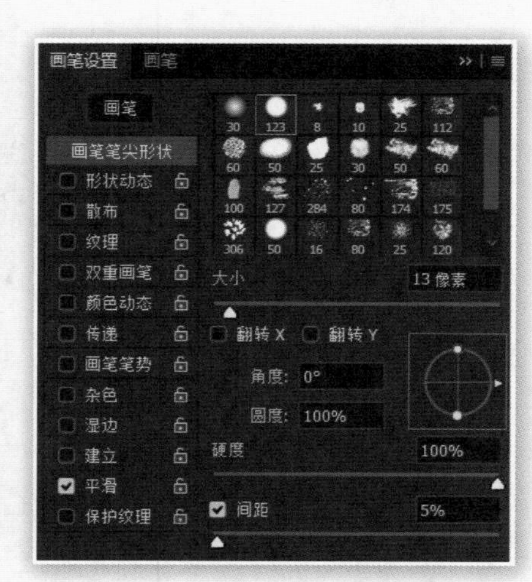

图 3-3-5

3.3.2　使用画笔绘制图像

新建一幅 400×300 的空白图像，如图 3-3-6 所示，注意不要勾选箭头 1 处的“画板”选项。接着就开始使用画笔画下我们的第一笔：按下鼠标并拖动即可绘制图像，松开鼠标即可结束绘画。可在多个地方重复绘制。它的意义不亚于人类在月球表面留下的第一个脚印，因此请画得好看些，如图 3-3-7 所示。

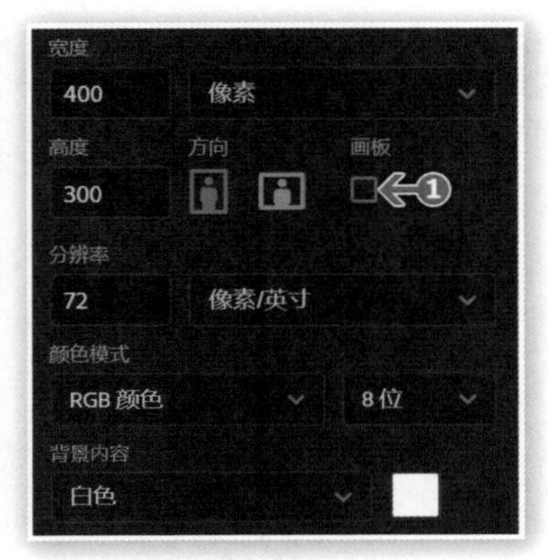

图 3-3-6

图 3-3-7

画笔工具的选项都位于公共栏中，现在把“不透明度”降低到 15%，如图 3-3-8 所示。

图 3-3-8

降低画笔的不透明度后，绘制的色彩将会变浅。注意分次绘制时在笔画交叉的地方会有重叠的效果，一次性绘制时则不会，如图 3-3-9 所示。一次性绘制指的是鼠标左键从按下到松开，这样算作一次绘制。大家也可以使用不同的不透明度以及不同的前景色来试验。

图 3-3-9

【操作提示 3.12】更改画笔不透明度

改变画笔不透明度的方法有 5 种，这 5 种方法基本适用于 Photoshop 中所有需要数值调整的地方。

（1）将鼠标移到不透明度数值上单击后输入数字，或单击后上下滚动鼠标滚轮，每次增减数值为 1，按住 Shift 键时每次增减数值为 10。

（2）单击数字右边的三角箭头，拖动弹出的滑块。

（3）把鼠标移动到“不透明度”这几个字上面，此时鼠标光标会变为双向调整箭头，按下鼠标后左右拖动即可改变数值，效果与第 2 种方法类似。按住 Shift 键可加速，按住 Alt 键可减速。

（4）直接按下回车键，此时不透明度数值将被选中，然后直接输入数字即可。注意此方法仅在当前的工具为画笔工具或铅笔工具时适用。但对于很多工具来说，直接按回车键都会进入到某个参数的设置状态，大家可以多加尝试。

（5）直接按字母区或数字小键盘上的数字键，改为 80% 就按 8，40% 就按 4，100% 按下 0，15% 就连续按下 1 和 5。1% 就连续按下 0 和 1，这种方法最快速也最准确。注意此方法并非在任何地方都适用。

【操作提示 3.13】使用历史记录

在这里我们先来学习一下历史记录功能，以方便大家今后的使用。通过在菜单中选择【窗口 > 历史记录】，可开启历史记录面板，从中我们可看到图像所经过的所有操作步骤，每个步骤从上至下按时间的顺序进行排列，如图 3-3-10 所示。单击相应步骤就可以回到该次操作之后的状态，也就是说，我们可通过历史记录功能来撤销最近的一步或多步操作。

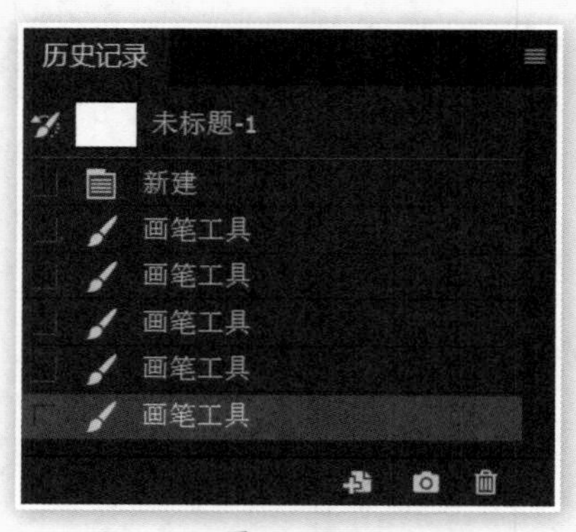

图 3-3-10

历史记录默认的可撤销步骤为 50 步。在菜单中选择【编辑 > 首选项】，或按快捷键〖Ctrl ＋ K〗，打开首选项设置窗口，选择“性能”选项卡，在其中的“历史记录状态”选项中，可修改历史记录的数量。设置更高的数值需要更强大的硬件性能，建议使用默认的 50 即可。今后我们会教大家如何利用调整图层和智能对象来增加操作的可逆性，并有效减弱对历史记录的依赖。

通过快捷键〖Ctrl + Z〗可撤销最近一步操作，〖Ctrl + Shift + Z〗则可还原最近一步撤销的操作（也称重做），在历史记录面板中也可以看到这些操作带来的改变。需要注意的是，如果在返回之前的步骤后做了其他操作的话，原来跟在后面的步骤会被全部清除。这个其实很好理解，假设我们画了一个圆并且移动了几次，然后回到之前把圆删除了，那么其后的移动自然无从提起，历史记录中的前后步骤间是因果关系。

早期版本的 Photoshop 中的撤销快捷键为〖Ctrl + Alt + Z〗。

【操作提示 3.14】设定画笔流量和平滑

我们把图片文件撤销到新建时的空白状态（或另外新建），先把画笔的不透明度改回为 100%。接着我们来看一下画笔选项的“流量”是做什么用的。

首先选择一个较为鲜艳的颜色，将画笔流量设为 1% 后在画布中涂抹。起初会觉得和降低不透明度效果差不多，但随着多次涂抹就会逐渐发觉有所不同。那就是其在一次性绘制中笔画重叠的区域也会加深，如图 3-3-11 所示。这与我们日常中的经验较接近，使用的水彩笔在白纸上涂抹也是这样的效果。

图 3-3-11

图 3-3-12 所示为两个几乎相同的鼠标轨迹，在不同平滑选项下的视觉表现差异。平滑选项可令手工绘制的轨迹变得圆滑，会自动检测拐角并加以处理。设为 0% 时画笔将完全还原鼠标的轨迹，但由于手动操作的不准确性，画出来的轨迹可能很曲折，容易出现尖锐的拐角。在设为 100% 时则较容易绘制出蜿蜒的曲线，拐角处平整圆滑，视觉效果较好。建议保持适当的平滑值设定。

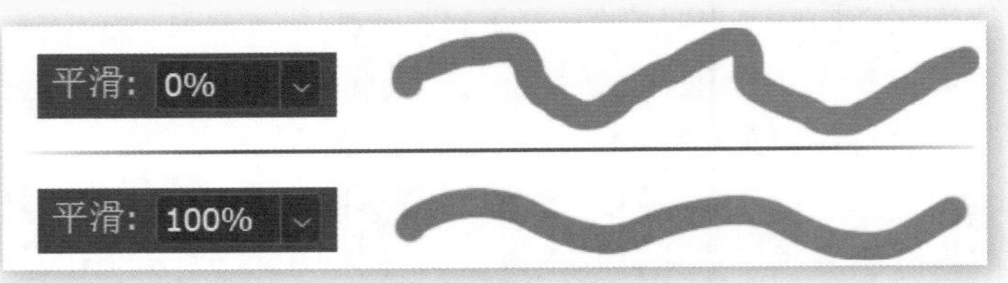

图 3-3-12

更改流量的快捷键和更改不透明度快捷键类似，也是通过数字键操作，不同的是要先按住 Shift 键再按相应的数字键（只能是键盘上方的数字键才有效，小键盘的数字键无效）。如 50% 就是〖Shift + 5〗，80% 就是〖Shift + 8〗，45% 就是〖Shift + 45〗，1% 就是〖Shift + 01〗。更改平滑值则是通过按住 Alt 键后输入数字。

【操作提示 3.15】使用填充功能

我们可以通过撤销历史记录将图像返回到新建时候的白色，也可以通过填充白色来达到同样的效果，类似于“重新粉刷”一样。可通过菜单【编辑 > 填充】或快捷键〖Shift + F5〗开启填充对话框，如图 3-3-13 所示。这个填充对话框的其他功能将在以后介绍。

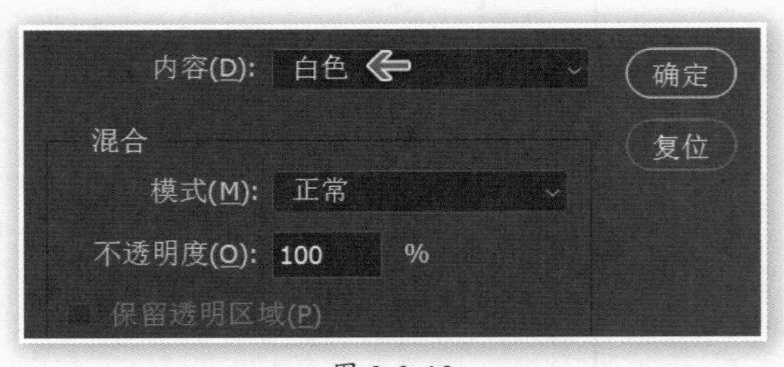

图 3-3-13

【操作提示 3.16】使用前景色或背景色填充

如果我们只是填充白色或黑色，则可以直接通过快捷键来完成，方法是按快捷键〖D〗、〖X〗、〖Alt + Delete〗。第一个快捷键的功能是恢复默认的前黑后白色，第二个快捷键的功能是交换前景背景色，最后的组合快捷键是使用前景色对图片的整体区域进行填充（当然如果有选区则仅对选区进行填充）。填充背景色的快捷键是〖Ctrl + Delete〗。Delete 键就是删除键，也可以使用 Backspace（退格键）来代替。

【操作提示 3.17】动态更改画笔参数

在使用绘制类工具时，按住 Alt 键后按下鼠标右键并移动鼠标(此时可松开 Alt 键)，可动态改变画笔参数，左右移动更改大小，上下移动更改硬度。画笔的作用范围会以红色显示，并会实时提示画笔参数，如图 3-3-14 所示，这在日常工作中是一个非常常用且高效的小技巧。

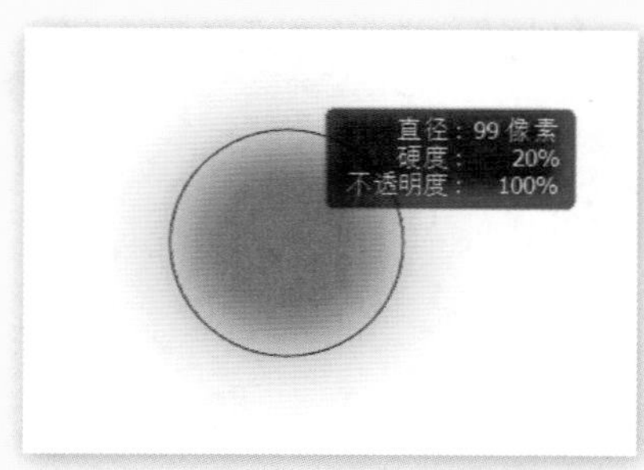

图 3-3-14

需要注意的是，这里所说的是绘制类工具包括但不限于画笔工具。画笔设定在 Photoshop 中属于全局共用性质；其他工具，如橡皮擦工具也可通过设定笔画参数来实现不同的擦除效果，这个工具在后面将会讲解到。

此外，单击右键会出现画笔预设框，可在其中拉动滑块改变画笔直径，也可以使用快捷键〖]〗和〖[〗来增加或减小画笔直径，注意通过快捷键增减的画笔直径数值并不一定是 1 像素，大家可以进行尝试。

如果需要精确调整画笔直径，还是需要在画笔预设框中拉动滑杆或直接输入数字来实现。在改变画笔直径的同时，鼠标的光标指示也会相应变化以供视觉参考。不同直径的画笔如图 3-3-15 所示。

现在我们将笔刷直径设为 30，硬度设为 100%，在图像左部点一下，这样出现了一个圆。然后把笔刷硬度设为 50% 和 0%，在右边再分别点一次，将会出现如图 3-3-16 所示的三个圆。笔刷的硬度在效果上表现为边缘的虚化（也称为羽化）程度。较软的笔刷由于边缘虚化，看上去会显得较小些，但其实直径是相同的。

图 3-3-15　　图 3-3-16

更改笔刷硬度的快捷键是〖Shift + [〗和〖Shift +]〗，每次改变 25%。注意当笔刷变软的时候，鼠标光标会轻微地缩小，这是 Photoshop 对半透明区域的显示原因所致（以后将会学习到），而不是笔刷的直径发生了改变。

【操作提示 3.18】使用喷枪方式

现在我们将画笔直径设为 30 像素，硬度设为 20%，流量设为 30%，然后开启箭头 1 处的喷枪方式，如图 3-3-17 所示。之后在画面中先单击一下即松手，再在另外一个地方按住约 3 秒后松手，会看到如图 3-3-18 所示的效果比较。喷枪就如同现实中的喷漆一样，是一种随着喷射时间的加长而逐渐增加浓度的方式。

图 3-3-17

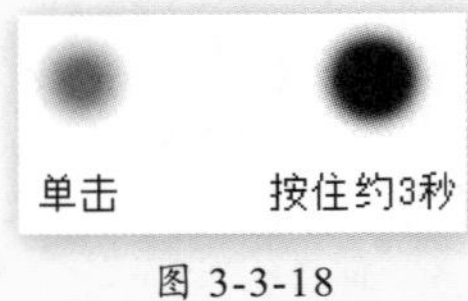

图 3-3-18

【操作提示 3.19】绘制直线

画笔工具可以用来绘制直线。在工具箱中选中画笔工具，按 Shift 键并拖动鼠标，可绘制水平或垂直的直线。现在尝试画出图 3-3-19 所示的 T 字形出来。

如果画第一笔横线的方向是从左到右，然后按住 Shift 绘制第二笔竖线的时候，可能会出现图 3-3-20 所示的效果，第一笔的终点和第二笔的起点被连接在了一起。要避免这种情况，可在完成第一笔绘制之后先切换到其他工具再切换回来，或者画第二笔时先按下鼠标后再按 Shift 键，并拖动鼠标。

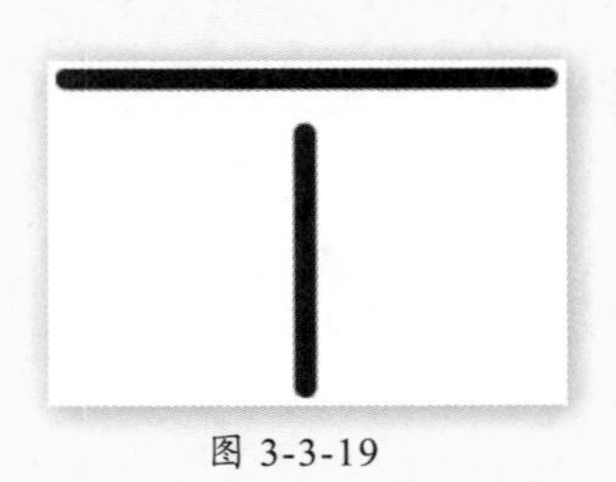

图 3-3-19

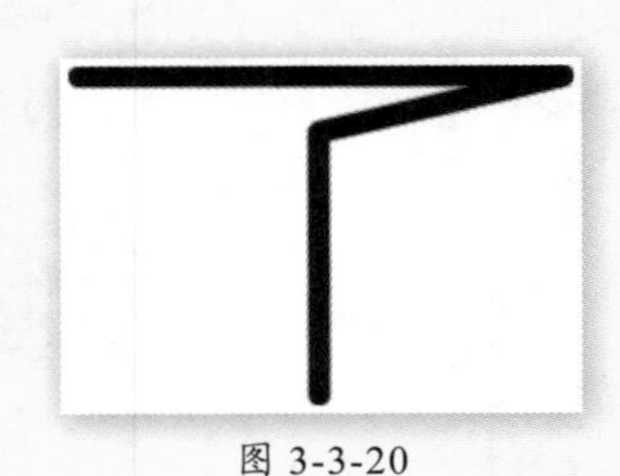

图 3-3-20

如果要绘制任意角度的直线可以先在起点处单击一下，按住 Shift 键后单击终点处，即可完成这两点间的直线连接。这也是上一个例子中出现错误的原因，Photoshop 认为我们是要将第一笔的终点与第二笔的起点相连。

持续按住 Shift 键单击即可连续绘制直线，而不需要每次都设定起点和终点，因为第一条直线的终点同时也是第二条直线的起点。现在尝试把图 3-3-21 所示的形状绘制出来。需要注意的是，如果画笔设定的间距选项（后面内容中将会介绍）没有开启，则无法通过此方法绘制直线。如果画笔在绘制过程出现问题，可尝试复位工具。

图 3-3-21

【操作提示 3.20】存储画笔设定

如果需要将画笔设定存储起来，可单击如图 3-3-22 所示的红圈处打开面板菜单，选择“新建画笔预设”，Photoshop 会自行用适当的描述给画笔命名，也可自行输入名称。存储选项中可以包含画笔的设置和当前所用颜色。

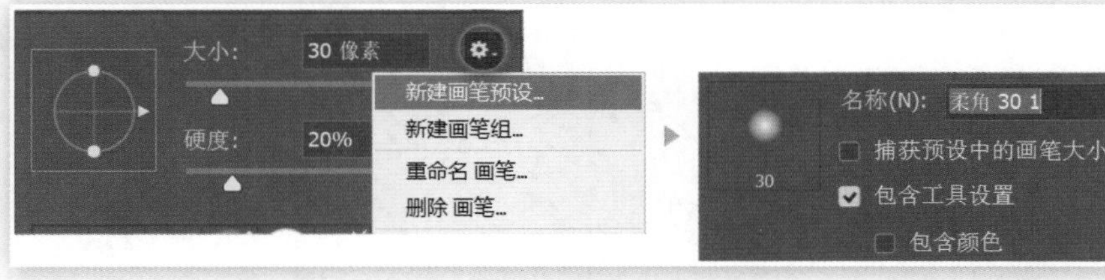

图 3-3-22

3.4　画笔形态的详细设置

Photoshop 中的画笔其实应该分为两个概念，第一是工具，第二是形态。工具就是指画笔工具，形态指的是其大小、硬度等参数的总称。为了正确区分两者，我们使用笔刷这个词来表示画笔形态。笔刷是全局设定，并非只用于画笔工具，笔刷在所有绘制类的工具中都能使用。在选择一个工具后，如果在公共栏中出现笔刷选项，则这个工具就属于绘制类工具。

除了之前学习过的笔刷的大小和硬度之外，Photoshop 还为笔刷提供了非常多的功能设定，按快捷键〖F5〗即可调出如图 3-4-1 所示的笔刷设定面板。选择图中箭头 1 处所示的画笔设定，同时取消标记 2 处所示的“形状动态”和“平滑”选项。画笔缩览图下方的 30 表示该画笔直径默认为 30 像素。

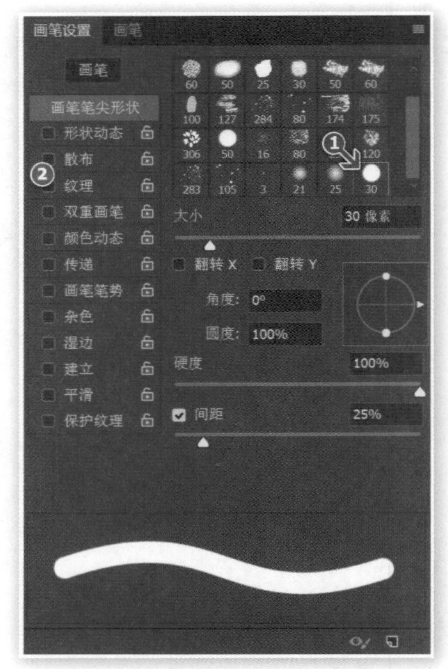

图 3-4-1

在这个图中我们看到了熟悉的画笔直径和硬度，它们的作用与之前学习过的相同，是对大小和边缘羽化程度的控制。最下方的一条波浪线是笔刷效果的预览，相当于在图像中连续绘制的效果。当设置更改后这个预览图也会随之改变。

3.4.1 改变笔刷间距

现在看一下硬度下方的间距选项，其 25% 的数值是什么意思呢？

笔刷工具绘出的曲线，实际上可看作是由许多圆点连接而成的，如图 3-4-2 所示。如果我们把间距设为 100%，就可以看到头尾相接依次排列的各个圆点；如果设为 200%，就会看到圆点之间有明显的间隙，其宽度正好足够再容纳一个圆点；如果是 300% 的话则更宽一些，间隙可以容纳两个圆点。由此可见，间距就是每两个圆点圆心间的距离，间距越大圆点之间的距离也越大。

图 3-4-2

之前我们之所以在绘制时并没有感觉出线段是由若干圆点组成的，是因为在间距与圆点的比值一定的情况下，笔刷直径越小，圆点的间距越小，边缘显得比较平滑；而当直径较大时，通过百分比计算出来的圆点间距也较大，边缘在看上去可能就不那么平滑了。现在保持 25% 的间距，将直径设为 130 像素，然后在图像中绘制一条直线，将会看到在直线的上下边缘都出现了波浪状起伏。将若干个圆顺序排列后也会出现同样的效果，如图 3-4-3 所示。

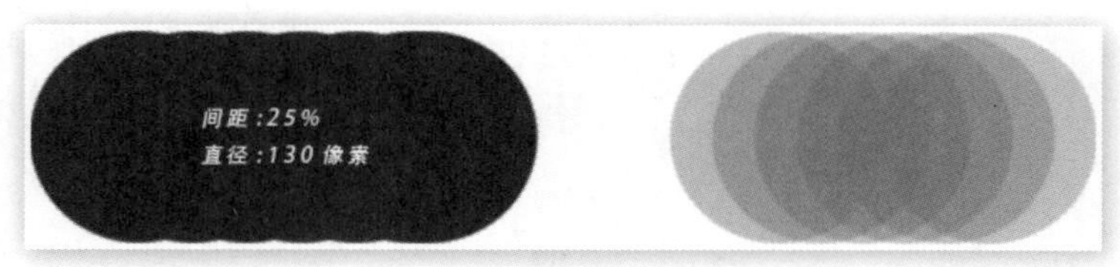

图 3-4-3

因此在使用较粗的笔刷时应适当降低间距以避免出现波浪边缘。由于间距的最小数值为1%，而笔刷的最大直径可以达到 5000 像素，因此在最大直径时笔刷的间距也将有 50 像素。不过这种情况在实际应用中极少见，因为在需要很粗的线段时还不如直接绘制一个矩形。

如果关闭间距选项，那么圆点分布的距离就以鼠标拖动的快慢为准，慢的地方圆点较密集，快的地方则较稀疏。

3.4.2　改变笔刷圆度

通过控制圆度可以将笔刷形状设为椭圆，如图 3-4-4 所示。圆度的百分比代表椭圆纵横直径的比例，100% 时是正圆，50% 时为横向椭圆，0% 时椭圆就变成了一根水平直线。角度指的是椭圆的倾斜角，对正圆（圆度 100%）没有效果。这两个参数的设置方法，可在设置框中输入数值，也可拉动圆上的两个控制圆点来改变圆度，在方框中任意位置单击或拖动鼠标，可改变角度。

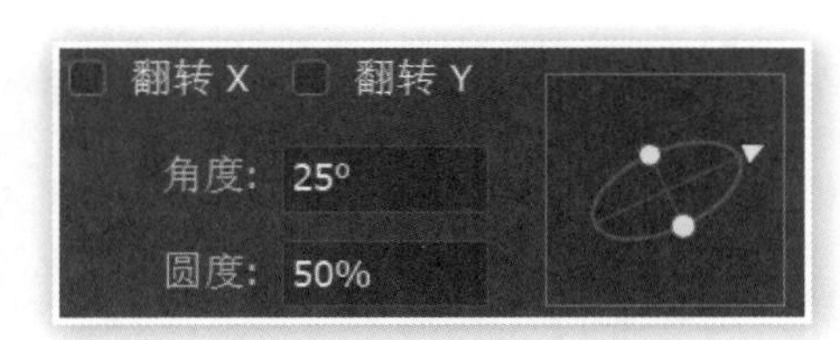

图 3-4-4

3.4.3　翻转的概念

在圆度设定中使用翻转 X 与翻转 Y 后，虽然设定中角度和圆度未变，但在实际绘制中会改变笔刷的形状。翻转 X 就是沿 X 轴方向（即横方向）进行翻转，翻转 Y 则是沿竖方向翻转，如图 3-4-5 所示。

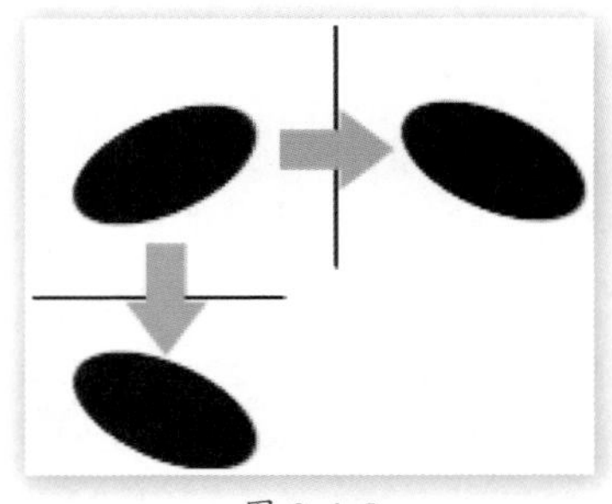

图 3-4-5

翻转和旋转是两个不同的概念，如图 3-4-6 所示。仔细观察一下椭圆边缘的三个点在翻转之后的位置，就会明白这并不是旋转能够做到的。翻转又称为镜像，将椭圆画在纸上后，镜子中就看到的椭圆就是镜像。

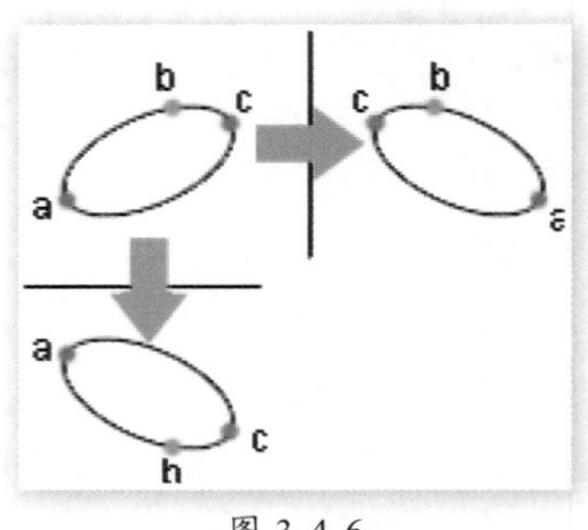

图 3-4-6

3.4.4 椭圆笔刷的间距特点

前面我们说过笔刷的间距问题在笔刷为椭圆的情况下有些特殊。我们设置一个直径 20 像素，角度 15°，圆度 50%，间距 200% 的笔刷，使用 Shift 键的直线功能绘制一个类似图 3-4-7 的效果，会看到两条直线的笔刷间距不同，这是因为笔刷间距比例是以椭圆的短半径作为基准的。如果把圆度设置得大一些如 60%，以 200% 的间距就不可能画出相接的圆点了，如图 3-4-8 所示。

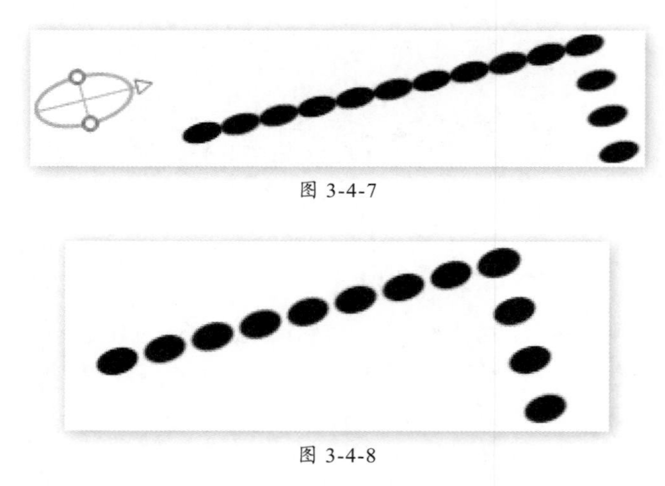

图 3-4-7

图 3-4-8

3.4.5 笔刷的形状动态

现在我们来学习笔刷设定中的形状动态。先选择预设中的 30 像素笔刷，然后将形状动态的大小抖动设为 100%，会看到笔刷变得粗细不一，如图 3-4-9 所示。这里的“抖动”是一个不准确的英文翻译，很多国外的软件之所以难学，就是因为有许多此类含糊不清甚至是莫名其妙的直译。在这里抖动的真正含义是无规律随机变化的意思。大小抖动就是直径的大小随机产生，即笔刷的直径大小变化是无规律的，即组成线段的各圆点有的大有的小，这样每次绘制出的线段也不尽相同。

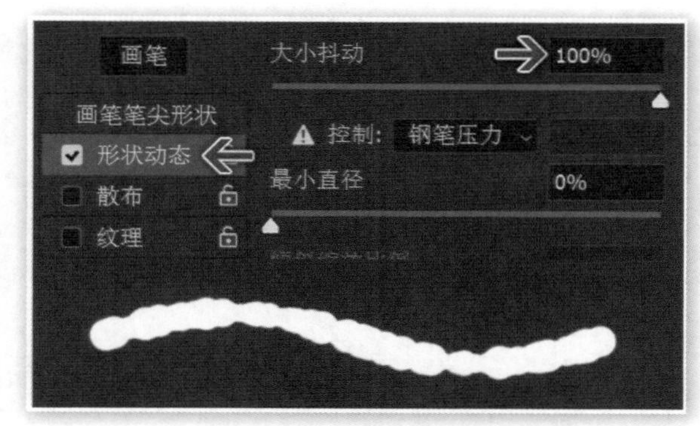

图 3-4-9

为了更好地观察笔刷圆点大小变化的效果，可以尝试将间距设为 150%，如图 3-4-10 所示，笔刷的变化效果就十分明显了。

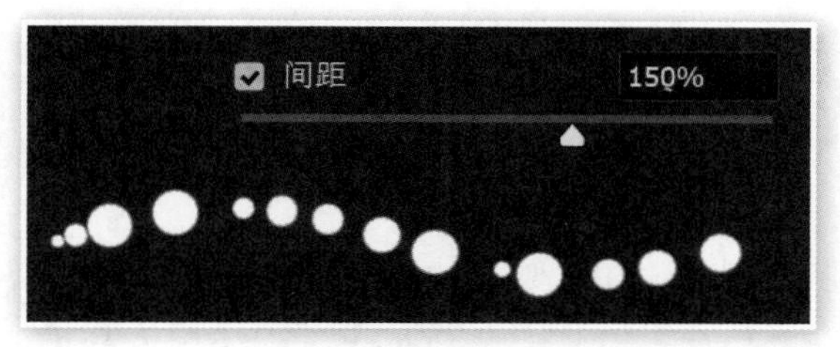

图 3-4-10

大小抖动的百分比数值越大，笔刷圆点间的直径反差就越大。如果笔刷的直径是 10 像素大小抖动为 100% 的话，变化的范围就是 10 至 1 像素（计算结果为 0 时加 1），大小抖动为 50% 时变化范围是 10 至 5 像素；如果笔刷直径 12 像素，大小抖动为 100% 时，大小抖动的范围为 12 至 1 像素，50% 的时候是 12 至 6 像素，30% 的时候是 12 至 8 像素。在大小抖动滑杆的下面有一个控制选项，当控制选项的设置不为“渐隐”时，其下面的最小直径的选项，用以规定渐隐效果的最小的圆点直径。现在我们先在笔尖形状中设定一个直径 10 像素、间距 150%、圆度 100% 的笔刷，再在形状动态中分别设定如下并分别绘制曲线。

（1）大小抖动 0%，控制关。这其实等同于关闭整个“形状动态”选项。

（2）启用大小抖动下面的“控制”选项，选择“渐隐”，后面的数字填 20，最小直径 0%。

（3）接着将最小直径设为 20%。

三条曲线的绘制效果如图 3-4-11 所示。注意，使用笔刷预设中的这些选项时，图中红圈处的“始终对大小使用压力”选项必须处于关闭状态，此项关闭后，画笔设置窗口中的“最小直径”设置才会起作用。

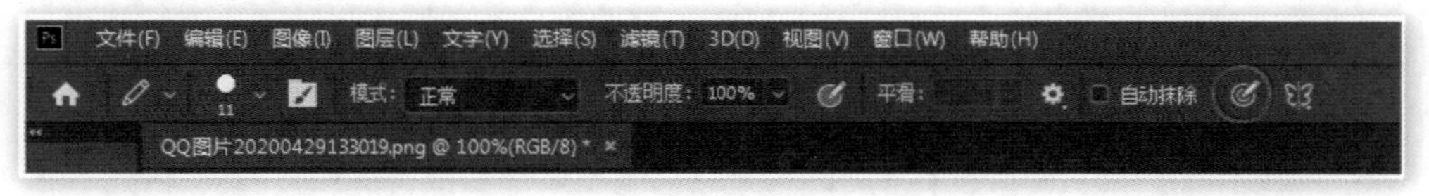

图 3-4-11

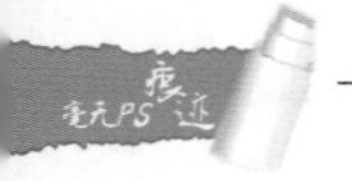

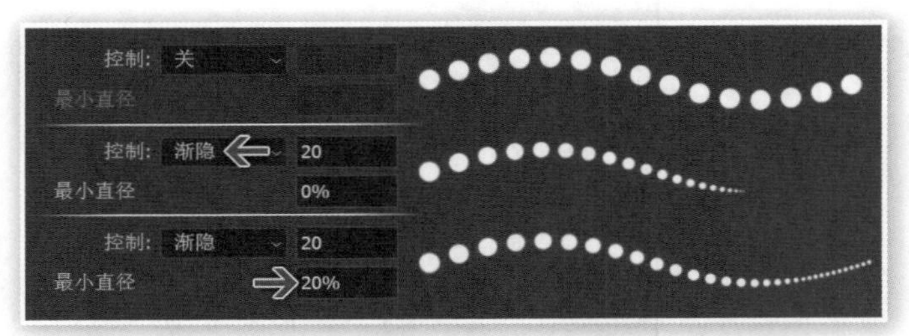

图 3-4-11（续图）

3.4.6 笔刷的渐隐选项

要弄清楚上述的效果，首先要明白“渐隐”的含义。所谓渐隐指的是画笔从大到小，或从多到少的变化过程，是一种状态的过渡。就如同我们喝饮料一样，喝的过程就相当于饮料的渐隐过程。现在来看图 3-4-11 的三条线段。

上面的直线的设定实际上等同于关闭“形状动态”选项，这条线在这里主要是作为参照。

中间的直线打开了渐隐控制，意味着从 10 像素的大小开始“逐渐地消隐”直到 0 为止，因此看到笔刷圆点逐渐缩小直至完全消失。而后面填的数值 20 就是完成渐隐所需的点的个数，意味着经过 20 个圆点后完成渐隐过程。

下面的直线打开了最小直径的控制，10 像素的 20% 就是 2 像素，此时渐隐选项就不能完全把笔刷的大小降到 0 像素了，而只能达到 2 像素。笔刷从 10 像素过渡到 2 像素的过程是 20 个笔刷圆点，之后便始终保持 2 像素的大小。

3.4.7 使用数字绘图板进行控制

在控制选项中除了渐隐之外，还可以使用钢笔压力、钢笔斜度、光笔轮。这些选项需要安装数字绘图板才能使用。数字绘图板可以感应笔尖接触的力度大小（通俗地说就是下手轻重的区别），这就是所谓的“钢笔压力”。高级的绘图板还可以感应出电子笔的倾斜程度（即钢笔斜度）和笔尖旋转角度，光笔轮则是有些电子笔上附带的滚轮。数字绘图板的绘图效果是普通鼠标难以比拟的。

这里的“钢笔压力”又是一个不准确的翻译，不仅难以从字面理解功能，还容易与 Photoshop 中的钢笔工具产生概念混淆，如果翻译为“数码笔压力”则好得多。

3.4.8 形状动态的其他设定

至于“形状动态”中其他的两个控制选项“角度抖动”和“圆度抖动”，则是对椭圆形笔刷角度和圆度的控制。定义过程和相应关系与前面所说的大小抖动是一样的，大家自己动手尝试即可。为了让效果更明显，建议更改一下前面所用的笔刷：角度 90°，圆度 50%，间距 300%，如图 3-4-12 所示。

角度抖动就是让扁椭圆形笔刷在绘制过程中不规则地改变角度，这样看起来笔刷会出现“歪歪扭扭”的样子。圆度抖动就是不规则地改变笔刷的圆度，这样看起来笔刷就会有“胖瘦”之分。可以通过“最小圆度”选项来控制变化的范围，道理和大小抖动中的最小直径一样。

两种效果如图 3-4-13 所示。

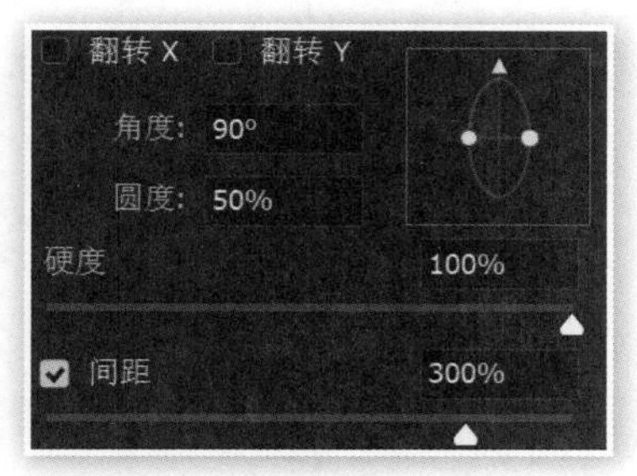

图 3-4-12

图 3-4-13

需要注意的是，在笔刷本身的圆度设定是 100% 的时候，由于是正圆，因此单独使用角度抖动没有效果。但如果同时开启圆度抖动的话，由于圆度抖动让笔刷有了各种椭圆形，因此角度抖动也就有效果了。

翻转 X 与翻转 Y 的抖动选项同笔刷定义中的翻转意义相同。在正圆或椭圆笔刷下没有多少实际意义，在其他形状笔刷下才有效果。

3.4.9　使用其他形状的笔刷

到现在为止，我们所使用的都是正圆或者椭圆的笔刷，现在我们来学习使用其他形状的笔刷。在画笔设置面板中的“画笔笔尖形状”选项卡中，选择一个树叶形状，其默认大小（也称取样大小）是 306 像素，我们将直径改为 45 像素大小并将间距设为 120%，如图 3-4-14 所示。

图 3-4-14

选择一个橙色(230,80,40)的前景色。在 Photoshop 中前景色就是绘图工具所使用的颜色。现在比较一下翻转 XY 的效果，如图 3-4-15 所示。第一行的是没有翻转抖动的效果。第二行是加上了翻转 X 与翻转 Y 的效果。可以看出第二行的个别树叶呈现上下左右颠倒的样子，这就是翻转（也称为镜像）。

接下来设定更多的选项：大小抖动 70%，角度抖动 100%，圆度抖动 50%。这样看起来就“大小不同，角度不同，正扁不同”了，效果如图 3-4-15 中的第三行所示。

图 3-4-15

3.4.10 设定笔刷的动态颜色

如果觉得色彩太单一，可使用“颜色动态”选项让色彩丰富起来。如图 3-4-16 所示，将“前景 / 背景抖动”设为 100%。这个选项的作用是将颜色在前景色和背景色之间变换。注意其中“应用每笔尖”选项，选中后则在一次绘制中的每个点的色彩都会变化，不选中则在一次绘制中的每个点的色彩都是相同的，但不同次的绘制时色彩会产生变化。

图 3-4-16

再设定一个蓝色的背景色（70,120,180）后继续绘制，会发现绘制中并不只有橙黄两色，而是出现了多种色彩。回忆之前所讲的“大小抖动”，其中笔刷直径也并不只有最大和最小两种直径，而是还包括中间过渡的一系列直径大小。在这里的抖动也是一样的道理，所挑选的前景色和背景色只是定义了抖动范围的两个端点，中间一系列的过渡色彩都包含于抖动的取值范围中。如图 3-4-17 所示，头尾的两个色块就是前景色与背景色，中间是前景色与背景色之间的过渡带。在前景 / 背景抖动中也有控制选项，使用方法与“形状动态”选项卡中的控制选项相同，如果选择渐隐的话，就会在指定数量的圆点内完成从前景色到背景色的过渡，过渡完成之后将保持为背景色。

将前景 / 背景抖动关闭（设为 0%）。来看一下下面的色相抖动、饱和度抖动、亮度抖动。其实色相、饱和度、亮度就相当于 HSB 色彩模型，相关的概念在第 1 章节中已经学习过，这里的抖动就是参照这种色彩模式来进行的。

图 3-4-17

现在我们继续使用树叶形状笔刷，将大小设在 30 像素，圆度 100%，间距 120%，关闭形状动态，关闭颜色动态中的其他选项。将前景色设为纯红（255,0,0），将色相抖动分别设置在 20%、50%、100%，并各绘制一条直线，效果如图 3-4-18 所示。可以看到，色相抖动程度越高色彩就越丰富。这是为什么呢？这个色相抖动的百分比又是以什么为标准的呢？

图 3-4-18

先来回答第二个问题，这个百分比是以色相范围为标准的。我们知道色相是一个环形，那么将色相环从青色处剪开，把色相环拉直，形成一个中间点是红色两头是青色的色相条。那么色相抖动的百分比就是指以这个红色为中心，同时向左右两边伸展的范围。百分比越大时包含的色相范围也就越大，所涉及的色彩就越多，如图 3-4-19 所示。

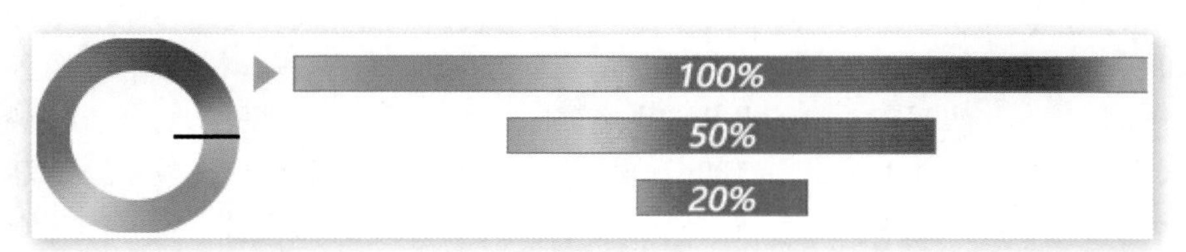

图 3-4-19

此时我们也可以反向推测出所包含的色彩：20% 只有红色和一些橙色；50% 比上一条多了些紫色、黄色还有洋红色；100% 则所有颜色都有。

现在关闭其他抖动，来看一下图 3-4-20 所示的饱和度和亮度抖动的效果。粗看两者有点类似，但仔细观察就可以发现，饱和度抖动会使颜色变淡或变浓，但不会变深，而亮度抖动会使色彩变深，通俗地说就是变黑。百分比越大变化范围越广，如果达到 100%，则饱和度抖动中可能出现白色（饱和度为 0%），而亮度抖动中则可能出现纯黑色。

图 3-4-20

在动态颜色中还有最后一个选项：纯度。这不是一个随机项，可以暂时将其理解为饱和度，用来整体地增加或降低笔刷的色彩饱和度。它的取值为正负 100% 之间，当值为 -100% 的时候绘制出来的都是灰度色，当值为 100% 的时候色彩则完全饱和。当纯度的取值为这两个极端数值时，饱和度抖动将失去效果。

3.4.11 设定笔刷的散布

至今为止我们对笔刷所做的改变都局限在笔尖的形状和颜色上，笔刷在绘制过程中，各个点的分布均匀，一眼就可以看出绘制的轨迹。现在我们来学习笔刷的散布，设置散布可使笔刷的轨迹变得不均匀。

先在画笔面板的“画笔笔尖形状”选项卡中，选择一个笔刷，将大小调整为 13 像素，间距设为 150%。然后进入散布选项，将散布设为 500%，这时候绘制曲线，就可以看到笔刷的圆点不再局限于鼠标的轨迹上，而是随机出现在轨迹周围一定的范围内，这就是所谓的散布，如图 3-4-21 所示。

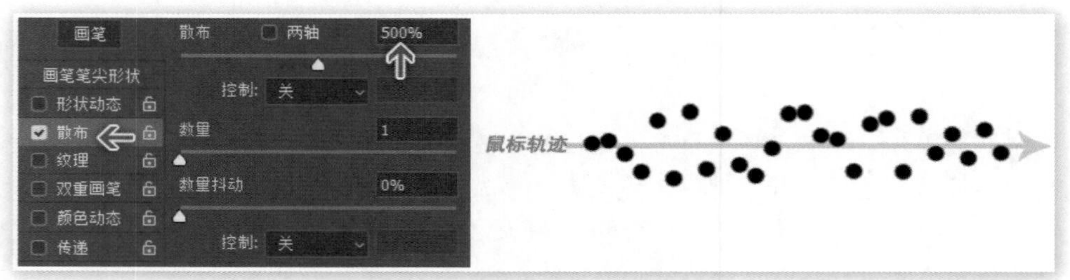

图 3-4-21

散布中有一个“两轴”选项，是用来控制发散方向的。将笔刷直径改为 15 像素，间距 100%，散布 100%，然后在关闭和打开这个选项的情况下分别画一条线，为了让效果明显，我们加上网格，如图 3-4-22 所示。可以看到，如果关闭两轴选项，那么散布只局限于垂直方向上散布，每个点看起来有高有低，但彼此在横方向上的间距还是固定的，即笔刷设定中的 100%。如果打开了两轴选项，散布就在垂直和水平方向上都有发散。所以第二条线上的圆点不仅高低错落，彼此的水平间距也不同了。

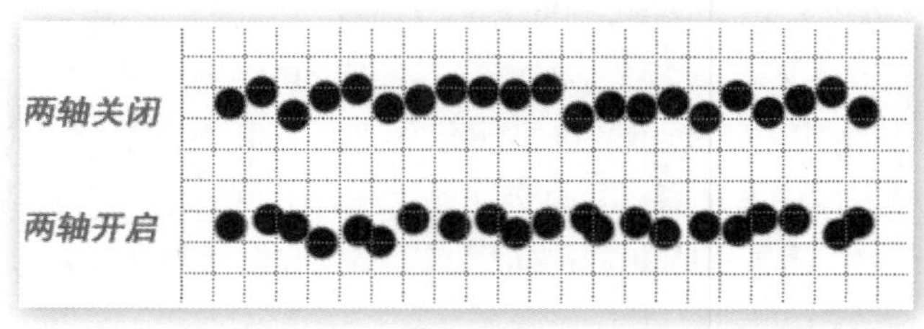

图 3-4-22

在散布下方有一个数量的选项，其作用是成倍增加圆点的数量，取值就是倍数。那么现在我们再用回 5 像素，间距 150% 的笔刷，散布 500%，两轴开启。用数量 1 和数量 4 分别绘制两条直线，效果如图 3-4-23 所示。可以看出第二条线上的圆点数量明显多于第一条线，理论上应该为 4 倍。

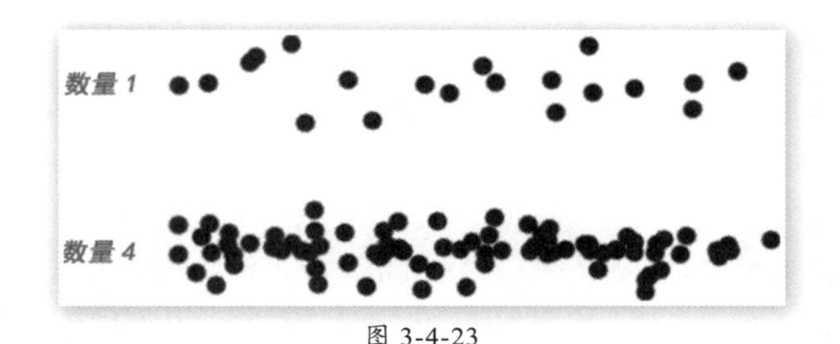

图 3-4-23

数量抖动选项就是随机改变倍数的大小，参考值是数量本身的取值，就如同最早学习的大小抖动是以笔刷本身的直径为参考一样。在抖动中的数值都只会变小不会变大，也就是此处的倍数只会小于等于 4。

3.4.12　设定笔刷的杂色、湿边及平滑程度

杂色选项是在笔刷的边缘产生杂边，也就是类似毛刺的效果。杂色是没有数值调整的，其程度与硬度设定有关，硬度越小杂边效果越明显。湿边选项是将笔刷的边缘颜色加深，看起来就如同水彩笔效果一样。它的效果也与笔刷硬度设定有关。其效果分别如图 3-4-24 所示。

图 3-4-24

平滑选项在之前已经接触过，为提高绘制质量建议开启此选项。可在图 3-3-12 所示的公共栏调整平滑程度，如果关闭此选项，则公共栏设计的平滑参数将失效。

【操作提示 3.21】画笔不透明度与流量的区别

我们在之前曾经尝试过分别改变画笔不透明度和流量后进行绘制，发觉两者的视觉效果十分接近，唯一的区别就在于流量可以产生色彩重叠。其实流量与我们生活中使用水彩颜料的经验更为接近，将水与颜料按照不同比例调和之后可以得到色彩，那么 100% 的流量相当于完全没有水分的颜色，色彩最浓。50% 流量就相当于混合了一半的水分，色彩会淡些。而 1% 流量中几乎都是水分，色彩最淡。

而不透明度可以理解为并非针对画笔，而是针对画笔所绘制生成的最终图像做了一个透明度的总体控制。相当于将画完的纸张拿到水中漂洗了一遍，洗淡了画中所有的色彩。画笔中的不透明度选项实际上也是一个类似对图层不透明度的控制作用，只不过它直接作用于画笔所绘制的图像上而已。也就是说，直接用 60% 不透明度画笔所绘制的图像，与 100% 不透明度画笔绘制后再整体调整为 60% 的效果是一致的。

正是由于以上的原因，建议大家都在前期使用 100% 不透明度的画笔绘制，后期再通过图层不透明度进行控制，这种方式的可编辑性较强。当然这也还要涉及图层的使用，图层是 Photoshop 的三大基础知识之一，具体内容我们将在以后学习。

3.4.13 设定笔刷纹理

纹理设定可以令笔刷在绘制中具备纹理效果，纹理不仅在笔刷设定中存在，还在其他地方如图层样式设定中也存在。它的原理是利用一幅图案（一般使用方形连续图案，将在后面学习）与前景色混合形成效果，可用来模拟油画布等材质的效果。

笔刷纹理的设定和绘制效果如图 3-4-25 所示。单击箭头 1 处可展开各种纹理的列表，将鼠标在纹理上停留一会儿，就会出现相应纹理的文字说明。从其中选择“水彩”纹理，再将模式选项设为“线性高度”，深度选项不宜设置得过高，否则纹理效果会不够明显。缩放选项最好不超过 100%，因为纹理属于点阵图像，放大会降低质量。当然如果设置得太小也会失去质感。纹理设定中的一些选项需要综合今后将要学习的知识才能理解，如其中的亮度、对比度和模式调整等。

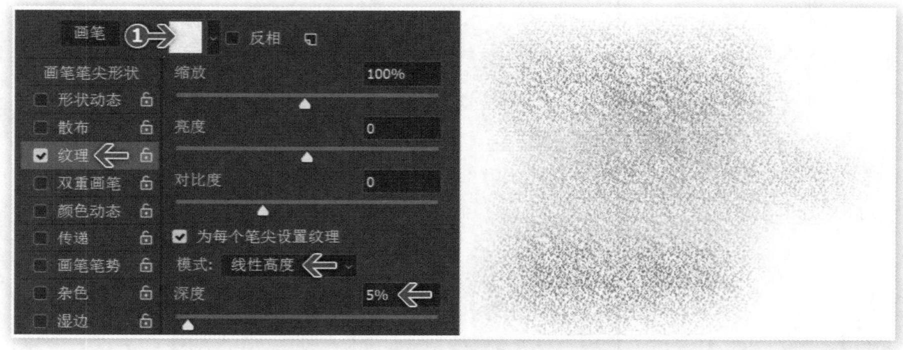

图 3-4-25

3.4.14 画笔控制快捷选项

在刚使用画笔的时候我们知道在公共设置栏中有几个选项，如图 3-4-26 所示。它们其实和笔刷设定中的选项是相对应的。

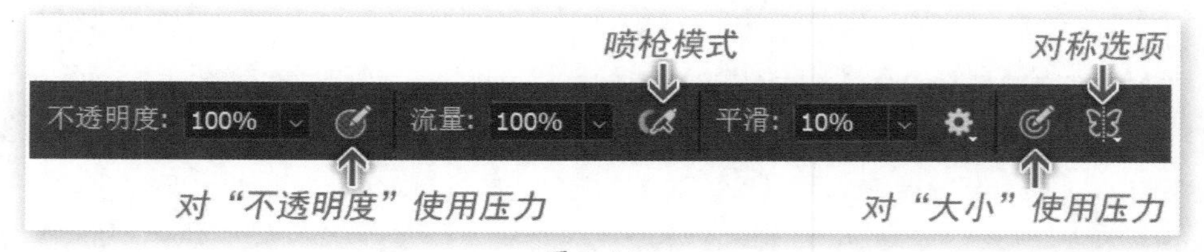

图 3-4-26

在开启“对‘不透明度’使用压力”后，相当于把画笔设定面板中“传递”选项卡里的“控制”选项自动设为“钢笔压力”。在开启“对‘大小’使用压力”后，相当于在画笔设定面板中启用“形状动态”选项，并把其中的“控制”选项设为“钢笔压力”。也就是说，这两项快捷选项的开启主要是针对绘图板设备的，让绘图板中的数位笔接管不透明度和直径大小，通过不同的压力对其进行改变。当这两项快捷选项关闭的时候，则由画笔设定中的设置为准。“喷枪模式”则对应画笔设定面板中的“建立”（又一个不知所云的翻译）选项卡。

3.4.15　画笔的对称选项

在图 3-4-26 中我们看到画笔的公共设置栏中还有一个对称选项，它的原理是按照不同的方式镜像所绘制出来的笔划，从而快速绘制较复杂的图案。图 3-4-27 所示为其中的几种绘制效果，大家可以自己逐个尝试下。对称方式在选择后还可以对其形状进行修改，以满足个性化的需求。

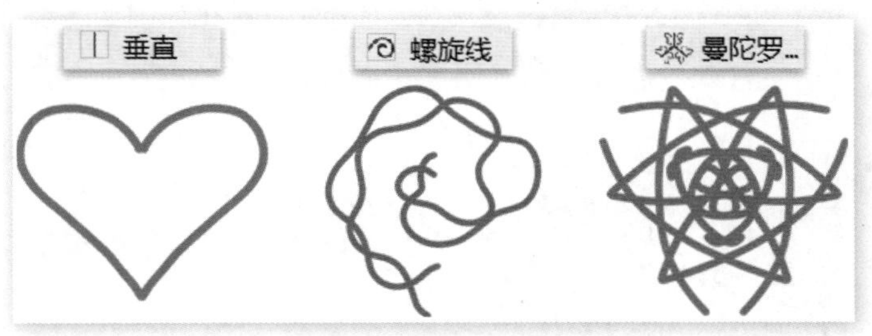

图 3-4-27

3.5　习作：绘制星空银河

大家小时候都喜欢看星空，在晴朗的夏日夜晚，灿烂的银河横贯于天际，它给了我们许多美好的幻想，我们也都曾梦想能够遨游星空。现在就来尝试绘制一幅星空银河图。

首先新建一个 400 像素 ×300 像素的图像，用黑色填充全部，这个填充要求使用快捷键完成：首先按快捷键〖D〗，把前景色设为默认的黑色，然后按〖Alt ＋ Delete〗，用前景色对图片进行整体填充。然后按〖F7〗调出图层面板，在下方单击红圈处图标，新建一个图层，新图层的名字默认是“图层 1”，如图 3-5-1 所示。今后将会专门学习图层的使用，在这里大家先照葫芦画瓢即可。

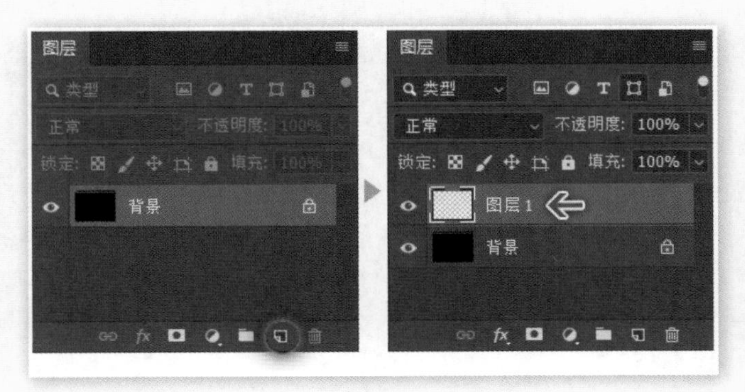

图 3-5-1

现在按〖F5〗调出画笔面板，设定一个普通圆点笔刷，其基本设置为：直径 3 像素，圆度 100%，间距 200%，大小抖动 100%，散布 1000% 两轴，数量 4，数量抖动 90%，则其效果大致如图 3-5-2 所示。

为了方便以后的使用，可以将这个笔画设定保存起来，方法是在面板菜单中选择“新建画笔预设”，如图 3-5-3 所示。在出现的对话框中输入“星云”作为名字，也可自定一个名字。完成存储后可在画笔面板中找到刚才设定的笔刷，如图 3-5-4 所示。

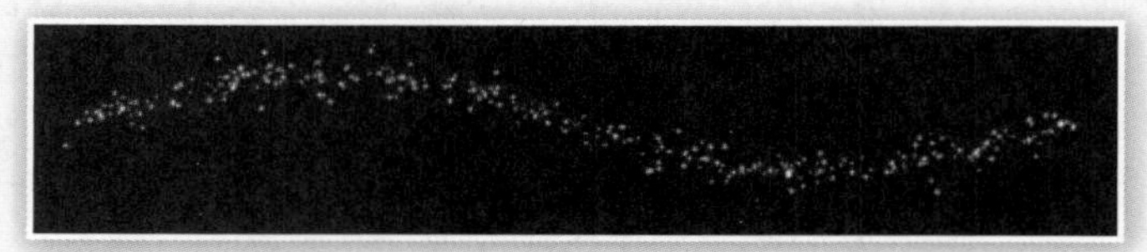

图 3-5-2

图 3-5-3

图 3-5-4

现在正式开始绘制，在新建的图层 1 上，通过快捷键〖D〗、〖X〗把前景色设为白色，使用星云笔刷在画布中随手进行涂画，注意画笔的不透明度和流量都要设置为 100%，否则会显得不够明亮，效果大致如图 3-5-5 所示，这就是银河图的前身了。

可能大家会觉得像只乌龟？但星系的形成早期就是由若干个星球聚集在一起，沿中心缓慢旋转并发散后形成今天我们所见到的形态，所以早期的银河系像一只乌龟也并非绝对不可能。

接下来我们要推进宇宙的演变，让“乌龟”跨越亿万年时光成为今天的银河。在菜单中选择【滤镜 > 扭曲 > 旋转扭曲】，在出现的窗口中设定角度为 999 度，效果如图 3-5-6 所示。

图 3-5-5

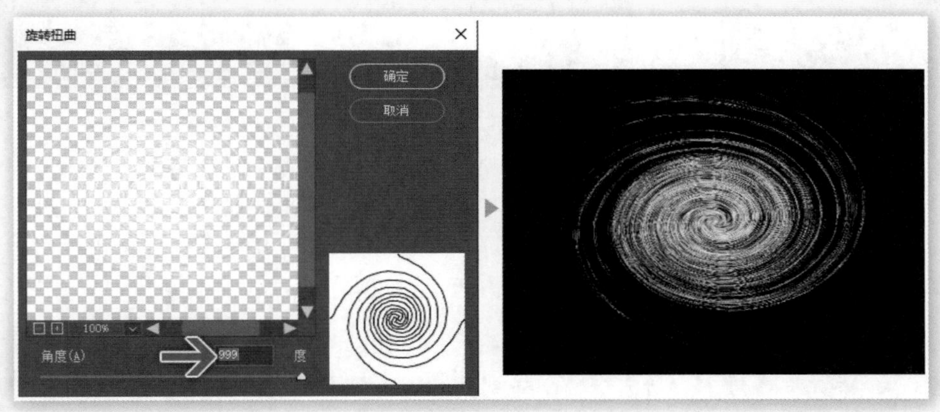

图 3-5-6

在进行了一次扭曲滤镜后，再在图像中添加一些线条，然后在菜单中选择【滤镜 > 扭曲 > 旋转扭曲】，或者使用〖Ctrl ＋ Alt ＋ F〗快捷键来再次使用刚才的滤镜。这个过程大家可自行视情况重复一到两次，直到形成类似图 3-5-7 的效果。此时我们已经利用旋转扭曲滤镜形成了银河的外形，这个绘制过程其实和真正的星系形成原理也类似，就是在不断旋转的同时不断吸收进新的星球。

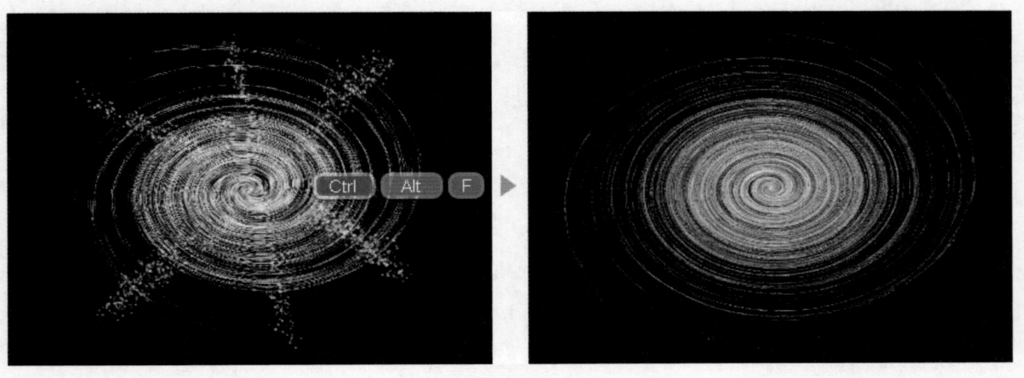

图 3-5-7

一般情况下我们不可能看到这么正的星系，基本上都是较扁的椭圆。通过在菜单中选择【编辑 > 自由变换】命令使用快捷键〖Ctrl ＋ T〗启动自由变换工具，将出现一个调整框，将鼠标置于最上方的框线上，按下鼠标向下拖动可压缩高度，之后将鼠标置于调整框外，按下鼠标并拖动即可改变角度，将鼠标置于调整框之内则可以移动图像，如图 3-5-8 所示。调整满意后可在调整框内双击或按下回车键完成此次自由变换的操作。

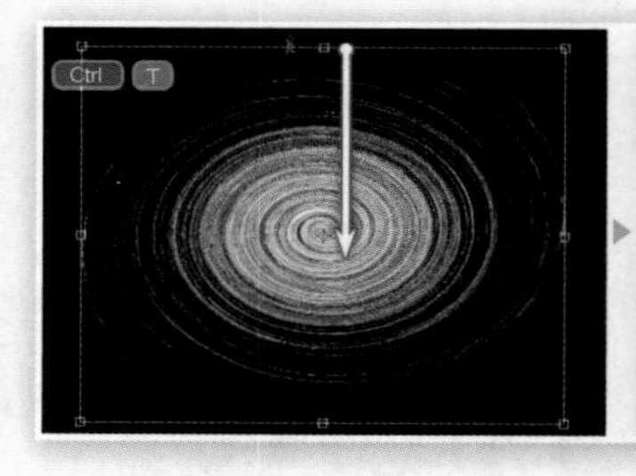

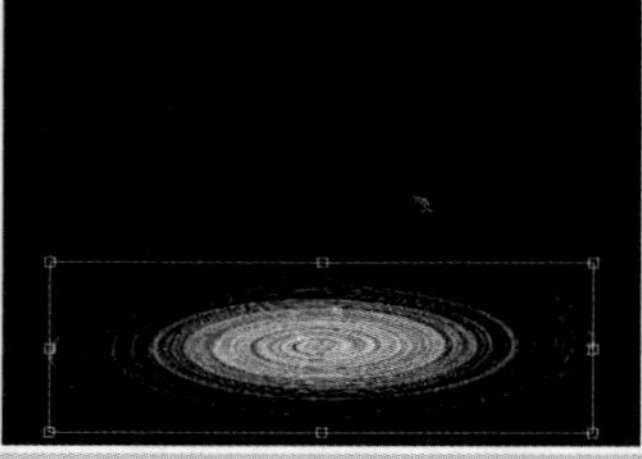
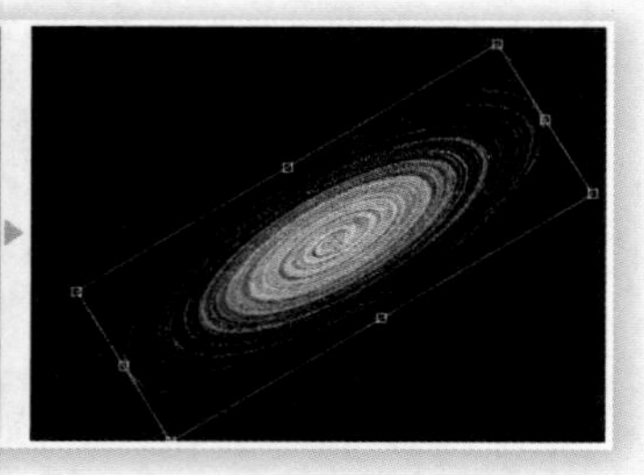

图 3-5-8

到目前为止算是完成了大体的效果制作，但是原先通过笔刷所营造的星点效果已经被旋转扭曲滤镜破坏了，现在图像中几乎已经看不到成形的星星了。因此再次使用星云笔刷，将间距改为 500% 在星系内部随手画一些，最好使用不断的单击，而不要拖动以免形成太明显的轨迹。之后再将间距设为 1000% 后在背景中随处绘制一些星星，如图 3-5-9 所示。

图 3-5-9

在这个制作过程中我们用到了图层、滤镜和自由变换。虽然只是小试牛刀，已令人意犹未尽。目前还没有学习到滤镜和自由变换，因此即使不是很明白也没有关系，在后面的课程中会系统地学习。并且正如我们所看到的，Photoshop 使用起来并不复杂，也不深奥。

Photoshop 对电脑图像领域的影响至深至广，很多与图像打交道的软件都或多或少地沿用了它的概念和思路。因此 Photoshop 并不是大家学习的唯一目的，而是进入数字图像领域的钥匙，今后无论大家各自的专业道路走向何方，这些知识都能提供帮助。

由于大家现在还只是初步接触 Photoshop，因此教程会写得会非常详细，但已经学过的内容不会再重复介绍。比如复位画笔或者改变间距，在以后的内容中就只会一笔带过而不再具体说明。此外大家在学习过程中要留心观察，找到软件操作的规律性，比如在画笔设置面板中代表创建新画笔的按钮，出现在图层面板中时就表示新建图层，在通道面板中时就表示新建通道等。

大家最需要举一反三的地方，还应该集中在教程所附带的实例制作上，在按照步骤完成实例制作后，还应该结合所学的知识，扩展思路做出更多的派生效果。实例永远是做不完的，只是机械地复制教程中的步骤是没有意义的。因为只要教程不出错，任何人都可以按部就班地完成，但所做出的作品都是千篇一律的。这不是我撰写教程的初衷，我希望每个人都能利用所学的知识“随机”地制作出不同的作品。一枝独秀只代表寒冬腊月，百花齐放才是真正的春天。

如图 3-5-10 所示即为两种不同的效果，银河从白色变为了彩色，甚至还有另外一个星系遥相呼应。大家先观察，然后思考实现方法，接着就开始动手去迎接自己的春天吧。

图 3-5-10

第 4 章　建立和使用选区

我们在前面的内容中初步接触了色彩调整工具“色相 / 饱和度”（快捷键〖Ctrl ＋ U〗），它可以很方便地改变图像的色相。现在开启如图 4-0-1 所示的素材 s0401.jpg，将其色相改为 -100，即可形成如图 4-0-2 所示的效果。

图 4-0-1

图 4-0-2

如果我们只想更改图中某些区域的色彩，如图 4-0-3 所示中的一个方块区域，则需要使用选区才能办到。

图 4-0-3

假设我们是舞台剧的导演，现在需要更换某个演员的服装，必须明确指定是谁去换服装。在 Photoshop 中也是如此，要对图像的某个部分进行色彩调整，就必须有一个指定范围的过程，这个过程称为选取，即选取图像中的区域以形成选区。选区是 Photoshop 的三大重点内容之一。

Photoshop 中的选区大部分是通过选取工具来实现的，选取工具共包括如图 4-0-4 所示的 10 个工具，我们将其划分为 4 类。其中规则形状类工具适合于创建规则的选区如方形、圆形等；任意形状类工具则可以建立任意形状的选区，色彩类工具通过色彩判定来创建选区；最后的智能类工具则通过人工智能的方式来创建选区，是将来创建选区的有力工具之一。

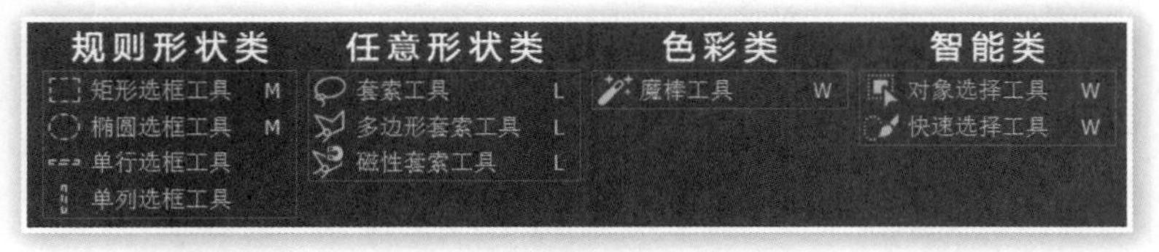

图 4-0-4

在继续学习之前，我们先明确关于选区的两个重要概念：

（1）选区的封闭性。选区虽然可以是任意形状，但一定是封闭的，不存在开放的选区。

（2）选区的强制性。选区一旦建立，绝大部分的操作就只针对选区范围内有效。只有一些全局性的操作如图像大小（快捷键〖Ctrl + Alt + I〗）或更改色彩模式等例外。

4.1　建立规则选区

所谓规则选区就是指那些形状较规则的选区，如矩形、圆形等。这类选区在实际操作中虽不是主力军，但也不可或缺。

4.1.1　使用矩形选框工具

图 4-0-3 中的效果其实使用矩形选框工具就可以实现。在工具栏选择“矩形选框工具”，快捷键是〖M〗，然后确认在公共栏中的“选区运算方式”位于如图 4-1-1 所示中蓝圈处，即第一个“新选区”方式。

图 4-1-1

然后在图像中按下鼠标并往斜线方向拖动，即可建立一个矩形选区，如图 4-1-2 所示。选区边缘那些流动的虚线就是 Photoshop 对选区的表示，虚线以内的区域为选中的部分。这是我们建立的第一个选区，现在大家可尝试使用色彩调整工具进行调整，就会看到调整的效果只对选区内的部分有效。

图 4-1-2

使用【图像 > 调整 > 亮度 / 对比度】，将亮度增加到 70，效果如图 4-1-3 所示。注意在进行亮度调整之后，表示选区存在的流动虚线仍然还在，这就表示选区仍然有效。此时若再使用其他色彩调整工具，也是只对选区内的部分有效。

图 4-1-3

前面说过，一旦选区建立几乎所有的操作都只对选区有效。这也包括我们前面学习过的画笔工具，如果这个时候使用画笔在图像中绘制，则只会在选区内显示出笔画的效果，如图 4-1-4 所示。

图 4-1-4

此外还包括填充，此时填充前景色也只会在选区范围内有效，如图 4-1-5 所示。用前景色填充的快捷键是〖Alt ＋ Delete〗或〖Alt ＋ Backspace〗；用背景色填充的快捷键是〖Ctrl ＋ Delete〗或〖Ctrl ＋ Backspace〗。

图 4-1-5

4.1.2　移动选区

选区建立后可以移动，方法是在选区内按下鼠标左键拖动到新位置即可。现在先按快捷键〖Ctrl ＋ Z〗撤销历史记录到刚建立选区的步骤，然后将鼠标移动到选区内，按下鼠标拖动即可将选区移动到新位置，如图 4-1-6 所示。移动过程中按住 Shift 键可保持水平、垂直或 45° 方向移动。

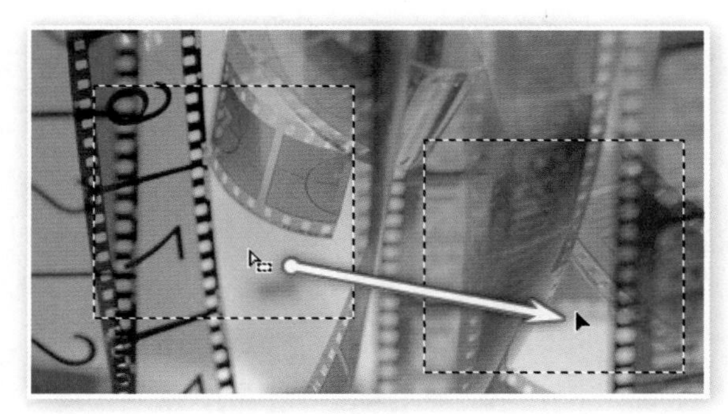

图 4-1-6

注意必须在使用选取工具且公共栏中的选取方式为“新选区”时才可以移动，否则选取操作会变为选区的运算，如增加、减少、交叉等，相关知识稍后将介绍。

【操作提示 4.1】显示鼠标坐标

在创建选区的过程中可通过快捷键〖F8〗打开信息面板来查看选区的大小，如果标尺单位不是像素，可以单击如图 4-1-7 所示的蓝圈处的十字标记，在弹出的菜单中把标尺单位改为像素，也可以通过【编辑 > 首选项 > 单位与标尺】中将标尺单位改为像素。

在选区建立过程中信息面板的显示如图 4-1-8 所示，标记 1 处的 X、Y 代表起点坐标，标记 2 处的 X、Y 代表当前鼠标在图像中的位置坐标，标记 3 处的 W 与 H 是选区的宽度和高度。

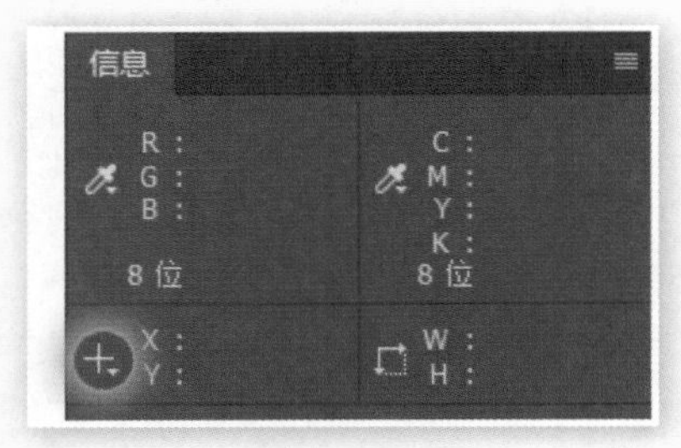

图 4-1-7

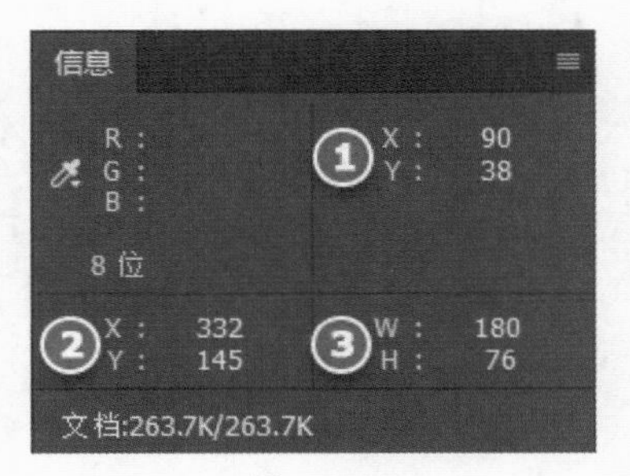

图 4-1-8

4.1.3 选区的运算

在建立选区之后，很多时候还需要对选区进行修改，比如增大或减小等，此类操作称为选区运算。Photoshop 提供了 4 种运算方式，分别为：新选区、添加到选区、从选区减去、保留相交区域（与选区交叉）。它们以按钮的形式分布在公共栏中，如图 4-1-9 所示。

图 4-1-9

现在我们新建一个白底图像（任意尺寸均可）来实际操作。先随手画一个矩形选区，然后来分别试验各种选区运算方式的效果。

在新选区状态下，再次绘制的选区会替代原来的选区，相当于取消后重新选取。这个特性也可以用来取消选区，方法是用选取工具在图像中随便点一下即可。

在添加状态下，光标变为$+_{+}$，这时新旧选区将共存。如果新选区在旧选区之外，则形成两个封闭流动虚线框，如图 4-1-10 所示。如果彼此相交，则只有一个虚线框出现，如图 4-1-11 所示。

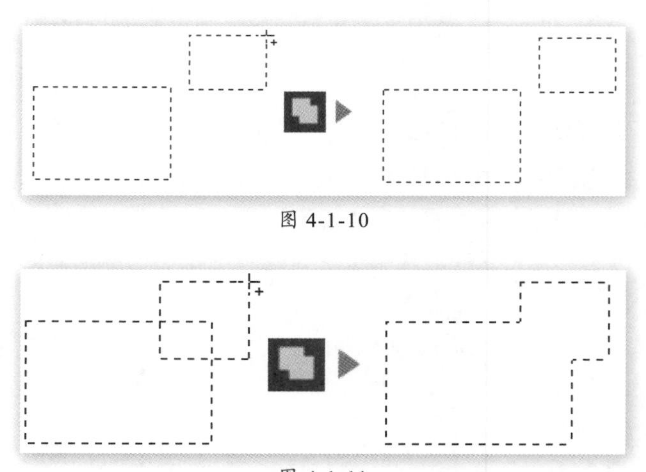

图 4-1-10

图 4-1-11

在减去状态下，光标变为$+_{-}$，这时新增加的选区会被从旧的选区中去除。所以当新选区完全位于旧选区之外时，则旧选区不会有任何变化，如图 4-1-12 所示。如果新选区与旧选区有相交部分，则相交区域被从旧的选区中去除，如图 4-1-13 所示。

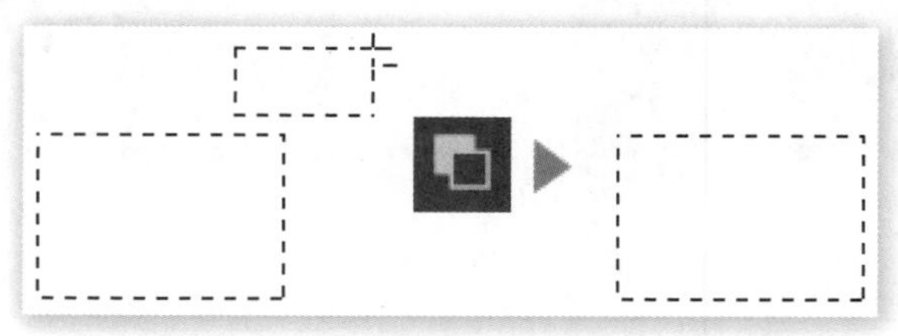

图 4-1-12

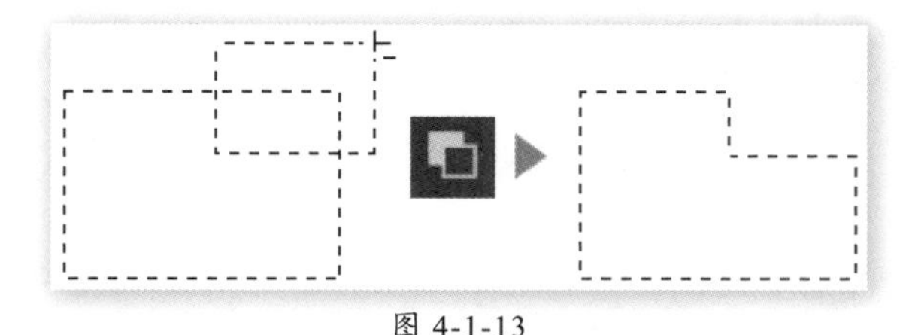

图 4-1-13

在使用减去方式时，如果新选区在旧选区之内，则会形成一个中空的选区，如图 4-1-14 所示。需要注意的是，在减去方式下如果新选区如图 4-1-15 所示那样完全覆盖了旧选区，则会弹出一个“没有选择任何像素”的提示框。如果是误操作可使用快捷键〖Ctrl ＋ Z〗进行撤销。

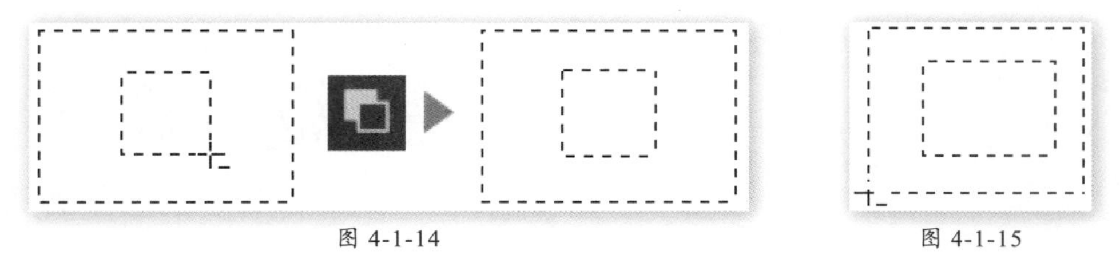

图 4-1-14　　　　图 4-1-15

保留相交区域（与选区交叉）也称为选区交集，光标为+×，它的效果是保留新旧两个选区的相交部分，如图 4-1-16 所示。如果新旧选区没有相交部分，则会出现“未选择任何像素”的提示框。

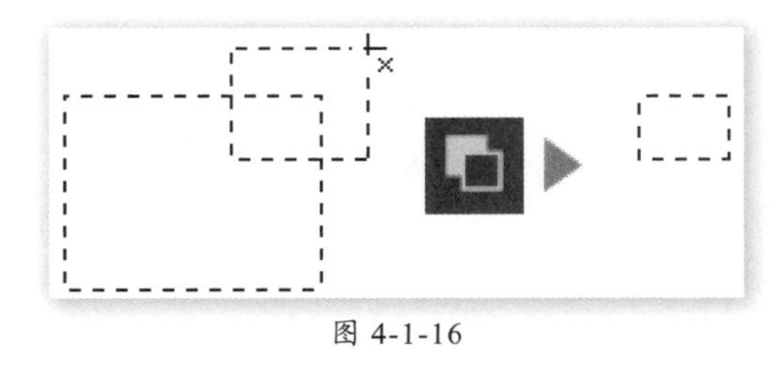

图 4-1-16

以上 4 种选区运算方式对于所有的选区工具都是共通的，且可在不同的选择工具间进行。比如可以用套索工具加上或减去魔棒工具创建的选区等，在实际操作中也常使用不同的工具配合进行选取。

实际上通过公共栏按钮切换运算方式不仅非常不方便，而且显得十分业余，专业人士都应该使用快捷键：添加的快捷键是 Shift，减去的快捷键是 Alt，交集的快捷键是〖Shift ＋ Alt。这些快捷键应先被按下不放，待鼠标键按下以后即可松开。比如要添加选区就是按住 Shift〗键不放，然后按下鼠标，此时就可以松开 Shift 键了，继续拖动鼠标完成操作即可。这种方式大家应该多加练习，务必掌握。

【操作提示 4.2】从中心点创建选区

假设图中的红色圆点是选取时鼠标的起点，那么正常拖动鼠标所创建的矩形选区，鼠标落点与起点是成对顶角的。而按住 Alt 键（需全程按着）拖动则是以起点为中心点向四周扩散。两者的区别如图 4-1-17 所示。

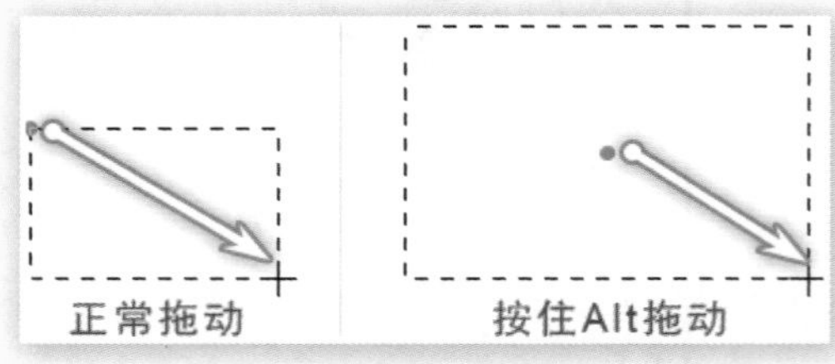

图 4-1-17

另外全程按住 Shift 键可锁定为正方形（注意是全程），如果和 Alt 键配合使用，效果就是从中心点出发向四周扩散选取的正方形选区。到这里大家可能会觉得奇怪，这两个快捷键不是与选区运算中的快捷键相同吗？之前说过 Shift 键是添加方式，这里又说 Shift 键是锁定长宽比。这难道不会造成混淆吗？不会的，在后面的一个小练习中我们就会理解这两种快捷键的用法。

【实例操作】建立月牙形选区

与矩形选框工具组合在一起的是椭圆选框工具，因为椭圆可以看作是一个矩形的内切圆，因此它的使用方法与矩形选框工具是一样的。快捷键也一致，Alt 是从中点出发，Shift 是保持正圆。在选取半途如果按下 Esc 键将取消本次操作。

注意选用椭圆选框工具后，公共栏会多出一个“消除锯齿”和“羽化”的选项，它们的作用将在后面介绍，现在先保持为默认的消除锯齿为开启，羽化为 0 的状态。

现在来创建一个如图 4-1-18 所示的月牙形选区，过程要求全部使用快捷键来完成。大家自己先大致思考一下做法，最好实际动手试试，然后再接着往下看。

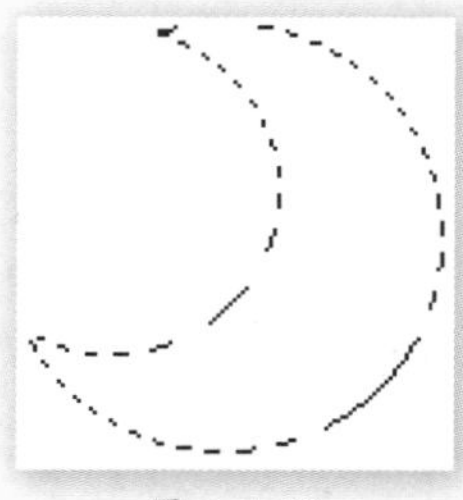
图 4-1-18

建立这个选区的思路是先画一个大正圆，再在大圆的左上角减去一个小正圆。画第一个大圆的时候要全程按住 Shift 键，才能保持正圆，一旦松开就无效了。画完以后要先松开鼠标再松开 Shift。形成如图 4-1-19 所示的第一步的效果。

之后按下 Alt 键切换到减去方式，同时按下鼠标在第一个圆的左上方画第二个圆，此时我们会发现第二个圆不是正圆，不急，此时松开 Alt 键后按下 Shift 键，在保持了减去方式的前提下，第二个圆马上变为正圆，其过程如图中第二步所示。完成后就是第三步的效果了。

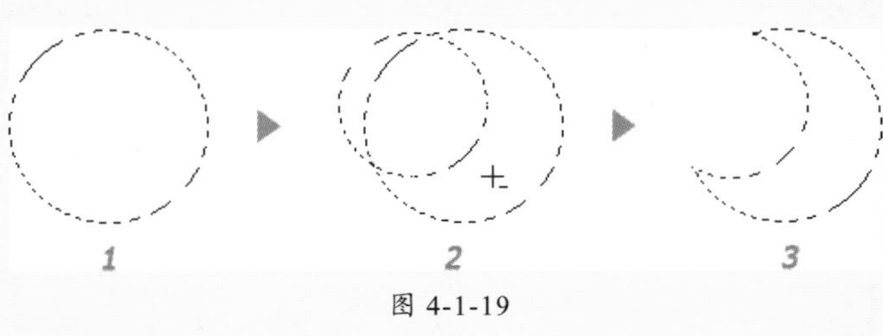

图 4-1-19

4.1.4 选区快捷键的组合使用

现在总结一下上面看似有些混乱的快捷键 Alt 与 Shift 的用法，因为这两个快捷键都同时有两种作用。为了便于记忆，我们把它们称为第一作用和第二作用。

（1）Alt 键的第一作用是从中点出发，第二作用是切换到减去方式。在没有选区的情况下 Alt 键的作用就是从中点出发；在已有选区的情况下 Alt 键的第一作用就是切换到减去方式，第二作用才是从中点出发。

（2）Shift 键的第一作用是保持长宽比，第二作用是切换到添加方式。

（3）从中点出发和保持长宽比（即 Alt 键和 Shift 键的第一作用），都必须全程按住；切换到添加或减去方式（即第二作用），只需要在鼠标按下前按住快捷键，鼠标按下后即可松开。

（4）以上三点总结成一句话：先按下鼠标再按快捷键，则快捷键是第一作用；先按快捷键再按鼠标，则快捷键是第二作用。

那么在已有选区情况下的第一作用和第二作用又是怎么互相转换的呢？这个问题我们可以通过纯粹使用快捷键绘制两个正圆选区来探讨。如图 4-1-20 所示，先持续按着 Shift 键画完第一个正圆，松手后形成第一步效果。然后按下 Shift 键切换到添加方式，开始画第二个圆，此时这第二个圆还不是正圆，如第二步所示。接着保持鼠标按下不放，先松开 Shift 键，代表着 Shift 键的添加作用（第一作用）结束，然后再次按下 Shift 键，表示启动 Shift 键的第二作用，即保持长宽比作用，此时新添加的第二个圆就是正圆了。这一次的 Shift 键也要全程按着不放，松手后形成第三步的效果。

整个过程我们共按了三次 Shift 键，其中第一次和第三次都是为了锁定长宽比，因此要全程按着。第二次是切换到添加方式，在鼠标按下后即可松开。上述操作虽有些烦琐但反复练习后很快就能掌握，而且会在未来受益无穷。

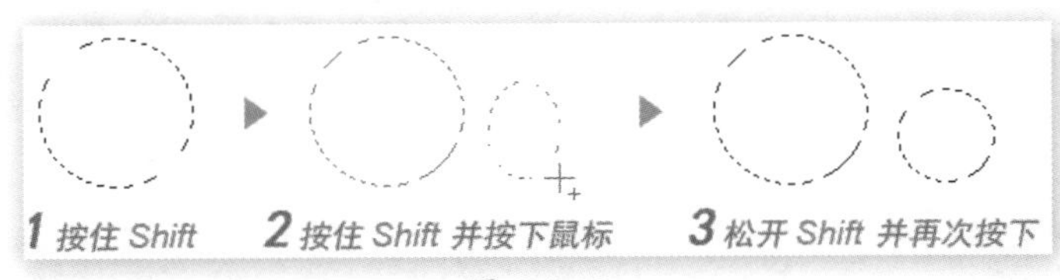

图 4-1-20

【实例操作】建立正圆环选区

现在要综合运用这两个快捷键绘制一个如图 4-1-21 所示的同心正圆环选区，其绘制方法其实很简单，就是先画一个大圆，再在其中减去一个小圆，就如同前面的月牙形选区绘制方法一样，只不过这一次是在中间减去。这个实例的关键问题是要保证两个圆是同心圆。

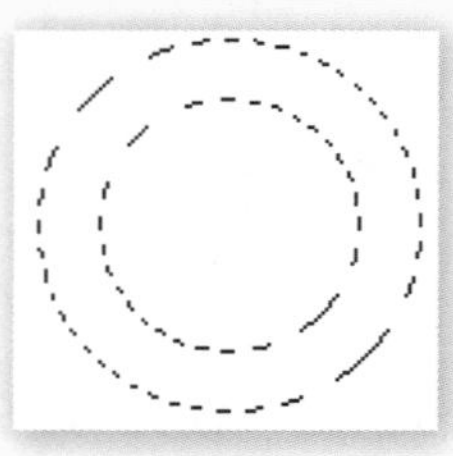

图 4-1-21

那如何确保两个圆心完全一致呢？这就需要确立一个基准点，然后两个椭圆选区都以这个点为中心来创建。一般在 Photoshop 中确定基准点的方法有两种：使用网格快捷键〖Ctrl＋”〗进行辅助定位，或者建立参考线。这里我们讲述一下参考线的使用方法。

【操作提示 4.3】使用参考线

通过【视图 > 标尺】或使用快捷键〖Ctrl＋R〗，图像窗口的上方和左方就会出现标尺。从标尺区按下鼠标向图像区域拖动即可建立一条参考线，如图 4-1-22 所示。参考线在建立之后，可使用移动工具（快捷键〖V〗可把当前的任意工具切换为移动工具）在参考线上拖动以改变其位置。若将参考线拖回到标尺区则相当于删除该条参考线，如图 4-1-23 所示。

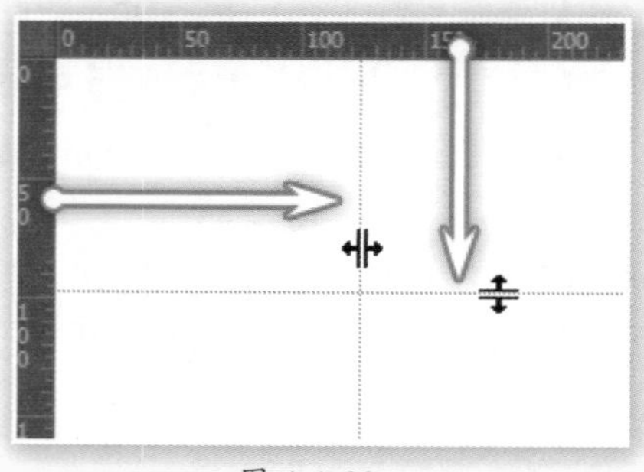

图 4-1-22

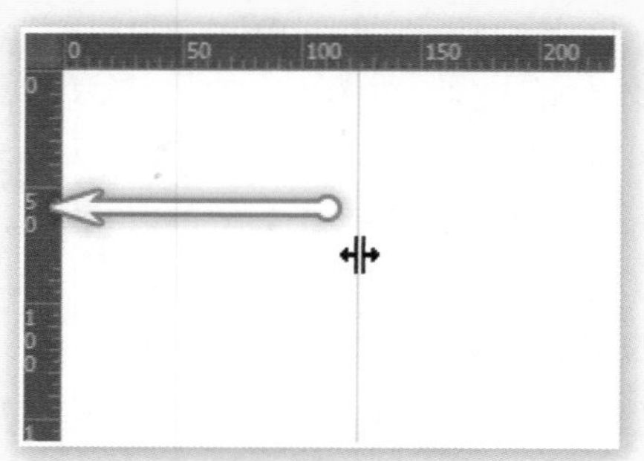

图 4-1-23

此外，可以从菜单【视图】中对参考线进行锁定、清除的操作。锁定后参考线就不能再移动，这样可以防止重要的参考线被误操作。即使误操作了也可以通过快捷键〖Ctrl＋Z〗来撤销，因此问题不大。而清除命令将删除图像中所有的参考线。

需要注意的是，要让所建立的参考线发挥对齐作用，要注意菜单【视图 > 对齐到】中的“参考线”必须处于选中状态，如图 4-1-24 所示，否则无法使用参考线对齐功能，在没有参考线对齐功能的情况下就只能提供大致的视觉效果了。对齐网格的功能也是同样的设置方法。另外如果“显示额外内容”一项无效的话，则参考线既不会显示也不会有对齐功能。参考线的颜色和样式可在首选项面板快捷键〖Ctrl＋K〗中的“参考线、网格和切片”中设置，建议使用默认设置。

图 4-1-24

解决了定位问题后就比较简单了，选中椭圆工具后，以所建立的以参考线交点或网格中的某一交叉点为起点，按住 Alt 键和 Shift 键拖动鼠标，这样就创建了一个以起点为圆心的正圆选区。然后在圆心处先按下 Alt 键切换到减去方式（第二作用）并按下鼠标，之后放开 Alt 键后重新按下，并拖动鼠标，Alt 键的第一作用（从中点出发）就发挥出来了，同时按下 Shift 键确保正圆。大家自己动手尝试制作。

注意在 Alt 键一放一按的过程中鼠标按键不能松开。而完成的时候要先松开鼠标再松开 Alt 键和 Shift 键，否则会导致错误。

【操作提示 4.4】建立数值化选区

除了完全依据鼠标轨迹来创建选区外，矩形和椭圆选框工具还可以通过公共设置区的“样式”中的选项，设置为固定长宽比或固定大小，如图 4-1-25 所示。其中固定比例后的两个值允许输入小数，表示宽与高的比值，固定大小则只允许整数。宽度和高度之间的双向箭头作用是互换数值。这个功能在一些需要精确定义图像的长宽时比较有用，比如将照片制作为规定大小的证件照，或将普通风景照片通过局部选取变为宽幅风景照等。

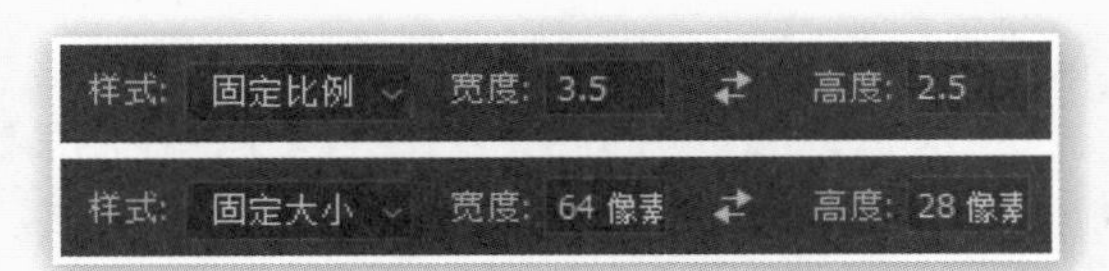

图 4-1-25

与矩形选框工具和椭圆选框工具组合在一起的还有单行选框工具和单列选框工

具，这两个工具较少用到。它们的作用是选取图像中1像素高的横条或1像素宽的竖条，在一些很特殊的情况下有用。如图 4-1-26 所示，将一幅完整的图片变为分散的效果。

图 4-1-26

4.2 建立任意选区

一般制作中常需要选取人物或某一特定的物体，它们基本都是不规则的形状。目前为止，我们所建立的规则选区都难以胜任，因此现在来学习如何建立任意形状的选区。建立任意选区的工具是套索工具、多边形套索工具、磁性套索工具、魔棒工具、快速选择工具。其中除了最后两种是基于色彩选取的以外，前面的几种都是基于轨迹的。

4.2.1 使用套索与多边形套索工具

套索工具的使用方法与画笔有点类似，在屏幕上按下鼠标任意拖动，松手（或按回车键）后即可建立一个与拖动轨迹相符的选区。需要注意的是，如果起点与终点不在一起时，就会自动在两者间连接直线以封闭选区，如图 4-2-1 所示。因此应尽量将终点靠近起点以免出现较大偏差。如果在选取过程中按下 Esc 键将取消选取操作。

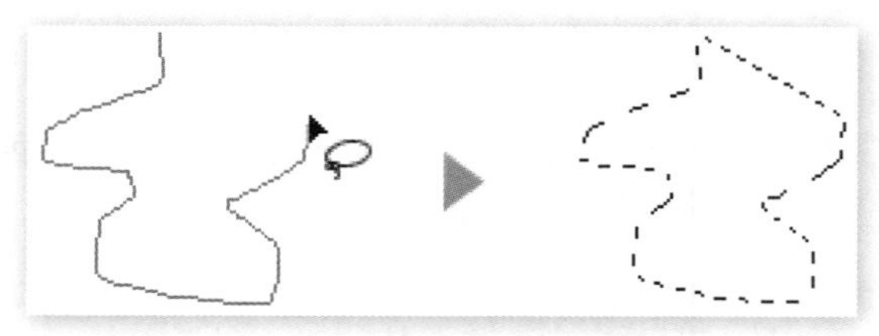

图 4-2-1

有时候要选取的区域包括了图像的边缘，此时为了保证边缘部分被完整选取，最好是将选取的轨迹跨越图像窗口四周的灰色区域，如图 4-2-2 中红色线所示为鼠标的轨迹，有部分轨迹穿越了灰色区域，这样创建的选区能将图像的边缘部分完整包含。

在灰色区域中的拖动轨迹即使不规则也没关系，只要保持在图像边缘之外就可以了。这个操作大家要自己动手做几次。

套索工具有一种特殊的使用方法就是按住 Alt 键，这时就不再以移动轨迹作为选区，而是在单击的点间连直线形成选区。并且在选取过程中可以任意切换，如图 4-2-3 所示。先是正常的轨迹拖动，然后按下 Alt 键不放，松开鼠标移动并单击会发现“连点成线”的效果（即多边形套索工具的效果，从光标的形状也可看出这个变化）。最后按下鼠标不放，松开 Alt 键，又回到最初的轨迹（套索工具）方式了。注意如果第二步的时候 Alt 键与鼠标同时抬起，就结束选取了。其实在套索工具中按下 Alt 键，相当于暂时切换到了多边形套索工具，但两者在功能上略有不同。

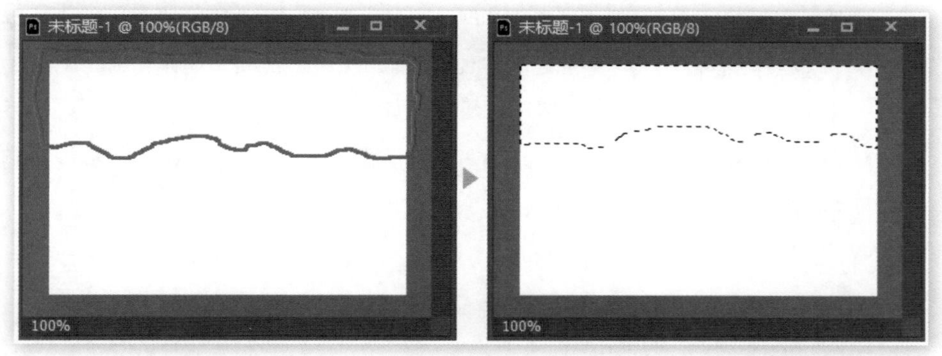

图 4-2-2

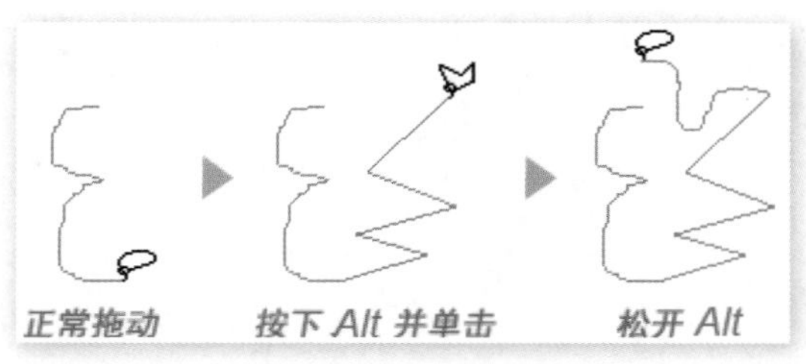

图 4-2-3

多边形套索工具的使用方法大体和上面的“连点成线”相同，在选取过程中持续按住 Shift 键可以保持水平、垂直或 45 度角的轨迹方向。如果终点与起点重合，光标中会出现一个小圆圈样子的提示，如图 4-2-4 所示。此时单击就会将起点和终点闭合而完成选取。

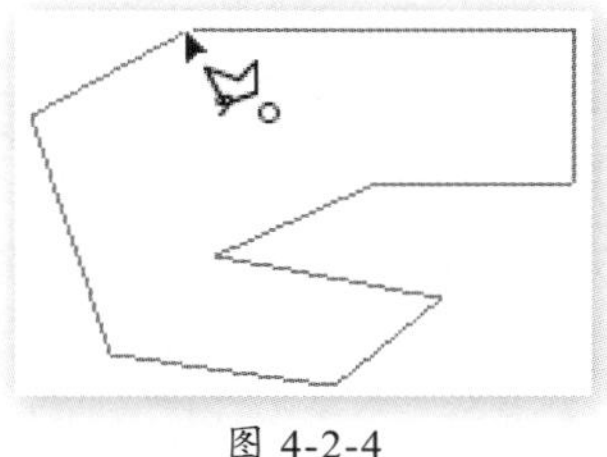

图 4-2-4

在终点和起点没有重合的情况下，可以按下回车键或直接双击完成选取。这样起点和终点之间会以直线相连。在选取过程中如果按下 Esc 键将取消本次选取。另外在“连点成线”过程中可以按 Delete 键或 Backspace 键撤销前一个点，可一直撤销到最初。这个功能在套索工具中按下 Alt 键后也有效，但是撤销的时候 Alt 键不能松开，也就是说要保持按住 Alt 键再按 Delete 键或 Backspace 键。

【操作提示 4.5】切换至精确光标

套索类工具默认的光标是一个带着工具形状指示的小箭头，使用起来与电脑中通常所见的光标相同，此类光标的优点是形象具体，缺点是由于形状复杂而显得不够精准。因此在需要精准定位时可切换至精确光标，切换方法是按下 CapsLock 键，也就是大小写转换键，光标将变为十字形。此外也可以在预置快捷键〖Ctrl + K〗中将“其他光标”更改为精确型。建议保留默认设置，需要时使用 CapsLock 转换更为方便。

4.2.2 使用磁性套索工具

虽然我们现在已经掌握了套索工具和多边形套索工具，但是要创建一些“固定且不规则”的选区还是比较吃力，比如图 4-2-5 所示将天空部分创建为选区。难点在于山体与天空的交界处就属于“固定且不规则”的情况，也就是我们既看得见，心里也明白选取的路线该是怎样，但由于路线不规则以至于依靠手动很难完美选取。

图 4-2-5

一般情况下，我们所要选取的部分都与图像其他区域有明显的色彩边缘，如从一幅照片中选取人物，人物的身体与背景就有明显的色彩边缘，图 4-2-5 中的天空也是这样。因此如果能准确判定色彩边缘，就可以大大提高选取的效率。磁性套索就是一种在鼠标轨迹中寻找色彩边缘的选择工具，它在经过的区域中找到色彩的分界并将其创建为选区。

我们先来简单地体验一下，从案例素材文件夹中打开图片文件 s0402.jpg，选择磁性套索工具在山体与天空交界线的某一点单击，然后沿着山体的边缘移动。会看到选区自动沿着山体与天空的边缘生成。即便鼠标轨迹稍有偏离，只要不是偏离太远都可以准确创建，如图 4-2-6 所示。

现在按下 Esc 键取消选取，然后看一下公共栏的设定。我们说过磁性套索工具的原理是分析色彩边界，而公共栏中的宽度、边对比度和频率就是专门用来控制色彩边界识别效果的。

图 4-2-6

现在按 CapsLock 键切换光标到精确方式，此时光标会变为一个中间带十字的圆圈，如图 4-2-7 所示。然后再次开始选取，注意选取过程中应尽可能用十字瞄准边缘移动鼠标，十字周围的圆圈大小就是公共栏中的宽度，数值越大则表示容错范围越大。这样即便十字没有瞄准边缘也没有关系，只要在容错范围内都会自动纠正。调整宽度的快捷键与笔刷大小是一样的：〖[〗缩小、〖]〗放大。如果超出了容错范围，磁性套索工具就可能出错。

图 4-2-7

在使用磁性套索选取时不断出现的小方块是选区采集点，它们的数量可通过公共栏中的频率来调整，频率越大则采样点越多。如果色彩边缘较为参差不平就适合较高的频率。本例要选取的山体边缘比较平缓，只需要 30 至 50 就足够了。由于在选取过程中采样点是自动产生的，所以有时在图像中某些边缘路线过于曲折的地方可能不能正确产生采样。这时可以通过单击来手动增加采样点。用 Delete 键或 Backspace 键可以逐个撤销采样点。

一般把宽度设置在 5 至 10 比较适中。注意宽度会随着图像显示比例的不同而有所改变，建议将图像放在 100% 的显示比例上，可通过【视图 > 实际像素】或快捷键〖Ctrl ＋ 1〗直接设为 100%。

对比度的数值要根据图像而定，如果色彩边界较为明显，就可以使用较高的边对比度，这样磁性套索对色彩的误差就非常敏感。如果色彩边界较模糊，就适当降低边对比度。但在实际使用中，频率和对比度的作用都不大，对选取效果影响较大的是宽度的设定，同时尽量将鼠标轨迹靠近边缘。

设定较大的宽度尽管看起来似乎更好用，因为可允许的误差范围也大，但过大的宽度反而可能导致误选取。因为太大的宽度中可能会包含两条或更多的色彩边缘，那么在移动过程中就可能随机选择其中一条，如图 4-2-8 所示。

图 4-2-8

因为山体连着图像的边缘，并且天空也处在图像的边缘上，所以最好将图像窗口拉大一些，在四周留些空余以方便选区工具的移动。现在我们将磁性套索宽度设为 7 像素，对比度设为 10%，频率设为 50，画出选区。在图像以外的部分移动的时候可以单击增加控制点。完成后的效果不是很完美，有一些该选的区域没有选中，比如左上角和右上方的天空部分。有些不该选的却选了，比如大厦的一角，如图 4-2-9 所示。

图 4-2-9

4.2.3 修补选区

这个时候我们可以使用套索工具来做些小修补。在开始之前让我们再复习一下操作中最常用到的缩放视图快捷键:〖空格＋ Ctrl ＋单击〗放大视图、〖空格＋ Alt ＋单击〗缩小视图。移动视图的快速方法是按住空格键不放并拖动鼠标。

虽然我们已经学习了套索工具，但在实际使用过程中由于其使用不便，很少被用来直接创立选区。最经常的作用是用来小范围修补选区。切换到套索工具后使用 Shift 键或 Alt 键，利用选区运算增加或减去一些小的选区细节。

在修补选区的时候要注意，无论是增加还是减去，鼠标轨迹都应该是一个相对封闭的区域，如图 4-2-10 所示，左侧的轨迹很容易导致误操作，而右侧才是正确的路线。

图 4-2-10

为了看得更清楚些，我们可以通过下面的例子看看误操作可能出现的地方。如图 4-2-11 所示，我们需要把缺失的半月形选区补上。红色轨迹只加了一条线，那么起点终点相连后形成了一个中空的选区，并没有达到目的。绿色轨迹则是补齐了整个区域，完整地修补了选区。掌握这种修改选区的方法可应付今后大部分的选区问题，所以应熟练掌握。

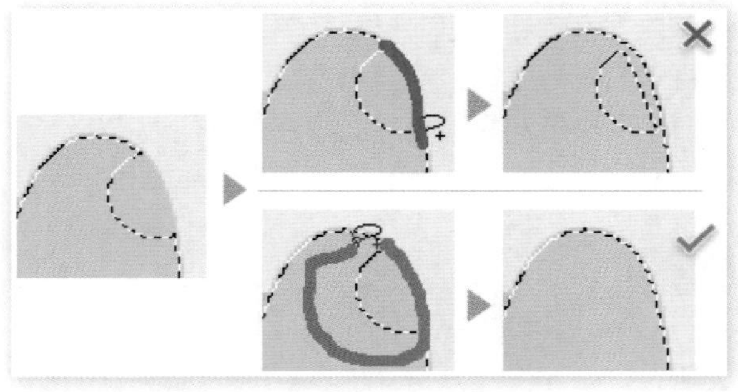

图 4-2-11

4.2.4　使用魔棒选取工具

现在我们要求将 s0403.png 中绿色的方块都选中，如图 4-2-12 所示。在这种情况下之前的几种选取工具都很难派上用场了，虽然用套索等工具也可以绘制出选区，但一来不够精确，二来难以应付大量选区的情况。

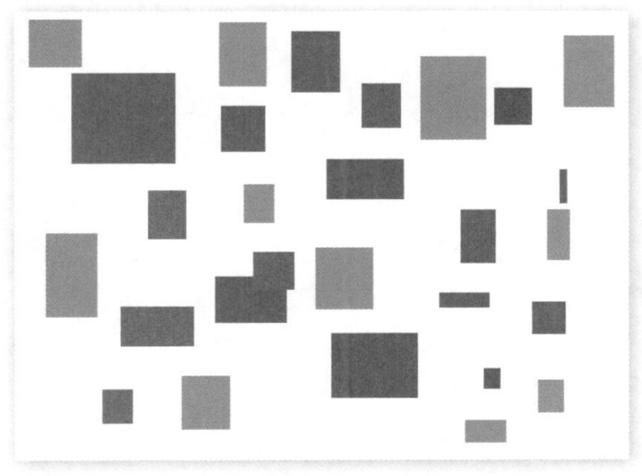

图 4-2-12

Photoshop 中的选取工具从性质上来说分为两类，一类是我们前面一直在学习的通过轨迹来选取的方式，还有一类就是现在要学习到的通过颜色来选取的方式。注意磁性套索虽然有判定色彩边界的功能，但其主要作用还是鼠标轨迹，因此也将它归入到轨迹类中。

颜色选取方式的代表工具是魔棒，通过〖W〗键可快速切换到魔棒工具。在魔棒工具处于选中状态时，公共栏的默认设置如图 4-2-13 所示。可通过右击蓝圈处后选择“复位工具”来恢复默认状态。这个方法之前已经提过，基于大家还不熟练，目前的设置都是从默认状态出发的，如果你发现自己的设置与本书不符，可尝试复位工具。

图 4-2-13

用魔棒工具在其中一个绿色块（其他颜色也可）上单击一下，就会看到这个色块就被选中了，如图 4-2-14 所示。

魔棒工具利用颜色的差别来创建选区，以鼠标单击处像素的颜色值为基准，寻找容差范围内的其他像素，然后将它们变为选区。所谓容差范围就是色彩的包容度。容差越小对色彩差异的判断就越严格，即使两个看起来很接近的颜色也可能被排除，增大容差可以包含更多的相近颜色，图 4-2-15 所示的是不同容差取值对选区的影响。

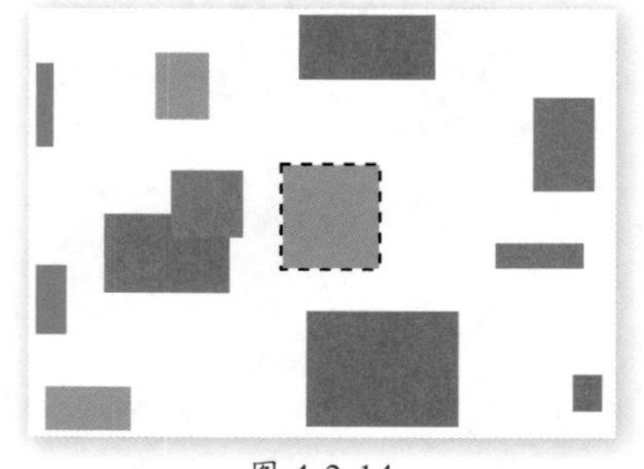

图 4-2-14

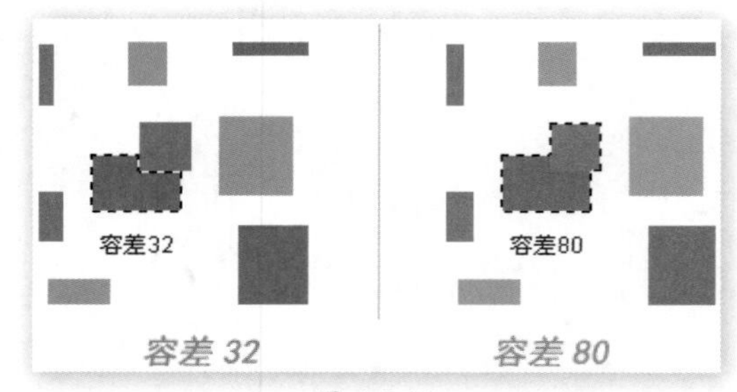

图 4-2-15

选区运算是所有选择工具共有的，魔棒工具也不例外，如果要选中多个相同色块，就可以按住 Shift 键切换到添加方式，然后逐个单击色块。但这样还是比较麻烦，因为数量较多操作的次数也就越多。

这时注意公共栏中有一个“连续”选项，选中它则只对连续像素取样，现在我们将它关闭，然后再用魔棒工具点选任意一个色块，会看到图像中同色方块全部都被选中了。魔棒工具的原理是根据取样点的像素色彩作为基准并结合容差去寻找其他像素，如果该选项开启，那么寻找的方向就是从取样点开始四周扩散开去，遇到超过容差范围的色彩区域时寻找就终止了，这样就只会生成一个选择区域。关闭该选项后魔棒工具就不再是从取样点四周出发，而是“着眼于大局”，从整幅图像中寻找符合容差的像素，这样才有可能会形成多个选择区域。

“对所有图层取样”则是控制魔棒工具是在当前图层内寻找像素，还是在所有图层中寻找，大家在学习了图层的相关知识后自然就能明白。

对于容差选项，虽然容差值较大时选取的色彩范围也较广，但这也容易形成多余的选区，而要减去这些多余选区是比较麻烦的，甚至不如重新创建选区来得简单。因此较为稳妥的方法是将容差值设置得小一些，如果有些地方没选上，再在增加选区的模式下多选取几次。

使用魔棒工具的时候，按回车键后可快速把焦点转向容差值设置框，我们输入一个容差值后再按回车确认。现在尝试使用魔棒工具来创建之前的天空选区，如图 4-2-16 所示是将容差值设为 50 后点选天空的中间部分而形成的大致效果。

图 4-2-16

可见，天空上方或下方的有些部分没有被选中，我们可以先把选择的模式改为添加模式，然后再分别单击图 4-2-17 中所示的 1、2 两个位置，这样基本就能完整地选择天空部分了，对于剩下的一些细小部分可使用套索工具进行增减，进行增减操作时记住要完全包围区域，如图 4-2-18 所示。

利用魔棒工具选取出来的天空部分，理论上比之前使用磁性套索工具选取的选区更精确，因为磁性套索擅长查找色彩边界，而魔棒擅长查找范围。要选取天空这类有相近色彩的区域，魔棒工具应该是首选。

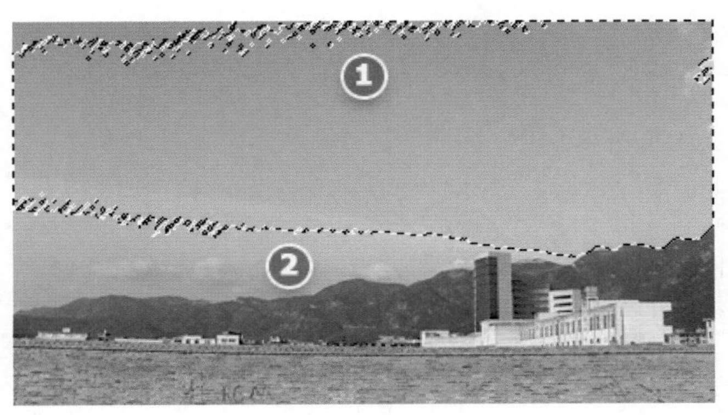

图 4-2-17

图 4-2-18

【思考题】完成色块的选取

在范例图像 s0403.png 中共有 11 个绿色方块，现在要完成如图 4-2-19 所示的其中 10 个方块的选取（在选取过程中鼠标只能单击两次）。请自己思考，最好能实际动手做一下，之后再往下阅读。

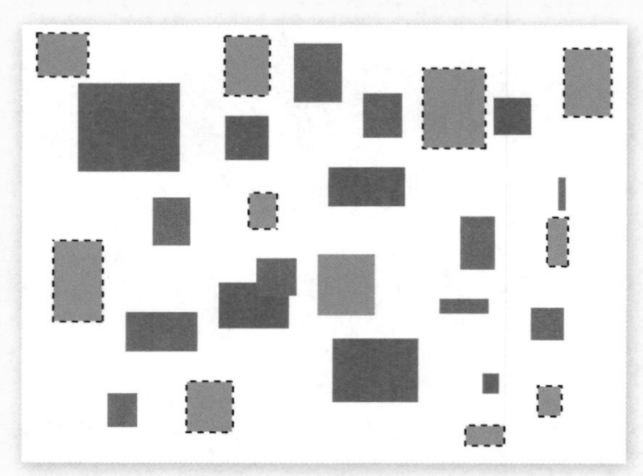

图 4-2-19

要完成这个选取并不困难，甚至是非常简单，主要是思维方式的改变。从直接的“连续选择 10 个”转变为“先选择 11 个再减去 1 个”就可以了。具体方法是使用魔棒工具，在关闭“连续”选项后单击其中一个绿色方块，这样将选择全部绿色方块。然后开启该选项，切换到减去方式再单击某个绿色方块即可。操作中注意容差值不要设置得太大。

在理解上面的内容后，现在我们更改题目，要求使用魔棒工具两次单击选择所有颜色的方块。接下来再更改题目，同样是选择所有色块，但鼠标只能单击一次。这两个题目请大家思考并动手操作后，再继续往下阅读。我们使用图 4-2-20 来进行分隔。

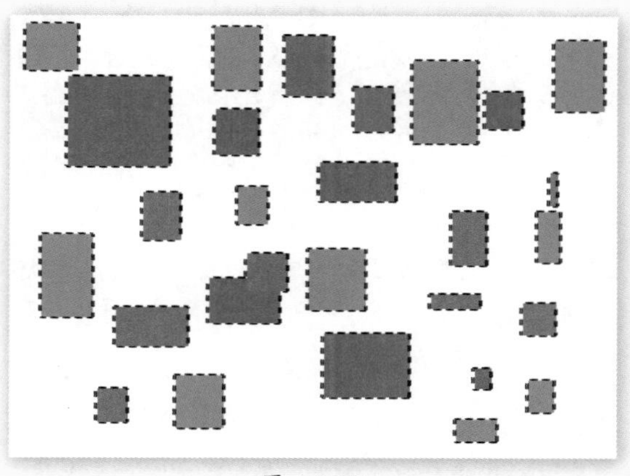

图 4-2-20

第一个问题的解决方法是将容差值设为 90 左右，在关闭“连续”选项后单击任一红色方块，由于容差较大，应该能同时选中所有的红色与粉色方块。再按住 Shift 键添加上绿色方块即可。

【操作提示 4.6】反选选区

第二个问题如果大家没有想出来也正常，因为这个操作必须用到反选才能完成。方法是先用魔棒工具单击选择白色区域，此时相当于“选择除了色块以外的所有区域”，然后使用【选择 > 反向】或按快捷键〖Ctrl ＋ Shift ＋ I〗或〖Shift ＋ F7〗，达到只选择色块的效果。

4.2.5　色彩容差的局限性

也许大家会从之前同时选择红色与粉色方块的方法想到，是否可以通过进一步提高容差值达到选择所有色块的目的。这个思路值得肯定，但实际是不行的，因为即便是最大的容差 255，也仅限于与基准色相同或相近的色相，如有与粉色色相相邻的色块（如某种紫色 C81EF0、橙色 F0641E）的话，较大的容差值（170 左右）倒是可以将其包含进来，但绿色由于色相相距太远无法被包含。

如图 4-2-21 所示，方块 A 至 E 分别是橙、红、粉、紫、绿，使用 170 的容差分别单击这 5 个色块，所形成的选择范围为列 1 至列 5，其中单击粉色方块 C 所形成的选区最大。由于印刷色彩的关系，图中的色彩差异可能并不明显，大家可以自己使用图中标识的色彩值去试验。

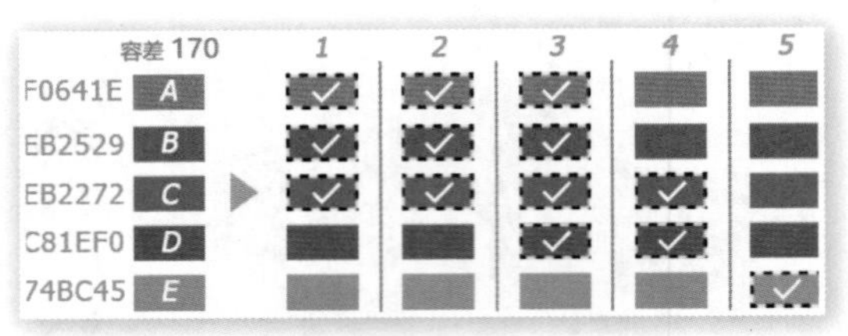

图 4-2-21

绘制色彩方块的方法可以使用矩形工具，用快捷键〖U〗可快速切换至矩形工具。在公共栏中按如图 4-2-22 所示把其设置为“像素”方式，然后分别选择不同的前景色并绘制矩形。建议绘制在同一图层中，如果绘制在不同图层中就需要开启魔棒工具的“对所有图层取样”选项。

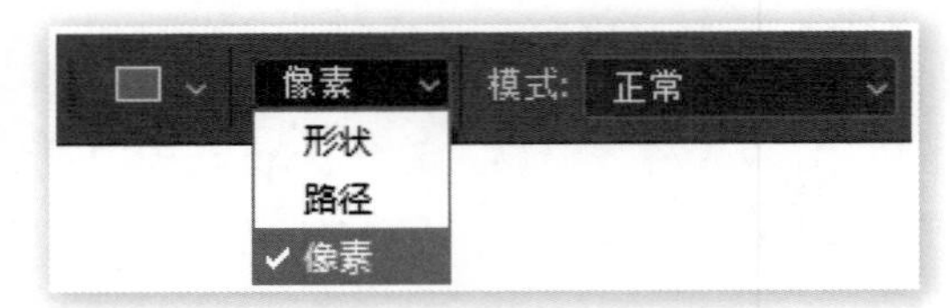

图 4-2-22

矩形工具属于矢量图形，这里我们使用了其中的点阵方式来完成绘制。如果完成不了也没有关系，相关知识将在以后介绍。

4.2.6 使用快速选择工具

快速选择工具〖W〗与魔棒工具是组合在一起的，它是一种针对色彩和边界进行分析从而创建选区的选择类型。但是它不再通过色彩的容差值来控制选择范围，而是通过分析色彩并结合鼠标移动的轨迹来创建选区，因此其控制方式也不再是容差的数值，而是与轨迹相关的画笔直径。如图 4-2-23 所示，选区先是出现在画笔直径的范围中，随着鼠标的移动，天空部分很快全部被归入到选区内。

图 4-2-23

之前学习的魔棒工具在使用中主要有以下一些缺点：一是容差值的设定抽象且无法事后更改，这就造成在设定容差的时候需要尝试选择的效果，不满意则必须重头再来；二是为了避免误选，一般都会设置较小的容差，通过后期多次添加来达到目的，面对一些复杂图像时这种方法会降低工作效率。

快速选择工具很好地弥补了魔棒的不足，它综合了鼠标轨迹和色彩边界判定，与之前学习的磁性套索工具有些相似，只不过磁性套索只会将色彩边界勾勒为选区的一条边，是针对线的操作。而快速选择工具则将其直接建立为选区，是针对面的操作。并且在创建选区后自动切换为添加方式，无需按住 Shift 键就可以直接增加区域，若要减去区域则需按下 Alt 键。

因此快速选择工具有着与磁性套索相同的直径设定，直径即为色彩判定的范围，设定适当的直径很重要，如图 4-2-24 所示，使用快速选择工具选取 s0404.jpg 中的枝叶时，如果直径过大将导致误选，只有小于枝叶宽度的直径才能创建出合适的选区。

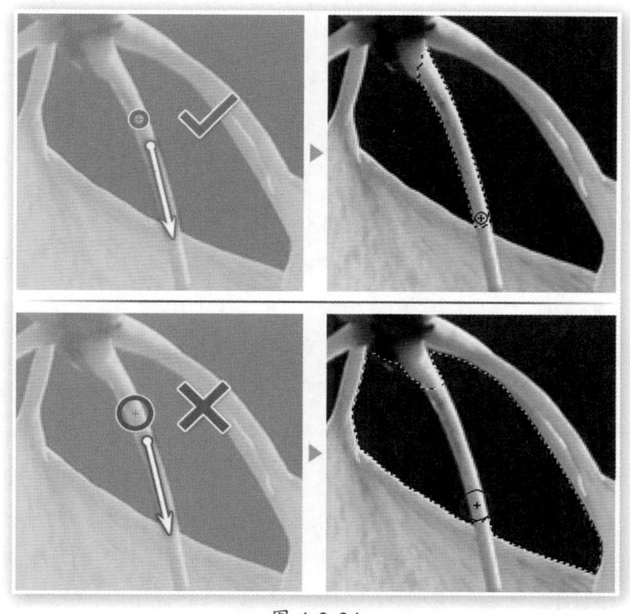

图 4-2-24

后面还将介绍对象选择工具，将这两个工具配合起来使用，能满足绝大多数的选区创建需求。

4.3　消除锯齿和羽化

我们在浴室或卫生间里都见过马赛克拼贴的墙或地面，稍加想象就能明白，用方形的马赛克是不可能拼出平滑曲线的。而计算机存储图像及显示设备显示图像时，都是以方形像素来表达的，因此也难免在边缘上存在这个问题。Photoshop 提供了“羽化”这一功能来避免出现生硬的图像边缘。

4.3.1　设置选取工具的羽化

我们使用椭圆选框工具，分别在关闭和开启“消除锯齿”选项的情况下创建两个差不多大的正圆形选区，然后按〖D〗键和快捷键在正圆形中〖Alt ＋ Delete〗填充黑色，填充之后按快捷键〖Ctrl ＋ D〗取消选区，效果如图 4-3-1 所示。就会看到第一个圆的边缘较为生硬，有明显的阶梯状锯齿，第二个圆的边缘相对要显得光滑一些。

我们通过快捷键〖空格＋ Ctrl ＋单击〗或〖Ctrl ＋＋〗把图像放大一些，如图 4-3-1 所示，就可以看到第二个圆其实也有锯齿出现，但是锯齿的边缘变得柔和了，有一种从黑色到背景白色的色彩过渡，弱化了锯齿原先生硬的边缘，因此看起来显得光滑一些。因此所谓消除锯齿并不是真正消除，而只是采用了“障眼法”而已。

在这里提一个问题：为何矩形、单行和单列选框工具都没有消除锯齿选项？请思考后再往下阅读。

图 4-3-1

答案是因为这 3 种选取工具所创建的选区边缘一定是水平或者垂直的，不可能有曲线或斜线，而锯齿只会在曲线或斜线中出现，因此它们无锯齿可消。

矢量图像从理论上来说是没有锯齿的，但是由于显示器的物理特性，所以最终表现在屏幕上的时候也会有锯齿现象。矢量图像真正的优势是体现在图像制作的过程中而不是显示效果。

现在使用椭圆选框工具，将羽化值分别设为 0 和 5，依次创建出两个正圆形选区，然后填充上黑色（要坚持使用快捷键），不要取消选区。效果如图 4-3-2 所示。看到使用了 5 像素的羽化后，填充的颜色呈现逐渐淡化的效果。放大到如图 4-3-3 所示时会看到某些填充颜色“溢出”了选区的范围，这是由于羽化造成了选区边缘饱和度的改变，相关内容将会在本章后面部分进行讲解。

图 4-3-2

图 4-3-3

这个时候如果使用 10 像素大小的画笔工具在选区内绘制，将会出现如图 4-3-4 所示的效果，可以看到部分像素出现在选区的虚线范围之外。我们之前说过，一旦选区建立以后，几乎所有的操作就只针对选区内有效，但是为什么现在画笔却可以在选区的虚线框之外还有效果呢？而且之前填充的黑色也并不是完全在选区之内，有一部分超过了选区的虚线。这是因为选区的虚线框有时并不能完全地表示所选中的范围，存在一个选择程度问题，这也会在本章后面部分进行解释。

图 4-3-4

【操作提示 4.7】将选区内容拖动到其他图像中

羽化选项的作用就是虚化选区的边缘，以便在与其他图像合成的时候边缘能得到较柔和的过渡。现在打开案例素材图片 s0405.jpg 和 s0406.jpg，将羽化设置为 0，使用套索工具将 s0406.jpg 中间的花朵大致选择，然后按下 Ctrl 临时切换到移动工具（也可直接〖V〗切换到移动工具），将选区内的内容移动到另外一幅图像中，如图 4-3-5 所示。

图 4-3-5

需要注意的是，如果是处在默认的选项卡方式下，则需要先拖动至选项卡，如图 4-3-6 所示，待切换至另一幅图像后再松手。可在【编辑 > 首选项 > 界面】中或使用快捷键〖Ctrl ＋ K〗关闭和开启选项卡方式。

图 4-3-6

在打开的图像之间直接拖动内容的方法就是这样。拖动的起始图像称为源图像，拖动到的图像称为目标图像，目标图像将产生一个新图层放置内容图像。

需要注意的是，在选区内的时候光标显示为，此时拖动才是拖动选区内的图像，如果在选区之外，则光标显示为，此时将会拖动整个图像，应注意区别，以免误操作。在实际操作中较少使用拖动操作来传递图像内容，因操作的幅度大且常受到界面窗口的限制。常用的方式是在源图像中通过快捷键〖Ctrl ＋ C〗复制选区内容后，到目标图像中再按快捷键〖Ctrl ＋ V〗来粘贴所复制的内容。

之前我们是在建立选区后直接进行拖动，相当于没有进行羽化，在目标图像中的花朵边缘会显得比较生硬。现在分别在两幅图像中按〖F12〗(或多次按快捷键〖Ctrl ＋ Alt ＋ Z〗)，图像将回到初始状态。然后在公共栏中将羽化设置为 10 后再重复上面的选择并拖动的操作，会看到这次目标图像中的花朵边缘显得柔和得多，如图 4-3-7 所示。

〖F12〗的作用是将图像恢复到上一次保存后的状态，如果图像从未保存则相当于还原到初始状态。

图 4-3-7

4.3.2 使用羽化命令

虽然选取工具在公共栏中提供了羽化选项，但我们不建议直接使用它，因为这是一种“事前”羽化。在对羽化效果不满意时，由于使用快捷键〖Ctrl ＋ Z〗撤销一步后选区将消失，因此需要重新创建选区，这是非常不方便的。因此建议大家都使用“事后”羽化，即在选取之前都将羽化设置为 0，而在完成选区后通过【选择 > 修改 > 羽化】或快捷键〖Shift ＋ F6〗，或直接单击右键（使用选取工具前提下）在弹出菜单中选择“羽化”，将会出现如图 4-3-8 所示的对话框，输入数值即可，其羽化效果与之前完全相同。其中的“应用画布边界的效果”选项可避免在图像边缘出现羽化不足的情况。如果选区接触到了图像边缘，建议勾选该项目。

“事后”羽化的好处是在使用快捷键〖Ctrl ＋ Z〗撤销一步后，只是撤销了羽化的操作，而不会撤销创建选区的操作，选区依然存在，只需要重新设定羽化数值即可达到修改羽化程度的目的。

设置羽化后选区虚线框可能会缩小，选区拐角会变得平滑，如图 4-3-9 所示。如果输入的羽化的数值过大，可能会出现警告提示“任何像素都不大于 50% 选择。选区边将不可见。”同时选区虚线消失。这两个现象产生的原因将在本章后面的内容中解答。

图 4-3-8

图 4-3-9

羽化可使选中的图像边缘呈现半透明过渡的效果，这有利于图像的合成，但是羽化的效果比较单一，因为羽化是沿着选区边缘平均分配的，不能适应所有的实际需求情况。在后面的课程中我们将学习通过图层蒙版实现局部的半透明或羽化，其效果更好且具备较高的可编辑性。

在第 3 章我们学习过绘图工具画笔，改变画笔硬度可以让绘制边缘变得柔和，这种柔和效果实际也就是羽化。和画笔工具组合在一起的还有一个铅笔工具。两者的最大区别就是铅笔边缘没有羽化，因此看起来较为生硬，对比如图 4-3-10 所示。

图 4-3-10

4.4　调整及完善选区

通过之前的学习，我们知道选取数码照片中人物的最佳工具就是快速选择工具。但打开素材 s0407.jpg（李汝明摄）后，使用快速选择工具可以很快选取出人物的绝大部分，但对于毛发部分却无能为力，如图 4-4-1 所示。事实上此类毛发边缘是所有选区中最难创建的一种，不仅因为其细致密集，还因为毛发的末梢部分往往与背景相融而呈现半透明效果，使得无论哪种选取工具都难以胜任，那怎么办呢？我们接着往下看。

图 4-4-1

4.4.1 使用选择并遮住

首先，我们使用快速选择工具对 s0407.jpg（李汝明摄）中的人物进行大致的选取。对于毛发部分，可通过在菜单中选择【选择 > 选择并遮住】功能来进行细节处理。此功能的快捷键是〖Ctrl + Alt + R〗，也可直接单击右键（使用选区类工具且有选区存在时）或在公共设置区选择此功能，这个功能可以很好地从背景中分离出毛发部分。

启动“选择并遮住”功能之后，Photoshop 左方的工具栏将被临时替换成专用工具，如图 4-4-2 所示。其中最常用的是“调整边缘画笔工具”和“画笔工具”。前者用来抽出发丝等微小细节，后者用来还原到原图状态。

同时右方的面板区域也将临时替换成选择并遮住的功能区，我们首先在图 4-4-3 的箭头 1 处将视图方式选择为“白底”，这样可以为操作提供良好的视觉参考。今后可以视情况更改为其他方式。

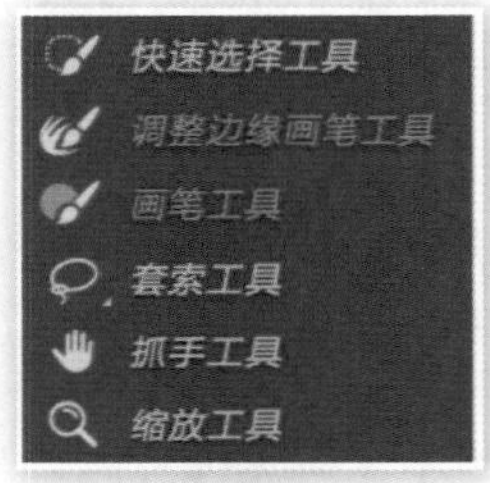

图 4-4-2

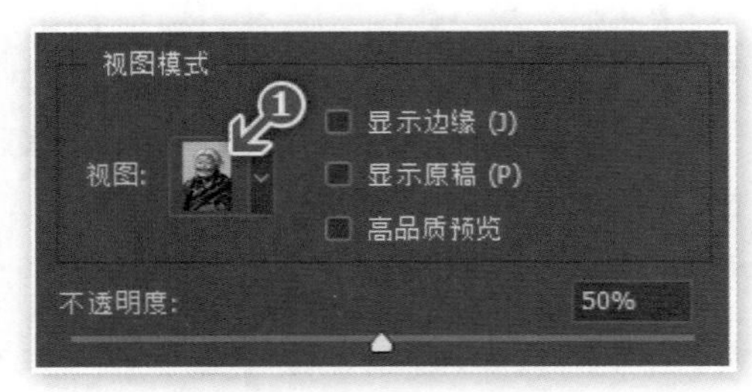

图 4-4-3

调整边缘画笔工具的使用方法类似于画笔，可以通过快捷键更改画笔大小。现在选择合适的画笔大小，对画面中应该有毛发的部位进行涂抹，涂抹的区域应覆盖毛发。即便不精确也没有关系，松开鼠标后即可看到部分毛发被选取出来，过程如图 4-4-4 所示。如果发现有漏掉的区域，可直接继续涂抹直到完成。错误的区域可以按住 Alt 键后涂抹将其还原。

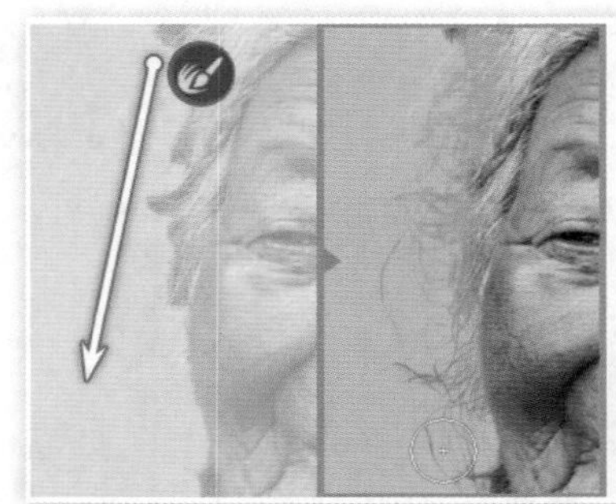
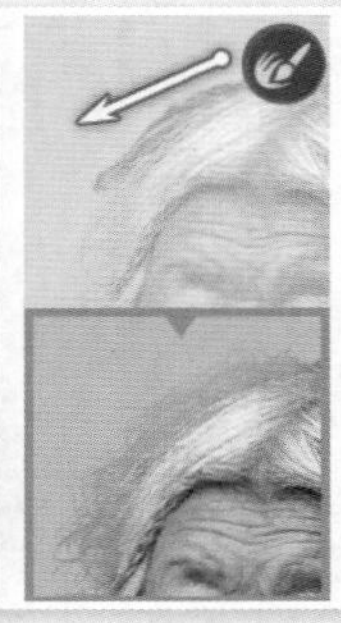
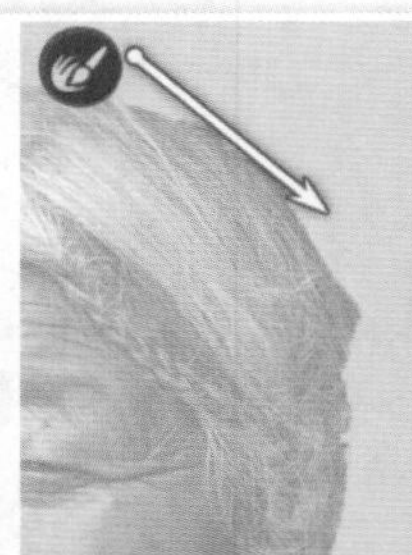
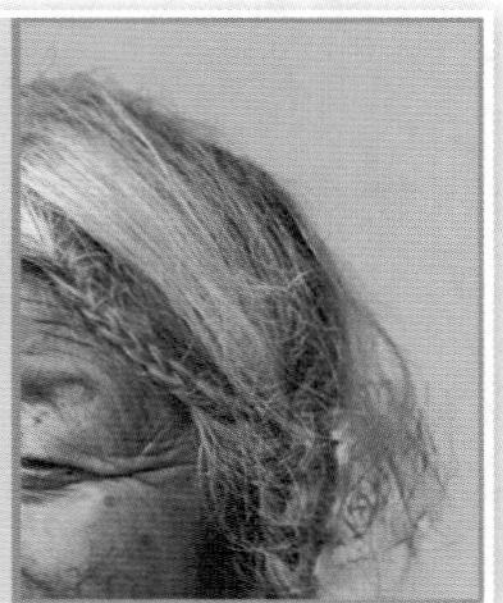
图 4-4-4

如果需要彻底还原部分区域，可使用“画笔工具”进行涂抹，过程如图 4-4-5 所示。

完成涂抹操作后，在右方的功能区中，还有边缘检测与全局调整两个选项。在本例中它们的作用并不明显。其中边缘检测可以在一定程度上自动判断边缘，但效果有限。全局调整则是针对整体进行调整，其中平滑选项可以使边缘平整避免出现锯齿，可以设置得高一些；羽化选项则在边缘产生过渡以避免生硬感，一般不宜设置过大；对比度则在边缘不够犀利时使用，它与羽化的作用是相反的；如果边缘存在较多难以消除的杂质，可适当下调“移动边缘”选项以缩小选区。

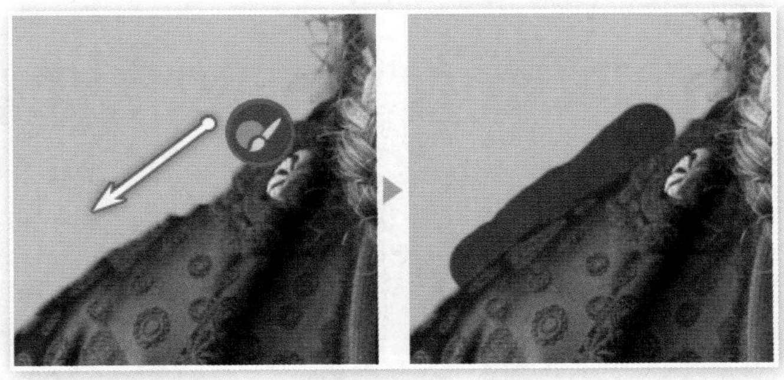

图 4-4-5

在完成上述步骤后，可在视图模式（图 4-4-3）中选择“黑白”视图，效果如图 4-4-6 所示。这种方式可避开色彩干扰，便于观察毛发边缘的连续性。如发现有不足，可继续使用调整边缘画笔工具进行修改。

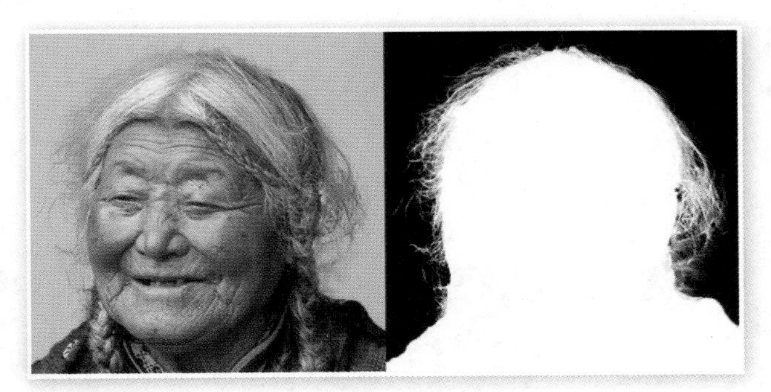

图 4-4-6

在输出设置中建议开启“净化颜色”选项，该选项能去除边缘中与原背景交融的颜色，效果对比如图 4-4-7 所示。由于图像中的毛发一般都较为细小，因此常会融入背景中，如果不加以处理，选取出来的边缘可能会带有背景部分的颜色，因此一般建议开启此选项。

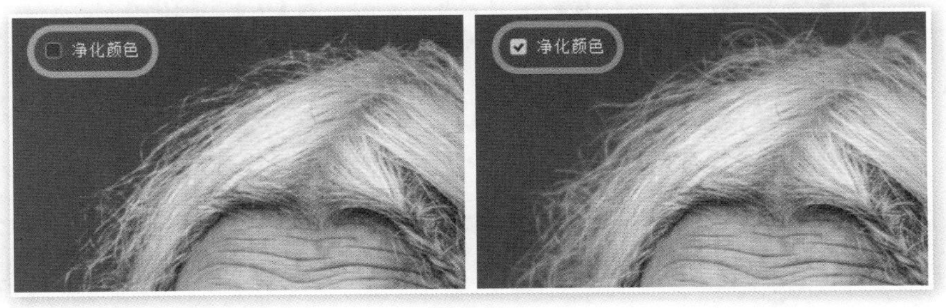

图 4-4-7

接着将“输出到”选项设置为“新建带有图层蒙版的图层”。这是一个有利于后期再修改的选项。它会在图像中增加一个图层（原图层自动隐藏），并使用图层蒙版直接屏蔽选区之外的图像，如图 4-4-8 所示。现在可以直接看到人物的背景变为透明了，棋盘格图案是 Photoshop 对透明区域的表示。综上，“选择并遮住”操作的效果等同于将选区之外的图像都删除，但又通过图层蒙版的方式保留了可编辑性，相关知识在后面会讲到。

图 4-4-8

完成了背景分离，就可以尝试进行图像合成了。打开案例素材 s0408.jpg（李汝明摄），通过快捷键〖V〗切换到移动工具，然后将人物移动到适当位置，就会看到两者合成的效果了，如图 4-4-9 所示。

图 4-4-9

需要注意的是，移动图像时须确保图层处于图 4-4-8 的状态。如果出现如图 4-4-10 所示的提示，应在图层面板中单击刚才的图层，如图 4-4-11 中红色箭头处，使之处于被选择状态，之后继续操作就可以了。

我们已经制作出了第一幅合成作品，尽管简单但基本结构已经具备。只是就摄影作品而言还缺少景深效果。那么接下来我们可使用滤镜将背景变得模糊一些。由于是对背景进行操作，因此首先要在图层面板中选择背景图层，如图 4-4-12 所示。

图 4-4-10　　图 4-4-11

图 4-4-12

在菜单中选择【滤镜 > 模糊 > 镜头模糊】进入滤镜，将光圈项目中的半径数值适当增大些即可。这个滤镜是用来模拟景深所造成的模糊现象，其效果如图 4-4-13 所示。

图 4-4-13

解决好背景后，我们再将人物图像变得清晰锐利些。鉴于大家还不熟练，为了防止对蒙版执行误操作，先在图 4-4-14 所示的箭头 1 处的图层蒙版上单击右键，选择“应用图层蒙版”。此时蒙版将消失，而图层缩览图会有略微变化，其原理将在后面的内容中讲解。

图 4-4-14

接着对刚应用完蒙版的图层执行【滤镜 > 锐化 > 智能锐化】，设置一组合适的参数后，效果如图 4-4-15 所示，可以看出人物变得清晰锐利了。

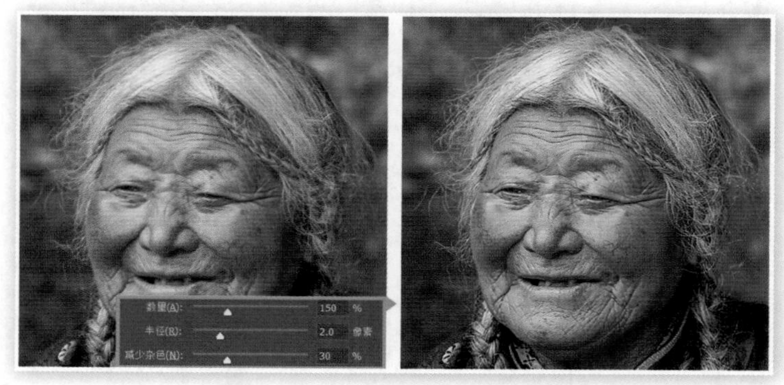

图 4-4-15

4.4.2　图像合成的操作要点

不知不觉中我们完成了一个基本的图像合成练习，先通过建立选区进而建立蒙版，实现了人物与背景的分离，之后的模糊和锐化都是在此基础上实现的。事实上这也就是图像合成的一般操作过程，即先在一幅图像中选择所需部分后，再复制到另外的图像中。

本例的重点就在于选区的创建，而这个重点中的难点就是毛发状边缘的选取。基本上只要学会上述方法就可以应付绝大多数情况，但这也并非完美解决方案，如果放大仔细看发丝区域，还是会发现有许多的瑕疵，比如有些发丝没有选取出来，或部分背景也包含在了其中等，修补这些微小细节需要很多耐心和毅力，有时候还需要借助另外的工具来实现。比如净化颜色选项没有很好地消除背景颜色时，可能需要通过海绵工具或色彩调整功能来辅助处理。

4.4.3　选择焦点区域和主体

摄影中的焦点（即合焦位置）一般都是画面中的主体部分，在菜单中选择【选择 > 焦点区域】可通过分析自动选择该区域，如图 4-4-16 所示为对案例素材文件 s0409.jpg 使用该功能所得的效果，可以看到处于焦点位置的树叶被保留，而焦外的部分被剔除了。如果对选择范围不满意可尝试更改焦点对准范围。在“输出”选项中，可将选择结果作为选区、图层、蒙版或新建图像等。

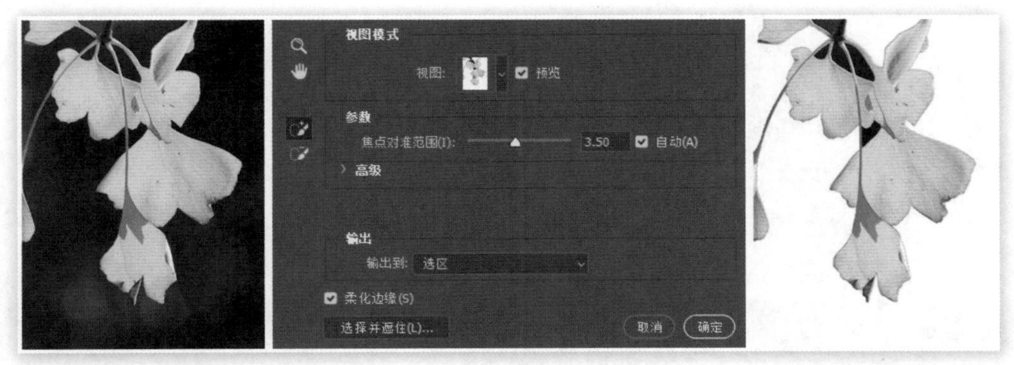

图 4-4-16

需要注意的是，部分特殊区域是难以被准确选中的，即便修改对准范围也未必有效，此时可手动增减区域，如图 4-4-17 所示为减去区域的效果。操作时鼠标在要减去的区域内单击即可。如果对效果还是不满意可单击“选择并遮住”进行更深入的修改。

图 4-4-17

在菜单中选择【选择 > 主体】可智能判断摄影作品中的主体部分并将其创建为选区，通常情况下都能准确选定主体，但对于一些较复杂的构图可能产生误判。这种选择比较适用于主次分明的摄影题材，如人像摄影等，如图 4-4-18 所示。

图 4-4-18

以上两个选择方式对图像的要求都比较高，比如要有明显的焦内外区别，或有明显的摄影主体等，同时图像应具备较高的精度以提高分析的准确性。但它们对细节的判断能力有限，难以判定发丝等部分，宜结合“选择并遮住功能”来使用。

4.4.4 使用对象选择工具

焦点区域和主体虽然都带有智能判定的性质，但它们都是基于全图内容进行判断。如果画面中有多个焦内元素或多个视觉平均的对象，效果往往不甚理想。如图 4-4-19 所示，我们使用这两种智能选择功能对案例素材图片 s0406.jpg 进行选择时，所形成的选区都不是很到位。

图 4-4-19

此时可通过对象选择工具〖W〗进行人为干预下的智能选择（对象选择工具是 Photoshop 2020 版本一个新增的工具）。过程如图 4-4-20 所示，用快速选择工具框选其中一朵花，即便框选的范围并不精确，甚至包含了其他部分花朵，但依然能够形成有效选区。它的作用可以理解为在框选的范围内进行焦点和主体的综合智能判定。

图 4-4-20

在已有选区的情况下，可按住 Shift 键继续框选其他区域，将更多对象添加到选区内，如图 4-4-21 所示；若按住 Alt 键则为减去区域。

在智能类选择工具出现以前，创建复杂选区是一件费时费力的事情，现在通过综合运用对象选择工具和快速选择工具，一般都能创建出相对完美的选区。智能类工具带有自主学习能力，即便初次选择在一些细节之处出现不准确的情况，只要在所需的地方进行数次添加和减去操作，其选区判定就会越来越精准。而对于一些难以完善的细节，可通过套索工具〖L〗进行手动修正。

图 4-4-21

如图 4-4-22 所示，当切换到对象选择工具的时候，如果公共栏上的“对象查找程序”处于勾选状态，电脑实际已通过人工智能对内容进行了分析，并得出可以作为主体的所有区域。此时鼠标悬停在物体上将会提示区域预览，点击即可将其创建为选区。点击蓝色圆圈处的按钮可预览所有对象区域。

图 4-4-22

通过综合运用对象选择工具和快速选择工具，一般都能创建出相对完美的选区。对于一些难以完善的细节，可通过套索工具〖L〗进行手动修正。

4.5　选区的存储及载入

现在我们使用案例素材 s0404.jpg 来做一个更改色彩的操作，分别更改如图 4-5-1 所示的两片叶子的色彩。按照我们目前所学的知识，其一般步骤是先建立选区（可使用快速选择工具），然后通过【图像 > 调整 > 色相 / 饱和度】或按快捷键〖Ctrl ＋ U〗进行色彩调整。由于色相 / 饱和度调整工具只能将图像改变为一种颜色，因此就必须先选择左边的叶子后改为蓝色，然后再选择右边的叶子后改为红色，到这一步还没有什么问题。但如果需要将左边的叶子再改为其他色彩，由于原先的选区已经消失，必须重新进行创建才能更改，这显然是不方便的。

图 4-5-1

虽然通过撤销历史记录快捷键〖Ctrl ＋ Z〗可以找回原先的选区，但因为历史记录是线性的，当返回到第一选区创建的步骤时，第二选区以及在其中所做的色彩调整也会被撤销，因此还将要面临重新创建第二选区的问题。

在这种情况下，如果将选区进行存储（可以存储多个选区），在需要时再将其载入后使用，则上述的问题就迎刃而解了。

4.5.1 存储与载入选区

存储选区的方法很简单，在使用选取工具创建选区后单击右键即会出现“存储选区”选项。也可以通过【选择 > 存储选区】。此时会出现一个“存储选区”对话框，如图 4-5-2 所示。可以输入文字作为这个选区的名称。默认会自动以 Alpha1、Alpha2 来顺序命名。如果在红色箭头处的文档选项中选择“新建”的话，则会创建一个新的图像，这个选项在大家以后的实际工作中可能会派上用场。

图 4-5-2

如果之前已经存储了别的选区，则可以将本次要存储的选区与之进行运算后再作为新选区存储，方法如图 4-5-3 所示。在通道中将“新建”改为已经存储的选区名，然后选择对应的运算方式。这项功能的实际用处不大，建议大家保存原始选区，需要时可利用原始选区进行运算操作。

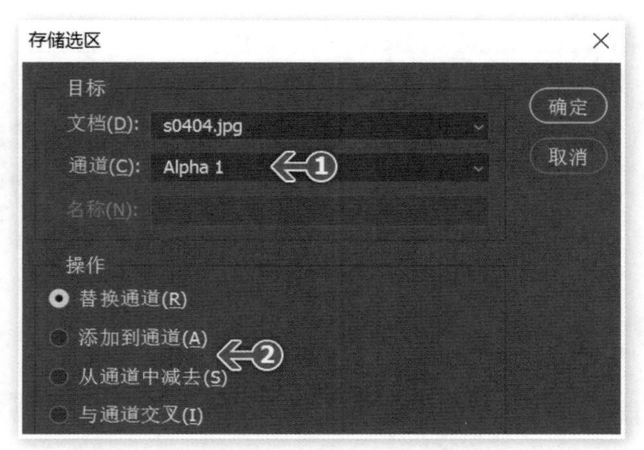

图 4-5-3

当需要载入存储的选区时，可以通过【选择 > 载入选区】，也可以在使用选取工具时单击右键储存选区（无选区存在时），如图 4-5-4 所示，当图像中没有选区存在时，可直接在通道中选择之前储存的选区名。如果图像中已有选区存在，则在载入时可以选择运算方式。其中“反相”选项相当于反选选区，但称之为反相而不直接称之为反选是有道理的，将在后面进一步解释。

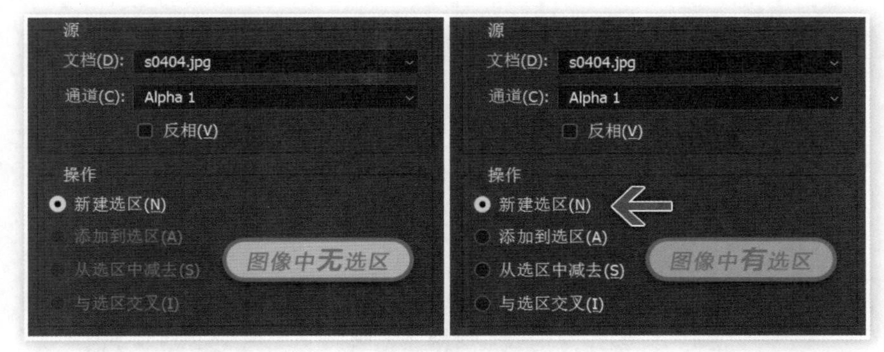

图 4-5-4

4.5.2　选区的存储原理

在上面的操作中，我们会发现其中的选区是以“通道”的名义存储的，这与之前学习过的图像通道有何联系？

新建一个 400×225 的白底图像，在与图 4-5-5 所示的大致位置创建一个矩形选区并且存储，命名为 s1。然后按快捷键〖Ctrl ＋ D〗取消选区，打开通道面板，会看到一个名称为

s1 的新通道。

注意通道面板的缩览图如果设为“无”的话就看不到缩览图了。可单击面板右上角的面板菜单后在“面板选项”中调整缩览图大小，或在通道面板下方的空白处单击右键后选择缩览图的大小。这个缩览图调整方式也适用于图层和路径面板。

图 4-5-5

在通道面板中单击 s1 进入通道单独显示模式，如图 4-5-6 所示，看到在黑色背景上有一个白色方块。可以看出这个白色方块的位置和大小与前面所创建并存储的选区是相同的。其实 Photoshop 存储选区的方法就是把选区转换为对应的灰度图像后存储为一个单独通道。通道灰度图中的白色对应之前的选区内部分，而黑色的部分则对应未选区域，这样的通道称为 Alpha（阿尔法）通道。

这样我们就总结出一点：Alpha 通道中的白色对应选区部分，黑色对应未选部分。即白色代表选择，黑色代表不选择。

可以试着把 s1 通道删除，方法是在通道面板中将 s1 拖到蓝圈处的垃圾桶图标上，或在选择中 s1 通道后单击垃圾桶图标。删除之后载入选区的功能将不能使用，说明目前没有选区被存储。这也说明，删除选区转换成的通道后，就会丢失所存储的相应选区。现在按快捷键〖Ctrl ＋ Z〗撤销删除通道的操作，以便于继续学习后面的内容。

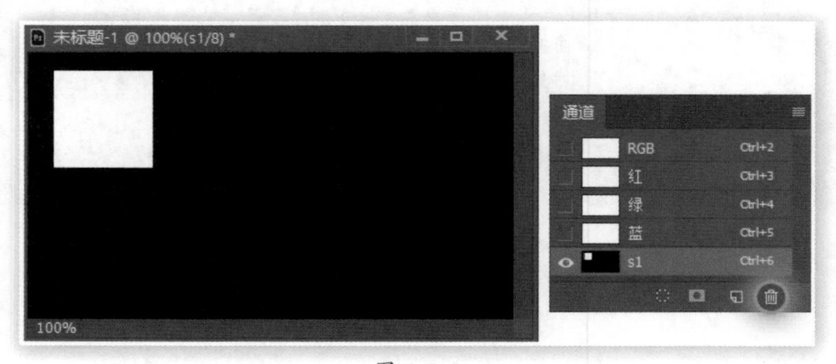

图 4-5-6

4.5.3 用绘图工具更改选区

既然选区存储后成为通道，那么手动改变其内容会如何？我们可以用铅笔工具（注意不是画笔），选择一个 10 像素宽的笔刷，用纯白色随意在 s1 通道上涂抹一下，然后回到 RGB 方式（单击 RGB 通道或按快捷键〖Ctrl ＋ 2〗），选择载入 s1 选区，会看到选区也发生了改变，如图 4-5-7 所示。其实不回到 RGB 方式也可以载入选区，但通道的黑白图像可能会妨碍观察。在这里我们没有使用画笔是有原因的，这在后面将会学习到，现在大家先照做就好。

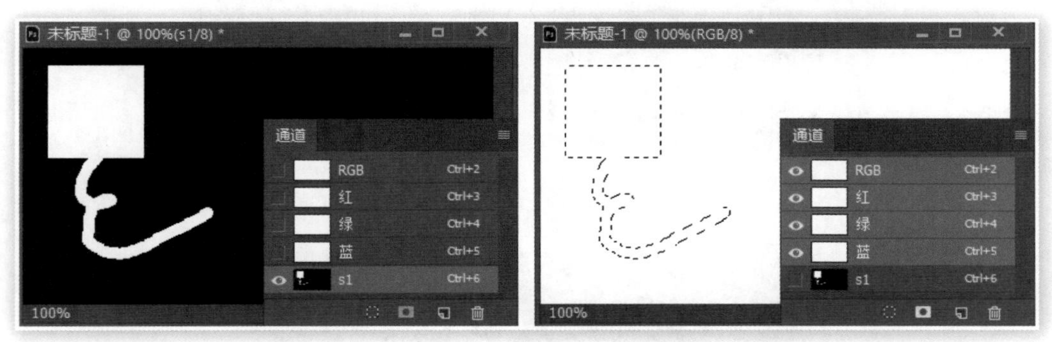

图 4-5-7

前面说过，存储选区实际上就是选区到通道的一个转换，那么载入选区就相当于是从通道到选区的转换。如果改变了通道的图像，就相当于改变了所存储选区的形状，再次载入的就是被修改后的选区。两者比较一下，不难看出通道中的白色部分，正好就是选区的被选择部分。而通道中的黑色部分，就是未被选中的部分，这与前面的总结是一致的：在通道中使用白色和黑色来代表选区中的已选择与未选择区域。

【操作提示 4.8】使用反相命令

除了使用绘图工具以外，也可以使用其他方式来改变 Alpha 通道中的内容。比如在切换到 s1 通道后在菜单中选择【图像 > 调整 > 反相】或使用快捷键〖Ctrl ＋ I〗，将出现“黑白颠倒”的效果，即原先白色的地方变为黑色，原先黑色的地方变为白色。如果此时载入 s1 选区，与存储前的选区相比，等同于反选。在前面的载入选区对话框中所看到的“反相”就是这个意思。

4.5.4　建立 Alpha 通道

除了通过存储选区可以产生 Alpha 通道以外，我们也可以直接建立 Alpha 通道。方法很简单，在通道面板单击蓝圈处的新建按钮即可，同时将自动切换到新通道的单独显示方式。通道名以 Alpha 加序号来命名，如图 4-5-8 所示。如果要修改名字，双击通道名字或名字所在的行即可。

现在用前面用过的铅笔工具和纯白色随意画几笔，如图 4-5-9 所示。注意如果有选区存在的话要先用快捷键〖Ctrl ＋ D〗取消选区，以免绘制范围受限。即便不确定也可通过按快捷键〖Ctrl ＋ D〗确保无选区存在。

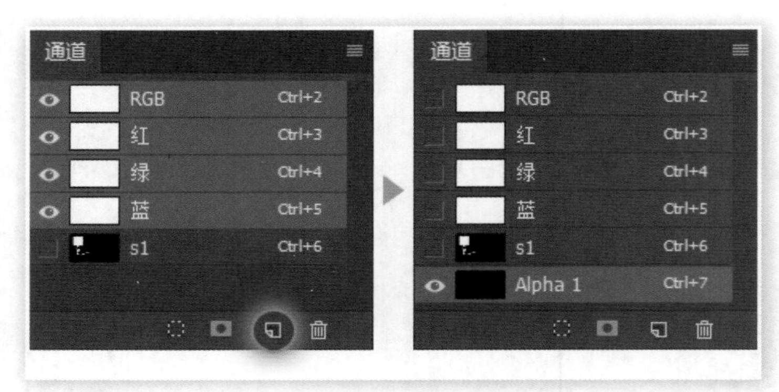

图 4-5-8

图 4-5-9

回到 RGB 通道方式（快捷键〖Ctrl ＋ 2〗）后再使用载入选区的命令，通道选项框中就会出现新的通道，载入后的选区如图 4-5-10 所示，可以看到选区的形状与之前在通道中用铅笔所绘制的形状是相同的。

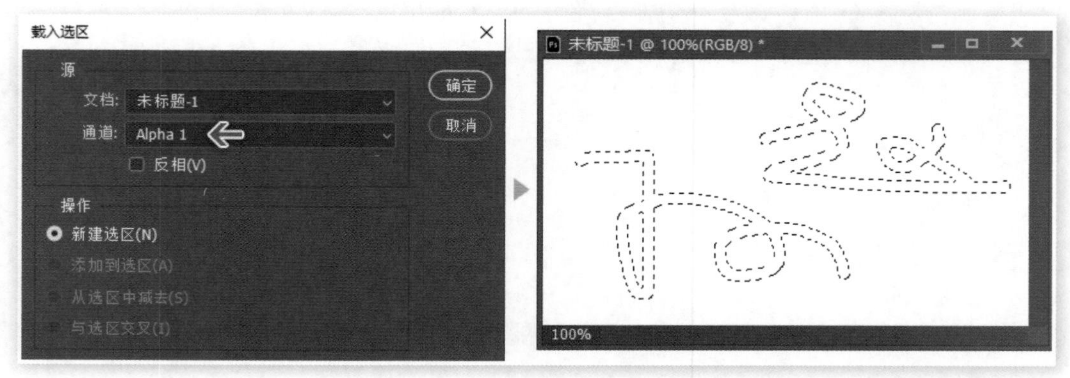

图 4-5-10

4.5.5 将通道转变为选区

之前将通道变为选区的方法是通过载入选区命令完成的，算得上是最标准化的做法，但标准化方法很多时候并不实用，在通道数量较多时也不够直观。

通道面板直接提供了转换为选区的按钮，方法如图 4-5-11 所示。首先选中要转换为选区的通道，接着按蓝圈处的按钮即可，该按钮为“将通道作为选区载入”。这种方法可以观察通道的形态，比之前的方法方便一些。但缺点是需要切换到单独的通道进行载入，之后还要回到 RGB 状态。

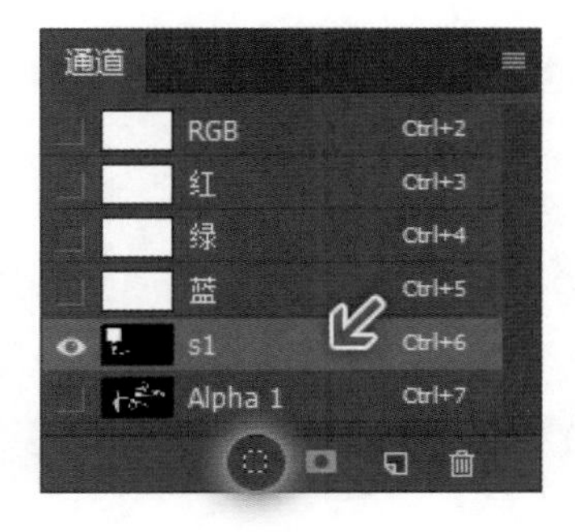

图 4-5-11

其实以上两种方法都不够实用，真正需要大家掌握的方法，是通过快捷键直接从通道面板得到选区。如图 4-5-12 所示，在 RGB 状态下按住 Ctrl 键后直接单击所需的 s1 通道即可。

选区运算也可以照此通过快捷键完成，在已经将 s1 载入为选区后，按下 Ctrl 键和 Shift 键后单击 Alpha1 通道，就相当于进行选区的添加运算。至于减去和交集运算的快捷键组合大家应该能猜得到，请自行尝试并熟练掌握。

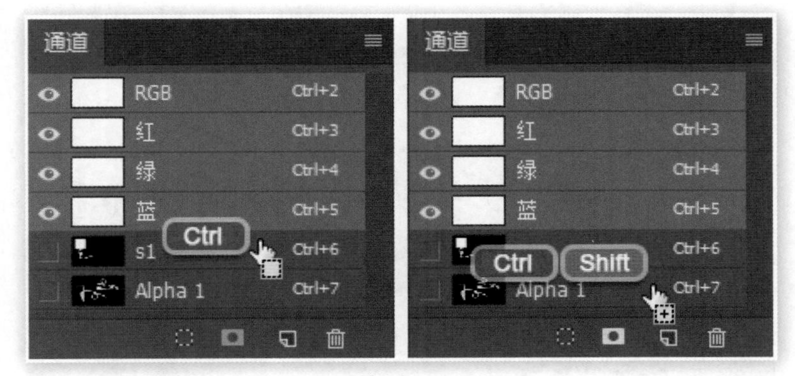

图 4-5-12

4.6　选区的饱和度

在第 1 章中我们已经学习过，在通道中只包含灰度色而没有彩色。而灰度色除了白色和黑色以外，还有之间过渡的不同程度的灰色。我们还学习过在单独的 RGB 各通道的灰度图中，白色代表完全发光，黑色代表完全不发光。换句话说，白色代表一种全饱和状态，黑色则代表一种完全没有的状态。其余过渡的灰色则表示不同的饱和程度。

现在对应到由存储选区产生的 Alpha 通道上想一下，选区在通道中是以白色表示的，未选区以黑色表示。这也可以看成：白色代表了选区的“全饱和”状态，而黑色代表了选区的

“完全没有”状态。那么介于黑白之间的过渡灰色，也可以看成是从选区的“全饱和”到“完全没有”的过渡。

大家可能产生疑问，既然是选区，应该是除了已选就是未选这两种状态，何来所谓的“过渡”呢？其实选区是存在过渡的，而过渡的具体表现就是选区的饱和度（也称选择度或不透明度）。

4.6.1 通道与灰度色

我们知道，灰度色的深浅是用相对于 K（纯黑）的百分比来表示的，按〖F6〗调出颜色面板，切换到灰度色彩模式就可以知道，纯白的 K 值为 0%，而纯黑的 K 值为 100%。K 的数值越大颜色越偏黑，数值越小颜色越偏白，如图 4-6-1 所示。

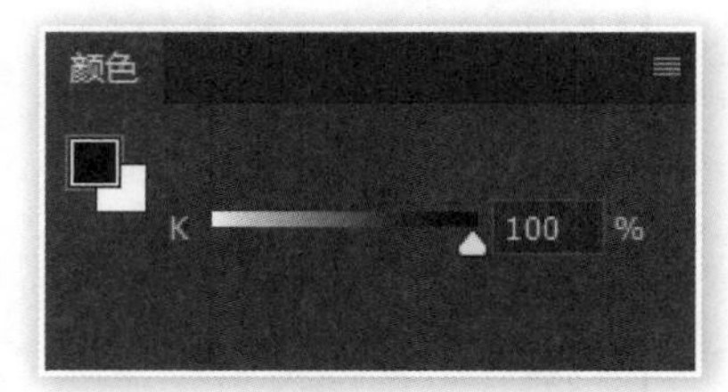

图 4-6-1

删除之前的 s1 和 Alpha1 通道（也可新建图像继续）并新建一个矩形选区存储到通道中，然后在通道面板单击这个新建的通道进入通道单独显示模式，按〖F8〗调出信息面板，将鼠标移动到白色方块上，看到颜色值为 K 0%（也可直接表示为 K 0），如图 4-6-2 所示。

如果信息面板没有显示 K 值，可单击蓝圈处后在弹出菜单选择“实际颜色”。也可以直接选择“灰度”，不过“实际颜色”会根据图像的具体情况自动切换色彩模式。

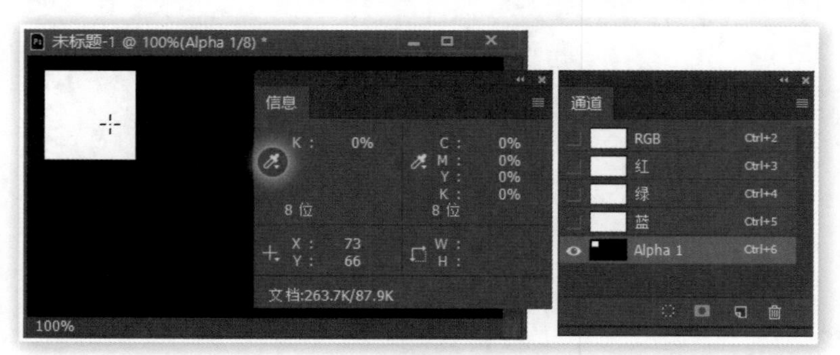

图 4-6-2

现在按〖U〗键快速切换到形状工具，选择矩形，在如图 4-6-3 所示的公共栏中，把箭头所指的地方设置为“像素”方式（其他方式涉及矢量，将在后文介绍），其他选项也如图设定，模式为正常，不透明度为 100%。

图 4-6-3

按〖F6〗开启颜色面板，在灰度滑块中把 K 值设为 49，然后在已有的纯白（K0）矩形右边画一个差不多大小的矩形，再用 K50 画一个，最后用 K51% 再画一个，这样我们就得到了一个有 4 个矩形的通道，如图 4-6-4 所示。矩形的具体尺寸大小可自定。

将这个通道作为选区载入，会发现如图 4-6-5 所示的奇怪现象，在通道中的 4 个方块应该产生 4 个选区才对，而现在却只有 3 个。

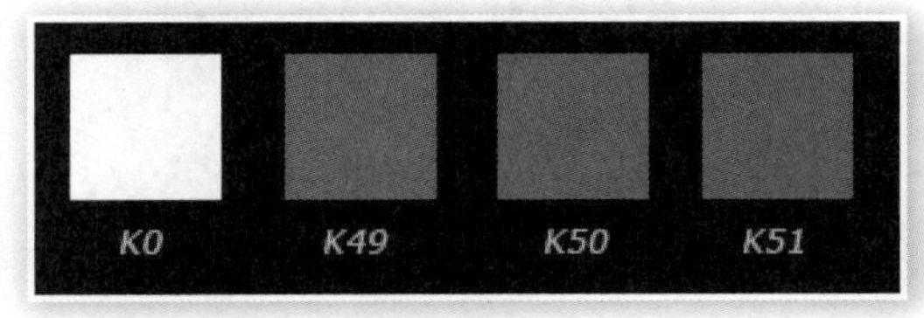

图 4-6-4

图 4-6-5

按快捷键〖Ctrl ＋ 2〗回到正常 RGB 方式后，在图层面板单击蓝圈处的新建按钮，这将会新建一个图层。同时该图层处于被选中状态，如图 4-6-6 所示。然后使用黑色填充（使用快捷键〖D〗、〖Alt ＋ Delete〗），会看到如图 4-6-7 所示的效果。

图 4-6-6

图 4-6-7

现在看到的效果比较令人费解。为什么载入选区时只看到 3 个虚线框？为什么只有 3 个选区，但填充之后画面上却出现了 4 个方块？为什么在给 4 个方块填充黑色时只有第一个选区中填的是黑色而其余三个选区中填的都是灰色？我们先不要着急得到答案，接着看后面的内容。

我们先按快捷键〖Ctrl ＋ D〗取消选区。单击图 4-6-8 中蓝圈处的眼睛标志将背景图层隐藏。由于显示器无法透明，因此 Photoshop 以棋盘格图案表示透明部分。需要注意的是，白色是一种颜色，而透明则没有任何颜色，两者概念完全不同。

此时我们看到最左边的方块是完全不透明的，而其余 3 个都呈现出了半透明的效果（透出了背景的方块图案）。之前在白色背景上呈现出灰色也是因为填充的黑色并不饱和，叠加在白色背景上形成了灰色。如果背景是其他颜色，那么呈现出来的颜色也会不同。

为了证明这一点，如图 4-6-9 所示，我们先将背景图层显示出来（再次单击眼睛图标即可）。然后按〖F8〗调出信息面板，将鼠标移动到其中一个半透明方块上，看到 RGB 数值相等，说明这是一个 RGB 灰度色（CMYK 灰度则应只有 K 值）。

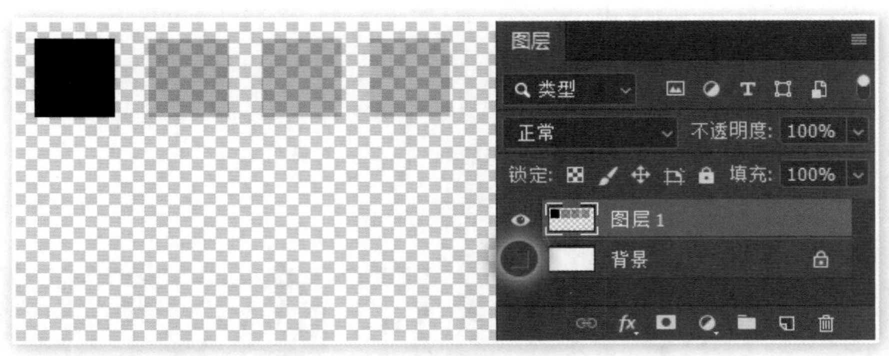

图 4-6-8

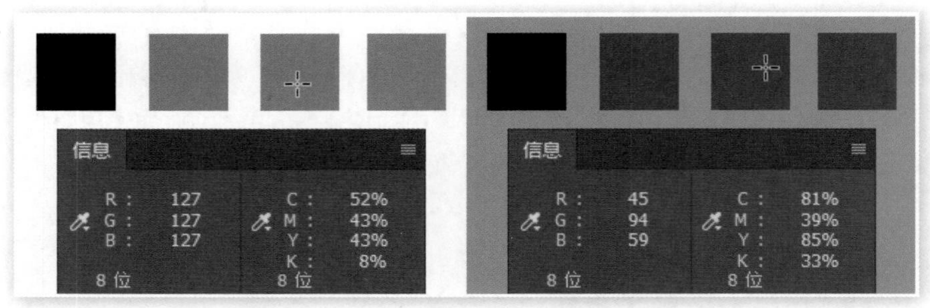

图 4-6-9

接着将背景层填充为一个绿色（在图层面板选择背景层后用快捷键填充），再在同一个方块上查看 RGB 值，此时其已经不再是一个灰度色了。这说明半透明图像和下方的背景色会产生色彩融合的效果。

4.6.2 选区的饱和度

我们知道色彩有不同的饱和度，饱和度高则颜色较浓烈，低则颜色较清淡。而 Photoshop 中的选区也存在类似的不同饱和度。在同样的虚线框范围内，其选择程度却可能不一样，且这种差异无法直接分辨，只有在对选区进行填充等操作后才会得以显现。除了填充以外，进行色彩调整也会得到不同的效果，如图 4-6-10 所示，在进行增加亮度和对比度的操作时，不同饱和度的选区所呈现出的效果也不同。

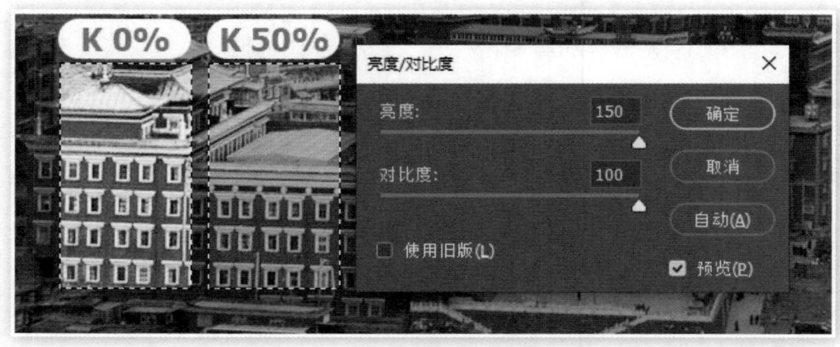

图 4-6-10

从以上内容我们不难看出，Alpha 通道中纯白的部分转换为选区后是“全饱和”的，灰色转换为选区后是“半饱和”的，至于黑色就是“完全没有”。在前面说过 Alpha 通道中的纯白代表的含义是选择，黑色代表的是未选择。其实完整的说法应该是：白色（K0）部分代表的是完全选择；黑色（K100）部分代表的是完全未选择；其余的灰色依灰度不同，各自代表了不同的选择饱和度。

现在可以来解答为何通道中最后一个矩形没有出现虚线框的问题。首先来回顾 4 个方块的颜色，从左到右分别是：K0，K49，K50，K51。按照前面的定律，K0 就是白色，而白色代表了完全选择，因此可以看作 K0 的选择度是 100%，同理 K100 的选择度是 0%，就是什么都没选的状态。那么 K49 的选择度就是 51%，K50 的选择度是 50%，K51 的选择度是 49%。K 值与选择度的关系如图 4-6-11 所示。

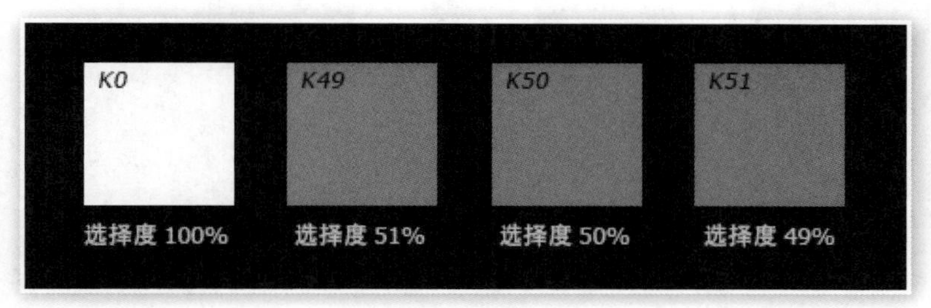

图 4-6-11

在 Photoshop 中，如果选择饱和度小于 50%（即 0% ～ 49%），那么选区的虚线边界将不显示。由于第 4 个方块的选择程度为 0% ～ 49%，所以只有前 3 个方块出现了流动虚线框。

如果整个选区的饱和度都小于 50%，将会出现如图 4-6-12 的提示，同时画面上看不到表示选区的流动虚线框。但要注意此时选区是存在的，通过之前的一些操作（如填充或调整色彩）就会出现效果。

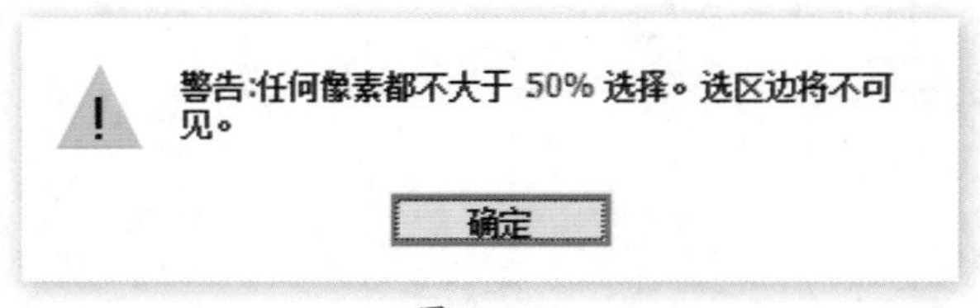

图 4-6-12

因此这里要特别注意，Photoshop 选区的流动虚线框并不一定代表选区的全部范围。即使完全没有看到流动虚线框，也可能有选区存在。如果一些操作被限制的话（如画笔涂抹区域受限）就可能是这个原因，可用快捷键〖Ctrl ＋ D〗取消选区再试试看。

4.6.3　改变选区的饱和度

一般来说，使用工具栏中的选框工具所形成的选区具备完全的饱和度，也就是 100%，要改变其饱和度的话可以通过快捷键〖Shift ＋ F6〗使用羽化功能，根据所设计的数值的不同，羽化后的选区边缘也将出现不同的饱和度变化，但这种做法同时也改变了选区的形状，

因此没有多少实用价值。

相比之下，如果要寻求一种能整体且平均地改变选区饱和度的方法，就需要借助 Alpha 通道来完成：先将选区存储为 Alpha 通道，然后对通道进行色彩调整，要增加饱和度就将其变亮，要降低饱和度就将其变暗。最后再将其作为选区载入即可。

在通道方式下只有少数几种色彩调整工具可以使用，如果要将选区调整为完全饱和的话，其实就是要将其变为纯白。建议使用【图像 > 调整 > 阈值】，如图 4-6-13 所示，首先确保箭头 1 处的当前通道处在被选择和显示的状态下，接着在箭头 2 处将阈值滑块往左滑动到约 125 即可。调整中可按〖F8〗开启信息面板，将鼠标移动到方块上，可实时看到调整前后的数值对比。箭头 3 处表示之前是 K51%，调整后为 K0%。

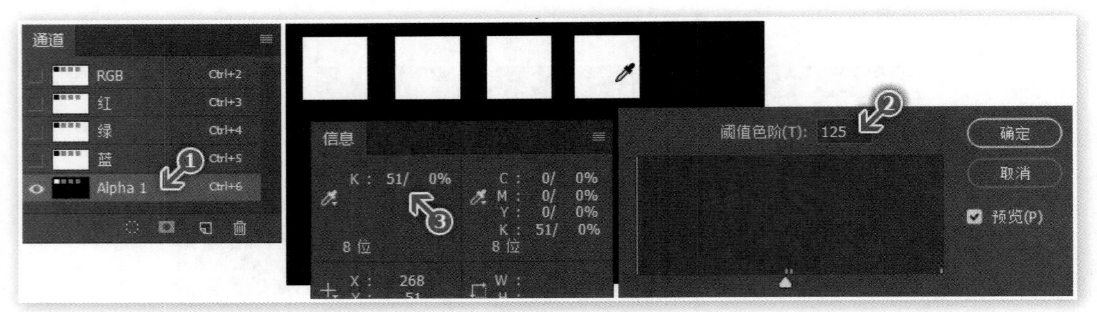

图 4-6-13

如果要降低饱和度，其实就是将其变暗，可以通过【图像 > 调整 > 亮度 / 对比度】来进行，如图 4-6-14 所示，注意要勾选“使用旧版”，否则对白色方块无效。可以看到原先的 K0% 变为了 K35%。上述色彩调整工具的具体使用方法将在以后学习，这里大家先感受一下效果即可。

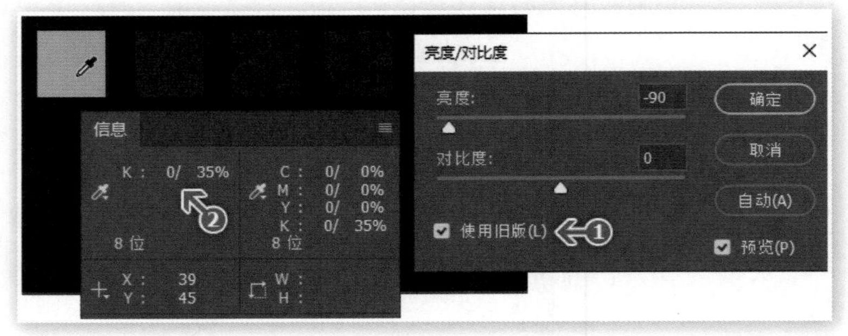

图 4-6-14

如果从实用角度出发，降低选区饱和度并没有实际意义，因为即便是完全饱和的选区，我们也可以通过其他方法（如更改图层不透明度等）令其只发挥有限的作用。相比之下，提高选区饱和度还更有价值一些，因为它可以修复一些误操作引发的选区饱和度损失。

在实际使用中，大家应尽可能创建完全饱和的选区。此外今后将会学习色彩调整工具曲线，其附带的白场设定可直接将 Alpha 中的某些区域变为纯白、黑场设定可变为纯黑，是改变选区饱和度的有效手段。

第5章　使用图层

虽然并未正式学习图层，但在前面的章节中我们通过选区中的“选择与遮住”功能形成了一个新图层，与背景图像进行叠加，如图 5-0-1 所示，从而形成了一幅合成作品，在这个例子中我们就使用到了图层。有了图层，图像编辑起来会变得非常方便，只需要稍加改动就能形成一幅新作品。在图 5-0-2 所示的效果中，将背景图层改为雪景，并增加了一个雪花图层，形成了与前面的作品不同的风格。

图 5-0-1

图 5-0-2

图层是 Photoshop 的三大基础之二，Photoshop 当今的地位也与其在早年引入图层这个

概念密切相关。我们现在开始正式学习图层，本章的内容较多，请抖擞精神，准备真正迈进 Photoshop 的殿堂。

5.1 图层初识

虽然之前我们也接触过图层的一些内容，但都是零敲碎打。现在先来深入学习图层知识。

5.1.1 图层的组成

为了让大家更清晰地学习，我们先用简单的图像来进行讲解。假设现在我们要画一个人脸，那么如果画之前先在纸上铺一层透明玻璃，把脸画在这块透明玻璃上，之后再铺一层画眼睛，最后铺一层画鼻子，在组合堆叠三层玻璃后，就能得到想要的效果了，如图 5-1-1 所示。

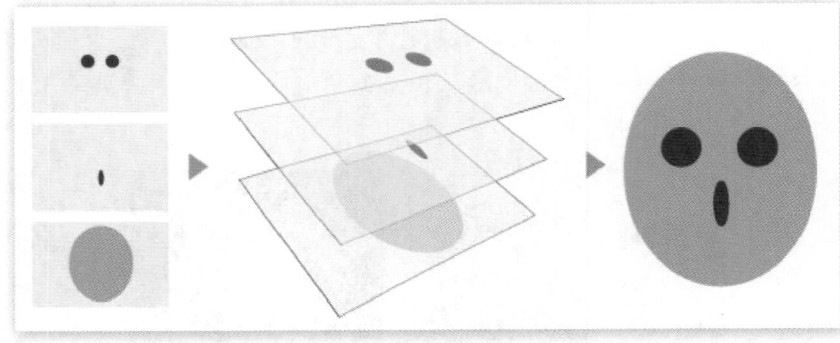

图 5-1-1

在保证视觉效果的前提下，分层绘制的作品具有很强的可编辑性，比如我们可以任意移动某层玻璃以达到改变位置的目的，还可以通过增加玻璃板来新增内容，或通过减少玻璃板来抹除部分内容。图层这种方式极大地提高了后期修改的便利程度，因此将图像分层制作是必须的。接下来我们一起动手，实际制作出上图的人脸。

5.1.2 图层的基本操作

作为最常用的面板，图层面板的快捷键是〖F7〗，其经常与通道和路径两个面板组合在一起。现在将它显示出来，我们后面的操作主要集中于此。

【操作提示 5.1】更改图层名字与标识色

现在新建一个 535 像素 ×300 像素（也可自定）的白色背景图像，再单击图层面板下方的新建按钮建立一个图层准备用来画脸庞，如图 5-1-2 所示。为了更好地标识图层以便于今后的查找，可在原图层名字处双击，更改为与内容相近的名字，如 face。然后在 face 层上单击右键选择“红色”，这样可以在图层面板中做个红色标识，方便查找，如图 5-1-3 所示。更改名字与标识色都不会对图层内容造成任何影响。

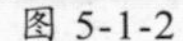

图 5-1-2

图 5-1-3

【操作提示 5.2】改变图层缩览图

图层面板可以简要显示各图层中的内容以方便识别，如图 5-1-4 所示。图层缩览图默认是小缩览图，在标记 1 处所示的空白区域单击右键可更改缩览图大小。也可单击面板右上角蓝圈处的“面板选项”进行设置。“将缩览图剪切到图层边界”和“将缩览图剪切到文档边界”选项是缩览图内容的显示方式，保持默认的“文档边界”即可。

如果所使用的图层较多，即使是小缩览图也会占用较多的面板空间，反而降低了使用效率。以后当大家较为熟练时，应选择无缩览图方式以使面板空间显示较多的图层。

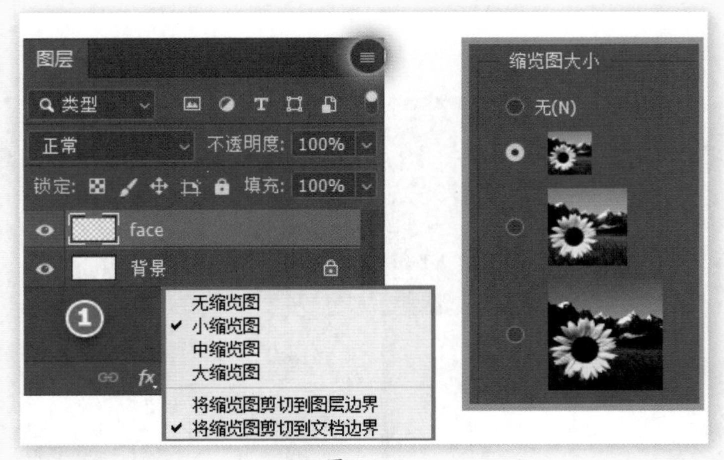

图 5-1-4

接下来按快捷键〖U〗切换至形状工具，使用其中的椭圆工具来绘制脸庞，其设置如图 5-1-5 所示，此处主要是把形状工具设置为“像素”方式。

图 5-1-5

选择一个前景色在 face 层中画一个椭圆当作脸庞。动手之前要注意图层面板中目前选择的是否为 face 层，如不是的话要单击 face 图层以将其作为目前选择层。画完后从 face 层的缩览图中可以看到大致的形状。如果画之前选择的图层是背景层，这个椭圆就会被画到背景层上。再新建一个图层命名为 eye，右键单击图层，在下拉菜单中把小眼睛的颜色标记为绿色。选择一个与前面不同的颜色画一个表示眼睛的圆，绘制过程中按住 Shift 键可绘制出正圆形。完成后如图 5-1-6 所示。

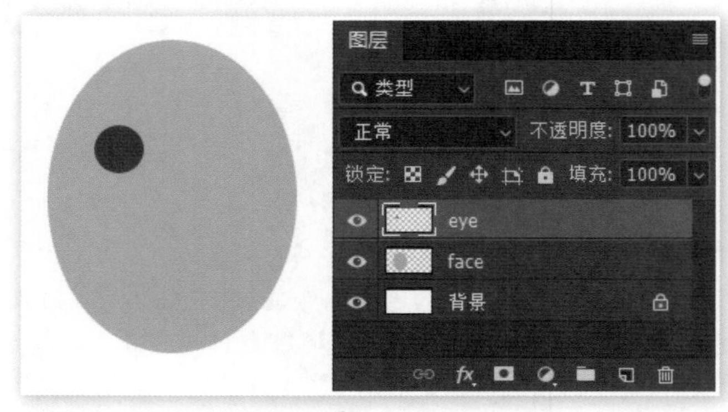

图 5-1-6

由于默认各缩览图的比例是按照全图比例显示的，因此有时一些较细小的部分在缩览图中难以看清细节（如 eye 层），而使用较大的缩览图会使图层面板变得臃肿，此时可以切换到“将缩览图剪切到图层边界”的显示方式，缩览图将独立显示图层中的内容，而不再参照图像的整体比例，如图 5-1-7 所示。但这种方式不利于确定图层在图像中所处的相对位置，因此不推荐使用。

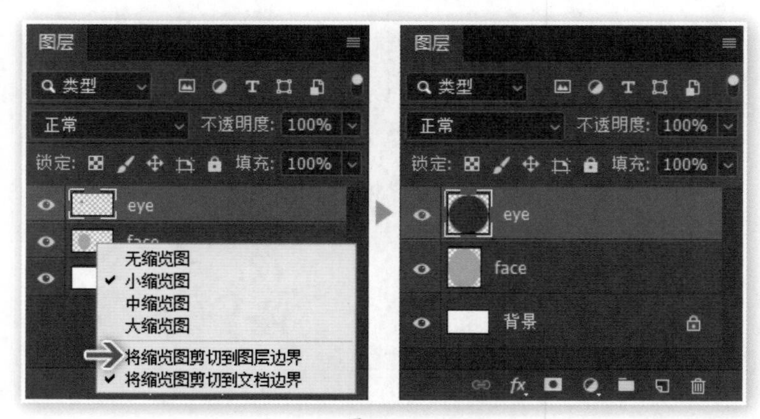

图 5-1-7

大家是否觉得这样画出来的脸有点像鸡蛋？我们选择这样简陋的范例是有原因的。

因为简单的图形便于学习知识，漂亮的图像虽然可以提高观赏性，但同时会降低教学效果。达•芬奇当年也是从画蛋开始练成一代大师的，我们正沿着相同的道路前进着。

【操作提示 5.3】复制图层

虽然可以单独绘制另外一只眼睛，但再次绘制很难保证与第一次绘制的相同，为了避免出现两只眼睛不一样的情况，我们采取复制图层的方法来画另一只眼睛。

复制图层的方法之一是在图层面板中将图层拖动到下方的新建按钮上，这样会生成一个名“某某图层拷贝”的新图层，图层的颜色标志也会随之复制，如图 5-1-8 所示。这个操作可以同时复制多个图层，前提是要先选择多个图层（稍后将会介绍）。

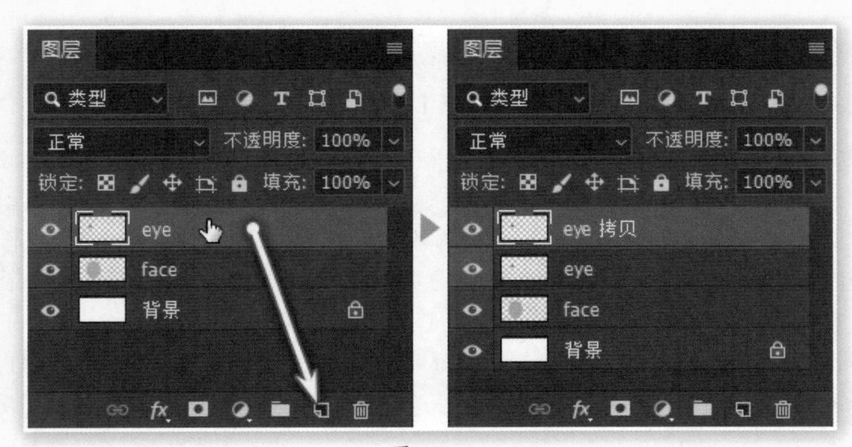

图 5-1-8

我们还可以通过菜单中的【图层 > 新建 > 通过拷贝的图层】功能或快捷键〖Ctrl ＋ J〗来复制图层，但颜色标志不会随之复制。如果在 Photoshop 中开启着多个图像文件，可以通过【图层 > 复制图层】命令将一个文件中的图层复制到其他文件中，如图 5-1-9 所示。如果在箭头所指的选项中选择“新建”，将会把图层拷贝至一个新建的文件中。如果选择当前文件，则相当于〖Ctrl ＋ J〗的效果。

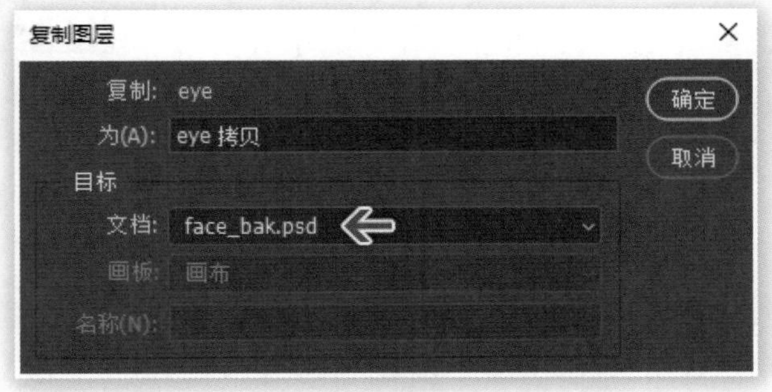

图 5-1-9

复制完成之后，我们在画面中还是只能看到一只眼睛，这是因为复制的图层和

原图层位置是重合的。此时在图层面板中选择“eye 拷贝”层，使用移动工具〖V〗在图像中拖动即可（同时按住 Shift 键可使拖动保持水平、竖直或 45 度方向），如图 5-1-10 所示。注意移动工具在公共栏有两个控制选项:“自动选择”和“显示变换控件”，在这里先将它们全部取消。

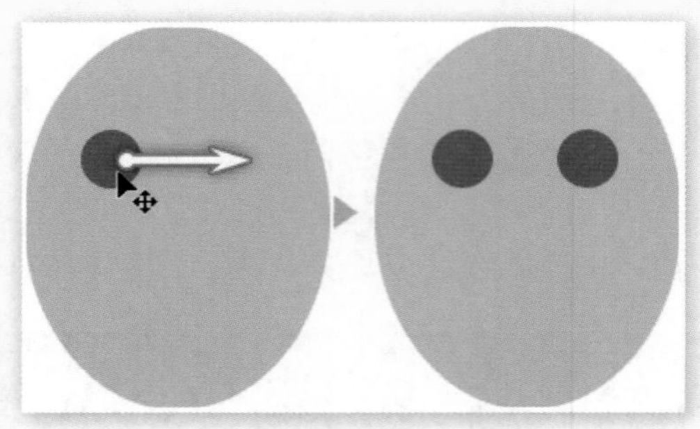

图 5-1-10

在移动过程中会出现参考线并附带有自动对齐，所以即便刚才没有按住 Shift 键，只要偏移不大都能完成水平移动，如图 5-1-11 左侧所示。这是智能参考线在起作用，可通过菜单中的【视图 > 显示 > 智能参考线】打开或关闭，也可以通过【视图 > 显示额外内容】或快捷键〖Ctrl ＋ H〗开启或关闭所有辅助显示项目。但即便没有显示，自动对齐功能也仍然有效。通过菜单中的【视图 > 对齐】功能或快捷键〖Ctrl ＋ Shift ＋ ;〗可切换对齐功能。除了在移动中会显示提示，在选择图层后按住 Ctrl 键也会出现提示。如图 5-1-11 右侧所示，鼠标位于选中图层的内容上时，按住 Ctrl 键将显示本层内容的边界。鼠标位于选中图层之外的图层内容上时，按住 Ctrl 键将显示两层内容之间的一些相对距离。

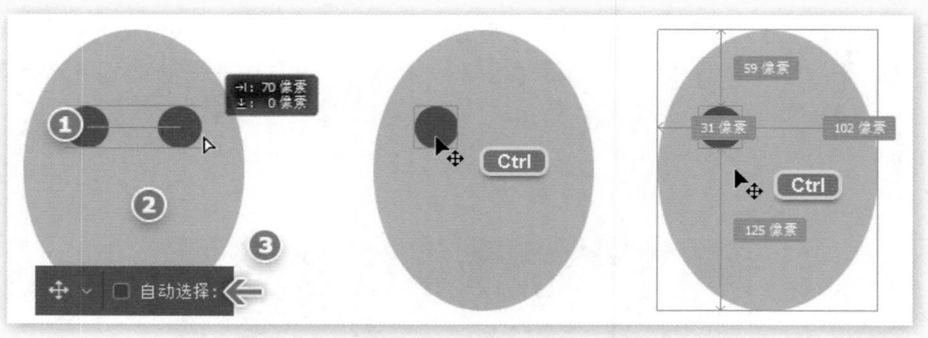

图 5-1-11

智能参考线的显示和对齐功能可以为操作提供良好的辅助，默认都是开启的。但在一些细微移动时对齐功能可能会对其造成干扰，届时将对齐功能关闭即可。

需要注意的是，移动工具是以图层面板中当前的选择层为移动对象的，与鼠标在图像中的位置并没有关系。只要正确选择了图层，在上图中标记 1、2、3 处任一点上均可实现移动，但前提条件是移动工具公共栏中的“自动选择”选项必须关闭，否则容易误选图层，故建议保持关闭。

此外在选择了移动工具后，可以用键盘的方向键来移动图层内容（也称轻移）。每次轻移的距离依据图像的显示比例而有所不同，显示比例越小轻移距离越大。在 100% 以上的显示比例下每次轻移的距离是 1 像素，按住 Shift 键为 10 像素。

【操作提示 5.4】用移动工具复制图层

除了通过之前的方法复制图层以外，也可以使用移动工具在移动的同时复制，这应该是最实用的方法。如果之前已经完成了复制就先按快捷键〖Ctrl ＋ Z〗撤销操作到复制之前。

在移动的同时进行复制的方法是，先选择移动工具，按住 Alt 键的同时拖动图像（按下鼠标后可放开 Alt 键），这样即可复制出新图层，如图 5-1-12 所示。同时按住 Shift 键可锁定移动方向（需全程按住不放）。这个方法不需要通过图层面板，简单易行，且同时完成复制和移动，是最常使用的图层复制方式。

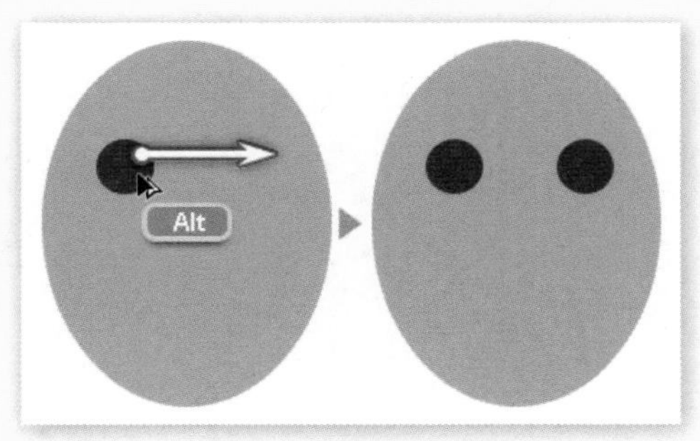

图 5-1-12

此外，在图层面板中也可以按住 Alt 键拖动图层来完成复制，如图 5-1-13 所示。拖动的方向可向上或向下（图示为向下），区别在于复制出来的图层的层次有所不同。有关图层层次的内容稍后就会学习到。

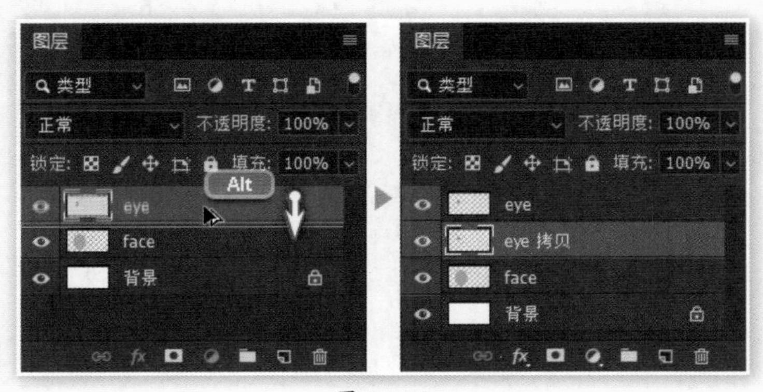

图 5-1-13

5.1.3 图层与图像的关系

现在再来明确图层和图像的关系：图像是指最初由新建命令（或打开已有的图像）建立的，它至少包含一个图层，具有尺寸和边界。

而图层实际上是没有边界的，可包含比整个图像更大的内容，最简单的证明就是可将 eye 层或 face 层移动到图像边缘之外去，只是超出图像尺寸范围的部分看不到。因此可以认为图层都是无限大的（本章后面部分还将专门介绍这一点），但每个图层中所包含的像素情况可能不同。所谓像素不同就是指图层中图像的大小或颜色上的差异，比如上例 face 层中的像素数量就多于 eye 层。

由于图层的引入非常重要，因此以上几点概念大家一定要记清楚。

5.2 图层的选择

新手常犯的错误是忘了通过分层去制作图像。从现在起大家心中就要时刻有图层这个概念，能分层制作的图像应尽量采取分层的方法制作。另外一个常犯错误是选错图层，图层的选择同样重要，只有被选中的图层才可以进行移动或其他操作。如果在 Photoshop 中选择多个图层后，就可以同时移动多个图层。虽然如此，但有些操作（如画笔和滤镜等）始终只针对一个图层有效，因此要随时注意当前选择的图层是否正确。如果发生了误操作就通过快捷键〖Ctrl ＋ Z〗进行撤销。

5.2.1 图层的隐藏与显示

现在建立一个名为 nose 的新层，标记为蓝，画上一个椭圆形的鼻子，这样就算完成了一个简单人脸的绘制。此时在图层面板可以看到刚才所建立的所有图层，如图 5-2-1 所示。如果制作有困难，可使用素材目录下的 s0501.psd 文件继续下面的学习。

图 5-2-1

在图层面板中每个图层的最左边都有一个眼睛标志，单击这个图标可以隐藏或显示这个图层。如果在某一图层的眼睛图标处按下鼠标向上或向下拖动，则经过的所有图层都将被隐藏，如图 5-2-2 所示。

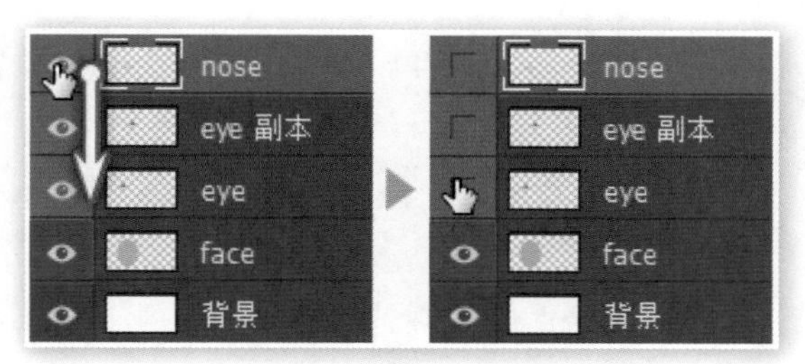

图 5-2-2

如果按住 Alt 键单击某图层的眼睛标志，将会隐藏除此之外所有的图层，如图 5-2-3 所示，再次按住 Alt 键单击该层即可恢复显示。

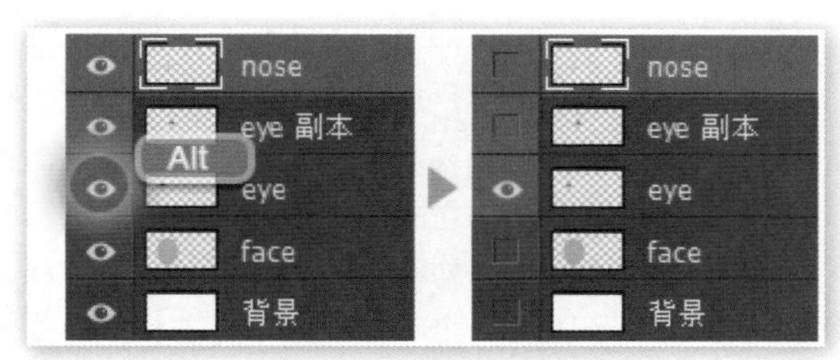

图 5-2-3

5.2.2　通过面板选择图层

通过图层面板选择图层的方法想必大家都已经知道了，在图层面板中单击某个图层即可。如果要选择多个图层，可按住 Ctrl 键后在图层面板中单击需要选择的各个图层，如图 5-2-4 所示，在先选择了标记 1 处的 nose 层后，按住 Ctrl 键后分别单击标记 2 和 3 处的图层。如果多选了图层，按住 Ctrl 键再次单击该层即可取消选择。

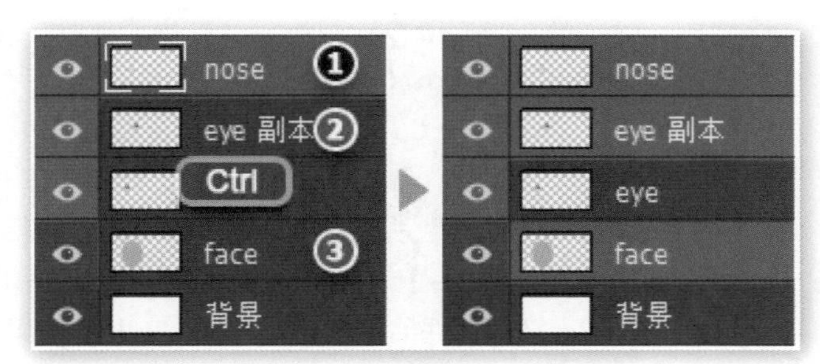

图 5-2-4

按住 Shift 键则可以选择顺序排列的所有图层，如图 5-2-5 所示，在已经选择了标记 1 处的 nose 层后，按住 Shift 键单击标记 2 处的 face 层，则选择了 nose 层与 face 层以及两者之间的所有图层。在选择了多个图层后，如果要减去某个图层的选择，可按住 Ctrl 键单击该层。

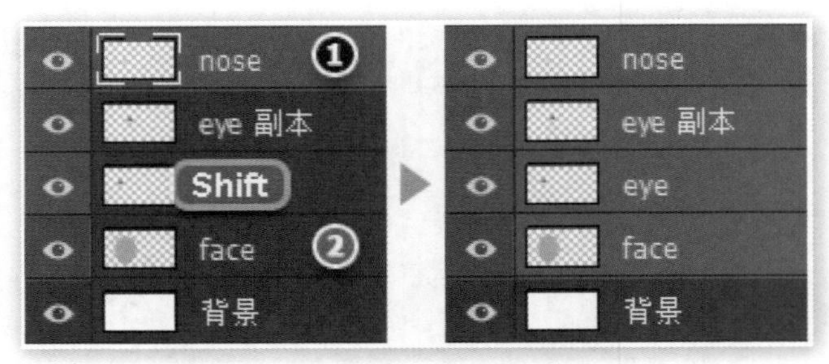

图 5-2-5

5.2.3 通过列表选择图层

在实际操作中可能会频繁地重复选择某些图层，而每次都通过图层面板会比较麻烦，并且图层达到一定数量时图层面板的使用效率就会变低，再者在实际操作中很少会为每一个图层单独命名，基本都是沿用默认的名字，这样在图层面板中也难以快速找到需要的层。

图 5-2-6

在使用移动工具〖V〗的状态下，直接在图像中鼻子的位置单击右键就会出现如图 5-2-6 所示的图层列表菜单，在列表中选择即可。需要注意的是，如果某图层在右键单击的位置上有内容存在（也就是有像素存在）的话，列表中就会出现该层。如果某图层在这个位置上是透明的，则不会出现在列表中。

如果按住 Shift 键单击右键，也会出现图层列表，而此时所选择的图层将加入到原先的选择中。比如在选择了 eye 层的前提下在鼻子处按住 Shift 键单击右键，然后再选择 nose 层，则 eye 层与 nose 层都处于被选择状态，观察图层列表即可看到效果。

如果单击位置上有多个图层内容的重叠，则显示的图层列表就会有多个，并依据各图层内容的前后层次关系排列。一般来说，我们所能看到的图层都位于当前列表的最上层。如果选择隔离图层，在图层面板中则只显示所选中的图层。

5.2.4 通过类型选择图层

图层数量较多时，可以通过指定条件筛选所需显示的图层，这里的图层筛选属于管理功能，不会对图层中的内容造成实际影响。如图 5-2-7 所示，可通过在箭头 1 处指定项目，在箭头 2 处设定该项目下的条件来显示符合条件的图层。这个功能在大量图层存在时比较实用。

比如今后在制作广告时，会大量使用矢量和文字图层，那么就可以通过“类型”框中的图层类型，指定只显示矢量层或只显示文字层。在项目中还可以选择其他筛选的方式，如图层样式、混合模式、颜色、名称等。

当启动图层筛选后，箭头 3 处的开关将启用，关闭后可回到显示全部图层的状态。

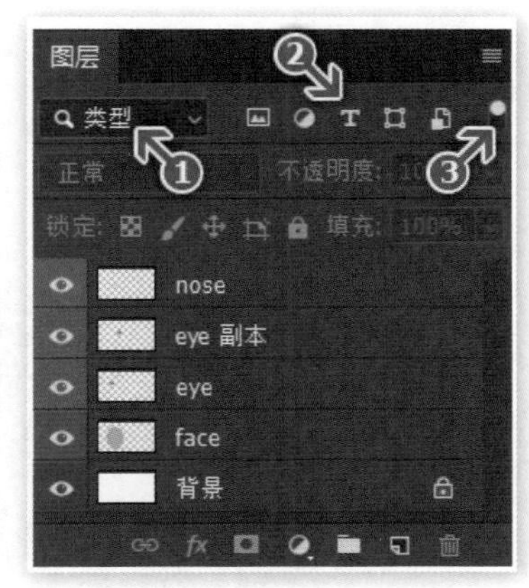

图 5-2-7

5.2.5　使用移动工具选择图层

在使用移动工具〖V〗的前提下，按住 Ctrl 键直接在图像中单击，那么位于单击处最上面的图层就会被选中，相当于单击右键后在图层列表中选择最上面的图层一样，如图 5-2-8 所示，按住 Ctrl 键单击 1 处会选择 eye 层，单击 2 处会选择 nose 层，单击 3 处选择 face 层。

单击 4 处看起来应该选择背景层，但其实背景层默认是处于被锁定状态的，所以无法通过这种方式选择（只能通过图层面板或右键图层列表），其他被锁定的图层也存在同样的情况。

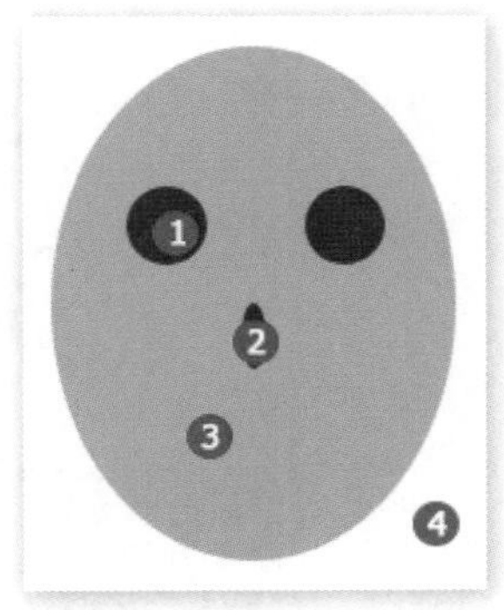
图 5-2-8

按住 Ctrl 键和 Shift 键可同时选择多个图层，练习时注意观察图层面板的变化。

这种选择图层的方法在实际中是很常用的，不过如果某图层内容完全被其上层图层所遮挡，则无法适用该方法，而只能通过图层面板或图层列表进行。注意这里所说的完全遮挡未必意味着看不见，图层有不透明度的设定，一个上层图层可以通过降低不透明度显现出被遮挡的下方图层，但我们依然说下层图层被上层图层所遮挡。

如图 5-2-9 所示，我们将 face 层移动到了最上方并将其不透明度设为 50%，此时虽然还可以看得见下方的图层，但是都无法通过用 Ctrl 键的方式直接选择。有关更改图层层次的内容将在稍后学习到，不过大家可以先自己动手试试看，记得试完后用撤销操作还原图层层次。

另外，如果在移动工具的公共栏设定中开启如图 5-2-10 所示的“自动选择”选项，则相当于前面所说的按住 Ctrl 键单击图层的效果，此时无需按住 Ctrl 键，在图像中单击即可直接选择图层，但是实际操作中容易导致误操作，因此建议将其关闭。其余一些选项将在以后介绍。

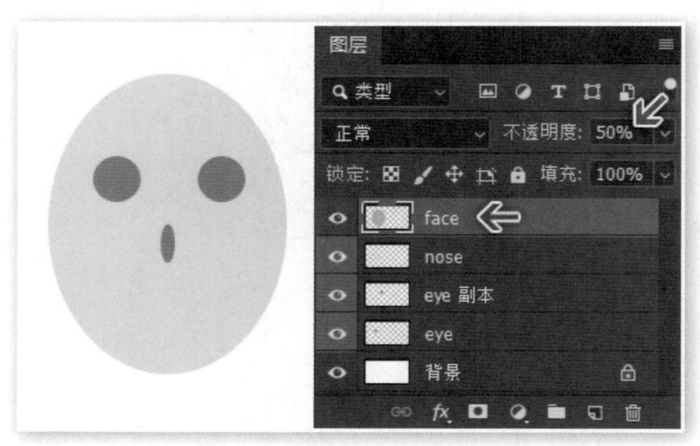

图 5-2-9

图 5-2-10

在按下 Ctrl 键后使用移动工具〖V〗选择图层时，除了单击选择，还可以进行框选，其方法是在空白区域按住 Ctrl 键并拖动鼠标拉出选择框，凡是包含在内或接触到选择框的图层都将被选择，如图 5-2-11 所示，其中 eye 层为包含，nose 层和 face 层为接触。

通过这种方法选择了多个图层后，还可以通过按住 Ctrl 键并单击某图层将其加入选择，或使用快捷键〖Ctrl ＋ Shift〗并单击，减去选择。需要注意的是，处于隐藏状态的图层不会被选择。

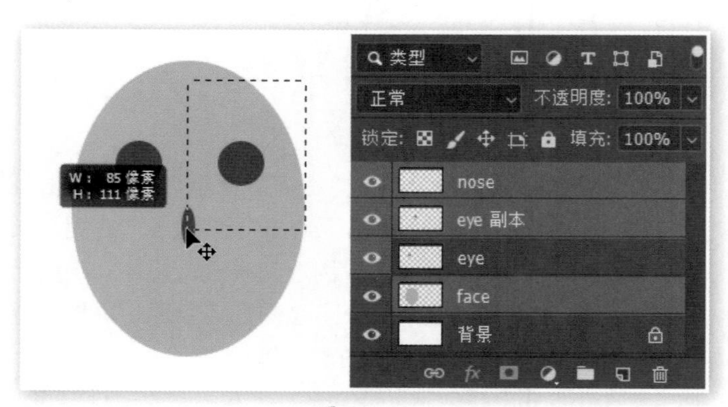

图 5-2-11

通过 Ctrl 键与移动工具〖V〗的组合来选择图层应该是很常用到的图层选择法，因为这种方法不借助图层面板，是根据视觉进行选择，选择结果较为直接和准确。唯一可能出现的问题就在于某些图层的遮挡关系可能导致错误的选择结果，此时通过单击右键在图层列表中可以解决。

除了单击选择以外，通过框选方式选择多图层也是较常用的操作，这种方式也容易在图层数量较多时产生错误选择，或无法拉出选择框而直接移动了某图层，这是由于某些较下层的图层面积较大，在其范围内按下 Ctrl 键后拖动鼠标，相当于直接选择了这个图层并将其进行移动。大家可以自己动手试试看，在 face 层范围内是无法拉出选择框的，而是直接移动了 face 层。解决的方法有二：一是将此类图层预先隐藏；二是将其设置为位置锁定（有关锁定的内容稍后将会介绍）。

5.3　图层的层次关系

我们都已知道图层是有层次关系的，位于图层面板下方的图层层次较低，越往上层次越高，就如同逐级堆叠的玻璃板一样。视觉上的体现就是高层次会遮挡低层次的图层内容，如 eye 层遮挡了一部分 face 层，那么现在就来学习一下有关图层层次的内容。如果之前的人脸练习没有完成，可从素材库中打开 s0501.psd。

5.3.1　改变图层层次

在图层面板拖动图层即可更改层次，如图 5-3-1 所示，把 nose 层移动到 face 层的下方。注意拖动的目的地要位于 face 层与背景层的接缝处（操作时接缝处会出现横线提示），这样才能确保其在 face 层下方，拖动完成后会发现 nose 层由于被 face 层遮挡而看不见了。

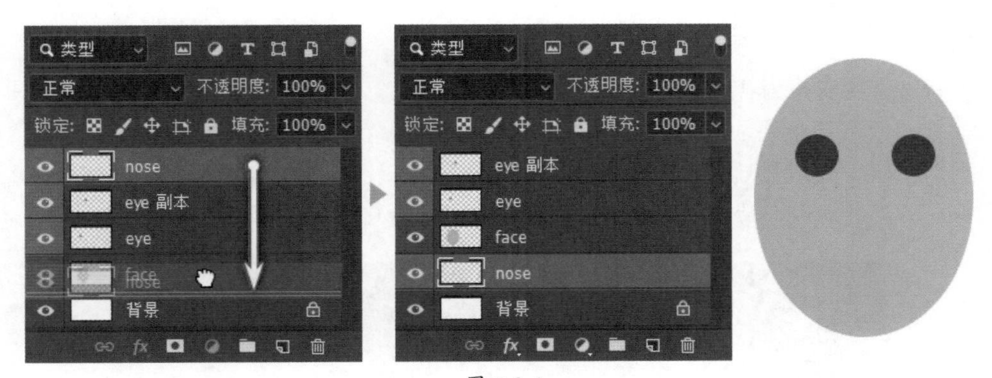

图 5-3-1

这种拖动的方法也适用于多个图层，如图 5-3-2 所示，可在图层面板中选择两个眼睛图层后一起拖动到 face 层下方。

需要注意的是，即使某图层因被遮挡而看不见，也仍然可以对其使用移动工具〖V〗进行移动。如果发现没有图层在移动，很可能就是在移动一个被遮挡住的图层。

除了通过图层面板，还可以通过【图层 > 排列】中的各个命令以及相应的快捷键来改变图层层次。其中的前移一层（快捷键〖Ctrl ＋]〗）和后移一层（快捷键〖Ctrl ＋ [〗）分别是向高或向低层次移动，每次改变一层。置为顶层（快捷键〖Ctrl + Shift +]〗）与置为底层（快捷键〖Ctrl + Shift + [〗）则是一步到位移到最上或最底层。

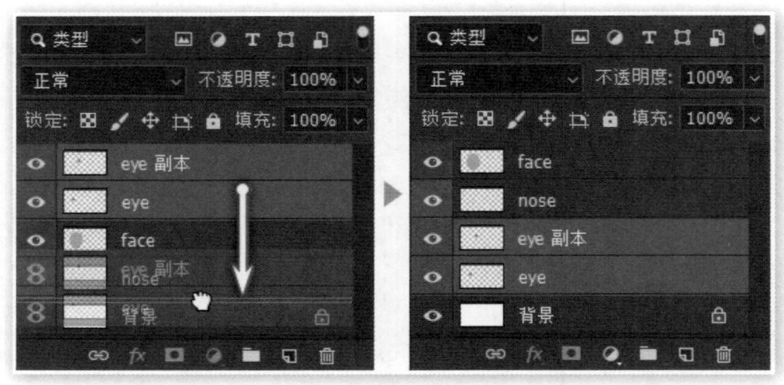

图 5-3-2

5.3.2 背景层的特殊性质

即使现在我们对某图层使用快捷键〖Ctrl + Shift + [〗，会看到其还是位于背景层之上。这是由于背景层是不可逾越的，其具有一些特殊的性质：

（1）背景层并不是必须存在的，但每幅图像只能有一个背景层。

（2）背景层层次不能改变，带有锁定标志，不能移动也不能改变不透明度。

（3）背景层可以转换为普通图层，普通图层经由拼合也能成为背景层。

【操作提示 5.5】将背景层转为普通图层

将背景层转换为普通层后即可对其进行所有操作，转换的方法有两种：一是在图层面板中双击背景层，将出现新建图层的对话框，可以更改名称或设定颜色标识等，然后背景层就变成普通层；第二种方法更为简单和实用，直接在图层面板中按住 Alt 键双击背景层即可，转换后的图层名称默认为“图层 0”，如图 5-3-3 所示。

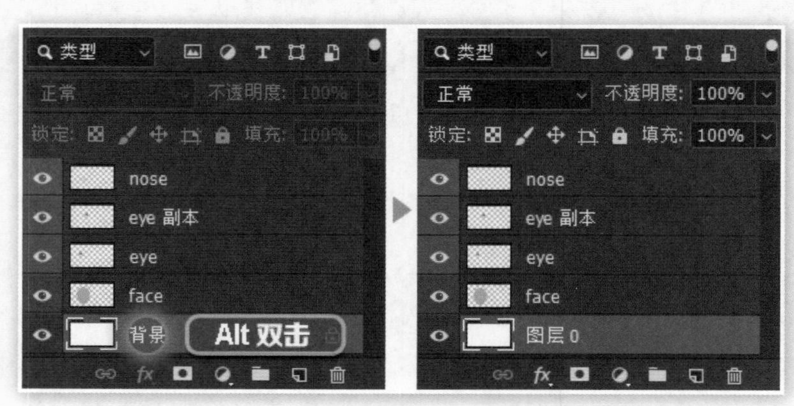

图 5-3-3

我们说过背景层并不是必须存在的，如果新建图像的时候将背景内容选择为“透明”，如图 5-3-4 所示，即可建立一个只有普通图层的图像。不过为了提供较好的视觉效果，大多数情况下还是建议新建白色或黑色背景的图像。

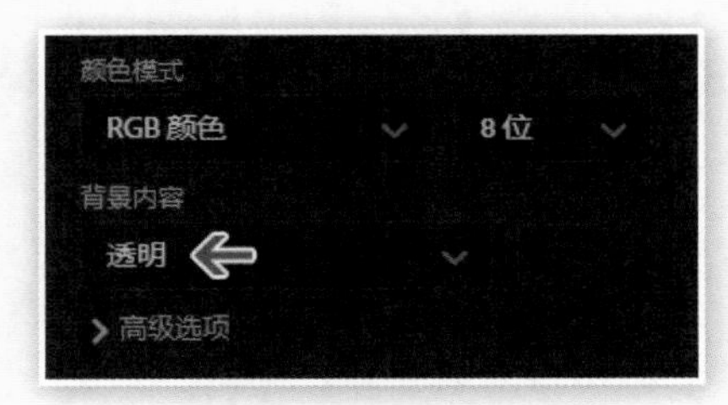

图 5-3-4

5.3.3 删除图层

删除图层与删除通道的方法类似，就是从图层面板中拖动某个图层到垃圾桶按钮上。使用这种方式删除单个图层时不必事先选择，如图 5-3-5 所示就是在 eye 层处于选中状态时直接拖动并删除 nose 层。如果要删除多个图层则需要先进行选择，之后再一起拖动删除。除了拖动到垃圾桶，也可以在选择图层后单击垃圾桶图标进行删除。

图 5-3-5

上述方法都是在图层面板中完成的，在图层数量较多时使用较为不便，除了不方便选择所需的图层以外，由于在图层数量较多时我们一般也会将图层面板拉长以显示更多的图层，这样拖动到垃圾桶的距离也会变长，所以在拖动操作中容易误操作成改变图层的层次。

最实用的删除方法是先使用移动工具选择所需的单个或多个图层（通过图层面板选择也可以），然后按下 Delete 键或 Backspace 键将其直接删除。还有一种不怎么会用到的是在选中要删除的图层后通过菜单【图层 > 删除 > 图层】进行删除。

建议大家在实际操作中对不需要的图层先予以隐藏，在制作完成后再决定是否删除。隐藏和删除在视觉效果上是一样的，这也是保留最大可编辑性的一种方法。事实上即便是制作完成后，也最好不要删除，如果觉得占用了面板空间，可将这些图层归入一个闲置的图层组中（有关图层组的知识稍后将介绍），以备将来不时之需。

5.4 图层的不透明度

除了改变图层位置和层次以外，图层还有一个很重要的特性就是可以设定不透明度。降低不透明度后图层中的像素会呈现出半透明效果。

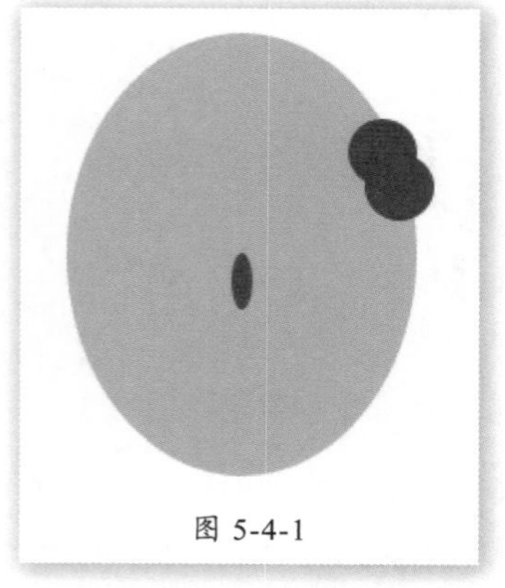
图 5-4-1

使用【视图 > 屏幕模式 > 全屏模式】或快捷键〖FF〗，可将 Photoshop 切换到一种没有面板没有菜单的全屏显示方式。这种方式可以为操作留下最大的屏幕空间。现在我们在不借助图层面板的前提下完成以下操作：改变其中一个眼睛的色相让两个眼睛的色彩有所区别。然后将两个眼睛移动到脸的边缘，如图 5-4-1 所示。

简单分析一下不难发现，这个过程的关键在于对图层的正确选择，只是现在出于全屏模式下，不能通过图层面板进行选择，只能使用移动工具来选择图层。

明白了方法后这个操作过程就变得很简单，用移动工具先选择一个 eye 层，用快捷键〖Ctrl ＋ U〗调出色相 / 饱和度调整工具，改变其色相后再把它移动到 face 层的边缘，然后再将另外一个 eye 层也移动到边缘。此时有可能出现两个 eye 层的层次与参照图不同的情况，那么就通过快捷键〖Ctrl ＋ Shift ＋]〗将改变色相后的 eye 层置顶即可。

使用无辅助面板的全屏方式进行操作，容易给人一种很专业的感觉，无形中可以提升旁人对你的认同感。提到这种操作方式的目的并不在于传授炫耀手段，而是因为在这种方式下正确操作的关键就在于图层的选择和一些常用快捷键的记忆，这两者才是大家要掌握的重点内容。在全屏方式下，各个面板的快捷键同样有效。我们可以通过 Tab 键切换到有菜单和辅助面板的全屏模式。

5.4.1 改变图层不透明度

现在按〖F〗回到正常显示方式，按〖F7〗打开图层面板，在图层面板中选择 eye 层与 eye 副本层，将它们的不透明度改为 50%，效果如图 5-4-2 所示。当不透明度为 100% 的时候代表完全不透明，当不透明度下降时图像也随着变淡。0% 的不透明度就相当于隐藏图层。可以看出图层不透明度不仅对本层有效，也会影响与其他图层色彩叠加后的显示效果。

假设各图层中的像素均为 100% 不透明，那么当各图层处在 100% 的不透明度时，彼此间是不存在色彩叠加的。当各图层处于半透明（即不透明度低于 100%）时，在图层内容之间的相交区域就会呈现出色彩叠加的效果，此时改变任何一个层的不透明度都会影响重叠区域内的色彩。

图层面板中有两个百分比选项，一个是“不透明度”，另外一个是“填充”。试一下会发觉单独改变填充的数据和单独改变不透明度的数据，其效果相同。但其实它们是有区别的，填充控制的是图层中的原始像素，不能控制附加像素（如图层样式等），具体内容以后会学习到。

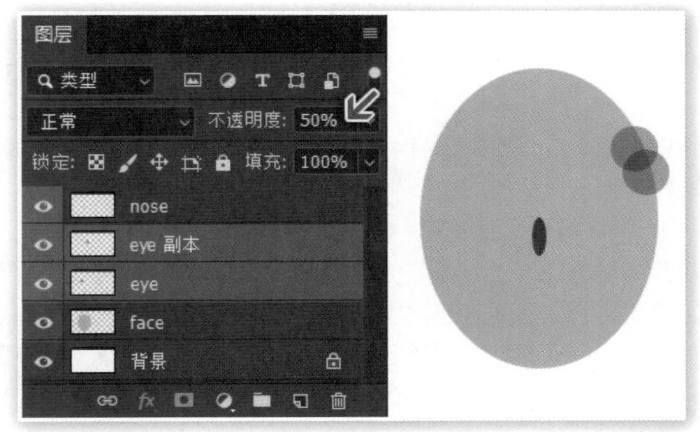

图 5-4-2

现在来说，如果将 eye 层设置为不透明度 50%、填充 100%，与不透明度 100%、填充 50%，在图像中效果相同的。如果将两者都设为 50%，那么就是 25% 的实际不透明度。可以按〖F8〗显示信息面板，然后选择显示不透明度信息，如图 5-4-3 所示。注意这个不透明度数值指的是图像整体而不是单个图层，而背景图层的不透明度固定是 100%。因此要隐藏背景图层后才能正确显示 eye 层的不透明度数值。

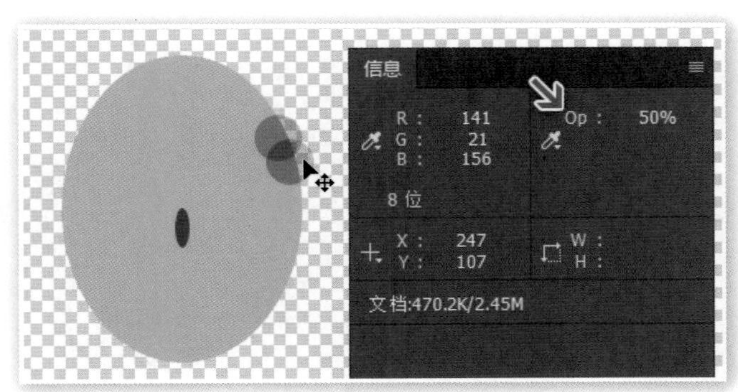

图 5-4-3

【操作提示 5.6】用键盘更改不透明度

通过图层面板设定不透明度虽然直观但是比较原始，专业性略显不足。快速的设定方法是在选择图层后直接按下键盘上的数字键，其中单数字为 10 的整数倍，如 50% 就按下 5，80% 就按下 8 等，0 为 100%；双数字为精确值，如 72% 就连续按下 7 和 2，6% 就按下 0 和 6 等。

最常见的图层不透明度操作就是通过移动工具选择图层后，用数字键进行设定。可不通过图层面板在全屏下操作，效率较高。

5.4.2 影响不透明度的因素

在本章之前所学习的内容中，图像都是以完全不透明的状态出现的。而在实际制作中，因为半透明可以营造更多的效果，因此有很多半透明图像存在。而半透明图像的形成主要通过以下几种方式：

（1）绘制工具以半透明方式绘制图像。如降低画笔工具的不透明度和流量，也包括对不完全选择的选区进行填充所得到的图像。

（2）改变图层不透明度选项。如降低图层不透明度或填充的百分比。

（3）附加像素营造半透明效果。如图层样式（今后将学习）中的外发光效果等。

从形成原理上来说，第 1 种是真正的前期原始半透明像素，在后期只能降低无法提高。而第 2 种和第 3 种都属于后期施加在图像上的辅助信息，可更改可撤销。因此为保留最大可编辑性，在制作时应尽可能通过后期方式获得半透明图像。

比如，如果大家需要一个 50% 不透明度的圆形，那么应该首先以 100% 的不透明度将其绘制出来，然后再将其所在的图层不透明度改为 50%，这样，其不透明度可随时调整到 70% 或 20%，以适应不断变化的创作需要。

有时可能需要在一个图层内实现不同的不透明度，如图 5-4-4 中的图形内部。类似的还有如烟雾、云彩或渐变等，这些内容都带有不断变化的不透明度。如果需要绘制这类图像，同样还是建议先使用完全不透明进行绘制，后期通过图层蒙版进行加工处理，相关的蒙版知识将在以后学习。

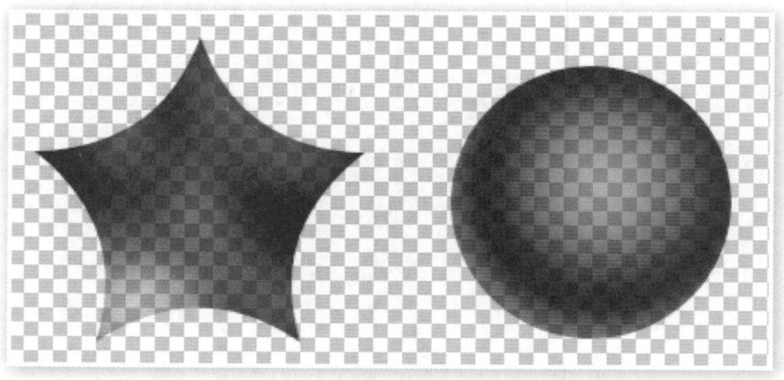

图 5-4-4

这里再提一下，本书的教学顺序是经过专门设计的，所讲述的知识点是承前启后的。比如大家在完全掌握了第 4 章中 Alpha 通道对选区影响的原理后，也就直接掌握了图层蒙版的大部分原理。因此对已经学过的知识要完全掌握，否则可能会影响之后的学习。

现在回顾一下本小节中学习到的重要概念：

（1）各个图层的不透明度互相独立，可各自调整。

（2）图层不透明度为 100% 不能保证图像就是完全不透明的。图像的半透明效果可能是由多种因素综合作用而成。

（3）背景层具有特殊性，无法设置不透明度也不能移动，可将其删除或转换为普通图层。

5.5　图层的其他操作

在学习过图层的基本操作之后，我们来学习一些其他的操作。下面这些操作大多并不直接影响图层的内容，而是提供辅助功能。

5.5.1　链接图层

链接功能通俗地说就是将几个图层捆绑在一起，处于捆绑状态下的各图层将进行同步变换，所谓变换指移动、缩放和旋转等。目前，我们只接触过移动，其他变换将在以后学习。但不透明度、混合模式和样式等其他图层属性依旧各自独立。

我们先在图层面板中选择两个 eye 层，单击下方的链接按钮即可将这两层链接，如图 5-5-1 所示。如果要将其他图层加入这个链接时，选择新图层及原链接中的任意图层，再次单击链接按钮即可加入链接。解除链接的方法是在选择某个被链接的图层后，再次单击图层面板下方的链接按钮。可以设置多组不同的链接，但一个图层只能处于一组链接中。

图 5-5-1

从功能的角度出发，同时选择多个图层，实际上是相当于在这几个图层间形成了一个临时链接。如果需要固定组合某些图层，使用图层组较为方便，且图层组支持更多共享功能。因此建议使用图层组，链接功能仅在不适合进行编组的图层之间使用。

5.5.2　对齐图层

为了使用对齐功能，先使用移动工具将左眼往上方移动一些，使两个眼睛的高度不同，如图 5-5-2 所示。

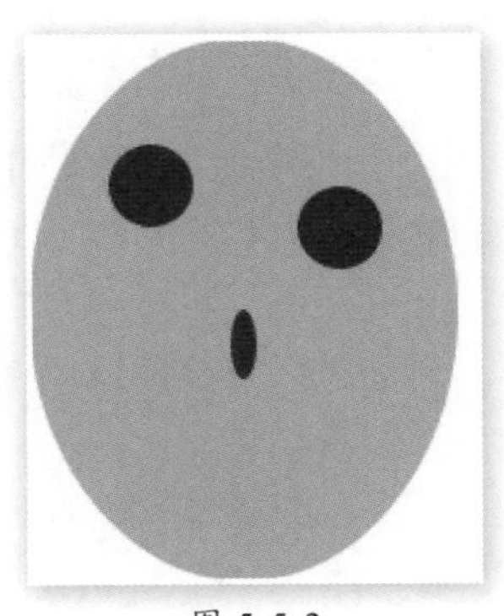

图 5-5-2

选择多个图层后，公共栏中的对齐按钮就能使用了。单击蓝圈处可出现更多选项，如图 5-5-3 所示。其中对齐按钮需至少选择两个图层，分布按钮需至少选择三个图层。只选择一个图层时均为无效状态。对齐功能不仅对图层有效，对将要学习的图层组也有效。

图层对齐方式共有 6 种，分别是垂直方向的左、中、右对齐，以及水平方向的顶、中、底对齐。我们的两个 eye 层是需要在水平方向上对齐的，因此选择红色箭头处的 3 种对齐方式之一即可。

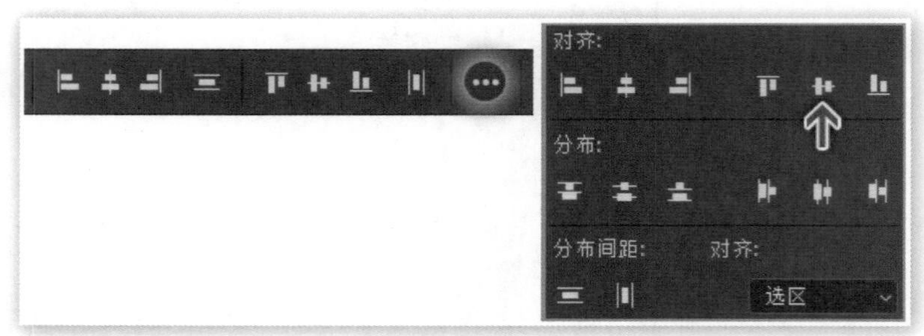

图 5-5-3

如果两个 eye 层大小不同，则使用 3 种对齐方式的效果也不同，如图 5-5-4 所示。大家可以再新建一个小眼睛图层试试看。

在对齐时有一个基准层的概念，如顶对齐的基准层是原先位于较上方的图层，底对齐是原先位于较下方的图层。基准层在对齐时是固定不动的，其他图层移动过来对齐。中对齐时则没有基准层。仔细观察图 5-5-4 中的两个图层位置变化就可以看出来。

如果要特别指定基准层（如顶对齐时需以下方的图层为准），可将参与对齐的图层先行链接，然后选择作为基准层的图层后再单击对齐按钮。当图层链接存在时，即使只选择了链接中的一个图层，对齐功能也会有效。垂直对齐方式与水平对齐原理相同，在此就不再赘述了。

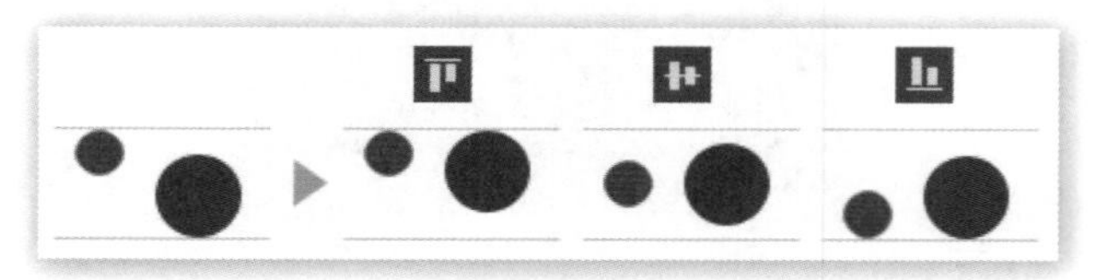

图 5-5-4

分布功能是控制多个图层（或图层组）的间距，使它们达到均匀排列的效果。我们将在以后的实例操作中进行介绍。

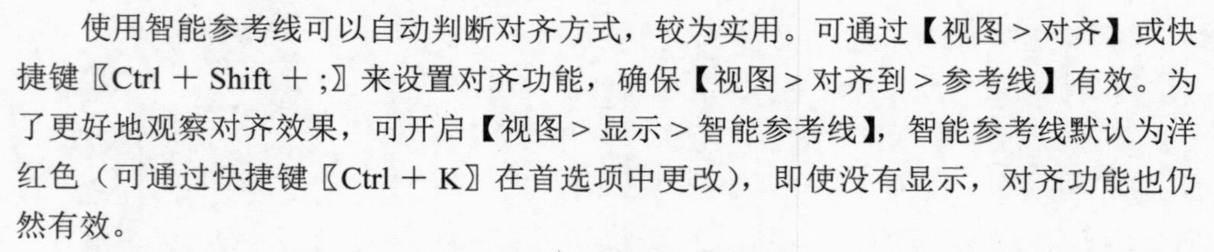

【操作提示 5.7】使用智能参考线

使用智能参考线可以自动判断对齐方式，较为实用。可通过【视图 > 对齐】或快捷键〖Ctrl ＋ Shift ＋ ;〗来设置对齐功能，确保【视图 > 对齐到 > 参考线】有效。为了更好地观察对齐效果，可开启【视图 > 显示 > 智能参考线】，智能参考线默认为洋红色（可通过快捷键〖Ctrl ＋ K〗在首选项中更改），即使没有显示，对齐功能也仍然有效。

智能参考线实际上就是将图层的有效内容分为边界与中心，对应横竖各 3 条隐形参考线。在移动过程中自动对比这 9 条线，将之进行对齐，并在近距离时有吸附功能。

以两个图层对齐为例，在 X 方向上就有 9 种对齐的可能性，即第一图层的 X_1、X_2、X_3 分别与第二图层的 X_1、X_2、X_3 对齐。加上 Y 方向上同样数量的 9 种可能性，共构成了 81 种对齐方式。图 5-5-5 演示了其中 3 种对齐情况。灰色线条为图层各自的隐形参考线，黑色线为产生对齐效果时的参考线。初看会觉得凌乱，仔细看看就能明白了。

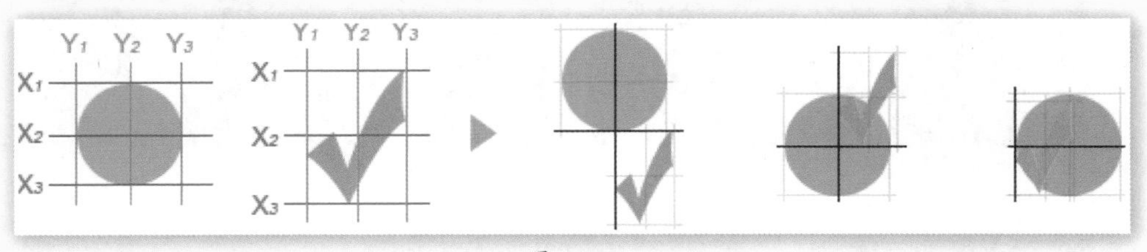

图 5-5-5

除了对齐作用以外，在使用移动工具时如果按住 Ctrl 键，可令智能参考线显示当前所选图层的位置信息。如图 5-5-6 所示，在选择了单个图层（绿色圆形）并按住 Ctrl 键后，将光标移动到圆形之外时将显示圆形与图像边界的距离，移动到其他图层的元素上时将显示两元素的相对距离。如果选择了多个图层（或图层组）时按住 Ctrl 键，则将显示其整体与边界的距离以及内部的相对距离。

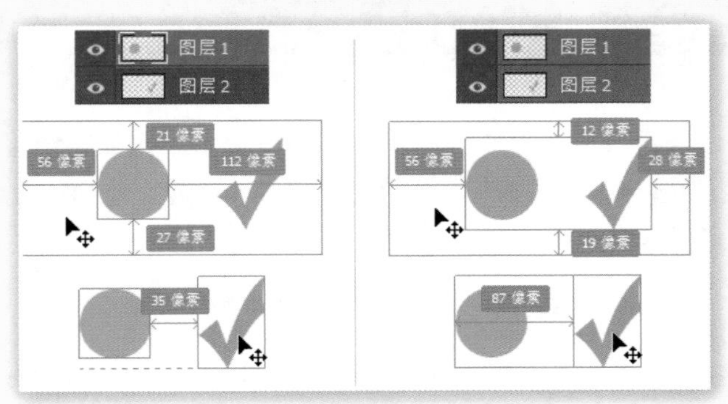

图 5-5-6

智能参考线的功能并不仅局限于移动对齐，在很多地方如创建选区、自由变换等操作中都能发挥作用，是非常实用的辅助功能，建议保持其默认开启状态。

5.5.3　合并图层

如果要将几个图层的内容压缩到一个图层中，可以通过【图层 > 合并图层】或快捷键〖Ctrl ＋ E〗来实现。该操作在不同的选择状态下效果也不同，当仅有一个图层被选中时，其效果为向下合并，即与其下方的第一个图层合并。当选择多个图层时则是将这些选中的图层合而为一，如图 5-5-7 所示。

将多个图层合并时，合并后的名称及位置以合并前最上面的图层为准，比如 nose 层与

face 层合并后，位置将位于原先 nose 层的位置，合并后的图层名称为 nose，而由于此时的 nose 层会对两个 eye 层形成遮挡关系，则结果就变成了如图 5-5-8 所示。因此在合并非相邻图层时，要处理好图层间的遮挡关系，若是合并上下相邻的图层则无此顾虑。

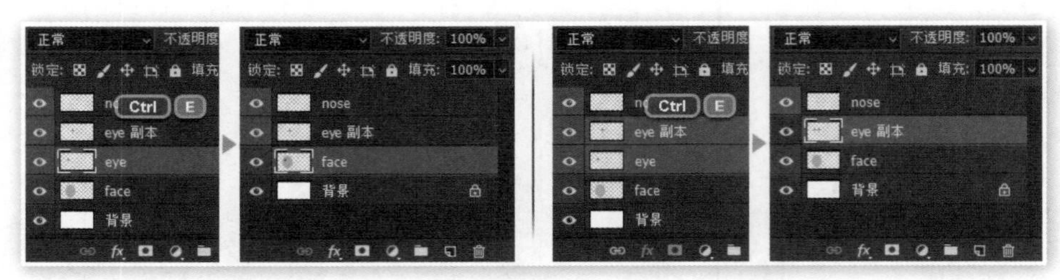

图 5-5-7

图 5-5-8

需要注意的是，合并会覆盖原有图层的不透明度设定。比如某图层内容的原始不透明度为 100%，将其设置为 50% 后与其他图层（即便是一个空层）合并，在合并后的新图层中，虽然原图层中的元素保留有 50% 的原始不透明度，但新图层的不透明度却是 100%。也就是说，合并操作会改变原始图层的不透明度。同样，如果图层在合并前处于隐藏状态，则合并相当于删除了该图层。

分层制作可极大提高设计效率，因此在实际工作中，除了输出成品图片处，很少对图层进行合并操作。如果是出于归纳清理图层的目的，可以通过图层组来实现。此外，由于图层合并会损失图层的可编辑性（如图层样式、矢量图像等），因此合并图层在某些场合下可用来防止作品轻易被篡改。

【操作提示 5.8】合并可见图层与拼合图像

在菜单中选择【图层 > 合并可见图层】或快捷键〖Ctrl ＋ Shift ＋ E〗，可把目前所有处在显示状态的图层合并，处于隐藏状态的图层则不作变动。在菜单中选择【图层 > 拼合图像】，则是将所有的层合并为背景层，隐藏图层将予以丢弃。由于背景图层具有不包含透明度的特性，所以任何包含半透明像素的图层在拼合后，半透明部分将被填充为白色。

5.5.4　锁定图层

锁定图层是为了防止重要的图层被误操作，如被移动、绘制、删除等。在早年版本中只能撤销一步操作，图层的锁定功能常被用到。现在由于有了可多步撤销历史记录的功能，误操作已基本不会造成太大的影响，因此图层锁定功能用得就比较少了。图层的锁定可通过在菜单中选择【图层 > 锁定图层】来进行设置，也可在选中要锁定的图层后直接单击图层面板中的锁按钮，如图 5-5-9 所示。Photoshop 共提供了 5 种锁定方式，分别是锁定透明区域、锁定图像、锁定位置、防止自动嵌套和锁定全部。

图 5-5-9

首先介绍锁定图像，开启该锁定后就无法修改图层中的内容（即像素），所谓修改既包括使用画笔等工具绘制，也包括色彩调整，但允许移动图层，也允许进行其他变换（有关变换的内容将在以后学习）。

而第一种所谓的锁定透明像区域，其实就是保持图层原有透明区域不变的意思，此时的修改，只能局限在该图层中已经存在像素点的区域。以 face 层为例，图 5-5-10 所示分别为在关闭和开启锁定透明区域的前提下，同样轨迹的画笔绘制所留下的笔迹。

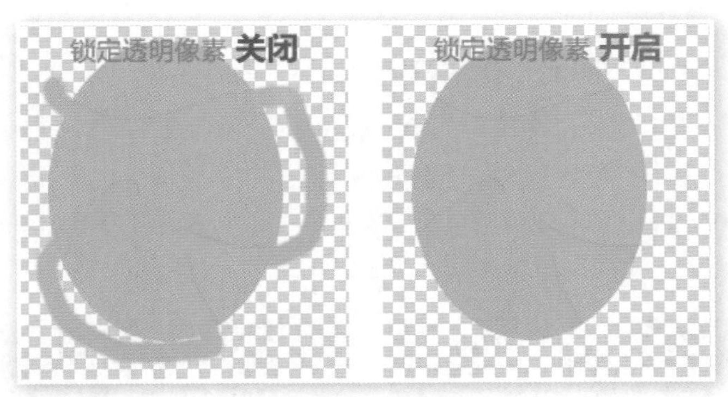

图 5-5-10

锁定位置的作用就是禁止移动图层，这个相对简单，就不再介绍了。以上三种锁定可单独或组合使用，最后一个全部锁定的作用就相当于开启全部锁定选项（画板和画框的锁定将在以后介绍）。

5.6　使用图层组

在实际制作中，图层总是越来越多。在一些网页设计稿中，由于存在大量

细节，动辄数百个图层也不稀奇，这种情况会使图层面板由于内容过多而变得臃肿。即便是用了颜色标记和图层名等方式也很不方便。此时可通过使用图层组来清理归纳众多的图层。

5.6.1 图层组的基本操作

建立新图层组可通过【图层 > 新建 > 组】来完成，也可以在面板菜单中选择“新建组”。而较常用的方法如图 5-6-1 所示，单击图层面板下方的“创建新组”按钮。新建的组将位于当前所选图层的上方，若无图层选择则新组位于最上层。与普通图层一样，图层组也可以更改名字和颜色标识，组中所有图层的颜色标识会同时更改。

新的图层组默认处于展开状态，单击组图标前面的箭头可将其折叠。无论组中有多少图层，折叠后只占用一层的面板空间。

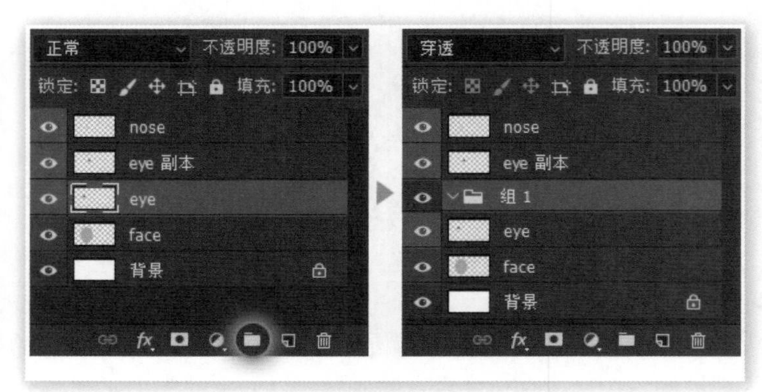

图 5-6-1

【操作提示 5.9】通过图层新建图层组

在选择了多个图层的情况下，如图 5-6-2 所示，直接按快捷键〖Ctrl + G〗就可将所选图层成立为一个新组，此法适合于针对众多的图层进行快速分类，是常用快捷键之一。也可在选择了多个图层后单击蓝圈处的“创建新组”按钮，还可以将所选图层直接拖到下方的“创建新组”按钮上来创建新组。

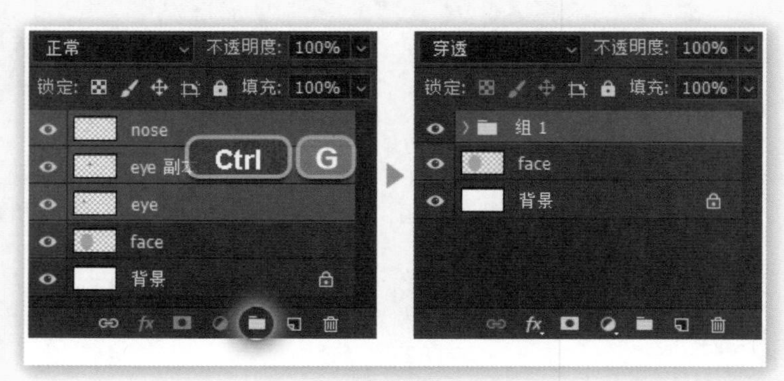

图 5-6-2

建立图层组后即可将任意图层归入到其中，方法与之前的改变图层层次有点类似，就是在图层面板中选择图层（可多选）后，将其拖动到图层组所在的行，如图 5-6-3 所示。

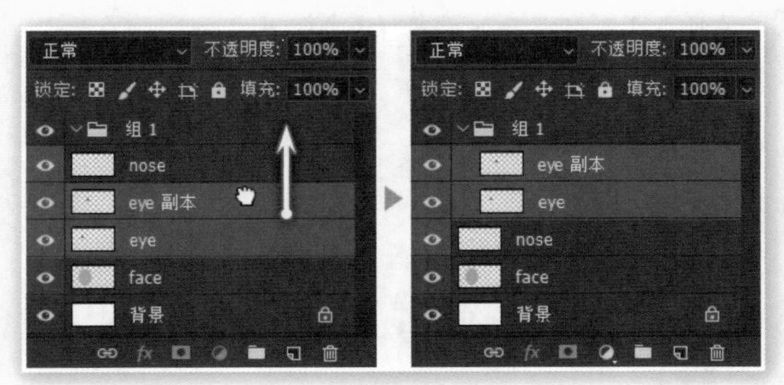

图 5-6-3

需要注意的是，直接拖动到图层组所在的行的话，新归入的图层将自动位于图层组的最底层（不是整个图像的最底层），如图 5-6-4 所示，如果要直接将 nose 层指定归入组中某个层次，在图层组展开状态下拖动到组中不同的位置（1、2 或 3）即可。将图层移出图层组的操作也与之类似，只是移动的目的地为图层组外。

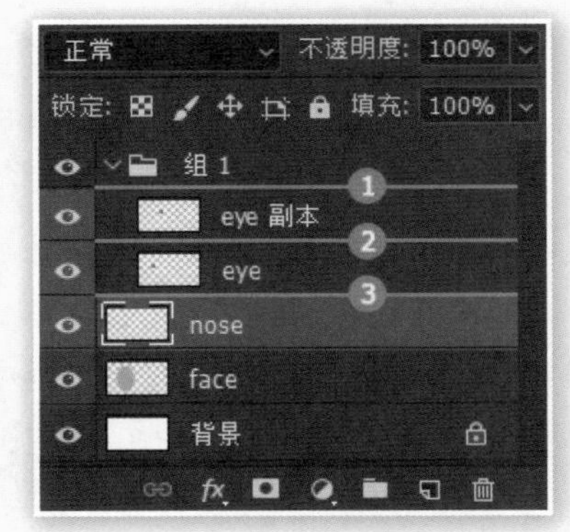

图 5-6-4

虽然可以直接复制多个图层，但有时选择图层并不方便，如果改为先将它们编成组，然后复制图层组则更加高效。图层组的复制方法与普通图层相同，可通过在图层面板中把图层组拖动至创建新图层按钮，或直接在选择图层组的前提下按住 Alt 键使用移动工具复制。

注意在图层面板中复制时，是将图层组拖动到“创建新图层”按钮上，而不是“创建新组”按钮，如图 5-6-5 所示。如果拖动到“创建新组”按钮上则将会成立为子图层组（稍后将介绍）。

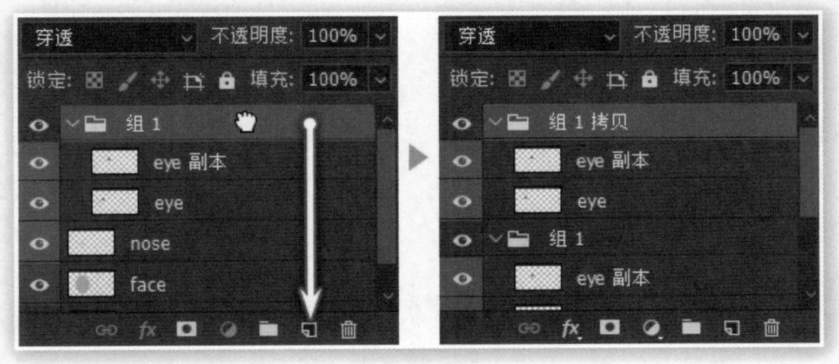

图 5-6-5

切换到移动工具，右键单击任意元素，会出现图层列表，通过单击列表中出现的图层或图层组，也可选择对应的图层或整个组，如图 5-6-6 所示，单击箭头 1 处为选择图层组，单击箭头 2 处为选择图层。如果要使用 Ctrl 键 + 单击来选择组，则移动工具的公共栏中的选择方式应为“组”，如图 5-6-7 所示。

图 5-6-6

图 5-6-7

5.6.2 图层组的其他操作

在图层面板中的图层组上右键单击将出现与组操作相关的功能菜单，包括复制、删除或取消编组等。删除组将会连带删除组中所包含的图层。取消图层编组可使用快捷键〖Ctrl + Shift + G〗，这只是解散图层组，组中的图层会被保留。

其中的合并组选项是将图层本组中所有的图层合并为一个普通图层（隐藏图层将被丢弃），其效果类似于之前学习的合并图层（快捷键〖Ctrl + E〗），事实上在这里按下（快捷键〖Ctrl + E〗）就是合并图层组，如图 5-6-8 所示。现在，合并快捷键〖Ctrl + E〗就已经有了三种应用场景：选择单个图层时向下合并一层、选择多个图层时把选中的图层合并为一层、选择图层组时把组内所有层合并为一层。

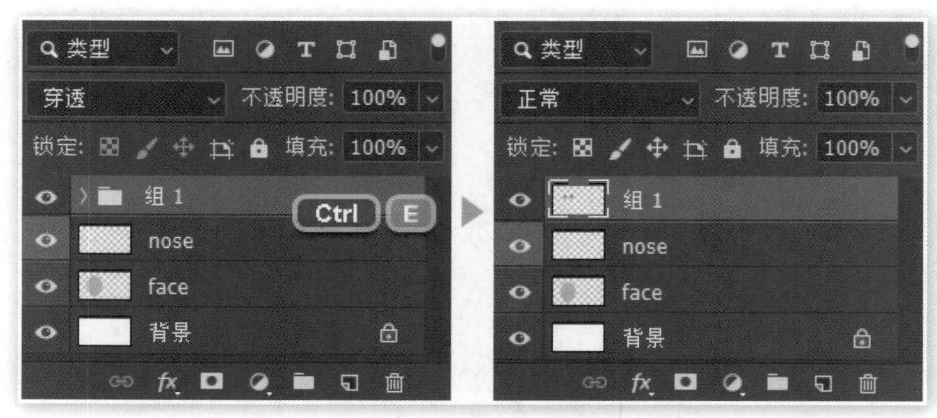

图 5-6-8

5.6.3　建立子图层组

子图层组通俗地描述就是组中组，其适合应用于图层组较多且组织关系复杂的场景，一般来说使用 3 级已经足够了。

大家之前可能已经“不小心”知道了建立子图层组的方法，那就是将现有的图层组拖动到创建新组按钮上，这样原先的组就会成为新组的次级组。我们还可以先选择现有的图层组（单选或多选），然后通过快捷键〖Ctrl ＋ G〗将它们再归入到一个新组中，这个方法其实和之前由普通图层新建组的操作是一样的，只是选择的对象从普通图层变成了图层组。

此外，在展开状态的图层组中单击新建组按钮也将新增一个子级组。

5.6.4　如何使用图层组

图层组作为一种图层的集合，可以提高工作效率。常用的创建组的方式是通过选择多个现有的图层后按快捷键〖Ctrl ＋ G〗，这个创建组的方法也适用于 Adobe Illustrator。

合理的图层组织结构很重要，尤其是对于复杂性较高的设计稿（如网页设计稿）而言。构成网页的细节很多且多有重复，通过图层组复制可以快速地进行制作。良好的图层组织结构使团队中的其他人能较容易接手工作，这点也很重要。如果参加此类工作应聘，一定要注意源文件中的图层组织结构，因为考官很可能从中考量你是否有清晰的制作思路及丰富的实战经验。

5.7　使用图层复合

设计的规范性源自统一的设计理论，如色彩原理、构图原理、版式设计原理，而设计的差异性一般更多来自设计师随心而至的感觉，因此设计师需要经常对各图层不断进行各种尝试，并从中寻找最佳组合。但复杂的操作经常会超出历史记录的有效范围，从而导致无法返回到以前某个步骤的情况。此时我们可以通过使用图层复合功能来保留更多的组合效果。

图层复合的作用就是将各图层的位置、透明度、样式等信息整体地存储起来。存储为图层复合之后，就可以在任何时候切换到这个复合图层，来看看当时的整体效果，这个功能非常实用也很简单，下面我们来介绍如何使用。

使用素材中的 s0502.psd 范例文件，如图 5-7-1 所示，图中有一些手绘文字并且加上了简单的图层样式（相关内容将在以后介绍）。

图 5-7-1

5.7.1 建立和使用图层复合

通过菜单中的【窗口 > 图层复合】打开图层复合面板，单击下方的“创建新的图层复合”按钮后，将出现新建图层复合对话框，可在其中输入名称和注释（非必需）。“应用于图层”中的三个选项代表所要存储的信息种类，其中“可见性”是指图层的显示或隐藏；“位置”是指各图层在图像中的位置；“外观”就是图层样式、图层不透明度设定以及图层混合模式。现在我们确保这三项全部勾选，输入名称“1st”，输入注释“原先布局”，按确定后即建立了一个图层复合，如图 5-7-2 所示。

双击图层复合面板中名称后的空白处（红色箭头处），将再次开启设定对话框，可修改名称或其他选项。

图 5-7-2

接下来将 99ut.com 层的文字移动至居左的位置，并将该层的不透明度设为 30%，然后，在图层复合面板中将其存储为“2nd”（实际就是新建一个图层复合），输入注释“99ut 淡化居左”，其大致效果如图 5-7-3 所示。

图 5-7-3

再接下来，我们尝试着在图层面板中隐藏 3 个层的图层样式。隐藏图层样式其实和之前的隐藏图层有点类似，如图 5-7-4 所示，先单击箭头 1 处的样式折叠 / 展开按钮（如果已处于展开状态则不必），然后单击蓝圈处“效果”眼睛图标即可隐藏或显示图层具有的全部图层样式。

范例的图层样式中只定义了“外发光”样式，如果定义了多种样式的话，逐个单击样式左侧的眼睛图标即可隐藏每个样式的效果。

图 5-7-4

把 3 个图层的样式都隐藏后，再为 99ut.com 添加上“颜色叠加”和“投影”的样式，然后把其移至右侧，接着调整各图层的不透明度，大致效果如图 5-7-5 所示，将其保存成名为“3rd”，注释为“99ut 红色居右”。

有关添加图层样式的方法大家请先自行尝试，若有困难可略过（以后会专门学习相关知识），使用素材中的 s0503.psd 继续后面的学习。

图 5-7-5

现在我们已经建立了 3 个图层复合了，此时可在图层复合面板中单击名称左边的方框切换到各个状态，如图 5-7-6 所示蓝圈处。如果在存储图层复合状态后又在图像中新建了图层，那么在切换到之前的图层复合状态时，新建的图层会自动隐藏。

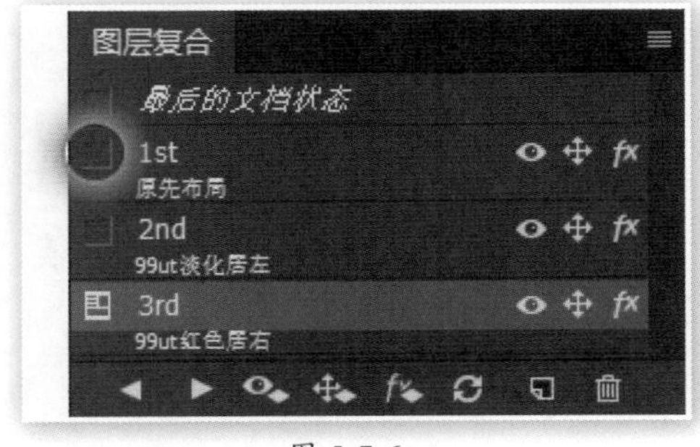

图 5-7-6

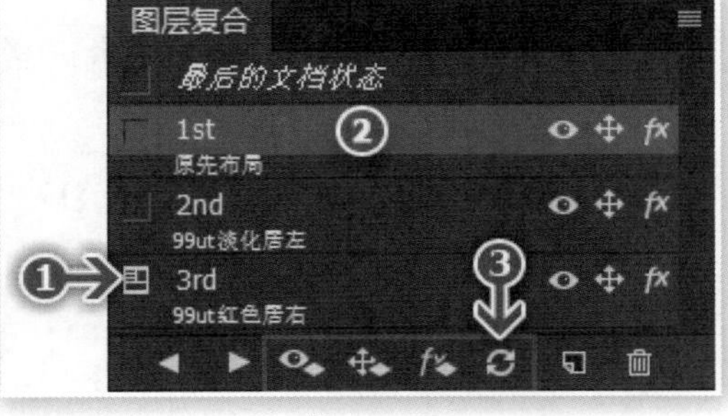

图 5-7-7

对于已经存在的图层复合，可以对其存储的内容进行更新。方法是先选择图层复合的名字，单击名称即可。如图 5-7-7 所示，首先单击箭头 1 处，然后单击标记 2 处，最后单击箭头 3 处的更新按钮，就可以把 3rd 更新至 1st。更新按钮共有 4 个，最右方的按钮为更新全部项，即包含可见性、位置和外观。左方 3 个按钮为单独更新某一项。

图层复合的复制与删除和我们之前所学的复制与删除操作都相同，就是在图层复合面板中通过拖动到新建或垃圾桶按钮上即可。到这里大家也都已经熟悉了 Photoshop 中通过面板对其中的内容进行复制或删除的方法，今后遇到此类问题时可自己动手尝试。

5.7.2 图层复合的局限性

图层复合在使用时有点类似“历史记录”的感觉，但需切记图层复合不是历史记录。最简单的证明就是图层复合不能找回删除或合并的层，如果在储存后增减了图层就会出现如图 5-7-8 中每个图层复合的行属所示的警告信息，说明由于图层变化导致存储的图层复合无法完全应用。也因此我们提倡对不使用的图层应先予以隐藏以避免此类情况。

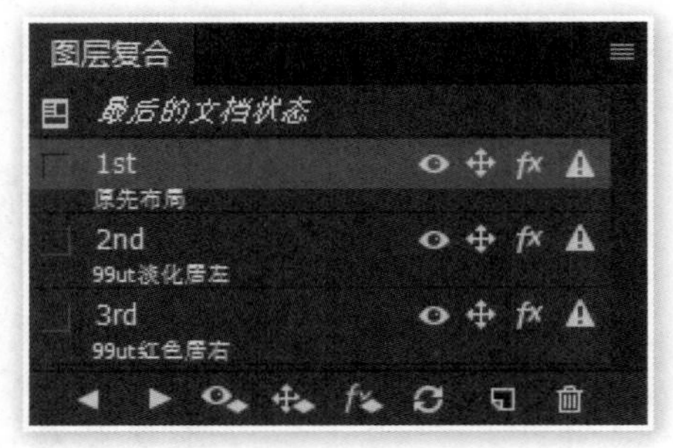

图 5-7-8

除了图层变化之外，还有许多操作也不能被图层复合所记录，如绘制、色彩调整、滤镜、变换等。正是由于这些局限性，其实图层复合状态能够记录的内容非常有限，只限于图层的可视性、位置和样式。如果需要存储所有信息，可通过历史记录的快照功能实现。

图层复合中的内容会随着图像一起保存，这样下次打开图像后图层复合选项还可以继续使用。这样在需要展示多种布局时可通过使用该功能提高效率。注意这个功能仅限于在 psd 等专属文件格式中使用，在 jpg 等通用图形格式中不能保存图层复合的信息。

5.8 关于图层大小与可见区域

我们都知道图层中内容可以移动，但有一个问题随之而来，那就是如果将图层往旁边移动一段足够远的距离后，所造成的“空区域”会是怎样？首先我们来了解一下有关图层大小的概念，也就是图层究竟能够有多大。

图层可以认为是无限大的，图像的尺寸只是最终所呈现的大小，而图层可以容纳远大于图像尺寸的内容，只不过超出图像边界的部分无法显示而已。这就好比透过窗户看风景一样，风景是无限广袤的，但我们只能看到窗口中的部分，这就是可见区域（或称可视区域）。

并不是所有图层的内容都大于图像尺寸，应分为大于、等于或小于三类，在本章前面的内容中，我们在一个空图层中绘制的人脸就属于小于可见区域的类型。

如图 5-8-1 所示，素材中的花朵照片 s0504.jpg 尺寸为 800×800，新建一个 500×500 的图像后将花朵图像拖动到其中，这样就得到了一个图层内容大于可见区域的图像，此时由于可见区域的限制，只能显示图像的一部分。

而新建一个 1200×1200 或更大的图像再进行如上操作的话，由于花朵照片的有效像素面积已不足以填满可见区域，所以在边缘部分就会有透明区域存在。

图 5-8-1

需要注意的是,【图像 > 图像大小】操作会同比例地更改可视区域和图层实际内容的大小。如在上例中将 500×500 的图像的长宽改为原来的 50%，可见区域就是 250×250，而图层中实际的图像内容将变为 400×400。

因此如果要更改图像的可见区域，不应该使用【图像 > 图像大小】，而应该使用【图像 > 画布大小】来进行更改，该操作不会改变图层中原有的内容，当遇到可见区域过小的情况时可通过此方法进行扩大。此外通过【图像 > 显示全部】可以将图像的可视区域扩大到容纳所有图层内容。

5.9　其他软件的图层概览

Adobe 的其他软件作为兄弟软件，在操作方式和界面上都与 Photoshop 有几分相似，现在可以先来简单认识一下，我们也会在今后推出相应软件的课程。

Illustrator 属于矢量绘图类创作软件，其图层面板在外观上与 Photoshop 非常相似，但两者对图层的定义却完全不同。可以说 Photoshop 是贴近现实意义的图层，就如同用笔在纸上画画一样，如果不分层，所有的像素都会融合在一起。而 Illustrator 的工作方式实际上是基于对象（矢量图形）的，就如同你在地面放上钳子、扳手、螺丝刀，这些对象本身就具有独立性，即使不分层也不会融合，如图 5-9-1 所示。从图中也可以看到许多 Photoshop 的图层面板中具备的元素，如眼睛标志、锁定标志、颜色标志等。

Premiere 作为视频编辑类软件，是以时间轴作为主要工作区的，如图 5-9-2 所示，其中标记 V 处为视频区，标记 A 处为音频区，箭头 1 处为当前时间点。可以看到在时间轴的视

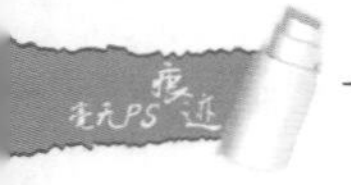

频区排列着 3 个图层，它们也有和 Photoshop 中相同的层次遮挡关系。

图 5-9-1

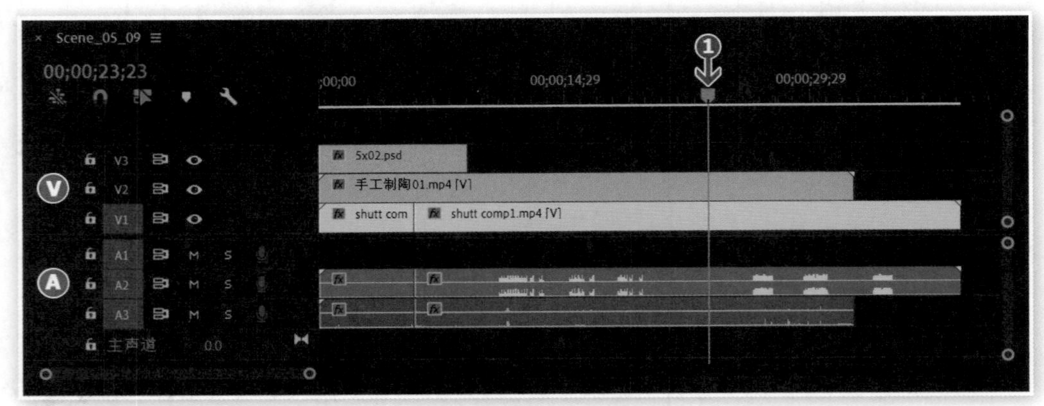

图 5-9-2

After Effects 是视频特效合成软件，也是基于时间轴的，在时间轴区上下排列着各个图层，如图 5-9-3 所示。

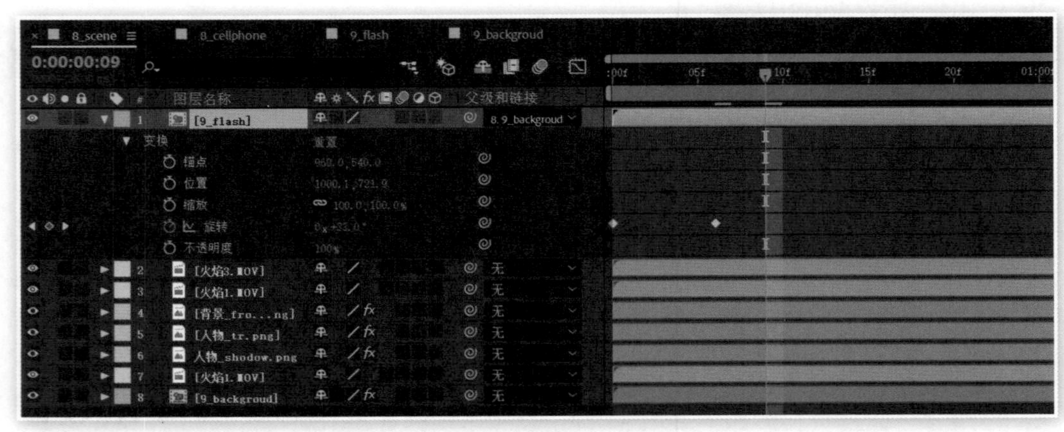

图 5-9-3

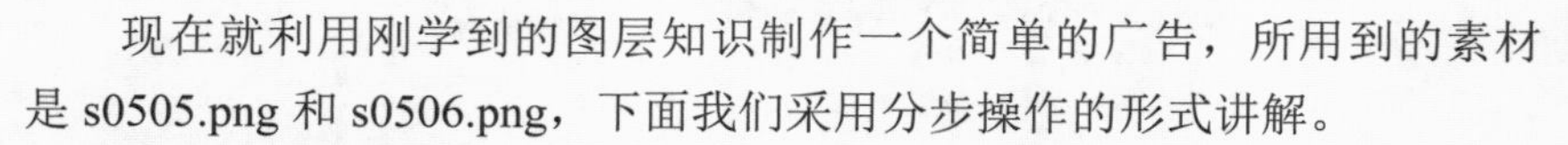

5.10　习作：制作香水广告（1/2）

现在就利用刚学到的图层知识制作一个简单的广告，所用到的素材是 s0505.png 和 s0506.png，下面我们采用分步操作的形式讲解。

步骤 1：分离蓝球背景

首先要从 s0506.png 中将蓝色球从其所在的图像中分离出来。我们首先使用椭圆选框工具〖M〗将球体选中，再用移动工具〖V〗将选区内的图像拖动到 s0505.png 中。由于蓝色球基本是一个正圆形，因此在使用椭圆选框工具的时候可以按住快捷键〖Alt+Shift〗，由大概的球心处开始画出一个正圆选区。完成选区后如果有误差，可用方向键微调直至选区与球体完全重合。如果选区大小不合适，可通过【选择 > 变换选区】进行调整。使用选择工具时按住 Ctrl 键可临时切换到移动工具。

把球拖动到 s0505.png 后，将会自动建立一个新图层，我们将其更名为“大球”，如图 5-10-1 所示。完成后可以关闭蓝色球图像（s0505.png）。

图 5-10-1

在不同图像之间拖动内容的操作在实际中是经常用到的，也可以通过复制快捷键〖Ctrl ＋ C〗和粘贴〖Ctrl ＋ V〗来完成。在 Photoshop 中，从外部拖入或粘贴的图像都将自动以新图层存在，不必事先新建图层。

注意在使用移动工具移动蓝色球的过程中，在图像的边缘可能会产生自动吸附的效果，可从通过【视图 > 对齐到 > 文档边界】取消对齐到“文档边界”的设置。

步骤 2：复制图层

将大球层复制一层出来（按住 Alt 键使用移动工具复制，或者选中大球层后按快捷键〖Ctrl+J〗直接复制），更名为小球，然后通过快捷键〖Ctrl ＋ T〗或【编辑 > 自由变换】对其进行变换，此时小球周围出现的矩形就是自由变换框，在公共栏中设置缩小为 35%，如图 5-10-2 所示。注意应开启“保持长宽比”选项。我们也可以直接用鼠标操作变化框来进行移动、缩放等变换。满意后按回车键或在变换框内双击即可结束操作。

图 5-10-2

自由变换也是一个常用功能，今后将专门介绍，其实没什么难度，大家可先自行尝试。

再将小球层复制 3 个出来，沿弧形排列好。利用图层组对图层进行归类，将 5 个球归入到一个组中，并建立 4 个小球的次级组，如图 5-10-3 所示。为了提高图层面板使用效率，将面板切换为无缩略图的方式。这种方式虽然不好看，但更贴近将来大家实际工作时的情况，所以从现在起就要开始适应。

图 5-10-3

用中文命名图层其实不太方便，建议使用英文或符号，如将小球组命名为 4 个小写的英文字母 o，以后遇到分隔线内容的图层可命名为“---”或“===”，矩形内容层可命名为“[=]”等，既方便又直观。如果有必要还可以设置颜色标志。

步骤 3：融合图像

现在图像分为两部分，分别属于黄色调和蓝色调，它们在色相上属于反转色，是对比强烈的颜色。使用反转色搭配可以得到较为明显的对比效果，在黄色背景上的蓝色物体将较为突出，所以现在得到突出的是蓝色球，瓶子成了纯粹的背景，有喧宾夺主的感觉。要改变这种情况就需要对图像进行融合处理。

最简单的融合方法就是降低不透明度，如图 5-10-4 所示将球的不透明度下降到 60%（应通过快捷键操作）。这种半透明效果是常用的融合手法之一，适用范围很广，但效果也比较有限，有时会令图像缺乏清晰度。

图 5-10-4

除了降低不透明度以外，更改图层混合模式也是一种融合图像的方法，并且效果更好。图层混合模式属于感知性较强的功能，此类功能大家暂可先自行尝试，可能会有不错的效果出现，我们后面还会详细讲解。对于一些理论性较强的内容如图像尺寸、路径等则适合采取先学习再动手的方式。

那么现在我们就来“先行先试”更改图层混合模式。方法是先选择图层或图层组（可多选），在图层面板的左上方箭头 2 所指的选项框内设置混合模式即可。如图 5-10-5 所示，我们将箭头 1 所指的大球层改为了“明度”混合模式。如图 5-10-6 所示，将小球图层组改为了“强光”混合模式。

图 5-10-5

图 5-10-6

步骤 4：添加阴影

这几个球由于与背景融合而缺少了层次感，而营造层次感最简单的方法就是添加阴影，我们可以通过图层样式为小球添加阴影。

添加样式的方法有好几种，最笨的方法是选择图层或图层组后在菜单中选择【图层 > 图层样式 > 投影】；一般的方法是选择图层或图层组后，单击图层面板下方的 fx 按钮，在出现的菜单中选择"投影"。最实用的方法是直接双击图层或图层组（不要双击名字区域），这样将出现总的图层样式设置对话框，然后在左边的样式中选择阴影。

为了一次性对所有小球添加阴影，我们对小球图层组添加投影样式，如图 5-10-7 所示，首先在箭头 1 处选择投影，然后在标记 2 处设置为不透明度 50、角度 90、距离 3、大小 5，单击确定完成设置。

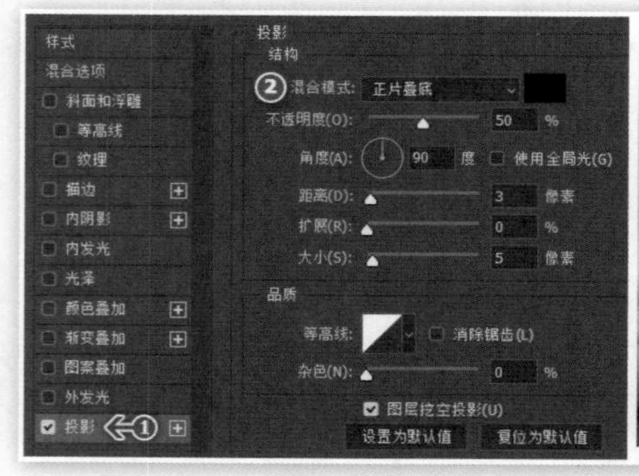

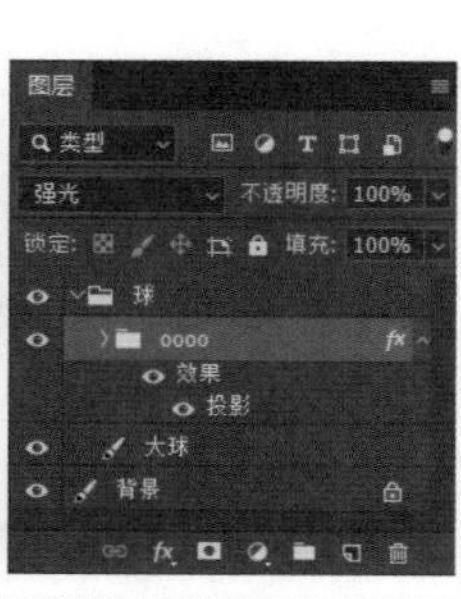

图 5-10-7

此时图层组上会多出一个 fx 的标志，这个标志我们在 s0502.psd 中见过，表示本层或本组已经添加了样式，单击右侧的小箭头可展开或折叠，单击项目左侧的眼睛标志可隐藏或显示样式效果。

如果打算为大球层也添加上投影的话，可以通过复制图层样式来实现，在图层面板中将小球组的 fx 字样拖动到大球层即可实现。需要注意的是，直接拖动相当于移动样式，这样小球组就没有样式了。需要按住 Alt 键后再进行拖动，此时才是复制样式，如图 5-10-8 所示。

图 5-10-8

其实刚才的效果通过另外一种办法也可以实现，如图 5-10-9 所示，这里不再讲解，大家自行揣摩应该可以明白其中的道理。

图 5-10-9

总结

作为初学者来说，第一次尝试图像合成能够完成步骤 3 后的效果就已经相当不错了。由此也可以看出，制作未必需要复杂的步骤和繁多的效果，真正的决定性因素是构思和创意。虽然创意过程具备较大的随意性，但并不表示完全没有方向，多花一些时间在前期思考和构思上，才是提高的真正途径。

就实际操作层面上来说，大的构图或布局等可以决定作品的总体风格，而让作品精美起来的方法就是对细节的刻画，任何优秀的作品在细节上都是非常到位的。这些

细节有时候甚至容易被忽视，比如我们在步骤 4 中添加的阴影就是这样，观看者可能看完后不会记得小球原来是有阴影的，但阴影的存在无形中提高了作品的精美度。

如果大家今后从事设计工作，经常会听到客户一些类似“有点生硬”或“不够大气”的抱怨，即便很多素材和内容其实都是对方指定的。这其实就是因为作品在细节上的刻画不够，而客户未必能给出“改变混合模式”或“添加阴影”这样的专业指导意见，只会表达直接的感受，因此无论在何时都要注重作品的细节刻画。

将样式添加到图层组的效果等同于添加到组中每个图层，适用于图层数量较多的情况，是一个非常方便的方法。不过要注意避免层样式与组样式的冲突。

目前这幅作品还未完成，请将其保存为 .psd 格式。今后我们学习了新知识还将继续制作它，图 5-10-10 是学习了色彩调整知识后继续制作该图所得到的效果。而在学习了路径之后还要将这个作品再“捣鼓”一番。

图 5-10-10

第 6 章　色彩调整

在与图像打交道时，色彩调整是很重要的操作，图 6-0-1 是同一个场景经过色彩调整而形成的两种效果，不难看出右边图像的色彩比较有吸引力，但其实它是在左边原图的基础上经过色彩调整得到的。

本章我们就来学习如何进行色彩调整，重点介绍曲线调整工具。在开始学习之前，必须确保自己已经完全掌握了第 1 章的内容。

图 6-0-1

6.1　像素亮度

亮度是色彩的一个很重要的指标，绝大多数的调整工具都通过亮度来对图像中的色彩进行划分和调整。通过第 1 章中关于色彩基础知识的学习，我们知道每个像素都有相应的亮度，这个亮度与色相无关，因此绿色比红色亮之类的说法是不正确的。

我们动手来做个实验，新建一个尺寸合适的空白图像后新建一个图层，使用矩形工具〖U〗的像素绘图方式，按〖F6〗调出颜色面板，再从左上角的选项菜单中调出 HSB 滑块，然后将 S 和 B 的数值固定（S 不能是 0%，B 不能是 0% 或 100%），调整 H 的数值，挑选 3 种颜色分别在新建层中画出 3 个矩形。

【操作提示 6.1】使用去色命令

将前面创建的图层复制一层出来，通过快捷键〖Ctrl ＋ Shift ＋ U〗或者【图像 > 调整 > 去色】，则本层的 3 个色块就变为了 3 个灰块，如图 6-1-1 所示。按〖F8〗开启信息面板，然后在3个灰色矩形中移动鼠标，可以看到3个灰块具备相同的颜色数值。

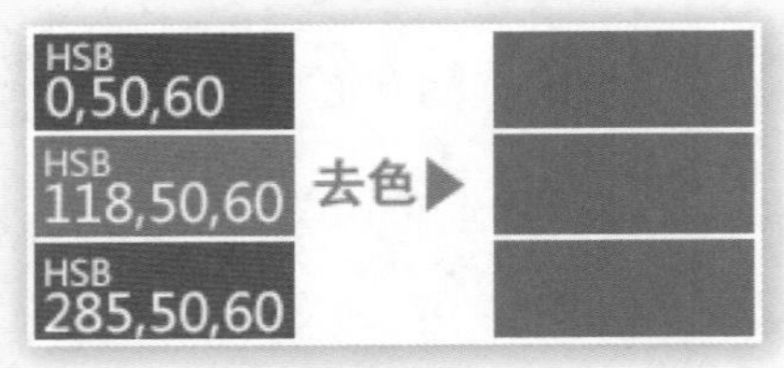

图 6-1-1

需要注意的是，【图像 > 调整 > 去色】与【图像 > 模式 > 灰度】虽然都可以得到灰度图像，但原理并不相同，前者只是一种色彩调整，将 RGB 通道平均化以得到灰度。而灰度模式则是将 RGB 通道进行混合计算后产生的。在大部分情况下，我们可以认为两者的效果相同，但实际上略有差异，严格意义上的灰度图像的色彩模式应为灰度。

亮度其实就和灰度差不多，灰度的浓淡就如同亮度的明暗，关键是两者都具备“色相无关性”，因此灰度也常被用来表示亮度，如在图像通道中灰度就表示 RGB 各自的亮度。

Photoshop 将图像的亮度分为 3 个等级，分别是高光、中间调、暗调。如图 6-1-2 所示是一幅彩色图像的灰度图，红色标记处就属于高光，灰色标记处属于中间调，蓝色标记处则属于暗调。通俗而言，看起来较亮的就是高光，较黑的就是暗调，不太亮也不太暗的就是中间调。

图 6-1-2

这种亮度区分是一种绝对区分，我们知道像素的亮度值在 0 至 255 之间，那么亮度值靠近 255 的像素，亮度较高，靠近 0 的亮度较低，其余部分就属于中间调。

6.2 使用曲线和直方图

虽然 Photoshop 提供了众多的色彩调整工具，但实际上最基础也最常用的

是曲线调整工具。其他许多调整工具都是由此派生而来的，理解了曲线工具就能触类旁通很多其他色彩调整命令。

6.2.1　曲线初识

开启素材图片 s0601.jpg 并将其转化为灰度（去色或更改色彩模式均可），如图 6-2-1 所示，这样可以较清楚地看到亮度的分布情况，可以看到近处的山、草地和树木属于暗调，天空属于高光，远处的较朦胧的山体属于中间调。观察之后可按快捷键〖Ctrl ＋ Z〗撤销操作或按〖F12〗回到最初状态。

图 6-2-1

按快捷键〖Ctrl ＋ M〗或通过菜单【图像 > 调整 > 曲线】调出曲线命令，其界面如图 6-2-2 所示。出于教学性考虑，暂时关闭箭头 1 处的直方图，确保箭头 2 处为 RGB 方式，曲线模式为箭头 3 处所示，并确保箭头 4 处的预览开启。

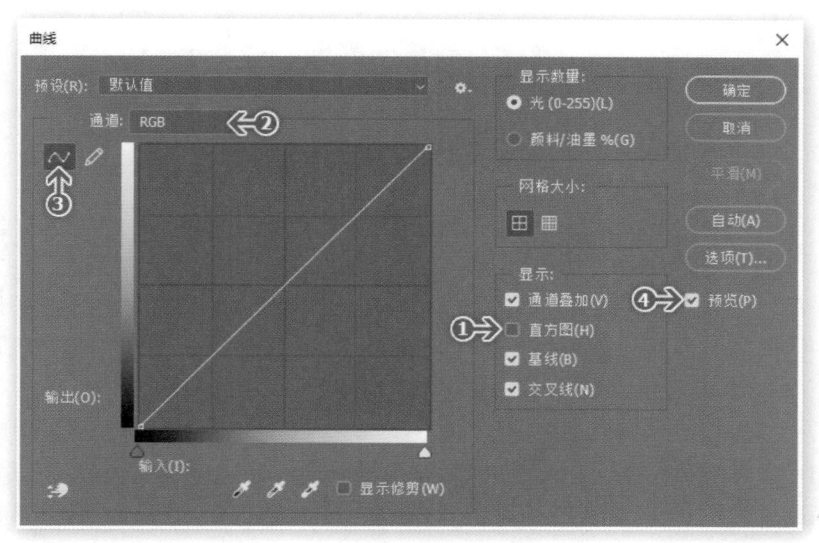

图 6-2-2

我们经常在音乐播放软件中或者音响上见到均衡设置按钮，均衡设置将音色分为高音、

中音、低音等若干部分，一般滑块向上是增强，向下是减弱，如图 6-2-3 所示。

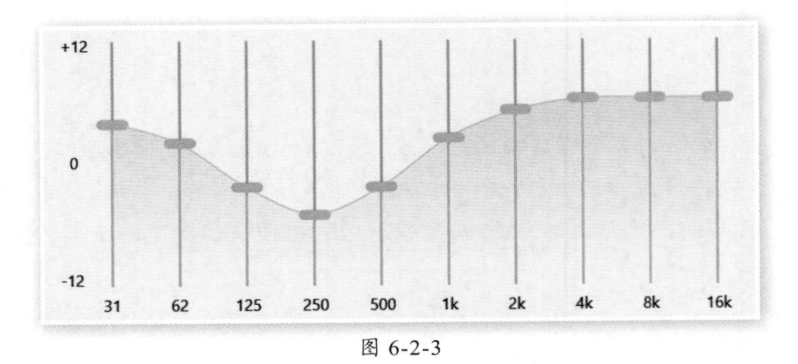

图 6-2-3

下面，我们先来单独看图 6-2-4。X 轴与 Y 轴分别表示从 0 ～ 255 的整个亮度空间，也称绝对亮度范围。不同之处在于，X 轴用来表示图片初始时各部分的亮度，即输入时的亮度；Y 轴表示图片调整后各部分的亮度，即输出时的亮度。

初始状态（即图片未做任何调整时）下，图片的输入亮度与输出亮度相等，所以图片的曲线在图中呈一条直线，即图中的那条对角线。图片中任意的亮度值，都在对角线上对应一个相应的点。由图 6-2-4 可见，对角线左下端对应绝对亮度空间中的最小值（最暗），右上端对应亮度空间中的最大值（最亮）。

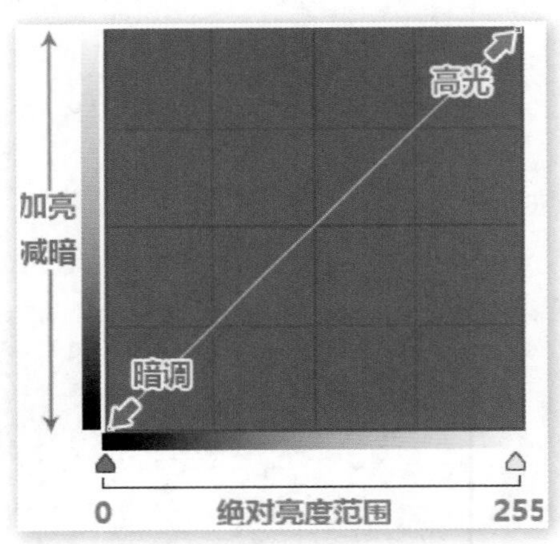

图 6-2-4

现在在对角线大概中间的位置单击，可产生一个控制点。往上拖动控制点，图像会变亮，如图 6-2-5 所示。通过勾选或取消“预览”选项，可比较调整前后的效果。如果要删除控制点，就如同删除参考线一样，将其拖动到曲线区域之外即可。

拖动控制点时曲线区域左下方会出现输入和输出两个数值，图例是输入 104 输出 145，表示这次的操作将原先所有亮度值为 104 的像素，提升至了 145，因此图像看上去变亮了。

但我们改变的并不只 104 这个级别，注意曲线上除了两个极点以外的所有点都被提升了，靠近中间的幅度较大，往两极则逐渐减弱。因此这次的调整实际上是同时提升了暗调、中间调和高光，通过观察图像不难看出，天空草地和山都增亮了。

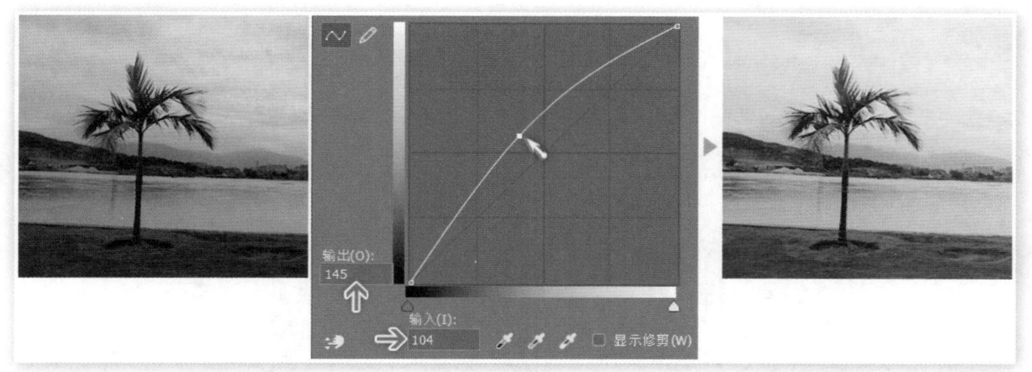

图 6-2-5

6.2.2　曲线形态分析

我们在曲线上假设 3 个点 a、b、c，在这次的调整后移动到了 a+、b+、c+ 的位置，如图 6-2-6 所示，从这幅图中可以大致推算出此次调整后亮度改变的范围。下面来具体看一下。

a 点是一个原始位置，即输入与输出都位于“25%”的位置上。而调整后的 a+ 点位于“输出 38%”左右的位置（绿色线位置）。也就表示图像中原先亮度为 25% 的像素被提升到了约 38% 左右。同理，50% 的 b 点改变到约 70% 的 b+ 点，75% 的 c 点改变到约 85% 的 c+ 点。

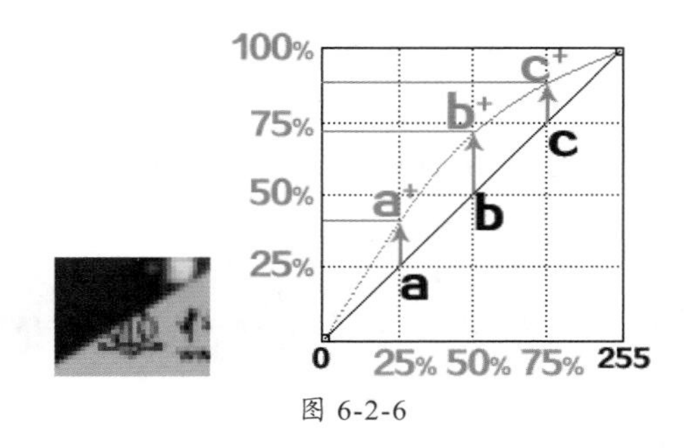

图 6-2-6

为保持后面操作的一致性，如果已经增亮了图像，请使用快捷键〖Ctrl ＋ Z〗撤销操作后再继续学习。今后凡是遇到此类情况都自行照此处理。

【操作提示 6.2】使用颜色取样器工具

我们可以通过信息面板来证实上述推算，按〖F6〗调出信息面板，将颜色显示方式改为 HSB 后，使用快捷键〖I〗切换至颜色取样器工具（与吸管工具位于同一工具组中），然后拖动鼠标在图像中来回移动，观察 B 的数值，分别在 25%、50% 和 75% 的地方单击各建立一个采样点，信息面板会显示出采样点的颜色值，单击吸管下方的小三角后，可在下拉菜单中将它们都转为 HSB 方式，如图 6-2-7 所示。

图 6-2-7

颜色取样器工具主要用来确定颜色采样点，用以辅助色彩调整或其他设计过程，可同时设置多个采样点。采样点建立后，使用取样器工具可以改变其位置，若把采样点移出图像范围则为删除。在采样点上单击右键可设置显示的数据类型，也可在信息面板中设置，这里设为 HSB 以便于获知亮度值。

信息面板中的采样点可在调整时动态显示数值对比，在按快捷键〖Ctrl ＋ M〗使用曲线工具对图像进行调整中即可在信息面板中观察到采样点的数值变化。为确保重现图 6-2-5 的调整，就必须保证将 104 输出为 145。在曲线中移动时可注意对应位置的数字提示，或先任意建立一个控制点后手动填入数字。如图 6-2-8 所示，先在箭头 1 附近单击产生一个控制点，然后分别在箭头 2 和 3 处输入数值。注意信息面板实时显示的数值对比，其结果符合之前的推算。

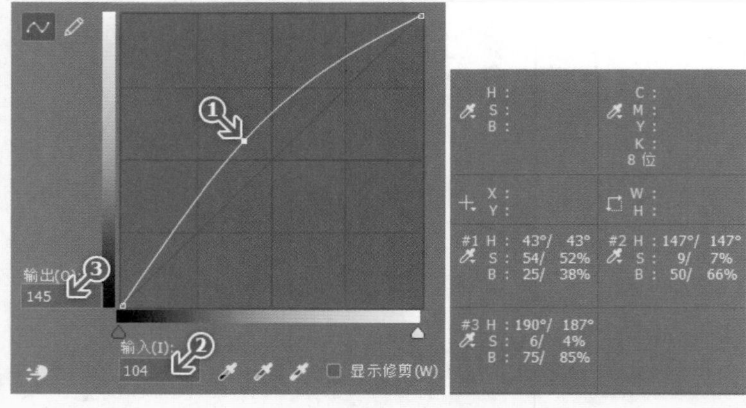

图 6-2-8

操作时如果觉得寻找合适亮度的像素太麻烦，也可以自行绘制 3 个符合条件的方块。方法是将颜色面板切换至 HSB，H 与 S 任取，B 取 25、50、75 分别绘制出 3 个方块，再将颜色取样点建立在方块之上就可以了。

上例中提到的 104 和 145 这两个表示亮度级的数字，也称为色阶，取值是 0 至 255。那么目前我们所学到的内容就是，当输入色阶小于输出色阶时，曲线形态为上弧形，图像变亮；当输入色阶大于输出色阶时，曲线形态为下弧形，图像变暗。

6.2.3　直方图初识

通过【窗口 > 直方图】可调出直方图面板，默认直方图是以紧凑视图方式显示的，通过单击蓝圈处的面板菜单将其改为“扩展视图”，并确保勾选“显示统计数据”，在“通道”中选择明度方式。如图 6-2-9 所示。

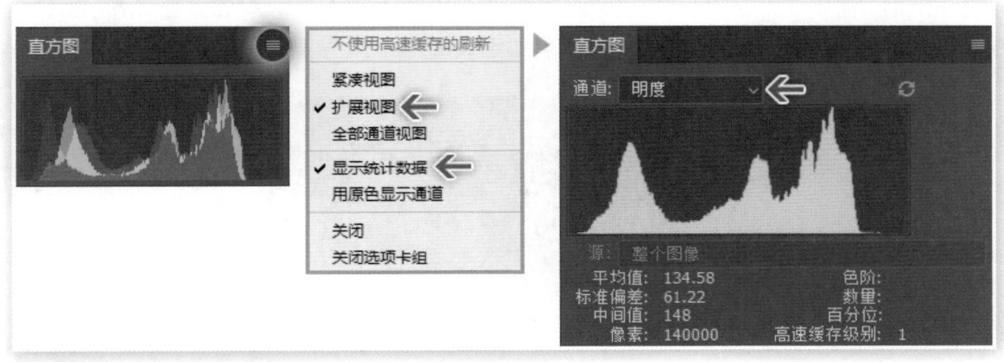

图 6-2-9

在描述一段拉力赛里程时常会说 A 地点海拔多少、B 地点海拔多少，直方图也是类似的原理，如图 6-2-10 所示，直方图中 X 轴方向表示绝对亮度范围（0 至 255），Y 轴方向上的“海拔”则代表图像中所包含的各种亮度值对应的像素数量。

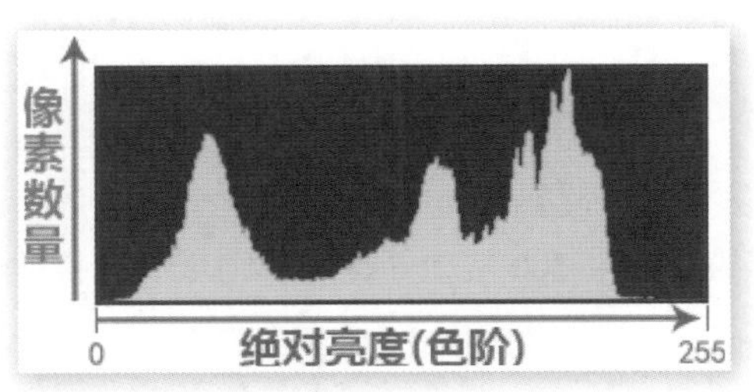

图 6-2-10

用鼠标在直方图中移动时，下方的统计数据会实时显示出光标所在的色阶与该色阶上对应的像素数量。也可通过拖动选择一个色阶范围，此时将显示范围内的像素总量，如图 6-2-11 所示。

在使用曲线等工具的调整过程中，直方图也会显示对比效果，如图 6-2-12 所示，原色阶分布以灰色显示，新分布以稍亮的灰色显示。从图中还看到在调整后的高光区域某些色阶的像素数量超出了 Y 轴范围，因为直方图中 Y 轴的高度所能表达的像素数量是固定的，即原始图片中同一亮度的像素最多的像素总数。

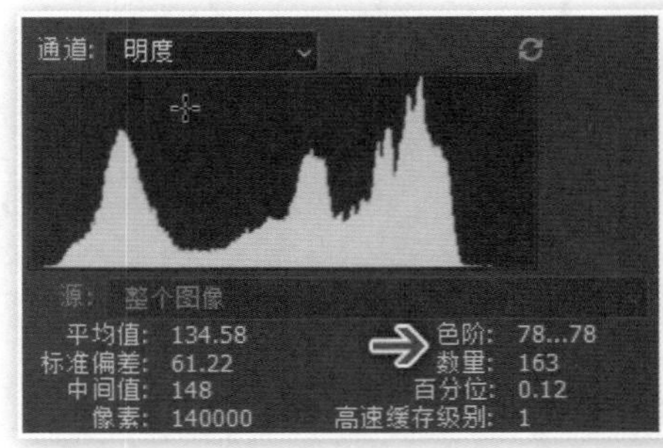

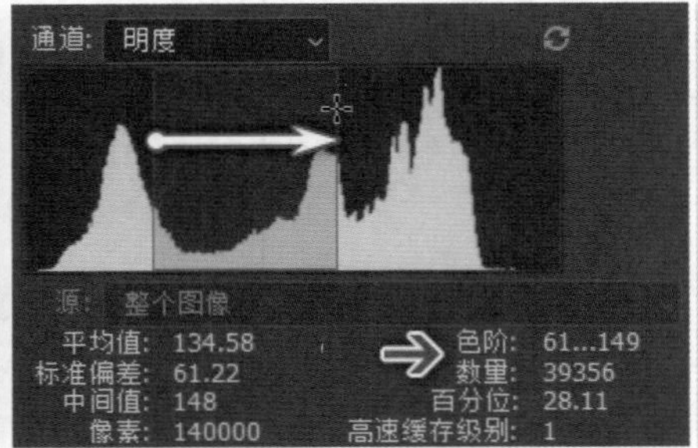

图 6-2-11

直方图的形态来自对图像像素的采样，如果开启了较大的图像文件，或系统资源紧张则难以完成实时采样，这时在右上角会出现红色箭头处所示的三角形警告标志，表示此时的直方图是以粗略形态显示的，单击三角形标志即可获得准确形态。

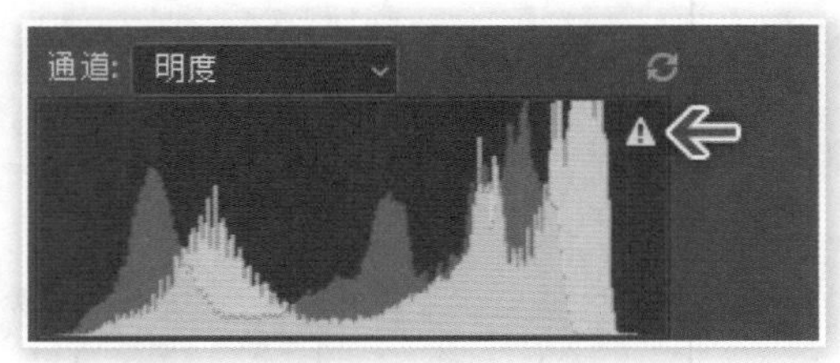

图 6-2-12

6.3 色阶的合并

直方图的作用就是描述图像中的色彩亮度的分布情况，即色阶分布情况。之前使用曲线调整工具做出了增加或减少图像亮度的效果，那么现在我们综合直方图来学习下曲线调整工具对图像色阶的影响。

6.3.1 合并高光

这次我们来改变曲线的端点，将高光点往左平拉一些，也可直接拉动蓝圈处的白色箭头，达到把原始图片（输入）的高光值 200 转变（输出）为 255 的目的。在直方图中我们也将看到改变，如图 6-3-1 所示。

我们第一眼的感觉是图像变亮了，现在我们来看一下图像为什么会变亮。观察直方图可知，原先“一贫如洗”的高光区域（直方图右端）现在多了许多像素，而高光区域像素的增加必然使得图像相对变亮。同时现在的色阶分布达到了直方图的右边界，说明现在图像中已经有一部分亮度为 255 的像素存在了。

我们都知道在标准大气压下水的沸点是 100℃，那么来想象一个场景：有三杯不同温度的水，分别是 70℃、80℃和 90℃，各自相差 10℃，然后统一进行加热，过程如图 6-3-2 所示。

（1）在加热 10℃后它们分别变为 80℃、90℃和 100℃，仍然各自相差 10℃。

（2）继续加热 10℃后，变为 90℃、100℃和 100℃，其中两杯水的温度是相同的。

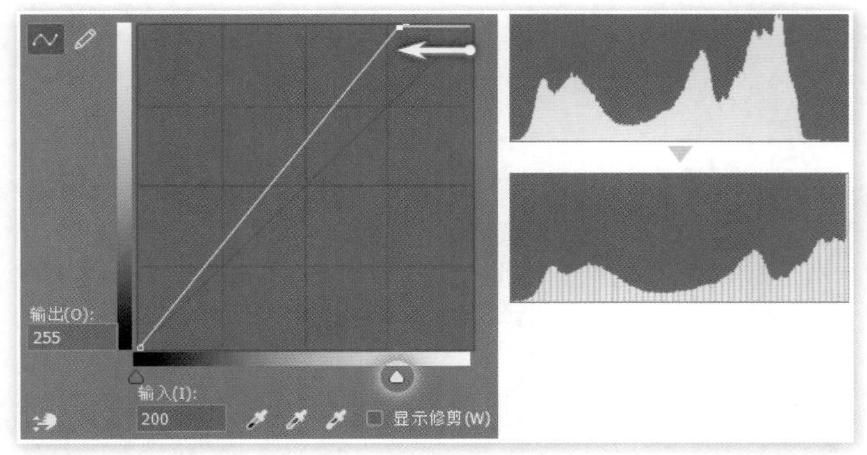

图 6-3-1

（3）接着加热 10℃后，最终三杯水都变为了 100℃，它们之间不再存在温度差。

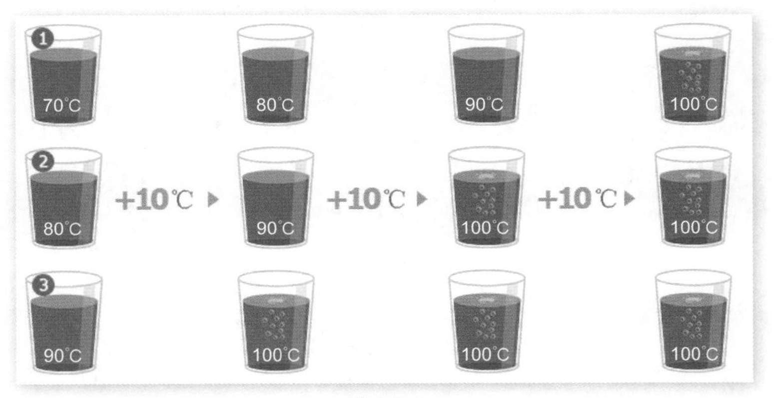

图 6-3-2

现在再深入一些来看之前所做的曲线调整，如图 6-3-3 所示，可见，原先（输入）图片中亮度为 200 的色阶，输出值变为了 255，即它的亮度提升到 255。而原先位于 200 之后的所有亮度值，即 201 ～ 255，就像水温只能到 100℃一样，其亮度值全部变为了 255。

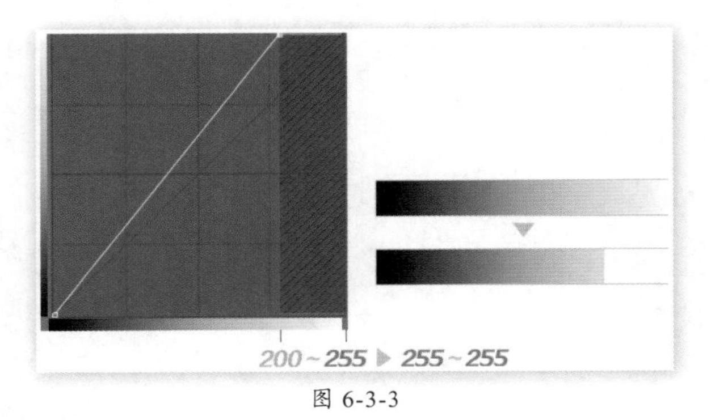

图 6-3-3

此时，原先所包含的平滑过渡的色阶，现在从 200 处之后都统一合并为了 255，色阶数量减少，亮度差异被消除，过渡变得不再平滑，这种操作称为合并高光色阶或合并高光。

注意，“最高亮度的高光点”又称为白场，对应的还有“最低亮度的暗调点”称为黑场，后面将学习具体内容。

大家要记住一个概念：细节源自亮度差异。图像各部分明暗的交织对比，构成了图像的细节。那么合并色阶的操作消除了 200 至 255 之间原先存在的亮度差异，这势必会导致图像的细节丢失，如图 6-3-4 中天空部分的对比，原先的云彩细节变得难以辨识。

使用魔棒工具（容差设为 0）在两者的天空同一位置单击，会发现在改变之前只能选择极微小的一块区域，而改变之后的可以选择很大一片区域。这充分说明很多原本不相同的颜色变为了相同，即最高亮度所形成的纯白色（255,255,255），这可通过查看信息面板来验证。

图 6-3-4

6.3.2 合并暗调

明白了合并高光后就容易理解合并暗调，如图 6-3-5 所示是将原先 0 至 65 的亮度合并为 0，暗调区域增加导致图像变暗。

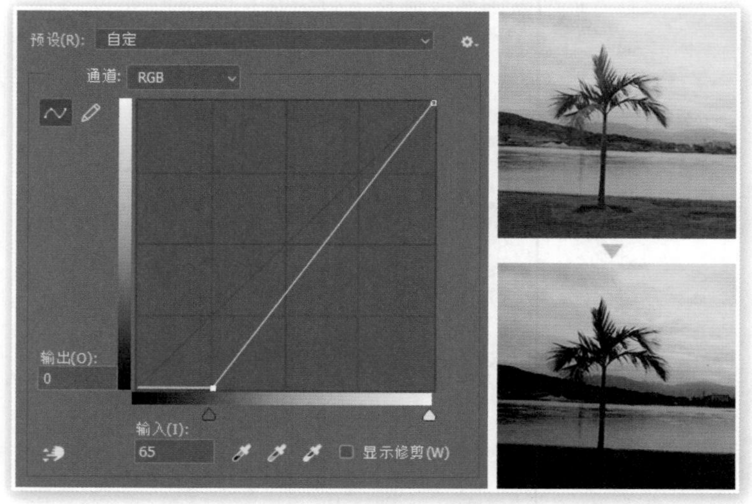

图 6-3-5

尽管我们知道图像分为暗调、中间调及高光三部分，但一开始很难准确判定图像中的某部分究竟属于什么范围。可以在进行曲线调整时将鼠标移动到图像中，按下鼠标拖动时曲线上将出现对应的色阶位置提示，如图 6-3-6 所示，红色箭头处即是当前鼠标的色阶位置。此时按住 Ctrl 键单击鼠标即可在曲线上为这个位置建立控制点。

图 6-3-6

也可以在图像中任意的位置上直接进行调整，如图 6-3-7 所示。方法是首先开启红色箭头处的功能按钮，然后在图像中选中一个位置按下鼠标并上下拖动，这样就可以直接进行提升或降低色阶的操作，曲线面板中会有对应的曲线形态出现。

这个功能虽然方便但不够精准，熟练后还是直接调整曲线效果会更好。

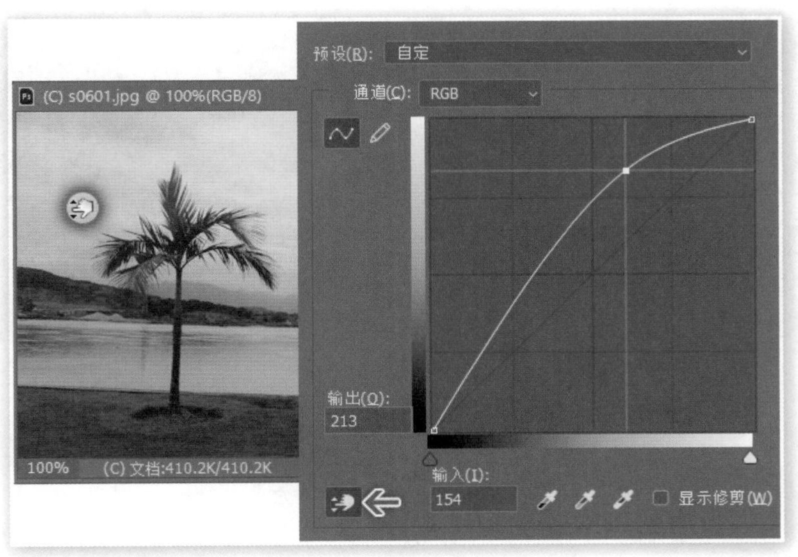

图 6-3-7

6.3.3 色阶合并的成因

大家可能会觉得奇怪，为什么提升亮度的操作会造成色阶的合并？之前我们举过开水的例子，现在再让我们来分析一下原因。假设在一幅 3 万像素的图像中，有 1 万像素的亮度为 100，1 万为 180，还有 1 万为 230，那么我们分 3 种情况对这个图像中的像素亮度进行更改：

（1）增加 25，得到的理论结果是 125，205，255。

（2）增加 50，得到的理论结果是 150，230，280。

（3）增加 100，得到的理论结果是 200，280，330。

在第一种情况下，有 1 万像素达到了 255 的最高亮度，这没有什么问题；在第二种情况下，尽管有些像素的理论值已经超出 255，但由于 255 是亮度的最高限，因此这 1 万像素仍然位于 255；那么在第三种情况下就有 2 万像素超出了 255，尽管它们的理论数值并不相等，但它们都统一位于 255。

不难看出，在第三种情况下就会产生色阶合并的现象。而造成原始图像细节丢失的原因就是那些原本具有不同色阶分布的像素都被统一为了某个相同的亮度值，彼此之间没有了差异化。损失细节的部分经常位于高光或暗调区域，因为这两个区域存在色阶极限（0 与 255）的限制，会造成像素堆积。

这个问题可通过直方图数值对比来进行验证，如图 6-3-8 所示，原图中拥有最多像素的色阶是 199，其像素数量为 1901。在进行了将 200 合并到 255 的调整之后，拥有最多像素的色阶就变为了 255，其数量为 13262。

在这个实验中也可以看出直方图的高度是有限的，因为原图中的 1901 像素已经达到直方图的 Y 轴顶部，那么改变后的像素有将近其 7 倍之多，如果要将其完整显示，则要么将直方图面板扩大 7 倍，要么将直方图全体缩小为原来的 1/7 在原面板中显示。这两种方法都是有明显缺陷的，出于实用性考虑，对超出的部分不予显示。因此实际像素的数量应参照统计数据。

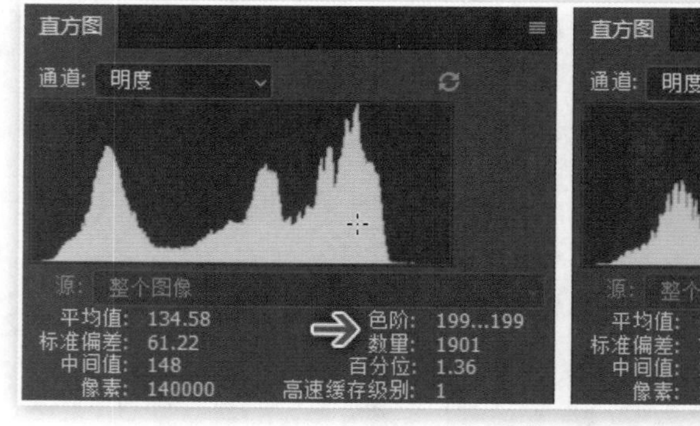

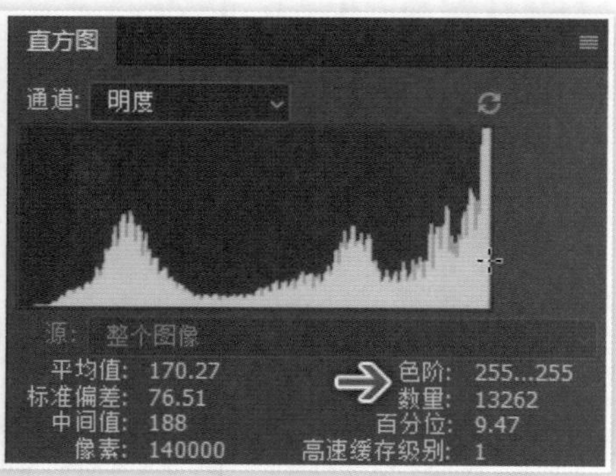

图 6-3-8

6.3.4 合并到指定色阶

之前所做的色阶合并操作，都是向 0 或 255 两个端点靠近的。但其实合并后的色阶并非只有这两个级别，合并以后的亮度还可以再作调整。如图 6-3-9 所示，将 X 轴最右侧的高光点滑块移动到输入 200，然后在 Y 轴对应的输出设计框中键入 150，意味着将亮度从 200 至

255（输入）的像素的色阶值，统一合并后降为（输出）150，换句话说，原图中亮度值大于 200 的像素的色阶，都变成了 150。从直方图中也可看出，在 150 后面已没有任何像素。

这次的操作本质依然是合并色阶，只是不是合并到 255 级而已，但 200 ～ 255 的亮度差异还是被消除了，因此图像中相应的部分依旧会缺少细节，只不过缺少的是亮度大于 200 的细节。好比将之前加热到 100℃的三杯水冷却到 50℃一样，虽然不那么烫，但温度依旧没有差异。

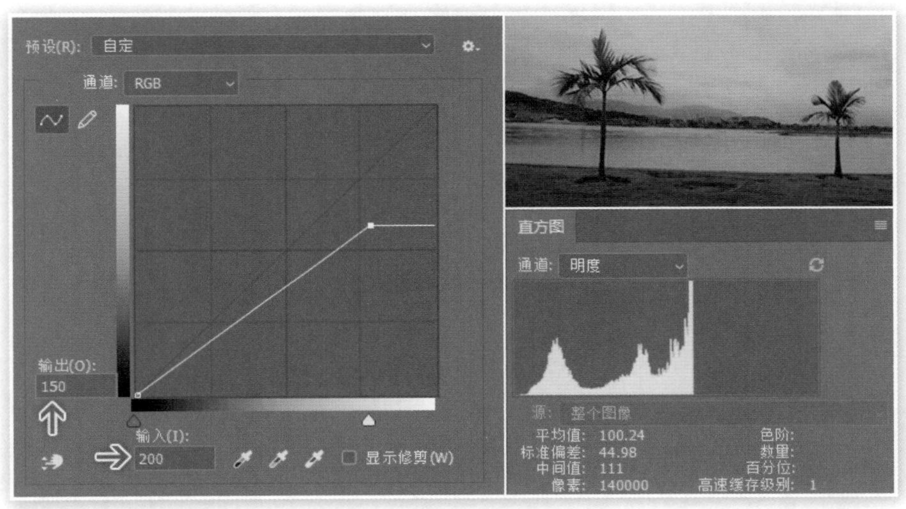

图 6-3-9

前面的操作是将高光部分合并后再统一下降到指定色阶，那么同理也可以将暗调区域合并后再提升指定色阶，如图 6-3-10 所示，将 X 轴最左侧的暗调点滑块移至输入为 50 的位置，再在 Y 轴对应的输出框中键入 80，则此时所有亮度低于 50 的像素的色阶都被提升为了 80，从而全图的色阶就被限制在 80 至 150 之间了，直方图将呈现出“空前绝后”的形态。

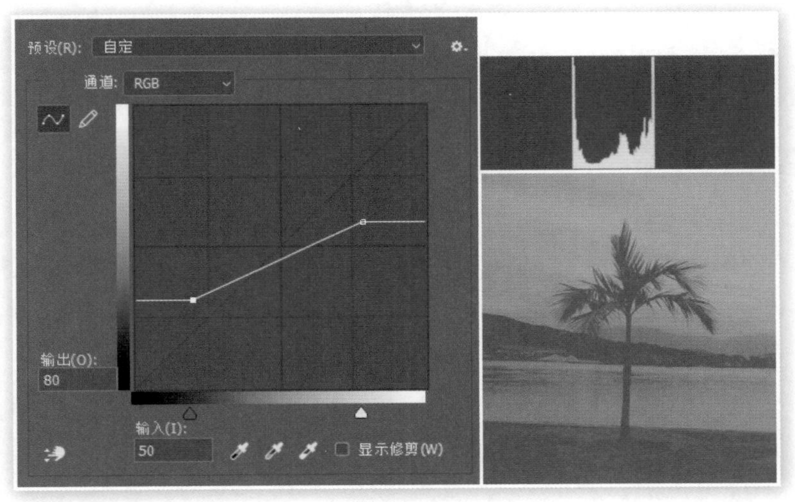

图 6-3-10

【思考题】色阶的变化情况

现在我们知道，高光或暗调点如果在 X 方向上有位移，就会造成色阶的合并，但现在如果只将高光点如图 6-3-11 所示沿 Y 轴向下移动，是否会造成色阶合并？先不要动手，自己仔细思考再往下看。

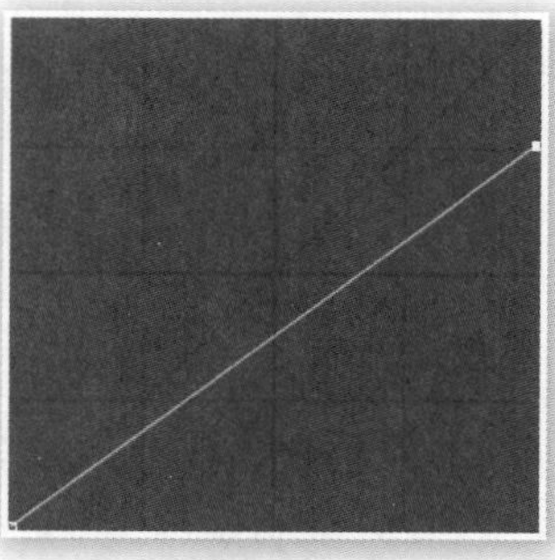

图 6-3-11

如图 6-3-12 所示为将高光点沿 Y 轴向下移动后的直方图对比，虽然我们目视没有出现像素堆积的情况，但后者的色阶有效范围与前者相比变窄了，在像素总量不变的前提下色阶范围变窄，那么单位色阶上的像素数量就会增加，也就是说，存在色阶的合并。

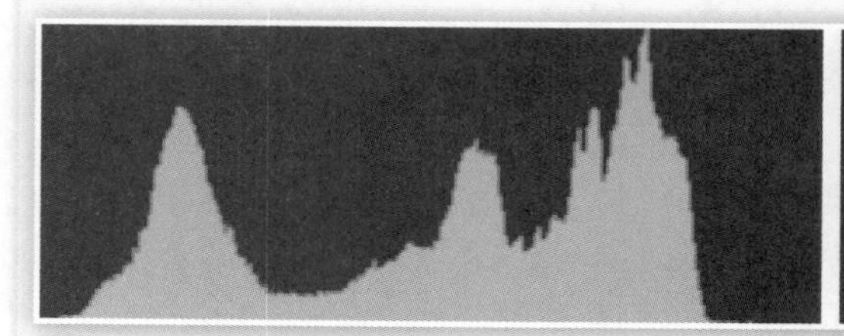
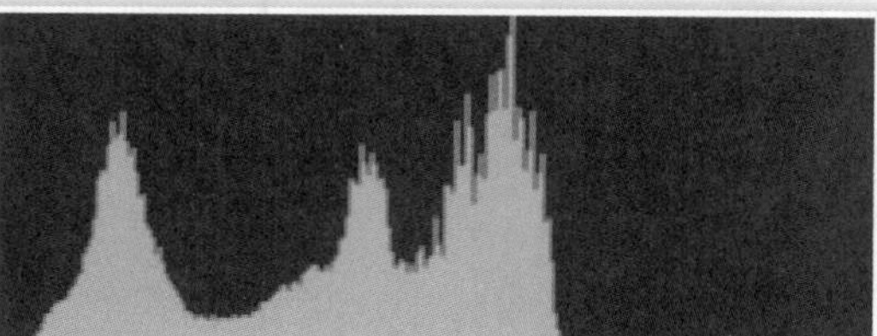

图 6-3-12

6.4 调整通道曲线

曲线调整可对整体图层来进行，也可以单独针对图层中的某一通道来进行。在单独通道中的曲线同样也分为高光、中间调和暗调。对于一幅既定的图像而言，单独改变某个通道的曲线势必会造成图像色彩的改变。如果将红色通道曲线的中间调往 Y 轴增加，就意味着红色在图像中被增加了，那么图像就会偏向红色。同理，增加绿色就偏绿，增加蓝色就偏蓝，这些应该都不难明白。那如果减少红色呢？理解了第 1 章中的内容后，依据反转色模型就能判断出减少红色的结果，将会导致图像偏青；减少绿色导致图像偏粉红；减少蓝色图像偏黄。接下来我们就来利用这种偏色效应将素材 s0601.jpg 调整成黄昏效果。

首先理清调整的思路，黄昏的天空应该是金黄色，所以天空部分就要偏向金黄色，由于金黄是由红色加黄色混合而成，那么就应该是让天空偏红和偏黄。偏红就是增加红色，偏黄就是减少蓝色。再加上天空属于高光区域，这个操作总结起来就是：增加红色高光并减少蓝色高光，我们以此作出如图 6-4-1 所示的调整。

注意图示中综合显示了红色与蓝色通道的调整效果，实际操作时需分别单独进入红色和蓝色通道进行调整。切换通道的位置参见图 6-2-2 中箭头 2 处。

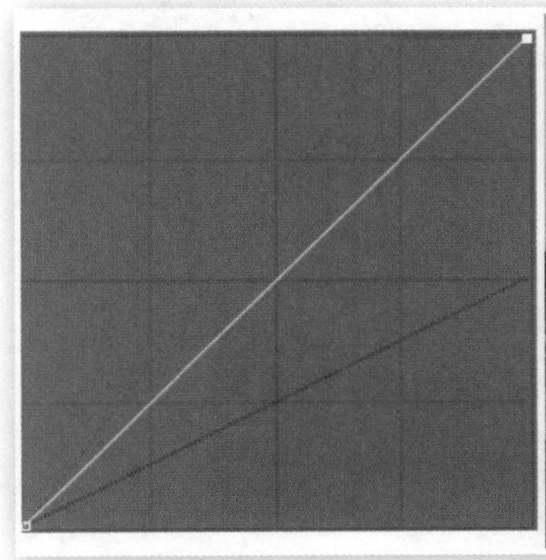

图 6-4-1

此时虽然已有金黄色效果但看起来就像是透过有色玻璃观察一样，现实生活中的黄昏照片画面都会呈现出较强烈的明暗对比，那么现在我们就通过曲线调整来模拟这种明暗对比。由于这种对比应该是针对全图的，因此要在 RGB 通道中进行调整，具体如图 6-4-2 所示，在上一步的基础上，适当合并高光和暗调区域，并降低中间调。

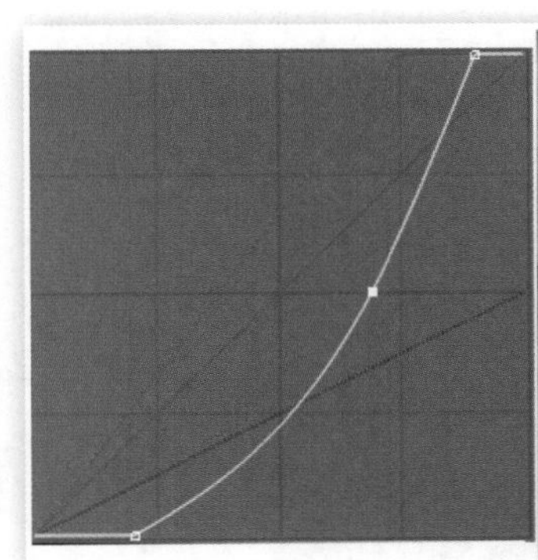

图 6-4-2

经过调整后的色彩效果看上去更有质感，似乎已经不错了，但注意图中的青山都偏向了黄色。为了更好地修补色彩细节，我们来分析一下如何保留青山原有的色彩。

在原图中青山是处于中间调的，而在之前的调整中尽管是针对高光点，但中间调也跟随发生了与高光区域相同的改变，那么要保留中间调区域，就需要保证中间调区域的位置基本不变，因此再次进入红色和蓝色通道，在中间调区域建立控制点，并做如图 6-4-3 所示的调整。

现在觉得画面有点偏绿色，因此单独将绿色通道进行下降，效果如图 6-4-4 所示。

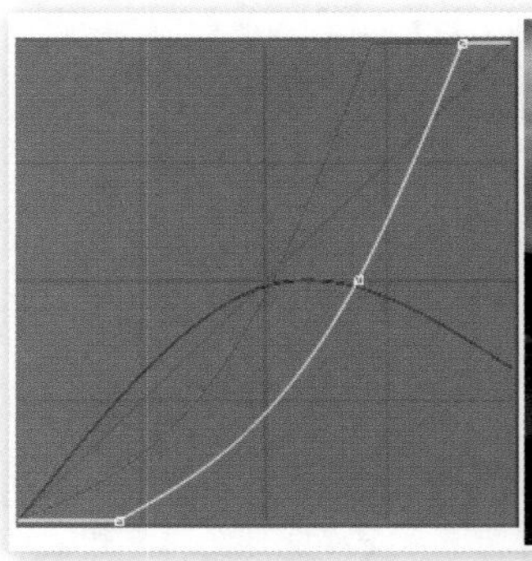

图 6-4-3

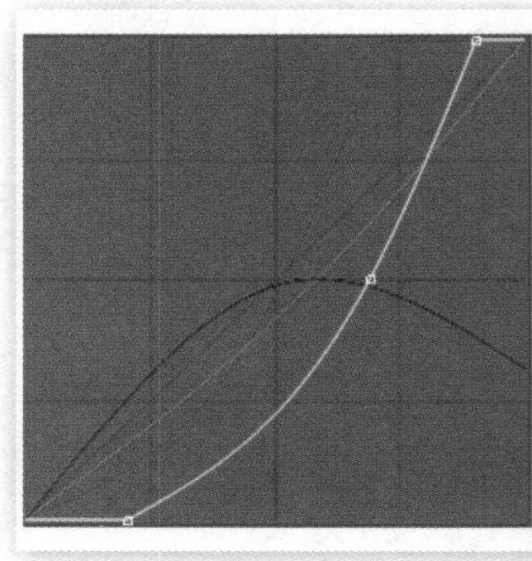

图 6-4-4

此时的画面色彩或许不如之前的但艳丽却更加真实，当然这也取决于调整的目的，即我们是为了营造贴近真实的观感，还是为了得到夸张的效果。请大家在思考后尝试调整出如图 6-4-5 所示的色彩效果，切记一定要先思考，因为思考的过程可以巩固所学的知识。

图 6-4-5

到这里大家是不是感觉照片拍得差没关系，只要会调色就可以。从某种意义上来说，的确如此，但我们提倡的方式是利用工具润色照片，弥补一些小的不足之处，而不是大刀阔斧地将照片改头换面，因为 Photoshop 可以创造美景，却代替不了你面对真正美景时的心情和记忆。

如果是想对数码摄影作品做后期的调整，则应该使用 RAW 格式拍摄照片（某些低端设备不具备此格式），然后通过专门的 RAW 图片调整工具对图片进行调整，在后面专门针对数码摄影作品调整的课程中会具体讲解。

6.5　自动及黑灰白场设定

曲线工具有自动调整功能，而在某些情况下我们可能需要通过场设定来修正色彩偏离的照片。

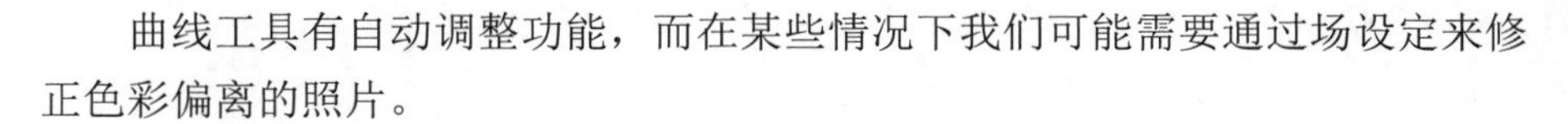

6.5.1　自动曲线

曲线工具中的“自动”按钮，其功能是对照片的色彩进行自动调整，其工作原理是增强亮度和对比度，使图像看起来具备较高的视觉冲击力。它的调整过程是基于统计学数据的，如同象棋软件通过内置棋谱对不同局面采取不同的走法一样，曲线也内置了一套针对不同的图像情况进行调整的样本库，基本可以满足绝大多数常规调整的需要，对素材图片 s0601.jpg 进行自动调整的曲线形态如图 6-5-1 所示。

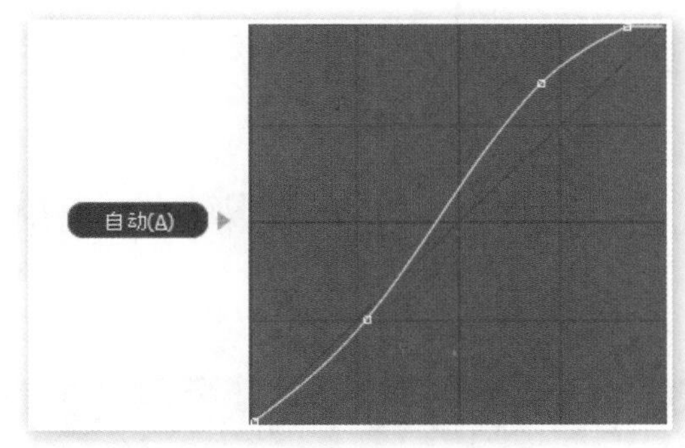

图 6-5-1

在菜单【图像】下面，有 3 个自动选项，分别是自动色调、自动对比度和自动颜色，它们实际上也是曲线自动功能的一部分，单独放置在菜单中是为了便于使用。在曲线设置面板中单击“选项”后，可以看到自动调整功能共有 4 种可供选择的算法，如图 6-5-2 所示。不同的算法基于不同的工作原理，也会有不同的效果，其中最后一个“增强亮度和对比度”选项就是我们之前使用的自动按钮所使用的算法。

图 6-5-2

如果在选择算法的同时观察曲线形态的变化，就会发现前 3 种算法都会出现调整单独通道的情况，如图 6-5-3 所示，这意味着与原图色彩将有所偏离。但因幅度较小在视觉上可能并不明显。最先介绍的自动功能不改变单独的颜色通道，因此不会产生色偏。

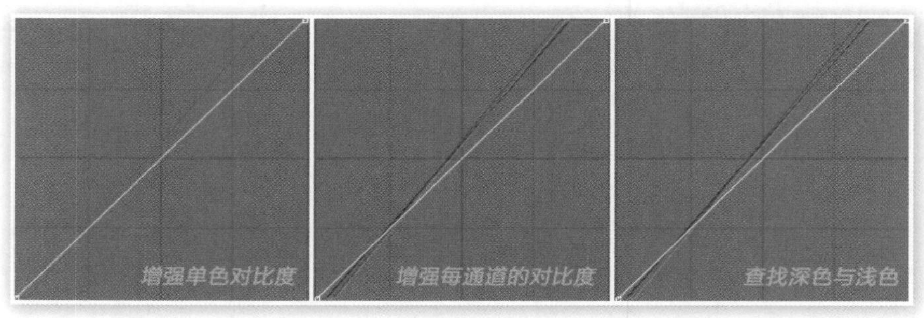

图 6-5-3

色偏的情况容易发生在色调单一的图像中，范例图像 s0602.jpg 即属于这种情况，对其使用“选项”中的“增强每通道的对比度”算法后，效果如图 6-5-4 所示。可见它不仅改变了图像的原始色调，还使得晴空看起来如同阴天。虽然这次调整是失败的，但我们可以借此了解自动调整的原理。

自动颜色与曲线的选项中的“查找深色与浅色”算法类似，原图由于是对天空进行拍摄，基本没有暗调部分存在。而自动颜色的工作原理是将 R、G、B 通道中的色阶等比放大，分布扩展到全范围，如原图的绿色和蓝色通道。这样图像就被强行制造出了暗调区域，具备比原图更广的亮度范围。

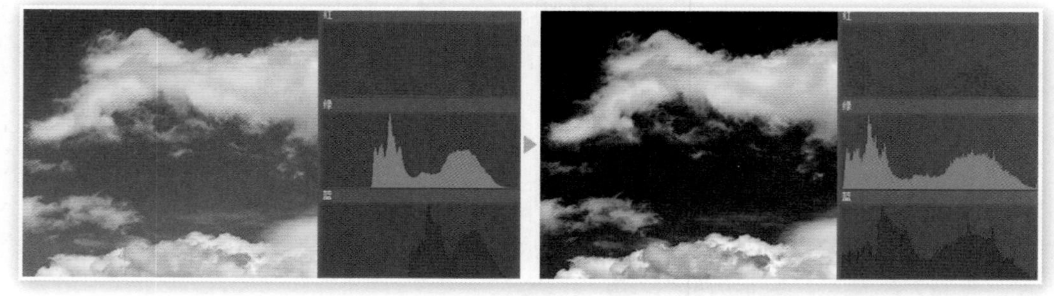

图 6-5-4

换言之，如果一幅图像本身 R、G、B 通道都具备或接近具备全范围的色阶分布，那么自动颜色命令就没有效果或效果甚微。如图 6-5-5 所示，素材图片 s0603.jpg 比之前多出了部分景物，使得 R、G、B 通道的原始色阶分布基本接近全范围，因此对其执行同样的操作时不会出现之前的情况。

大家可能看出这两例素材是同一幅照片的不同部分，其实对素材图片 s0603.jpg 进行裁剪即可得到素材图片 s0602.jpg。由于还并未学习过裁剪工具，因此这里还是分成单独的两例来讲解。如果大家有兴趣可以自己使用裁剪工具〖C〗来试试看，如图 6-5-6 所示，后面的课程中将会正式学习裁剪工具。

图 6-5-5

图 6-5-6

6.5.2　关于色阶断层

在上例中我们看到调整后的 RGB 通道的直方图中呈现出篱笆状的间隔，某些位置上的像素数量为 0，这是计算余差所致。比如我们的调整操作让原来的色阶分布扩大了 1.3795 倍，那么原本处于 114、115、116 这 3 个连续的色阶在扩大后的理论数值为 157.263、158.6425、160.022，由于色阶是整数所以理论数值必须取整，取整后为 157、159、160，不难看出 158 被跳过，成为了“篱笆间隙”。如果是缩小色阶范围，则原先连续的色阶可能产生重叠，但不会产生断层，大家可以自己动手计算一下。

色阶断层现象仅出现在直方图中，对于日常的操作没有任何影响，人眼也不可获知，因此不必在意。通过改变图像大小或色彩模式都可以令色阶重新分布，这个功能在一定程度上可以修补断层，但没有多少实际意义。

6.5.3　使用黑场和白场

首先我们先了解一下什么叫黑场和白场，所谓黑场就是指 R、G、B 均为 0 的纯黑色，白场则是指 R、G、B 均为 255 的纯白色，这两个颜色位于色阶的两个极端位置，也即是之前俗称为“代表最高亮度的高光点”和“代表最低亮度的暗调点”。曲线设置框下方的三个吸管从左到右分别是黑场、灰场和白场设定工具，如图 6-5-7 所示。

打开范例文件 s0604.jpg，如图 6-5-8 所示，天空部分被路灯光晕笼罩而显得不够黑不够暗，现在我们使用黑场工具分别在 1、2、3 处单击，看看会出现什么样的调整效果。

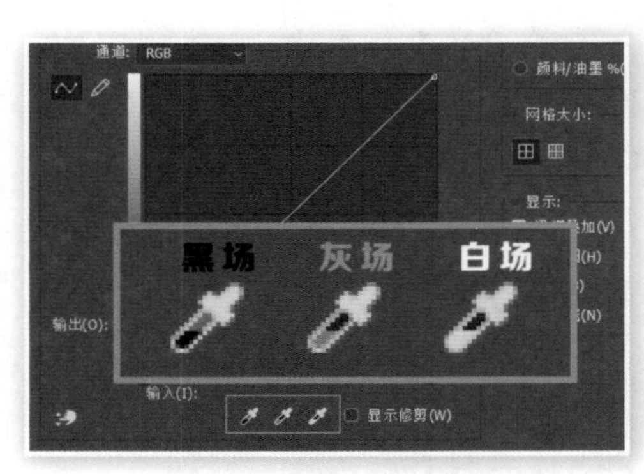

图 6-5-7

图 6-5-8

效果将大致如图 6-5-9 所示，可以看出，如果把黑场设在 1 处，那么天空与原图相比虽有变黑但仍有路灯光晕的存在，而把黑场设在 3 处，则调整后的效果显得有些过，设置在 2 处的调整效果相对较好。

图 6-5-9

指定黑场实际上与我们之前的手动合并暗调区的操作是相同的，只不过之前是凭借目测且只对 RGB 综合通道调整，而黑场指定工具会分别针对 R、G、B 三通道调整并使其变为纯黑（在信息面板中比较数值即可发现），观察曲线图也可看到各通道不同的暗调合并幅度。由于涉及单独通道调整，因此黑场指定可能造成偏色，仔细观察把黑场设置在位置 3 处的效果，可见灯光的光晕从黄色变为了蓝色。

我们也可以手动在曲线中作出图 6-5-9 中 2 号点的调整效果，如图 6-5-10 所示。手动调整的操作顺序如下：

（1）确定 2 号点在图像中的坐标。可按〖F8〗开启信息面板，然后在图像中移动鼠标，观察 X、Y 的值来确定黑场的坐标，图例中该点的坐标为 X400、Y190，大家可以参照此数值继续，也可自定坐标。

（2）在箭头 1 处切换到红通道，将鼠标移动到图像中的 X400、Y190 处，按下鼠标在箭头 2 处查看红色通道中的色阶值，图例中为 54。

（3）将红色曲线的黑场点移动到该数值处，在箭头 3 处确认数值等于之前箭头 2 处的数值。这样就完成了在红通道中的黑场设置。

（4）再在箭头 1 处把通道分别切换为绿色和蓝色，重复上述过程，就完成了绿色通道和蓝色通道的黑场设置。

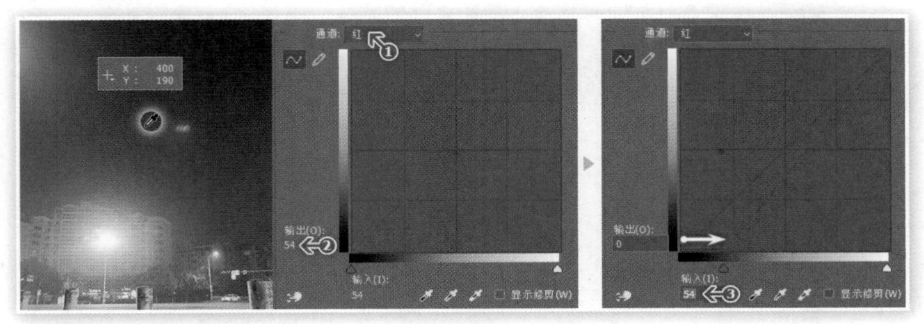

图 6-5-10

这样我们就完成了全部通道的设置，各通道的曲线大致如图 6-5-11 所示。为了验证设定是否正确，可在箭头 1 处切换到 RGB 通道，在箭头 2 处选择黑场吸管，然后在图像 X400、Y190 坐标处单击，如果之前的设置都正确，那么标记 3 处的各通道曲线将没有任何的状态变化。

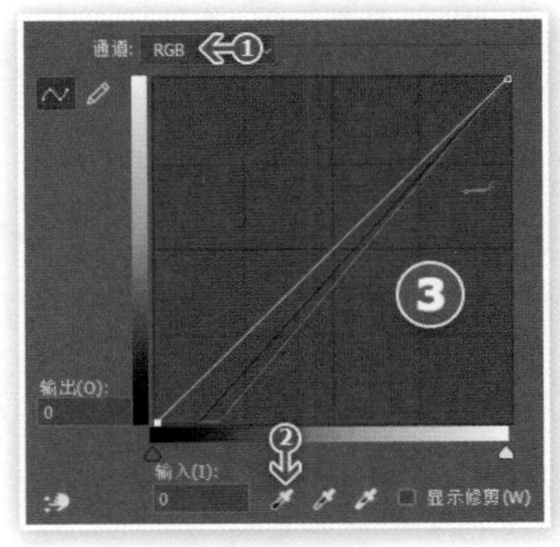

图 6-5-11

之所以通过手动去重现自动功能可以做到的事情，主要是为了让大家能对曲线有更深入的认识，在实际操作中不必如此舍近求远。需要注意的是，以上所列出的各颜色通道在坐标处的数值，可能随颜色设置或色彩模式的不同而有所差异，大家按照自己电脑上看到的数值进行即可。

了解黑场后，白场的含义和使用应该也没有问题，黑场一般适用于纠正偏亮的图像，而白场则适用于纠正偏暗的图像，素材图片 s0605.jpg 为一幅因曝光不足而偏暗的照片，如图 6-5-12 所示，标记 1 处应该为原图中最亮的区域，因此对其使用白场指定，即可得到较满意的亮度调整效果。

图 6-5-12

无论是黑场还是白场都可能会由于色阶的合并而损失细节。在指定黑白场时应首先观察图像，找到理论上应该属于黑场和白场的区域后再指定。错误指定会导致图像发生不合理的剧烈变化。如图 6-5-13 所示，对不应该是最白的标记 2 处指定白场，会导致图像过亮，云雾处的细节由于亮度合并而丢失。在不正确的色彩区域指定也会引起图像色彩的偏差。

图 6-5-13

6.5.4 使用灰场

灰场工具是通过将单击区域设定为灰度色，从而改变图像色彩的色调，常用来纠正色偏。在使用过程中需要根据常识判断灰度色所处的位置，而后将其指定为灰场。常见的有阴影、路面、石头等，在一幅存在色偏的图像中只要有此类物体存在，就可以将其定义为灰场，从而缓解图像的色偏现象。如图 6-5-14 所示为将素材图片 s0604.jpg 中的路面指定为灰场的效果。

需要注意的是，灰场与黑场白场一样，对色偏的纠正能力有限，无法还原一些色偏严重的图像。

图 6-5-14

【思考题】灰场造成的偏色规律

在不同的颜色区域使用灰场，会导致图像偏向不同的色调，如图 6-5-15 所示的 3 例图片是素材图片 s0604.jpg 中将不同的位置指定为灰场后形成的效果，可以看出它们的色调差异很大。我们不防思考一下，将什么样的色彩指定为灰度时会产生图中所示的不同的色偏？大家应从色彩原理入手思考。

图 6-5-15

对不同的颜色区域进行灰场设定，所造成的色偏即是其反转色。图 6-5-15 中的第一张偏绿色，那么所设定的灰场应是偏洋红色；第二张偏红色，其灰场设定处应是偏青色；第三张偏蓝色，其灰场设定处的颜色应是偏黄色。

6.5.5　绘制及使用预设

除了通过增加控制点修改曲线形态以外，还可以通过绘制来决定曲线的形态。如图 6-5-16 所示，在箭头 1 处选择绘制方式，然后在曲线区域进行绘制。完成后可单击箭头 2 处的平滑按钮令绘制的曲线变得平滑（多次单击可累加平滑效果）。绘制完成后可回到控制点方式，所绘制的曲线仍会保留。单击蓝圈处的按钮可存储和载入曲线的设定。

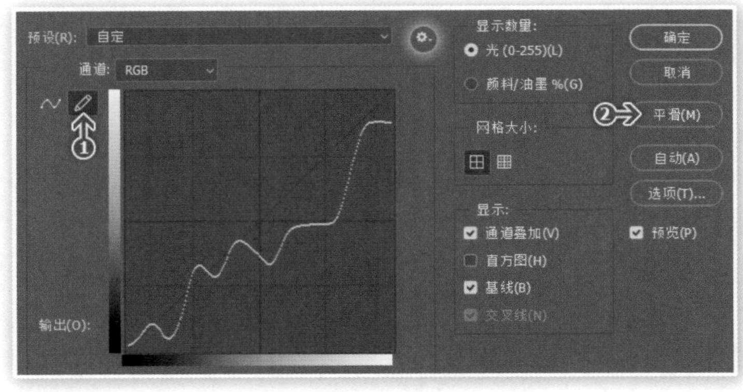

图 6-5-16

一般来说由于绘制的轨迹特点，所产生的曲线很容易形成色阶合并现象，图6-5-17是对素材图片s0606.jpg进行曲线调整后的效果，其中的夜景灯光产生了色阶合并，如果没有对轨迹做平滑处理，还容易形成生硬的色块。

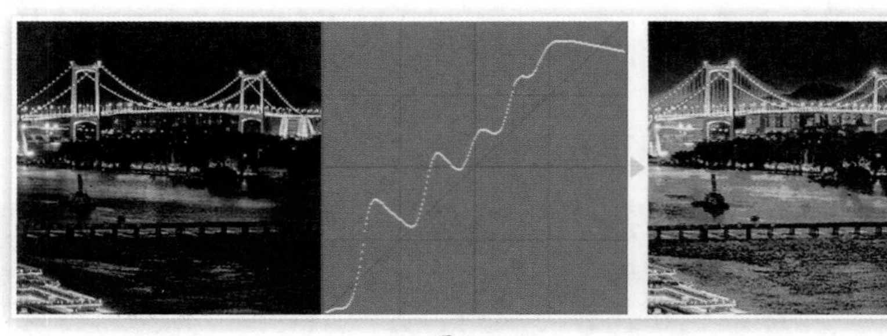

图 6-5-17

除了手动绘制曲线外，我们还可从曲线窗口左上部的预设选项中，直接选取系统自带的曲线形态，如图6-5-18所示为对素材图片s0607.jpg使用了其中两项预设的效果对比。

图 6-5-18 （赵鹏 摄）

6.5.6 曲线使用技巧

曲线在Photoshop中是最重要的色彩调整工具，看似简单的一个线段可以令图像呈现多种多样的调整效果。虽然初次接触这个概念会觉得比较抽象，但只要理解了其原理就会觉得这种方式的简洁明了。在使用曲线之前需理解Photoshop对图像亮度的划分，也就是图像的色阶分布，即暗调、中间调和高光三部分。之后要观察图像的色阶情况（可借助直方图），再进行有针对性的调整。之前是出于教学考虑，暂时关闭了曲线工具中的直方图显示，平常使用时可以将其开启。

常见的调整有改变亮度（包括抑制高光和提升暗调）、提高对比度、纠正色偏这三种，其目的都是为了提高图像的质量。只在曲线上添加一个控制点进行调整的效果与原图最为接近，因为各区域的亮度会同时提升或下降，适合用来整体加亮或整体压暗图像；提高对比度的常见做法是在暗调和高光区域添加两个控制点后做类似图6-5-1的S形调整；移动曲线两端的黑场与白场点容易损失细节，除非是出于特定目的，否则不建议更改；灰场设定通过指定图像中理论上属于灰色的区域来实现纠正色偏的效果，因此判定灰度区域很重要，同时该功能也可以用来制造人为的偏色。

大多数情况下的曲线操作，都是对 RGB 通道的综合调整，如果要调整色偏就需要进入单独的通道。有时候纠正色偏需要通过多个通道实现，比如纠正偏绿的图像似乎降低 G 通道就可以了，但实际上这样会令图像又略偏洋红色，还需要同时对红色通道作适当的下降处理才可，否则容易形成新的色偏。

曲线的自动功能汇总了众多专家对大量图像的调整方法，并形成对应的知识库，然后针对当前的图像进行最佳匹配。也就是相当于一个顾问团在帮我们进行调整。其效果未必完全正确，但足以应付一般的情况。虽然使用自动调整如同使用傻瓜相机一样，不容易体现水平，但既然有简便高效的方法我们就应该视情形灵活使用，Photoshop 未来的发展趋势也必然是越来越多的自动化功能。

如果需要对许多图片进行类似的曲线调整，则可将曲线形态存储起来，需要时再将其载入，以提高工作效率。

6.6　使用色阶

色阶调整工具实际上是曲线工具的另外一种表现形式，因此具备类似于曲线的功能，也属于基本的调整工具。单独来看，色阶工具是比较抽象的，但是我们在了解了直方图后再来看色阶工具就简单得多了。由于色阶工具与曲线有很多共通之处，要仔细解说的话相当于把曲线再学一遍，因此这里只做简要介绍，剩下的大家自己多思考、多操作即可掌握。

我们使用素材图片 s0608.jpg 作为范例，按快捷键〖Ctrl ＋ L〗或通过菜单【图像 > 调整 > 色阶】开启色阶调整工具，如图 6-6-1 所示，看起来与直方图非常相似。在色阶工具中共有 5 个滑块及其对应的设置框，其中 1、2、3 分别表示输入色阶的黑场、中间调和白场，4、5 则表示输出色阶的黑场和白场。

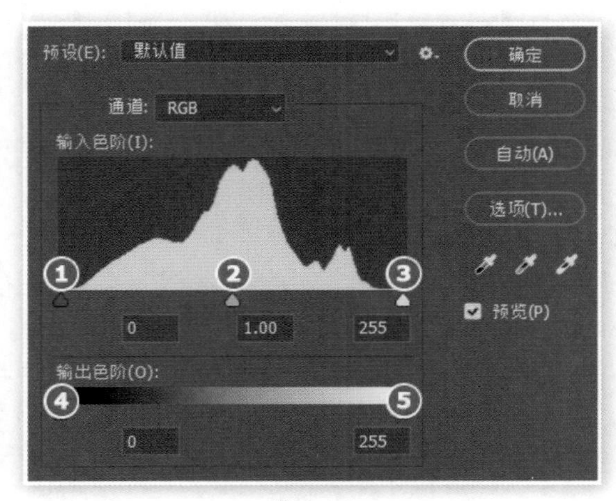

图 6-6-1

如果将 3 号箭头往左移动到 200 的位置，调整前后的效果对比如图 6-6-2 所示，可以看到图像变亮了一些。这个操作实际就是将白场设置到 200 级色阶，意味着将亮度为 200 之后的所有像素的色阶合并为 255，因为对图像会产生增亮效果，就如同我们在学习曲线时（图 6-3-3）做过的一样。

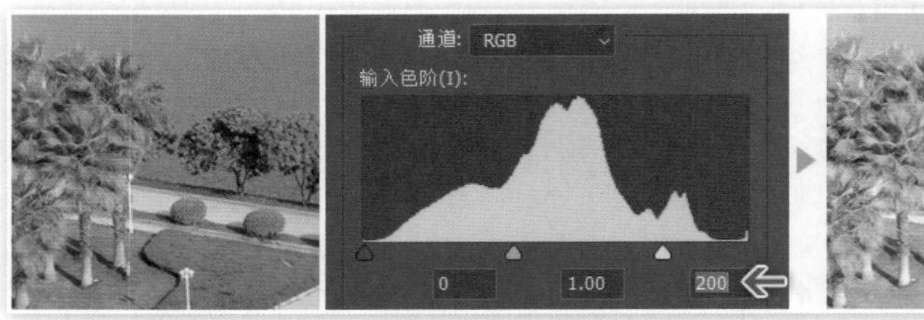

图 6-6-2

同理，如果将黑场设置到 60 级，则表示将 0 至 60 的全部色阶合并为 0，效果如图 6-6-3 所示。这是因为我们合并了暗调部分的色阶，使得暗调部分变得更暗。亮部变得更亮，暗部变得更暗，所以图像从整体上看，对比就变得更加强烈了。

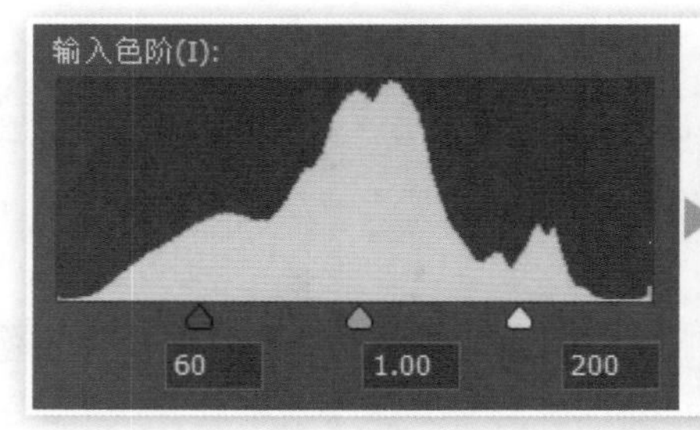

图 6-6-3

如果向暗调区域移动中间调箭头将使图像变亮。这是因为在输入色阶中往暗调方向推中间调，那么就相当于把原来更暗的像素设为了中间调。相应地，除了亮度为 0 或 255 的像素，都会变得更亮，因此图像变亮。具体操作大家自行尝试。

如果图像中存在纯白与纯黑的像素（可在素材图像中画一个纯白方块及纯黑方块），在输入色阶中无论怎么调整，对纯白与纯黑的像素都是无效的，因为你向左调白场，只是把原来不是纯白的像素变为了纯白，原来的纯白还是纯白；你往右调黑场，只是把原来不是纯黑的像素调成了纯黑，但原来的纯黑还是纯黑。

而位于下方的输出色阶中的箭头 4、5，控制着成品图像的亮度范围。其默认为 0 至 255 即全范围。如果将图 6-6-1 中的箭头 5 处设为 180，则调整后，亮度为 180 ～ 255 所有像素，其亮度就都变成了 180，也就是说纯白也变为 180 的灰了。同理，也可调整图像中的纯黑。这个功能主要适用于某些限定具体色阶的场合，平时很少使用。其操作在曲线中也都接触过，请大家自行尝试。

在图 6-6-4 中位于上面一行的曲线形态，分别对应下面一行中的某一个色阶变化，请先通过思考给出答案，再实际动手验证。

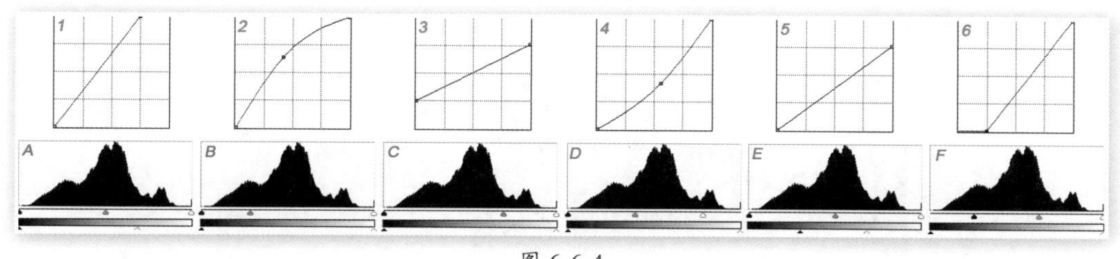

图 6-6-4

6.7　使用色相 / 饱和度

我们前面曾初步接触过这个色彩调整工具，知道了它可以改变图像色彩的色相，如把红色变为绿色等，现在我们使用素材图片 s0609.jpg 来系统学习一下这个工具的原理。

6.7.1　色相的替换规律

首先打开素材文件 s0609.jpg，然后按快捷键〖Ctrl ＋ U〗或者通过菜单【图像 > 调整 > 色相 / 饱和度】，开启色相 / 饱和度调整界面，将其中的色相改为 128，我发现图像中的色彩发生了改变，如图 6-7-1 所示。

图 6-7-1

这些色彩改变表面上看杂乱无章，实际上是有据可循的。注意在色相 / 饱和度调整界面的最下方有两个色谱，上方的色谱是固定的，下方的色谱则会随着色相的改变而移动，表示改变后的色相与原图色相的替换关系。色相值 +128 后，原先的红色系被替换为绿色系，原先的绿色系被替换为蓝色系等，如图 6-7-2 所示。

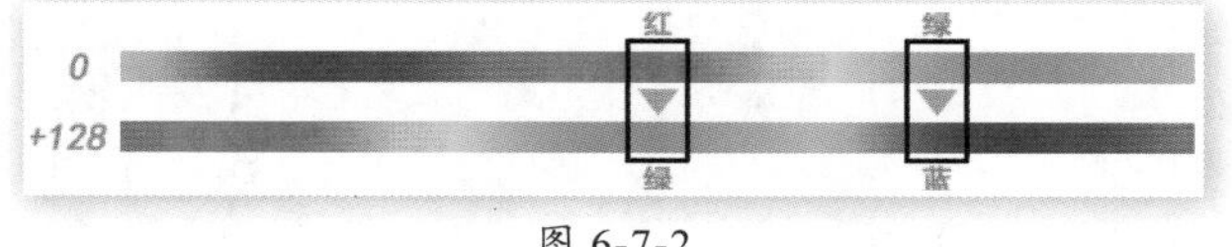

图 6-7-2

6.7.2　替换指定的色相

在明白了色相的替换规律后，可以单独改变某个色相，如单独将原图中的对联从红色换为绿色，此时可通过选择单个色系来完成。在图 6-7-3 中，首先选择红色，然后再将色相改

为 +128，则画面中只有红色发生了改变，原图中的其他色系基本未受影响。

图 6-7-3

经过仔细观察后不难发现，有些砖头也变成了绿色，这是因为虽然我们只选择了红色，但这个红色不是一种单一色值的色彩，而是一个色彩范围，位于调整界面最下方的两个色谱之间的灰条就是这个色彩的范围的默认值，如图 6-7-4 所示。可见，红色两侧与其相近的颜色都位于这个色彩范围之内。而红砖的色彩位于这个范围之内，所以红砖的颜色也被改变了。

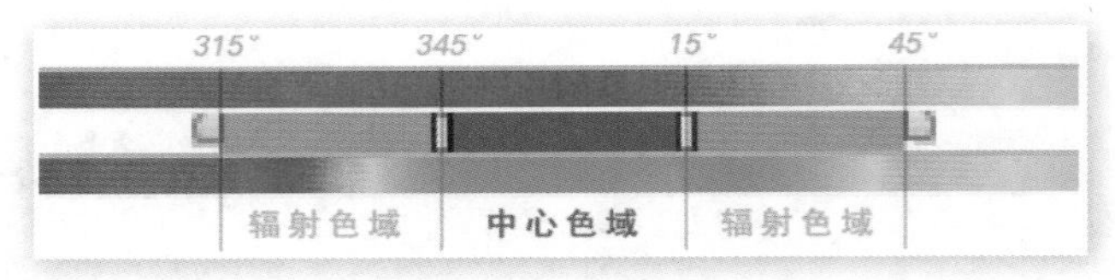

图 6-7-4

在辐射色域中虽然也存在色相替换，但替换的幅度从中心向外逐渐减轻，这样做是为了让单色系的替换显得平滑些，避免由于色相替换造成明显的色彩斑块，界面中的 315°、345°、15°、45° 这四个数字把整个色彩范围划分为了三段：核心色域及左右两侧的辐射色域，这个度数与色相环中的角度相对应。

上述的色彩范围是可以手动改变的，我们可以通过拉动灰条两端及中间的分隔按钮来调整各个范围的大小。比如，我们如果要保证墙砖的颜色不被改变，则可将墙砖对应的颜色从辐射区域中排除，如图 6-7-5 所示，将辐射色域的右边界从 45° 改为 20° 左右即可。

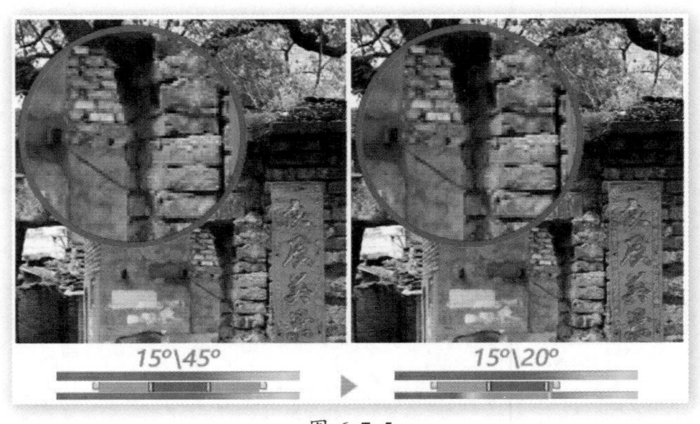

图 6-7-5

通过不断修正中心色域和辐射色域的范围，可以获得对联色彩的精确色相范围。修改完色相之后，还可以尝试更改色彩的饱和度和明度，比如我们可将明度降为最低，相当于在画面中将对联变的绿色底色又变为了黑色，如图 6-7-6 所示。

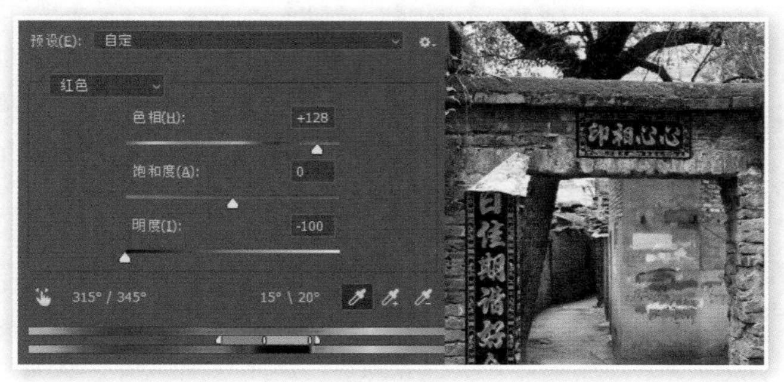

图 6-7-6

6.7.3　色相 / 饱和度的其他选项

除了更改图像的色相以外，色相 / 饱和度工具还可以用来改变色彩饱和度，当饱和度为最低时可得到灰度图像，把饱和度提高到 80 则图像的色彩更加鲜艳，如图 6-7-7 所示。

图 6-7-7

如果开启了“着色”选项，则全色系范围将由一种单色所替换，如图 6-7-8 所示，首先在箭头 1 处开启着色选项，然后在箭头 2 处指定一种色相，可以看到整幅图像都变成了蓝色调。

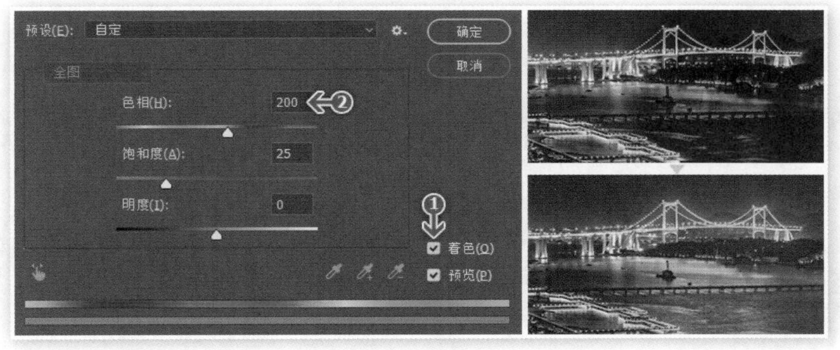

图 6-7-8

除了在色相 / 饱和度界面中选择特定的色系进行色彩调整，我们也可以直接单击图像中的任意位置来选择要调整的色彩并进行调整。如图 6-7-9 所示，首先选择箭头 1 处的工具，然后在 2 号箭头附近单击，会看到箭头 3 处的颜色切换为“蓝色”，接着在箭头 4 处改变色相值至合适的颜色。

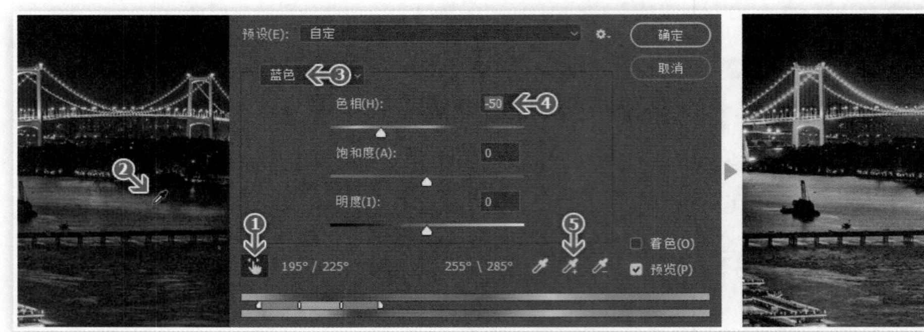

图 6-7-9

在色相 / 饱和度界面中选中手指工具的前提下，按住 Ctrl 键后在图像中单击并拖动鼠标，可以直接更改色相；不按 Ctrl 键在图像中单击并拖动，可以更改饱和度。拖动过程中可按住 Alt 键缓慢调整。

如果需要扩大或缩小所改变的色彩范围，可以在图 6-7-9 中的箭头 5 处选择添加吸管或减去吸管，然后在图像中单击。作用等同于之前所学的手动扩大或缩小辐射区大小。

在遇到多个单色系调整的时候，建议分别进行单独调整，不要通过扩大色域去包含需要调整的颜色，因为有些情况下这根本无法实现，比如红色和蓝色并不是相邻色系，因此针对这两种颜色的调整就无法通过扩大色域来完成。

色相 / 饱和度工具也可以存储及载入预设，这在批量处理文件时较为方便。Photoshop 中几乎所有的工具都有预设选项，其功能和使用方法也都相同，以后就不再逐一提示了。

6.8 其他色彩调整工具

到现在为止，我们已经学习了曲线、色阶和色相 / 饱和度 3 个色彩调整工具。掌握了这几个工具，基本就算已经掌握了当今计算机软件在色彩调整方面的基本技术。在【图像 > 调整】菜单下，还有多种适用于特定场合的专项调整工具，这些专用工具一般都是基于以上三种工具的基本原理，但使用起来更加简单快捷，是色彩调整中很重要的辅助工具。

随着数码摄影的流行，Photoshop 也加入了许多针对数码照片进行调整处理的工具，这些工具在设计上参照了摄影知识体系，使得使用者在即便不了解曲线、暗调高光等基本原理的前提下，也可以沿用摄影学的知识来调整图像，如通过 +1EV 曝光补偿来令图像变亮等。这一类调整工具同时也存在于 Adobe Camera RAW 插件中，该插件使用图像拍摄的原始数据来进行调整，效果更好。后面的章节中会对此进行专门介绍。这一小节的内容以简介为主，建议大家多动手，在操作时不断思考其原理，并结合直方图和信息面板来印证。

6.8.1 亮度 / 对比度

图 6-8-1 是专门针对亮度和对比度进行调整的亮度 / 对比度调整工具，但在早期却很少

被使用，略有基础的用户都会使用曲线来完成此类调整。这主要是因为早期的亮度 / 对比度调整工具在调整时并不区分暗调、中间调和高光，导致调整效果经常不能满足使用者的实际需求。

图 6-8-1

在图 6-8-2 的对比中可以看出新版与旧版在调整效果上的重要区别，新版在增加亮度时适当抑制了暗调部分的提升，在增加对比度时也没有出现夸张的色彩失真。因此新版更适合于针对数码照片的调整。

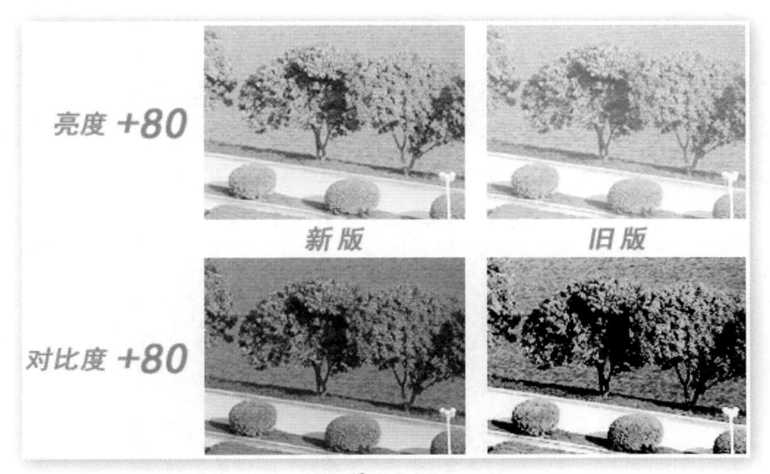

图 6-8-2

6.8.2　曝光度

曝光度调整工具主要是提供给摄影师使用的，因为其使用了摄影参数的表现形式，如曝光度的取值等同于摄影中的“曝光补偿”概念，其单位是 EV，取值在正负 20EV 之间。此外也提供了黑灰白场设定工具。具体界面如图 6-8-3 所示。

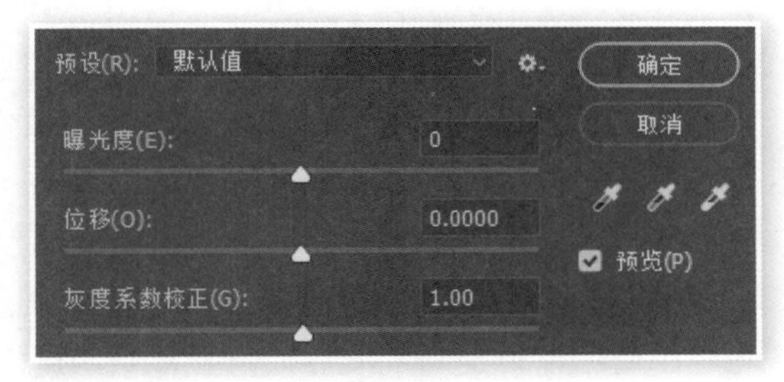

图 6-8-3

6.8.3 自然饱和度

这也是一个针对数码照片进行调整的工具，用以提高色彩的饱和度。其中的“自然饱和度”只改变未达到饱和的色彩，如一般照片中的蓝天、红花、绿叶等颜色，在调整过程中不容易出现过度饱和的情况。而“饱和度”则没有限制，因此很容易出现过度饱和的情况，如果是调整数码照片，需谨慎使用。其具体界面如图 6-8-4 所示。

图 6-8-4

6.8.4 色彩平衡

色彩平衡工具其实可以看作是曲线工具的分通道表现形式，即将色彩分为红、绿、蓝三个通道，并将色阶统一划分为暗调、中间调和高光。不过熟练的使用者在有此类需求时大都直接使用曲线工具，因为色彩平衡缺少曲线的灵活多样，对于稍复杂一些的色彩偏离的调整难以胜任。其具体界面如图 6-8-5 所示，从中又可再次印证反转色模型。

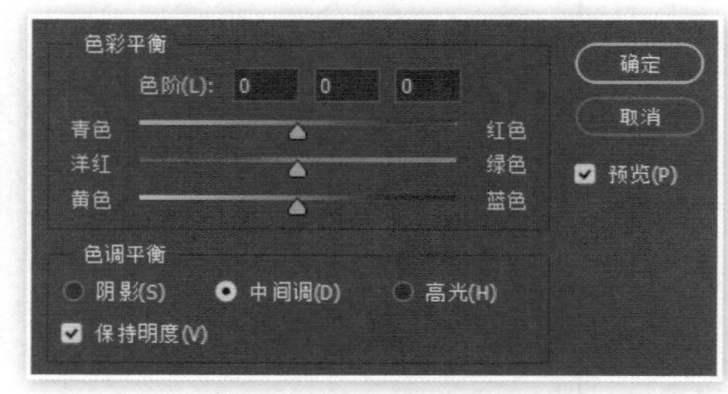

图 6-8-5

6.8.5 黑白

我们曾经介绍过将照片转换为灰度的方法，这里的黑白工具则提供了更丰富的选项，简单来说，它可以单独设定各色相在转成灰度之后的亮度高低。如图 6-8-6 所示为素材图片 s0608.jpg 直接使用黑白调整的效果，由于没有了蓝色和绿色在色相上的区别，湖水和树木看起来缺少反差，这也是绝大多数彩色照片转为黑白后看起来很平淡的原因。

在灰度模式下，要营造湖水与树木的反差只能通过亮度差异来实现，如图 6-8-7 所示为将原湖水所属的色相亮度降低、将树木色相亮度提升的效果。图 6-8-8 则反其道而行之，提升湖水的亮度、降低树木的亮度。这两种方法都营造出了景物的反差效果，因此都是正确的，最终如何取舍要看大家自己的倾向。下方还有一个“色调”选项，效果接近于色彩平衡中的着色选项，也就是在把图片转变为灰度后，再整体给灰度上一个颜色，大家可自行尝试。

需要注意的是，许多物体可能是跨越色系的，如树木可能跨越绿色和黄色，湖水和天空跨越蓝色和青色等，因此在调整的时候要注意兼顾。

图 6-8-6

图 6-8-7

图 6-8-8

6.8.6　照片滤镜

此工具也主要是针对数码照片进行调整的工具，模拟在镜头前叠加有色滤镜的效果。“浓度”选项可以控制滤镜的深浅程度。“保留明度”选项一般应开启，以避免降低图像亮度。其具体界面如图 6-8-9 所示。

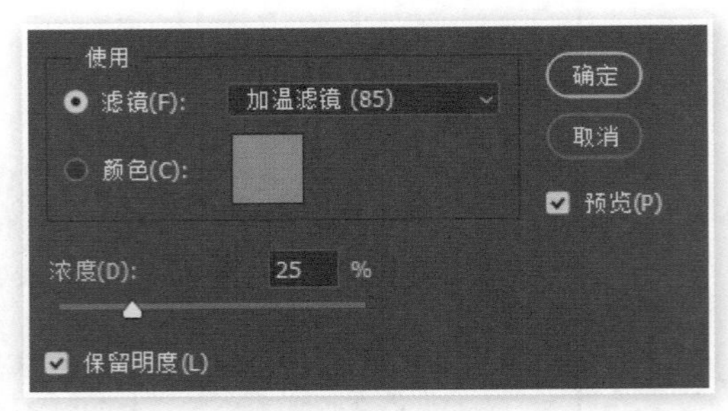

图 6-8-9

6.8.7 通道混合器

通道混合器用来针对某个通道进行单独调整的，如将输出通道设为红，则所做的调整只改变图像的红色通道。建议在调整时开启直方图并设定为显示全部通道视图，可实时看到调整对图像通道的影响。在开启“单色”选项后，可以将图像先转换为灰度图，然后再对各通道的值分别进行调整，就如同之前刚学习的黑白工具一样。在预设框中也有多种类似的已经定义好的选项可供直接使用，具体界面如图 6-8-10 所示。

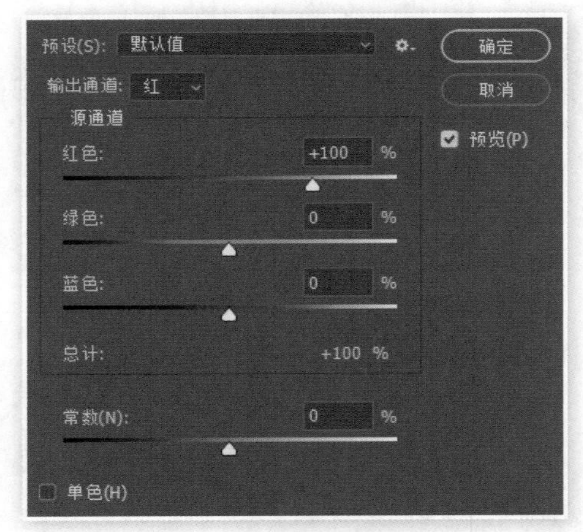

图 6-8-10

由于通道混合器可以控制转换为灰度后的效果，所以在早期这是较为重要的工具之一，常被用于将彩色图像转为灰度图像，与黑白工具的功能基本相同。

6.8.8 颜色查找

颜色查找工具的名字容易使人误会，其实它是一种色彩标准表（也称映射表），用来模拟图片在不同设备或载体上的实际表现效果，因此从严格意义上来说，它不是一款调整工具而是一款色彩校准工具，只是由于其能对图像色彩产生较大的实际影响，所以也被归为了色彩调整工具。图 6-8-11 所示为对素材应用了夜晚类的色彩效果。

LUT 意为 Lookup Table，用来规定色彩的表现方式，通俗地说，就是将能够显示的颜色做成一张对照表（也称映射表），我们日常接触到的索引色图像（如 GIF）即是它的一种应用。使用映射表的好处是在需要更改颜色以适应不同显示场合的时候，不是去更改文件本身，而是改变索引表即可。以上这些不明白也没有关系，以后有机会接触到索引色时再学习。

图 6-8-11

6.8.9 反相和去色

这两个工具都是没有设置框的，因此称之为命令也许更贴切，其作用和效果大家应该都了解，反相就是将图像色彩变为原先的反转色，即黑变白、蓝变黄等，而去色命令则是将图像变为灰度。

6.8.10 色调分离

准确来讲，色调分离其实应该称为色阶分离，它的作用是指定保留的色阶数量，这将造成大量的色阶合并现象，色阶被等距离地压缩。比如，我们设置色阶值为 2，那么就会为每个通道保留 2 个色阶，三个通道总共有 6 个色阶，即图像中的每个像素的颜色都会用这 6 个色阶来表示，误差当然会非常大，效果如图 6-8-12 所示。这样的做法可以大幅降低图像中的色彩数量，适合于制作索引色图像。

图 6-8-12

6.8.11 阈值

保留大于等于指定色阶值的像素，并将其变为纯黑色，其余部分则为纯白色，如图 6-8-13

所示。由于其只有黑白两色，是真正的“黑白”图像。指定不同的色阶可以得到不同的黑白色图像，其效果别具风格，类似于简笔画。

图 6-8-13

阈值工具可以得到位图图像，所谓位图是指只包含黑白两种色彩的图像，这种图像由于缺少中间过渡色阶，因此非黑场即白场，图像边缘锐利，锯齿效应明显。但位图的结构简单，占用空间极小，可以将图像简化为最极端的状态，有时可利用其作为一种创意效果。

6.8.12 可选颜色

可选颜色工具与色彩平衡工具的作用相似，但更加详细，它首先将不同的颜色区分开来，然后以 CMYK 的模式提供调整选项，适于作为出版印刷用途的图像的色彩调整，可以精确控制图片中每种颜色的油墨比例。这个工具的原理是利用印刷三原色（CMY）与自然光三原色（RGB）的互补关系对色彩进行调整，因此需要掌握扎实的色彩原理基础。例如，要提高图片中红色（R）的饱和度，也就是说让图片中的红色更鲜艳，就需要在 CMYK 中减少青色（C），这是因为红色（R）是由 M+Y 两色油墨混合而成，而 M+Y 的互补色是青色（C），即 R 的互补色是青色，也就是说 R 与 C 是此消彼长的关系。

如图 6-8-14 所示为对素材图片 s0611.jpg 进行调色而营造的色彩效果。大家可在网上搜索“蓝色西瓜”关键词，将会看到许多有趣的内容。

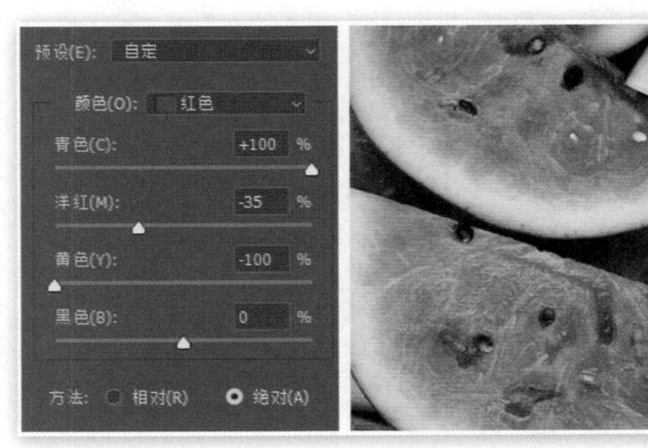

图 6-8-14

虽然本工具原本的用途是出版印刷，但由于对色彩有较强的针对性划分，使得我们可以专门针对画面中的某种色彩进行调整，因此它也可以用来调整数码照片，如提高草地或天空的色彩饱和度等。使用时需注意，一般情况下，树叶的颜色中很大一部分属于黄色，天空的颜色中也有一部分属于青色，这就是前面提到过的跨色域现象。所以，我们在调整时一般不能只针对绿色或蓝色等某个单一色彩进行调整，而是要分颜色进行多次调整。

6.8.13　阴影 / 高光

阴影 / 高光工具也属于照片调整工具，主要用来解决风光摄影中常见的大光比问题。其原理就是提升图像暗调区域的色阶（亮度）。其数值越大则阴影部分亮度提升的幅度越大。与之相反的是高光选项，高光用来抑制图像中过亮的部分，其取值越大则高光被抑制得越多。如图 6-8-15 所示为对素材图片 s0610.jpg 进行阴影 / 高光调整后的效果，将阴影增强到 50% 后，树木的亮度有所提升，高光设置为 30% 后天空的亮度有所下降。

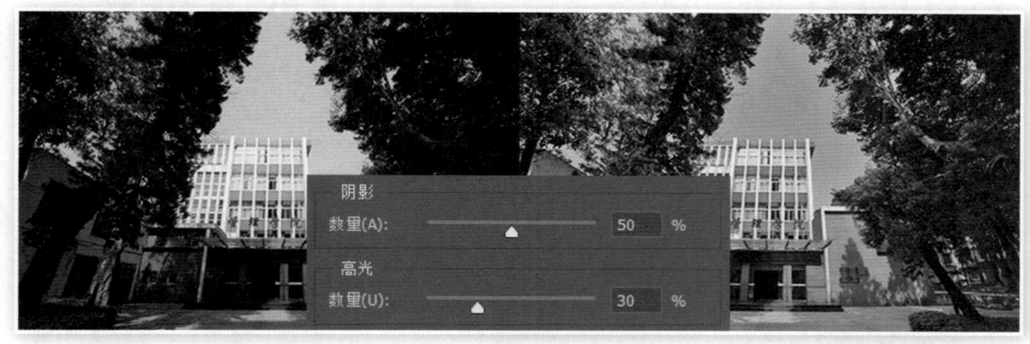

图 6-8-15

需要注意的是，在摄影中由于过曝而造成的细节丢失是无法通过该工具还原的，因为 JPG 格式的图像中并不包含元数据，因此针对 JPG 等格式的图像的调整是有一定限制的，如果希望得到更多的调整余地，建议使用包含了相机元数据的 RAW 格式的文件来进行处理。

6.8.14　HDR 色调

HDR 色调调整工具与阴影 / 高光工具一样，也是用来修正大光比场景照片的，区别在于，它能够在调整阴影 / 高光的同时增强色彩饱和度，图 6-8-16 所示为使用该工具的默认设置所呈现出的效果。

图 6-8-16

6.8.15 匹配颜色

虽然使用常规手段可以模拟某幅图像的色彩风格，但工作量较大且不易做出好效果，此时使用匹配颜色调整工具则较为简单。如图 6-8-17 所示，同时开启素材 s0602.jpg 与素材 s0604.jpg 这两幅图像，然后在 s0602.jpg 中选择【图像 > 调整 > 匹配颜色】，即将 s0602.jpg 作为要调整的目标图像，在设置界面中的红色箭头处将 s0604.jpg 指定为源图像进行匹配，则 s0602.jpg 的色彩就变为了与 s0604.jpg 相似的色彩风格。

匹配时我们还可以对明亮度和颜色强度进行调整，改变“渐隐”则可在最终效果和原图的色彩之间进行平衡。除了独立开启的图像以外，这个工具也可以在同一图像中的不同图层之间进行色彩匹配。

图 6-8-17

6.8.16 替换颜色

替换颜色调整工具与可选颜色调整工具有些类似，都是通过事先指定颜色后进行色彩调整。它们的区别在于，可选颜色是以 CMYK 模式进行调整，而替换颜色是以 HSB 模式进行调整。

在色彩的选择上，可选颜色调整工具提供了固定的可选择色相，替换颜色调整工具则通过在图像中单击并结合颜色容差来确定要调整的色彩，其选择色彩的原理类似于魔棒选取工具。如图 6-8-18 所示，是在图像中单击草地的绿色后，更改色相与饱和度后所呈现出来的效果。

图 6-8-18

替换颜色调整工具与色相 / 饱和度调整工具一样，也是通过 HSB 方式来实现调整色彩，但两者的一个明显区别在于，色相 / 饱和度工具无法将指定的色相亮度提到纯白，而替换颜色工具可以。如图 6-8-19 所示，选取原图中的绿色部分后，将其明度上升到最高，适当调整容差即可在一定程度上模拟雪景。

图 6-8-19

需要注意的是，这种极致的色彩调整对原图的质量要求较高，对低画质的图像进行此类操作容易形成色彩斑块。

6.8.17　色调均化

色调均化调整工具适合于对整体偏亮或偏暗的图像进行调整，它首先会查找图像中最亮和最暗的色阶，并将它们分别更改为白场和黑场，然后再相应地缩放其余的中间调，使其充满全色阶范围。

其主要用途在于修改通过扫描得到的图像，由于扫描仪的性能限制或设定不当，经常出现扫描出来的图像偏暗或偏亮的情况，此时使用色调均化即可得到有效改正。需要注意的是，由于色调均化会更改色阶的分布，因此并不适合于对数码照片进行调整。

6.9 使用色彩范围选取工具

在掌握了替换颜色调整工具的使用后，大家可以尝试使用【选择 > 色彩范围】这个之前没有提到的选取工具，其选择方式是在图像中单击以获取颜色的采样点，再结合颜色的容差来决定选区的范围，选取的区域是以灰度图像来标识的，这点与替换颜色工具相同，也与我们早前学习过的 Alpha 通道对选区的表示是一致的。

如图 6-9-1 所示，要选择素材图片 s0606.jpg 图中的蓝色区域，先在箭头 1 处设置所需选择的颜色，其默认值为“取样颜色”，此时，需用鼠标在图片中单击所需选取的颜色的位置作为颜色取样点。比如，我们单击箭头 2 处的吸管工具（默认情况下其已经处于选中状态），然后在图像中的蓝色区域单击即可。我们可以通过控制颜色容差来改变所选范围，容差越大则选取的范围越大，或者也可以使用添加和减去吸管对颜色范围进行增减。

图 6-9-1

除了根据取样点创建选区之外，在箭头 1 处的选框中，还提供了与可选颜色工具相同的固定色相，此外还有按照色阶划分（即暗调、中间调和高光）的选项。最为独特的是还附带了专门针对人物的“肤色”选项，在选择“肤色”选项时，开启检测人脸，可更准确地选择人物皮肤。在一些数码照片的首期处理中，经常需要对人物的皮肤做光滑处理（俗称磨皮），此时使用肤色可快速完成选择。

最后的“溢色”选项表示选择超出 CMYK 色域的颜色，即在印刷中无法表现的色彩。结合我们前面学过的知识可知，这类颜色一般都是过于饱和的 RGB 颜色。如果图片文件本身是 CMYK 模式，则该选项及其他一些选项（如肤色）无效。

从实际使用角度来看，该工具的作用是创建选区而并非调整色彩，其仅是根据色彩不同来完成选取。如果是为了调整色彩，应直接使用替换颜色等色彩调整类工具。一般情况下，由此所创建的选区可能还需要其他选取工具配合，以对选区进行修改。比如在图 6-9-1 中，如果只想选择蓝色水面，可再利用套索工具从选区中减去上方的蓝色大桥。

6.10　将灰度转换为彩色

我们目前所知的可将彩色直接转换为灰度的色彩调整工具是去色，除此之外还有其他几种色彩调整工具也可以通过参数设定达到同样的效果。但对于灰度色而言，却无法通过同样的途径转为彩色。因为灰度色中不包含色相，对一个灰度色做提高饱和度的调整不会有任何效果。

比较简单的灰度色转彩色方法，是使用色相 / 饱和度调整工具中的“着色”选项，该选项使用单一色相替换图像中的所有颜色，也包括灰度色。只要将灰度色转为了彩色之后，就可以使用其他工具对其进行更详细的调整。

根据这个思路，下面我们来修复范例图像 s0612.jpg 下方的锈迹（选区内），由于锈迹呈现黑色，因此使用“可选颜色”调整工具对黑色进行调整，如图 6-10-1 所示，将黑色锈迹变为了与原先的油漆相近的蓝色。在调整的时候可以结合信息面板，比对正常的蓝色油漆和改正后锈迹的 RGB 值，作为颜色修改的参照。

由于图像中呈现黑色的部分并不仅是下方的锈迹，在图像上方也有部分区域属于黑色，但并不需要修改，因此事前使用选区限定了需要修改的区域。

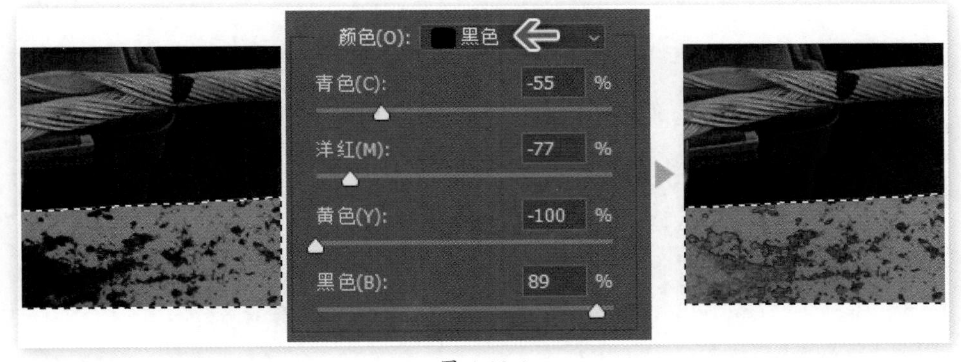

图 6-10-1

但还有一部分锈迹没有改变，这是因为它们并不属于黑色，而是比黑色略浅一些的灰色，因此我们需要再对中性色进行调整，如图 6-10-2 所示，此次修改后锈迹得到了较大的改善。

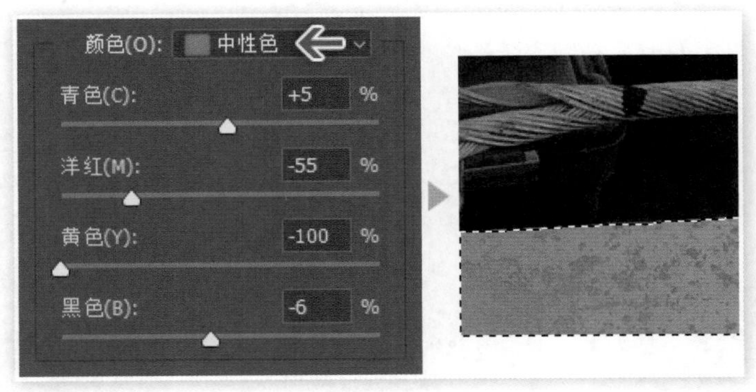

图 6-10-2

在第二步中针对中性色的修改有可能引起色偏，因此在完成第二步的调整后，可以考虑使用替换颜色工具对选区内的颜色进行微调以接近原图的色彩。

当然，我们会发现这种调整方法的最终效果也不理想。此处列举的方法仅这个调整工具，但并不是说 Photoshop 就拿这种情况没办法了。事实上，使用工具箱中的仿制图章工具就可以轻易处理这种情况。关于仿制图章工具的使用，我们后面会讲到。

6.11 使用色彩调整图层

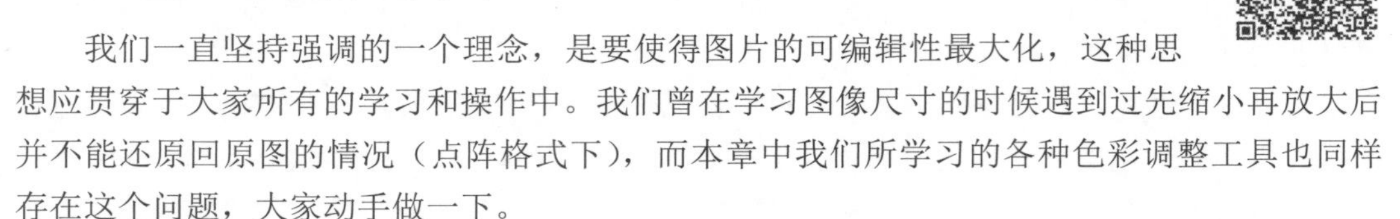

我们一直坚持强调的一个理念，是要使得图片的可编辑性最大化，这种思想应贯穿于大家所有的学习和操作中。我们曾在学习图像尺寸的时候遇到过先缩小再放大后并不能还原回原图的情况（点阵格式下），而本章中我们所学习的各种色彩调整工具也同样存在这个问题，大家动手做一下。

打开素材文件 s0613.jpg，在菜单中选择【图像 > 调整 > 色彩平衡】调出色彩平衡调整工具，选中“阴影”，然后将色阶设置后面的值改为 +100，0，0（即加红），确认调整后再次使用色彩平衡做出与刚才相反的操作，即将阴影部分的色阶改为 -100，0，0（即减红），如图 6-11-1 所示。

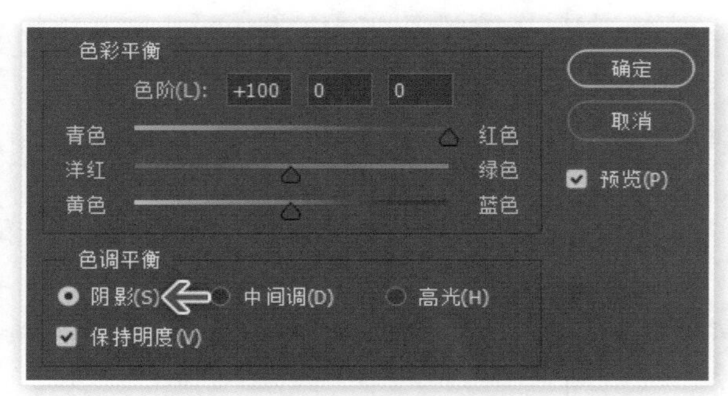

图 6-11-1

两次调整效果如图 6-11-2 所示，两个看似可以互相抵消的操作实际上并没有使图像还原到最初状态，得到的图像与原图相比有较大差异。其中的原理其实不难明白，第二次的操作是建立在前一次操作的基础上，此时原图中的部分信息已经丢失了，就如同图 6-3-4 中所展现的高光合并引起的天空细节丢失的情况一样。

图 6-11-2

6.11.1 建立色彩调整层

上述这种不可逆转的操作，我们可以通过使用色彩调整图层来避免。其思路是为图像新建一个用于色彩调整的图层，相应的色彩调整都在这个图层中操作，而并不直接改变原始图像的内容，这样就起到了保护原图的作用。

建立色彩调整层的方法如图 6-11-3 所示。首先单击图层调板下方红色箭头处的“创建新的填充或调整图层”按钮，在出现的菜单中选择“色彩平衡”即可。建立之后就会出现色彩平衡的设置面板，这个面板相比图 6-11-1 所示的面板显得更加紧凑。如果设定面板被关闭，双击蓝圈处的色彩调整层的图标即可重新开启。

重新开启该面板的时候，我们会发现上一次所做的调整参数仍然被保留，直接调整即可完成修改。

图 6-11-3

色彩调整图层也具备普通图层的一些属性，如关闭眼睛标志就相当于暂时撤销调整，下降不透明度则可减少对色彩调整的影响程度。此外可以将其进行复制、删除等操作。

6.11.2 色彩调整层的层次关系

现在先删除色彩平衡调整层，再一次创建两个调整层：先创建色相饱和度调整层（启用着色，其余保持默认），再创建黑白调整层（保持默认），完成后应该得到一幅黑白图像。但如果我们更改两个调整层的层次，则会得到不同的效果，如图 6-11-4 所示。

图 6-11-4

不难看出，图层顺序的不同相当于调整的先后顺序的不同，其顺序为从下至上，即位于下层的先生效，位于上层的后生效。那么对照来看，左图的调整顺序为“先色相再黑白”，

最后得到的是黑白效果；而右图的调整顺序为“先黑白再色相”，得到的是色相着色的效果。

由于调整图层具备层次关系的缘故，有时可尝试故意打乱原有顺序，可能会得到意想不到的效果。除了不同类型的调整图层外，也可以建立多个相同类型的调整图层，如用多个曲线调整层分别调整 R、G、B 通道，这样做并不是为了方便，而是为通过改变各调整图层的可见性来观察各通道调整前后的效果对比。

6.11.3 建立专属调整层

现在将素材图片 s0614.jpg 打开并调入 s0613.jpg 文件中，我们想要做到的效果是：首先将背景层调整为黑白，然后将图层 1 的调整图层设置为着色效果。按照图层的次序关系将图层和调整层排列为如图 6-11-5 右侧的样子。但是我们发现，那就是位于顶层的色相 / 饱和度调整层对背景层和图层 1 同时有效，这样就无法保持背景层的黑白效果了。

图 6-11-5

为了解决这个问题，我们需要建立“专属的”色彩调整层，就是指定调整层只对某一个图层有效。按照目前的情况来看，我们需要将色相 / 饱和度调整层指定为图层 1 专用。指定方法如图 6-11-6 所示，按住 Alt 键的同时单击色相 / 饱和度调整层与图层 1 之间的接缝处，完成后色相 / 饱和度调整层左方将出现一个折线箭头标记（红色箭头处），同时在图层 1 名字下面会出现下划线。使用这个方法可指定多个专属调整层，对已建立的专属层执行同样的操作可取消其专属性。

完成上述操作后，色相 / 饱和度调整层就只对其下方的图层 1 有效。如果将黑白 1 调整层移动到色相 / 饱和度调整层与图层 1 之间的话，则黑白调整层也会变为图层 1 的专属层，但如果改变了图层 1 的层次则需要重新指定。

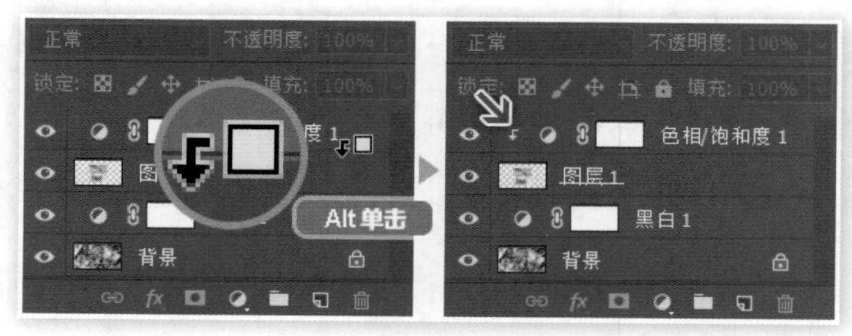

图 6-11-6

这个专属调整层实际上是把图层蒙版改为了剪贴蒙版。创建图层剪贴蒙版的常规做法是，首先选中某个图层，然后按快捷键〖Ctrl + Alt + G〗或者在菜单中选择【图层 > 创建剪贴蒙版】。可见，剪贴蒙版事实上是把一个对其下所有图层有效的图层蒙版变为只对其下层有效的剪贴蒙版。结合到本例中，就是指定图层 1 作为色相 / 饱和度调整层的有效范围，因此看起来色相 / 饱和度调整层就变为了图层 1 的专属层。在专属关系建立后，如关闭"主层"的可见性，则其"附属层"也同时被隐藏。

在图 6-11-7 所示的属性面板底部箭头 1 处也有一个建立剪贴蒙版的按钮，功能与上述相同。有关剪贴蒙版的其他内容将在后面关于图层蒙版的章节中介绍，这里大家只需要知道它可用来建立专属调整层就可以了。箭头 2 处为隐藏或显示剪贴蒙版的切换按钮。

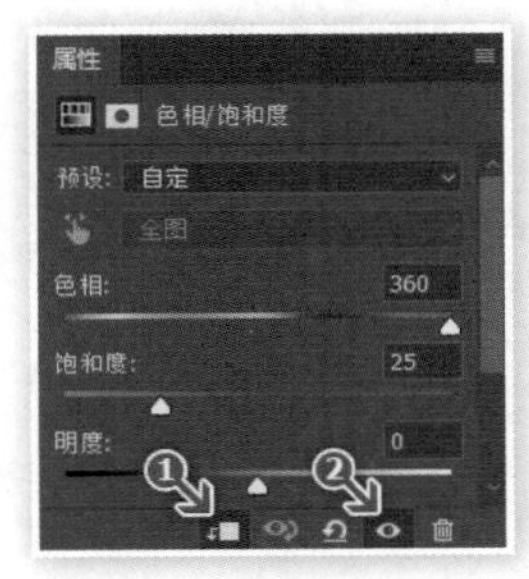

图 6-11-7

6.11.4　建立带选区的调整层

无论是图层蒙版还是剪贴蒙版，都是对多个或一个整个的图层起作用。我们可以通过选区来实现只对图层的局部进行调整的效果。比如在本例中，我们仅需要让色相 / 饱和度调整层只对图层 1 的矩形图片内的范围有效，应该怎么办呢？此时，可使用带选区的蒙版来实现。

【操作提示 6.3】在图层中建立选区后创建蒙版

首先删除原先的色相 / 饱和度调整层，现在我们将图层 1 的内容创建为选区，方法是按住 Ctrl 键并单击图层 1 的缩览图，此时会在图层 1 周围看到选区的流动虚线，如图 6-11-8 所示。

图 6-11-8

现在，我们在有选区的情况下建立一个色相 / 饱和度调整层（即图层蒙版）。我们会发现刚建立的这个调整层与之前不存在选区时所建立的调整层有所不同，在图 6-11-9 所示的红色箭头处，新建立的图层蒙版中包含黑色与白色两个区域。

图 6-11-9

将图层 1 关闭可发现色相 / 饱和度调整层仍处于显示状态并发挥着调整作用，对其进行调整可改变背景图层的色彩，只是其有效范围被限定在早前的选区范围之内，也就是色相 / 饱和度调整层的白色区域，如图 6-11-10 所示。仔细观察对比后不难看出，蒙版中白色的区域就是色相 / 饱和度调整层的有效区域，黑色区域则是无效区域，其表达方式与早前学习过的 Alpha 通道相同，均以白色表示有效、以黑色表示无效。

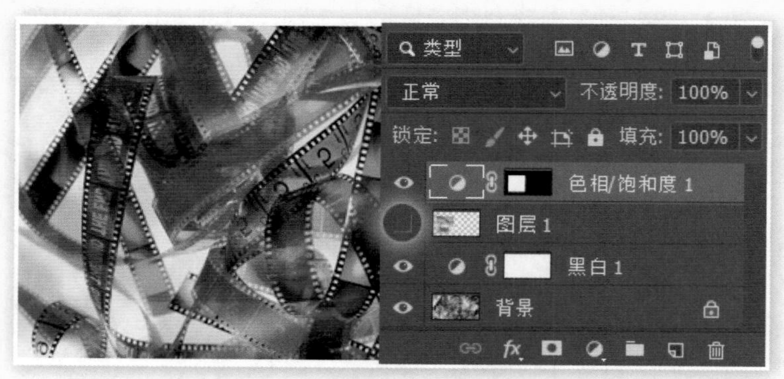

图 6-11-10

与 Alpha 通道相同，这里的图层蒙版也可以使用画笔等绘图工具进行修改，大家可先行尝试，有关图层蒙版的具体内容将在后面的章节中介绍，如果之前已经理解了 Alpha 通道，那么学习图层蒙版就非常容易了。

6.11.5　如何使用色彩调整层

使用色彩调整图层（图层蒙版或剪贴蒙版）是为了保留设计稿的最大可编辑性，避免改变图层中实际的像素内容，属于一种“无损”的调整方式。但是图层蒙版的作用方式经常会影响其他图层，因此在需要对多个图层使用图层蒙版时，都应使用指定专属的方式，即剪贴蒙版，以避免互相影响。

由于使用色彩调整图层（蒙版）会增加图层面板的高度，可在必要时将图层与众多调整图层组成图层组。

我们还可以为图层组建立专属调整层，如图 6-11-11 所示，将图层 1 复制一层并组成图层组，然后将色相 / 饱和度 1 调整层指定为这个组的专属调整层（即剪贴蒙版），可实现对组内所有图层统一调整。

图 6-11-11

6.11.6　将图像转为智能对象

既想保留最大可编辑性又希望避免调整层带来的麻烦，最好的方法就是将需要进行色彩调整的图层转变为智能对象。我们先将所有调整层删除，如图 6-11-12 所示，然后在图层面板中，分别在背景层和图层 1 上单击右键，选择“转换为智能对象”，会看到图层缩览图有略微变化。

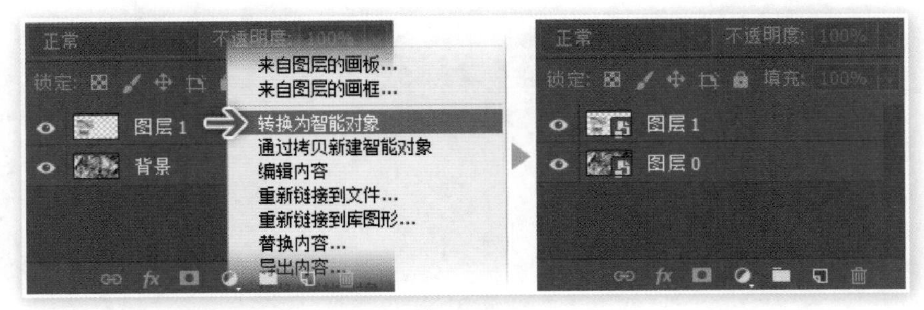

图 6-11-12

此时选择图层后，可如最初般直接通过【图像 > 调整】或快捷键使用各色彩调整命令。完成后会在图层面板中智能对象的下方出现所做的调整的列表，如图 6-11-13 红色箭头处所示。双击调整名称即可再次进行编辑，如果使用了多个色彩调整命令，也将逐一排列在下方。

频繁使用智能对象会在处理中增加资源消耗，也会导致文件存储占用较大的空间，但它是保留可编辑性的最佳方案，在条件允许的情况下应优先使用。可以预见在未来版本的

Photoshop 中的图层将随着硬件水平的发展全面实现智能对象化。接下来我们还将学习更多关于使用智能对象的知识。

图 6-11-13

6.11.7 原图质量的影响

目前虽然存在着许多种图像文件格式，如 BMP、GIF、TIF、PNG 等，但这些图像格式中有的解析速度较慢，有的占用字节数太大，这些缺点使得其不利于应用在需要高速存取的领域，如实时存储、网络传送等。而 JPG 格式在这两方面具备绝对优势，因此应用范围较广。

需要注意的是，由于 JPG 格式的高速特性是以降低画质为代价的，是一种有损压缩的格式，因此在对其进行一些大的色彩调整时可能会产生色斑，特别是低品质 JPG 图像尤为明显。如图 6-11-14 是对素材 s0615.jpg（低质）与 s0616.jpg（高质）做同样的色相 -180 调整的效果对比，因此足可见高质量原始素材的重要性。

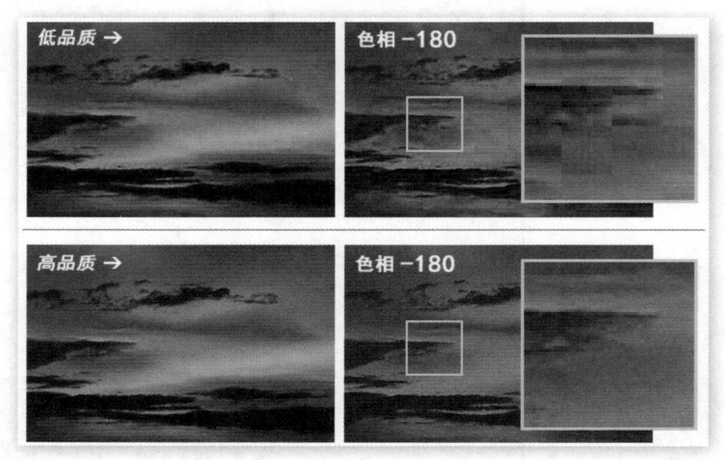

图 6-11-14

6.12 习作：制作香水广告（2/2）

现在继续制作香水广告设计稿，如果之前没有保存或没有完成，可使用范例素材文件 s0617.psd 继续制作。

目前的画面缺乏视觉重点，优秀的广告设计应能把人的注意力集中在指定的地方以突出主题。营造视觉重点的方法有许多，这里我们使用刚学习过的色彩调整来制造反差。

要想强调某种色彩，最直接的思路就是使用反转色，如蓝色背景上的黄色物体或红色背景上的青色物体等，但反转色的强烈对比效果不一定符合要求。因此换个思路想一下，如果在满墙的彩色照片中有一张是黑白的，那么它就会很显眼，反之亦然。因为从视觉习惯来说，人眼总是习惯去查找视野中较为不同的部分。那么现在我们就以此为思路来进行制作，如图 6-12-1 所示，在图像上部和下部创建两个矩形选区后建立一个色相 / 饱和度调整层，将饱和度降为最低，得到灰度色。

图 6-12-1

经过上面的调整后，图像上部和下部的色彩均被淡化，突出了中间保持彩色的部分。但这种灰度所显现出的气氛与主体不搭调，因此在画面中有这么大面积的灰度似乎并不合适。那么接下来我们继续更改色相 / 饱和度调整层的设置，这次使用着色效果，如图 6-12-2 所示。可见淡化色彩的方法并不是只有降低饱和度，着色也是一个不错的选择。

图 6-12-2

现在由于色相 / 饱和度调整层的使用，便使画面中出现了两条色彩分界线，这很容易形成一种生硬感，我们可通过引入弧线来避免这种情况。首先使用快捷键〖Ctrl + Z〗撤销命令，返回到刚刚完成建立选区的步骤，然后使用椭圆选区工具对上方的矩形进行缩减，形成一个拱形的选区，然后再重新建立色相调整层，效果如图 6-12-3 所示。

图 6-12-3

在制作减去选区时，最好将图像窗口拉大一些以留出足够空间便于操作，如图 6-12-4 所示。注意，用来减去的椭圆的端点都是位于图像之外的，如果不将图像窗口拉大则很难完成这个操作。如果在【编辑 > 首选项 > 工作区】中设置的是“以选项卡方式打开文档”，则没有这个问题，只需要适当缩小图像就可以留出边界了。

事实上，虽然鲜少有人提出这一点，但适当留出图像窗口边界在很多操作中都非常实用，除了创建和修改选区以外，在类似裁切或使用带渐隐效果的画笔等工具时都会有明显感觉。

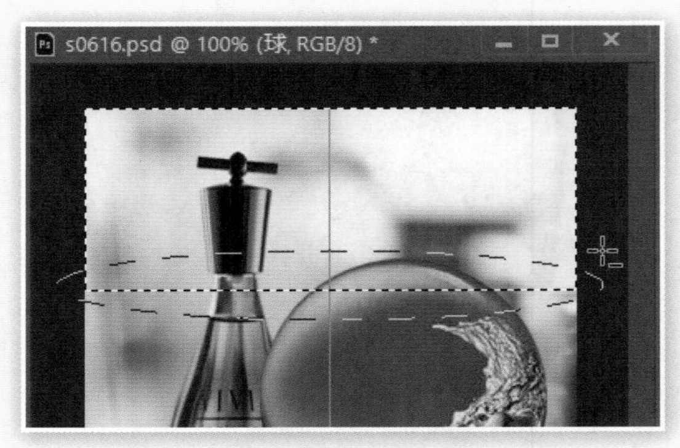

图 6-12-4

如同海洋和陆地之间有海岸线相隔，河与田野之间有堤坝相隔一样，如果在色彩过渡区域增加一条分界线，应能令效果更加有质感。

我们可以使用图层样式中的描边来达到目的。虽然还没有正式学习，但这并不妨碍我们提前使用它。对色相 / 饱和度调整层添加图层样式，如图 6-12-5 所示。

我们可在选中色相 / 饱和度调整层后通过【图层 > 图层样式 > 描边】添加样式，也可直接双击图层面板中该图层名字右侧的空白区域来添加样式，若双击图层名将更改图层名。

图 6-12-5

添加描边效果之后，为完善作品的构图，可再对图片左右两侧各添加一个边界效果，这次我们通过增加亮度来营造边界，方法与之前的相同。做好一边后再复制到另一边，这样将左右两边分开制作的好处是方便单独调整，最终效果如图 6-12-6 所示。

图 6-12-6

事实上，在图 6-12-3 的时候也应该这样分成上下两部分来制作，以便后期能有更大的调整空间，比如，可单独改变其中一个的高度等。如果大家在之前有过这样的念头，那说明真正开始懂得思考了。

完全地还原范例从来就不是我们所提倡的，我们强调的是掌握方法与技巧后融入自己的思想，把范例当作起点而不是终点。可以这样说，如果大家在完成一个范例后无法用同样的方法做出不同的作品，那么就等于是无用功，要么是我这本书的内容写得太差，要么是大家没有用心思考。

如果大家还没有开始自主思考，那我就在这里做一个推动，如图 6-12-7 所示列出了 3 个本范例（素材 s0618.jpg）的衍生效果，要求大家凭借观察将其重现。

图 6-12-7

这也还不是最终的作品，在我们学完路径的知识后，还会用路径制作出光滑的曲线边缘以取代原先的直线边缘，如图 6-12-8 所示。

图 6-12-8

总结

在这次的制作中，我们要强调的有两点。第一是使用局部色彩调整的方法构造出边框，这在实际工作中是一种非常好用的构图方式，这种方法利用原图的内容而不需要另外添加素材，图 6-12-9 是使用了花纹画笔制作的左右边框，尽管该效果看起来不错，但这种素材容易使人的注意力集中在边框的纹路细节上，从而间接地降低了主体部分的突出度。创作不是堆砌素材，明确重点并始终朝着突出重点而努力才是正确的方向。

图 6-12-9

第二是全程使用了调整层来进行制作，这是一个非常重要的良好习惯，尽管在画面上体现不出区别，但在需要修改时便利且高效，符合可编辑性最大化的主旨，对提高工作效率是很有帮助的。

第 7 章　使用图层蒙版

使用图层蒙版可以在不破坏原图的情况下对图层中的内容进行任意的隐藏或显现，其实如果单独讲解蒙版的作用原理是非常复杂的，因为其涉及很多其他知识，我们在之前的课程中都已逐渐掌握了这些必备的基础知识。本章的内容将是大家学习图像合成所需的最后一块拼图，它可以给大家的想象力插上腾飞的翅膀。

我们曾简单接触过自由变换和渐变，在正式学习蒙版之前必须先完全掌握这些内容。

7.1　使用自由变换

我们之前已经接触过两次自由变换了，一次是在画银河的时候，使用了它的缩放和旋转，一次是使用移动工具附带的变换功能制作香水图像的小球时。这个功能虽然并不复杂，但今后将越来越多地使用到，因此现在正式学习一下。

7.1.1　自由变换的作用

在早期版本的 Photoshop 中，各种变换操作是分开的，如果想将一个图形拉伸并旋转就要进行两次操作，要么先拉再转，要么先转再拉。我们知道针对点阵图像的改变对像素是有一定损失的，而两次的调整就需进行两次的像素重组计算，无形中会造成更多损失。自由变换将各种操作融合在一起，旋转、拉伸、透视等，并且对像素来说只进行一次重组计算，可以减少像素重组造成的损失。我们将在本节最后来实践一下两者的区别。

现在我们新建图像并新建一个图层，使用形状工具中的自定义形状〖U〗，使用像素方式从公共栏的形状列表中选一个形状画在新建图层中，如图 7-1-1 所示。绘制时按住 Shift 键可保持图案原比例。这个形状工具其实是矢量方式的，这里是把它当作点阵工具来使用。

切记要将形状画在新建图层上，因为在背景图层上是无法使用变换功能的。在以后的内容中大家都要时刻记住图层这个概念，适当地分层并正确地选择图层，初学者经常会在图层选择上犯错误。

图 7-1-1

7.1.2　调整框与控制点

确保选择的图层是新建图层，启动自由变换功能，通过【编辑 > 自由变换】或按快捷键〖Ctrl ＋ T〗，在图形的四周会出现如图 7-1-2 所示的调整框（也称定界框），调整框上共有 8 个控制点，自由变换中的各种操作都是通过这些控制点实现的。图形的四周为 1 至 8 号控制点，其中红色的 1368 为双边控制点，表示每个点可以控制两条边，绿色的 2457 为单边控制点，每个点只控制一条边。在调整框中心还有一个 0 点，它是旋转、缩放、翻转的中心。

用鼠标拖动 0 点即可改变中心点位置。当调整框过于细小时，拖动 0 点可能会造成误操作，此时可按住 Alt 键指定 0 点的位置。

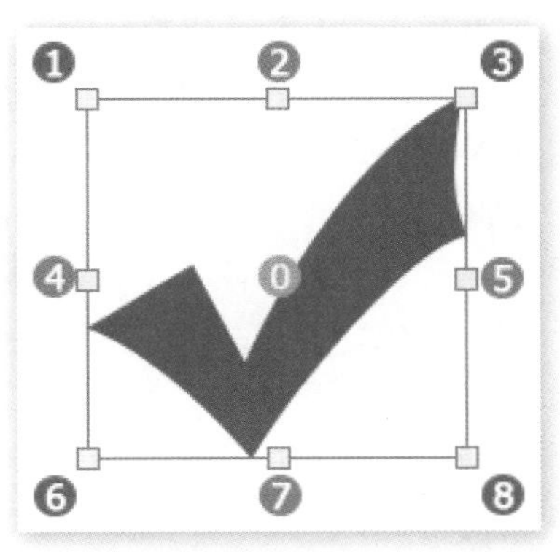

图 7-1-2

在调整框出现时，公共栏也会列出相应的选项，如图 7-1-3 所示（为便于查看此处拆分成两行），其数值会随着对调整框的操作而实时改变，当然也可以手动输入数值来控制变换效果。在变换的操作过程中按下 Esc 键可放弃本次所做的所有变换，回车则为确定变换。

图 7-1-3

7.1.3 变换的种类

启动自由变换出现调整框后，单击右键后可在弹出的列表中指定各种变换类型，如图 7-1-4 所示，也可以通过快捷键切换。下面分别讲解几种变换类型及使用方法，其中的快捷键都是在未指定操作类型时有效。如果已经选了某个变换类型，可在列表中选择顶部的“自由变换”来取消指定。

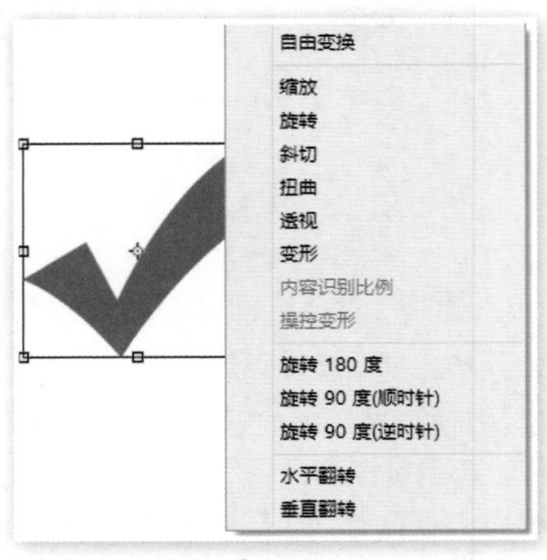

图 7-1-4

旋转

不需要快捷键，将鼠标置于 8 个控制点之外的区域，光标将变为弯曲的双向箭头，此时拖动鼠标即可旋转图形，同时会有旋转角度提示，如图 7-1-5 所示。旋转的同时按住 Shift 键可锁定每次旋转 15 度，这样可以实现一些特定的角度，如 45 度、90 度等。公共栏中的旋转角度数值在顺时针时为正数，逆时针时为负数。另外菜单中包含“旋转 180 度”及两个方向上的 90 度的选项，选择后直接生效。

改变 0 点的位置将改变旋转中心，旋转中心可以移动到调整框之外，如图 7-1-6 所示，这将产生类似行星轨迹的旋转位移效果。

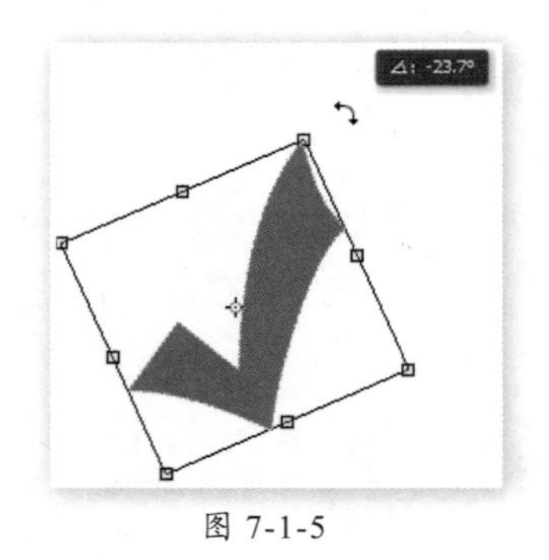

图 7-1-5

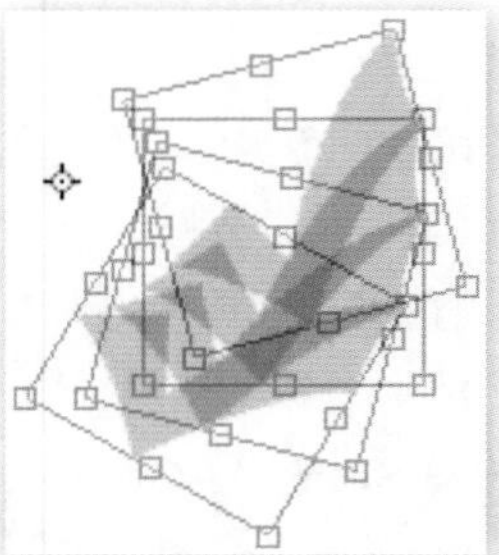

图 7-1-6

缩放

缩放也称为拉伸，不需要快捷键，有水平和竖直两个方向。对照图 7-1-2，控制点 4 和 5 为水平方向缩放；控制点 2 和 7 为竖直方向缩放；置于控制点 1、3、6、8 上为水平和竖直同时缩放，如图 7-1-7 所示。按住 Alt 键将同时缩放对边（控制点 4、5 和控制点 2、7）或四边（控制点、1、3、6、8）。

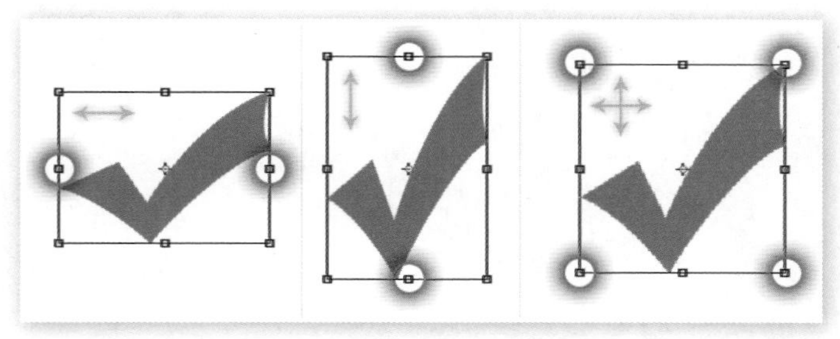

图 7-1-7

在控制点 1、3、6、8 上缩放时按住 Shift 键（或按下公共栏中的锁定宽高比按钮）可进行等比缩放。注意这个等比并不是依据原图的，而是依据上一次鼠标松开后的状态。假设原图为宽高比 1 ∶ 1 的正圆，如果先将其不等比缩放为 3 ∶ 2 后再按下 Shift 键，将锁定 3 ∶ 2，而不是原先的 1 ∶ 1。如果误操作改变了比例，可按快捷键〖Ctrl ＋ Z〗撤销一步，或按 Esc 放弃本次变换再重新开始。

改变 0 点的位置将改变缩放中心，缩放中心可以在调整框之外，大家可自行尝试效果。

斜切

斜切的效果分为两种，按住 Ctrl 键和 Shift 键在单边控制点 2、4、5、7 上拖动将把矩形变为平行四边形，如图 7-1-8 所示。在双边控制点 1、3、6、8 上拖动则可同时改变两边，如图 7-1-9 所示。按住 Alt 键可同时改变对边或对角。

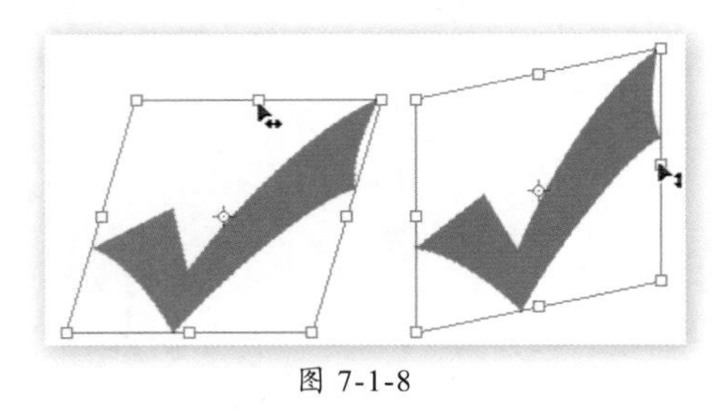

图 7-1-8

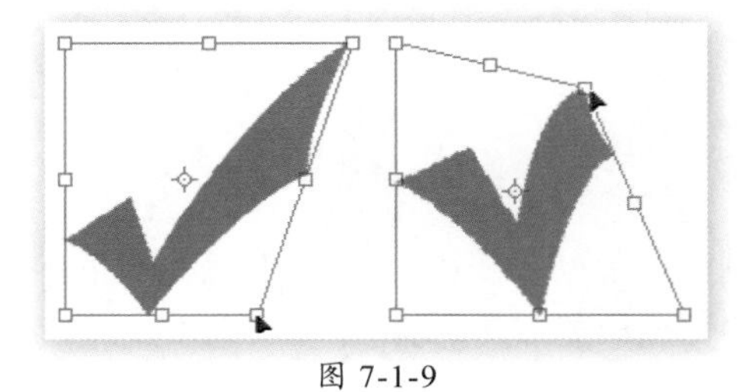

图 7-1-9

扭曲

任意移动边或角的位置，按住 Ctrl 键在 1 点至 8 点上均可拖动。如图 7-1-10 所示分别为在控制点 2、4、7、5 上移动和控制点 1、3、6、8 上移动。可以说扭曲就是更加自由的斜切，斜切中每次移动边和角都有方向限制，而扭曲则没有。

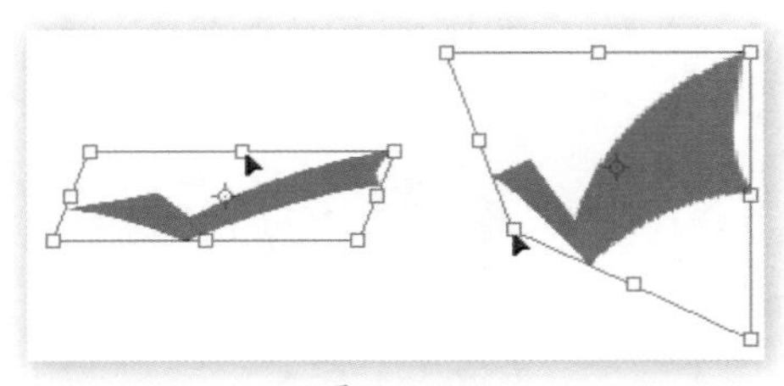

图 7-1-10

透视

按住快捷键〖Ctrl ＋ Shift ＋ Alt〗在控制点 1、3、6、8 上拖动，透视效果简单地说就是近大远小，如图 7-1-11 所示。注意，同在一条边上的两个点会互相影响，比如将 1 点往右移动的同时 3 点将等距离往左移动，在控制点 2、4、5、7 上拖动效果等同于斜切。

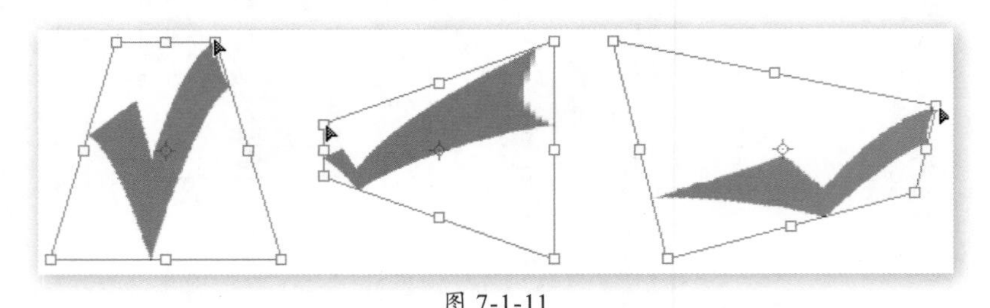

图 7-1-11

翻转

翻转也称作镜像，分为水平和垂直两个方向，效果如图 7-1-12 所示。乍一看有点像旋转，但仔细看就会发现它们在本质上有所不同，有关翻转的概念这里不再重复。改变 0 点的位置将改变翻转中心，翻转中心可以在调整框之外。

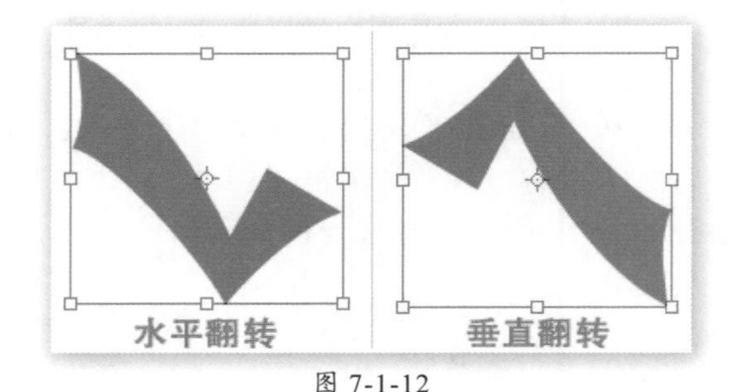

图 7-1-12

变形

变形可以令图像产生类似哈哈镜的变形效果，使用时会产生一个将图像分为 9 部分的网格，拖动图像任意部位即可产生弯曲变形的效果，这里的调整方式与今后将要学习的路径的内容相近，因此暂不作介绍，大家自行尝试即可。图 7-1-13 所示是一个类似旗帜的变形，使用的是素材 s0701.png，变形前须将背景图层转换为普通图层。

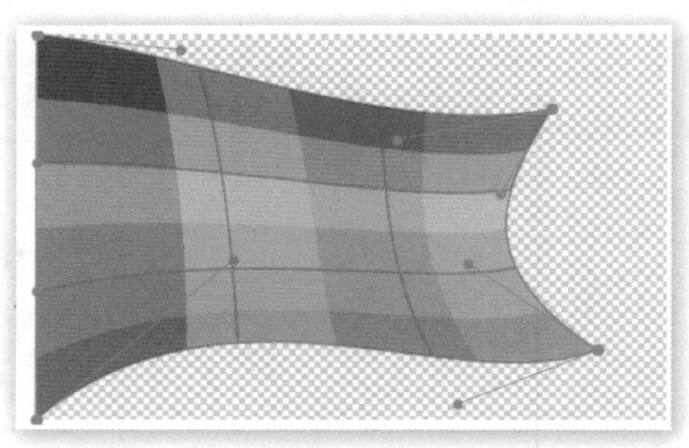

图 7-1-13

启动变形功能后在公共栏中可以选择一些预设的弯曲形态，如图 7-1-14 所示。还可以对其输入数值做进一步调整。完成变形后再次单击变形按钮将回到自由变换中，此时还可以进行其他的变换操作。

图 7-1-14

7.1.4　一次性变换的优点

现在使用形状工具〖U〗列表中的一个灯泡形状作为例子，来对比一次变换和分次变换对图像质量的不同影响。如图 7-1-15 所示选择灯泡形状，并使用像素绘制方式。新建一个图层绘制灯泡形状，然后将图层复制一层出来，这样就有了两个相同的灯泡图层。适当改变图层的位置以方便观察对比，如制作有困难可使用素材 s0702.psd 继续操作。

图 7-1-15

我们要对这两个灯泡所做的变换分为两步：一是将高度缩小 50%；二是旋转 30 度。不同的是其中一个灯泡为分步变换，即先缩小高度并确认，再旋转角度并确认。另外一个灯泡则是一步变换，即在一次变换中先缩小再旋转，然后才确认。图 7-1-16 所示为两种操作的最终效果对比。不难看出一步变换后的细节较清晰，分布变换的则由于多次像素重组计算而变得略显模糊，这种模糊将随着操作步骤的增加而越加明显。

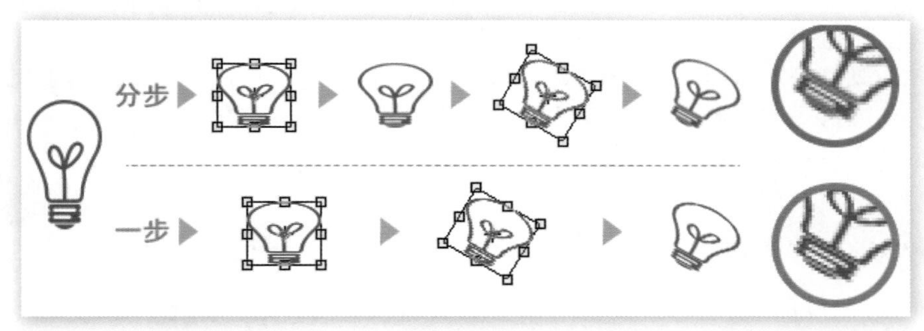

图 7-1-16

不过，无论是分步还是一步，变换都会给点阵图像带来像素损失。要想避免这种损失就必须使用矢量图像，其实形状工具〖U〗本身就是矢量的，只不过目前为止一直在使用它的点阵模式（即像素）。如图 7-1-17 所示，将模式改为“形状”后即进入了矢量绘图模式。

矢量图像的优点我们之前就学习过了，这里不妨再次感受一下。在重复图 7-1-16 的操作后，两种方式的最终图像细节将没有区别，这是因为矢量图形是基于坐标计算生成的，每次改变后都会依据新坐标重新绘制线段，因此不存在像素损失的情况。

有关矢量图形的具体内容我们将在以后学习。

图 7-1-17

7.1.5 使用再次变换

通过【编辑 > 变换 > 再次】或按快捷键〖Ctrl ＋ Shift ＋ T〗可以重复执行上一次的变换操作，可通过其制作一组连续变换的图案。方法是变换完成后复制该图层，然后再对复制出来的图层进行再次变换（无需再进入变换设定）。

如图 7-1-18 左侧类似花朵的图案是首先绘制一个正常的灯泡，然后将其复制一层，对复制的灯泡执行 30 度的旋转，旋转中心设在 7 号控制点处（参见图 7-1-2），之后复制旋转后的图层，再对复制出来的图层直接按快捷键〖Ctrl ＋ Shift ＋ T〗，即可看到相当于原图形旋转 60 度的效果，如此往复直到完成圆周。

右侧的类似螺旋的图案则复杂一些，但其实也很简单，就是对矩形进行了旋转和缩小两项变换，并且旋转中心设在图形外部而已。

图 7-1-18

再次变换功能对点阵和矢量图像都有效，但是大家应该能明白使用矢量图像的效果较好，因为海螺形图案涉及多次缩小，使用点阵图像将难以避免细节的损失。在 Illustrator 中也有类似的再次变换命令。

7.2 使用渐变

我们在学习画笔的时候知道它并不是一个单纯的绘图工具，其笔刷设定可以应用在许多地方，甚至可以说画笔已经很少被用来直接绘制图像，大多数是被当作辅助工具使用（如之前用来修改 Alpha 通道）。

工具栏中有一个渐变工具〖G〗，可以生成色彩变化过渡的效果，但它也不是一个单纯的绘图工具，其所属的渐变设定在很多地方发挥极其重要的辅助作用，甚至还是一个非常出色的色彩调整工具，本节就来学习一下关于渐变的知识。

7.2.1 使用渐变工具

Photoshop 提供了一些现成的渐变设定，在选择渐变工具〖G〗后，如图 7-2-1 所示，在公共栏中指定“红绿渐变”，并使用“线性渐变”样式，之后在新建图像中的对角线位置上拖放出一条渐变线后即可产生从红色渐变的绿色的效果。

如果渐变工具的列表或设定与本书不一致，可先使用复位工具。方法是在蓝圈处单击右键，今后遇到类似情况可自行如此处理。

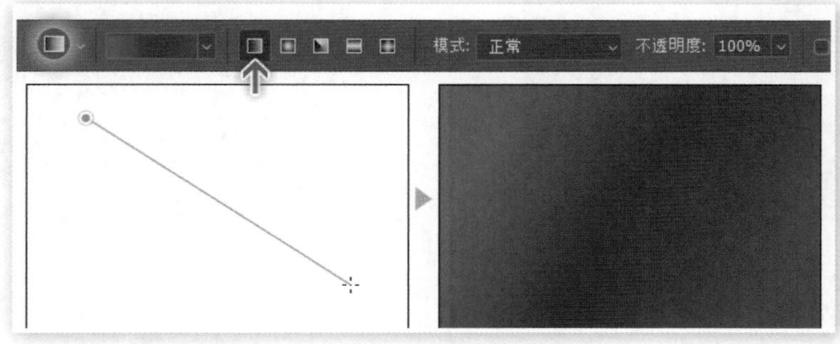

图 7-2-1

渐变线的长度代表了颜色渐变的范围。看到这句话时大家可能会有疑问，因为在图 7-2-1 所示的操作中，渐变线并没有贯穿整幅图像，但所产生的渐变效果却充满了画面。其实这句话本身并没有错，因为我们说的是“颜色渐变的范围”，即从红色开始逐渐变化到绿色为止的这段范围，在这个范围之外的区域将被单色的红色和绿色填充，如图 7-2-2 所示，因此整体的渐变效果充满了画面。

要想验证这个说法也很简单，大家可做出图 7-2-2 所示的从左至右的水平渐变（按住 Shift 键保持水平），同时通过信息面板〖F8〗记下渐变线的起止坐标，在渐变制作完成后，使用鼠标在图像中大致水平移动并观察信息面板，会发现在渐变范围内的色彩数值不断变化，范围外的色彩则维持单一不变。

图 7-2-2

渐变样式共有 5 种，所谓渐变样式其实就是渐变发生的轨迹，最简单的线性渐变我们已经学习了，现在来看看其他几种样式。图示中的实线表示画出的渐变线，虚线为辅助教学之用，实际并不存在。

径向渐变如图 7-2-3 所示，它以渐变线的起点为圆心，起点到终点的距离为半径，将颜色以圆周的方式分布，半径之外（虚线圆外）的部分由终点色单色填充。其颜色在半径方向上各不相同，但在每个同心圆上相同。如果一个人从圆心出发到虚线圆弧，途中看到的色彩各不相同；但如果他只是沿着某个同心圆绕圈，那么看到的颜色将始终如一。

角度渐变如图 7-2-4 所示，它以渐变线的起点为中心，以起点与终点的夹角为起始角，将颜色以顺时针旋转分布，因此渐变线起止点之间的距离并不会影响效果，从起点出发的每条射线（图 7-2-4 中的虚线）方向上的颜色都相同。

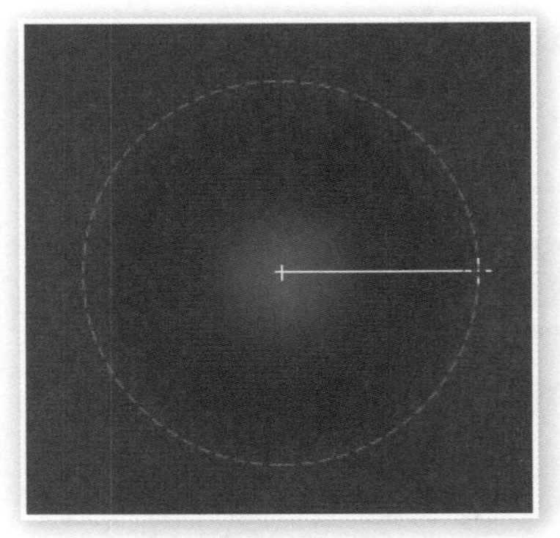

图 7-2-3

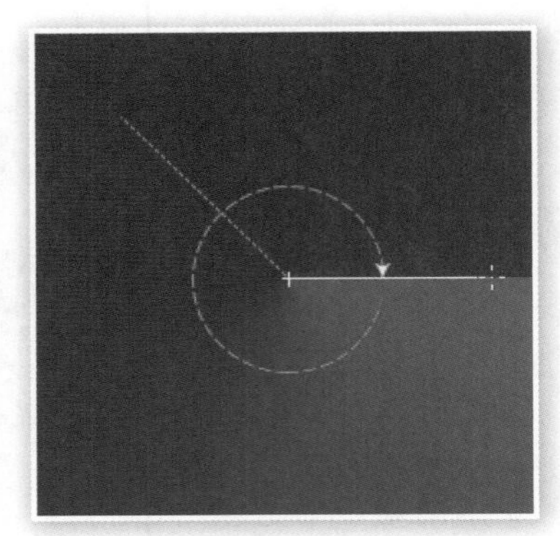

图 7-2-4

对称渐变如图 7-2-5 所示，可以理解为是两个方向相反的径向渐变合并在一起，即从起点出发，同时往相反的两个方向（图中的实线与虚线）渐变。在两端的终点之外由终点色填充剩余区域。由于这个特点，在设定对称渐变的时候要留下足够的空间给另外一方的渐变色。

菱形渐变如图 7-2-6 所示，其类似于径向渐变，都是从起点向周围的扩散式渐变，只是扩散形状为菱形而非圆形。菱形有 4 条棱，其中一条就是渐变线，其余三条与之两两垂直。终点之外（虚线矩形区外）由终点色填充。

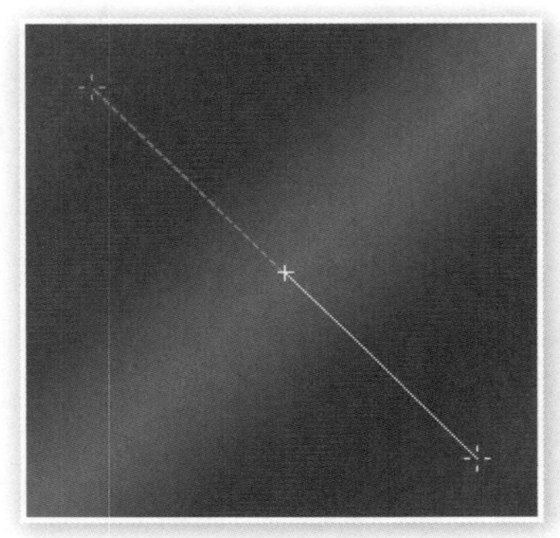

图 7-2-5

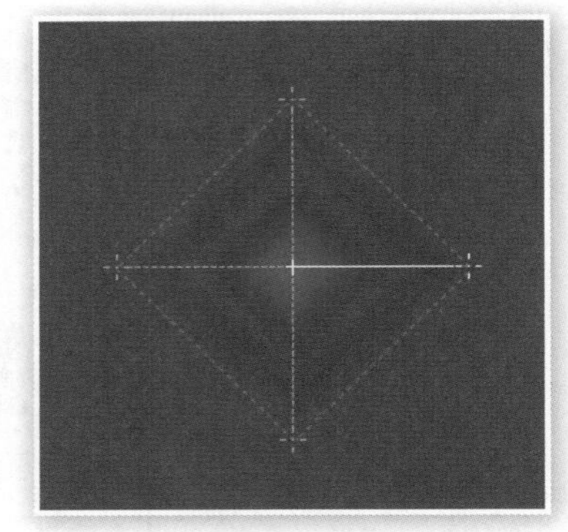

图 7-2-6

7.2.2 自定义渐变

之前只是学习了如何使用渐变工具，这一节才是渐变部分最重要的内容，即渐变设定。在这里我们先将前景色设为除了黑色以外的颜色，如蓝色等（此步骤非必须），然后选择渐变工具〖G〗，单击图 7-2-7 中箭头 1 处即可开启渐变编辑器。

渐变编辑器界面上方的预设中是定义好的渐变列表，可通过存储及载入与他人共享渐变设定，文件名为 .grd（包含整个预设列表）。

注意第 1 行前 3 个分别是“前景色到背景色”“前景色到透明”和“黑色到白色”，如果在默认的黑色前景色下第 1、3 两个看起来相同，为避免混淆，之前将前景色改为蓝色，在这里就显示出了区别。

单击箭头 2 处的“红、绿渐变”渐变，可看到下方出现了该名称，同时最醒目的就是位于整个设置框下方的渐变条编辑器，我们主要设定工作都将在这里完成。箭头 3 处折叠着更多预设的渐变类型。

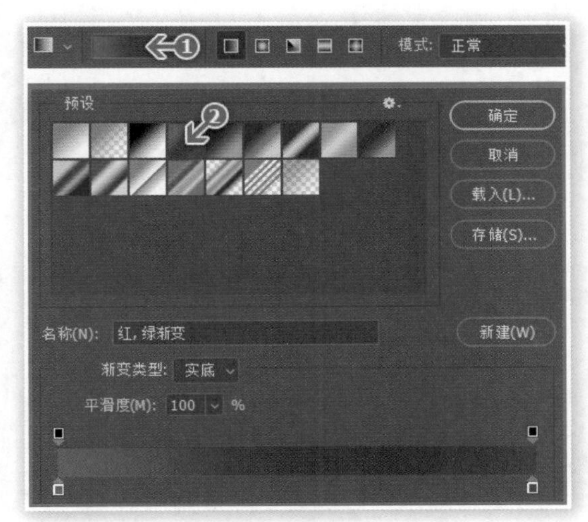

图 7-2-7

现在位于渐变条下方的两端有两个色标，分别是红色和绿色，单击这一行中的任意位置即可增加色标，如图 7-2-8 所示，在蓝圈处增加一个色标后在箭头 1 处将其设为黄色，位置位于 25% 处（针对渐变全程）。直接左右拖动色标即可改变其位置，按住 Alt 键拖动为复制，向上方或下方拖动则会删除该色标（或选择后单击删除按钮）。

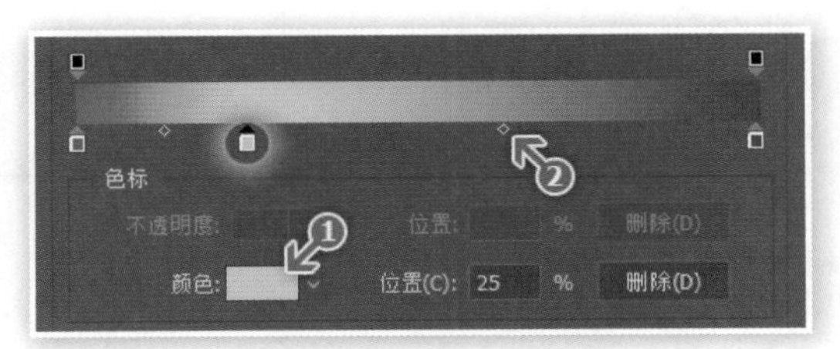

图 7-2-8

若要改变现有色标的颜色，可将其选择后在箭头 2 处更改，可通过拾色器或指定为前背景色。每次只能选择一个色标，被选择的色标上方为黑色三角形，未选择的为白色。

注意每两个色标间的中点标志（箭头 2 处）决定了颜色的分布比例，默认为 50%，可通过拖动或输入数值更改。

位于渐变条上方的是不透明度标，可控制各部分的不透明度。相关操作与颜色色标完全一致，区别在于其用灰度色表示不透明程度，如图 7-2-9 所示，与之前学习过的内容相同，黑色表示完全不透明，白色表示完全透明，不同深浅的灰色表示不同程度的半透明。

设定好的渐变可直接使用，但在选择了其他预设后就消失了，因此对于后续操作中将多次使用到的渐变设定应将其保存到预设中。方法如图 7-2-10 所示，先在箭头 1 处输入合适的名称，然后单击箭头 2 处的新建按钮，就能在上方预设列表中看到新建的渐变。在预设列表中单击右键可对其更改名称或将其删除。

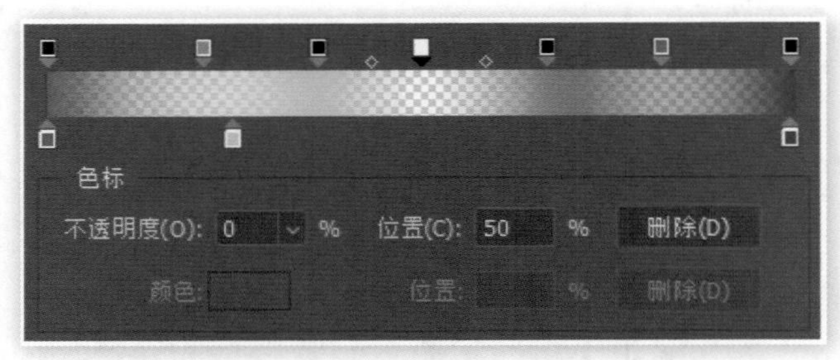

图 7-2-9

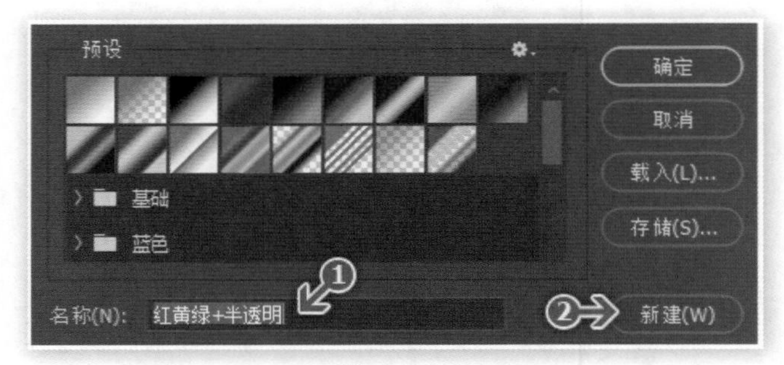

图 7-2-10

渐变平滑度控制着色彩变化的平均度，在 100% 时可获得最为平均的变化分布，过渡细节最丰富且没有分界感。为 0% 时色彩在靠近色标的地方较为集中，看上去有明显的分界感，如图 7-2-11 所示。

图 7-2-11

将渐变类型选择为“杂色”后将产生随机的渐变，类似在画笔工具中接触过的色彩抖动，即在指定的范围内随机挑选色彩，如图 7-2-12 所示，此时不能手动设定色标。“限制颜色”可防止出现过度饱和的艳丽色彩，“增加透明度”则可产生半透明效果，这两项一般都不开启。单击“随机化”按钮可每次产生不同的渐变，粗糙度控制色彩的变化幅度。

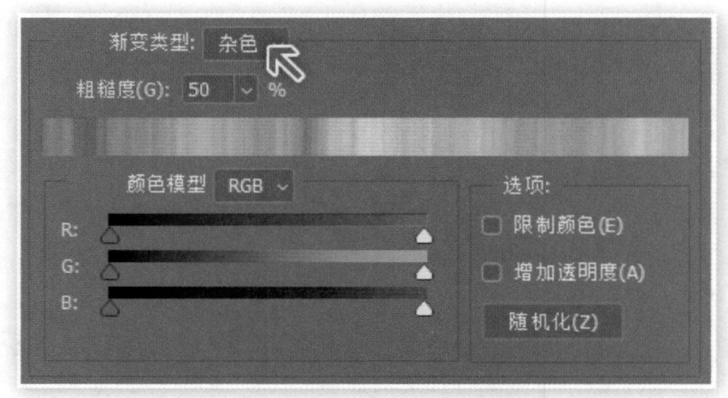

图 7-2-12

如果要控制随机的杂色色彩，可指定杂色的取色范围，此时使用 HSB 色彩模型较为合适，如图 7-2-13 所示即是指定产生绿色到蓝色之间的色相（H），并且具备中等以上的饱和度（S）和亮度（B）。RGB 及 LAB 模型也可以在某些需要的场合下使用。

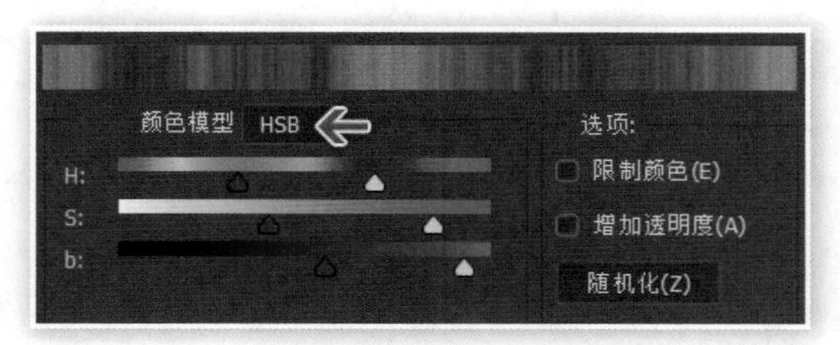

图 7-2-13

【思考题】用渐变制作条形码

组合调整一些参数后，可产生如图 7-2-14 所示的类似条形码的效果。大家先思考下实现的方法，如色彩如何控制等，再动手尝试。

图 7-2-14

杂色渐变所能产生的丰富色彩是普通的实底渐变望尘莫及的，在很多时候可以用其制作素材图像，如图 7-2-15 就是用随机产生的杂色渐变分别以径向样式和角度样式所做出的效果。

图 7-2-15

7.3　蒙版初识

如果只想保留一幅画的中间部分而去除其余部分，可以想到的方式是用剪刀切掉不要的地方。如图 7-3-1 所示，将白色矩形之外的区域都剪去，很明显这个操作对原画造成了永久破坏。

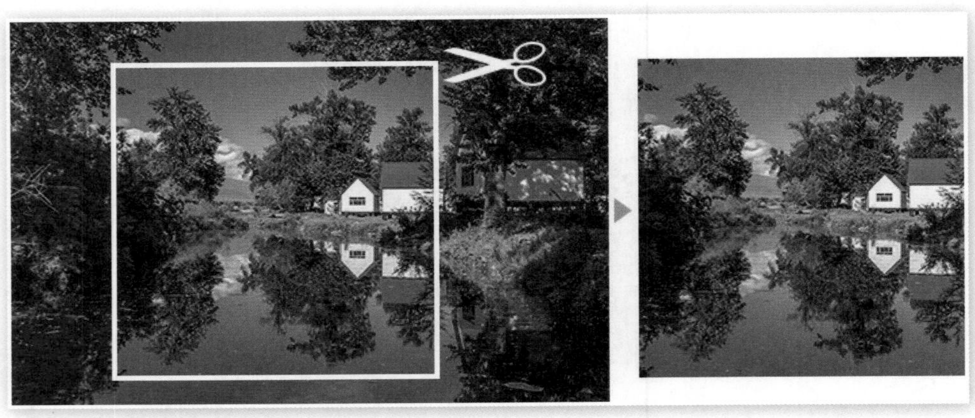

图 7-3-1

之前我们对图层的许多操作都具有类似的破坏性，如建立选区后将背景删除等。虽然撤销历史记录可以还原图像，但历史记录的局限性大家也都很清楚。在实际工作中，也许在经过许多操作后才发觉当初的裁剪有欠缺，而使用历史记录撤销相当于从头做起。

如果在原画上贴一块透明薄膜，然后刷上黑色油漆以遮挡不想要的区域，如图 7-3-2 所示，所达到的效果与之前相同，但并没有对图像造成永久破坏，只要将薄膜拿掉即可还原。

图 7-3-2

贴在原画上的薄膜还具备修改区域的功能，只将黑色油漆擦掉一部分也就可以看到原来的内容，如果加上一部分就可以隐藏更多内容，如图 7-3-3 所示，这种效果就是接下来要学习的蒙版。

图 7-3-3

如图 7-3-4 所示，风景只在舷窗部分能看见，其余部分都看不见，这当然是由于舱壁的遮挡。如果将远处的风景比作一个图层的话，那么舷窗就是这个图层的蒙版。

图 7-3-4

7.4　建立蒙版

之前我们将图层理解为玻璃，那么蒙版就是贴在玻璃上的薄膜，它的作用是非破坏性地隐藏图层中的内容。现在需要明确以下三个关于蒙版的基本知识：

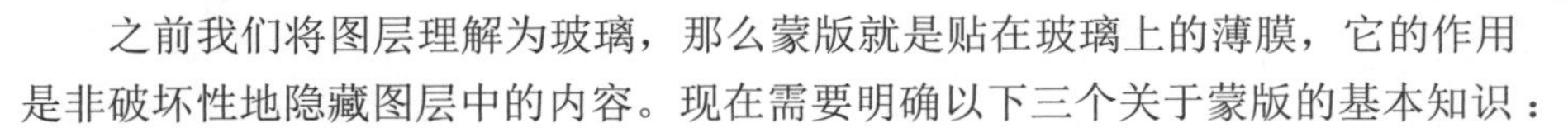

（1）蒙版是用来屏蔽（隐藏）图层内容的，不会破坏图像，可以为任何形状。

（2）一个图层只能有一个蒙版（在接触路径概念后会有另外的介绍）。

（3）蒙版可作用于图层或图层组。

7.4.1　从选区建立蒙版

既然蒙版是用来指定屏蔽某些区域的，而指定区域的有效手段就是创建选区，因此在实际工作中几乎都是通过选区来建立蒙版的。如果大家还不能很好地创建选区，那么现在恐怕也很难创建合适的蒙版。虽然可以在后期通过修改来弥补，但直接创建优良的选区无疑是首要目标。

现在选取素材 s0703.jpg 中的齿轮部分后，单击图层面板下方的新建蒙版按钮或【图层 > 图层蒙版 > 显示选区】，则建立了一个蒙版，将原选区内的区域保留，选区外的予以隐藏，如图 7-4-1 所示。

我们之前学习的许多相关知识都是为了这个时刻，在拥有足够的知识铺垫后，理解蒙版对于如今的我们已经没有难度了。如同 Alpha 通道一样，蒙版也使用黑色和白色来表示“没有”和“有”，即黑色区域屏蔽图层内容，白色区域显示图层内容，其余灰度色为不同的半透明程度。

图 7-4-1

如图 7-4-2 所示，在图层面板中按住 Alt 键单击蒙版缩览图，相当于将其在通道面板单独显示。重复该操作或按快捷键〖Ctrl ＋ 2〗可回到正常显示状态。

图 7-4-2

7.4.2 通过属性修改蒙版

此时通过【窗口 > 属性】打开面板可以对图层蒙版进行一些常规操作，如图 7-4-3 所示，箭头 1 处可切换选择图层或图层蒙版，箭头处可选择蒙版类型（后文将会介绍矢量蒙版），箭头 3 处是一些蒙版的应用类型，如转为选区等。

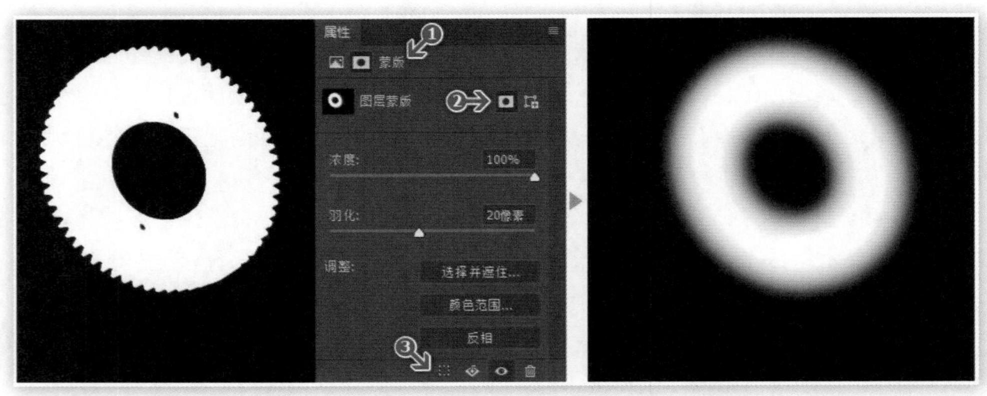

图 7-4-3

可在下方的调整工具中使用“选择并遮住”“颜色范围”和“反相”对选区进行修改。

比较实用的是改变蒙版的浓度和羽化数值，这两项数值会实时生效，并且带有可编辑性，可反复修改，提供了很强的便利性。在今后的实际制作中，相当大一部分的蒙版是从选区创建而来的，有了这两个属性参数的帮助，初期在创建选区时就无需再考虑不透明度和羽化，直接转为蒙版即可，后期再视情况而动。

如图 7-4-4 所示为在正常方式下实时更改浓度和羽化的效果。如果还处在单独通道状态，可按快捷键〖Ctrl ＋ 2〗回到正常显示状态。

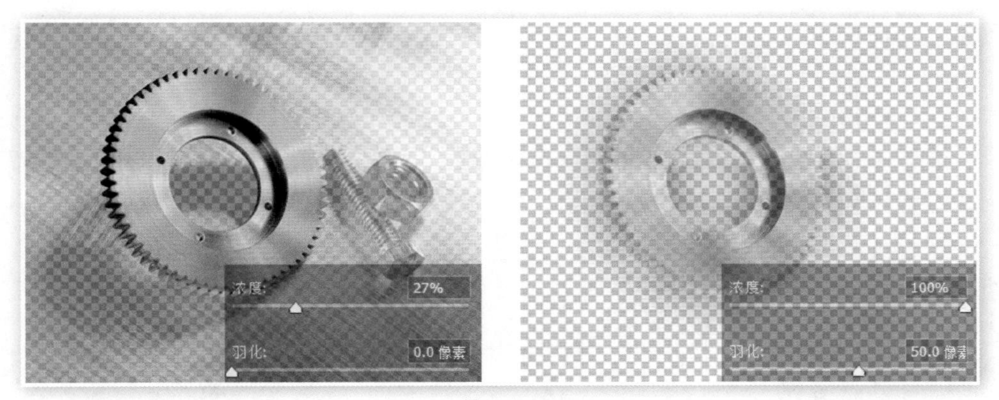

图 7-4-4

7.4.3　其他方式建立蒙版

在没有选区的情况下，可以通过图层的透明区域建立蒙版，方法是选择带有透明区域的图层后选择【图层 > 图层蒙版 > 从透明区域】。不过该方法实用性较低，因为使用蒙版一般都是为了获得透明区域，而既然原图层中已经包含透明区域就不必多此一举了。

还可以通过【图层 > 图层蒙版 > 显示全部 / 隐藏全部】建立一个全白或全黑的蒙版，此操作一般是为了使用绘图或其他工具对蒙版进行再加工。

除此之外，可以利用对象识别功能，直接在图层面板图层名称上点击右键，选择“遮住所有对象”，即可创建以对象为单位的带蒙版图层组，如图 7-4-5 所示。

图 7-4-5

7.5 修改蒙版

蒙版的建立与选区密切相关，只要之前熟练掌握了选区创建技巧即可。而且在大多数情况下也只需要建立好蒙版就可以了，因为屏蔽图像的目的已经达到了。那么接下来学习一下如何修改蒙版，这里的修改并非是弥补选区的不足，而是让蒙版发挥出更好的作用。

在修改之前需要注意的一个问题是蒙版的选择，当对图层使用了蒙版之后，在图层面板中就存在针对两者的切换选择，如图 7-5-1 所示，缩览图周围出现的细线方框表示目前被选择。虽然这个指示不太显眼，不过在了解后也能很快看出区别，同时在图像窗口的标题栏上会出现文字提示。

还有一个特征就是，在选择蒙版时颜色面板将自动切换到灰度模式且无法改变，其原因大家应该能够明白，那是因为在蒙版中只存在灰度。之前选择的前景色和背景色在选择蒙版时也会转换为灰度。

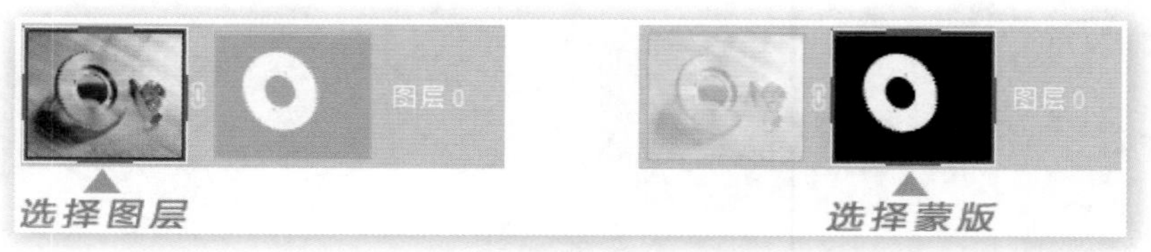

图 7-5-1

初学者在此会出现的一般错误是把针对蒙版的修改（如画笔涂抹等）应用在了图层上，这就是因为事先没有正确选择蒙版，按快捷键〖Ctrl ＋ Z〗撤销历史记录后重新选择即可。

7.5.1 使用绘图工具修改

正如同之前对 Alpha 通道进行修改一样，同样也可以使用画笔对蒙版进行修改，如图 7-5-2 所示，选用一个硬度、不透明度和流量均为 100%，直径合适的画笔，用黑色在齿轮图层的蒙版中涂抹，可以看到涂抹轨迹上的齿轮部分被隐藏了。

图 7-5-2

如果使用白色在蒙版中涂抹，则原先隐藏的部分将会被显示出来，如图 7-5-3 所示。

除画笔外还可使用学习过的各种绘图手段进行修改，如形状工具（点阵方式）或建立选区后填充（快捷键〖Ctrl/Alt ＋ Delete/Backspace〗）等，工具栏中那些暂时还没有学习到的各种工具也都可以用来进行修改。最常用的修改还是通过画笔修补原先选区造成的一些小瑕疵。

图 7-5-3

7.5.2　使用色彩调整工具修改

其实蒙版也就是一幅灰度模式的图像，因此也可以使用色彩调整工具对蒙版进行操作，如图 7-5-4 所示即是对蒙版进行曲线调整的效果，将原先的黑色区域提升成了浅灰色，由于蒙版中灰度色的半透明作用，原先被完全隐藏的背景变成了半透明。

这个效果我们在属性面板的操作中遇到过，就是其中的浓度数值。现在的操作只是为了讲解其原理，实际需要使用时建议从属性面板设置，因为属性面板更快速，并且带有可编辑性。

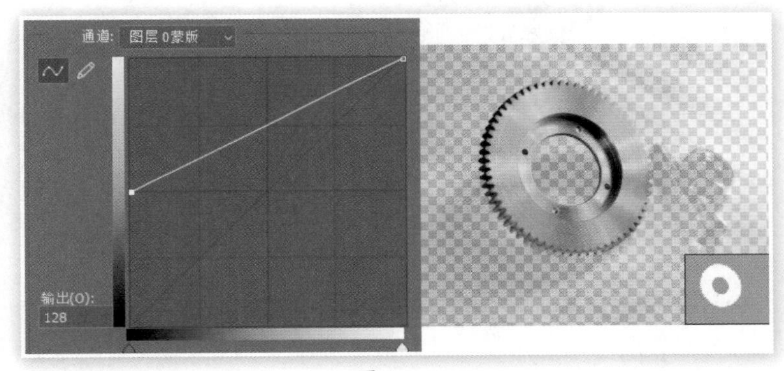

图 7-5-4

大约一半的色彩调整工具不能在灰度色彩模式下运行，这其实不难理解，例如色相 / 饱和度、色彩平衡、通道混合器等都是基于不同色彩通道的调整，而灰度模式下只有单一的灰色通道，不具备使用的前提条件。蒙版由于是灰度模式，所以也存在这个限制。

最经常用到的就是对蒙版使用反相操作（快捷键〖Ctrl ＋ I〗），其可以“颠倒黑白”从而反转图层中被屏蔽和显示的部分。一般在错误设定蒙版的作用区时使用，这样就不必反选选区后重新建立蒙版。可以在属性面板中单击“反相”按钮，如图 7-5-5 所示。

事实上，在工作中需要对蒙版进行色彩调整的情况只有少数几种，如由于蒙版“不够黑”而无法完全隐藏图层中的内容，造成这种情况一般是由于前期的选区不饱和所致，由此创建的蒙版也就不能起到完全屏蔽的效果。在这种情况下可以使用曲线等工具提高蒙版的对比度，或直接使用黑场和白场设定，使得“白的更白”“黑的更黑”，以增强屏蔽效果。

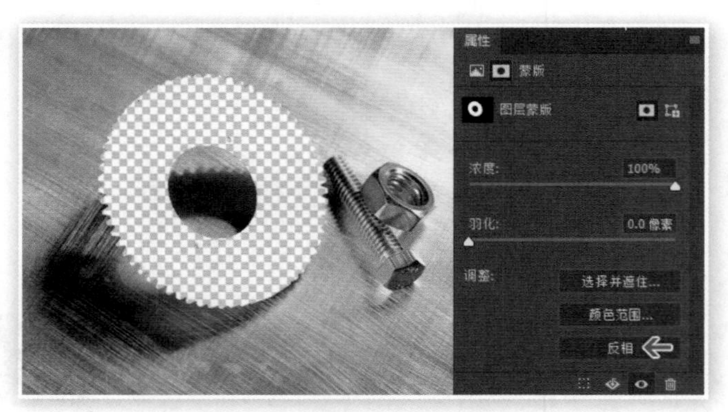

图 7-5-5

7.5.3 使用滤镜修改

有关滤镜的内容我们虽然还没有学习，但可以先来试用一下。为了令效果明显，我们将已经带着蒙版的齿轮图层移动到素材 s0704.jpg 中，移动的方法既可以像以前那样在图像中拖动，也可以从图层面板中直接把图层拖动到另外的图像中，如图 7-5-6 所示。后者的好处是不必事先选择图层，在实际工作中更为实用（允许拖动多层）。

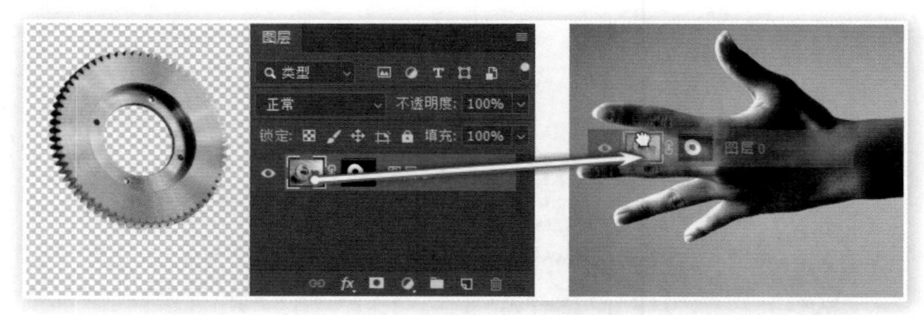

图 7-5-6

接着对蒙版使用【滤镜 > 像素化 > 马赛克】并适当设定数值，效果如图 7-5-7 所示，这是一个可供参考的作品合成思路，比起直接对齿轮进行马赛克处理要显得更细腻。

图 7-5-7

大多数滤镜都能作用于蒙版，但在选择时要注意滤镜的效果不能太强烈，否则容易破坏屏蔽效果。这里的马赛克滤镜对蒙版的改变就比较合适，也是因为马赛克在蒙版中产生了许多灰色，令图像边缘依然有半透明效果而维持了较好的过渡感。

为保证范例的延续性，尝试之后请按快捷键〖Ctrl ＋ Z〗撤销操作，将蒙版还原到使用滤镜之前的状态。

7.6　蒙版的其他操作

我们已经掌握了最重要的建立蒙版的知识，接下来学习有关蒙版的一些其他辅助操作。

7.6.1　将蒙版作为选区

可以将蒙版与 Alpha 通道都看作是对选区的一种记录形式，不同之处是蒙版附带了屏蔽图层的作用。因此如果要将蒙版作为选区时，可直接沿用将通道载入选区的方法。如图 7-6-1 所示，按住 Ctrl 键单击蒙版缩览图即可将蒙版作为选区载入，这是比较实用的方法。也可在属性面板单击蓝圈处的按钮转换为选区。蒙版中的白色转为选区，黑色转为未选区。

如果图像中已存在选区，还可以将蒙版作为选区运算（如添加、减去、交集等）的对象，其使用方法和快捷键组合也和 Alpha 通道一致，这里不再提及，大家自行尝试。

图 7-6-1

7.6.2　应用蒙版

虽然基于可编辑性最大化的原则应尽量保留原图以备不时之需，但如果已经确定不再需要被屏蔽部分的图像时，可通过应用蒙版将该部分删除。如图 7-6-2 所示，图层中原先的背景被删除了。应用蒙版可以在图层面板中的蒙版缩览图上单击右键选择“应用图层蒙版”或选择【图层 > 图层蒙版 > 应用】，也可在属性面板下方单击应用按钮。

图 7-6-2

应用蒙版后的图层又回到无蒙版的状态，此时可以再为其建立新的图层蒙版。虽然从理论上来说，只需要一个蒙版即可完成对图层的所有屏蔽需求，但如果兼顾原蒙版造成麻烦时，可选择应用原蒙版后再建立新蒙版，之后再行操作，当然这对于图像是有一定损失的。

7.6.3 停用及删除蒙版

如果希望看一看原图在没有蒙版时的样子，可选择停用蒙版，如图 7-6-3 所示，按住 Shift 键单击蒙版缩览图即可，被停用的蒙版将会出现明显的红叉标记。再次单击（此时无须按住 Shift 键）蒙版缩览图即可恢复启用。在属性面板上单击蓝圈处的眼睛按钮也可实现。

需要注意的是，在停用蒙版的状态下依然可以对蒙版进行相关操作，如将其载入选区等，也可以使用画笔工具涂抹蒙版，只是在停用状态下所做的修改不会影响图层。

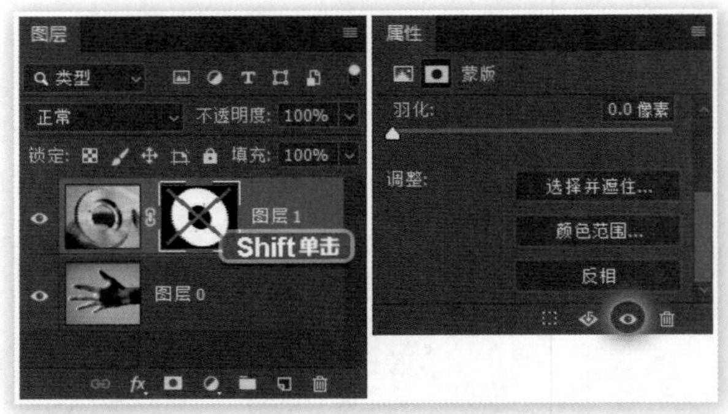

图 7-6-3

删除蒙版则相对简单，在图层面板中直接将蒙版缩览图拖动到下方的垃圾桶图标上即可，注意不要将整个图层删除。通过【图层 > 图层蒙版 > 删除】或蒙版右键菜单，或者属性面板中的垃圾桶按钮也可以删除。

7.6.4 蒙版与图层的链接

蒙版建立后默认与图层保持链接关系，这使得图层与蒙版在许多改动上保持一致，如移动、缩放等。如图 7-6-4 所示，在单击接缝处的锁链标志后，两者的链接关系将被解除（重复操作可恢复链接）。解除链接后，图层与蒙版就可以“单独行动”了，大家可以试试移动其中一者的效果。

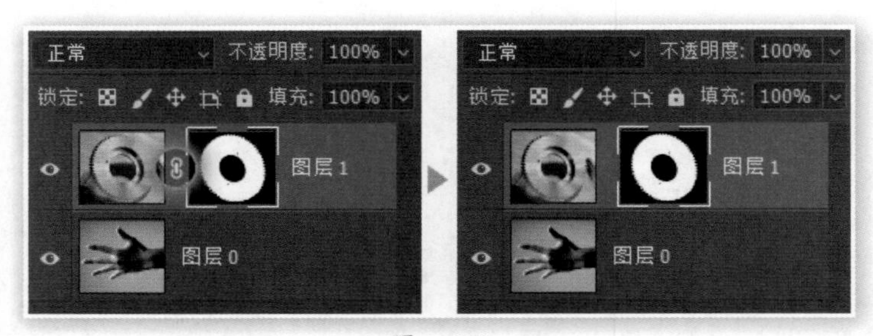

图 7-6-4

解除链接是一个比较常用的功能，一般是在固定蒙版位置后，移动图层来决定图层中的哪些区域适合出现在图像中。也可以在固定图层的情况下移动蒙版，但这种情况较少见。前者类似于在奔驰的火车上看窗外那不断改变的风景，后者类似于面对风景时用望远镜观察。

7.6.5　移动和复制蒙版

可以将一个图层中的蒙版移动到另外一个图层上，如图 7-6-5 所示，在图层面板中直接拖动蒙版缩览图到目的图层即可。拖动时如果按住 Shift 键会转为反相的蒙版。

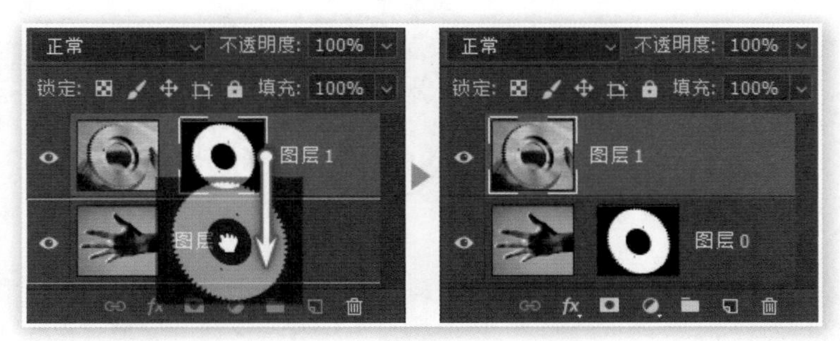

图 7-6-5

拖动时如果按住 Alt 键，蒙版将会被复制到目标图层中，如图 7-6-6 所示。注意观察两种操作中鼠标光标的不同指示，可以看出在 Photoshop 中对操作的光标指示都是类似的，如复制就是一黑一白两个箭头。复制时按住 Shift 键也会复制为反相蒙版。

如果原图层的蒙版事先解除了链接关系，那么无论是移动还是复制，目标图层中的蒙版也将处在未链接状态。另外，如果目标图层已有蒙版存在的话，将会出现替换蒙版的确认信息。

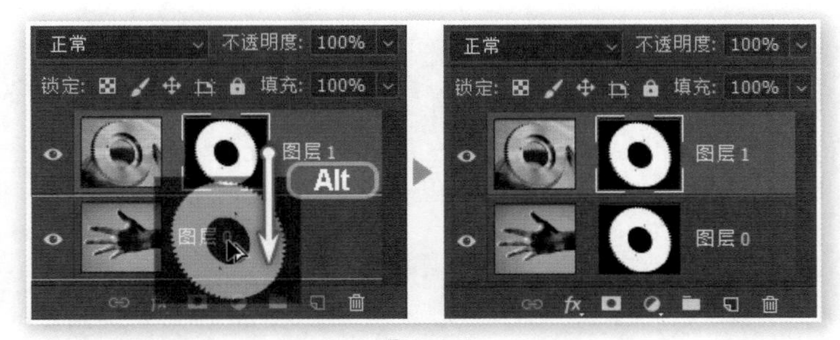

图 7-6-6

需要注意的是，背景图层是不能带有蒙版的，因此要先将其转为普通图层，之后才能“接收”外来的蒙版，转换方法是按住 Alt 键在图层面板中双击背景层。最后才介绍这一点，就是要考验一下大家是否懂得自己转换背景层。但可以直接对背景层执行添加蒙版的操作，这样背景层会自动转换为普通图层。

7.6.6　蒙版边界的概念

在如图 7-6-7 所示的缩览图中，可以看到图层在移动后露出了透明部分而蒙版却没有，这似乎说明了图层是有边界的而蒙版没有边界，这个想法是错误的。之前在学习图层的时候就提到过图层本身是没有边界的，只是其中的内容有边界而已。对蒙版来说也是如此，蒙版也是没有边界的。

图 7-6-7

在通过选区创建蒙版时，除了选区是白色以外，其余均为黑色，无论怎样移动都不会达到边界，这可以理解为“无边的黑暗”。这就确保了只有选区内的区域才可见，其余区域则始终被屏蔽。即使现在使用画笔在图层中的透明区域涂抹，也不会看到任何效果。

7.7 使用蒙版合成图像

其实在我们将带有蒙版的齿轮图层移动到另外一幅图像中时，就已经进入了合成图像的领域了。Photoshop 严格说来就属于进行合成制作的软件，在实际工作中常见的方式也是将各种素材结合在一起，辅以必要的修饰后形成最终的作品。

如果大家之前是按照教程一步步操作而来，那么现在应该具备足够的素材，同时有手和齿轮两个图层的图像。如果没有，可使用素材 s0705.psd 继续下面的制作。

首先我们要通过修改蒙版将齿轮改为带有渐变消失的效果，不难想到这应该通过将蒙版改为渐变来实现，而渐变的设定应该是标准的黑白渐变。但是如果我们直接在齿轮图层的蒙版上使用渐变工具就会破坏原来的齿轮蒙版，如图 7-7-1 所示。

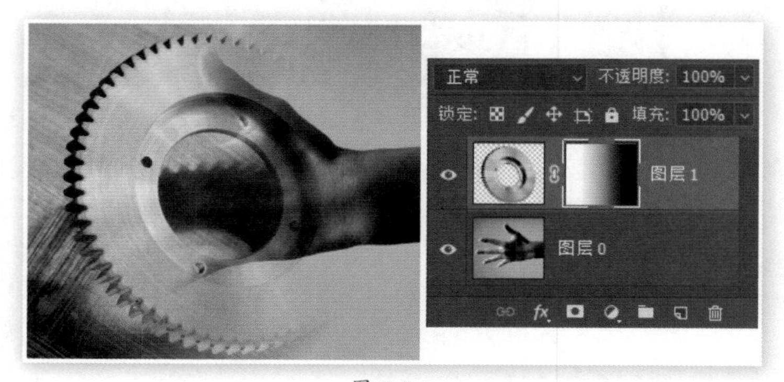

图 7-7-1

这是因为标准的黑白渐变将会在全画面中充满黑色和白色，因此会破坏原先的齿轮蒙版。如果要避免这个情况，可使用“前景色到透明”的设定，将前景色设为黑色后在蒙版中使用，这样的渐变就不会充斥全画面，如图 7-7-2 所示。

“前景色到透明”是一个非常实用的渐变设定，在很多类似这样的情况下都可以使用。

图 7-7-2

如果我们一定要使用“黑色到白色”渐变设定，这也是可以完成的，其思路是将黑白渐变限定在齿轮区域之内，这样就不会对区域外造成影响了。限定渐变区域的方法就是使用选区，将原先的蒙版载入为选区后，在蒙版中使用渐变工具，效果如图 7-7-3 所示。

虽然总体上看是起到了一定效果，但仔细观察会发现在看似消失的齿轮边缘处仍有部分残留，单独观察蒙版也会看到边缘处仍然有细微的白色杂边存在，这是当初选区的“抗锯齿”功能造成的。

图 7-7-3

选区抗锯齿是通过将边界半透明化来模拟平滑的，将其创建为蒙版没有什么问题，但是将这个蒙版作为选区载入时，在边缘部分就会由于选区不饱和而出现未被选取的情况。遇到上述问题时，可尝试用黑色涂抹蒙版来解决。

如果确认原先齿轮图像的背景已完全无用，可应用蒙版改变图层内容，然后在没有选区的前提下单击按钮建立蒙版，从而创建一个空（即全白）蒙版，之后对其使用渐变工具，效果如图 7-7-4 所示。

图 7-7-4

接下来是自由创意时间，将齿轮复制多个并变换为不同大小，之后移动到不同位置进行构图组合，并视情况对蒙版进行修改，做出类似图 7-7-5 的效果。大家可自行尝试制作，不需要完全一致，最好有自己的创意。

图 7-7-5

在上图的基础上，我们尝试一下更改图层混合模式，如图 7-7-6 所示，将 4 个齿轮编入一个组中，然后将这个组的混合模式改为“叠加”。之后为了让色彩对比更强烈一些，再增加一个曲线调整层，曲线的具体设定请大家自行尝试。

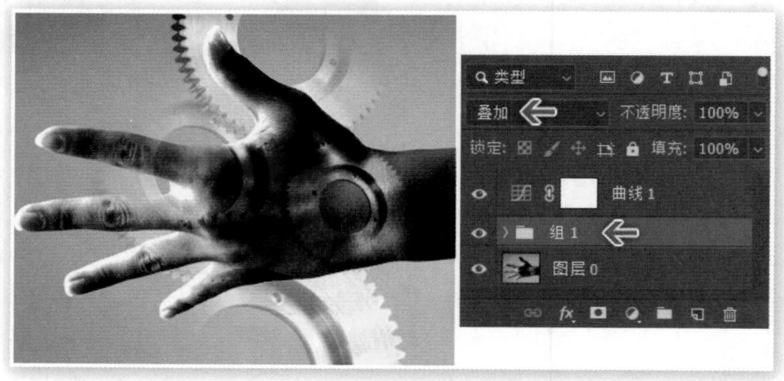

图 7-7-6

图层混合模式决定了当前图层与下方图层的融合方式，默认为“正常”模式，更改为其他模式后可以产生各种交融的效果。有关混合模式的原理较为枯燥，主要还是要靠大家多动手试验，以最佳视觉效果作为设定的标准。

涉及混合模式也许有些“超纲”了，那我们就再次超越进度来学习，如图 7-7-7 所示，将齿轮图层组混合模式改回“穿透”之后，删除曲线调整层，试一下使用渐变映射更改图像色彩的效果。渐变映射的原理是按照色阶的色彩替换，相关知识将在以后学习。

图 7-7-7

在使用渐变映射改变图像色彩后，再使用曲线调整层增强画面对比，效果如图 7-7-8 所示。这个效果没有超纲内容，而只是综合使用了多个色彩调整工具。

图 7-7-8

以上 3 个效果看起来虽然风格迥异，但其实都只是在图 7-7-5 的基础上经过一些小改动后形成的衍生效果，图 7-7-9 就是在图 7-7-6 的基础上更改曲线设定并且加上两段文字（相关知识将在以后学习）形成的又一衍生作品。

本节中所讲述的操作似乎与蒙版关系不大，这不奇怪，因为蒙版本来就只是一种辅助处理手段，很难单靠其做出完整的作品。在图像合成中营造视觉效果的重要手段是色彩调整和混合模式，这两者的不同搭配组合可以产生无穷多的效果，相信大家已经有所体会。但如果没有蒙版的辅助就无法或者说很难建立初期构图，而一幅缺乏基本构图的作品，即便再怎么处理色彩与混合模式都难以成形。

图 7-7-9

图 7-7-10 所示则是完全不同的布局思路，通过复制约 200 个齿轮层将其错落有致地排列，再通过两个曲线层分别对不同部位加亮及减暗，形成亮度差。在这里大家需要解决以下两个问题：

（1）可以看到超出手形区的齿轮都被隐藏了，那么如何限定这 200 个齿轮的显示区域？

（2）可以看出齿轮群中的各部分的亮度是不同的，那么如何营造出这种亮度差？

思考后就可以开始动手实际制作了，这个例子乍一看很难做，其实想明白后会发现并不复杂，也没有之前的所谓“超纲”内容，以目前所学知识足够应付。只是大家还缺乏经验，缺少一种有效的思考方法来指导“主动创意”的进程。那么在观察一个既成的效果后，运用反向思维来还原其制作步骤，也就是“被动创意”，这应该是没有问题的，所需要的只是细心和耐心，并尝试将其方法为己所用，并且在运用中求变化，生成自主创意。我们提供了这个效果的 psd 源文件，大家可对照素材 s0706.psd 分析一下。

图 7-7-10

根据已经了解的这些超纲与不超纲的方法，大家可利用这套齿轮和手的素材做出更多的设计组合。注意不要将制作变为纯粹的视觉效果堆积，而应该多花时间在主题表达的设计上。比如假设齿轮代表机械而手代表人类，要体现人类与机械的关系，那么是两者相辅相成还是机械取代人类？这是需要大家在制作之初就开始思考的问题，这样制作出来的作品也才能具备内涵和主题。

7.8　建立多图层蒙版

目前为止我们的蒙版都是作用于单个图层的，并且用途都是分离背景，虽然这也是蒙版的主要应用，但在实际工作中还有一些其他的应用类型。

7.8.1　用蒙版进行布局

之前我们使用蒙版是为了将齿轮从背景中分离，这种剔除背景的操作也称作抠图，此类应用一般不再需要被蒙版屏蔽的部分。其实如果选区能够足够完美，直接将选区内的背景按 Delete 键删除即可，而不一定要使用蒙版。但是实际操作中为了保留可编辑性，还是提倡使用蒙版。

在打开素材 s0707.jpg 后执行【滤镜 > 模糊 > 高斯模糊】，如图 7-8-1 所示，这样将图像处理成了模糊效果。在缺少素材的情况下可以采用这种方法来制作背景图，模糊的轮廓可以避免与画面中的其他物体冲突，必要时还可降低其色彩饱和度。

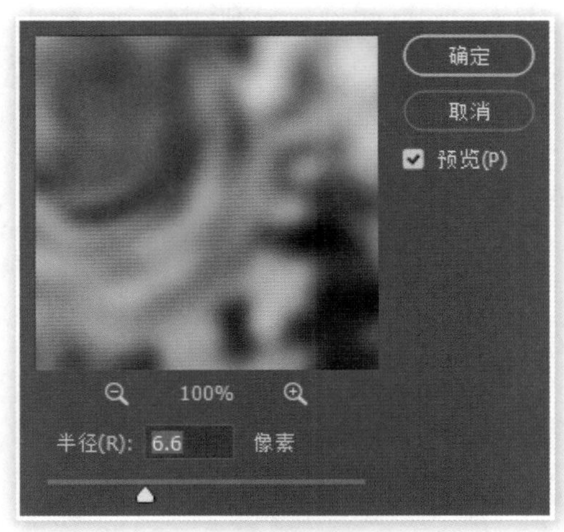

图 7-8-1

接下来我们所要使用的蒙版并非用于抠图，而是用于画面布局。这类蒙版在建立后一般都会解除与图层的链接，以便于独立移动。将素材 s0708.jpg 和 s0709.jpg 导入到图像中后，并非如常规那样通过选区来建立蒙版，而是通过【图层 > 图层蒙版 > 隐藏全部】建立一个全黑的蒙版，再使用白色在蒙版中画出心形完成蒙版制作，如图 7-8-2 所示。

之后解除蒙版的链接关系，以便于在蒙版位置不变的情况下，通过移动图层内容来决定适合出现在心形区域的图像部分。

图 7-8-2

【技巧提示 7.1】建立无选区蒙版

事实上通过菜单建立蒙版较为麻烦，我们可以在没有选区的情况下直接在图层面板中单击新建蒙版按钮，创建一个全白的蒙版，然后用黑色〖D〗画出所要的区域，最后按快捷键〖Ctrl + I〗将蒙版反相来达到同样的效果。这些步骤看似更麻烦，但实际操作起来要比使用菜单更快。

最后注意图层 3 与图层 2 的内容是相同的，只是图层 3 蒙版中的心形区域略大一些，那么是否可以通过对蒙版使用自由变换按快捷键〖Ctrl + T〗来达到效果呢？目前我们所建立的蒙版都是像素化的点阵性蒙版，大家也都知道点阵图像的一个显著特性，那就是在缩放中将损失质量。因此虽然可以通过自由变换〖Ctrl + T〗将图层 2 的蒙版放大到图层 3 的大小，但其质量会有所下降。如图 7-8-3 所示即为经缩小放大后质量明显下降的情况。

图 7-8-3

这种损失在缩放程度不大时并不明显，在本例中实际并无太大影响，但仍然应努力避免这种情况。

7.8.2　建立矢量蒙版

彻底解决这个问题的方法就是使用矢量蒙版，如图 7-8-4 所示，在先将图层 3 的蒙版删除后，使用形状工具的“路径”方式画出心形，然后在公共栏单击蒙版按钮（或通过【图层 > 矢量蒙版 > 当前路径】）建立一个矢量蒙版。完成后同样可以解除蒙版链接以便各自单独调整。

图 7-8-4

在属性面板中同样可以对矢量蒙版设置浓度和羽化，参数也具备可编辑性。如果图层中同时存在点阵和矢量两种格式的蒙版，可在红色箭头处切换选择。

矢量蒙版的优点这里就不再重复阐述了，而其最明显的缺点就是不能提供渐变半透明效果。解决方法是对一个图层同时应用矢量蒙版和点阵蒙版，如图 7-8-5 所示。矢量与点阵两个蒙版可各自设定链接关系，其他的一些操作，如转为选区、停用、移动或复制至其他图层等与点阵蒙版相同。

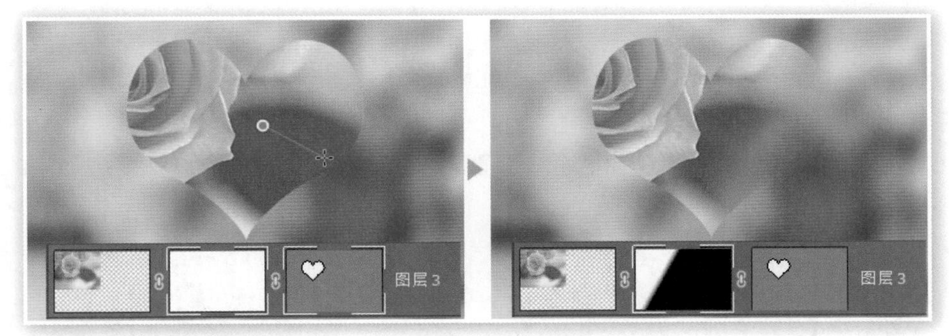

图 7-8-5

与像素点阵蒙版不同的是，除了简单的自由变换以外，类似图 7-8-6 这样的针对矢量蒙版形状的修改，普通的画笔等绘图工具是无法完成的，必须通过矢量类工具才能实现。而可以针对点阵蒙版使用的色彩调整对矢量蒙版则是无效的。

从实际工作角度出发，建议大家在使用布局类蒙版时优先考虑矢量蒙版，不仅因为其无损缩放的特性，更因为其出色的形状修改能力远非绘图类工具所能比拟的。

图 7-8-6

即便出于一些不得已的理由而必须使用点阵蒙版时，也建议先使用矢量蒙版以获得其优秀的形状修改能力，在对外形定稿后可将其转换为普通点阵蒙版。转换的方法是在图层面板中的矢量蒙版缩览图上单击右键后选择“栅格化矢量蒙版”，栅格化的含义就是将矢量转为像素点阵。如果该图层原先已经有点阵蒙版存在，则将与之融为一体。

7.8.3 建立剪贴蒙版

目前为止我们所建立的蒙版都是以附加在图层上的形式存在的，而实际上在 Photoshop 中还可以将 A 图层当作 B 图层的蒙版，将 B 图层限制在 A 图层的有效范围内，从而直接对 B 图层产生屏蔽效果。我们早先学习过的专属色彩调整层（图 6-11-6）就是基于此原理。

如图 7-8-7 所示，在背景层与图层 1 之间新建图层 3，用形状工具的像素方式绘制一个心形。之后在两个图层的接缝处按住 Alt 键单击，图层 3 即成为了图层 1 的剪贴蒙版，图层 1 中的内容只在心形区域内显示。这种方式不需要事先选择图层，可在任意情况下进行。成为剪贴蒙版的图层，其名称会显示下划线。

也可以在选择图层 1 的情况下，通过【图层 > 创建剪贴蒙版】或按快捷键〖Ctrl ＋ Alt ＋ G〗来建立与下方图层 3 的剪贴蒙版。

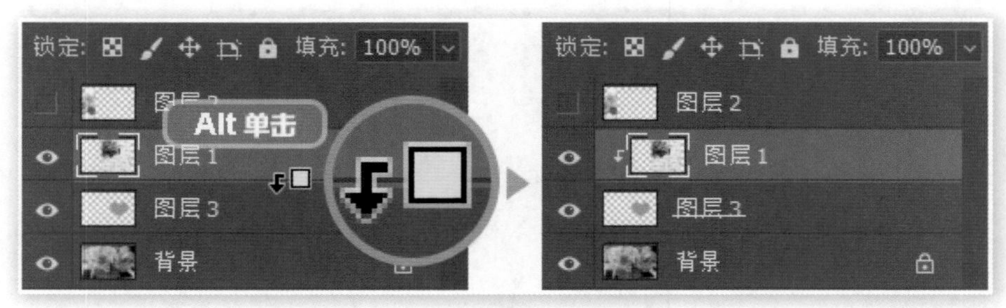

图 7-8-7

可将其他图层通过同样的操作加入到剪贴蒙版中，如图 7-8-8 所示，图层 1 和图层 2 都被限定在图层 3 的有效区域内显示。

通过适当地排列图层 1 和图层 2，两个图层的内容都可以在心形区域内显示。这实际上起到了多个图层共用一个蒙版的效果。如果按照之前所学的来操作，则需要分别在两个图层中建立相同的蒙版才能实现。

图 7-8-8

由于至少需要两个图层，因此剪贴蒙版实际上是一个组（可称为剪贴组），以组中最底层图层中的像素内容作为有效区域，对其上方的图层形成屏蔽作用。虽然是组，但各图层并无直接的关联，比如可以各自移动、更改内容、改变不透明度，还允许拥有自己的蒙版等。注意修改（如涂抹、改变不透明度等）作为蒙版的图层将直接影响剪贴效果。

在本例的剪贴组中，图层 3 中起作用的信息只是像素的分布和不透明度，这决定了上方图层在什么位置、以何种透明度展现。至于图层 3 的像素颜色则无关紧要，因为图层 1 和图层 2 实际上完全取代了图层 3 中的内容，所以作为剪贴蒙版的图层中的内容只需要单色就可以了。

但如果作为剪贴蒙版的图层本身包含了有价值的图像信息，并且我们也希望将其有效利用起来时，可通过更改上方图层的混合模式来达到融合的效果。导入之前的齿轮作为剪贴蒙版，将图层 1 和图层 2 改为“正片叠底”混合模式，所产生的融合效果如图 7-8-9 所示。

图 7-8-9

如果不使用剪贴蒙版，要实现图 7-8-9 的效果就需要将齿轮图层载入为选区，然后分别在图层 1 和图层 2 上建立蒙版，如图 7-8-10 所示。

图 7-8-10

这两种方法最终呈现的画面效果是相同的，如果这幅作品是一步到位不再修改，则使用哪种方法都可以。但如果按照前一种方法实现，要缩小齿轮时必须同步缩小图层 1 和图层 2 的蒙版（图层内容不缩小），为避免协同操作带来的麻烦和瑕疵，需要再次创建齿轮选区后重建图层 1 和图层 2 的蒙版。

很明显，要看到修改齿轮后的效果，传统图层方式必须经历 7 步：缩小齿轮图层、删除图层 1 蒙版、删除图层 2 蒙版、通过齿轮创建选区、重建图层 1 蒙版、通过齿轮或图层 1 蒙版创建选区、重建图层 2 蒙版。而使用剪贴组方式只需要做第一步就可以立刻看到效果了。

除了普通图层之外，还可以使用文字图层来制作剪贴蒙版，使图像只出现在文字的区域内。

7.8.4 建立图层组蒙版

虽然剪贴组可以解决多图层共用蒙版的问题，但其松散的结构导致在一些操作（如整体移动等）方面较为不便。实际上真正的多图层蒙版解决方案是使用图层组蒙版，相信大家看到这个名字就已经知道如何操作了，首先将图层 1 和图层 2 全部选择后按快捷键〖Ctrl + G〗建立为图层组，然后就像设置普通图层那样为图层组建立蒙版，如图 7-8-11 所示。

图 7-8-11

使用图层组蒙版的好处除了便于管理外，在一些统一操作上也较为便捷，如通过更改图层组的不透明度和混合模式实现对组中所有图层的操作，在图层数量较多时优势更为明显。

7.9　关于蒙版的其他知识

接下来学习一下如何使用快速蒙版，以及一个在实际工作中很好用的蒙版创建技巧。

7.9.1　使用快速蒙版

在 Photoshop 中还有一个快速蒙版功能，其与屏蔽图层内容的蒙版有本质区别，它的作用是创建或修改选区。

新建一幅图像并随意创建一个选区后，按〖Q〗或在工具栏单击快速蒙版按钮，就会看到选区之外的部分变为了淡红色，如图 7-9-1 所示。通道调板中会临时增加一个快速蒙版通道。

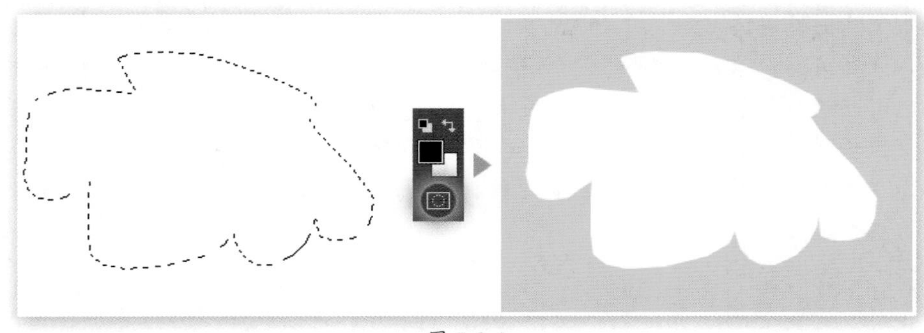

图 7-9-1

之前都是使用选区工具通过运算方式来修改选区，而快速蒙版允许我们通过画笔涂抹来修改选区。与涂抹普通蒙版相同，涂抹快速蒙版也只能使用灰度色。涂抹完成后再次按〖Q〗就可以回到正常状态并看到修改后的选区了，如图 7-9-2 所示。

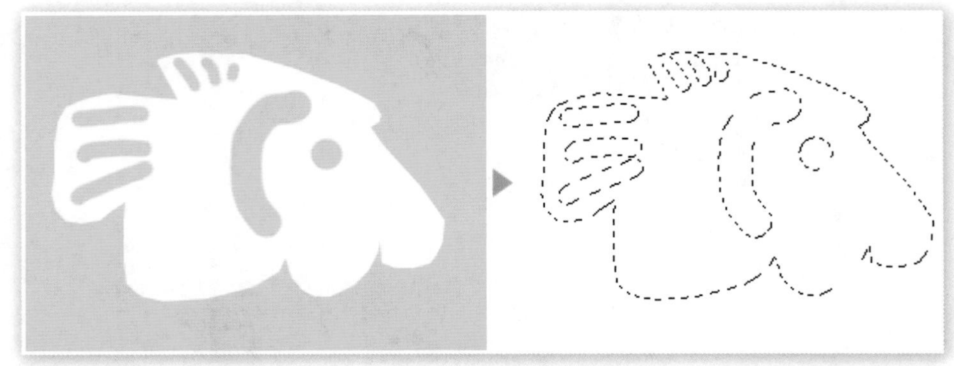

图 7-9-2

可以看出快速蒙版的主要优势在于可以利用绘图工具进行选区的修改，其原理就是借鉴了蒙版中的灰度色来表示添加或减去选区。如果使用灰色或边缘较软的画笔，可能会形成不饱和的选区。

快速蒙版下所显示的淡红色只是一种参考颜色，如果对操作造成影响（如图像本身就是红色调的），可双击快速蒙版的按钮后更改其显示颜色，如图 7-9-3 所示。

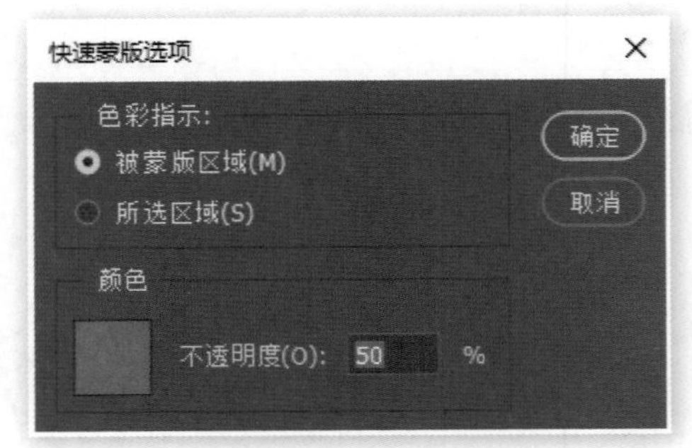

图 7-9-3

可以看出快速蒙版与选区是密切相关的，但在学习选区时我们将其忽略主要是为了避免概念的混淆，另外也是因为快速蒙版的实用性不高。早期版本的 Photoshop 中的选取工具功能较弱，许多精确的选区都需要借助于快速蒙版下的“精描细画”来完成，而现如今的选取工具的功能已经相当完善和强大，需要使用快速蒙版的情况已经很少了。

俗话说长江后浪推前浪，随着 Photoshop 功能的推陈出新，一些原来很重要的功能都会逐渐隐退。我们如果因为自满而延缓甚至停止学习的话，很容易被后起之秀所取代，“福兮祸所伏”，领先是优势也是隐患。

7.9.2 利用通道建立蒙版

虽然我们已经掌握了所有选取工具的使用技巧，但某些选区很难通过选取工具来创建，比如图 7-9-4 所示的素材 s0710.jpg 中水花部分。这个选取操作的难点不仅在于水花的形状细腻多变，还在于水花的某些部分如水雾是半透明的，这比我们之前遇到的所有选取需求都更苛刻。

图 7-9-4

其实解决这个问题的操作并不复杂，关键是要找对思路。看图可知水花与背景存在明显的亮度差异，那么只要获取这种亮度差，就能将两者区分出来。获取亮度差的方法就是直接调用图像通道，如图 7-9-5 所示，在蓝通道中，水花与岩石的亮度反差较大。

蒙版与通道最大的相同之处在于它们都是由灰度色所组成的。那么就可以将通道中的灰度信息提取出来，然后将其作为蒙版进行使用。也就是说，可以将反映了水花与背景亮度差异的通道创建为蒙版，从而在图像中对两者进行分离。

图 7-9-5

为了更加明确思路，我们来做一个反向推理。假设已经为这幅图像创建了理想的选区，那么在将这个选区储存后所产生的 Alpha 通道中，其灰度分布应该类似图 7-9-6 所示。这种全黑的背景才能确保选区的精确性。

图 7-9-6

显然，即便是目前反差最大的通道也达不到这样的要求，因此我们需要对通道的灰度图像进行再加工。为此应该首先将通道复制出来，如图 7-9-7 所示。通过这种方法复制出来的通道其实就是可作为选区载入的 Alpha 通道。

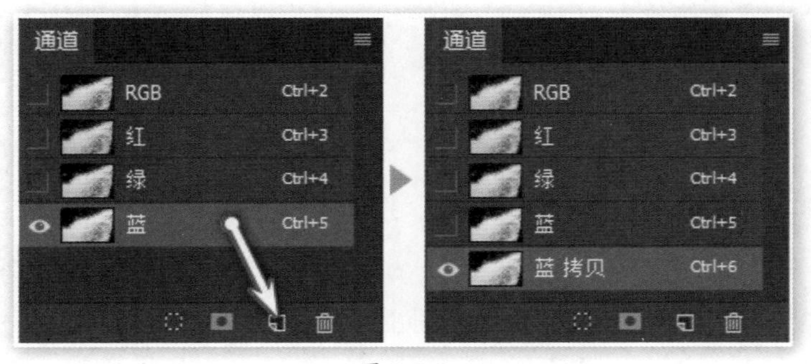

图 7-9-7

接下来就是对这个通道进行处理使反差达到要求，相信大家都已明白该如何操作了。如图 7-9-8 所示，首先使用曲线快捷键〖Ctrl + M〗或色阶快捷键〖Ctrl + L〗对暗调色阶进行合并（必要时也可合并高光），注意合并的程度不要太大以免丢失一些类似水雾这样的半透明的部分。对于一些难以通过色彩调整达到效果的区域，可辅以画笔工具进行“抹黑”。

图 7-9-8

将处理完成的 Alpha 通道载入（按住 Ctrl 键单击通道缩览图）为选区后，可按快捷键〖Ctrl + 2〗回到正常显示方式，然后对背景图层建立蒙版，即可看到透明背景的水花。由于背景层中被蒙版所隐藏的岩石部分已确定不再需要，因此可应用蒙版将其彻底删除，图层中只保留水花部分。

这样分离出来的水花可以作为通用素材，与其他素材进行合成，并通过适当的修改形成新作品。如图 7-9-9 所示为水花与素材 s0711.jpg 的合成效果。

图 7-9-9

虽然合成效果已经出现，但稍显生硬，对提琴的遮挡太多，接着我们要对水花图层的合成效果进行调整。

（1）为水花图层新建一个空白蒙版。

（2）在画笔面板中选取一个名为“喷溅 kwt3”的画笔设定。在公共栏中将画笔流量设为 10% 或更低，如图 7-9-10 所示。

（3）将前景色设为黑色，用合适的画笔大小在水花层的蒙版中涂抹。

（4）对水花层的图层蒙版进行曲线调整，按快捷键〖Ctrl ＋ M〗，将暗调合并一些。水花层蒙版变化过程大致如图 7-9-11 所示。

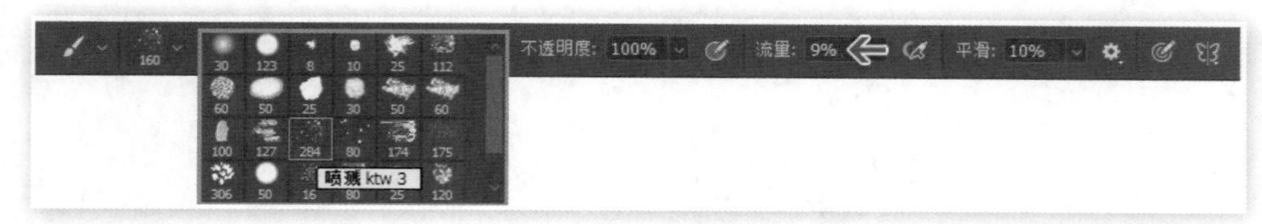

图 7-9-10

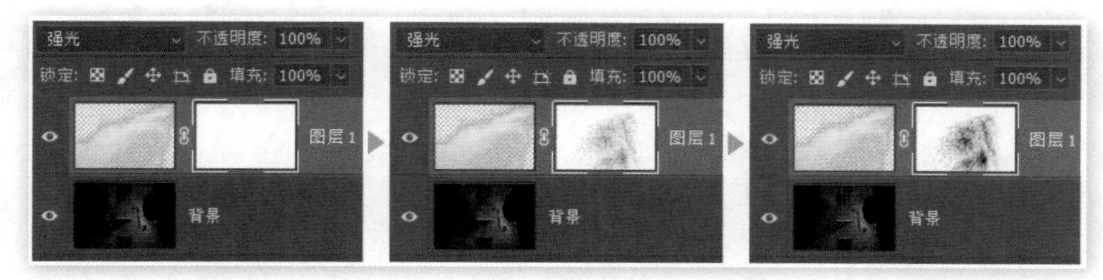

图 7-9-11

图 7-9-12 所示为调整前后的图像效果对比，可以看出水花不再对下层的提琴形成大范围的遮挡，提琴的一些特征得以有效体现。

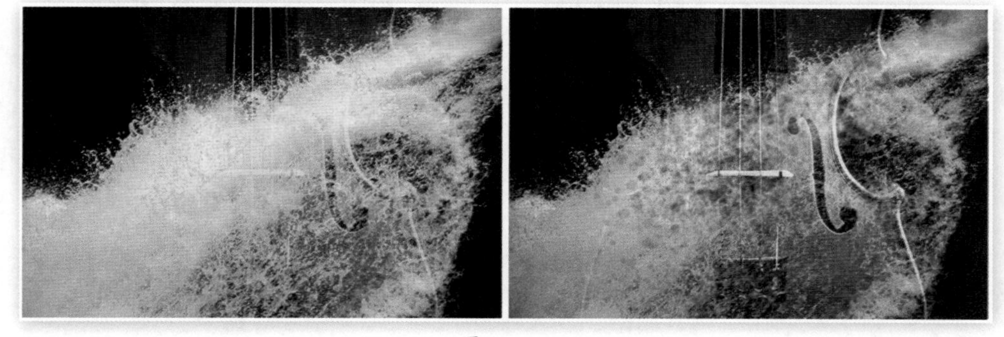

图 7-9-12

这个效果主要得益于画笔设定的正确选择，如果选择普通的圆形画笔则痕迹会较为明显。此外还可以使用较低的流量进行绘制，这样即便是纯黑色也可避免形成过于强烈的反差，后期通过曲线调整来决定反差的程度更为方便。最后就是画笔绘制区域的选择，也就是要淡化水花体现提琴的区域，这方面大家可以根据自己的想法进行尝试。

在图像合成制作中经常需要对素材进行预处理，其中大部分是分离主体与背景，这种利用通道创建蒙版的方法会派上大用场。基本上只要主体具备较单纯的色彩都可以加工通道得到合适的蒙版。即便色彩并不单纯，也可以通过综合各通道来形成所需的蒙版。

7.9.3　通过色彩范围建立蒙版

对素材 s0712.jpg 使用【选择 > 色彩范围】工具，单击图像中白云位置并设置合适的色彩容差后即可得到选区，如图 7-9-13 所示。

图 7-9-13

色彩范围与蒙版配合更具实际操作意义，其对选区的灰度图表示方法也与蒙版类似，现在大家应该都已经能够理解这种灰度图的含义。使用时注意不要设置如图 7-9-14 所示的过大或过小的容差，判断的标准是背景足够黑、前景云彩细节丰富。

图 7-9-14

之后可以利用这个选区为导入的新图层建立蒙版，如图 7-9-15 所示分别是使用素材 s0713.jpg、s0714.jpg、s0715.jpg 图像合成的效果，大家可自行尝试制作。

图 7-9-15

制作时需注意合理地处理素材图像，这里所说的处理包括对图像大小、位置以及色彩的调整。其中大小和位置一般都没什么问题，在色彩的处理上则需要多下功夫，素材之间色彩的合理搭配是整体效果好坏的关键。

7.10　习作：制作土星图像

我们曾经制作过星空，那么现在来制作太阳系中最美丽的行星——土星。土星的星体和光环都与图 7-2-15 的效果类似，那么我们就朝这个方向来制作。

首先来制作光环，思路是先制作一个正圆的光环，然后通过自由变换将其变为椭圆形。新建一个 400×300（或自定义尺寸）的图像，将背景涂黑（快捷键〖D〗、〖Alt ＋ Delete〗）之后建立一个尽可能大的正圆选区，如图 7-10-1 所示。

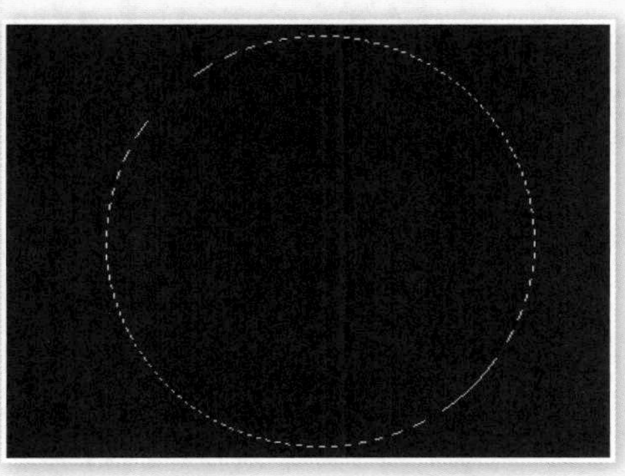

图 7-10-1

接下来通过【图层 > 新建填充图层 > 渐变】或直接单击图层面板下方的新建调整层图标，建立一个渐变填充层。各项设置如图 7-10-2 所示，将样式设为“径向”后定义一个杂色渐变，开启“限制颜色”和“增加透明度”选项，之后不断单击“随机化”按钮直到出现类似的渐变。

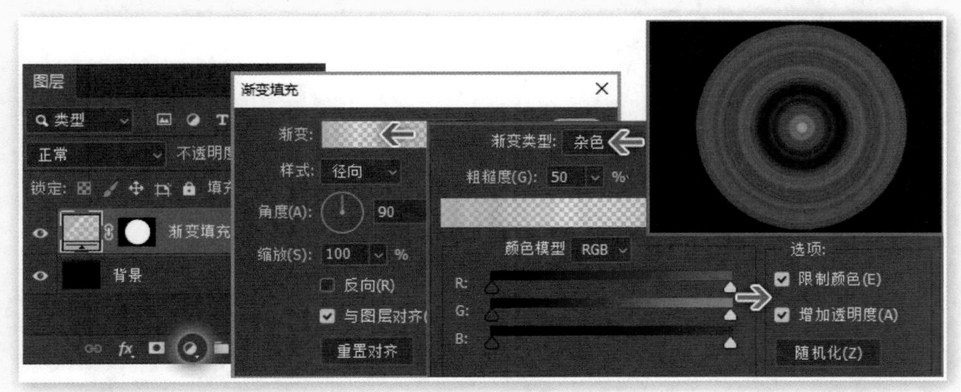

图 7-10-2

现在的效果还只是一块“光饼”而不是光环，为了形成光环必须选择中间部分后将其减去，只剩下外环。因为其必须与光饼成同心圆，因此直接创建是有难度的，但是我们可以将光饼作为选区后再将选区缩小来实现。

将蒙版作为选区载入（按住 Ctrl 键单击光环蒙版缩览图）后通过【选择 > 变换选

区】将选区缩小为原来的 70% 左右（可在公共栏输入，手动操作时要配合 Alt 键固定圆心），在蒙版中将选区内填充黑色（快捷键〖D〗、〖Alt ＋ Delete〗）后，就得到了光环，如图 7-10-3 所示。

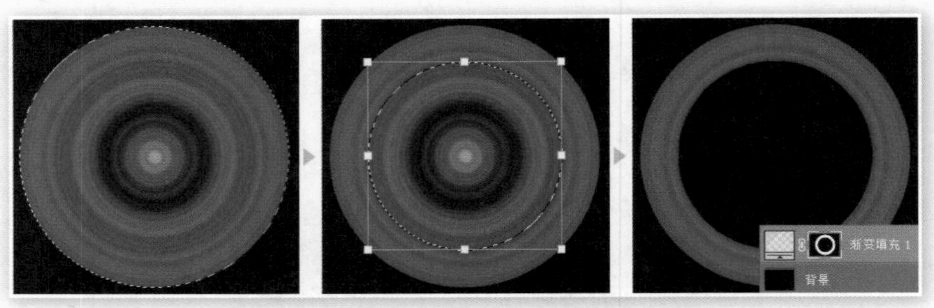

图 7-10-3

现在要将这个光环压扁为椭圆，但直接对填充图层进行自由变换只会更改其蒙版的形状，这是由于填充图层具有只按照自身设定产生图像的特殊性质，可先将其转换为智能对象。可通过【图层 > 智能对象 > 转换为智能对象】或在图层面板中渐变层上单击右键完成。之后将图层名称改为“光环”，如图 7-10-4 所示。

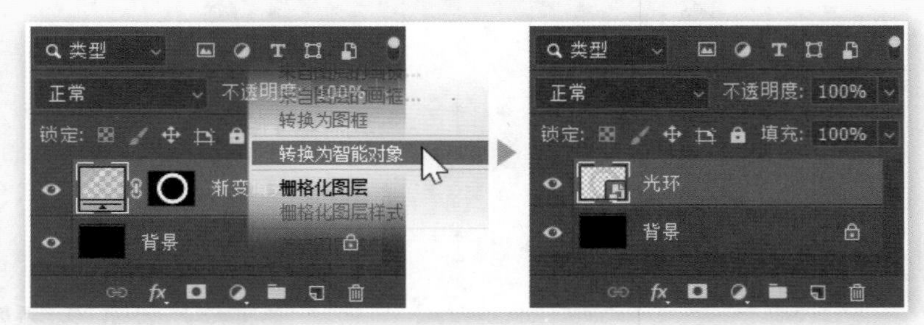

图 7-10-4

转换为智能对象是保留可编辑性的最佳方法，通过双击智能对象的缩览图可随时更改其内容，这会在后文中再行介绍。接下来使用自由变换命令快捷键〖Ctrl ＋ T〗，将光环的高度缩小为 15% 并旋转 -30 度（参数可视情况自定），如图 7-10-5 所示。

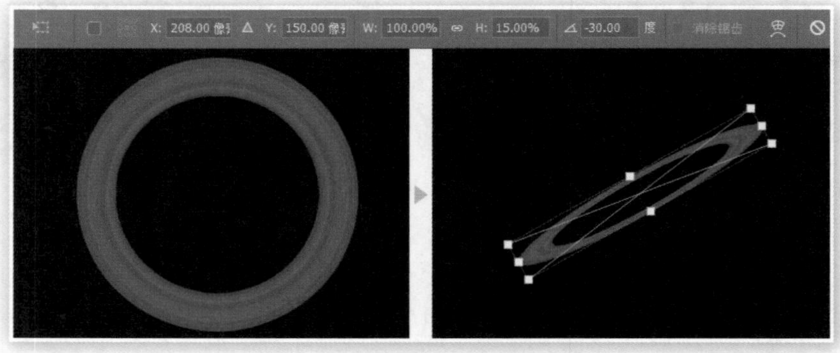

图 7-10-5

需要注意的是，在操作变换时，无论公共栏中是否开启了锁定，Photoshop 都会根据内容自动决定是否锁定长宽比。比如对智能对象进行变换时就是默认锁定的，此时按住 Shift 键即可解除锁定。

用同样的方法也可以制作出星球，不同的是，我们要将渐变范围放大后用鼠标在图像中移动以改变径向渐变的中心点，如图 7-10-6 所示，移动到一定位置即可。注意，这里渐变的角度也是由鼠标移动来决定的，而非在渐变填充设置中更改角度的效果。大家多动手试试就能明白。

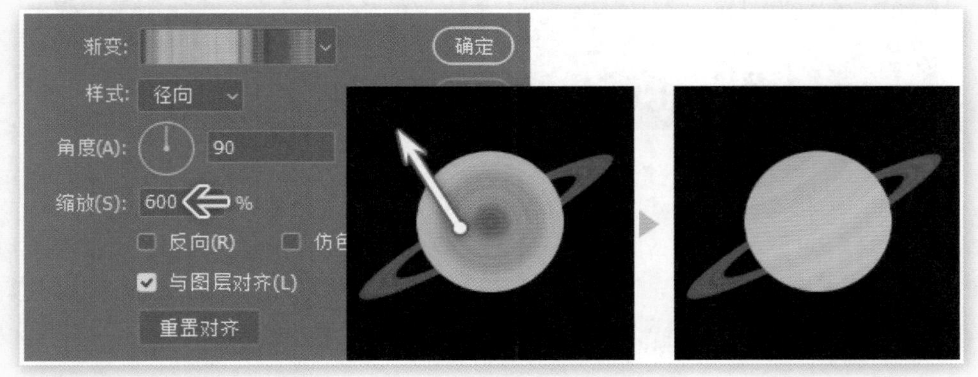

图 7-10-6

现在我们通过图层样式添加上明暗变化的效果，使其看上去像一个球体。可通过【图层 > 图层样式 > 渐变叠加】或直接在图层面板中双击图层（缩览图及名字以外的区域）来启动图层样式。设置如图 7-10-7 所示，注意选择合适的混合模式，并将渐变设定为黑色到灰色（可从黑白渐变修改得来），不建议使用白色，因为白色的效果过于强烈。此外应在图像中拖动渐变以寻找合适的位置。完成后也将其转为智能对象。

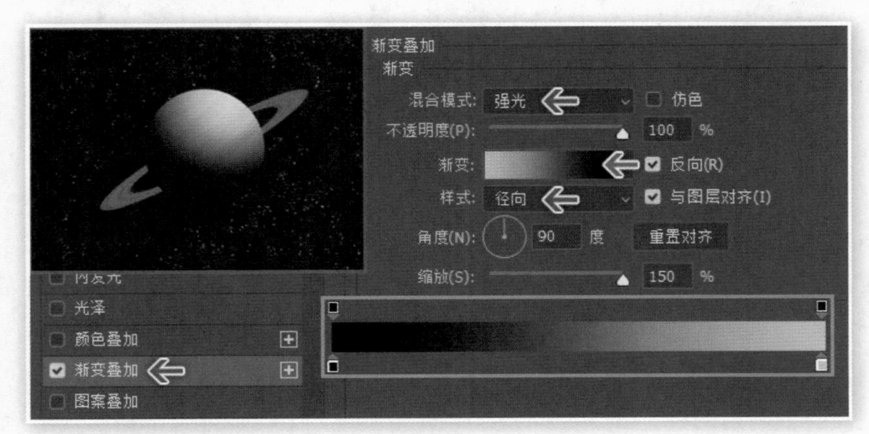

图 7-10-7

接下来制作光环围绕星体的效果，首先将光环层移动到最上方，并建立一个空的（全白）蒙版。将土星的星体作为选区载入，然后在光环层的蒙版中用纯黑色画笔抹去上方相交的部分，如图 7-10-8 所示。

即便不使用选区也可以完成这个操作，但是利用选区的限定功能令涂抹工作变得更简单，因为不用担心会影响星体之外的光环。

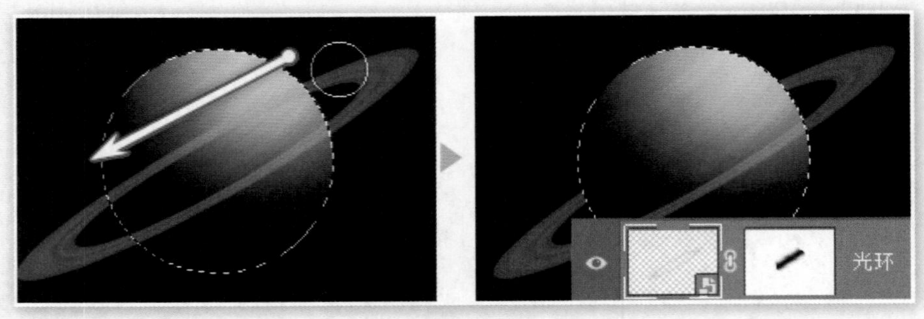

图 7-10-8

到现在为止，土星的制作算是基本完工了，但是有一些细节还需要我们注意。如按照目前的光线照射效果，应该在光环上出现星体所形成的阴影，考虑在视觉效果上全黑的阴影看起来不够美观，因此这里将其处理为半透明阴影。制作方法是先使用多边形套索工具画出选区（注意线条的角度要迎合光照方向），然后使用深灰色填充光环的蒙版。

可以在背景层上利用绘制银河时学到的知识制作出星空背景，也可以直接把前面银河 PSD 文件中的星空图层拖进来使用，效果如图 7-10-9 所示。

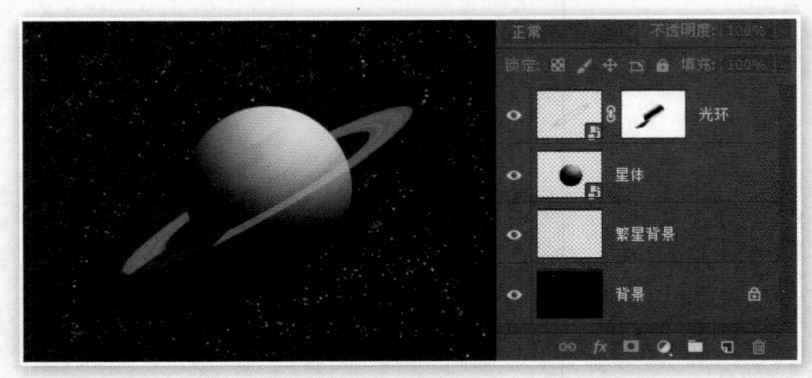

图 7-10-9

接着对色彩进行调整，如图 7-10-10 所示，分别对两个智能对象层使用色相 / 饱和度调整层，一是提高光环的亮度，使其呈现白色；二是下调了星体的色彩饱和度，具体调整大家可自行决定。

现在我们利用滤镜来添加光照效果。首先新建一个图层并全部涂黑，然后对其使用【滤镜 > 渲染 > 镜头光晕】，完成后将该图层的混合模式设为“线性减淡（添加）”，即可看到光晕与其下图层的融合效果。可移动图层到合适的位置，各项内容如图 7-10-11 所示。

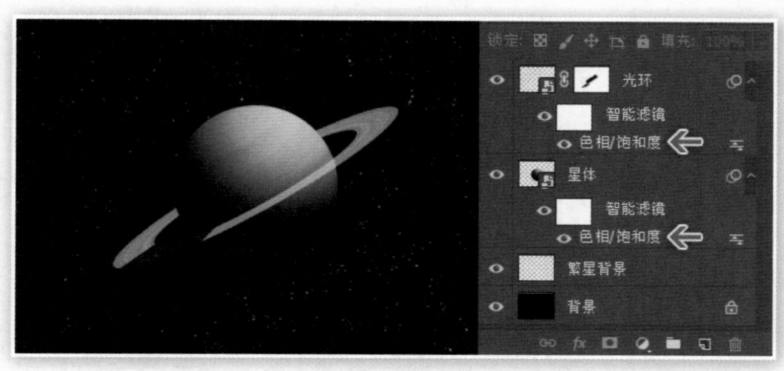

图 7-10-10

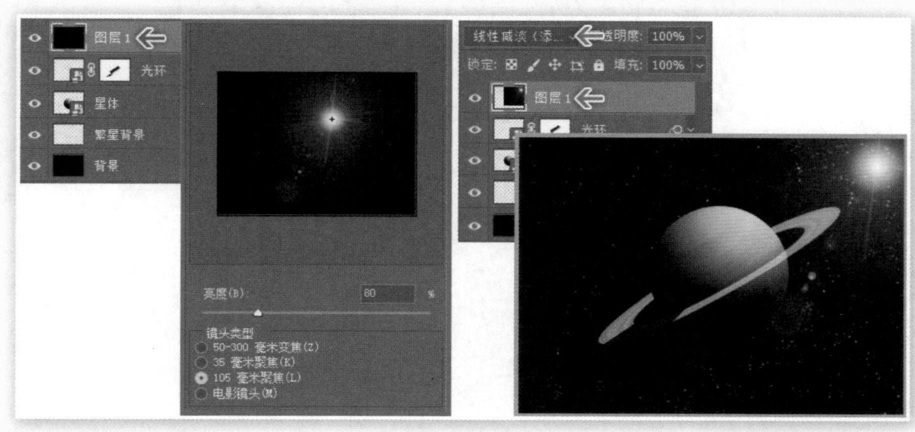

图 7-10-11

在本例的制作中主要需注意以下几点：

（1）制作土星环时不必太坚持色彩调整的一步到位，后期还可以进行调整。

（2）如果有些操作必须栅格化后才能进行，最好先将图层备份。

（3）在设定渐变的过程中是可以在图像中拖动以改变渐变位置的。

（4）使用混合模式营造明暗效果，并“过滤”掉图层中的黑色来增加光晕效果。

大家在制作实例时不要只单纯地还原操作步骤，而应该在每一步之前先思考目的和方法，以及有没有更快捷或效果更好的方法，这样才能够掌握得更加熟练。完成本例后可能大家会觉得没什么难度，那是因为很多作品其实都重在构思，而实现方法是围绕创意进行的。而本例已代替大家进行了前期构思并给出了实现方法。

7.11　习作：云中韵

本章中我们利用系材 s0710.jpg 学习了利用通道创建选区的技巧，并

将之与素材 s0711.jpg 一起做出了一个初步的合成作品，那么本例就使用素材 s0716.jpg 来延续制作一个云彩上的提琴。我们还是代替大家完成了创意，如图 7-11-1 所示为本例最终要实现的效果。

图 7-11-1

合成作品的制作一般分为几个部分：首先是创意，接着是组织素材，然后是画面布局，最后是色彩调整。在制作过程中并没有先后之分，比如创意可能随着布局而发生变化，创意的变化又带动了素材的更新等。能够形成这样的循环改进，其作品就能越来越出色。本例虽然只是一个简单的效果，但也包含了以上的全部过程，下面分步讲解，让大家实际体会一下。

【步骤 1】处理提琴素材（组织素材）

要实现提琴与云彩的合成，要先去除原素材中的黑色背景，可使用快速选取工具选取背景，将其建立为蒙版，然后通过“选择与遮住”功能对选区进行修改，使其边缘平滑柔和一些，如图 7-11-2 所示。

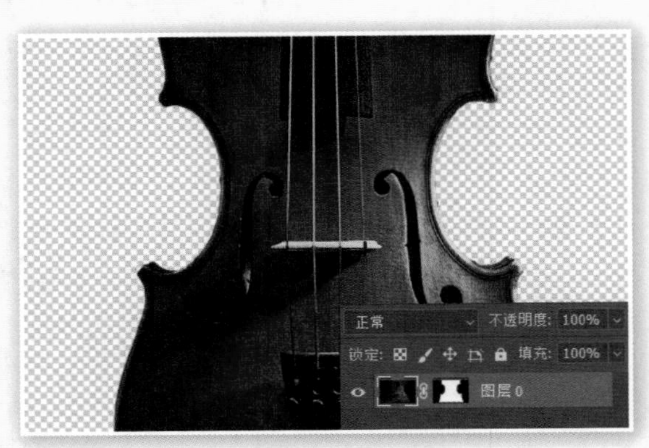

图 7-11-2

【步骤 2】组合图层（画面布局）

提琴的背景确定不再需要了，可应用蒙版，然后拖动到云彩图像中位于上方层次，考虑到之后可能发生图层层次变化，建议将背景图层转为普通图层，如图 7-11-3 所示。

图 7-11-3

【步骤 3】复制并调整通道（画面布局）

在通道面板中复制反差较大的红色通道，然后对其进行曲线调整，按快捷键〖Ctrl ＋ M〗调整，合并暗调并适当上调亮度，大致如图 7-11-4 所示。

图 7-11-4

【步骤 4】建立提琴层蒙版（画面布局）

将修改后的红色通道载入为选区，并将其建立为提琴层的蒙版，由于作用效果是相反的，再对蒙版执行一次反相，按快捷键〖Ctrl ＋ I〗即可看到初步的合成效果，如图 7-11-5 所示。

图 7-11-5

【步骤 5】修改蒙版（画面布局）

使用画笔对提琴的蒙版进行修改，令云彩的遮挡更协调一些，效果大致如图 7-11-6 所示。这一步的效果主要取决于画笔的合理涂抹，建议大家使用较大的直径和较小的流量，这种涂抹的效果可以逐步递增，避免出现剧烈的变化。

图 7-11-6

【步骤 6】更改云彩颜色（色彩调整）

到此为止的操作其实与之前（图 7-9-15）并无太大不同，区别仅在于处理的云彩素材不同而已。这一步来进行色彩调整，色彩调整的目的是让各个素材之间看起来更加和谐。

云彩原图在拍摄时色温较暖，看起来偏黄，为纠正这个情况我们对云彩层添加曲线调整层，将蓝色加亮一些并适当匹配红色和绿色。由于云彩位于底层，在其上的这个曲线调整层不会对其他层造成影响，所以是否指定为专属调整层关系不大，也可以将云彩层转为智能对象后进行色彩调整。如图 7-11-7 所示。

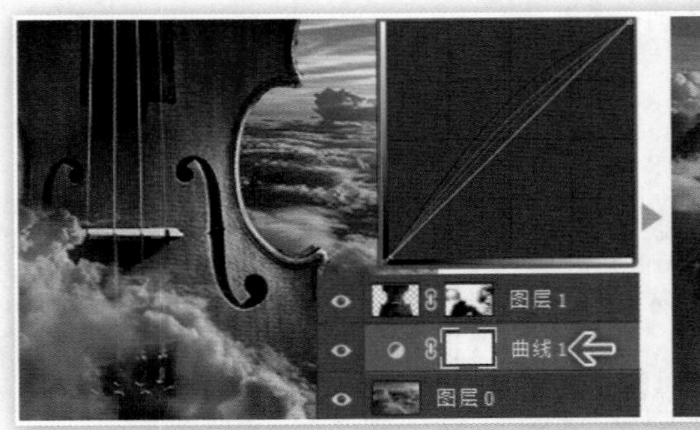

图 7-11-7

【步骤 7】修改提琴影调（色彩调整）

为了配合图像中的光影，要将提琴左上角略微压暗，采用的方法是建立一个空白图层并在其中使用黑色画笔涂抹，之后将图层混合模式设为“柔光”，并指定剪贴蒙版以避免对提琴外的区域造成影响。如图 7-11-8 所示。

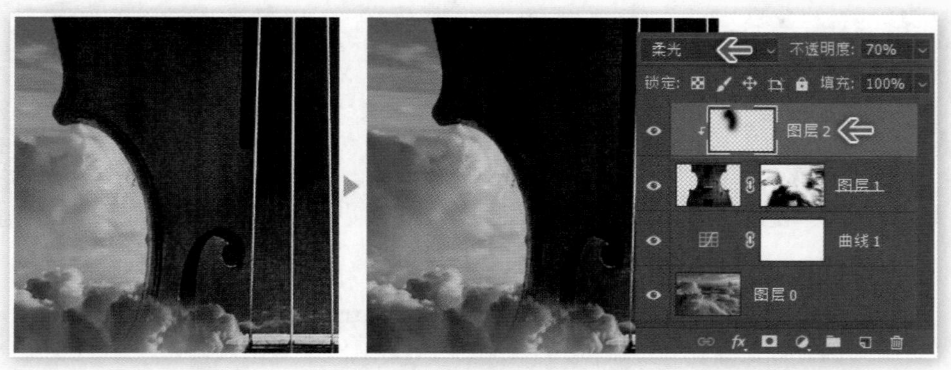

图 7-11-8

我们主张大家通过本书的范例学习方法，但最终作品应当加入自主思考，比本书有更多扩展。比如现在已经创建了一个良好的云彩蒙版，可以通过加入其他素材来实现更多的作品。如图 7-11-9 所示，加入琵琶素材 s0717.jpg 后，将提琴层隐藏并将蒙版复制（参见章节 7.6.5），在琵琶层对蒙版做了一些适应性的修改。最后在最上方建立一个曲线层，对全图色彩进行调整。

图 7-11-9

提琴素材在原始拍摄时有光照角度和影调，而琵琶素材没有，因此在图像中显得格格不入，就是因为其影调与场景不符。那么接下来主要就要来修正这个问题。如图 7-11-10 所示，对琵琶层按顺序添加曲线、左侧渐变压暗（正片叠底），右侧边缘高光（叠加）四个图层，均指定为剪贴蒙版方式，避免影响云彩层。

经过以上调整的琵琶层呈现出了明暗变化，与场景整体影调更贴合，最终效果如图 7-11-11 所示。大家可自行寻找素材制作更多作品。

图 7-11-10

图 7-11-11

到此我们就算是完成了这个作品，回顾之前的几个操作步骤就会发现其实整体布局并不复杂，因为布局往往是跟随创意变化的，只要有了好的创意思路，大方向上的布局基本上都能水到渠成。但之后的细节及色彩调整却需要消耗更多时间。这些时间倒不一定花费在制作上，而可能花费在观察和思考中。比如在提琴左上区域的压暗就是如此，压暗的技术并不复杂，但想到要对哪个区域操作才是关键所在。这需要一定的阅历和审美经验，也需要时间慢慢积累，大家目前能做的就是先解决操作熟练度，知道一个效果该用什么方式实现，争取在最短的时间内完成，留给自己更多的观察思考时间，创意就会逐渐浮现。

第 8 章　PS 工具及其使用

Photoshop 左侧的工具可分为四大类，如图 8-0-1 所示（为方便说明，将图进行了旋转），最左侧（即 Photoshop 界面左侧最上方）为选取及辅助类工具，此类工具不会改变图像内容，如创建选区和吸取颜色，比较独特的是移动和裁剪工具会造成图像内容的改变，但移动工具其实并未改变图层中的内容，移回原地后与移动前是相同的。裁剪工具虽然会因为裁剪而改变图像的尺寸，但保留下来的区域与原图也是相同的。

紧接着是绘图类工具，此类工具会改变原有的图像内容，一般是通过涂抹改变原图，如我们已经学习过的画笔工具。该类工具是本章主要介绍的内容，此类工具还有一个共同点就是它们全部都是作用于点阵图像的。

之后是矢量类工具，顾名思义这类工具都是基于矢量的，目前为止大家已经学习了 Photoshop 中的选区、图层与通道，矢量在 Photoshop 中也是一个非常重要的概念，我们将在以后专门对其进行学习。最后的其他工具一般都是通过快捷键直接调用的，如移动视图和放大等。

图 8-0-1

对于本章主要学习的绘图类工具而言，了解并掌握之前的笔刷定义是必须的。因为笔刷在 Photoshop 中是带有全局性质的，即可以在不同的地方通过不同的方式使用相同的笔刷设置。如图 8-0-2 所示，使用同一个笔刷，既可以通过画笔画出新内容，又可以通过橡皮擦工具擦去某些区域。

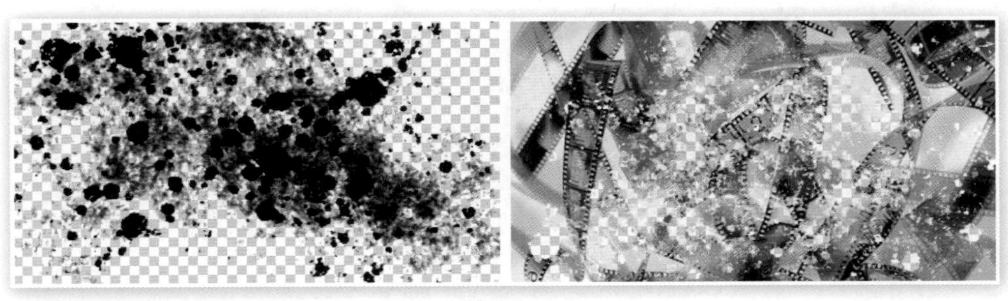

图 8-0-2

8.1 使用图案

图案与笔刷的性质相似，都属于全局性定义，都可以通过多种方式调用，虽然使用频率不是很高，但有时也可辅助创作，而且效果非凡，因此了解其定义及使用方法也是必要的。

8.1.1 定义和使用图案

图案的定义过程很简单，打开一幅图像（可将素材 s0504.jpg 缩小为 200×200 后使用），使用矩形选框工具选取一块区域，然后在菜单中选择【编辑 > 定义图案】即可，如图 8-1-1 所示。需要注意的是，作为图案定义的选区只能是矩形，因此只能使用矩形选框工具（或单行单列选框工具），且不能带有羽化效果。

在没有创建选区的前提下会将整幅图像作为图案进行定义，相当于全选按快捷键〖Ctrl ＋ A〗的效果。

图 8-1-1

完成定义后就可以使用图案了，一般来说图案是用来做填充的，如图 8-1-2 所示，单击图层面板下方的“创建新的填充或调整图层”按钮，从中选择“图案…”可新建一个图案填充层，在图案填充窗口中选择刚定义好的图案就可以了。此时可以用鼠标在图像中拖动以改变图案的填充位置，单击“贴紧原点”按钮可回到初始坐标。

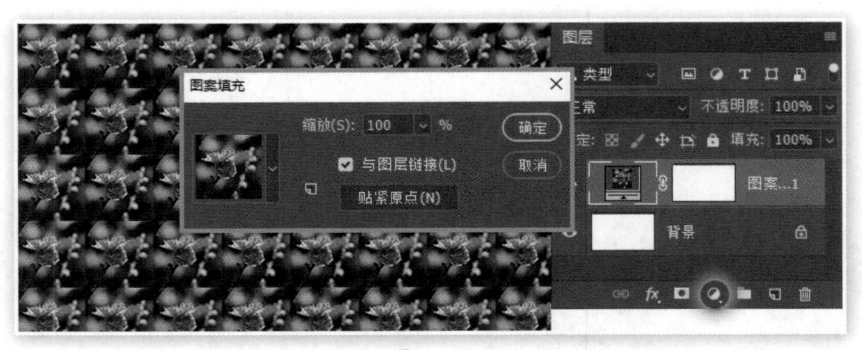

图 8-1-2

需要注意的是，要改变所填充图案的尺寸必须在填充设定中更改缩放的数值，自由变换按快捷键〖Ctrl ＋ T〗操作在把填充图层栅格化前是无效的。

可以看出图案填充的效果是把单个图案连续重复使用，可看到图案之间有明显的边界，形成类似砖块拼贴的效果，这就是所谓的平铺。看起来这个功能似乎没什么用，因为其效果很一般，其实这只是因为我们使用的图案较普通，实际上图案平铺可以做出非常出色的效果，在本章后面的部分将介绍如何制作可形成首尾相接的“无缝平铺”的图案。

我们还可以将带有透明区域的图像定义为图案，如图 8-1-3 所示即是把经过处理后的素材 s0504.jpg 定义为图案后在素材 s0612.jpg 上应用平铺的效果。要达到类似的效果，需定义尺寸合适的图案，或在应用平铺时设定合适的缩放比例。大家也可以将素材进行自由组合。

图 8-1-3

利用图案填充的平铺特性，再配合蒙版与图层样式，可以制作出由图案组成的文字效果，如图 8-1-4 所示。有关文字工具的使用我们还没有学习，因此这个效果也属于“超纲”范围，但如果大家愿意坚持尝试应该也可以制作出来。

图 8-1-4

8.1.2　定义图案画笔

我们在学习画笔定义时曾见过类似枫叶和茅草这类特殊的笔刷形状，它们其实也是通过对点阵图像定义得到的，与图案定义不同的是画笔图案可以使用任意形状的选区，并且可以使用羽化。最后通过【编辑 > 定义画笔预设】完成，如图 8-1-5 所示。

图案下方的数字 134 是定义为笔刷后的尺寸，虽然在使用笔刷时可自行更改，但使用原始采样尺寸的质量是最高的。单击图中蓝圈处的"恢复到原始大小"按钮即可恢复到原始尺寸。

图 8-1-5

此外大家可能也注意到了，当图像被定义为画笔时会被转换为灰度色彩模式，这是由于在 Photoshop 中是以前景色为笔刷作用色的特性而决定的。

8.2 使用图章

图章工具其实属于修复类工具，之所以将其单独介绍，是因为其使用方法比较特殊。

8.2.1 定义采样点

仿制图章工具〖S〗的作用相当于"复印机"，将图像某位置的像素原样搬到另外的位置上，使得两处内容一致。复印需要原件，因此使用仿制图章工具的时候要先定义采样点。

定义采样点的方法是按住 Alt 键后单击图像的某处后松手，如图 8-2-1 所示，按住 Alt 键单击素材 s0801.jpg（赵鹏摄）中的游船后松手，将鼠标移动到另外的地方按下并拖动，会发现游船被复制过来了，复制时在原位置会出现一个十字线标志跟随移动，可作为复制的参考。

图章工具是基于画笔设定的，因此复制的效果不仅与鼠标的拖动轨迹有关，也与当前的笔刷设定（形状、大小、不透明度及流量）有关。建议使用较软的圆形画笔，直径以不超过物体宽度为准，并在复制中随时视情况而改变直径。

图 8-2-1

需要注意的是，定义采样点后不会有任何提示，在复制中可随时按下 Alt 键更改采样点，可以在不同图像之间进行复制。

8.2.2 使用仿制图章修复图像

利用仿制图章（也称橡皮图章）的复制功能可以用来修复图像中的一些缺陷，如图

8-2-2 所示就是将素材 s0802.jpg 中的人物去除以达到净化画面的效果，将空心圆位置的内容复制到同色实心圆位置上，就是大致的复制方向。

图 8-2-2

使用仿制图章修复图像需要一定的技巧。修复的重大前提是画面中有可以利用的部分存在，接着是采样点的选择和复制的顺序。另外要注意观察画面中的各元素是否被复制所打断，如上图中马路上的标志线将会在去除摩托车后被打断，此时就需要利用画面中尚存的标志线进行重建。

在除去了物体后需要留心观察该物体的附带物（如阴影、倒影、光芒等）是否会对画面造成影响，如在去除水边建筑物后要同时去除建筑物在水中的倒影，去除夜晚的路灯后要同时去除去其散发的光芒。图 8-2-2 中其实并没有将摩托车的阴影完全除去，只是其对画面影响不大，因此没有再行处理。

如果已经对使用仿制图章有了足够的信心，可以尝试将素材 s0803.jpg 中河边的动物去除，如图 8-2-3 所示。

图 8-2-3

在这种大面积的复制操作中，由于可利用的区域很有限，经常需要重复定义并使用同一采样点，如将同一处的草地复制到另外几处去，此时要注意避免形成连续性（如一排草的姿态都是相同的）。解决方法是在需要连续修复的地方尽可能使用不同的采样点，其实采样点并非仅局限于附近区域，较远区域中的图像也有可供利用的部分，如图 8-2-3 中草坡上的草都差不多，那么就可以将图像左侧的草作为采样点，复制到图像的右侧，这样就可以很好地消除连续性现象。

同时注意笔刷大小及软硬的设定，一般在图像中元素边界不清晰的情况下要使用较软的笔刷，在图像中元素若具有分明的色彩边界时，使用较软的笔刷就容易造成模糊，宜使用较硬的笔刷。

为了保护原图，最好新建一个空白图层，然后在新建图层中使用图章工具。如图 8-2-4 所示，新建图层 1 后，在公共栏中红色箭头处将样本选项设为“当前和下方图层”，然后如常操作。完成后隐藏背景层即可看到图章工具在新建图层上形成的图像。此时图层 1 既承载了所复制的内容，又可通过隐藏图层 1 还原原图。如果对图层 1 添加蒙版并加以修改，还可以改变图章的应用范围。

建议大家在使用涂抹类的工具时，尽量通过这种新建图层的方式进行，这样除了可以保证原图不被破坏，也有利于今后再次修改。如果需要采样的不止一层，可将样本选项设为“所有图层”。

图 8-2-4

8.2.3 使用图案图章

听起来就知道这个工具与本章开头所学习的图案有关，把工具切换至图案图章工具就可在公共栏中选择所要使用的图案，在图案列表中单击右键可更名或删除图案。由于图案图章工具不需定义采样点，因此使用起来要简单得多，选定图案后在图像中像使用画笔那样拖动鼠标即可。如果图像区域大于图案尺寸（这是通常的情况），则图案将会重复出现，如图 8-2-5 所示，就好像是瓷砖的拼贴一样。

图案图章工具公共栏的“对齐”选项开启后，可确保分次绘制的图案保持连续平铺特性，如果关闭则分次绘制的图案彼此没有连续性。图案图章工具虽然也提供了混合模式的选项，但建议不要直接使用，还是以普通模式绘制在新图层上，之后再通过更改图层混合模式来实现，不仅效果相同而且还有更大的可编辑性。

图 8-2-5

8.3　修复类工具

虽然仿制图章工具可以修补图像，但如图 8-3-1 所示（素材文件 s0506.png、s0606.jpg），由于其本质是复制，因此在遇到较复杂的色彩环境时，或在不同色彩风格的图像之间复制时，色彩的融合效果较差。

图 8-3-1

即便是在同一幅图像中复制，也有可能因为局部的色彩差异导致出现同样的问题，为此我们需要学习使用一些专门的修复工具，其快捷键均为〖J〗。

8.3.1　修复画笔工具

现在选择修复画笔工具，设定一个合适的笔刷，在公共栏中将源设为“取样”，然后按照仿制图章工具的使用方法，定义采样点后将小球复制到夜景照片中，可以在不同的地方多复制几次，就会看到如图 8-3-2 所示的色彩融合效果。

可以看出修复画笔工具也是基于画笔笔刷的，这个特点使其很难控制好绘制区域的边界，如果工作的区域比较精细，常会将一些邻近区域的内容也一并复制出去，而使用较小尺寸的画笔虽然可以在一定程度上有所改善，但同时又会增加工作量。

图 8-3-2

因此，修复画笔工具只适用于区域形状简单的场合，如果要将类似图 8-3-3 所示的素材 s0804.jpg 中选区内的纹身复制出去，则画笔工具就难以施展了。

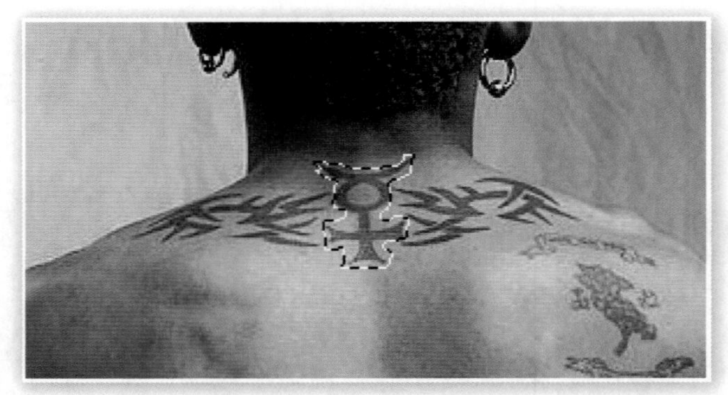

图 8-3-3

8.3.2 修补工具

修补工具是基于选区的，因此它可以很好地解决复杂区域的修补问题，这里有两种方式。一种如图 8-3-4 所示，在“源”方式下表示选区内为需要被修改的内容，拖动到目标位置后松手，则目标位置的内容被复制到了原来的选区中并融入图像中。

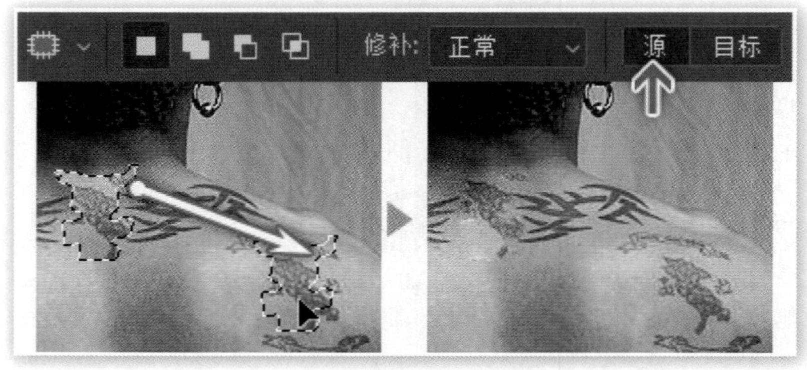

图 8-3-4

另一种如图8-3-5所示，在“目标”方式下表示选区内为需要复制到别处的内容，将其拖动到目的地后松手，则原来选区内的图像被复制到了目标区域中并融入图像中。

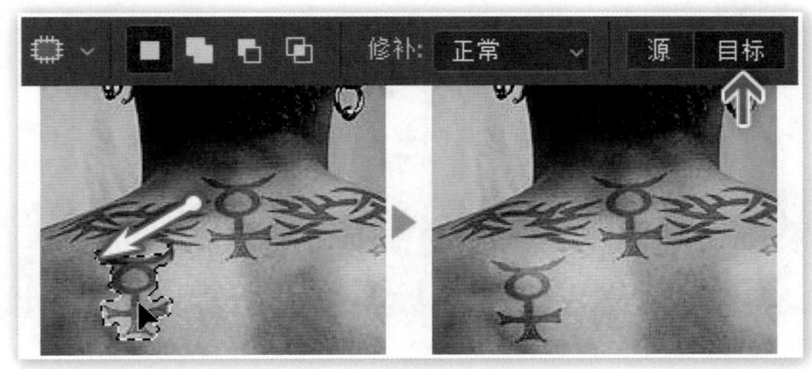

图 8-3-5

简单地说，修补工具的两种使用方式：一是“将要被修改”；二是“准备去修改”。它们都是针对现有选区内的图像而言的。从公共栏中可以看到选区运算方式，这表示修补工具也可以对选区进行修改。其实我们可以先自行创建好选区，再切换到修补工具进行操作，效果是一样的。

基于区域的修补工具也不是没有缺点，此时可综合使用图章或其他修补工具进行弥补。

8.3.3 污点修复画笔工具

污点修复画笔适合修复画面中较微小的瑕疵，如图8-3-6所示（素材文件s0829.jpg），使用污点修复画笔将商标区域进行涂抹就会根据图像内容自动进行修补操作。

图 8-3-6

污点修复画笔的工作原理其实也是“采样、复制”的过程，只是通过智能化设计使其可以自行判断图像中的内容并进行相应操作。也正是因为这样的特点，该工具不适合用来做大范围的去除操作。该工具经常是被用来抹除人物脸上的瑕疵，或照片中电线杆之类的细小物体。

但如果要抹除的部分背景较为简单，没有复杂的色彩或轮廓变化时，即便范围较大也可以很好地去除，如图8-3-7所示，在抹除素材s0805.jpg中的电线杆后甚至还可以较理想地抹除塔身（对于较大的物体，单击比涂抹效果好）。

图 8-3-7

顾名思义，污点修复画笔工具也是基于画笔笔刷的工具，不过大多数情况下都是选择使用最普通的圆形笔刷设定。

8.3.4 内容感知移动工具

内容感知移动工具是基于选区的工具，其作用是将画面中的物体移至新的位置并与新位置的图像进行融合，同时自动修补因移动所造成的原位置的空缺。打开素材 s0806.jpg（赵鹏摄），使用内容感知移动工具在船周围画出一个选区（也可通过其他方法事先创建选区），注意选区应包含船身和倒影。接着将其移动到图像右侧，如图 8-3-8 所示。

移动后将出现蓝色变换框，可进行缩放、旋转、翻转等变换操作，本例暂不做改动。

图 8-3-8

移动到满意的位置后单击公共栏中的打勾确认移动，变换框消失。此时选区仍然有效，可在公共栏中设置结构和颜色的数值，它们分别表示像素和颜色的融合程度。在设置的时候要注意观察选区内的图像细节是否到位。调整合适后，按快捷键〖Ctrl ＋ D〗取消选区即可完成，如图 8-3-9 所示。

注意图例中是在新建的图层 1 上操作的，这是为了保护原图，需勾选“对所有图层取样”才有效。模式默认为移动，即移动后会抹去原始位置的图像，改为复制的话就会新旧共存。

图 8-3-9

该工具也属于智能型工具，其效果也与图像本身的情况密切相关。一般来说，背景越简单，效果越好。在使用过程中要注意物体细节（如船的倒影）及是否产生了附带损失（移动后的位置色彩不自然），在有需要时可使用其他工具辅助进行完善。

8.3.5　内容识别填充

在菜单中选择【编辑 > 填充】，或按快捷键〖Shift ＋ F5〗，打开填充窗口中“内容识别”的填充方式，如图 8-3-10 所示，其作用是通过自动判定，将选区内图像从整体图像中抹除。前面学习的内容感知移动工具其实就是利用这个功能对移动后造成的图像空缺进行修补的。

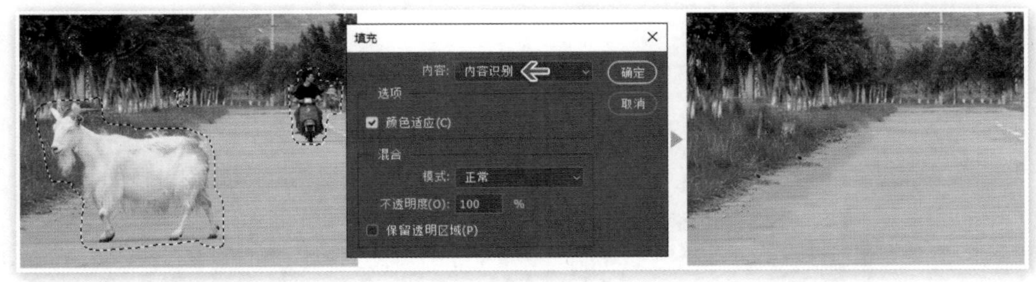

图 8-3-10

内容识别填充对选区的质量要求并不高，只需将要抹除的部分大致包围起来即可，它会自动判断需要填充的内容。但有时候这种自动判定未必符合要求，此时可通过在菜单中选择【编辑 > 内容识别填充】进入如图 8-3-11 所示的设置界面进行精确控制。注意红色箭头处的选项，表示填充的内容将存放于新建图层中，这样便于保护原图。

自动匹配识别的区域默认为选区之外的部分，也就是说此时图像中绿色（可自行更改颜色）区域为自动识别的采样范围。这有时候容易产生重复填充，如图 8-3-12 所示为将预览面板放大之后，看到草地与公路的边缘有明显重复的图像出现。

图 8-3-11

图 8-3-12

为了避免出现上述问题，可以将该部分物体从采样区中排除掉，方法如图 8-3-13 所示，选择蓝圈处的工具和对应的减去方式后，在图像中排除红色箭头处的区域。此时在预览面板中就能看到改进后的效果。

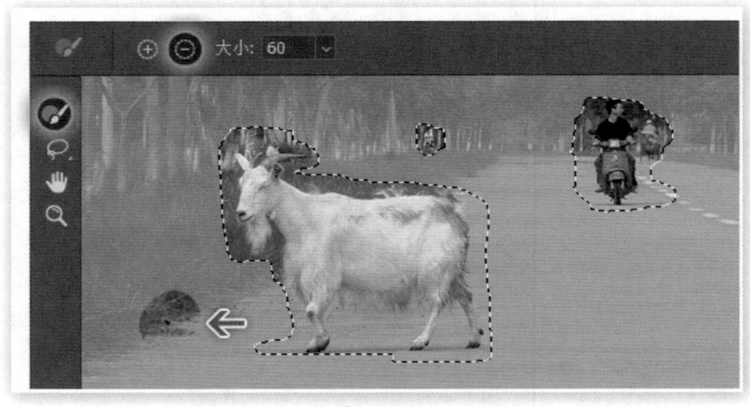

图 8-3-13

如果图像中带有明显的纹理类的连续细节，如砖块、马赛克等，内容识别所填充的图形可能会造成纹理中断，如图 8-3-14 所示对素材 s0807.jpg 的操作即为其中比较典型的情况。

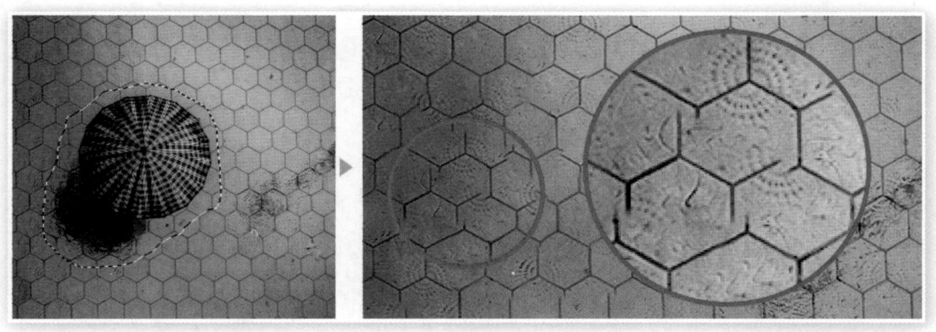

图 8-3-14

此时开启缩放和镜像选项可有效改善纹理，如图 8-3-15 所示。需要时还可以开启旋转适应选项。

图 8-3-15

任何智能工具都有其缺点和局限性，因此掌握手动修补技能是必须的，可以应付最坏的情况。

8.3.6　红眼工具

红眼工具可以用来消除照片中由闪光等引起的红眼现象，如图 8-3-16 所示，其使用方法非常简单，将瞳孔区域框选起来即可，或直接在瞳孔附近单击也可以。

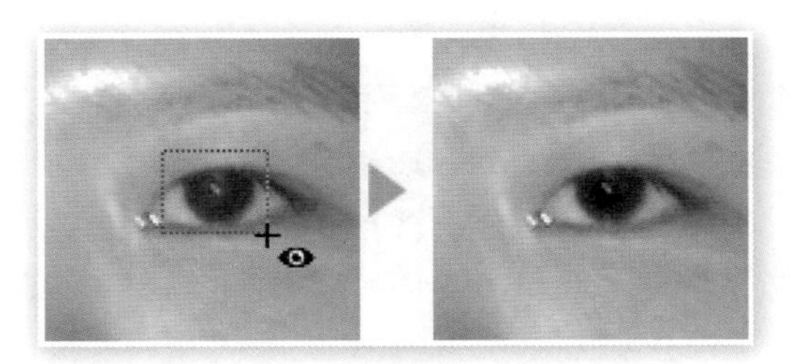

图 8-3-16

即便没有红眼工具，大家也可尝试通过色彩调整工具来处理红眼，而红眼工具实际上就是一种带有较强针对性的色彩调整。

8.4　擦除类工具

擦除类工具的作用是抹除图像内容，就像是用橡皮擦去铅笔字迹一样，因此此类工具也被命名为橡皮擦。在实际工作中直接使用擦除类工具的机会并不多，因为我们大都使用蒙版来达到与抹除同样的效果。

8.4.1　橡皮擦

橡皮擦是依靠鼠标轨迹进行抹除的工具，有 3 种使用模式，如图 8-4-1 所示，分别是画笔、铅笔、块。其中画笔与铅笔都基于笔刷预设，只是铅笔的边缘没有抗锯齿效果。块模式下为一个固定大小的正方形，主要用来擦除出不带抗锯齿的直角边，这一点是基于圆形的铅笔或画笔难以做到的，只有直径为 1 像素的铅笔才能达到同样的直角边擦除效果，但直径过小则不够实用。

图 8-4-1

如果在普通图层上使用橡皮擦，被抹除的部分将变为透明。如果在背景图层上使用则擦除后颜色会变为当前的背景色，看起来与使用背景色涂抹的效果相同。

因为可基于画笔预设，并且自身附带透明度和流量设定，因此使用橡皮擦工具也可能形成半透明的区域。不过实际工作中使用蒙版来制作半透明效果会更方便。“抹到历史记录”选项的相关内容将在后文介绍。

8.4.2　背景橡皮擦

顾名思义，背景橡皮擦主要用来擦除图片的背景。背景橡皮擦工具基于色彩容差的原理，可擦除取样点及其容差范围内的像素，其设定如图 8-4-2 所示。可以直接在背景图层上使用，使用后背景图层将自动转换为普通图层。与图章的取样点有所不同，这里的取样点无需手动设置，而是自动以鼠标单击处的十字线中心为取样点。当它的笔刷骑着图片中的主体与背景色的边缘涂抹时，由于主体与背景有较明显的色差，所以它可以通过算法只擦除与光标中心的取样点相同或相似的颜色，并最大程度地保留主体的颜色。

图 8-4-2

图中在第一个红色箭头处将“取样”设为一次，在第二个红色箭头处将“限制”设为不连续，然后可如图 8-4-3 所示分两次抹除素材 s0808.jpg 图像中的像素。

其在鼠标拖动轨迹上抹除符合条件的像素，这个条件是以鼠标单击处的像素（视为取样点）为准并结合容差产生的。由于将“取样”设为一次，表示在一次的拖动轨迹中该条件始终不变，因此即使拖动轨迹遍布全图像也只会抹除符合条件的部分。

如将限制设为“连续”则只对取样点相邻近的区域有效。取样设为“背景色板”则以当前背景色作为取样色。通过设置前景色并启用“保护前景色”选项可防止抹除掉某些色彩。

图 8-4-3

由于其取样点为十字光标中的中心点，因此背景橡皮擦只能使用标准的圆形笔刷设定。使用中更改笔刷直径和软硬的快捷键与通常的相同，更改色彩容差值的快捷键为数字键。

能否理解该工具的使用原理实际上考验了大家对一些基本概念的掌握程度，在实际工作中该工具也很少被用到，如果只是要消除物体的背景，结合使用快速选取工具和蒙版就可以很好地实现。

8.4.3　魔术橡皮擦

魔术橡皮擦比上述两种橡皮擦更智能高效，但它本质上也是将像素抹除以得到透明区域，并可以直接作用于背景层，只是其不依据轨迹而是依据容差直接对全图像操作。其设置如图 8-4-4 所示，可以看出与魔棒工具极其类似。其中“不透明度”决定删除的程度，100%为完全删除，减小数值将得到半透明效果。

图 8-4-4

魔术橡皮擦的作用过程相当于三个步骤的综合运用，即先用魔棒创建选区，再删除选区内的像素，最后取消选区。其主要用途是对一幅新开启的图像进行删除背景的操作，由于其能将背景图层转为普通图层，因此处理后便可将该图层直接导入到其他图像中使用。

8.5　涂抹类工具

涂抹类工具的特点是不直接产生新像素，而是基于图像中已有的内容加工而来，它们都是基于画笔笔刷设定和鼠标轨迹的工具。

8.5.1　模糊与锐化

模糊工具顾名思义就是把图像变模糊，在一个区域中重复涂抹可增加其模糊度。对素材

s0809.jpg 和 s0810.jpg 使用模糊工具的效果分别如图 8-5-1 和图 8-5-2 所示。一般距离越远的物体越模糊，因此这里通过不同次数的重复涂抹，模拟出了摄影的景深效果。

图 8-5-1

图 8-5-2

模糊工具具备多种模式，如变亮、变暗、饱和度、明度等，如图 8-5-3 所示，具体效果大家自行尝试即可。注意红色箭头处的“对所有图层取样”为开启状态，这样就可以在新建空白图层中实现模糊而不会破坏原始图像内容了，这应该是大家今后的标准做法。

图 8-5-3

锐化工具则与模糊工具的作用相反，将画面中的部分变得清晰，但过度使用会造成画质损失。如图 8-5-4 所示为对素材 s0811.jpg 进行不同程度锐化的效果，此工具的使用方法和相关设定大家自行尝试即可。

其实模糊和锐化的效果都体现在色彩边缘上，将原本清晰的边缘淡化后就会产生模糊，反之强化色彩边缘（即所谓的锐化）就能使图像变得清晰。但两者的最大不同在于模糊可以无限度的进行下去，而锐化进行到一定程度会损失图像质量，如图 8-5-4 最右边所显示的效果一样，会产生严重的色斑和噪点。

图 8-5-4

图像的视觉效果由三部分组成：亮度、色彩、细节。锐度属于细节，对其合理运用可有效提高图像的质感。在一幅图像中，较锐利的部分会显得比较突出，因此锐化可用来营造视觉重点，如图 8-5-5 所示为对素材 s0812.jpg 中的五官进行锐化后的效果对比，可以看出锐化后的人像质感更佳。

勾选“对所有图层取样”并使用新建图层进行操作的方法我们已经数次强调过，希望大家形成习惯。

需要注意的是，锐化的应用范围要合理，比如本例就不适合对全图进行锐化。这涉及图像的构成类型，相关知识将在以后介绍。

图 8-5-5

如果模糊或锐化的对象是整幅图像，仅使用这两个工具会显得非常吃力，此时应使用滤镜来进行处理，具体内容在本章后面部分将会学习。

8.5.2　工具互补性概念

模糊和锐化工具在作用上是相反的，但并不能将两者作为互补工具来使用，比如过度模糊后使用锐化工具弥补是不可行的，大家自己动手实验便知。如图 8-5-6 所示是原图与模糊再锐化得到的图像的对比效果。

图 8-5-6

这种现象是点阵图像的局限性造成的，在模糊之后的像素已被重新分布，一些原本不同的颜色互相融入形成了新颜色，正如同热水与冷水混合后无法再分开一样，此时要再从中分离出原先的各种颜色是不可能的。

类似的概念我们早在学习图像尺寸和色彩调整时就接触过，绝大部分相反的操作都不能用作互补，正确做法是新建图层以保护原图，如果忘记新建图层则应撤销后重新操作。

8.5.3 涂抹工具

涂抹工具的使用效果就好像在一幅未干的油画上涂抹一样，如图 8-5-7 所示。如果开启“手指绘画”选项，则如同先蘸染一些颜料（前景色）在手指上，再到画面中涂抹一样。

图 8-5-7

涂抹工具的效果非常独特，但基于轨迹的特点使其难以操控，可考虑使用本章后面部分介绍的液化滤镜来完成类似的功能需求。

8.5.4 减淡与加深工具

减淡工具早期也称为遮挡工具，作用是局部加亮图像，可选择在高光、中间调或暗调区域内产生作用。图 8-5-8 所示即为对素材 s0813.jpg 进行加亮道路（中间调）和光照（高光）的效果。加深工具的效果则与减淡工具相反，作用是使图像局部变暗。这两个工具的相关设定大家自行尝试即可。

图 8-5-8

虽然我们已经学会使用色彩调整工具对图像的亮度进行调整，但都是针对全图（或选区）进行的且效果平均，所谓平均就是指改变幅度相同。这个平均各有利弊，利在于适合针对全图操作，弊在于缺少个性变化。

如果要对图像各部分进行幅度不同（即不平均）的调整，使用色彩调整工具会非常麻烦，而基于鼠标轨迹的减淡与加深工具则相对灵活得多，通过不同次数的重复涂抹（或喷枪方式下的停留时长）可以轻易实现不平均的调整效果，如只加亮道路中处于中间调的部分等。

与之前的模糊锐化及其他大多数工具一样，加深和减淡也不能作为互补工具来使用。

8.5.5　海绵工具

海绵工具的作用是增加或减少色彩饱和度，如图 8-5-9 所示为对素材 s0814.jpg 进行操作的效果。海绵工具与色彩调整的区别在于其可实现基于鼠标轨迹的不平均调整效果，如果想均匀地调整饱和度还是通过色彩调整（如色相 / 饱和度）来完成更好。相关设定大家自行尝试即可。

图 8-5-9

8.6　裁剪工具

裁剪工具虽然不属于绘图工具，却属于最常用的工具之一，它作用于整个图像而非指定的图层。其主要用来对单个图层的图像进行处理（如删掉不需要的部分）以便导入到其他图像中使用，而极少在一个已经包含了多个图层的图像中使用，因为稍有不当就会破坏某些图层中的内容。

8.6.1 使用裁剪工具

按快捷键〖C〗可快速切换到裁剪工具，此时图像四周就会出现裁剪框，如图 8-6-1 所示为对素材 s0815.jpg 使用裁剪工具后出现的样子。大家一定觉得这个裁剪框看起来很眼熟，其实它与之前学习的自由变换框非常相似，操作方法也相似，其使用方法这里不再赘述。

图 8-6-1

如图 8-6-2 所示，设定好裁剪框后按下回车键（或在裁剪区域内双击）即可完成裁剪操作，得到被裁剪后的图像。

图 8-6-2

如果我们尝试旋转裁剪框，会发现发生旋转的是图像而不是裁剪框，如图 8-6-3 所示，这是为了保持视觉效果的一致性，出现在裁剪框中的始终是最终的图像效果。

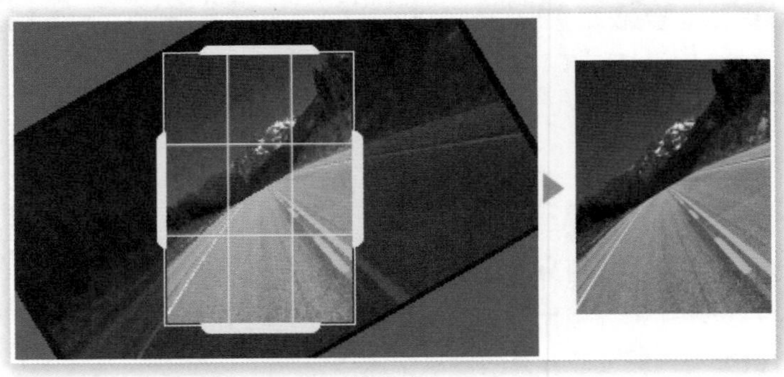
图 8-6-3

在旋转中裁剪框会自动以原图的边界为限，防止出现溢出的情况。可以如图 8-6-4 所示般通过手动让其溢出，溢出的部分将会被当前背景色（图例中为红色）所填充。如果在公共栏中有勾选“内容识别”选项，则会以智能的方式自动判定并补齐空余区域。

图 8-6-4

可在公共栏中设定裁剪工具的一些选项，如裁剪比例等，具体大家自行尝试即可。需要注意的是，“删除裁剪的像素”选项默认为开启，这样缩小的裁剪会破坏图层内容，即便之后再扩大裁剪框也只剩下透明（或背景色），如图 8-6-5 所示。

图 8-6-5

若关闭“删除裁剪的像素”选项，则裁剪完成后，裁剪框以外的像素会被保留，移动图层即可看到原先处于裁剪框外的区域，再次扩大裁剪也能还原出原先的内容。可以将该选项理解为一种“无损”的裁剪模式。无论该选项是否开启，裁剪工具都不会破坏智能对象，因此在实际工作中建议尽量使用智能对象。

8.6.2　使用透视裁剪工具

单击工具箱中裁剪工具右下角的小三角，切换至“透视裁剪工具”，就可以通过单击鼠标自由设定裁剪框的顶点与边界，从而使图像被裁剪后产生透视变形效果，如图 8-6-6 所示。透视裁剪在完成后会把不规则的裁剪框拉伸为标准的矩形，因此在裁剪框中被压缩的部分实际上是被延展了，这可以在一定程度上模拟广角镜拍摄的效果。我们还可以将原先处于透视状态的图像拉成平面，在素材 s0816.jpg 中定义与铭牌重合的透视裁剪框，完成后即可得到平面化的铭牌。

需要注意是，透视裁剪工具可以通过两种方式定义，第一种是先画出矩形框后调整各个拐角点，如图中对道路的裁剪就是这样模拟出了广角的效果。还有一种是在需要的地方逐次单击产生角点，单击四次后形成裁剪框，对铭牌的拉正效果用的就是这种方法。

图 8-6-6

之所以要将图像拉伸为标准的矩形，是因为点阵图像必须保存为矩形，即便有些看上去是非矩形的图像（如 GIF 或 PNG 的透明背景格式），其不过是在有效内容的四周填充了被标记为不显示的像素而已，就整体图像而言仍然为矩形。理论上来说矢量图像可以是任意的形状，但由于其最终需要以点阵方式呈现，因此其也摆脱不了矩形规格的限制。

8.6.3 利用裁剪重新构图

构图是摄影的重要组成部分，但在拍摄时由于一些条件限制，构图可能未达到满意的状态，此时可利用裁剪工具来重新构图，这是裁剪工具的一个很有价值的作用。在专门针对数码照片进行处理的 Camera RAW 滤镜和插件中，也都有裁剪工具，其使用方法是相同的。

由于使用普通裁剪工具重新构图时，一般都需要保持照片原始的长宽比，因此在拉动裁剪框时应按住 Shift 键后再拖动 4 个拐角点。

图 8-6-7 所示为保持原始长宽比，通过缩小区域来减去影响视觉焦点的多余部分，突出被摄主体。图 8-6-8 则采用了正方形构图并通过旋转裁切内容适当纠正了水平线。

需要注意的是，由于裁剪会损失图像的像素，如果要保证裁剪后的图像还能有足够的细节，拍摄设备必须能支持较大的像素记录量。

有些照片并不需要额外重新构图，只是拍摄时没有端平相机而造成画面歪斜的情况，此时可开启裁剪工具选项中的“拉直”选项，如图 8-6-9 所示在画面中沿着应该成水平或垂直的参照部位拉出一条线段，之后定界框会旋转到相应的角度并自动裁剪掉多余的部分。

图 8-6-7

图 8-6-8

图 8-6-9

可以看出拉直其实就是旋转的另外一种较直观的设定方式，其中用来作为参考的线段虽然长短不限，但建议拉长一些，并尽量贴近画面中的横向参照物（地平线、海平面）或竖向参照物（门框、柱子）。

需要注意的是，有时候由于透视关系，现实中应为水平或垂直的物体在照片中未必是正常呈现的，如图中的亭子围栏。这是因为围栏未与相机的焦平面完全平行，因此存在近大远小的现象。同样的问题也可能出现在使用广角镜拍摄的建筑物照片中，现实中理应是垂直的建筑物外墙可能因畸变而变为梯形。

8.6.4 利用裁剪拼接图像

除了对单张图像进行重新构图外，也可以使用裁剪工具把多个独立的图像拼接在一幅图像中，这属于实用型技巧。我们使用两幅素材图像 s0817.jpg 和 s0818.jpg 来进行这个练习，如图 8-6-10 所示，两幅图像的比例和尺寸都不相同。

图 8-6-10

为了得到更好的对比效果，首先要将它们处理成相同的比例，一般来说以较小图像的比例为基准。图像大小可通过快捷键〖Ctrl + Alt + I〗查看，或将图像窗口左下角的信息显示方式改为“文档尺寸”，这是一种操作技巧。

如图 8-6-11 所示，在确定 s0817.jpg 的尺寸为 800×600 后。切换到 s0818.jpg 图像，将其输入到裁剪工具中的比例栏中（也可输入同比缩小的数字，如 8×6 或 4×3）进行裁剪构图，这个过程中注意保持画面的对比性，比如物体的画面占比等，尽量相同或相近（仅为本例的要求）。

图 8-6-11

完成之后将得到画面比例相同的两幅图像，注意只是画面比例相同，而并不是像素尺寸相同，为了能顺利拼接还应保持两者的像素尺寸相同，可通过在菜单中选择【图像 > 图像大小】或按快捷键〖Ctrl ＋ Alt ＋ I〗调出图像大小设置窗口来完成。因为余数计算的关系，有时宽度或高度可能出现 1 像素的误差，即宽度输入 800 后高度的匹配值为 601 或 599。此时应保证误差为超出而非不足，即宽度不小于 800，高度不小于 600，之后再通过【图像 > 画布大小】或快捷键〖Ctrl ＋ Alt ＋ C〗，调出画布大小调整窗口来减去多余的部分。

现在对其中一幅图像再次使用裁剪工具，这次为扩大，如图 8-6-12 所示，将右边的裁剪框向右拉动到图像外，距离略大于原先宽度的两倍，可参考网格线位置。这个操作等同于使用【图像 > 画布大小】调整了画面的尺寸。

这一步中应将原先的背景图层转换为普通图层，否则多出的部分不是透明的而是有背景色的，不利于后期制作。

图 8-6-12

接着将第二幅图像拖入后排列在合适的位置即可，如图 8-6-13 所示。注意两图中间留一定距离以营造分隔效果，如果不需要分隔，可将第二幅图像紧贴着第一幅图像排列。

在拖动第二幅图像的过程中会在一定距离内自动贴紧第一幅图像，这是对齐功能在发挥作用，如果需要近距离排列可关闭对齐功能或使用光标键轻移图层。

图 8-6-13

目前中间的分隔地带是透明的，可通过建立一个填充图层来充当背景。首先通过裁剪工具扩大画布面积，为四周留出一些空隙，如图 8-6-14 所示。

建立一个图案填充图层并移动到最底层，可通过菜单中的【图层 > 排列 > 置为底层】或快捷键〖Ctrl ＋ Shift ＋ [〗来调整图层的层次关系，然后指定一个满意的图案即可完成拼接制作，效果如图 8-6-15 所示。

图 8-6-14

图 8-6-15

这个拼接操作实际上并不复杂，只是需要技巧和经验，大家可自行寻找素材练习这个操作。大家稍加注意就会发现，本书中的配图大部分都是通过这种方式制作的，将截屏获得的各个独立的图像组合在一起，再加上箭头等辅助标记就形成了本书中的配图。

此外还有一种拼接图像思路是通过新建空白图像后导入各个素材（导入后独立成为一个图层），然后通过自由变换工具对各个素材图层的大小和位置进行指定，这种思路主要用于有多个图像需要拼接的场合。

8.7 其他工具

工具栏中还有一些平时较少直接使用的工具，或主要通过快捷键的方式来使用的工具（如抓手和缩放），但作为正式列编的工具，了解其如何使用也是必须的。

8.7.1 油漆桶工具

油漆桶工具的作用是为某个区域填充颜色（或图案），其效果相当于先用魔棒工具创建选区后再进行填充，因此可用魔棒工具各个选项的概念来对应油漆桶工具的各个选项，如容差、消除锯齿、连续等。图案填充方式的效果与图案图章工具相同，只是图案图章基于鼠标轨迹而油漆桶基于色彩容差。“所有图层”的作用和其他工具相同，在关闭的情况下只能对所选图层有效。

大多数情况下，我们都通过快捷键〖Alt + Delete〗完成对选区的填充，也可以建立带蒙版的色彩或图案填充层。此外，通过图层样式也可以实现色彩与图案的填充，且十分易于修改，因此油漆桶工具很少被直接使用。

8.7.2　吸管工具

吸管工具将单击处的的颜色定义为前景色，按住 Alt 键时定义为背景色。吸管工具除了可以在图像中单击来吸取颜色以外，更为常用的是拖动取色的方式，即按住鼠标不放，从图像中往外拖动，可以直接拖动到 Photoshop 的界面以外来吸取颜色。因此，通过这种方式可以选取屏幕上任何地方的颜色，如果在某个网站上看到一种喜欢的颜色，也可以使用这种方法将吸管拖动到网页中吸取颜色。

8.7.3　颜色取样器

颜色取样器工具在前文就已经提到过了，当时是用来比较多个地方的颜色，这其实也就是它的主要作用，即反映图像中某些部分的颜色变化。颜色信息将显示在信息面板(〖F8〗)中，采样点定义后可通过取样器工具进行移动。

在公共栏中有更改取样点大小的选项，“取样点”以单击处的 1 个像素为准，3×3 平均、5×5 平均及其他表示以范围内像素的颜色平均值为准。如果切换到其他工具，画面中的取样点标志将不可见，但在信息面板中仍将予以显示。

8.7.4　标尺工具

标尺工具的作用是测量两个点之间的距离和角度，在公共栏中会显示起点与终点的坐标（X、Y）、角度（A）和长度（L1、L2）等信息。画完一条线段后，在其中一个端点上按住 Alt 键可以拉出第二条线段，如图 8-7-1 所示。L1 与 L2 分别表示所拉出的两条测量线的长度。当只拉出一条测量线时，角度是测量线与水平线的夹角，当拉出两条测量线时，角度是这两条线的夹角。

需要注意的是，测量线只是参照信息，并不属于图像内容，因此在导出图像时不会看到测量线。切换到其他工具时，测量线会被暂时隐藏。单击公共栏最右侧的“清除”，可删除测量线。

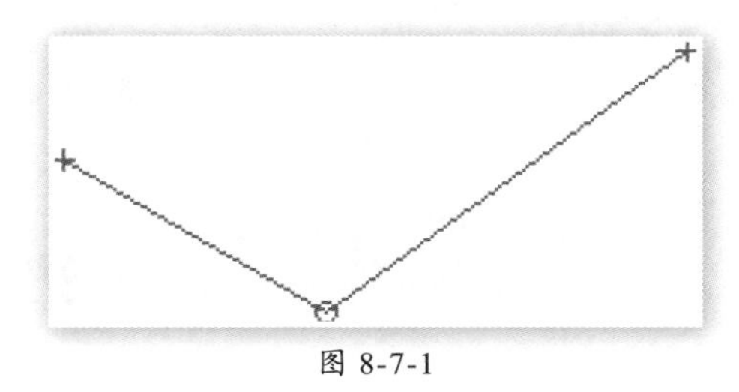

图 8-7-1

8.7.5 注释工具与计数工具

注释工具在画面上产生一个显眼的图标并可输入一段文字，在将 PSD 文件交于其他人使用的时候，可使用注释来为他人提供必要的说明，可建立多个注释分别置于图像的不同部位。计数工具依据单击的次数产生序列数字，可方便用来在画面上进行统计，但这种统计计数只是一种视觉参照，严格说来也只是一种注释。

与标尺工具一样，注释工具与计数工具所产生的内容也只是参照信息，不属于图像内容。相关设定大家自行尝试即可。

8.7.6 抓手工具与缩放工具

抓手工具主要用于在窗口显示区域小于画布大小的时候在窗口中移动画布。如果窗口大于或等于画布则无效。缩放工具默认是将图像放大，按住 Alt 键时放大工具变为缩小工具。除了单击缩放外，还可以拖动鼠标缩放。

大家对抓手和缩放工具应该是“既熟悉又陌生”的，我们虽然没有直接通过工具框来使用它们，但在操作中通过快捷键可能多次使用了它们，这两个操作的快捷键是 Photoshop 中最常用到的，抓手工具的快捷键是〖空格〗，放大快捷键是〖空格＋ Ctrl ＋单击或拖动〗，缩小快捷键是〖空格＋ Alt ＋单击或拖动〗。

8.7.7 旋转视图工具

旋转视图工具在工具箱中与抓手工具集合在一组中，通过它可以改变视图的角度，如图 8-7-2 所示，在旋转时会出现角度指针，公共栏中也会同时显示旋转的角度，按住 Shift 键可保持 15 度递进。如果有多个图像文件被打开，可以选择“旋转所有窗口”来同时旋转所有的图像文件。与【图像 > 图像旋转】功能不同，旋转视图仅改变图片的显示方式，并未实质改变图像内容，这一点通过观察图层缩览图也可证实。使用快捷键〖Ctrl ＋ Z〗不能撤销旋转视图操作，将其转回原角度或在公共栏中单击“复位视图”才可以让视图恢复原样。

图 8-7-2

这个功能在手工绘画时比较有用，假如你比较擅长竖向绘制操作，则可以利用旋转视图，把需要横向绘制的操作变为竖向的绘制操作。

这里主要要介绍的一个知识点是 Photoshop 快捷键的第二种使用方法，即临时的工具切换。其方法是按住工具的快捷键不放，这样可临时使用该工具，放开快捷键后则回到原先的工具。比如在使用移动工具的时候可以通过按住〖L〗临时切换到套索工具创建选区，松开〖L〗后即可回到移动工具，而不需要先按〖L〗切换到套索工具，完成选区创建后再按〖V〗切换回移动工具。

对于旋转视图工具也可以通过这个方法来使用，即按住〖R〗进行旋转后松手，就如同我们使用抓手工具按〖空格〗一样。

8.8　制作平铺图案

我们知道用图案作为填充时具有连续平铺的特性，在较大范围内填充图案时会产生上下左右彼此衔接的效果，如之前的图 8-1-4 所示。不过在图案之间有明显的拼接感，但如果我们将填充的图案改为 Photoshop 自带的名为“黄菊”的图案，如图 8-8-1 所示。会发现图案之间没有拼接感，整个填充效果浑然一体。

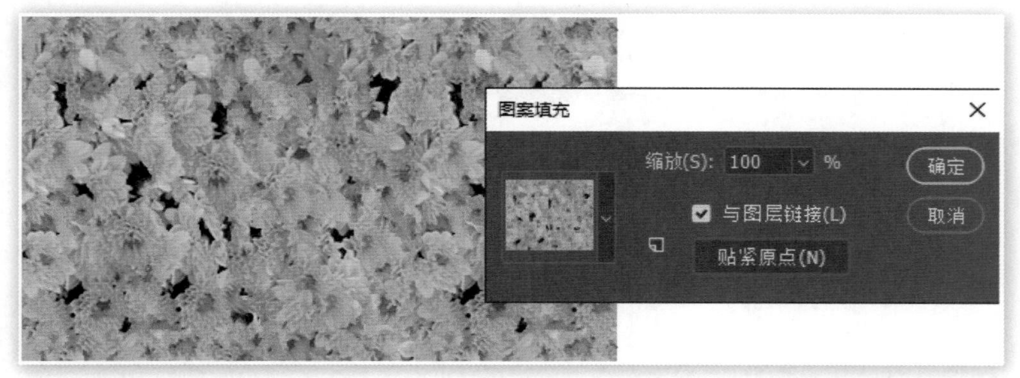

图 8-8-1

想象一下则不难明白，如果将一个 150×150 的图案填充在 100×100 的图像中就看不到拼接边界，因为图像本身还不足以容纳一个单位的图案。但在这里无论如何扩大画布尺寸（〖Ctrl + Alt + C〗）都不会看到图案边界，因为这是四方连续图案，它的边界被巧妙地隐藏起来了。

8.8.1　连续平铺原理

现在新建一个 120×120 的白底图像，然后建立一个菱形渐变填充层（黑色至透明），然后通过【图层 > 栅格化 > 填充内容 / 图层】将该层栅格化，把菱形移动到最左端保留一半，复制菱形图层再水平移动到右端且也只保留一半，如图 8-8-2 所示。

现在想象一下，把这个分裂的菱形定义为图案后进行平铺的效果将会怎样？

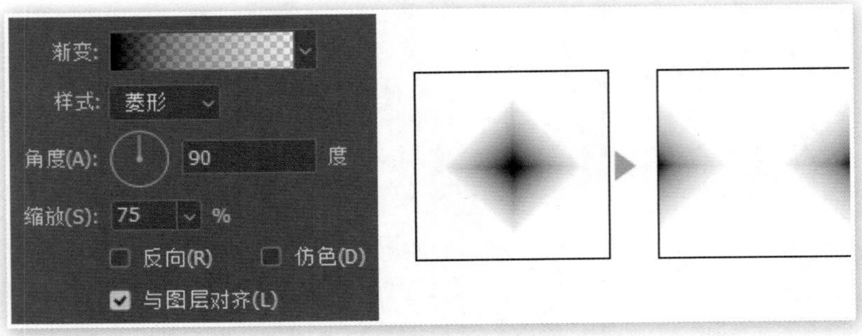

图 8-8-2

平铺的结果是原先被拆散的菱形又被合并在一起了，如图 8-8-3 所示。因为图案连续平铺的特性，图案与图案之间的首尾相接才能够形成这样的效果。因此，图案边界在客观上是存在的，只是在视觉上没有边界，图中红框内为图案单元。

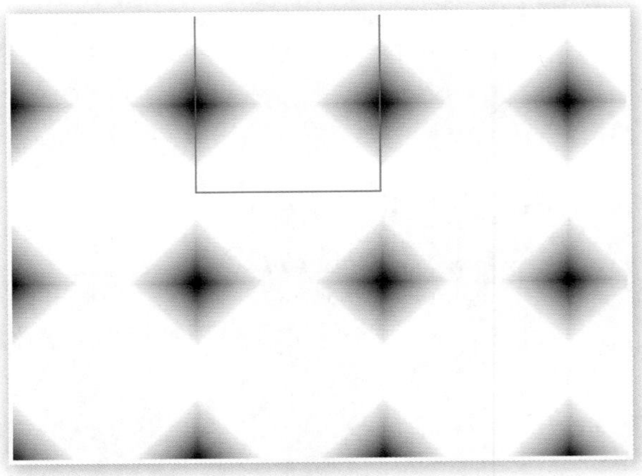

图 8-8-3

这样的图案就适合用于连续平铺（也称无缝平铺或连续图案），可以用较小的图案充满无限大的区域，是一种常见的背景制作方法，在网页设计和制作中尤为常用。因为网页的尺寸可能随着内容的增减而发生变化，因此网页的背景都是采用图案平铺的方式制作。

菱形图案能够平铺的原因，是图案最左端与最右端的部分有良好的像素承接关系，体现在位置和颜色上。如图 8-8-4 所示为三种承接关系：

（1）线段的两个端点分别位于图案的左右边界，且处在同一水平线上，那么这条线段的平铺效果则最好，首尾相连，可以形成无缝平铺。

（2）线段的两个端点都没有到达界面或只有一个到达边界，那么平铺效果次之，首尾虽不能相连，却也不会产生较强的断接感。

（3）线段的两个端点分别位于图案的左右边界，但不处在同一水平线上，那么平铺效果则最差，因为首尾既不能相连又产生了断接感。

如果线段穿越边界的时候呈现一定的角度（常见于曲线）且保持连贯，如图 8-8-5 所示，那么位于分界点的 A、B 两个像素虽不在同一水平线上，也能形成头尾相接的效果。

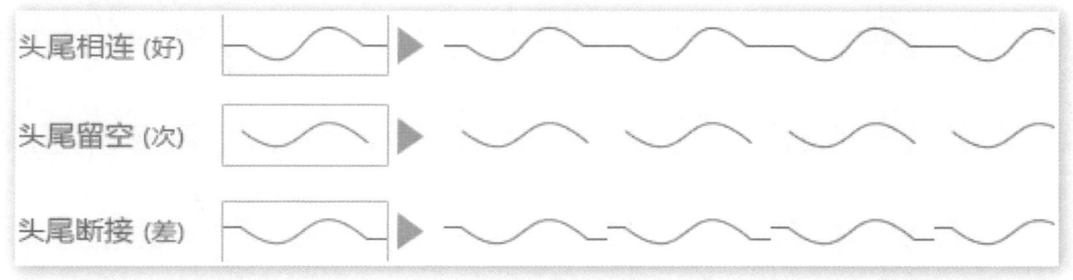

图 8-8-4

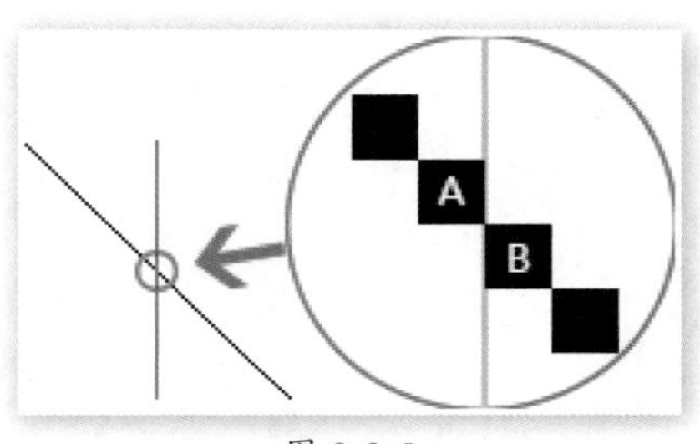

图 8-8-5

边界像素的颜色对于平铺效果也是有影响的，这常见于使用渐变色作为平铺的时候。如图 8-8-6 所示（使用了标有数字的色块来模拟渐变），如果头尾颜色相同，则在拼接时会产生重复区域，使得颜色 1 在平铺中的比例两倍于其他颜色。当减去其中一个颜色 1 后，平铺中的颜色过渡就比较协调了。

图 8-8-6

大家可以将这种拼接的色彩细节看作是一种学术探讨，在实际工作中如果颜色重复的效果不明显则不必苛求。

8.8.2　制作四方连续图案

之前的连续图案只是在水平方向上实现了连续，这称为二方连续图案，即左方与右方（或上方与下方）实现了连续。这种连续图案形成的画面稍显单调，有一定的局限性。如果能在上下左右四个方向均实现连续平铺（即四方连续）则效果会好许多。

首先建立一个 60×60（可自定）的图像，在新建图层上使用自定义形状工具〖U〗的像素方式绘制音符形状，如找不到这个图形，可在形状列表窗口右上方的下拉菜单中选择“复位形状”对形状的预设进行复位。绘制完音符形状后将其与背景层上下居中、左右居中对齐

（同时选中两个图层后在移动工具的公共栏单击对齐图标）。完成后将该层复制一层出来备用并将原图层隐藏，如图 8-8-7 所示。

使用【滤镜 > 其他 > 位移】，如图 8-8-8 所示设置位移的参数，就会在图像中看到我们之前手动复制图层并移动到边界的效果。位移滤镜的作用是将图层进行移动，移动出图像边界消失的部分在“折回”方式下会在对边边界上重新出现，就好像图案已经被当作图案平铺一样。

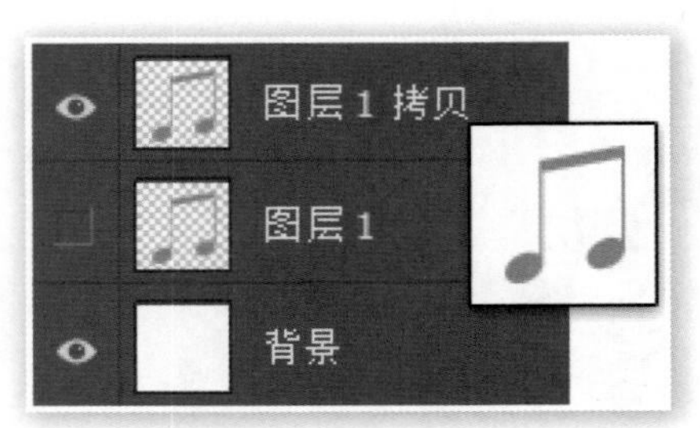

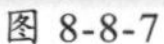

图 8-8-7

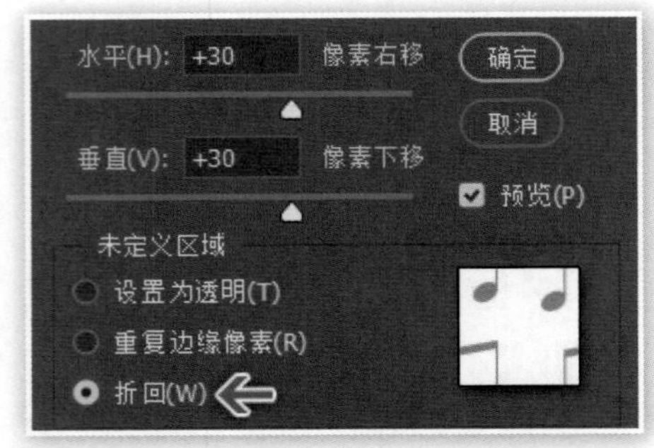

图 8-8-8

图像的最大位移量是图像尺寸的一半（水平和垂直方向），高于 +30 的数值，如 +40，实际上等于 -20。

这时将原先隐藏的图层显示出来，对其色彩进行调整（非必须）后将整个图像定义为图案即可形成四方连续平铺的效果了，如图 8-8-9 所示。

之前让大家先隐藏原音符图层是为了凸显位移滤镜的使用效果，其实是没有必要的，不隐藏音符图层反而能够在使用位移滤镜时直接看到最终的图案效果。

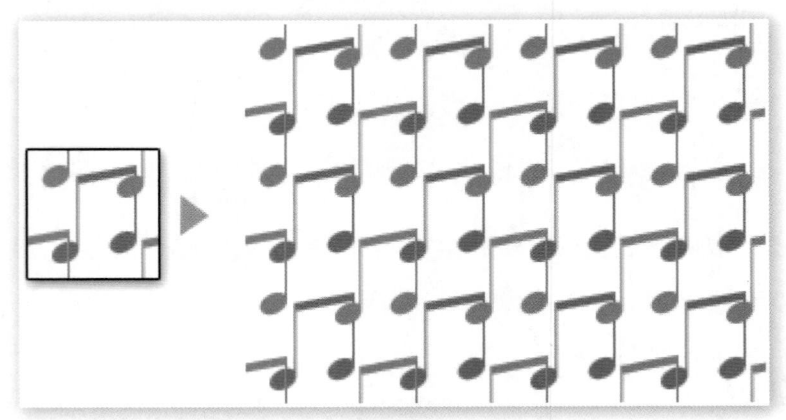

图 8-8-9

此时的四方连续平铺效果还稍显简单，可以用同样的方法来增加图案细节。按〖Ctrl + E〗将原先的两个图层合并，然后再次使用位移滤镜，注意这次再设定上一次的 30 像素将会造成图案重复（30×2=60），应设定较小的数值（如 +15）。完成位移后再新建图层添加图形，如图 8-8-10 所示。

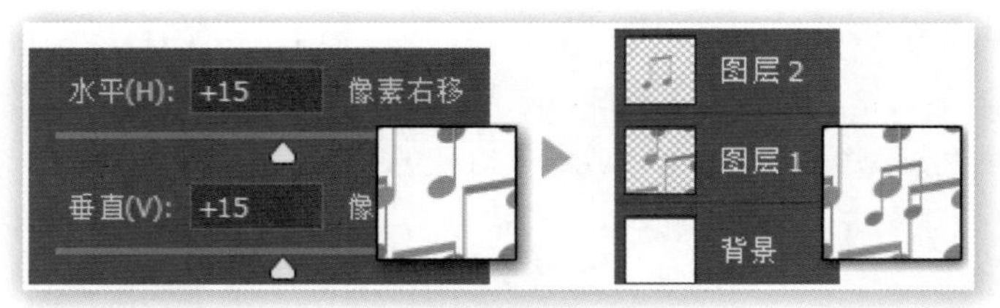

图 8-8-10

重复以上过程可以添加出更多的细节，要注意避免形成和之前重复的图案。也可以对水平和垂直方向设定不同数值，新增的图案可以是多个，也不一定要居中，如图 8-8-11 所示。理论上使用这个方法可以为图案添加更多的细节，大家可自行尝试。

图 8-8-11

四方连续图案除了作为背景之外，还可以结合蒙版作为填充的素材来使用，在实际工作中是非常有用的。

8.9　使用模糊滤镜

前面我们学习过模糊工具，模糊很多时候是一种表现手法，通过将次要部分做模糊处理可以突出主体。但基于鼠标轨迹的特点使得模糊工具很难将各部分的模糊程度做到均匀，基于重复次数（或笔压力）的累加方式也使得效果难以量化。这两个短处使得其只能用在对效果不敏感的小范围内。那么能做到量化效果且平均分布的方法则是使用模糊类滤镜。在模糊类滤镜的分类下有多个滤镜，每个滤镜各有不同的适用范围。

需要注意的是，滤镜（包括模糊及其他）中有许多单位为像素的选项，它们所产生的效果的显著程度与原图的像素尺寸相关，如 15 像素的模糊程度在小尺寸像素（如 400×300）图像中可能已经很明显了，但在大尺寸像素（如 9000×6000）图像中可能就显得微乎其微了。由于数码相机的像素尺寸都较大，因此在处理数码照片时要注意使用适当的数值，或可先缩小照片再进行处理。

8.9.1　摄影类模糊滤镜

菜单中，【滤镜 > 模糊画廊】下的几类模糊都是针对数码照片处理而开发的滤镜，其共同特点是为了方便摄影爱好者使用，多以摄影技术的方式来呈现操作。

首先我们使用光圈模糊来重现在图 8-5-1 中的景深模拟，光圈模糊通过定义焦点和景深范围来模拟景深效果。其主要操作如图 8-9-1 所示，1 处为焦点所在的位置，从 1 处到四个黄点所形成的包围圈就是景深范围（即被摄体清晰的范围）。

设定中的 20 像素就是模糊程度，这个程度从黄点区域之外由 0 开始递增，到大椭圆的边界达到 20，因此在这个范围内的图像是越来越模糊的，大椭圆边界之外则维持 20 像素的模糊度。光圈模糊滤镜主要需要调节的就是黄点的范围，它们默认是一起移动的，按住 Alt 键可单独移动。拖动 2 处可以改变模糊区域的形状，但一般不做改动。可同时在效果、动感效果和杂色面板中添加其他效果。

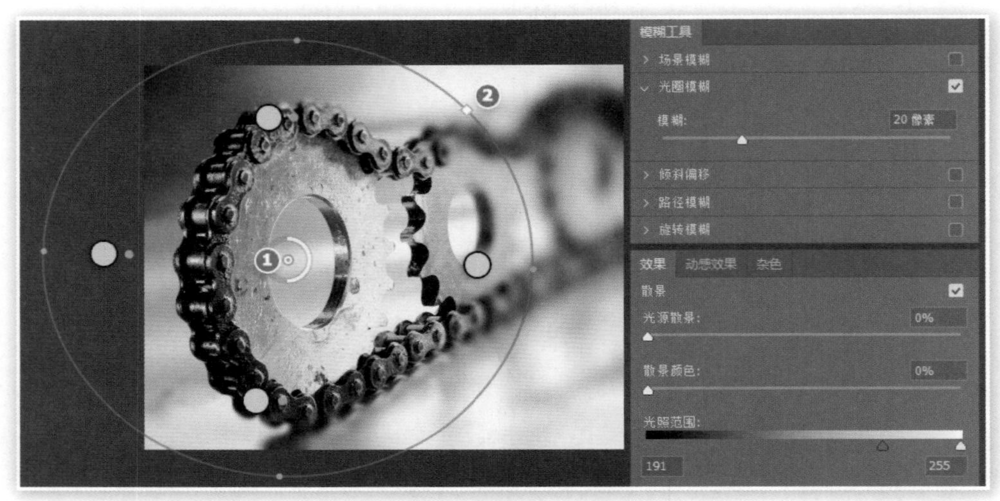

图 8-9-1

在一幅图像中允许有多种模糊设定，除了光圈模拟外，在界面中单击其他模拟类型，可建立新的模糊设定。

倾斜偏移是模拟移轴镜头的画面效果，适合将高角度俯拍的大场景变为类似微缩模型的效果，在模糊效果面板中适当加大光源散景可以优化点状光源，如图 8-9-2 所示为对素材 s0819.jpg 使用倾斜偏移（即移轴模糊）的效果。

图 8-9-2

场景模糊的使用相对简单，没有了景深设定框，只提供针对全图像的平均模糊，具体操作大家自行尝试即可。路径模糊和旋转模糊可用来营造动感效果，我们在后面将利用范例来综合讲解两者的使用方法。

模糊画廊独立成组，是专门针对数码摄影后期处理而开发的滤镜，它们可以同时设置和使用，只需勾选相应的选项即可，其模糊程度设定也相同。

由于光学镜头的物理结构，失焦状态下的高光点会产生与光圈叶片结构对应的多边形图案，【滤镜 > 模糊 > 镜头模糊】就是基于这个原理模拟失焦状态下的画面模糊，如图 8-9-3 所示。其他选项大家自行尝试即可。

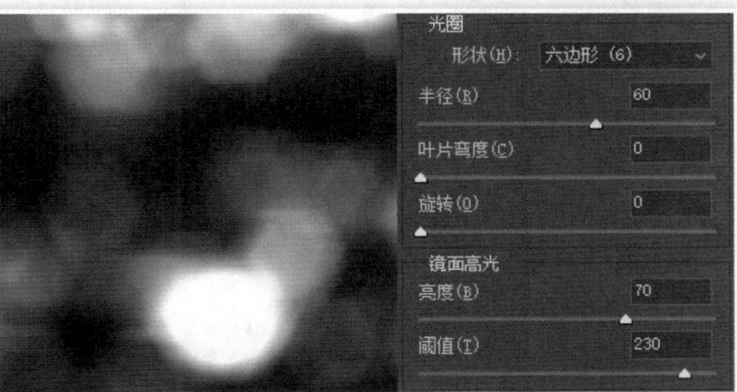

图 8-9-3

8.9.2　其他模糊滤镜

模糊在 Photoshop 中算是第一大类的滤镜，其数量众多、效果各异，此处不打算将所有滤镜效果罗列出来，因为以大家现有的能力已经足够独立探索各种滤镜效果，以下只介绍一些比较有代表性或操作特殊的模糊滤镜。

表面模糊滤镜的作用是模糊物体的表面，而保留物体的边缘，如图 8-9-4 所示。它是通过查找图像中的色彩边缘来决定应用范围的，对色彩边缘不做模糊处理，因此可以保留原图中的物体轮廓。

阈值的单位是色阶，表示进行模糊处理的亮度范围，图例中的设定只在高光区域产生作用（如齿轮的内部），而在暗调区域则保持不变。滤镜中的阈值大部分都表示对亮度色阶的选择。

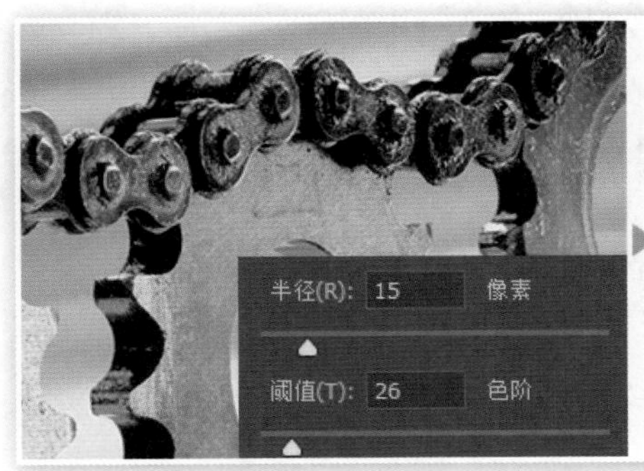

图 8-9-4

特殊模糊与表面模糊类似，也是在保留边缘的情况下对物体内部进行模糊，不同的是其模糊后的区域呈现斑块状，如图 8-9-5 所示，其作用范围也是通过阈值决定的，可以用来制作漫画或手绘效果。

图 8-9-5

动感模糊的作用是模拟物体高速运动下的状态，如图 8-9-6 所示。

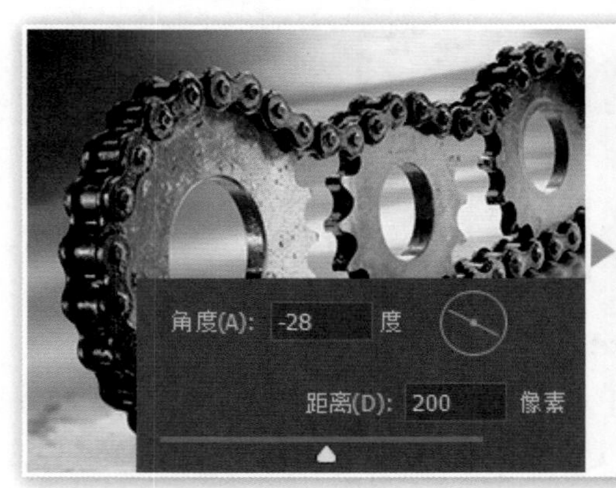

图 8-9-6

径向模糊与动感模糊的作用相似，只是将方向从直线变为圆周及放射状，如图 8-9-7 所示。

图 8-9-7

8.10　使用锐化与液化滤镜

锐化工具与模糊工具一样，也存在难以做到平均和量化的问题，而这可以使用锐化滤镜来实现。如同模糊滤镜一样，这里只有针对性地介绍个别锐化滤镜，其他的大家自行尝试。

需要注意的是，由于模糊能产生色彩融合感，即便是程度很深的模糊在视觉上也比较容易让人接受。但锐化要做的是分离色彩和强调边缘，而要分离出准确的色彩边缘理论上是不可能的，只能在一定程度上贴近。过于模糊的图像是难以通过锐化变得清晰的，并且程度稍深的锐化就可能产生斑块化现象，因此使用锐化滤镜的时候一般不宜设置过高的数值。

8.10.1　防抖滤镜

防抖滤镜的作用是纠正拍摄时的抖动所造成的画面模糊（素材图片 s0820.jpg），其调用方式是在菜单中选择【滤镜 > 锐化 > 防抖…】。在防抖的高级设定中手动将评估区域移动到门牌上，表示要以这一区域为准，进行抖动方向的分析，如图 8-10-1 所示，使用前后的效果对比如图 8-10-2 所示。

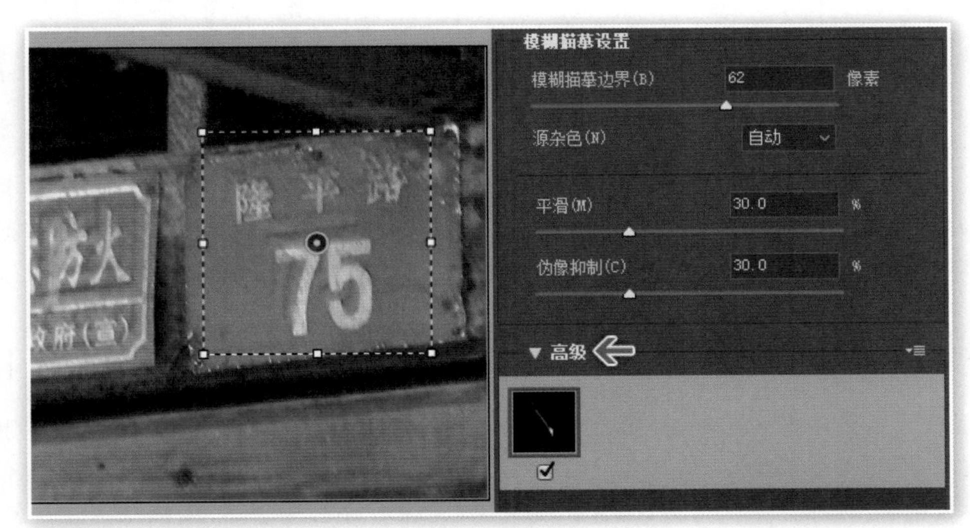

图 8-10-1

图 8-10-2

拍摄时手抖所造成的画面模糊，其特点是图像沿着一个固定方向拉伸，就如同动感模糊滤镜的效果一样，是有一定的规律可循的。如果查找到足够的边缘信息并将其沿原方向反向压缩，就有可能还原出被拉伸的图像。

理论上来说，防抖与动感模糊这两个滤镜的作用是相反的，大家可用动感模糊滤镜来模拟制作抖动图像，但模糊数值不宜太大。因为防抖滤镜有相当的局限性，只适合处理程度较轻的抖动，对于剧烈的抖动或缺少色彩边缘信息的图像效果很有限。

8.10.2 智能锐化滤镜

智能锐化滤镜也是针对数码照片后期而开发的滤镜，其主要解决传统的 USM 锐化容易产生过多杂点的问题，两者效果对比如图 8-10-3 所示，在提供了清晰度相近的锐化的前提下，智能锐化对人物的皮肤进行了优化处理。

图 8-10-3

其实智能锐化滤镜可以看作是【滤镜 > 锐化 >USM 锐化】和【滤镜 > 杂色 > 减少杂色】两个滤镜功能的组合，并且针对数码摄影的特点增加了暗调与高光分别进行设定的功能。有关智能锐化滤镜的具体操作我们不再详述，大家自行尝试即可。

8.10.3 液化滤镜

在菜单中选择【滤镜 > 液化】，或者通过快捷键〖Ctrl ＋ Shift ＋ X〗，可以进入液化滤镜界面。涂抹工具与液化滤镜相比，后者虽然也基于鼠标轨迹，但是提供了更加丰富的功能，液化滤镜中包含的各个工具的作用范围均以画笔大小为准，常用的几项如图 8-10-4 所示，范例素材为 s0821.jpg。

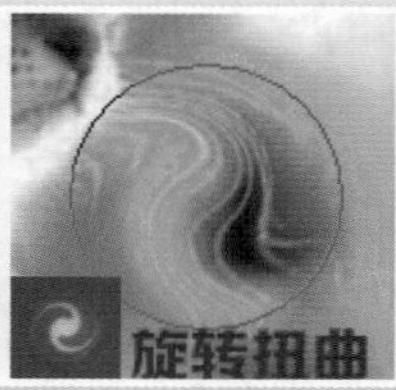

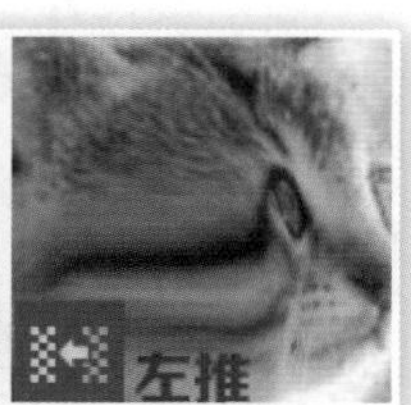

图 8-10-4

向前变形工具就和普通的涂抹工具类似，将图像沿着鼠标行进的方向拉伸；旋转扭曲工具是将图像顺时针呈 S 形扭曲，按住 Alt 键切换为逆时针方向，在一点上持续按住鼠标将持续加强效果；褶皱工具将图像从边缘向中心挤压，通俗地说就是局部缩小；膨胀工具则与之相反；左推工具是将画笔范围内的一侧推向另一侧，鼠标轨迹从上往下时图像从左往右推，鼠标轨迹从左往右时图像从下往上推，按住 Alt 时可对调调整方向。

如果不希望改动某些区域，可使用冻结蒙版工具涂抹该区域从而将该区域锁定。如图 8-10-5 所示，在宠物猫的胡须根部上涂抹后，使用旋转扭曲时就不会改变这一区域中的内容。使用解冻工具可以解除区域锁定。

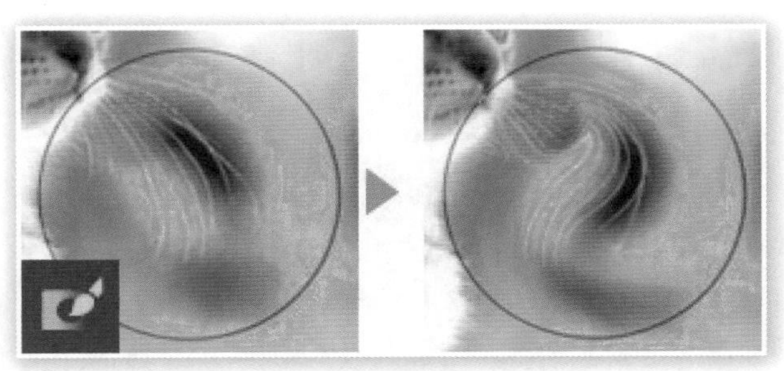

图 8-10-5

如果在图像中检测到人物面部，液化滤镜可以智能识别五官，并有对应的修改选项，大家可使用人像素材 s0822.jpg 进行尝试。

在几个面部参数类别中，眼睛和脸部形状的影响最明显。要增大眼睛应增加“眼睛高度”项目而非“眼睛大小”。除非有特殊情况，否则在调整眼睛时应保持左右一致。对脸型的调整最好综合使用“下巴高度”“下颌”和“脸部宽度”等设置。

需要注意的是，在调整中如果扩大眼睛或其他部位，可能会显得不如原图清晰，这是由于放大点阵图像引发的模糊现象。在完成液化滤镜后，最好再使用锐化类滤镜或手动对眼睛等区域进行锐化操作，如图 8-10-6 所示，这样的效果相对更好。

需要注意的是，修改五官对面部影响较大，即便是轻微的参数也可能造成明显的反差，调整时应从细微幅度入手。另外，不同国别及文化群体对面部有不同审美，调整时应予以考虑。

图 8-10-6

在液化滤镜中虽然可以使用快捷键〖Ctrl ＋ Alt ＋ Z〗来撤销操作，但建议使用重建工具为佳，因为其可以逐渐还原图像，这样在还原过程中有可能会发现一些不错的效果。也可以单击“重建”按钮后选择重建的百分比（即还原度），单击“恢复全部”按钮则全部还原。这两个按钮都是针对全图进行的，而重建工具可以只还原某个区域。

开启“显示网格”后将会出现网格，它反映了液化滤镜所产生的所有改动，并可以将其存储后应用在其他图像上。

8.11 习作：制作扭曲时钟

我们现在就尝试通过液化滤镜来制作一个作品，其主题思想是用扭曲的时钟来表示时间的流逝，使用 s0823.jpg 作为原始素材。

首先对素材图片中的钟面创建选区，此类正圆形选区的创建都比较简单，使用椭圆选取工具在圆心处按下 Alt 和 Shift 键后拉出正圆选区，以略小于钟面为宜，完成后可视情况调整选区位置及大小。

完成选区后按快捷键〖Ctrl ＋ C〗将其复制到剪贴板，并按快捷键〖Ctrl ＋ N〗新建图像（新建大小会自动对应剪贴板尺寸），再按快捷键〖Ctrl ＋ V〗将钟面粘贴到新图像中，并立即将其转换为智能对象。之后使用裁剪工具保留一个 300×300（可自定义）的区域，如图 8-11-1 所示。

图 8-11-1

之后多次复制时钟层，并通过自由变换快捷键〖Ctrl ＋ T〗将其缩小并旋转一定角度后分布在画面各处，完成后降低背景层的不透明度到 30% 左右，以营造视觉对比的效果，如图 8-11-2 所示。注意每个时钟图层都应该是智能对象。

使用【滤镜 > 液化】对各个小钟面图层进行变形扭曲，处理成如图 8-11-3 所示的形态各异的样子，具体分布和形态可自定。

图 8-11-2

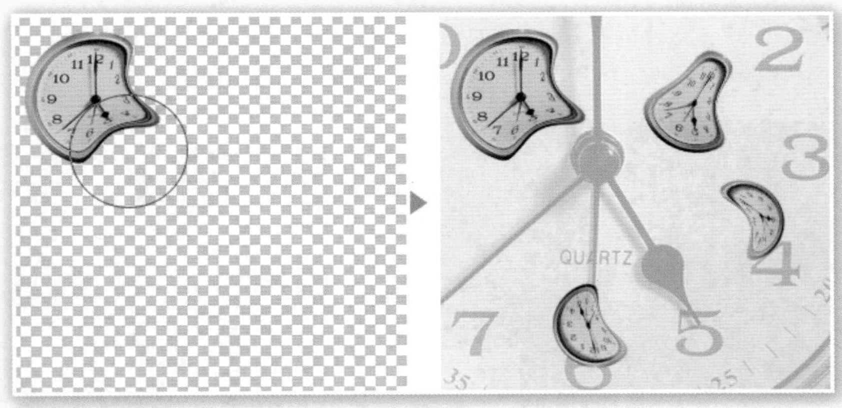

图 8-11-3

现在的画面看起来比较普通，因此尝试将背景图层按快捷键〖Ctrl ＋ I〗反相后恢复不透明度为 100%，会发现效果不错，如图 8-11-4 所示。

图 8-11-4

为了匹配钟面的色彩变化，将几个小钟面图层编组。可将组名设为“小钟面”，并指定为蓝色标签。接着将组混合模式改为“线性减淡（添加）”，并对图层组添加外发光图层样式，完成后如图 8-11-5 所示。注意小钟面图层组的混合模式及组样式的设定。

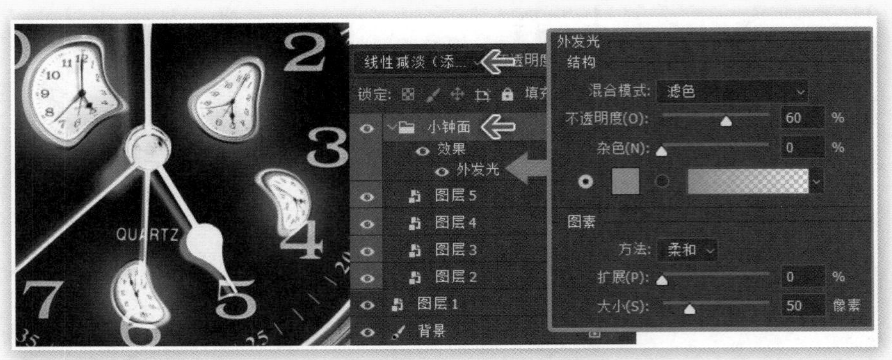

图 8-11-5

既然是扭曲的时钟，那么目前比较醒目的背景时钟就显得太普通了，因此对其使用【滤镜 > 扭曲 > 旋转扭曲】，效果如图 8-11-6 所示。这个旋转扭曲也可以使用液化滤镜来实现，但是可控性稍差。

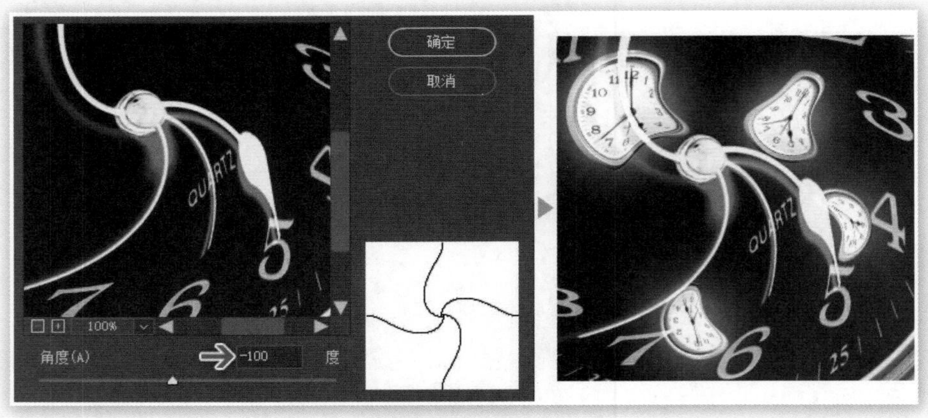

图 8-11-6

我们一直提倡在制作时应多做不同的尝试，如图 8-11-7 所示为对背景钟面使用扭曲类滤镜下的水波、切边、极坐标三种不同滤镜后的效果。大家可跟随教程或自选其一继续制作。

图 8-11-7

对于已经做完的旋转扭曲背景钟面，我们想要为其添加上时间感，可通过【滤镜 > 模糊 > 动感模糊】来实现，如图 8-11-8 所示。

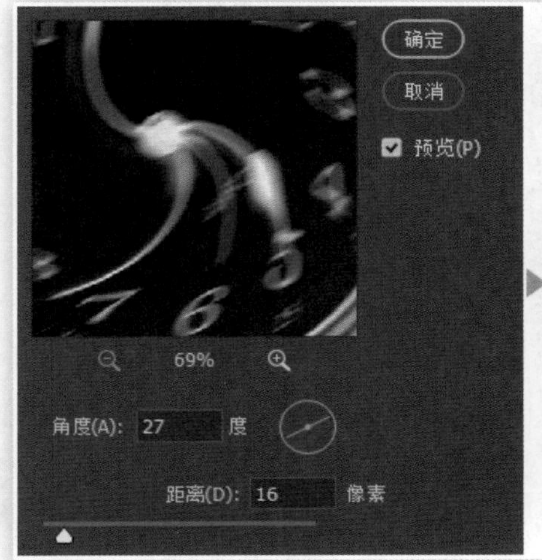

图 8-11-8

如果觉得背景的指针过于模糊，想在动感模糊的基础上也保留清晰的指针，可通过更改智能滤镜的混合模式来实现。如图 8-11-9 所示，双击蓝圈处的混合按钮，在出现的混合选项中将模式设为“变亮”即可，大家也可自行使用其他混合模式。

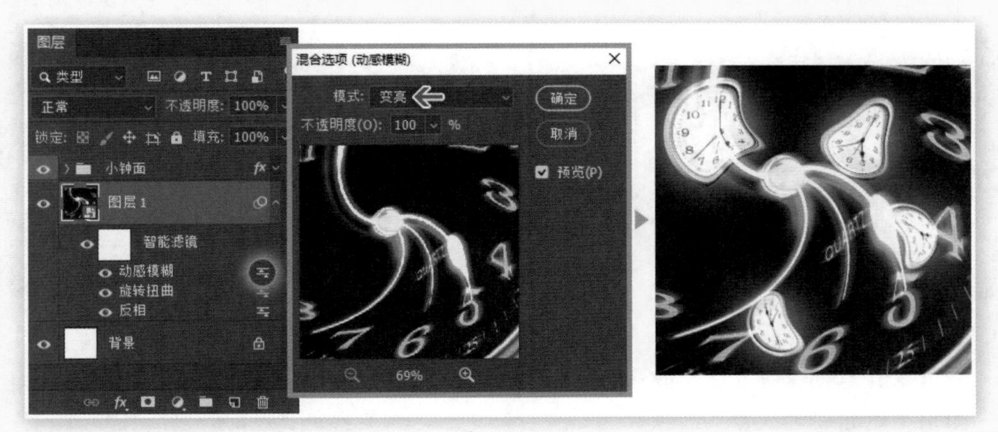

图 8-11-9

到这里可以说基本已经完成了制作，但从效果上来看，叠加了清晰指针后未必比之前的效果更好，那就再次更改动感模糊的混合模式，看看有没有什么“意外”的效果出现。如图 8-11-10 所示为使用差值与减去方式，并隐藏部分图层的效果。

我们并没有预设这个练习作品的最终形态，从图 8-11-7 开始任何一步都可以作为最终作品，主要是感受一下制作的过程和各种派生效果的可能性，以及学会一些细节上的处理。对于混合模式的使用，不必过于探求其原理，只需要多做尝试即可。

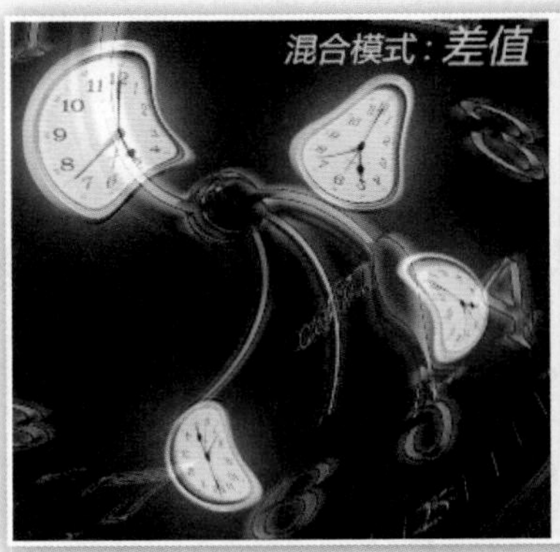

图 8-11-10

本次制作中的图层均为智能对象，这是一个良好的制作习惯，可完全保留原图。在智能对象方式下，各种操作不再直接更改图层内容，而是以附加参数的形式发生作用。大家可以理解为整形和化妆的区别，智能对象就是一种化妆，既不破坏原始图像又可以在任何时候通过修改生成新作品。

如图 8-11-11 所示，在图层面板中双击大时钟智能对象（图层 1），大时钟会以独立图像形式出现，对其添加来自素材 s0824.jpg 的新钟面，完成后按下快捷键〖Ctrl＋S〗保存，即可实现对最终效果的修改。除了新建图层，也可以采取任何通常的手段对其进行修改，如画笔、蒙版、图层样式等，也可以嵌套使用别的智能对象。

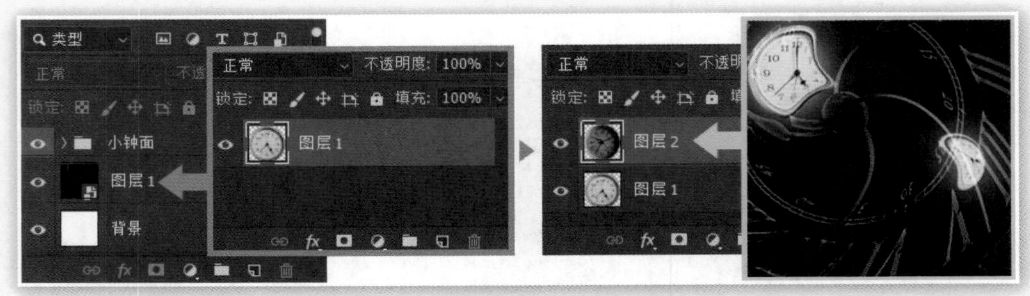

图 8-11-11

可以看出智能对象在作品修改上是十分方便的，其意义甚至超过了保护原图。因为如果不是通过这种方式，当我们更换新钟面后，需要再重复之前做过的各步骤。智能对象是提高制作效率的强大手段，虽然会增加计算机的资源消耗，但也应该尽量加以运用。

从本例中还可以学习到一种制作背景的方式，那就是将物体自身复制并放大，然后做淡化处理，淡化手段包括模糊、降低不透明度等，如图 8-11-12 所示，在缺少合适素材的时候可以使用此方法。

图 8-11-12

8.12　习作：营造速度模糊

这个范例使用素材 s0825.jpg 来制作，目标是营造出火车快速前进的效果。这就需要让原本静止的列车产生运动模糊的效果，而周围环境保持不变。我们使用模糊画廊中的路径模糊来实现。

首先将图像转变为智能对象，使用快速选取工具创建列车选区，之后使用路径模糊滤镜，将渐变路径拖动到与列车方向吻合的位置上，设定合适的速度参数，大致如图 8-12-1 所示即可。

运动路径可以是曲线，也可以在空白处单击建立更多路径，大家可自行尝试。

图 8-12-1

完成后就能看到智能滤镜附加上了选区作为蒙版，使得模糊效果只对列车有效。此时已完成主体效果的制作，但仔细看列车的边缘，有一些因为选区不精确所形成的边界痕迹。如图 8-12-2 所示。

衡量作品质量的往往不是大方向的创意，而是落实在具体的图像细节上。让列车运动起来产生模糊的创意很简单，但如果细节表现不到位，作品就会有欠缺。

图 8-12-2

接着来优化这些局部细节，其实并不复杂，只需要修改智能滤镜的蒙版，令其边缘不再泾渭分明就可以了。如图 8-12-3 所示，利用画笔在智能滤镜蒙版中车头边缘部分涂抹白色，形成半透明区域，从而让车头边缘与背景有一个过渡融合。

通过通道面板单独观察智能滤镜的蒙版，就会看到其原本锐利的边缘，在涂抹后变得柔和，且具备一定的灰色过渡。蒙版中的灰色过渡能形成半透明图像融合，在今后遇到同类问题时都可以照此处理。

建议在涂抹过程中设定较低的画笔的流量，这样每次涂抹不会造成剧烈的改变，并且可通过反复涂抹形成不同程度的叠加，令过渡效果更加可控更加多变。

图 8-12-3

这个范例虽然简单，但是其反映出了在实际制作中的一般性流程，即创意、实施、优化三个基本步骤。其中优化步骤既包含对细节的完善，也包含对创意的迭代升级。在初期大家还相对生疏时，优化步骤是决定作品质量的关键环节，因为缺少经验，常会忽略一些细节表现。到了后期，当技术已经娴熟，观察力也随之提高后，创意就成为关键要素了，那时候就要把更多的时间花在思考上了，毕竟创意主导作品的最终结果。

这个作品其实还有一个细节未曾提到，那就是运动的车辆在有透视效果的场景中，其前后部分在相机镜头中的相对速度是不一致的，距离远的会显得比较慢。相对速度是摄影中确定快门参数的重要参考，因此天空中的飞机尽管绝对速度很高，但由于它的像在镜头中的速度很慢，因此可以使用较低的快门拍摄。而近距离走过的人尽管绝对速度不高，但其像在镜头中的移动速度却很快，因此反而需要高速快门拍摄。

观察到这个细节后，我们就知道如何进行操作了，那就是适当消除列车远端的模糊。这可以通过再次修改智能滤镜蒙版来实现。如图 8-12-4 所示，这次利用前景色到透明的渐变对蒙版进行修改。如果是用画笔进行修改，最好设定较大的直径，然后用边缘部分触碰列车蒙版形成类似渐变的过渡。最终作品如图 8-12-5 所示，其实仔细观察会发现还有细节没有处理好，大家自己再行观察即可。

图 8-12-4

图 8-12-5

8.13　习作：制作运动模糊作品

接下来我们来制作一个稍微复杂的运动模糊作品，综合使用路径模糊和旋转模糊，素材为 s0826.jpg。首先明确下制作思路，就是让景物在运动方向上产生模糊，同时在车轮上产生转动的模糊，下面分步骤进行制作。

【步骤 1】复制车轮

将原图转为智能对象层后，利用选区分别选取前后两个车轮，分别通过快捷键

〖Ctrl ＋ J〗拷贝为两个新图层，可重命名图层为对应的名字，如图 8-13-1 所示。

图 8-13-1

注意图中两个轮子的选区并不是同时出现的，应该是一前一后。另外车轮的选取要包括看得见的轮胎部分，不能仅限于轮毂。因为车轮部分也应该有旋转的动态模糊。

【步骤 2】旋转车轮

分别对两个车轮图层执行旋转模糊，设定大致如图 8-13-2 所示。注意旋转的中心点应位于轮毂中轴位置，范围适当拉大以包含轮胎部分。

图 8-13-2

【步骤 3】模糊背景

将背景部分创建为选区之后执行路径模糊，设置径向模糊的模式为“后帘同步闪光”方式，效果大致如图 8-13-3 所示。

【步骤 4】修改模糊蒙版

用画笔修改智能滤镜的蒙版，消除尾部不合理的模糊与边界，效果大致如图 8-13-4 所示。

【步骤 5】复制后车身

为了营造适当的车身模糊动态，从原图中选取车身后部，通过快捷键〖Ctrl ＋ J〗复制为新层并将其转为智能对象，如图 8-13-5 所示。

这个选区可从原图的智能滤镜蒙版修改得到，方法是将原图智能滤镜蒙版载入为选区（按住 Ctrl 键单击蒙版缩览图），得到背景选区，接着反选（快捷键〖Shift ＋ F7〗或〖Ctrl+Shift ＋ I〗即可得到全车的选区，减去车身前部并做适当修改即可。

图 8-13-3

图 8-13-4

图 8-13-5

【步骤 6】模糊后车身

对后车身执行与背景类似的路径模糊，数值设置得小一点，以避免模糊过于剧烈，完成后再对智能滤镜的蒙版进行涂抹，使其与前车身有较好的融合，大致如图 8-13-6 所示。

图 8-13-6

到此我们就算完成了制作流程，图像与之前预想的一致，效果比较好。接着我们来优化一下细节。

在真实的场景中，路边的车辆、道路以及道路的不同区域，其动态模糊的方向应该各不相同。如图 8-13-7 所示，首先我们注意到在图像右下角的路面，其动态模糊的方向是横向的。这是因为我们只用了一个横向模糊路径，但对于地面来说，应该是沿着车辆行进方向产生模糊才对。

图 8-13-7

在图层面板中的智能滤镜项目中双击模糊画廊进入修改，更改路径位置，并在空白位置新建两条路径，方向均为从右向左，并大致沿着道路设为曲线路径。改为曲线的方法是拖动路径中央位置的控制点。效果如图 8-13-8 所示，这样就对画面中的不同部分都设定了对应的模糊路径。

前面说过相对运动速度的问题，那么真实追拍行驶中的汽车时，距离相机较近的部分会出现动态模糊，随着距离的增大，模糊程度应降低。天空和云彩由于距离很远，基本不会出现模糊。因此之前将天空进行模糊是不对的，现在我们可通过修改智能滤镜的蒙版，还原出原本的天空云彩，效果如图 8-13-9 所示。

图 8-13-8

图 8-13-9

现在大家是不是觉得已经做得挺到位了？其实还有细节问题没有注意到，大家可以自行查找。现在我们来回顾一下前面的火车范例，如图 8-13-10 所示，在车头与轨道的交界处出现了与轨道不一致的运动方向，其原因就是早前的路径方向单一，解决方法是增加对应轨道运动方向的路径，大致如图 8-13-11 所示。可以看出，在增加了轨道方向的路径后，列车底部的模糊方向也更加自然。

图 8-13-10

图 8-13-11

细心的读者可能已经发现，修改后的车头部位多了一小条单独的路径，它的作用是让车头的模糊效果更合理。因为车辆是做三维运动，迎面而来的车灯其实并不会出现明显的横向模糊。而路径模糊相当于将列车整体做横向移动，造成车灯从圆形变成了四边形。修改前后对比如图 8-13-12 所示，可以看出修改后的效果更符合现实所见。

图 8-13-12

这两则应用模糊画廊滤镜的范例在操作上没有太大难度，过程也并不烦琐。它们的目的是告诉大家在制作过程中要不断进行观察和思考。希望大家都能理解并在今后始终贯彻这一点。

8.14　习作：使用液化瘦身

在前面部分我们学习了通过液化滤镜来修改人物面部的方法，其对人物五官的自动判定使得操作变得相当简单，就是各项参数的合理搭配。本例我们将主要通过操作鼠标轨迹来塑造人物形体，使用素材为 s0827.jpg，液化前后对比如图 8-14-1 所示。这个范例没有技术难点，注意一些要点即可。

图 8-14-1

最常用的就是向前变形工具，在使用中要设定合适的画笔大小，一般来说设置值要偏大一些才能具备自然的过渡效果。如图 8-14-2 所示，虽然是要缩减腹部，但如果只设定为腹部大小的话是不够的。在操作过程中可设定较低的压力以避免在一次操作中造成剧烈改变。

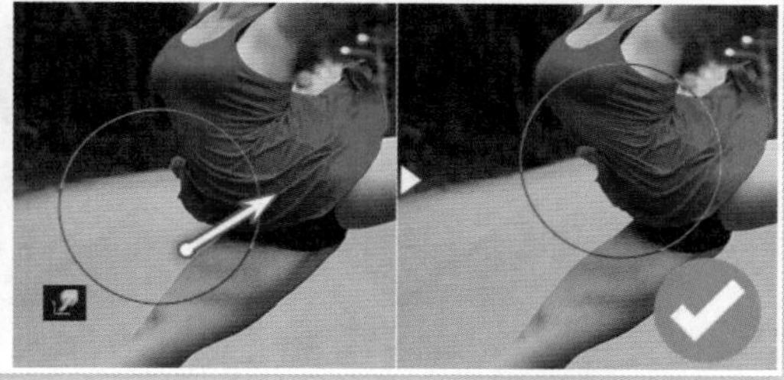

图 8-14-2

由于人体外形轮廓具备较强的常识感，因此对其的改变要保持正常的骨骼和肌肉特征，变化幅度也应该合理。如图 8-14-3 所示，破坏了正常外形的效果是不可取的，应使用重建工具予以还原，常识感较弱的事物则可酌情处理。如图中缩减小腿的操作也改变了背景中的树干形状，但由于幅度不大且又在景深之外，不予理睬也是可以的。

图 8-14-3

皱褶工具在一些需要从四周均匀向内压缩的情况下适用，如图 8-14-4 所示，对于肩部的处理就可以使用皱褶工具，建议设定较小的浓度和速率以避免大幅度改变。

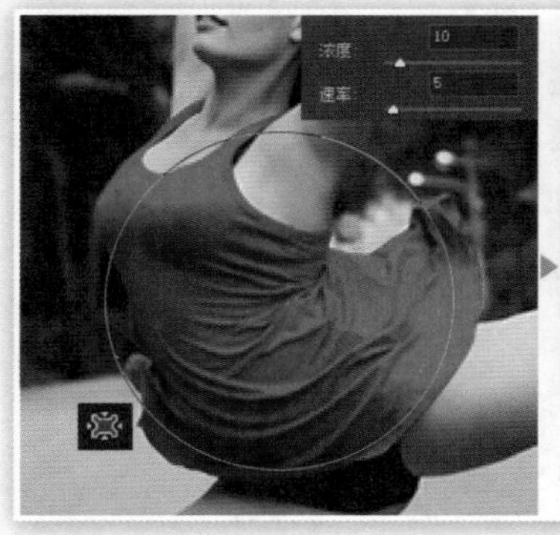

图 8-14-4

虽然向前变形工具可以用来改变面部，但容易破坏脸部骨骼结构，建议通过人脸识别中的脸部形状参数进行脸部的调整，如图 8-14-5 所示。如果无法准确识别出人脸再考虑手动修改。

图 8-14-5

可以从载入网格选项中载入素材目录下的“s0827 液化 .msh”，就能看到范例的液化操作效果。在完成之后可尝试使用素材 s0828.jpg 进行瘦身练习，范例对比如图 8-14-6 所示。虽然效果图中两者相差巨大，但实际做起来也没有什么难度，只是需要更多的耐心和时间。可载入“s0828 液化 .msh”来使用范例中所用的液化设置。

图 8-14-6

需要注意的是，本例中的地面有较明显的线条，这也属于常识感较强的事物，要注意保持其延续性。可在完成人物的调整后，使用冻结蒙版工具保护人物边缘，接着通过重建工具复原这些区域。如果遇到很难恢复的情况可转变思路，不再追求复原，而是将这些区域在新图像分布中合理变化。

如图 8-14-7 所示，从黄色参考线中可以看到对比。原先呈直线的道路边缘在瘦身后因为被部分推拉变成了弧形，但使用重建工具会将人物部分也复原出来，因此转而调整原先未改动的道路部分，使其形成为新的直线型。

图 8-14-7

在实际制作中一定要有各种工具配合使用的理念。单纯使用液化滤镜是很难直接完成作品的，需要再结合其他工具对图像进行完善，如去除皮肤皱褶等。对于一些难以复原的部分，也可以通过修复类工具进行修改。在液化滤镜中改动幅度较大的区域很容易形成模糊，应视情况而使用锐化工具加以调整。

第 9 章　文字、样式及渐变应用

本章将讲解三部分内容，分别是文字工具的使用、如何设定图层样式以及关于渐变的一些应用技巧。

9.1　文字工具初识

文字在设计工作中很常用，但就如同画笔一样，虽然看起来简单但要用好却并不容易，而通过对文字的应用也可以反映出作品的制作水平，如图 9-1-1 所示，在同样文字内容和同种字体以及无其他增效手段（如图层样式）的条件下，仅通过改变大小、颜色和位置就可以产生截然不同的效果。

图 9-1-1

如图 9-1-2 所示，共有 4 种文字工具，其中后两个文字蒙版工具的作用是产生文字形状的选区，实用性较低。我们以最常用的横排文字工具为代表来学习。

图 9-1-2

9.1.1　输入和修改文本

按快捷键〖T〗切换至文字工具框，选择横排文字工具后公共栏即出现相关设定项，如图 9-1-3 所示，常用的有字体、字体样式、字号大小和颜色等，更多的设定需要通过字符面板操作。需要注意的是，样式中的选项会依据不同的字体而不同（有些字体下样式选项会失效），排列方向和变形这两项在有文字时才有效。

如果文字字号的单位不是像素，可在【编辑 > 首选项 > 单位与标尺】中将文字单位改为像素。

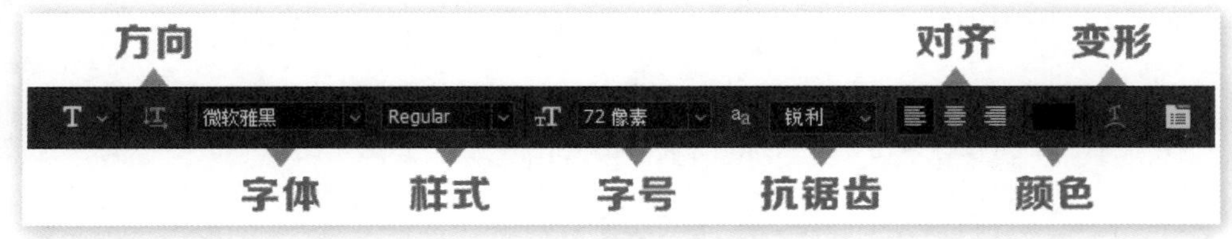

图 9-1-3

新建图像后按照上图的设定，在图像中的合适位置单击，会发现自动输入了一段文字，这是提供视觉参考的文字占位符，此时直接输入自己的文本即可将其替换，如图 9-1-4 所示。输入过程如同使用其他文字处理软件一样，也伴随有文本指示光标，使用回车键可以换行，若要结束输入可按快捷键〖Ctrl ＋回车〗或〖数字键盘回车〗或单击公共栏的提交按钮，按 Esc 键可取消输入。

如要取消占位符，可在【编辑 > 首选项 > 文字】中取消占位符文本项目。

图 9-1-4

输入的文字将以单独图层的形式存在，图层名默认为文字内容。文字图层具有与普通图层一样的性质，如图层混合模式、不透明度等，也可以使用图层样式。如图 9-1-5 所示为输入一些文字的效果。

图 9-1-5

如果要修改输入的文字内容，可选择文字工具，在图像中的已有文字上单击，会在单击位置出现文本输入光标，即可修改文字内容，此时文字会有下划线提示，如图 9-1-6 所示，完成修改后再次提交即可。

在使用移动工具时，直接在文字所在位置双击也可以进入文字编辑状态。

图 9-1-6

在使用文字工具修改文字内容时，如果单击的位置偏离了原先的文字区域，将会建立新的文字层，如图 9-1-7 所示。在文字较多且密集时较容易产生这样的误操作，可通过观察文字工具的光标状态来判断是修改还是新建，新建状态下文字工具有虚线框环绕，修改状态则没有。

建议通过移动工具双击文字区域来修改文字内容，这样不容易产生误操作。

图 9-1-7

9.1.2 设定基础文字格式

依据字体和语言的不同，更改排列方向的效果也会不同，如图 9-1-8 所示，改为竖排后的英文字符仅相当于旋转了 90 度，而中文字符所表现出来的才是真正的竖排。排列方向是针对当前文字层内所有字符的，如果需要不同的排列方向，则需要通过多个文字图层实现。

图 9-1-8

在未单独选择字符的情况下，更改字体对全部字符有效，在选择某些字符后则只对选中的字符有效，如图 9-1-9 所示。由于大部分英文字体中都不包含中文字符，因此对中文字符指定英文字体是无效的。但反过来却可以，因为中文字体一般都包含英文字符。这点对于其他语种也适用。

图 9-1-9

不同的字体所提供的字体样式也不尽相同，基本的有 Regular（标准）、Italic（倾斜）、Bold（加粗）、Black（特粗）等，也有类似 BoldItalic（粗斜）这样的组合型样式，只能指定其中的一种样式而不能叠加使用，如图 9-1-10 所示。通过字符面板也可以设定字符样式，还可设定公共栏中不存在的一些字体设置。因此对字符的设置一般都通过字符面板来进行。

字号大小列表中有一些常用的设定，也可以手动输入数值形成错落有致的大小，如图 9-1-11 所示。在首选项（快捷键〖Ctrl + K〗）的“单位与标尺”中可选择字体的单位，用于显示器等设备上的作品，其字体宜使用像素作为单位；印刷输出用途的作品宜使用传统的字号大小单位，即点。

图 9-1-10

图 9-1-11

关于抗锯齿的原理我们已经学习过了，其实现方法就是边缘羽化，可以提高字体的质量，但如果对较小字号的字符使用抗锯齿反而容易降低其可读性，如图 9-1-12 所示。原因是小字符的笔划较密集，边缘羽化所造成的模糊效果变得突出，此时宜关闭抗锯齿选项。

图 9-1-12

对多行文字可以使用对齐选项，使其居左、居中或居右对齐，如图 9-1-13 所示。改变对齐方式会造成文字的位移，需要时可使用移动工具进行进一步调整。

图 9-1-13

虽然可以在公共栏中更改字体的颜色，但通过拾色器取色比较麻烦，如果不是对色彩有特别的要求，通过色板面板来更改颜色则方便得多，方法是选择文字后在色板中单击相应的色块即可。

文字在被选择时会以反转色显示，如图 9-1-14 所示，黄色 d 和红色 e 在被选择时显示为蓝色与青色，因此更改文字颜色的效果在取消选择（或提交）后才能看到。

图 9-1-14

选中文字后，通过在菜单中选择【文字 > 文字变形…】，或者在选中的字体上单击鼠标右键，在下拉菜单中选择“文字变形…”，则可为文字设置变形效果，如图 9-1-15 所示。这个功能如果运用得当可以收到良好的画面效果，但由于其只针对整体文字图层，因此需要分层制作多种变形的组合效果。

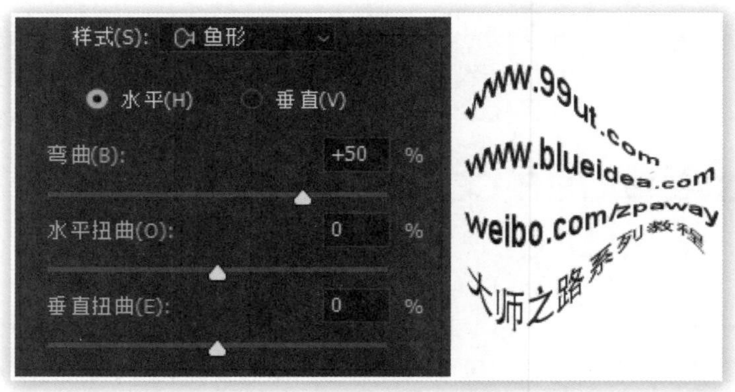

图 9-1-15

9.1.3 文字图层的特殊性

在对于文字操作的各个选项中，不能针对单个字符的操作有：排列方向、抗锯齿、对齐和变形。其中对齐选项可以针对文字所在的行，在不同行之间可以采用不同的对齐方式。

文字图层具备特殊性质，不能通过传统的工具来选择字符，必须进入编辑状态才能选择单个字符或连续的多个字符，不能跳跃选择多个字符。如要将 BLUE 中的 B 和 E 改为统一的蓝色，必须先后分别选取 B 和 E，要更改 U 和 E 的颜色则可以一次性选取。

使用移动工具只能移动整个文字层，不能单独移动某个字符，如果必须改变某个字符的位置，则只能通过新建文字图层来实现。同理，不能直接拆分文字层中的文字。要合并文本内容也不能直接通过快捷键〖Ctrl ＋ E〗来合并，那样会导致文字层被栅格化而失去可编辑性，应将其视作两篇独立的文档一般通过复制粘贴进行文字转移。

必要时可通过【图层 > 栅格化 > 文字】将文字层转换为普通图层，转换之后就不能像之前那样设置文字格式，也就是丧失了大部分的可编辑性。在使用一些只针对普通图层的功能（如滤镜）时会提示是否栅格化，此时必须栅格化才能继续。

9.2　使用字符面板

虽然可以通过公共栏中的选项对文字进行常用的设定，但实际使用中并不方便。首先，公共栏中关于字体设置的选项必须在使用文字工具时才会出现；其次，就是其功能有限，不支持高级操作。【窗口 > 字符】的字符面板提供了完整的文字设定功能，如图 9-2-1 所示。以下分别予以介绍，其中的字体、样式、字号、颜色、抗锯齿选项不再重复介绍。

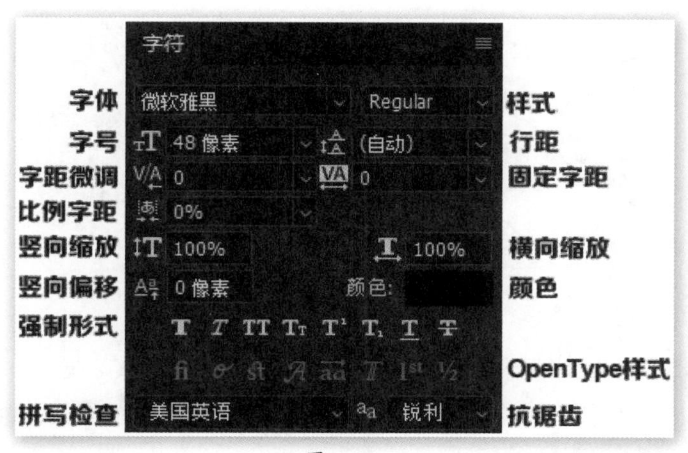

图 9-2-1

9.2.1　拼写检查

拼写检查选项是针对不同的语言设置连字和拼写规则，图 9-2-2 显示了美国英语和英国英语对同样文字的不同连字方式。

进行拼写检查的文字必须以框式文本输入，因为框式文本是自动换行的。我们之前所使用的都是通过手动换行的行式文本（也称点文本），是不会有连字效果的。有关框式文本的内容将在后面学习到。

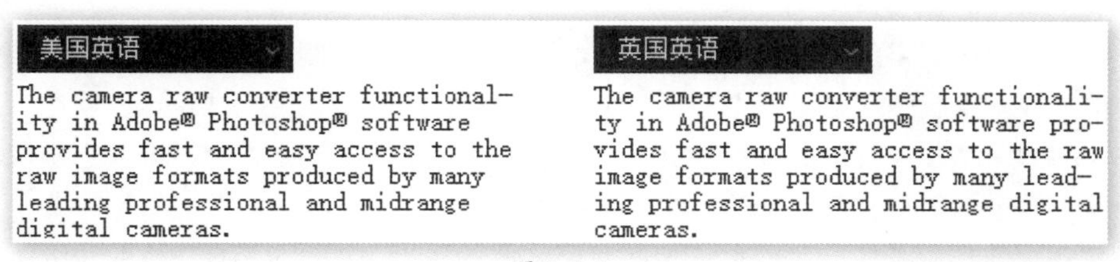

图 9-2-2

9.2.2　行距与缩放

行距设置用来控制行与行之间的距离，如果设置为自动，则行距会跟随字号做相应改变。

我们也可以手动指定行距数值，但要避免过小的行距造成文字重叠，如图 9-2-3 所示。如果手动指定了行距，更改字号后一般也要相应修改行距。

图 9-2-3

竖向缩放相当于变高或变矮，横向缩放相当于变胖或变瘦，数值小于 100% 为缩小，大于 100% 为放大，如图 9-2-4 所示。

图 9-2-4

9.2.3 固定字距与比例字距

固定字距和比例字距这两项的作用都是更改字符之间的距离，但在原理和效果上却不相同，下面动手操作来理解它们的区别。新建一个足够大的图像，打上 simple 这几个字符，字体为黑体，大小为 72 像素，保持固定字距和比例字距均为 0，如图 9-2-5 所示。

图 9-2-5

可以看出整行文字的宽度由两部分组成，即字符本身的宽度和字符间的距离，其中的字距是字体文件本身就定义好的。中文字体定义每个字符的平均宽度相同，这应用在汉字上没有问题，因为汉字本身就有等宽的特点。但应用在非等宽的英文字符上时，就会出现疏密不同的现象，较窄的字符与其他字符的间距明显较大。

固定字距的作用是用固定数值去增减字符之间的距离，如图 9-2-6 左栏即是将所有字符的间距都减去 100 的情况，虽然字符互相靠拢但依旧疏密不同，这是因为 100 对于原先间距较小的 m、p 效果显著，但对于原先间距较大的 s、i 或 p、l 就收效甚微。如果继续减少直到 s、i 或 p、l 相贴，则 mp 将由于字距为负而产生重叠现象。

而比例字距的作用是同比例地减少（注意只能减少）字间距，比例为 50% 时所有字符间距减半；比例为 33% 时为三分之一；如果比例为 100% 时则间距为 0，如图 9-2-6 中间所示，所有字符彼此相贴（依据抗锯齿或字体形式可能会有差异）。在此基础上扩大固定字距则可以产生等距离拉大的效果，如图 9-2-6 右侧所示。

图 9-2-6

实际上，只要指定英文字体（或 Adobe 中文字体）即可避免上述情况，因为这些字体本身就定义了合适的针对性字距。之所以非要在范例中用中文字体来“制造麻烦”，不是作者为了增加字数多赚稿费，是因为理解固定与比例字距之间的区别对于文字布局的微调很重要。

根据测量，固定字距所形成的字符间距为“字号‰ × 固定字距”，也就是说当字号为 72 像素时，固定字距为 100 的字符间距为 7 像素（像素为整数），因此相同的固定字距在不同字号下所产生的实际间距也会有所不同。此外固定字距的数值可以自由设定（不局限于列表）。

9.2.4　其他

字距微调用来调整两个字符之间的距离，只有当文本光标位于字符之间时才能使用，如图 9-2-7 所示的光标停留在 m 和 p 之间时，可通过字距微调改变 m、p 的字间距。字距微调的使用方法与固定间距相同，在比例字距恒定为 100% 时，“字距微调 100、固定字距 0”与“字距微调 0、固定字距 100”所形成的字间距相同。因此理论上字距微调也可以制作出之前的效果，只是比较麻烦。

竖向偏移（也称基线偏移）的作用是将字符上下移动，可用来制作上标和下标（应相应缩小字号），如图 9-2-8 所示。

图 9-2-7

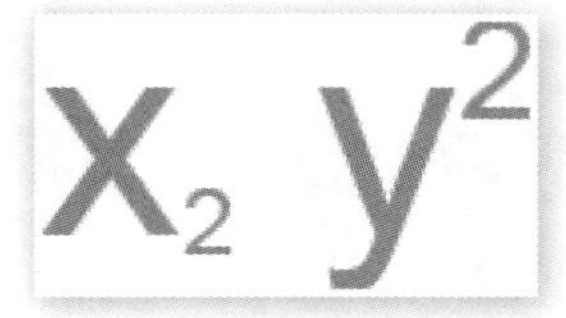

图 9-2-8

强制形式和文字形式一样是将字体加粗、加斜等，即便字体本身并未提供相应的形式也可强制设定，各选项可以叠加使用形成综合效果。其中的全部大写字母选项是将所有小写字母转换为大写，而小型大写字母是将所有小写转为大写，但发生转换的大写字母将参照原有小写字母的字号，如图 9-2-9 所示。

图 9-2-9

9.2.5 实战文字设定

我们现在用已经学习到的文字设定知识来制作一些简单的文字设计稿，首先尝试制作图 9-2-10 的文字。在新建合适尺寸的图像后输入“VIVID”文字，字体为 Arial，字号 48 像素，强制加粗样式，其余设定均为默认。

首字母 V 的下沉效果实际上也可以由其余字母的上升而来，于是选择后 4 个字符设定竖向偏移并适当缩小字号（30 像素）后完成，但这种做法会导致后 4 个字符显得较细，这是缩小字号造成的。要避免这种情况，可在不缩小字号的前提下，适当减小横向和竖向缩放的比例数值，如图 9-2-10 所示。

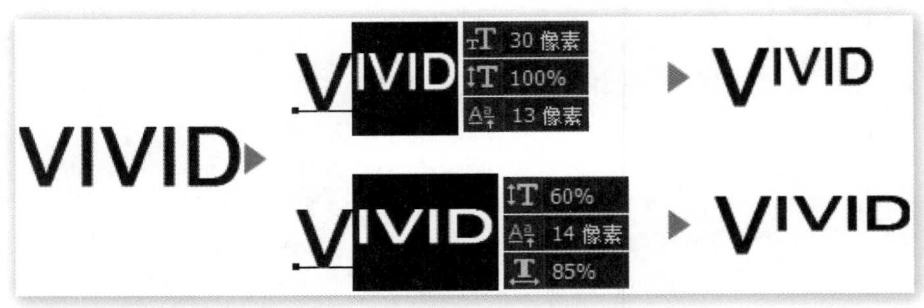

图 9-2-10

接着在“VIVID”后按回车键换行并输入第二行文字“SERIAL”（注意不是新建文字层），缩小其字号并竖向偏移到较高的位置，具体如图 9-2-11 所示。

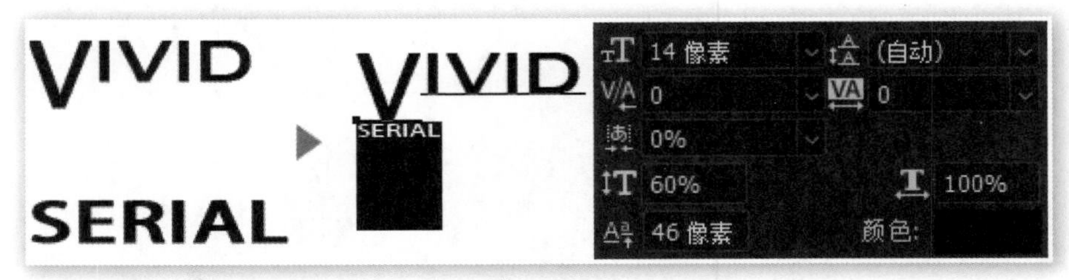

图 9-2-11

现在要将第二行文字向右移动，大家可能会按照文档编辑的经验在字母之前加空格来实现，这其实不利于位置的精细调整，应该通过字距微调（注意光标位置）来完成，其优点是可以做到精确定位，如图 9-2-12 所示，将 S 调整至上一行字的第一个 I 的下方。

之所以之前没有将“SERIAL”调整到最终的高度，主要是为了便于教学演示，实际上大家可以直接将其高度一步调整到位，然后再调整合适的固定字距，形成 L 与上方的 D 右齐的效果，如图 9-2-13 所示。

图 9-2-12

图 9-2-13

事实上如果将“SERIAL”作为第二个文字层来制作既快又方便，我们之所以没有那样做是为了锻炼大家的操作能力，在实际工作中遇到此类问题还是分层制作更好。

指定色彩（可自定）后文字部分的设定就完成了，接下来可以通过图层样式中的投影样式来增强效果，如图 9-2-14 所示，注意两部分的文字色彩是有区别的。

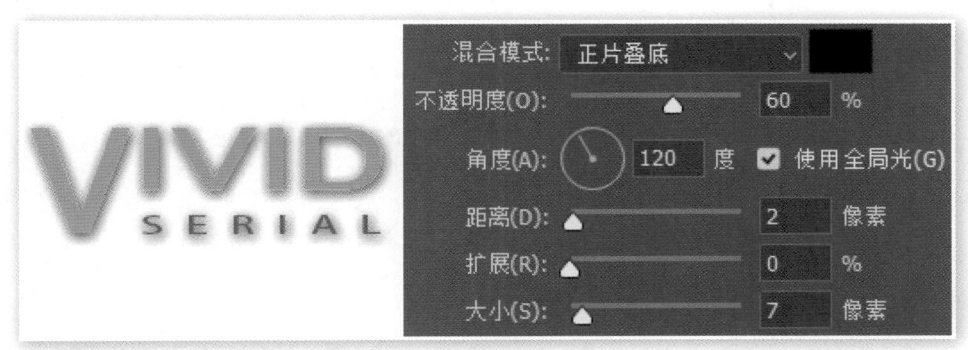

图 9-2-14

之前我们学习过利用自身制作背景的方法，于是复制文字图层后将下方图层的填充设为 0%，不透明度设为 20%（可自定义），这样就只保留下了较淡的轮廓，对原先的文字层形成了衬托。如图 9-2-15 所示。

图 9-2-15

图 9-2-16 所示则是对复制出来的文字层使用动感模糊滤镜的效果，将得到的模糊图层复制一层，稍微移动形成背景。之后停用已不再合适的投影样式，改用外发光样式营造轮廓感。

VIVID
SERIAL

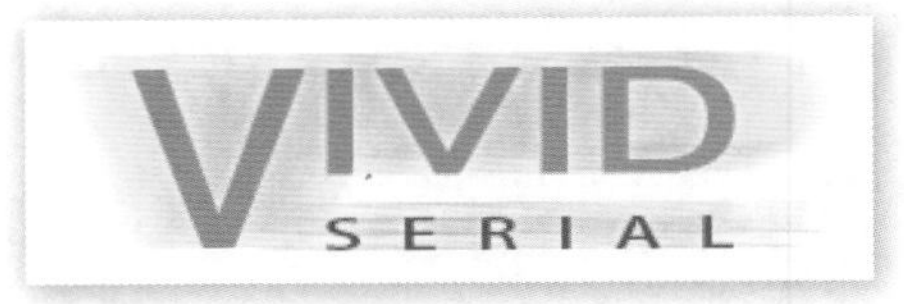

图 9-2-16

只要愿意多思考、多尝试，增效的手段是无止尽的，我们学习过的这几个效果只是沧海一粟。接下来大家自己尝试，看看能否做出更多的效果。

9.3 区域文字排版

在类似海报或说明材料的制作中，经常需要在指定区域内输入字数较多的文字，这些文字大都以多行的段落形式出现，在后期设计中如果缩小了文字区域，就会出现如图 9-3-1 所示的不匹配的情况。

问题在于这些文字是以手动换行（即行式文本或点文本）的方式输入的，因此要适应新的区域就需要手动更改分行。同时还必须删除原有的分段，如果文字稍多则非常麻烦。

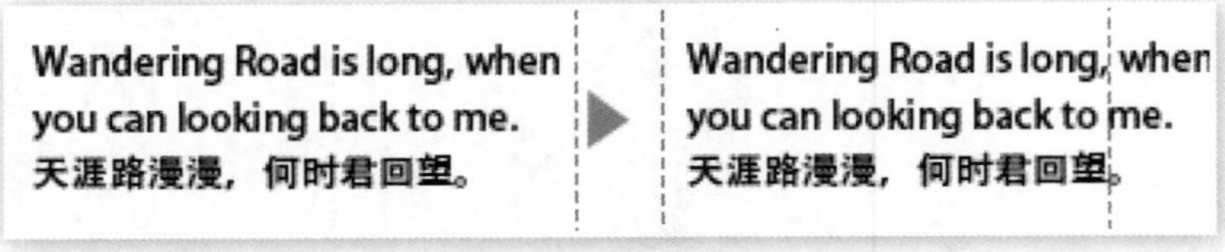

Wandering Road is long, when
you can looking back to me.
天涯路漫漫，何时君回望。
Wandering Road is long, when
you can looking back to me.
天涯路漫漫，何时君回望。

图 9-3-1

要解决这个问题，就必须使用框式文本（即段落文本），只需要调整文本框即可适应新区域，如图 9-3-2 所示。

Wandering Road is long, when
you can looking back to me.
天涯路漫漫，何时君回望。
Wandering Road is long,
when you can looking
back to me.
Wandering Road is long,
when you can looking
back to me.
天涯路漫漫，何时君回望。

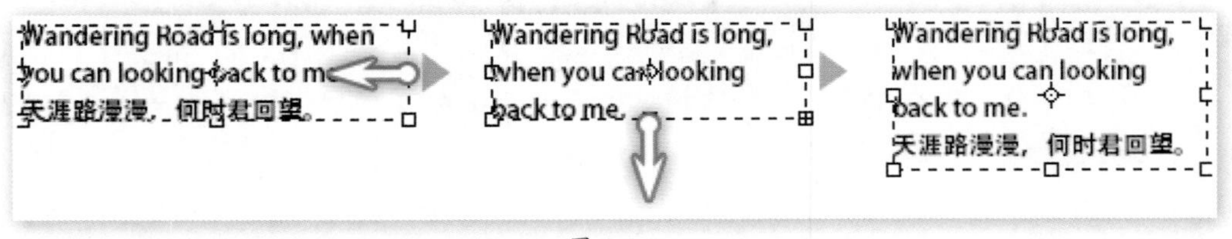

图 9-3-2

9.3.1 输入框式文本

输入框式文本首先要建立一个文字框，使用文字工具拖动出一个矩形框（拖动时有尺寸提示）后松手即出现文本框，可输入文字内容，如图 9-3-3 所示，其余各项操作与行式文本相同。

本例中的文字内容用回车键分为两段，第一段为英文，第二段为中文，大家也可自行决定内容。如果输入的文字内容较多而超出了当前文本框的范围，则在文本框右下角会出现提示标记，如图 9-3-4 所示。此时扩大文本框即可显示出被隐藏的部分。

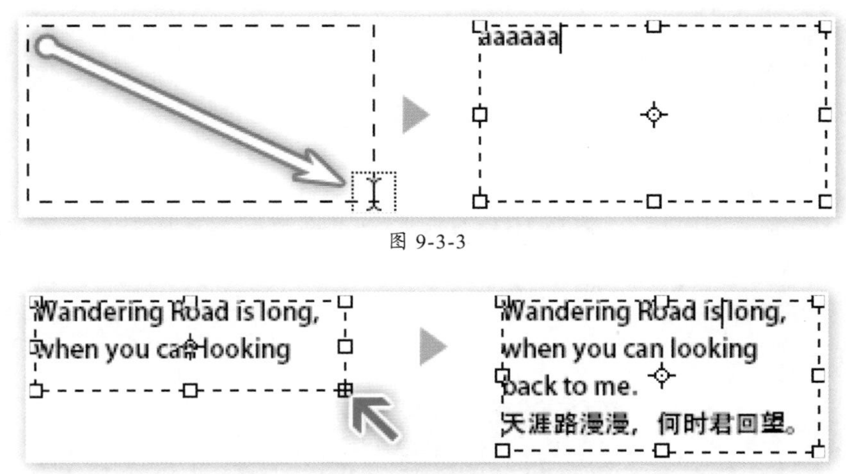

图 9-3-3

图 9-3-4

9.3.2　变换文本框

不难看出，文本框与自由变换的控制框很相似，其实它们的操作也类似。当如图 9-3-5 那样改变文本框时，实际上是更改文字的显示范围；如果按下 Ctrl 键后拖动，则相当于更改文字的缩放比例，从效果上来说接近于自由变换。

图 9-3-5

Ctrl 键不必全程按住，在鼠标开始拖动后可松开，此时可再配合上 Shift 键、Alt 键实现不同的效果，如图 9-3-6 所示，具体操作可参照自由变换功能自行尝试。

图 9-3-6

其实在输入状态下按住 Ctrl 键调整文本框的效果，与直接对文字层（非输入状态）使用自由变换按快捷键〖Ctrl + T〗是相同的。此外由于文字的特殊性，某些变换选项（如扭曲和透视）需要栅格化文字层后才能使用。但我们知道栅格化后产生的点阵图像是经不起变换的，为了追求更好的效果，应该将文字转换为路径后再进行变换。

9.3.3 段落设定

如图 9-3-2 所示的示例并不是段落设定，而只是更改文本框尺寸，真正的段落设定需要使用段落面板来完成，通过【窗口 > 段落】开启面板，如图 9-3-7 所示。其中的“避头尾法则设置”是控制句首和句末是否允许出现标点符号，“连字”选项控制是否允许单词跨行，此项对于单字结构的中文没有效果。

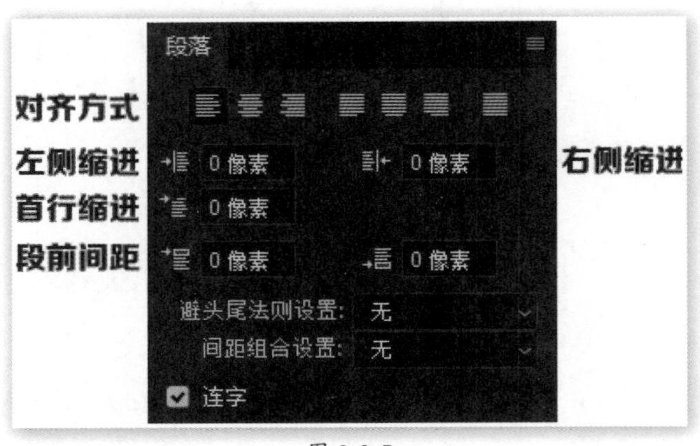

图 9-3-7

段落的划分以使用回车键换行为准，如图 9-3-5 中的 4 行文字，前 3 行属于同一段落，第 4 行属于另一个独立段落。在选择对齐方式时，如果处于输入状态，则更改当前光标所在的段落；在非输入状态下则更改该文字层中所有段落，如图 9-3-8 所示。

图 9-3-8

在所有对齐方式中，比较好用的是“最后一行左对齐”，也称末行居左，其可以对齐段落文字的右边界，如图 9-3-9 所示。

设定首行缩进选项可令段落首行的第一个字符产生缩进，能够增强段落感，也是中文段落的标准形式。如果设定为负数则为突出效果，适用于列表说明类文字，如图 9-3-10 所示。

可以看出段落的设定基本上与传统的文字编辑软件并无不同，大家可自行尝试其余设定项。

Wandering Road is long, when you can looking back to me.
天涯路漫漫，何时君回望。
Wandering Road is long, when you can looking back to me.
天涯路漫漫，何时君回望。

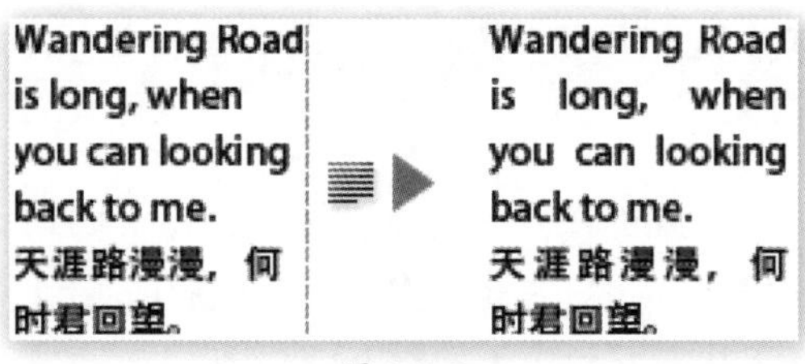

图 9-3-9

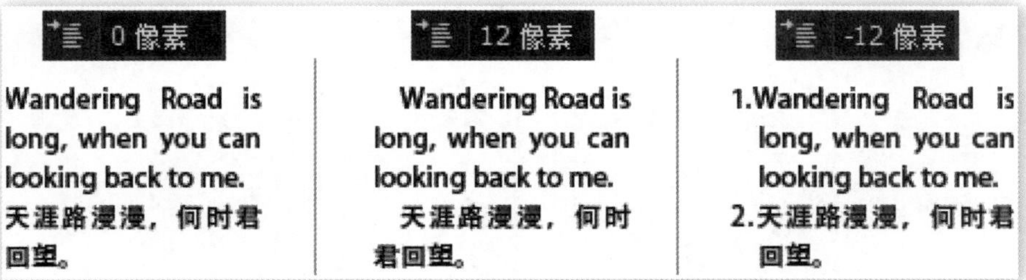

0 像素
Wandering Road is long, when you can looking back to me.
天涯路漫漫，何时君回望。
12 像素
Wandering Road is long, when you can looking back to me.
天涯路漫漫，何时君回望。
-12 像素
1.Wandering Road is long, when you can looking back to me.
2.天涯路漫漫，何时君回望。

图 9-3-10

9.4　使用路径文字

除了以上的传统布局之外，文字还可以依照设定的路径来排列。在开放路径上可形成类似行式文本的效果，在封闭的路径内可形成框式文本的效果，图 9-4-1 中展示了文字的排列效果和各自所依附的路径，很容易看出网址字符依附的是开放式路径，UT 字符依附的是封闭式路径。

weibo.com/lzpaway
www.blueidea.com

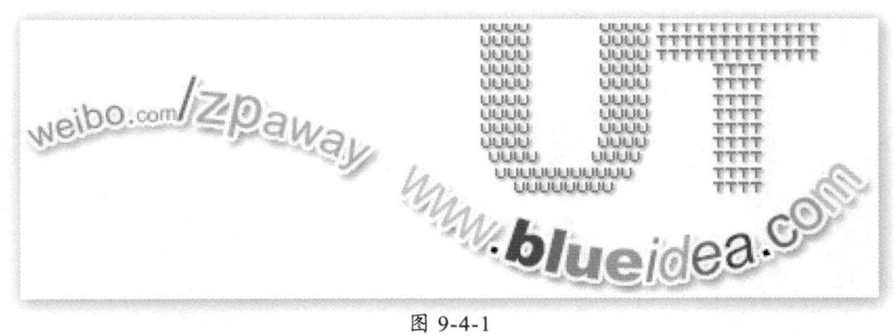

图 9-4-1

要想完全驾驭路径文字，必须先学会有关路径的知识，不过 Photoshop 提供了一些现成的路径图形（即形状工具中的自定义形状）可供使用，但这些都是封闭式路径，开放式路径需要完成相关知识的学习后才能制作。

9.4.1　使用路径文字的准备

新建一个 400×300（可自定）的图像，使用自定义形状工具〖U〗，设定使用形状方式，以红色（可自定）填充色，再从形状列表中选择心形，如图 9-4-2 所示。如果之前改动过工具设定而无法找到相关选项，可先将工具复位。

图 9-4-2

之后在图像中画出尺寸 230 像素左右（可自定义，越大则填充的效果越好）的心形，绘制过程中相关快捷键的使用方法与之前的类似。完成后即得到一个矢量形状图层，如图 9-4-3 所示，注意其缩览图右下角有一个矢量标志。

在图层面板中双击形状层的缩览图即可更改形状填充色，事先即便没有设定好颜色也可在此更改，大家可改为自己喜欢的颜色后继续后面的操作。

图 9-4-3

在选择形状图层（如有多个形状图层存在时需注意正确选择）的前提下，用文字工具在形状的路径之上或之内单击即可输入路径文字。在路径线条之上（注意鼠标形状的改变）单击表示输入的文字随着路径走向排列，在形状区域内单击则表示将文字排列在形状内部，如图 9-4-4 所示。

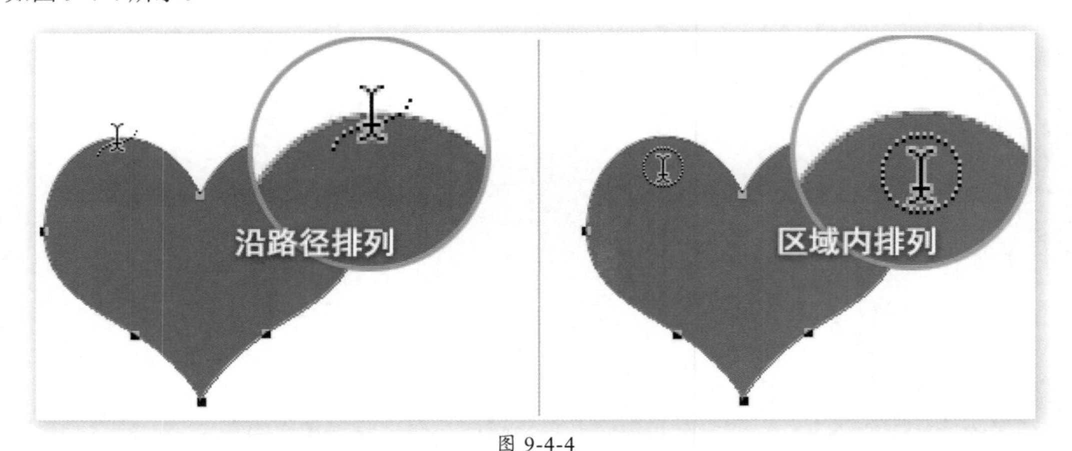

图 9-4-4

需要注意的是，形状图层并非建立路径文字的必要条件，实际上只要是矢量路径，都可用来建立路径文字，只是我们还没有掌握路径知识，因此目前先通过形状图层的方式来实现。

9.4.2 在路径区域内排列文字

现在我们来尝试区域内排列的效果。如图 9-4-5 所示为输入若干个 LOVE（可通过复制粘贴实现）的效果。

LOVE 中每个字符后都应留有一个空格，实际上也就是“L_O_V_E_”，这是一个小技巧，可以避免拼写检查导致的换行差异。如果觉得空格拉大了字符的距离，可将固定字距设为负值，或把空格的字号单独改小。

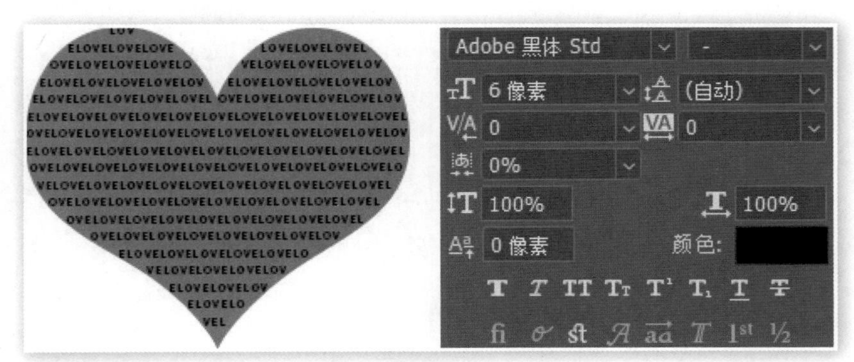

图 9-4-5

需要注意的是，同样的设置在不同的显示器上可能存在差异，如图 9-4-5 中左上角有 LOV 三个字符，而对应的右上角却没有，解决方法之一是在第一个 LOV 之前加一个回车键强制换行。今后也可以通过修改路径形状解决。

现在已经呈现出了初步的排版效果，但感觉有两个问题需要改进：一是字符排列不够密集，二是心形右侧的文字不够贴合弧线走向。因此将行距改为与字号一致的 6 像素，并将对齐方式设为“全部对齐”，则效果如图 9-4-6 所示。

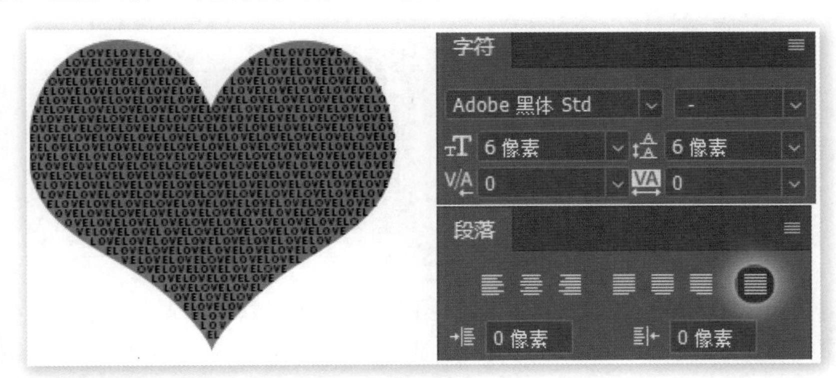

图 9-4-6

虽然文字是随着事先绘制好的形状进行排版的，但所形成的文字图层与形状图层并没有依属关系，此时即便删除形状图层也毫无影响，这是因为文字图层实际上是复制了形状图层中的矢量路径为己所用。

虽然还没有正式学习路径知识，但不妨先试着做个小修改。隐藏形状图层后在图层面板中选择文字图层，然后通过快捷键〖A〗切换到直接选择工具，此时就会出现排版所依据的路径，在路径上的任意位置单击，路径上出现一些控制点，这些控制点称作锚点。使用直接选择工具选择其中一个锚点后将其稍微移动，会看到文字的排版布局也相应改变，如图 9-4-7 所示。

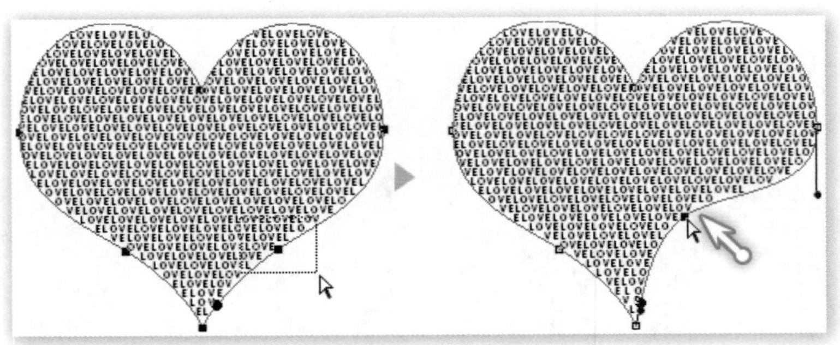

图 9-4-7

以上的路径修改只是为了让大家体验一下路径排版的灵活性，要达到熟练的程度还需要进一步学习路径知识。如有困难也不必强求，以后自然就能明白。体验之后可撤销操作也可继续往下制作。

9.4.3 沿路径排列文字

现在将已经完成的心形文字图层隐藏起来，再来尝试一下沿路径排列文字。由于还需要心形形状图层作为“引子”，因此要重新将其显示出来。

在字符面板中将字号设为 12 像素，并在段落面板中将对齐方式设为“左对齐文本”，在心形的边缘某位置单击后输入文字，如图 9-4-8 所示。

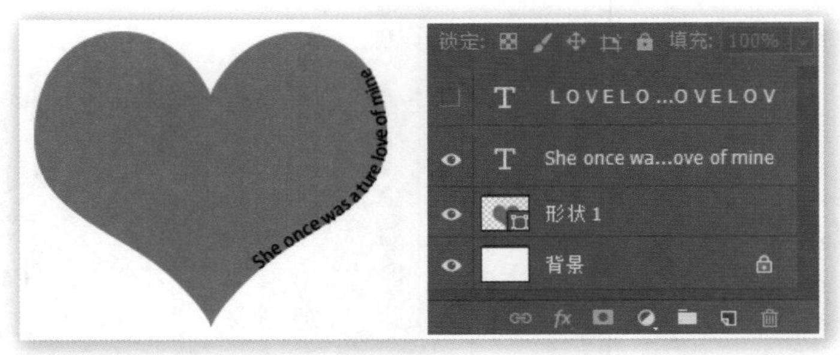

图 9-4-8

在沿路径排列文字时，比较重要的是文字的起止位置，默认两者是重合的，位于文字工具单击处（段落为左对齐）。在文字编辑状态下按住 Ctrl 键后，依据鼠标位置的不同会出现相应的起点或终点指示标志，可将它们分别移动至别的地方，如图 9-4-9 所示。

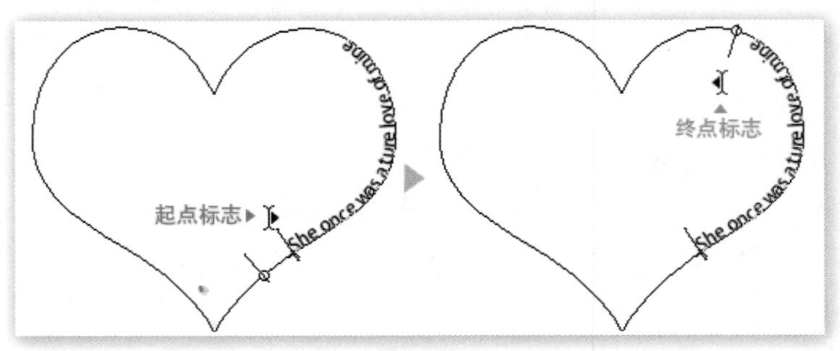

图 9-4-9

一般来说，没有必要改变终点标志的位置，因为设置不当可能会造成如图 9-4-10 所示的文字显示不全的情况。

图 9-4-10

目前，文字是沿路径的内部排列的，向外拖动起点或终点标志可将其变为沿路径外部排列，同时文字的起点与终点互换，如图 9-4-11 所示。

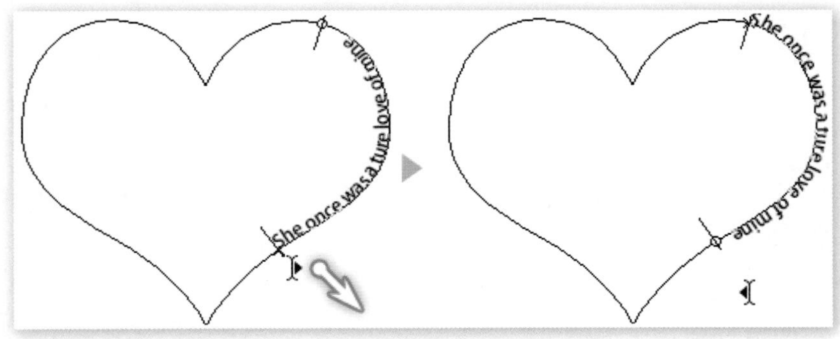

图 9-4-11

沿路径排列的文字都是以路径作为基线的，通过在字符面板中设定字符的竖向偏移数值可以改变基线高度，如图 9-4-12 所示为将文字图层复制两份后分别设定的效果。在实际操作中注意避免因路径曲率造成字符排列过密的情况，如图中的红色文字，必要时可加大部分字符的间距。

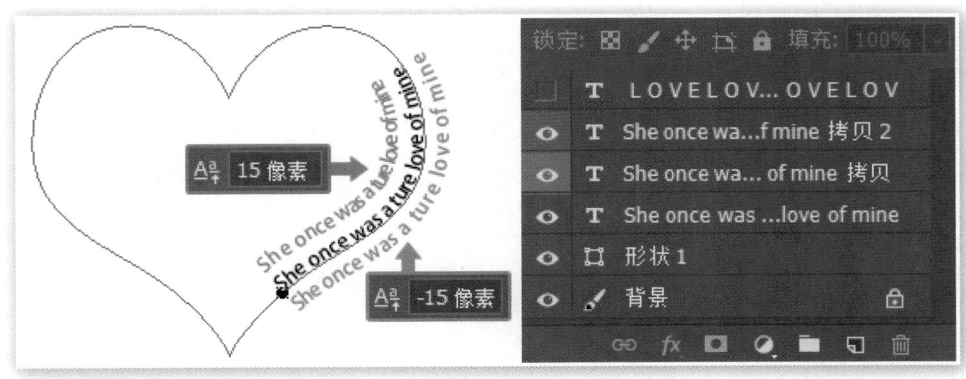

图 9-4-12

9.4.4 综合利用路径文字效果

现在大家可自行尝试如图 9-4-13 的组合效果，仔细观察可知，所增加出来的文字都是沿路径排列的，因此都可以由复制并修改原先的文字层得来，修改的项目主要是竖向偏移、起点与终点、字体等。可以同时选择多个文字层后统一修改设定。

图 9-4-13

另外需注意，图中分别用到了两种不同深浅的紫色和橙色，如何快速有效地定义出不同深浅的颜色也是一个需要思考的技巧，这个技巧的便利之处还在于可同时改为其他不同深浅的颜色（如蓝色等）。在范例文件 s0901.psd 中有这个技巧的答案，请大家自行分析试验。

9.4.5 利用路径文字绘制虚线

Photoshop 在矢量工具中提供了虚线选项，但仅是一般形态的虚线，而利用沿路径排列的字符可以得到更多形态的虚线，如图 9-4-14 所示，所用到的字符为“+-@*~/=()Xx\”，大家可以自行尝试其他的字符组合。

图 9-4-14

在路径文字中的字符本身不会跟随路径发生弯曲，因此这种模拟虚线的效果只适合在较小字号下使用，字号较大时容易产生断层感。要想得到能跟随路径弯曲的虚线，应直接使用路径描边中的虚线选项，而不要用字符路径的方式来制作，如图 9-4-15 所示。

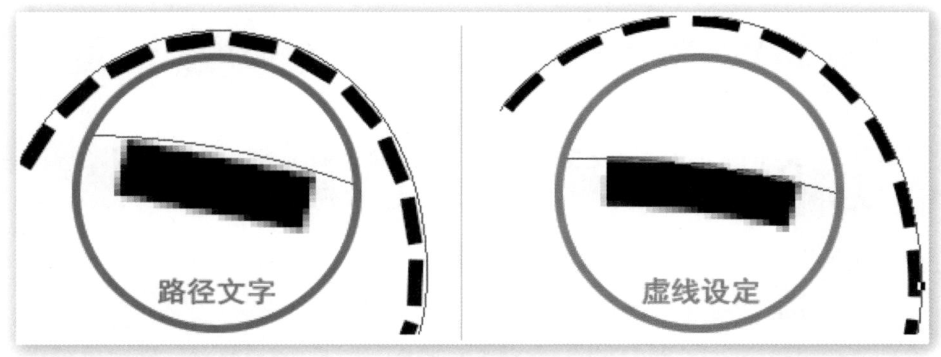

图 9-4-15

9.5　有关文字的其他知识

本节我们来学习关于文字工具的其他辅助内容。

9.5.1　将文字转为路径

字体文件在制作时是通过曲线坐标来生成轮廓的，因此文字实际上就是一种矢量图形，基于这个特点可以通过菜单中的【文字 > 转换为形状】（需选择文字图层）将其转换为矢量形状，图 9-5-1 所示为将 99ut.com 转换为形状后与原文字的对比，两者几乎没有差异。

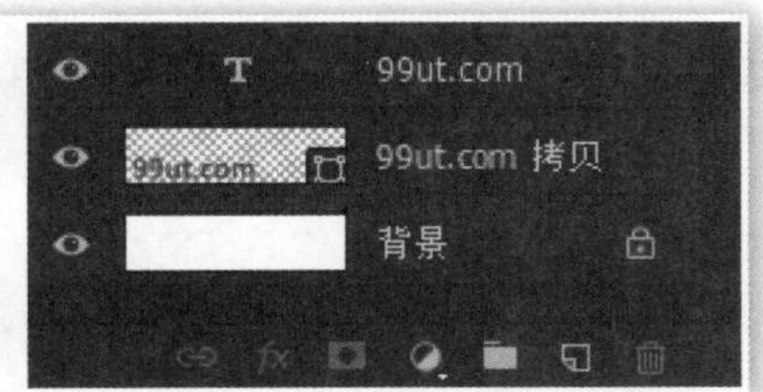

图 9-5-1

转换所产生的形状图层具备与普通形状图层相同的性质，可以使用自由变换，也可以用来产生路径文字。由于转换后不能再编辑文字内容，因此事先必须确定文字内容。

9.5.2　使用 OpenType 字体

OpenType 字体兼备 TrueType 与 PostScript 的优点，可同时适用于屏幕显示和精细印刷，字体列表中的大部分字体名称前都有一个“O”符号，这就是 OpenType 字体的标志。

OpenType 还提供一些特征文字，可以通过字符面板的底部使用。图 9-5-2 中所示为 Adobe Garamond Pro 字体所提供的一些特征。

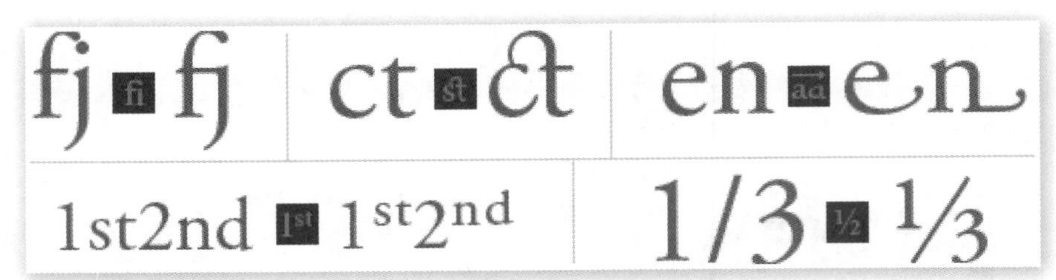

图 9-5-2

并不是所有 OpenType 字体都支持特征字，不同的 OpenType 字体所支持的特征种类也可能不同，而某些特征需要特定的字符或字符相连才会有效。

9.5.3　使用表情字体

在界面设计中常使用到符号的图标，为此文字工具中还专门提供了表情字体，内容包括数字、生肖、日用品、交通工具等，类别丰富多样。如图 9-5-3 所示，在字体项目中选择 EmojiOne 字体，在字形面板中就会出现所有表情的列表。此时如往常一般使用文字工具，从字形面板列表中双击即可输入表情，最近使用过的字形会排列在上方，便于使用。

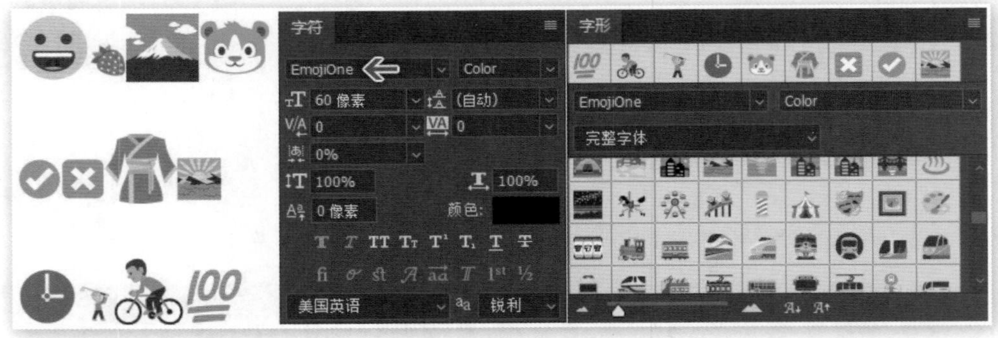

图 9-5-3

表情文字使用方便，本书在制作图示时就有所使用，如图 9-1-7 中就使用了打勾与打叉表情。EmojiOne 为自带色彩的字体且无法更改，虽然我们可以通过色彩调整层（如色相 / 饱和度等）对其进行更改，但有时不利于形成统一风格。

还有一类表情字体 Segoe UI Emoji 为传统的轮廓型，可如普通字体一样使用，如图 9-5-4 所示，虽然其色彩和细节不够丰富，但很适合用于以简约为主的界面设计中。

在这里我们第一次接触到字形面板，事实上在传统文字下是不需要这个面板的，因为可以直接输入文字。但在表情文字类别中需要查找才能确定，因此需借助于字形面板。字形面板也可以在传统字体下使用，可列出字体所包含的所有字符。

除了上述两个字体外，还有一些操作系统自带的字体也包含一些设计符号，如 Webdings、Wingdings 等，但内容都比较少。不同版本或类型的操作系统所提供的字体也可能有所不同。

图 9-5-4

9.6　创建 3D 文字

Photoshop 中的 3D 功能可以用来建立三维物体，其主要用途是制作一些小型三维物体以形成对平面图像的互补，而文字则是主要的三维制作需求之一，为此 Photoshop 也提供了专门针对文字的 3D 功能。

三维制作除了文字以外还包括其他物体，所涉内容知识较多，几乎可以独立成书，出于篇幅所限，这里只能做简要介绍。

9.6.1　建立模型

制作 3D 首先需要建立物体模型，如图 9-6-1 所示，在输入文字后选择文字图层，通过【3D>从所选图层新建 3D 模型】，即可完成 3D 文字的建模。

创建时会提示是否切换到 3D 工作区方案，选择“是”或“否”都不影响制作，可通过【窗口 > 工作区】或 Photoshop 右上角的菜单（默认为“基本功能”）随时切换工作区方案。

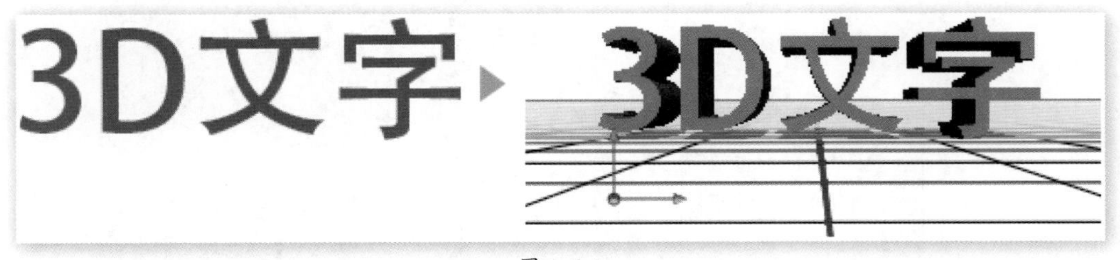

图 9-6-1

由于模型直接决定了三维物体的外形，因此建模是所有 3D 制作软件中的关键步骤，一般的建模都是通过创建矢量路径进行的，而文字的矢量特点使其可以被直接使用，因此在这里我们很快就完成了建模。实际上物体的建模是非常复杂的，一个好的模型文件甚至可以成为商品高额出售。

9.6.2　改变视图

三维的观看效果很大程度上是由视角决定的，而默认的视角效果较为平淡，因此我们使

用公共栏的“旋转 3D 对象”后在视图中把文字向右下方拖动些许，就能形成比较好的视角了，如图 9-6-2 所示。

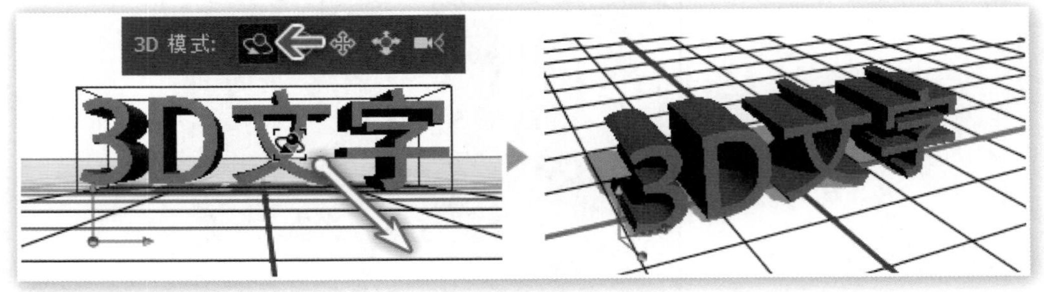

图 9-6-2

“旋转 3D 对象”及其他 3D 工具会在 3D 模式下（即在选择 3D 图层时）自动出现在移动工具的公共栏选项中。

改变视角是体现三维效果的重要手段，同样的 3D 文字在不同的视角下也会呈现不同的画面效果，这需要在制作时考虑好所要表达的构思，如为了表现环境就应使用俯视，表现高大就使用仰视等，这一点与摄影构图是类似的。

9.6.3 更改模型

如果觉得文字太过厚重的话，可以对其做“减肥”效果，方法如图 9-6-3 所示，首先在 3D 面板中选择文字，之后在属性面板中更改“凸出深度”的数值即可。

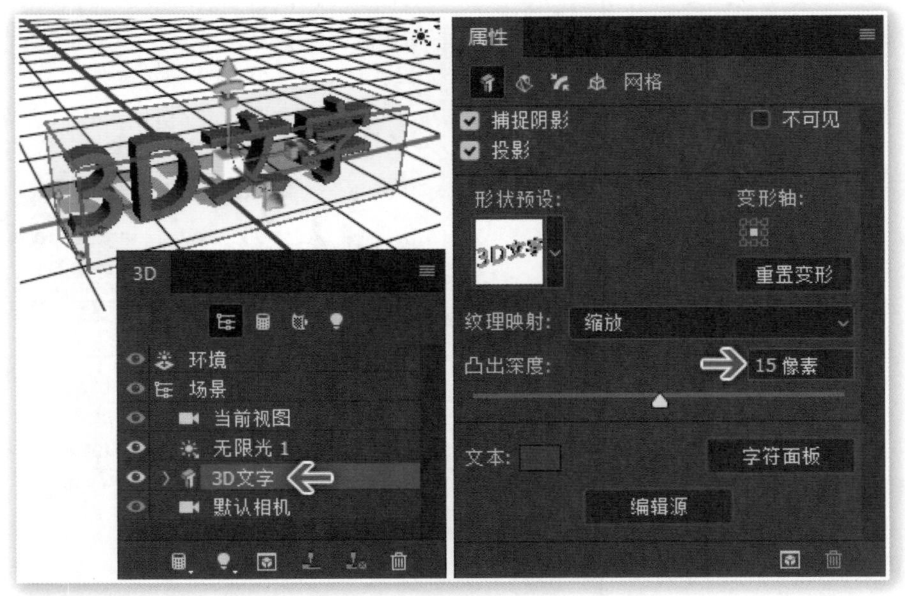

图 9-6-3

3D 面板和属性面板是在 3D 制作中最常用到的，如现在更改视角时就在 3D 面板中选择“当前视图”，然后通过移动工具拖动，或在属性面板中修改设置。当选择了 3D 文字时，可在属性面板下方直接更改文字颜色，单击“字符面板”按钮可开启字符面板进行文字设定，单击“编辑源”按钮则可以修改文字内容（同时也能进行设定）。

9.6.4　渲染模型

为了减少系统资源占用，在制作过程中的 3D 物体都是以低画质方式显示的，只能提供大致效果，通过菜单中的【3D> 渲染】或快捷键〖Ctrl ＋ Alt ＋ Shift ＋ R〗才能得到最终的效果，如图 9-6-4 所示，可见渲染后得到的效果要好很多。如果在渲染后有所更改则需再次渲染。

图 9-6-4

渲染的英文名为 Render，是 3D 类软件中常用到的名词，由于 3D 信息占用资源较多，因此在制作中大都是以低品质方式进行的，最终完成时需要渲染以得到高品质图像。随着 3D 物体数的增加，渲染占用的时间也会增加，因此对计算机硬件有着较高的要求。

9.6.5　其他 3D 技巧

由于一个模型只能使用一种色彩或材质，如果要建立不同色彩的 3D 文字就需要先将其分开制作，之后再通过菜单中的【3D> 合并 3D 图层】来合成不同的文字，如图 9-6-5 所示就是用 4 个不同颜色的文字层建模后合并的效果。

合并后在 3D 面板中就可以选择单个或多个文字模型，从而达到单独设定或整体设定的目的。如图中部分文字为垂直，其制作方法是在 3D 面板中同时选择 weibo 与 .com，之后对其进行 X 轴旋转。

图 9-6-5

图 9-6-6 所示的效果在制作中首先将 3D 场景的焦距改为与拍摄时相同的 50mm，并将基准面调整贴合地面，这样在这个基准面上制作的 3D 物体就具备与照片场景相近的透视关系，从而制作出了与照片融合的 3D 文字效果。

图 9-6-6

拍摄这类用来进行 3D 合成的照片时，除了记住镜头焦距值外，最好在画面中留有能够体现透视关系的线条，如地面砖缝、道路边缘或是墙壁上的画框，以便于对齐基准面。可以通过查看照片的 exif 信息来确定拍摄焦距。以上两个 3D 文字制作效果分别保存于素材 s0902.psd 和 s0903.psd，大家可以自行查看分析。

9.7 使用图层样式

在不断的“超纲”中我们已经多次接触并使用了图层样式。所谓图层样式就是在不改变原图层内容的情况下，对其进行“化妆”，产生新效果，因此它所产生的实际上是一种“虚拟像素”，在执行一些操作时（如滤镜）必须先将其栅格化才能继续。

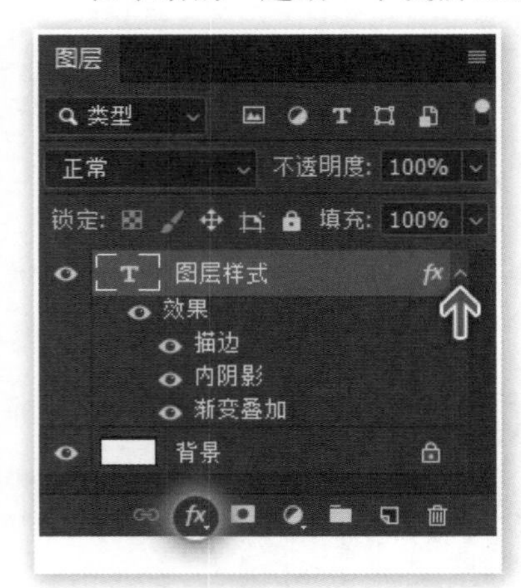

图 9-7-1

图层样式的建立方法有多种，一是在图层调板中双击图层（避免双击图层名）；二是单击图层调板下方的新建样式 *fx* 按钮；三是通过【图层 > 图层样式】。第一种方法由于使用简单因此较常用。

如图 9-7-1 所示，带有样式的图层在图层面板中有一个“*fx*”字样的标识，单击其右边的小三角可折叠或展开所用的样式列表，单击眼睛图标可隐藏对应的样式，双击某样式可进入样式编辑器对该样式进行编辑。

9.7.1 投影与内阴影

投影是最常被用到的样式，它可使物体产生一种立体感，如图 9-7-2 所示。其中的角度设置决定投影产生的方向，即光线投射角度，开启“使用全局光”后所有涉及光线投射角度的样式项目都遵循统一角度。

距离就是投影的阴影与物体的距离，距离越大感觉物体越“厚”。大小设置决定阴影的扩散和羽化程度。一般距离和大小应同时改变，因为越厚的物体的投影也应该越远且越模糊。扩展决定阴影的浓厚程度，设置过大容易造成生硬的边缘，一般不使用该项目。

混合模式决定投影与下级图层的混合方式，一般保持默认的正片叠底即可，右侧的色块可以改变投影的颜色。

图 9-7-2 所示为将同一设置应用于 3 个不同尺寸的文字上，可以看出在字号为 18 像素的文字上投影显得距离太大，在字号为 150 像素的字符上又显得略有不足，在字号为 72 像素时感觉差不多，由此可见设定投影样式要参考物体本身的尺寸。即便在同一字号下，不同的字体也可能因笔画粗细不同而有差异。

图 9-7-2

内阴影和投影在设定上几乎相同，区别在于内阴影会使物体产生下沉感，如图 9-7-3 所示。

图 9-7-3

在设定投影与内阴影时可在图像中拖动鼠标更改阴影的位置，相当于同时更改角度和距离。

9.7.2　外发光与内发光

外发光在物体外缘产生散发效果，通过不同的设置可以得到不同的效果。如图 9-7-4 所示，A 为最简单的外发光效果，B 用外发光模拟了描边，C 用外发光创建了外围轮廓，D 则用外发光产生了椭圆包围的效果。

其中效果 A 的设定如图 9-7-5 所示，效果 B 在此基础上更改了 3、4 两处的设定，效果 C 与 D 则同时更改了 1、2、3 三处的设定，请大家参照图示自行尝试修改。

图 9-7-4

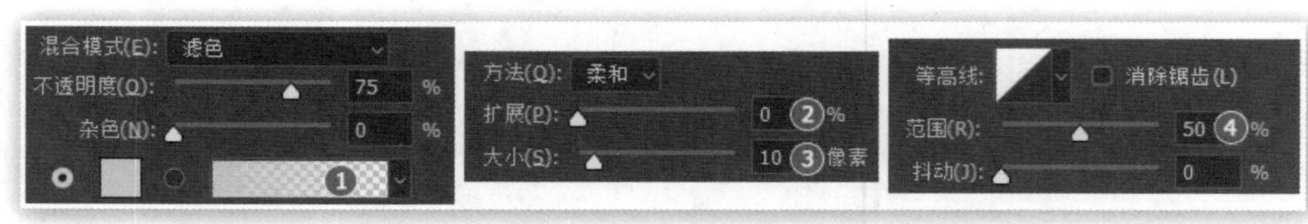

图 9-7-5

由于外发光默认使用“滤色”混合模式，因此适合在深色背景上使用，在浅色背景上效果会变得不明显，如果背景为纯白色则应改为其他混合模式。图 9-7-4 中的 A 在纯白背景下没有画面效果，在更改混合模式后才得以显现，如图 9-7-6 所示。

图 9-7-6

内发光与外发光的概念和设定基本相同，只是多了一个“源”选项，把其设为“边缘”时表示发光的顺序是“从边缘向内”，改为“居中”后发光方向将变为“从内向边缘”，具体效果大家自行尝试即可。

在保持“源”选项为边缘时，如果将发光的颜色设定为与背景一致，则可以形成类似图 9-7-7 所示的边界羽化效果，当然这只是一种障眼法，在非纯色的背景下无效。

图 9-7-7

9.7.3　斜面和浮雕

斜面和浮雕可以令平面图形产生立体感，看上去具有一定的体积。更改样式、方法及方向会产生不同的浮雕效果，如果配合投影则可以产生更好的立体感，如图 9-7-8 所示。

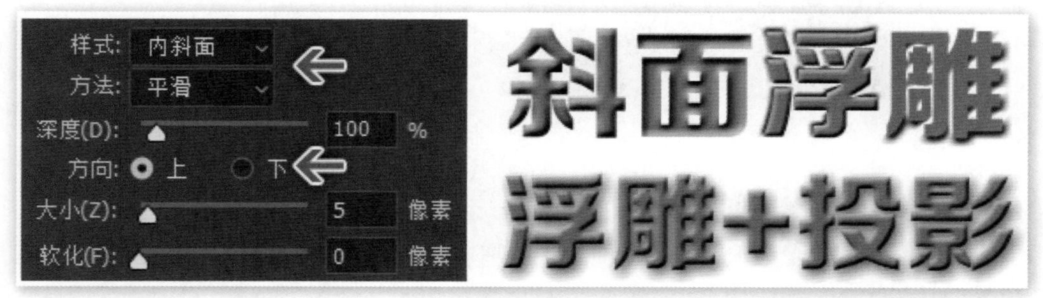

图 9-7-8

纹理和等高线是斜面和浮雕的副选项，其中纹理是利用图案产生凹凸的纹路感，缩放和深度可以控制凹凸感的程度。等高线可以改变浮雕部分的形态，其原理是将凹凸效果视为灰度图像，然后通过曲线来处理图像中的灰度分布从而改变凹凸感，如图 9-7-9 所示。大家动手多试几个等高线设定便知，必要时可开启“消除锯齿”选项。

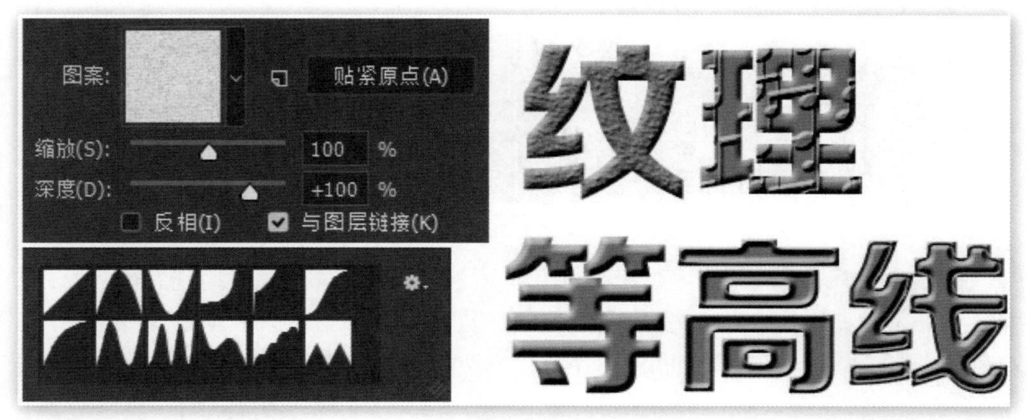

图 9-7-9

需要注意的是，用来作为纹理的图案将被转为灰度，然后根据灰度情况决定凹凸效果的分布，较深的灰度部位将形成凹陷感。有一类 3D 模型就是由此类灰度图像创建的。

9.7.4　光泽

光泽可为物体添加反光感，如图 9-7-10 所示。其原理是将物体复制两份后在内部进行重叠处理。左右拉动“距离”滑杆就会看到两个文字的重叠过程。光泽样式很少单独使用，大都是辅助其他样式以提高物体质感。

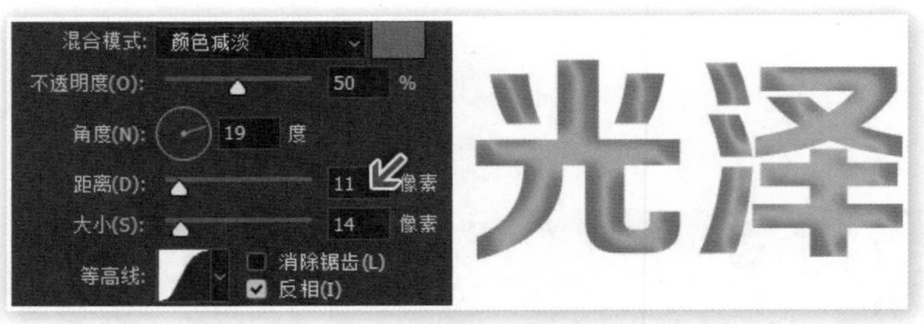

图 9-7-10

9.7.5 颜色叠加、渐变叠加、图案叠加

这三类样式都是叠加类样式，其效果会对物体表面形成新的填充。如图 9-7-11 所示为颜色叠加与渐变叠加的效果，由于叠加的覆盖特性，此后更改文字的颜色是无效的，除非使用不同的混合模式。

图 9-7-11

图 9-7-12 所示的图案叠加中，展示了不同的混合模式带来的效果区别。由于混合模式中除了“正常”模式是完全替换之外，其余的都是“两两相融”的效果，即原始文字与图层样式两者的混合，因此在“叠加”模式下更改文字的颜色依然能产生影响。

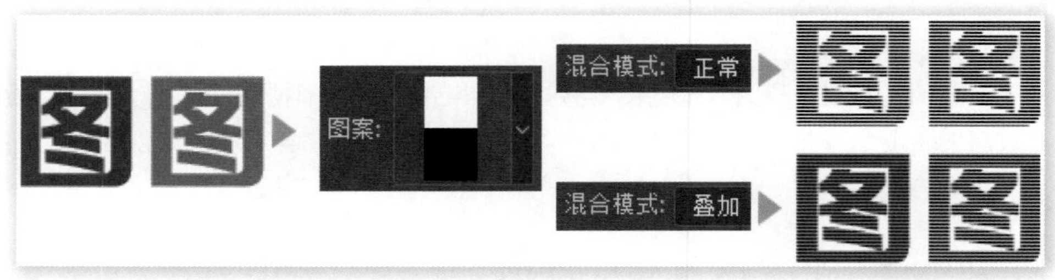

图 9-7-12

这 3 个叠加样式的层次从高到低分别为：颜色、渐变、图案。在同时使用时要注意彼此之间的遮挡关系。通过更改图层样式中的不透明度来避免完全覆盖的效果有限，更改其中的混合模式效果更佳，且可以形成更多的组合。常用的混合模式有正片叠底、叠加、滤色等，实际制作时可多做尝试。

9.7.6　描边

描边图层样式可以在物体边缘产生围绕效果，可增强物体的轮廓感，使用频率较高，本书的许多配图中都有它的身影。图 9-7-13 所示为描边图层样式的 3 种不同的填充方式，其中，图案填充方式为了加强效果加大了描边宽度。

图 9-7-13

某些样式项目的名称右侧有加号标志，单击这个加号，可以为图层增加一个同样类型的样式，如图 9-7-14 所示，其中对文字层使用了 3 个描边的样式。由于样式之间和图层一样存在层次关系，因此参数之间要错落有致。

图 9-7-14

需要注意的是，描边的方向有内外两种，其中向外的描边随着宽度的增加会出现越来越明显的圆角现象，如果要保持物体的轮廓应采用向内的方式，或设定较小的宽度。

9.8　关于样式的其他

除了各个具体的样式项目外，全局光和等高线的使用也可以对总体样式产生较大影响，因此我们要掌握这两者的作用，并学习一些样式操作上的技巧。

9.8.1　全局光

斜面浮雕、内阴影及投影样式的效果与光照设定有关，为了保持光照设定的整体一致性，将默认开启“使用全局光”选项，这里的整体指的是图像中的所有图层。如图 9-8-1 所示，对两个文字层分别应用了投影样式，更改其中一个的光照角度时其他层的样式也会相应改变。

图 9-8-1

在同一个图层中的各样式也可以使用不同的光照设定，在相同“斜面与浮雕”设定下使用不同投影角度设定所形成的效果如图 9-8-2 所示。原则上应开启全局光选项以保持各图层光照效果的一致性。

图 9-8-2

9.8.2 等高线

等高线对带有渐变过渡的样式有效，如投影、发光都是从浓重过渡到清淡，改变等高线就可以改变这个过渡，而等高线实际上就是灰度模式下的曲线调整效果。

新建一幅图像，使用形状工具以像素方式在图层中画出一个正圆并为其添加内阴影样式，并尝试改变等高线形态，就会看到不同的变化，如图 9-8-3 所示。

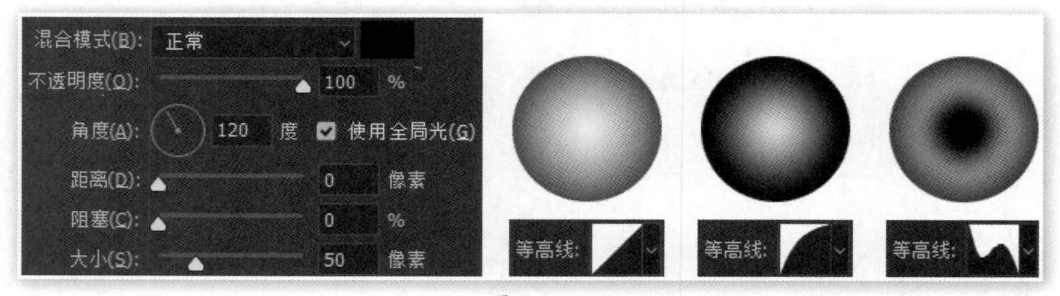

图 9-8-3

9.8.3 复制与删除样式

可在图层调板中将现有的样式拖动至其他图层上，直接拖动各图层右侧的 *fx* 字样，表示移动样式，按住 Alt 键拖动则表示复制样式，如图 9-8-4 所示。这种方法适合一对一的复制。注意要拖动 *fx* 字样才能成功，否则移动的就是图层。

将 *fx* 字样拖动到垃圾桶图标可删除该图层样式，样式中如果包含多个项目（如图 9-8-4 中同时包含描边和投影项目），可以拖动单个项目进行删除。图层面板中的右键菜单中的“清除图层样式”也可删除样式。不需要的样式可以先隐藏起来，方法是单击效果或单个项目名称左边的眼睛图标，隐藏的效果在需要时还可以恢复。

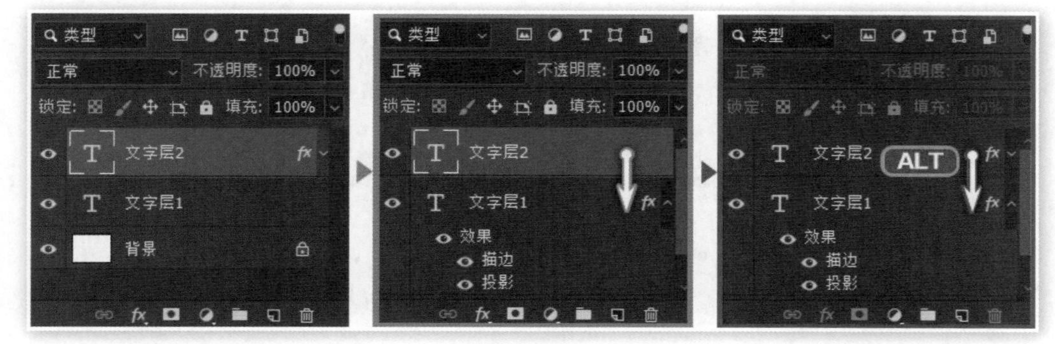

图 9-8-4

在图层面板中已有样式的图层上单击右键选择“拷贝图层样式”，选择其他多个图层后再单击右键选择“粘贴图层样式”，这样就可以同时复制到多个图层中，如图 9-8-5 所示。

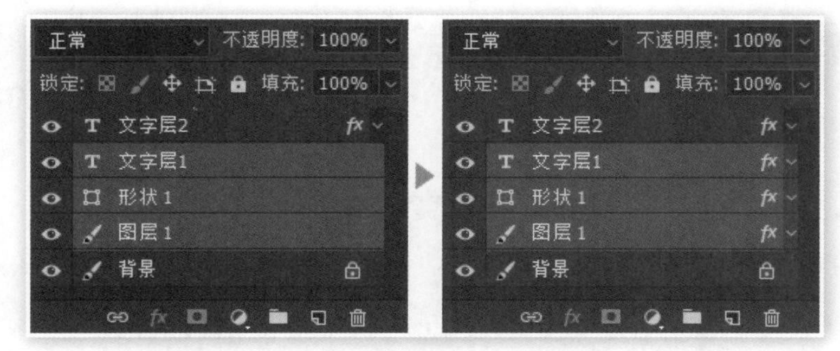

图 9-8-5

图层样式是不区分图层类型的，图 9-8-5 中的样式被同样地复制到文字层、矢量层及普通层中。

9.8.4　使用样式面板

可以从【窗口 > 样式】面板中直接将样式拖动到图像中的内容上，如图 9-8-6 所示。这种方法适用于需要为多个图层使用不同样式时。红色箭头处的按钮为清除样式。

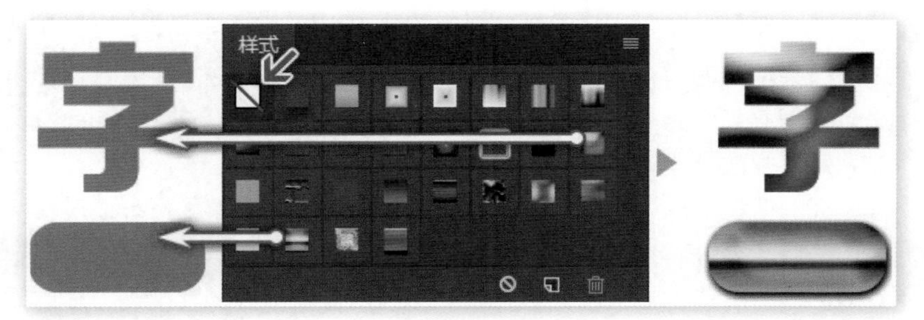

图 9-8-6

也可以通过在样式面板中单击来为图层添加样式，该方法适用于多个选择的图层，如图 9-8-7 所示。

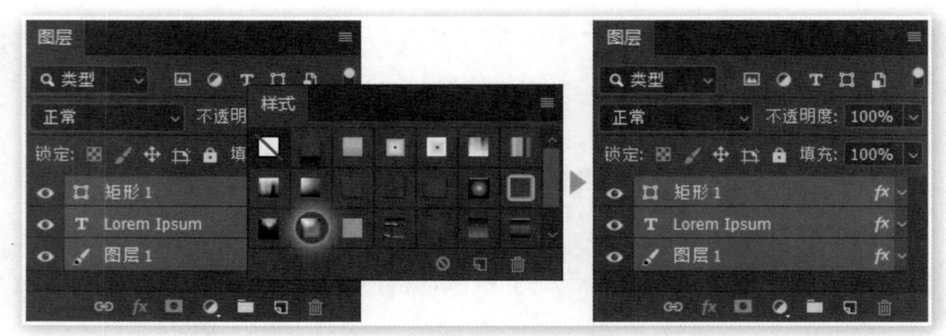

图 9-8-7

如果自己建立的某个样式需要经常使用，可将其存储到样式面板中，首先选择样式所在的图层，然后单击下方蓝圈处的新建按钮，输入名称后即可出现在面板列表中，如图 9-8-8 所示，存储了一个蓝色描边样式。

新建按钮的左侧是清除样式按钮，即将图层还原到初始状态。把某样式的图标拖动到垃圾桶按钮处可从样式面板中删除该样式，删除操作只针对样式面板，不影响已应用到图像中的样式。

图 9-8-8

需要注意的是，存储到样式面板中的样式也可能因为一些误操作而丢失，如果想永久保存则需要通过面板菜单中的“存储样式”将其保存为 .asl 文件，这个文件会包含面板中所有的样式。如果只希望存储个别样式则需先删除其余样式（建议删除前先行备份）。可以通过这种方式与他人共享图层样式。

通过样式面板的面板菜单可以载入其他预设的样式列表，大家可自行通过网络搜索获取 .asl 格式的文件，双击文件就会自动添加到样式面板中（或通过面板菜单的载入选项）。

图层样式的使用方法并不复杂，但是其众多的选项可以组合出几乎无穷尽的效果，可以说图层样式就是一个小型化的应用软件，优秀的样式设定还可以作为商品出售。

9.9　渐变使用技巧

渐变是增加质感的有效手段，如图 9-9-1 中几乎每个设计稿都使用了渐变。虽然我们已经学习了渐变的设定方法，但缺少实际使用的经验，本节主要介绍渐变的各种使用技巧。这些知识可提高工作效率，务必完全理解并做到熟练应用。

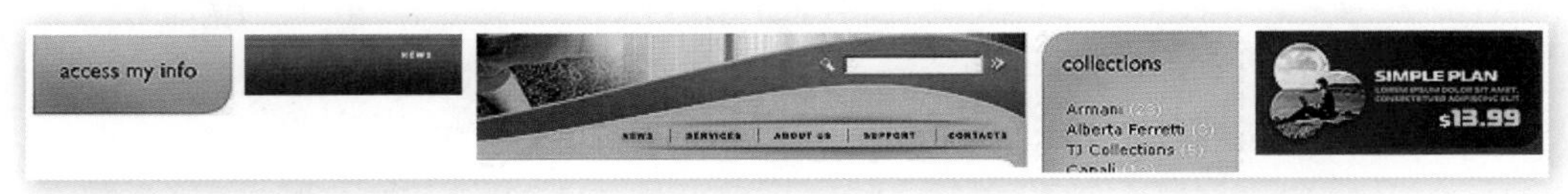

图 9-9-1

动手新建一个 RGB 模式的图像，创建大小合适的选区后建立一个渐变填充层，渐变设定和填充效果如图 9-9-2 所示。

这种渐变就是最常用的双色渐变，而双色渐变中的绝大多数属于单色的深浅渐变，即从某色相的较深效果过渡到较浅效果。图 9-9-2 所示的深红到浅红渐变，也可以理解为红基色的深浅渐变。双色渐变虽然看似简单，但通过仔细观察可知，其可用来实现图 9-9-1 中的所有渐变效果。

图 9-9-2

在之前的操作中我们指定了两个红色系的色标以实现红基色的渐变，这种方式也是目前为止所采用的最普通的渐变定义方式，本身没有什么问题。但工作过程中经常会修改设计，比如，可能需要将红基色更改为绿基色渐变，这时就必须将两个红色系色标同时修改为绿色系，如图 9-9-3 所示。

只对两个色标的渐变进行更改还比较容易应付，如果遇到由较多的渐变色标定义时，通过这种方式修改将变得非常麻烦。

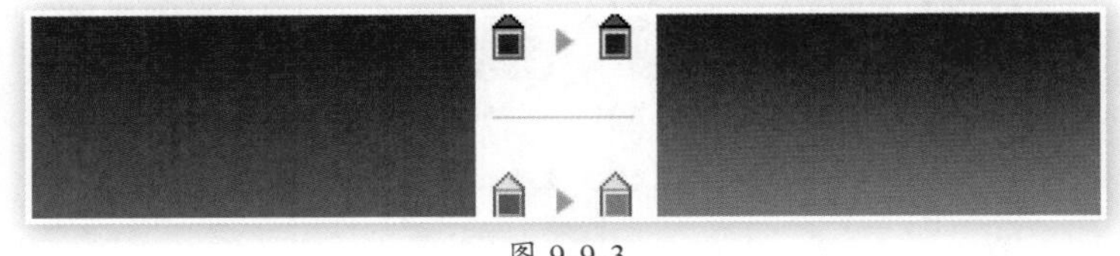

图 9-9-3

可以利用图层样式及其混合模式来达到仅修改基准色就实现更改渐变色的目的，其原理就是利用为纯色添加“渐变叠加”图层样式而形成最终的渐变效果。现在通过形状工具的形状方式建立一个纯色矢量形状层，然后为其添加大致如图 9-9-4 所示的图层样式。在这个样式设定中，可以看到对形状图层产生影响的“内阴影”与“渐变叠加”均采用灰度颜色或灰度渐变，同时加上正片叠底的混合模式。

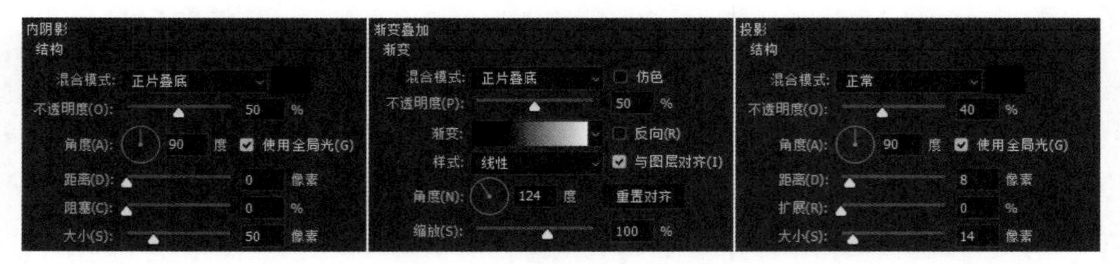

图 9-9-4

如图 9-9-5 所示，为色彩填充层添加上述的渐变样式，就可以看到基于矢量层色彩的自然渐变，双击矢量形状层的缩览图更改颜色后，渐变色彩也随之变化。

图 9-9-5

也可以建立渐变填充层后添加颜色叠加样式，从而实现针对单一基色的不同渐变，但这种需求在实际工作中较少出现。

渐变也可以用来模拟光照产生立体感，如图 9-9-6 所示，在默认的黑白渐变的基础上修改渐变设置后比原先更具立体感。图中的圆柱体是由一个矩形和两个椭圆形组合而成的，大家可自行尝试制作。

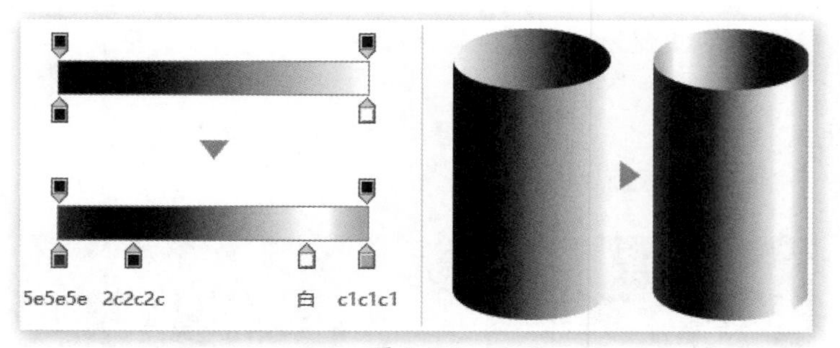

图 9-9-6

通过渐变制作球体也很简单，先建立正圆形的渐变填充层并把渐变样式指定为径向，之后双击图层面板中的缩览图以弹出渐变设定框，此时在图像中拖动鼠标即可改变渐变的起始位置，如图 9-9-7 所示。

接着更改渐变设定，通过增加缩放以适应球体的表面，如图 9-9-8 所示。注意渐变设定中色标中点的位置，以及在渐变设定框中的缩放数值。如果需要彩色的球体，可根据刚学过的知识利用图层样式中的颜色叠加去制作。

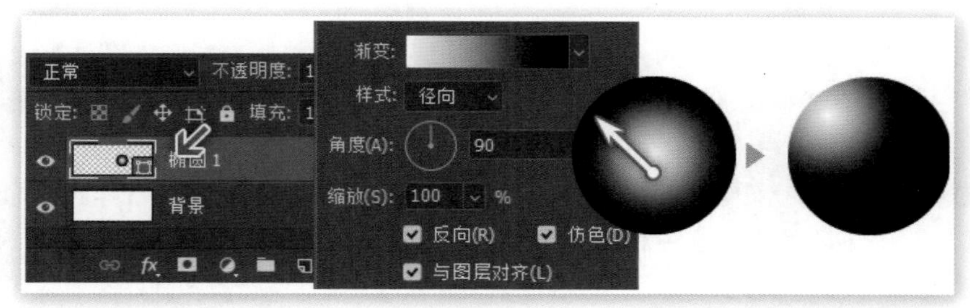

图 9-9-7

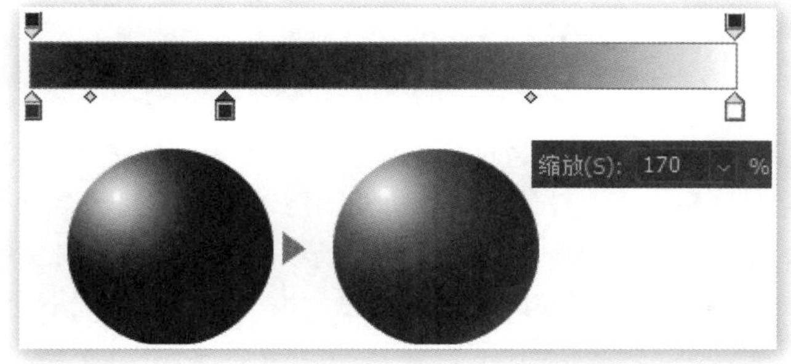

图 9-9-8

以上讲解了用渐变营造立体感的简单方法，在今后工作中遇到此类需求时可照此进行处理。渐变还有一大应用是渐变映射，其属于色彩调整工具，能否熟练使用渐变映射进行色彩调整是体现使用者水平的有力证明，其内容将在后文予以介绍。

9.10　习作：文字设计

其实我们在章节 9.2.5 中已经学习了对文字进行设计的方法，在这个练习中我们再来复习一下。这次要设计的文字是 Unify Tutorial，我们依据早先的思路将其分为两行进行布局。

新建一幅合适大小的图像，字体选择 Arial（有些系统上可能需要选择 Arial Black），字体样式设置为 Black，并启用斜体，如图 9-10-1 所示输入文字。

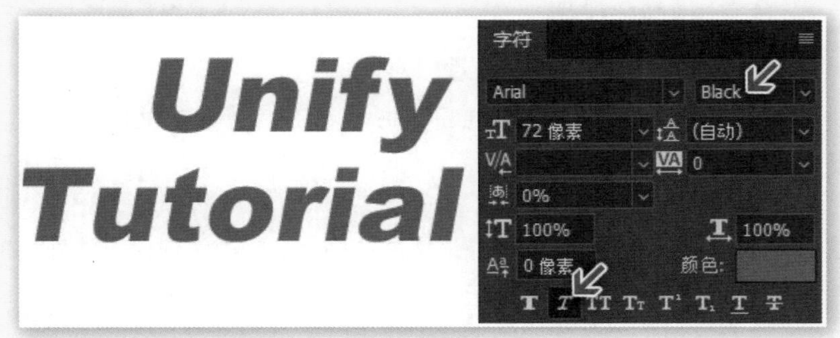

图 9-10-1

将第二行文字的字号改为 24 像素时可以组合出两种排版布局，如图 9-10-2 所示。这是一种常见的文字设计方法，即通过一些字体、字号、颜色、位置等来区分单词，这里应用了字号和位置的变化。

左方的布局看起来更有整体感，这是因为第二行的字母 T 与第一行的字母 n 正好组成了视觉对齐的效果，这种对齐的手法容易营造整体感，常见于标志类设计。

图 9-10-2

接下来继续调整对齐方式，通过竖向偏移将其中第一行的首字母 U 下沉至与字母 n 的上缘相齐，将另外一个设计中的字母 y 下沉以留出空间供字母 T 与字母 f 的上缘相齐，如图 9-10-3 所示。另外依据强调对象的不同，可使用色彩进行区分：如第一个组合要强调 Tutorial 就降低 Unify 的色彩浓度，大家可自行尝试不同的色彩搭配。

图 9-10-3

目前两个组合中的字符间距都略显大了一些，可通过“比例字距”“固定字距”及“字距微调”进行调整。一般先将比例字距设为 100% 后视情况更改固定字距，对于难以通过统一设定实现效果的地方，则使用最终手段“字距微调”进行调整。

我们也可以增加字距，如图 9-10-4 所示，更改了布局的组合 2 就加大了第二行单词的字符间距，使其在总宽度上能与第一行单词相协调。

图 9-10-4

仔细观察会发现图 9-10-4 右侧的 Unify 中的 ify 三个字符之间没有空隙，这是通过设置更小的字距微调消除了字符间距，使其紧密相贴，这种方法可以简化构图，但注意不要造成辨识困难。

在基本布局确定后可通过图层样式来增添效果，文字类常使用描边样式来加强轮廓感。对于本例而言需要注意的是，由于之前 Unify 的字符间距已经很小，在使用描边样式后可能会在字符之间形成粗细不一的线条感，可通过进一步减小字符间距来避免这个问题，如图 9-10-5 所示，细节部分的效果更好。

此外通过观察可知，所使用的描边颜色分别就是这个组合本身具有的两种颜色，这是一种最小化色彩数量的原则，为的是避免复杂色彩影响整体感。大家可以使用其他颜色进行对比，观察效果。

图 9-10-5

投影也是常用样式之一，但在本例中通常的投影样式效果并不好，这是因为模糊的图像辨识度较低，如图 9-10-6 所示，此时可将投影大小设置为 0 来提高辨识度。

将大小设置为 0 的效果，实际上等同于将文字复制一份置于底层，因此可适用色彩最少化原则。这时一般宜将混合模式设为正常，以免样式效果与背景混合而出现偏差。

图 9-10-6

在这个文字设计练习中，技术和操作并不是重点，重点在于培养文字类标志设计的思维模式。其应同时具备合理的布局、清晰的轮廓、微妙的细节。因为这种设计不能利用多张素材图片进行合成处理，所以要做好并不容易，大家应多做尝试。本练习没有既定的最终成品，主要目的是引导大家掌握方法后自行创作。

9.11　习作：制作数码瀑布

现在我们来模拟一部科幻电影中的绿色数码瀑布，其制作思路是将大量字符竖排成错落有致的形态，之后通过蒙版将其处理成明暗相间的效果。

首先需要准备好将要在图像中出现的字符，在这里我们使用汉字的偏旁作为素材，字符为“阝 肀匚纟 卄虍亠廾忄 彐门亻 尢阝 宀疒 刂灬疒 丶 扌冫 攵丨礻 夂饣 丿 中辶 冖 彡钅 犭口勹 阝廴礻丬凵氵讠”，如果输入有困难可从素材中的文本文件“汉字偏旁 .txt”中拷贝。

新建 400×300 的图像后使用竖排文本工具输入若干行的偏旁字符，如图 9-11-1 所示。

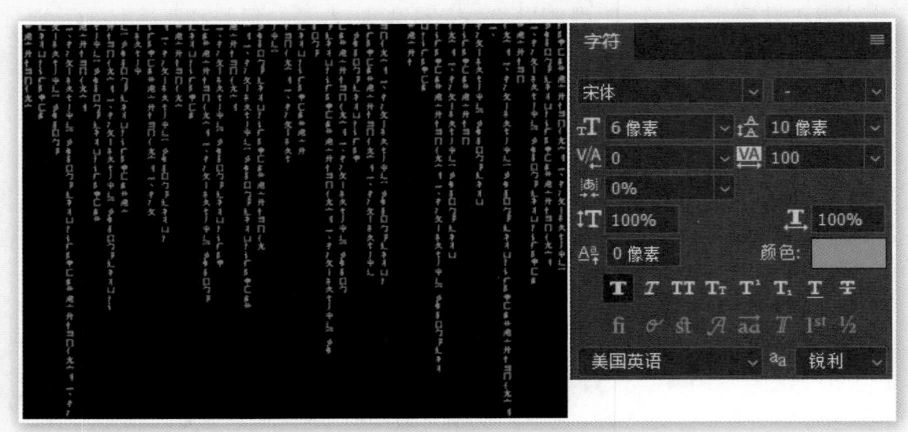

图 9-11-1

通过快捷键〖Ctrl ＋ J〗将文字层复制两份，分别略微增大字号和行距（具体数值自定）后，将它们的混合模式改为“线性减淡（添加）”，效果如图 9-11-2 所示。此外可视情况更改文字的段落位置以营造交错效果。

图 9-11-2

由于单一文字层的字符数量不足，但增加字符数量的效果并不好，而又因为单一文字层中的文字排列都是平均的，虽然可以通过设定来打破这种平均感，但操作上十分麻烦。通过复制文字层后更改其设定的方式则较为简单，效果也更好。因此我们通过这个方法来制造密致排列且错落有致的文字。

要想让文字产生若隐若现的效果，通过蒙版遮挡图层内容就可以实现，但这里需要的是随机化的效果，而通过绘制方式来产生这样的蒙版费时费力，因此我们通过【滤镜 > 渲染 > 纤维】来实现。注意纤维滤镜是依据前景色和背景色来起作用的，因此使用之前应先按快捷键〖D〗来恢复默认的前景色背景色，否则效果可能不够明显。

如图 9-11-3 所示，首先为文字层建立全白蒙版，在选择蒙版时使用纤维滤镜产生随机灰度的蒙版，接着使用曲线对蒙版进行合并色阶处理。

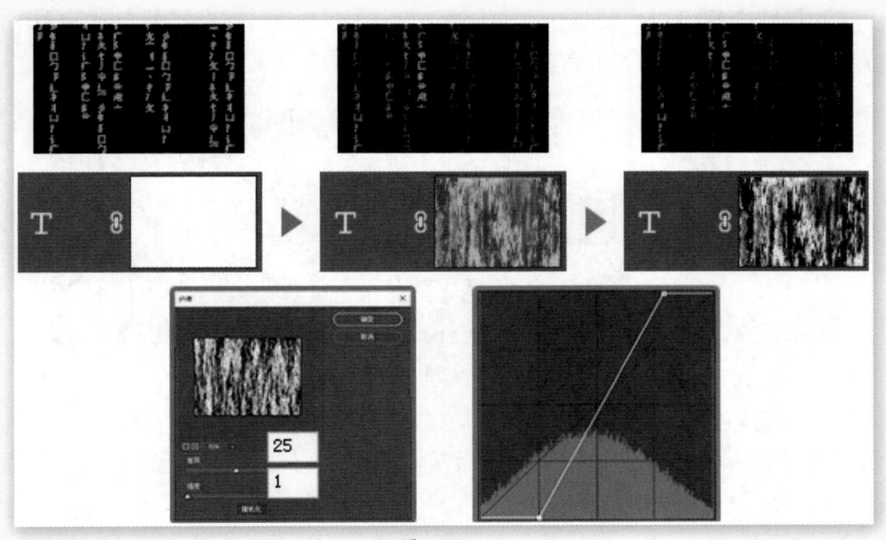

图 9-11-3

之所以通过曲线增加蒙版的对比度，是因为纤维滤镜产生的图案对比度一般，即“黑的不够黑，白的不够白”，导致文字的隐现效果不够好。因此通过合并高光与暗调区域使效果更加突出。此外还可以使用画笔工具对个别地方进行手动处理，操作时应设置较软的画笔并开启喷枪，以避免过于剧烈的修改。

在数码瀑布的制作中，我们主要学会了利用滤镜产生随机蒙版的方法，以及制作此类抽象型图像时可采取的一种思路，即复制图层后修改相应的设置从而形成差异，再通过混合模式进行组合。说起混合模式，我们可以在所有文字层上方新建渐变填充层并尝试不同的混合模式，形成的效果如图 9-11-4 所示。

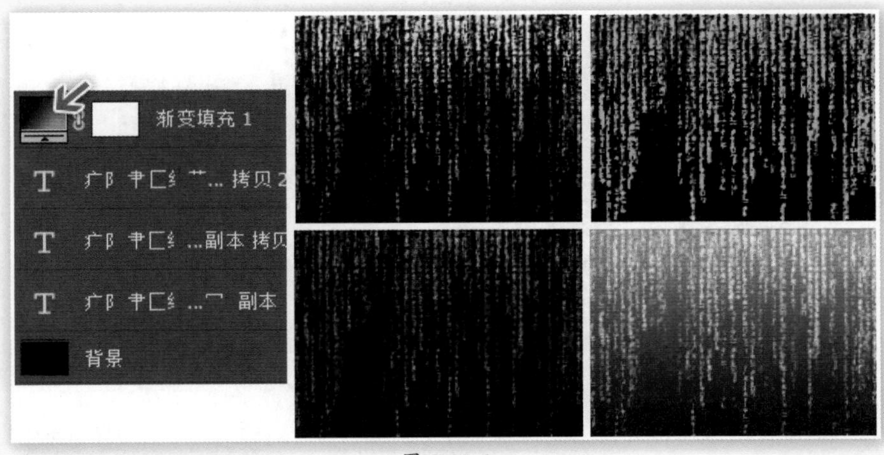

图 9-11-4

除此之外也可以将数码瀑布与其他图像相结合，如图 9-11-5 所示为各种不同的组合效果，前两幅是直接组合，第三幅则是通过蒙版限定在球体上并旋转了一定角度以与图像更和谐。大家可以照此自由发挥，使用不同的混合模式在不同位置和不同层次上进行尝试，不必寻找混合的标准，从视觉效果的角度出发即可。

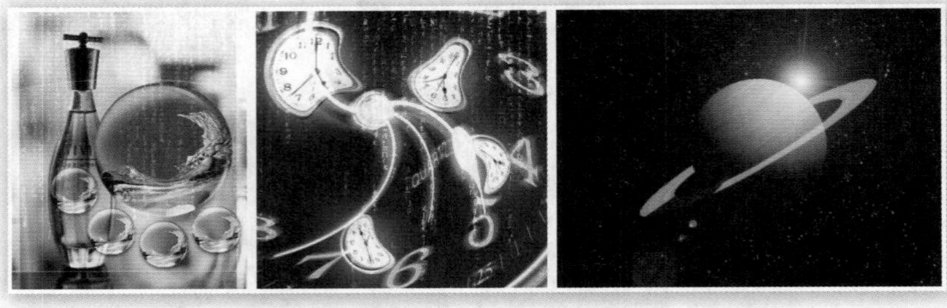

图 9-11-5

为了快速地将数码瀑布与其他图像进行组合，可以先将原先的三个文字层全选并转换为智能对象，如图 9-11-6 所示。之后从图像或图层面板将其拖动到目标图像中，这是一个很实用的技巧。

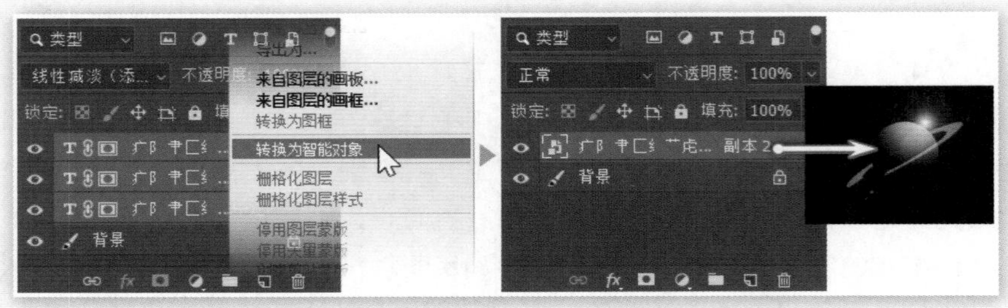

图 9-11-6

当然也可以如图 9-11-7 所示继续充实这个题材的创作，在图像中增添更多的元素。由于一直使用文字图层进行制作，因此还具备矢量特性（虽有点阵蒙版但影响不大），可以放大以满足大尺寸输出。

图 9-11-7

需要注意的是，无论拥有怎样的图像素材，大家还是应该围绕主题展开制作，不要陷入堆砌视觉效果的泥潭，沉溺于各种滤镜或混合模式产生的效果中，切记有思想、有内涵的作品才有长久的生命力。

第 10 章　图层混合模式与滤镜

本章将主要介绍图层混合模式和滤镜的使用，这两者都是非常强大的图像增效手段，只需要经过简单的步骤就可以做出绚丽的效果，这将大大加强我们的制作能力。本章将是大家厚积薄发的转折点，请做好准备，迎接“新时代”的到来。

10.1　初识图层混合模式

传统上认为蒙版是进行图像合成的有效手段，但蒙版只能对图层施加有限的影响力，即只能决定图层内容是显示还是隐藏，而处于显示状态的部分仍然存在与其他图层间的相互遮挡问题。而混合模式则可在显示的图层间产生色彩融合的效果，因此图层混合模式也是进行图像合成的重要手段之一，在实际工作中应综合使用两者来达到设计目标。

10.1.1　使用混合模式

首先要明白的概念是，图层混合模式会控制当前图层与其下方所有图层的融合效果，融合范围以图层中的像素交集为准，如图 10-1-1 所示，3 种颜色的矩形在相应交集区域中产生了色彩融合。被蒙版遮挡住的区域以及下方没有其他像素的区域不会产生色彩融合效果。

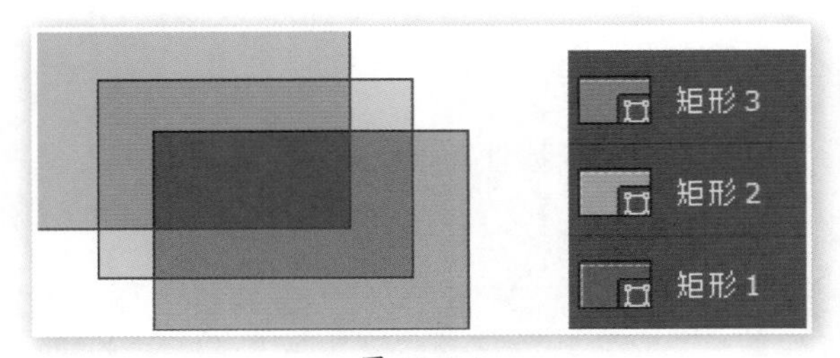

图 10-1-1

图层混合模式可通过图层面板来进行设置，在选中图层或图层组（允许多选）的情况下，在图层面板上方的混合模式列表中选择对应选项即可，如图 10-1-2 所示。

图层默认的混合模式为“正常”，而图层组默认的“穿透”模式则表示沿用组中各图层原先的混合模式的设定。如果更改了图层组的混合模式，则相当于将图层组合并（依照组中各图层混合设定）为单一图层后再对其设定混合模式。

图 10-1-2

将素材文件中的 s1001.jpg 至 s1003.jpg 三个图像合并到一个图像中，将水珠图层置于最上方并设定该图层的混合模式为“叠加”，分别显示下方的两个图层，形成的融合效果如图 10-1-3 所示。大家也可自行尝试其他的混合模式。

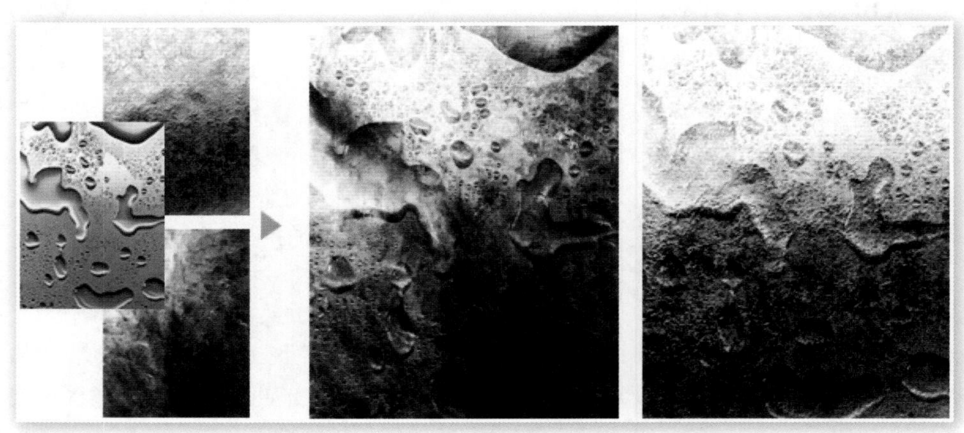

图 10-1-3

10.1.2 混合模式作用原理

Photoshop 中的混合模式种类众多，且在不同版本中略有差异，但大体上可分为六大类，如图 10-1-4 所示。其中用黑色字体标注的正片叠底、滤色、叠加为较常用的三种模式。

普通	减暗类	增亮类	融色类	反相类	其他
正常	变暗	变亮	**叠加**	差值	色相
溶解	**正片叠底**	**滤色**	柔光	排除	饱和度
	颜色加深	颜色减淡	强光	减去	颜色
	线性加深	颜色减淡(添加)	亮光	划分	明度
	深色	浅色	线性光		
			点光		
			实色混合		

图 10-1-4

之前提到过混合模式是当前图层与下方图层之间的关系，这样就有 3 种颜色存在，如图 10-1-5 所示，位于下方图层中的色彩称为基础色，上方图层的则称为混合色，它们混合后的色彩称为结果色。那么混合模式发挥作用的过程就是设定上方图层的混合模式，与下方图层中的基础色相融合，从而呈现出结果色。

需要注意的是，混合模式的效果只与上方图层的混合模式设定有关，与下方图层的混合模式设定无关。如图 10-1-5 中，位于下方的红色矩形层，其混合模式设定不会对结果色产生影响，除非还有其他图层（包括背景层）位于其下方。

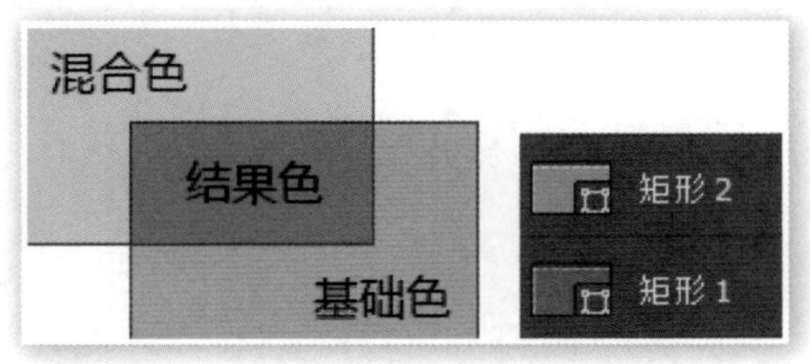

图 10-1-5

同一种混合模式的效果会因为图层不透明度的更改而有所改变，如图 10-1-6 所示为将上方的蓝色层设为溶解模式后，不同的图层透明度对混合效果的影响。

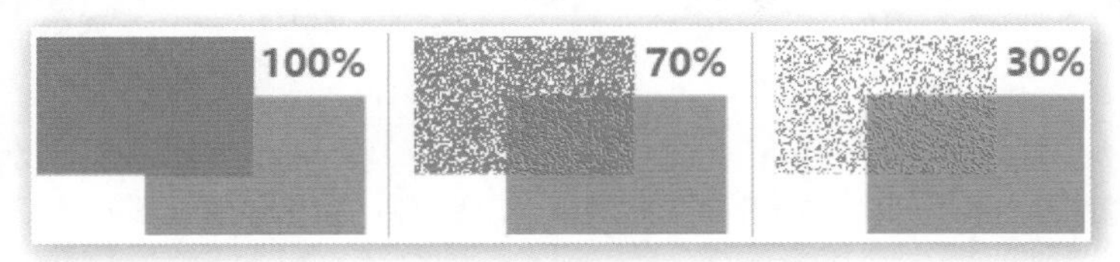

图 10-1-6

结果色是基础色与混合色进行计算后产生的，如将两者相乘后除以 255 等，大家不必深究具体的计算公式，在实际使用中也没有固定的套路，大多以视觉效果作为选用标准。

10.1.3　混合模式分类介绍

虽然我们提倡从视觉效果出发选择混合模式，但大致了解一下混合模式的分类还是有必要的，在思考设计时也能判断出大致方向。

减暗类混合模式的结果色一般会偏暗，如图 10-1-7 所示为其中 3 种的效果，通过对比可以看出，基础色（下层）中较亮的区域（左上角高光区）中所显现出的混合色（上层）成分较多。仔细观察可以看出，变暗模式下基础色的高光区域被混合色替换，因此左上方的水珠基本是原样呈现，而在基础色的较暗区域（右下角暗调区）中则基本看不到混合色的成分。

正片叠底模式按快捷键〖Alt ＋ Shift ＋ M〗则没有出现替换现象，而是依照亮度将两个图层的内容均等显示出来，因而可以反映出原先各自的图像轮廓，是较常用的混合模式之一。

增亮类混合模式的结果色一般都比较亮，如图 10-1-8 所示，其中变亮模式中替换和保留的部分与之前变暗模式的效果正相反。滤色模式按快捷键〖Alt ＋ Shift ＋ S〗与正片叠底相反，可以得到较亮的结果色。

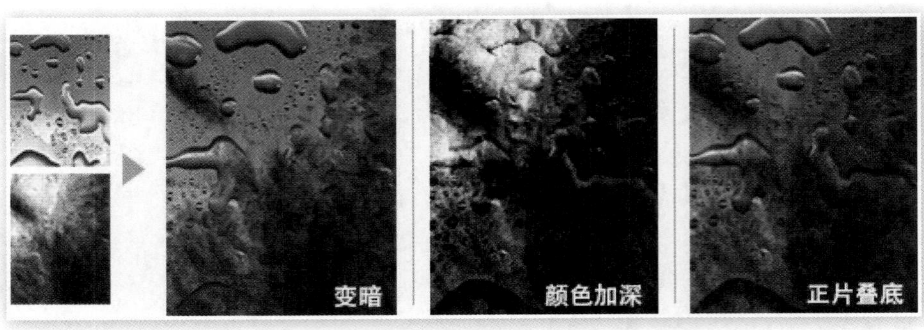

图 10-1-7

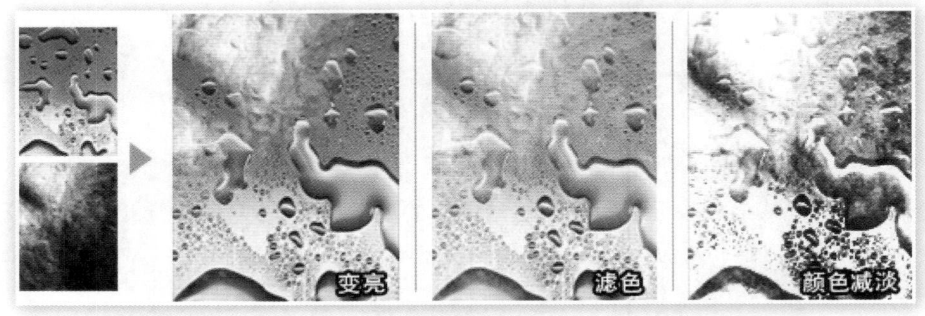

图 10-1-8

融色类混合模式的结果色中均等地体现了原先两个图层中的内容，如图 10-1-9 所示，其中叠加模式按快捷键〖Alt ＋ Shift ＋ O〗可看作是正片叠底与滤色两种模式的组合体，以基础色（下层）的亮度为参照，较暗部分采取正片叠底方式混合，较亮部分采取滤色模式混合。因此除了较亮的区域以外，该模式能较好地反映出原先两个图层中的内容，是较常用的混合模式之一。

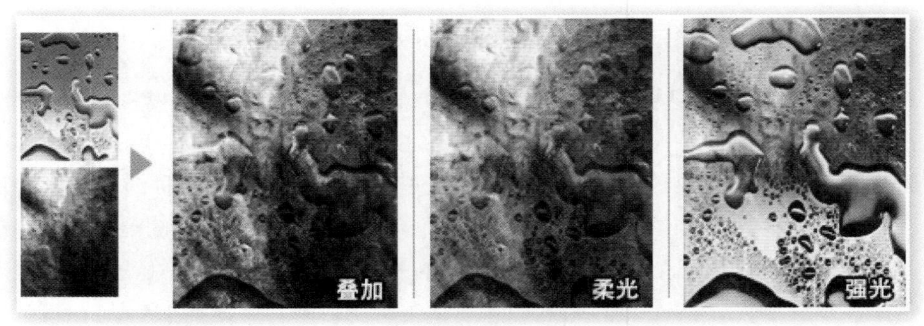

图 10-1-9

反相类混合模式的特点是采用亮度相减的方式进行混合，如图 10-1-10 所示，其中差值模式是通过比对两个图层的亮度，用较亮的色值减去较暗的色值得到结果色。

其他类混合模式如图 10-1-11 所示，因为其效果大都可以借由其他混合模式加上色彩调整来实现，因此较少被直接使用。

其实采用这种平铺直叙的方式来介绍混合模式较为枯燥，大家的接受程度肯定也不高，不过作为一本教材，没有这方面的内容又似乎少点什么，因此多少还是介绍一点，下面通过具体实例来学习应用混合模式。

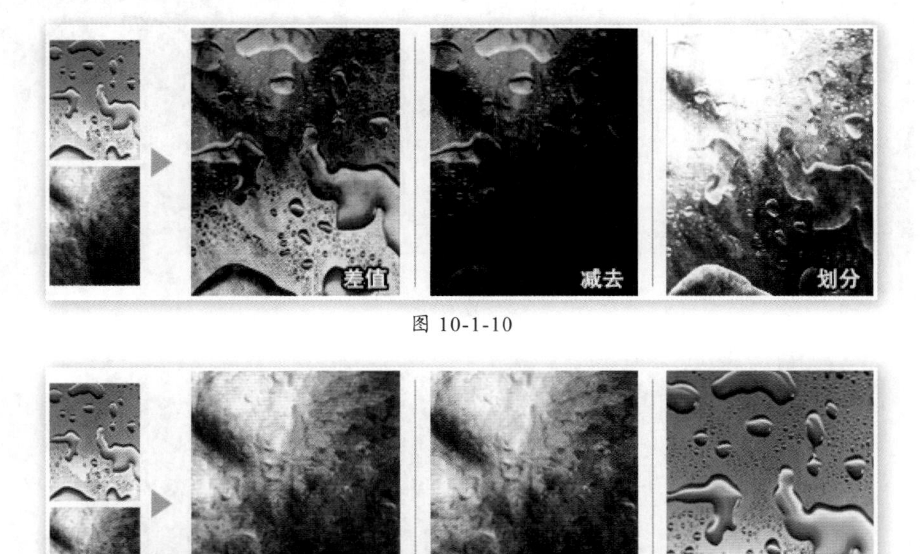

图 10-1-10

图 10-1-11

10.2　用混合模式制作素材

我们一直提倡大家从视觉效果出发选择混合模式，可轮流切换各个模式来寻找最满意的效果。这里有个操作小技巧，就是选中图层后可通过按快捷键〖Alt ＋ Shift ＋ +/-〗来轮流切换各混合模式，或手动在图层面板中选择一个混合模式后，使用键盘上的上下光标键来轮换。

10.2.1　使用素材合成图像

用素材来合成图像应该是混合模式最为常用的应用场景之一，其中以叠加模式的使用居多，如图 10-2-1 所示为将素材 s1004.jpg 和 s1005.jpg 进行混合的效果。注意上层（混合色）图层的不透明度设置将对混合结果产生较大影响，如 100% 时所呈现出的是一个带有石板明暗变化的草地图像，而 20% 时则呈现为带有杂草纹路的石板。

由此可见，在相同的混合模式下调整不透明度能带来显著的效果差异，尝试混合模式时不妨同时调整一下不透明度，根据实际需要进行取舍。

除了调整不透明度以外，还可以通过建立色彩调整层来影响混合效果，如图 10-2-2 所示为同一个曲线调整层针对不同对象使用的区别。A 针对的是混合后的图像，B 通过智能对象方式针对某个原图。如果不方便转为智能对象，可通过专属调整层来实现。素材文件为 s1006.jpg 和 s1007.jpg。

图 10-2-1

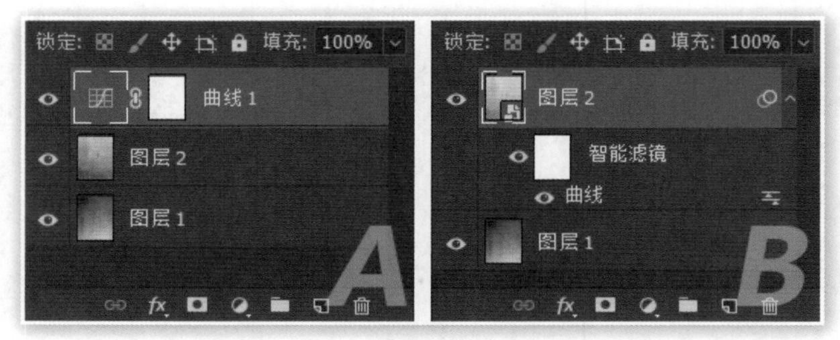

图 10-2-2

从实际出发，A 类方法更实用些，因为其对最终效果所进行的调整比较直观，比如曲线上升就是加亮，下降就是减暗等，符合我们一贯的使用方式。而针对图层本身进行的调整则可能产生完全不同的效果，一般用在需要对原始图层进行预处理的情况下，如减暗图层背景等。

A 类方法下，如果担心曲线调整影响到其他图层，可以同时选择两个图层，将它们转为一个智能对象，然后对其使用曲线等色彩调整，如图 10-2-3 所示。如果之后需要更改两个图层间的混合模式，可以双击智能对象缩览图在弹出的图像中更改，完成后按快捷键〖Ctrl ＋ S〗保存就能看到效果。

图 10-2-3

10.2.2　使用填充和调整层合成

除了使用既定的图像以外，还可以使用填充图层来组成混合效果，如图 10-2-4 所示即为使用砖墙填充层的效果（将素材 s1008.jpg 定义为图案，背景为素材 s1009.jpg），并使用蒙版限定了砖墙的出现范围。这种处理方式可以突出画面的中央区域，避免视觉焦点的分散。所使用的图案最好是四方连续平铺的，以免出现断层影响视觉效果。

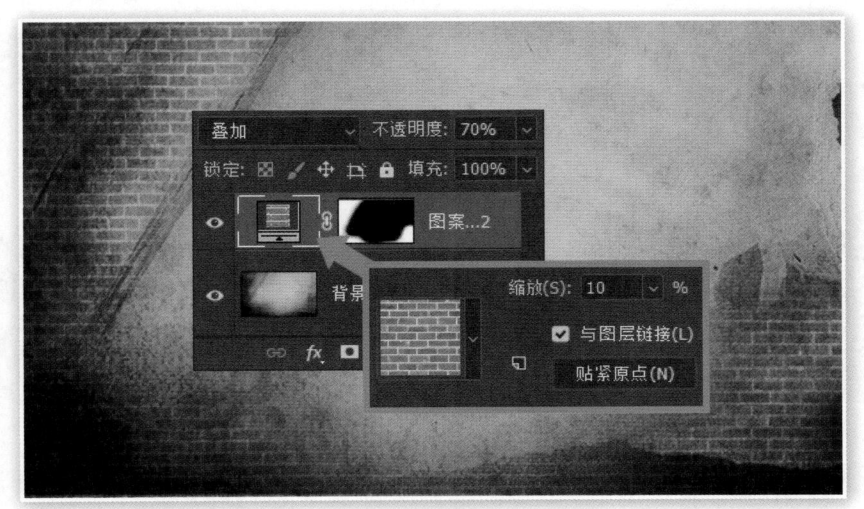

图 10-2-4

如果觉得中央区域不够突出，可通过减暗砖墙区域来进一步达到突出效果。如图 10-2-5 所示，建立一个减暗的曲线调整层，使用与图案填充层相同的蒙版（在图案层蒙版上按住 Alt 键拖动至亮度层蒙版区域将其替换），这样就实现了将周围填充砖墙并适当减暗两个效果。

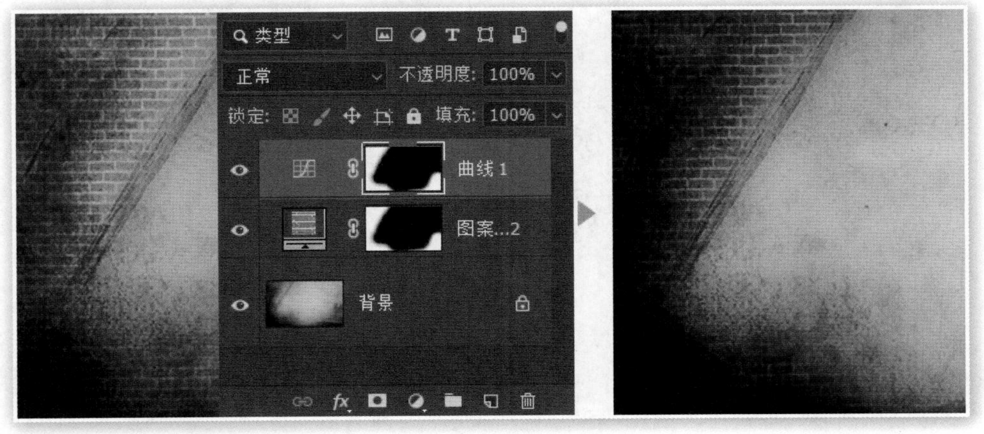

图 10-2-5

就合成素材这类用途而言，一般使用叠加和正片叠底模式居多，因为这两种模式都能很好地保留两个图层中的图像轮廓。而在此基础上我们可以通过添加调整层和填充层来改变最

终效果，可使用的手段有不透明度和蒙版，而且色彩调整层也可以设置混合模式。

10.2.3 使用素材自身合成

除了使用不同图像进行合成以外，还可以使用同一个图像进行制作，方法是将其复制后再与原先的图层组成混合模式。这种情况下有可能需要先进行色彩调整，调整的方向一般是将亮度极端化，如图 10-2-6 所示为对素材 s1010.jpg 添加色阶调整层并将暗调与高光进行大幅合并。

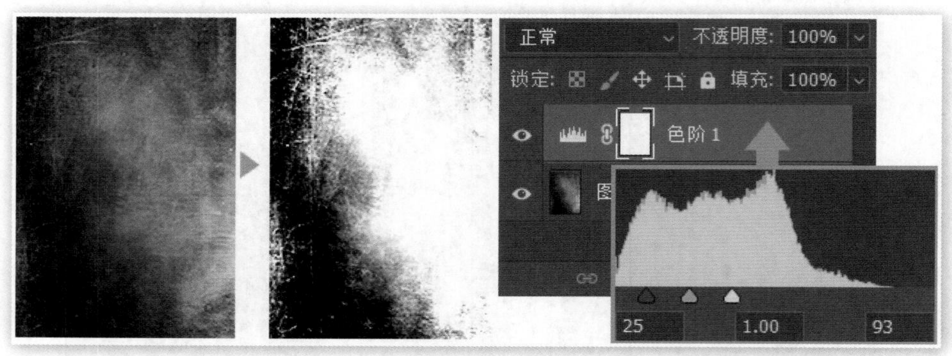

图 10-2-6

按照原计划将图层复制一层出来并转 180 度，之后设定为变暗模式后与原图层进行混合，还可以再复制两层出来置于上下两侧，并适当错开一些位置以避免图像过于对称，如图 10-2-7 所示。

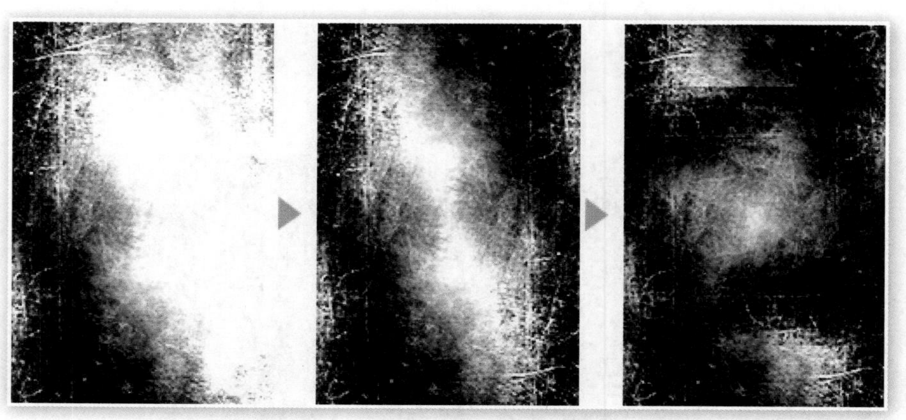

图 10-2-7

需要注意的是，如果成品图像与原素材的尺寸不一致，则复制并旋转 90 度的操作有可能造成如图 10-2-8 所示的图层边界溢出的情况，此时可通过建立如图 10-2-9 所示的图层组蒙版以避免该问题。如尺寸一致则不存在这个问题，因为溢出图像边界的部分本来就不可见。

也可以使用任意角度进行合成，之后截取其中某部分作为最终成品图像，如图 10-2-10 所示。裁剪对素材图像的原始尺寸有较高的要求，否则会影响最终成品的清晰度，因此应选用高分辨率的原始图像作为素材，并尽量通过智能对象形式进行操作。

图 10-2-8

图 10-2-9

图 10-2-10

10.2.4　使用成品再合成

这个成品当然也可作为素材用于其他图像的合成。首先通过色彩调整层将其处理为对比强烈的灰度，如图 10-2-11 所示。这种图像其实是一种边框素材，很适合用来制作具有杂乱感的作品，提高对比度和转为灰度都是为了能与其他素材更好地混合。

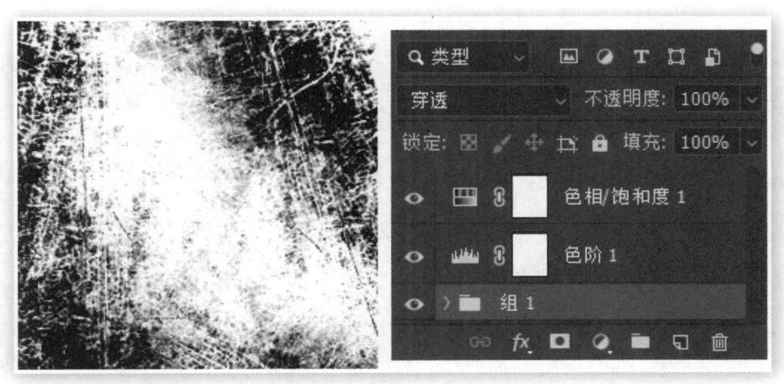

图 10-2-11

如图 10-2-12 所示为与其他素材图像进行混合的效果，不难看出它可以令原本井然有序的画面变得较为纷乱，这种风格在很多场合中都可以使用。

图 10-2-12

能够影响混合效果的手段除了之前提到的填充调整层、图层不透明度、图层蒙版之外，还可以通过改变图层层次来施加影响。这种层次的改变有两层含义：一是某些混合模式中交换上下层会对结果产生影响，二是可能改变色彩调整层的作用对象，在如图 10-2-11 所示的图层结构中，色彩调整层是针对图层组的，但如果将其他图层移动到图层组上方，则被调整的对象就变为了其他图层，在某些混合模式下这两者的区别会有较大差异。

10.2.5 利用渐变映射混合

除了利用素材图像之外，也可以利用色彩调整的混合模式来进行合成，使用方法有两种，一是先建立色彩调整图层然后更改其混合模式；二是先将图层转换为智能对象，再更改其智能滤镜的混合模式。建议尽量通过第二种方式进行操作，不仅可以完全保护原图，其所占据图层面板的空间也较少。

渐变映射作为高级色彩调整工具，能够产生非常出色的效果，本章后面部分会具体讲解其原理，这里可以先将其与混合模式共同使用来进行制作。

打开素材 s1011.jpg 并立即将其转为智能对象，然后对其使用【图像 > 调整 > 渐变映射】，设定一个蓝红渐变，之后双击蓝圈处更改其混合模式，大致如图 10-2-13 所示。双击绿圈处可修改渐变设定，修改色标位置可决定蓝红的分布比例。

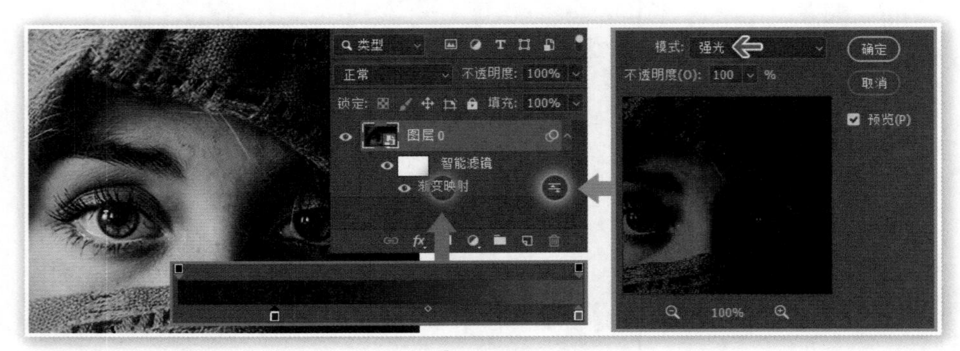

图 10-2-13

通过智能对象及其所附带的智能滤镜可以快速复制效果，打开素材 s1012.jpg 后立即将其转为智能对象。然后在图层面板中直接将前者的智能滤镜项目拖动到新图像中，就会看到蓝红效果被复制了，可适当修改渐变色标位置以适应新图像，如图 10-2-14 所示。

图 10-2-14

智能滤镜只对智能对象图层有效，拖动到普通图层上是没有效果的。所以之前要求大家打开新图像后就立即进行智能对象的转换。

10.3 实战混合模式

制作素材的特点是其成品多是用以当作背景，因此参与混合的图层面积都差不多。如果在一幅现成的图像上通过混合模式添加某些元素，就相当于制作作品，而类似图 10-2-14 那样的图像其实也可以归类为制作作品，因而素材和作品只是使用方向上的区别，两者的原理和方法并没有大的差别。

10.3.1 使用模糊为图像增效

如图 10-3-1 所示为将素材 s1013.jpg 复制图层后使用【滤镜 > 模糊 > 高斯模糊】后与原图层以滤色模式进行混合的效果，其特点是可以增亮图像并附带柔和的羽化效果。其中的羽化效果是我们主要要用到的，因为单纯的提升亮度可以通过色彩调整工具去完成。

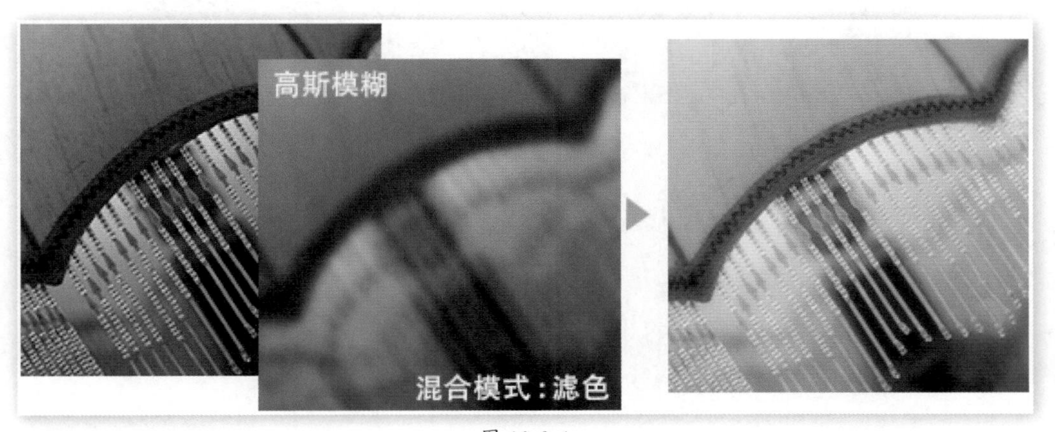

图 10-3-1

这个操作看起来与图 10-2-7 的思路相同，都是通过复制图层自身来达到目的，但之前只是追求一种杂乱无序的效果，现在的目的更明确。

在这个操作中，对图层使用模糊滤镜是关键步骤，因为通过模糊得到了与原图轮廓类似但像素分布不同的素材，这样两者在混合时可做到求同存异，如图 10-3-2 所示为其他几种混合模式所产生的效果。如果没有使用模糊，则在减去和划分的混合模式下就没有效果，因为这两个模式都是以图层之间存在的像素差异化作为依据的。

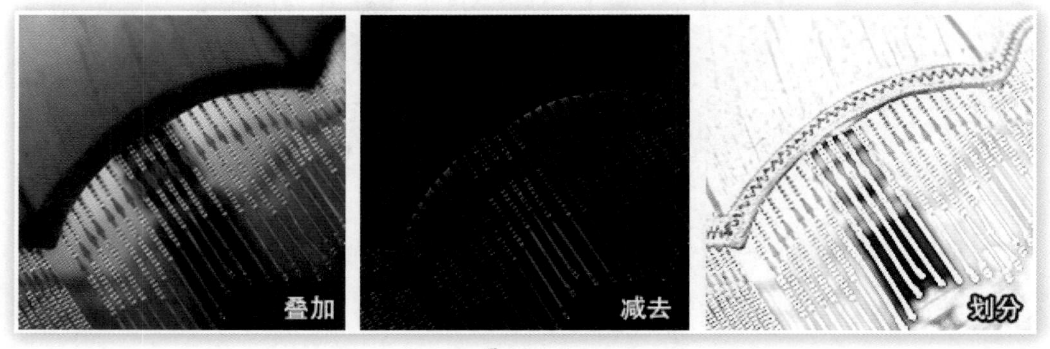

图 10-3-2

除了复制图层，通过智能对象来实现本例的效果则具备更多的灵活性。如图 10-3-3 所示，在执行高斯模糊后双击蓝圈处，可以在出现的窗口中将混合模式设为滤色即可。智能对象的优点是后期可以对高斯模糊的参数再做修改。

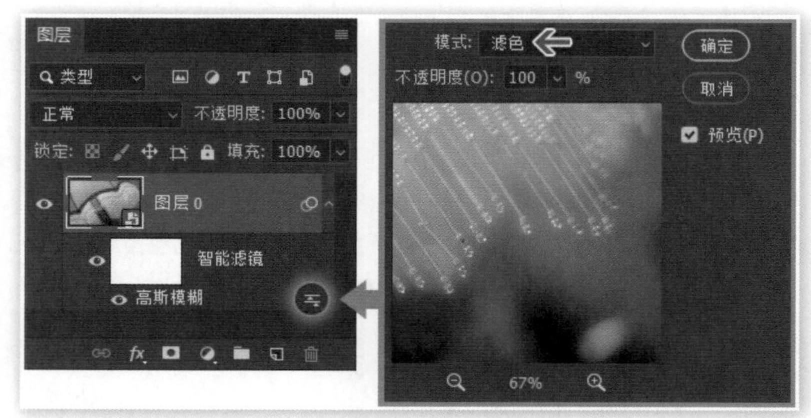

图 10-3-3

10.3.2 为人像照片增效

这种方法也可以用在处理人像照片上，打开素材文件 s0812.jpg，如图 10-3-4 所示，复制图层后通过高斯滤镜将其模糊，再设置该图层的混合模式为柔光，可以提高皮肤的光洁度，类似于“磨皮”的效果，使用时应注意控制高斯模糊的参数（本例中为 5.0 像素），以避免画面失真。建议先更改混合模式之后再执行高斯模糊，这样在设定模糊参数时就可以实时看到效果了。

图 10-3-4

注意，为了配合之后的内容，这里暂时不要使用智能对象，仅通过普通图层方式来操作。

仔细观察会发现，在提高皮肤光洁度的同时也损失了画面的一些原本锐利的细节，如眼睛部分看起来就显得缺少焦点，这是因为眼睛与其他部分一起被模糊了，而模糊必然带来边缘细节的损失。

10.3.3　使用历史记录画笔工具

要避免这种情况也很简单，只要避免眼睛部分被模糊就可以了，可能大家首先想到的是选区。虽然可以通过选区来限定模糊范围，但选区内外的图像将会存在明显差异，从而影响后期制作，且不便修改。现在要转换思路，即从“事前预防”转变为“事后补救”，在完成模糊操作后，使用历史记录画笔工具来消除某些区域的模糊操作，相当于让这部分区域“回到从前”。

方法是先从【窗口 > 历史记录】开启历史记录面板，如图 10-3-5 所示，在面板中可以看到图像开启后所做的一系列操作，其中关键的 3 步为复制图层、混合更改、高斯模糊，我们需要回到模糊之前的状态，因此单击蓝圈处混合更改前面的方框，这样就将历史记录画笔“将要回到的从前”设定在了“混合更改”这一步上。注意是单击蓝圈处而不是单击整个混合更改项目，如果单击后者相当于撤销高斯模糊操作。

接下来使用历史记录画笔工具〖Y〗，选择合适的画笔设定（一般建议使用柔软边缘的圆形画笔，直径略小于目标区域），然后对眼睛部分进行涂抹，这时就可以看到其被还原到了高斯模糊之前，那么这一部分区域就相当于没有经历模糊操作。

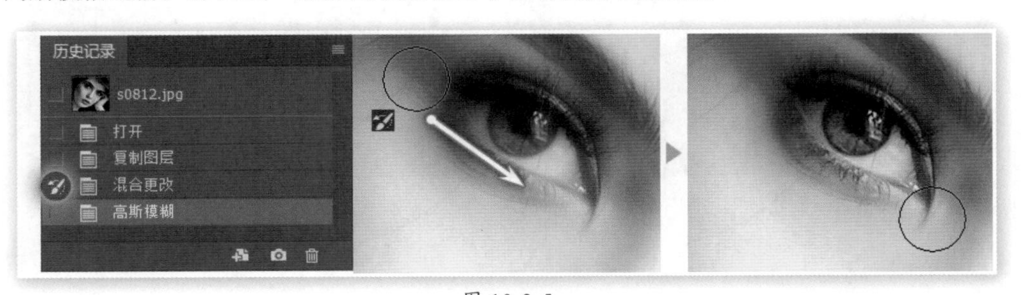

图 10-3-5

影响人物面部辨识度的部分一般为眼睛、眉毛、嘴唇和牙齿，有时也包括鼻翼轮廓。对这些区域逐一进行还原即可，前后对比如图 10-3-6 所示。对影响面部辨识度的区域进行处理可以有效影响照片的焦点表现，如对一些焦点不实的人物照片进行锐化处理时，就可有针对性地进行而不需要锐化整个面部。

图 10-3-6

与之类似的“历史记录艺术画笔工具”的使用方法也差不多，只是其增加了一些绘制样式的选择。

10.3.4 改变色调

我们一直以来都是使用色彩调整工具来完成图像的色调调整，如使用单独通道曲线或色相 / 饱和度工具等，但此类工具存在一个共同的问题，就是不够直观，且需要操作者对相关工具的原理了如指掌，现在通过混合模式也可以简单直观地实现色调调整。

如图 10-3-7 所示，为素材 s1012.jpg 新建一个颜色填充层后，指定为线性加深模式，即可对图像产生与所填充的颜色相同的色彩倾向，更改填充层的不透明度可控制效果的显著程度。

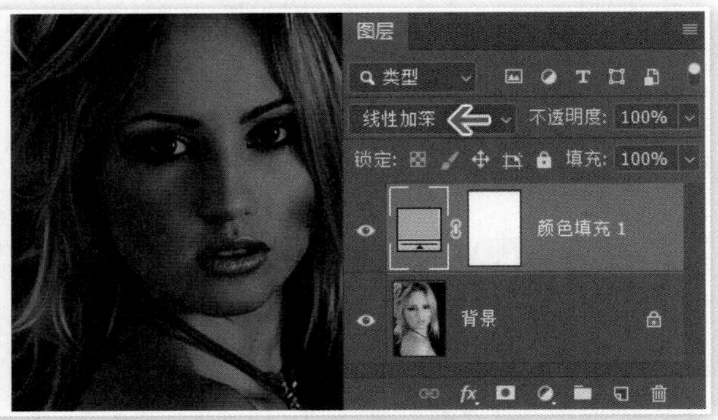

图 10-3-7

如果不希望色调改变充满整个图像，可以通过蒙版来限定颜色填充层的作用范围，如图 10-3-8 所示就是对蒙版使用了渐变填充来实现局部效果。

图 10-3-8

10.3.5　添加纹理

现在使用素材 s1014.jpg 和 s1015.jpg 两张图像来合成带有鳞片皮肤的人物。首先将用来模拟鳞片的图像导入到人物图像中并置于上层，将其转换为智能对象，将智能对象层复制一个出来备用（应将其隐藏以免影响操作）。接着启用自由变换按快捷键〖Ctrl ＋ T〗对其进行变形，过程如图 10-3-9 所示。

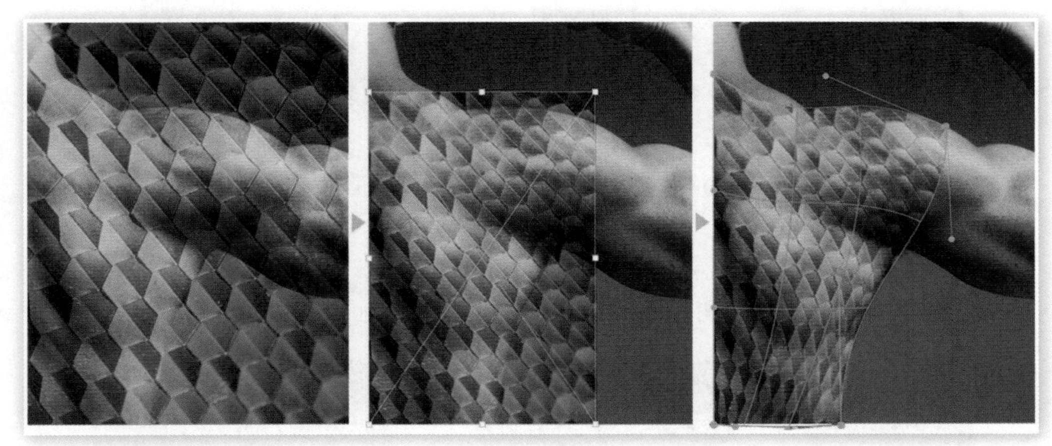

图 10-3-9

如果在变换前没有降低图层不透明度或更改混合模式，那么由于图层完全遮挡，不利于视觉参照。建议两者取其一后再进行变换，比如直接将混合模式设为“柔光”。

之后使用蒙版来消除较为生硬的边缘，此时应大致如图 10-3-10 所示。由此步骤可见之前的变换操作应使鳞片图像略大于目标区域，这样后期可以通过蒙版消除溢出部分，也就是宁大勿小。

注意图中处于隐藏状态的智能对象层就是之前复制出来作备份的，因为后面还会多次用到这个鳞片图案，如果没有备份就要多次重复导入素材，会比较麻烦。

之后使用同样的方法对手臂的其他两段进行变换操作并附加蒙版，如图 10-3-11 所示。

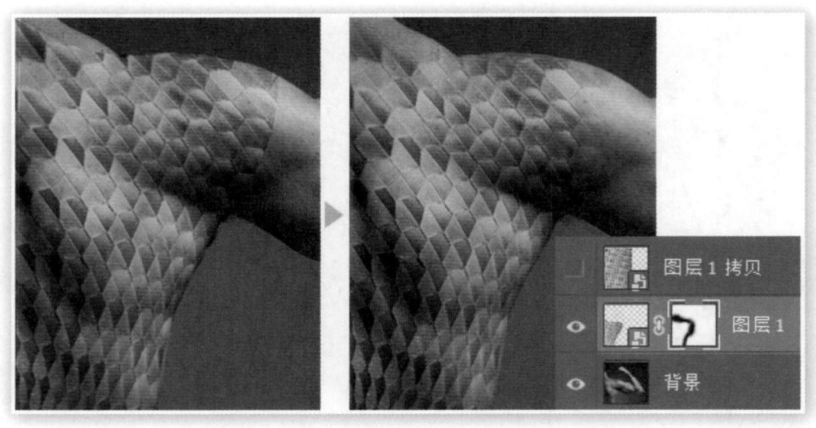

图 10-3-10

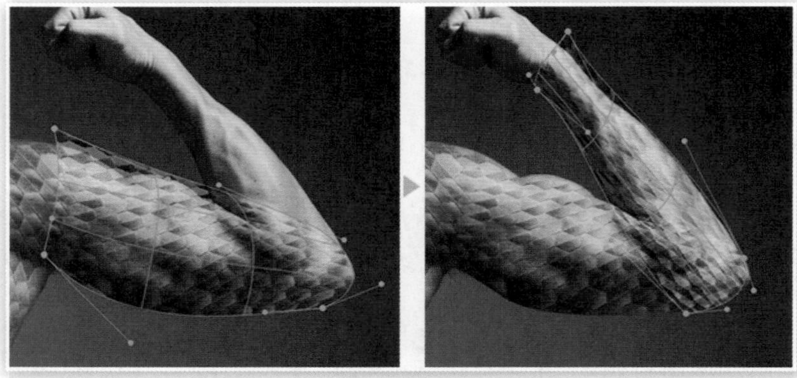

图 10-3-11

这样全部完成后，人物皮肤上的鳞片效果是比较强烈的，有可能会引发观看者的不适，可视情况下调各鳞片图层（也可使用图层组）的不透明度，如图 10-3-12 所示，下调为 50%。

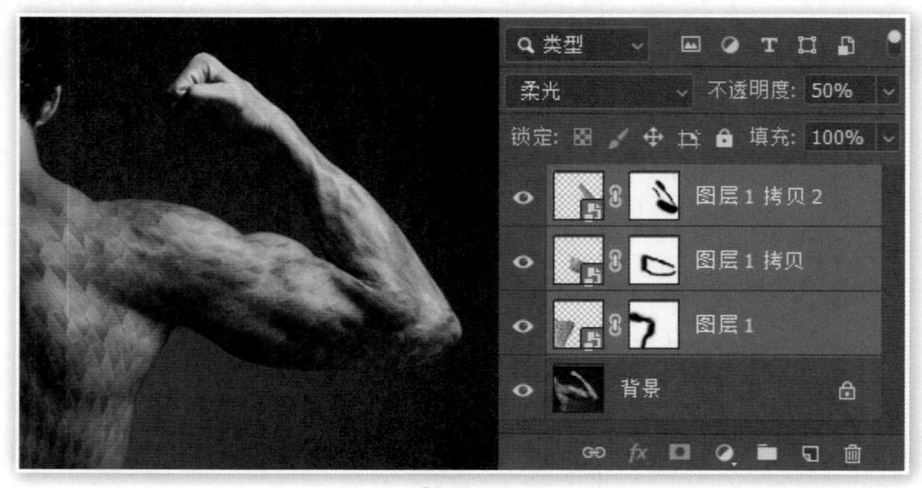

图 10-3-12

在本例的效果构成中，图层混合模式与蒙版都是不可或缺的，前者只能解决图层融合问题，而后者则控制着融合的范围，这种搭配组合是较为常用的制作手法。

如图 10-3-13 所示，左边为没有经过自由变换的合成效果，右边是我们之前做的变换效果。不难看出右边的质感明显比左边的更逼真，这是因为经过变换后的素材更能体现出皮肤的张弛变化，所以本例效果好坏的另外一个取决因素就是变换功能的合理使用，这也是大家在实际工作中需要注意的细节。

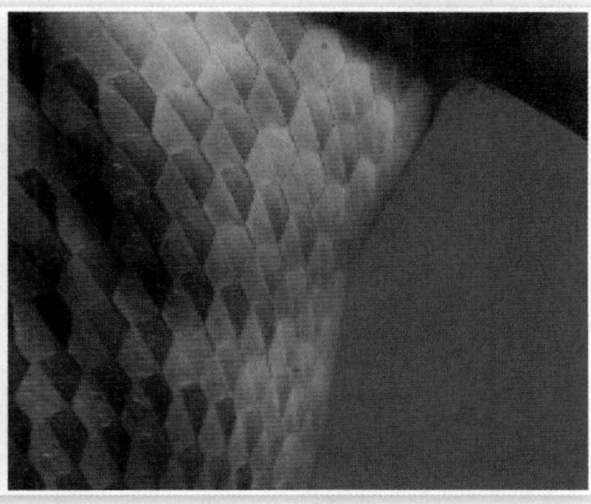

图 10-3-13

由于我们采用智能对象进行制作，此时可以编辑智能对象的内容，如图 10-3-14 所示，在双击智能对象后弹出的图像中建立一个图案填充层，按快捷键〖Ctrl ＋ S〗保存后即可看到原先的鳞片变为了砖块，并且会按照之前鳞片变换过的形状进行替换。

由于本例中的三个智能对象层是通过复制产生的，因此保持着联动关系，更改其中任何一个都能同时影响全体。如果是单独建立的智能对象，则需逐一替换。

大家也可自行对智能对象做修改，保存后就能看到效果。如果要恢复原先的鳞片，不必删除新建的层，只需将其隐藏即可。正因为智能对象如此方便，我们才一直提倡大家使用。

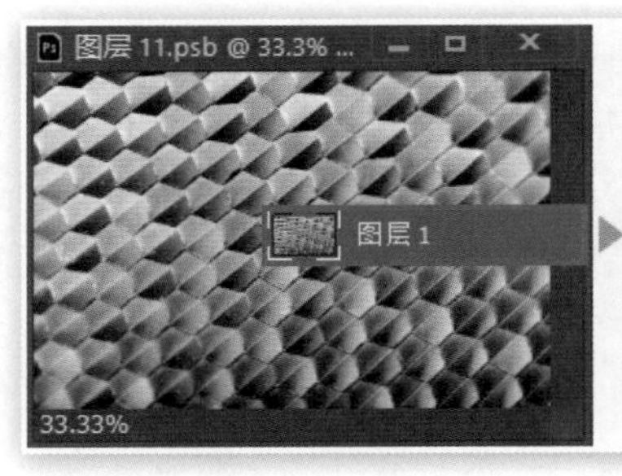

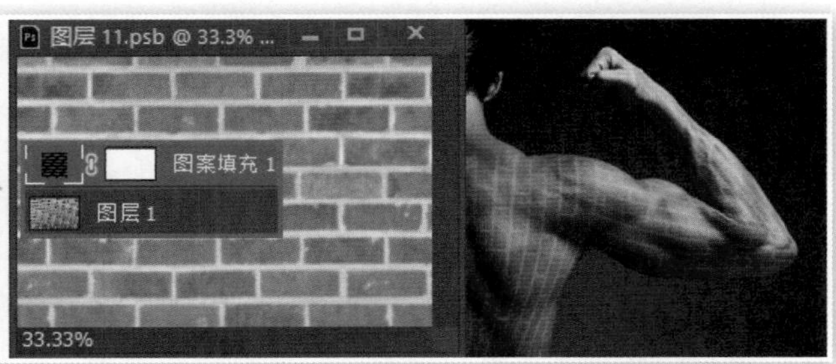

图 10-3-14

柔光模式并非唯一选项，现在大家可以自行设定其他的混合模式。也可尝试将素材 s1016.jpg 合成到作品中，将其转变为智能对象后进行适当的布局。由于新加入的火焰较为耀眼，为避免对主体手臂造成冲击，可适当上升各鳞片层的不透明度（图中恢复至 100%），并可通过曲线进行“灭火”，大致如图 10-3-15 所示。

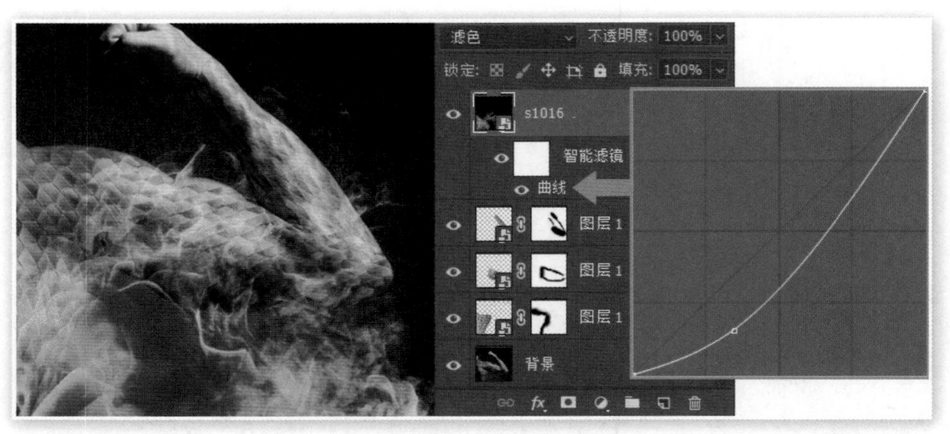

图 10-3-15

如果觉得色彩方面还不够完善，可将手臂图层也转为智能对象，并对其执行曲线调整，效果大致如图 10-3-16 所示，这时的合成效果会更好一些。

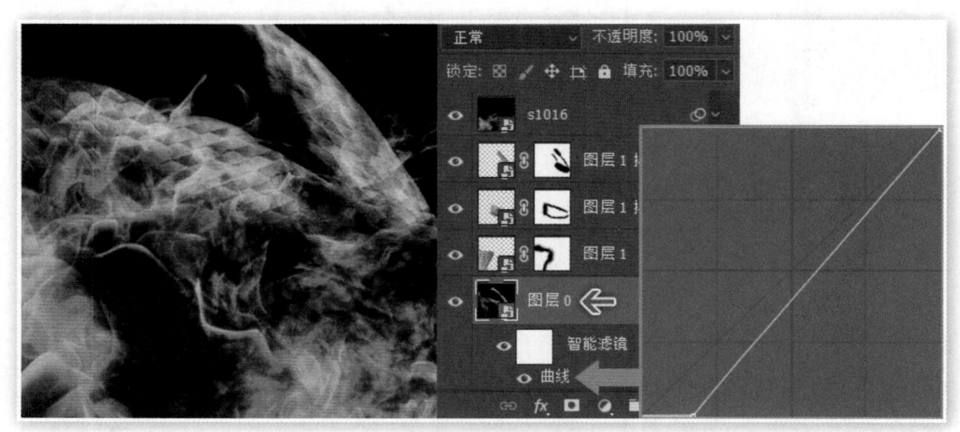

图 10-3-16

在使用多素材合成的时候应有所侧重，同时避免一些过于炫目的素材对主题造成影响。如这幅作品中我们主要表现的是人物的鳞片状皮肤，而随后加入的火焰图像则显得有些喧宾夺主，因此要做适应性调整。

好的作品都需要经得起反复观看，原先不起眼的细节在反复观看时就会逐渐浮现，因此决定作品质量好坏的往往就是这些细节。

目前大家的操作能力和技术水平应该已经足够，如果还是做不出好作品，除了缺乏创意外，很可能就是对作品的细节追求不足。相对于以前在"技术石器时代"对概念原理和操作技术的追求，现在大家应更多地将精力分配到创意表达和细节雕刻上，这是通向大师的道路。

10.3.6 为灰度添加色彩

之前我们学习过使用色彩填充层进行混合操作，那么现在就使用这个方法来为灰度图像添加上色彩，也就是通常所说的“上色”。我们使用素材 s1017.jpg 来进行制作。注意这是一个灰度色彩模式的图像，要通过【图像 > 模式 >RGB 颜色】转换为 RGB 模式后才能进行上色。

新建一个空白图层后用合适的画笔涂抹上一个橙色，此种直觉类的色彩最好是使用 HSB 方式来取色，如 h20，s90，b90。涂抹后更改图层的混合模式为叠加即可看到上色的效果，如图 10-3-17 所示。

图 10-3-17

接着就是用画笔涂抹整个橙子，在涂抹过程中大家会发现一个现象，那就是超出橙子上部边缘以外的涂抹变得无效，仿佛是被一个无形的蒙版所限制了一样，如图 10-3-18 所示，这是由混合模式的特性所形成的效果。在叠加模式中，下方图层中如果有黑白场（或接近黑白场）存在，则黑白场区域内上方图层的像素将不显示或难以察觉。

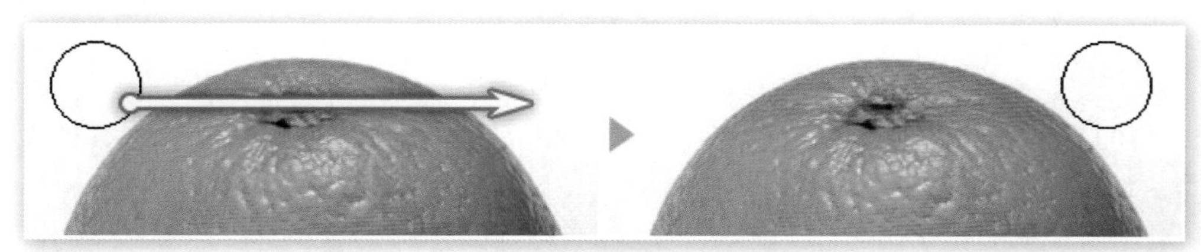

图 10-3-18

在黑白场之外就不会有此现象，如图 10-3-19 所示，因此在涂抹这部分区域时应特别注意边缘的处理，建议使用较硬的画笔完成边缘的涂抹操作。

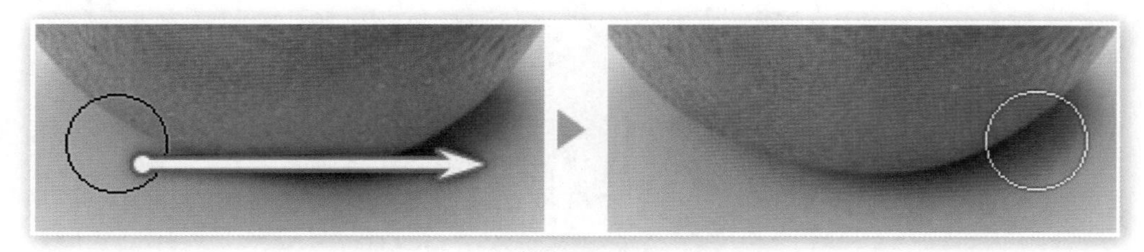

图 10-3-19

将橙子的根蒂部分创建为选区，然后使用色相 / 饱和度调整命令将其改为黄绿色，如图 10-3-20 所示。这里之所以没有使用调整层是因为其再更改的可能性不大，当然大家也可以通过专属调整层来完成这个操作。

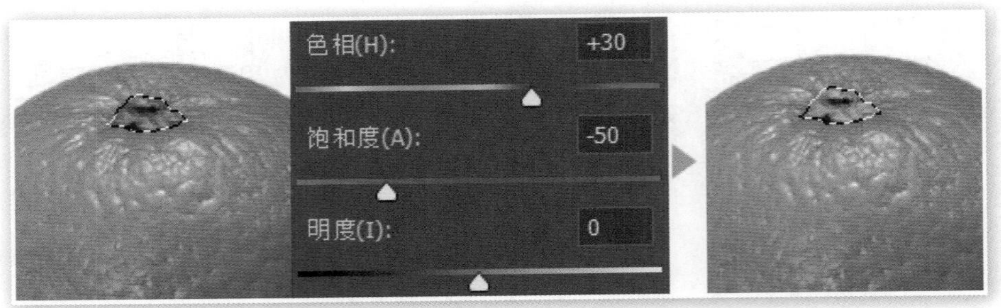

图 10-3-20

现在虽然橙子已经具备了色彩，但显得过于单一，我们可以为其添加更多的色彩。对其较厚实的部位使用 h10，s80，b70 进行涂抹的效果，经过效果对比会发现柔光模式较为合适，如图 10-3-21 所示。

图 10-3-21

再在其他地方使用不同的颜色进行涂抹，如图 10-3-22 所示。注意其中应用了 h170，s20，b100 的两处，这就是根据之前所学的有关球体的表现所添加的反射光。大家也可以自行尝试色彩，并不需要与范例一模一样。

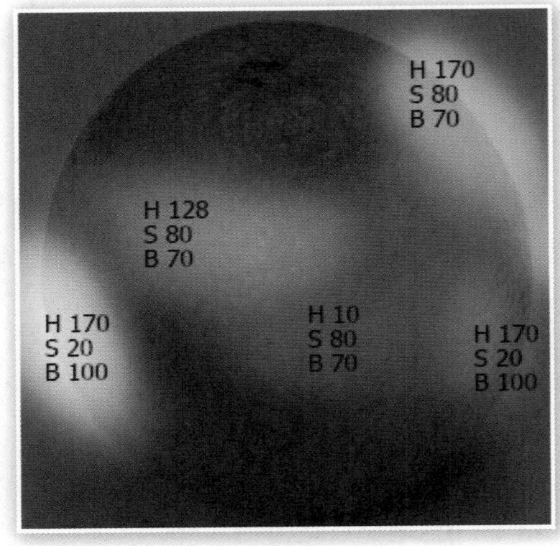

图 10-3-22

最后可视情况在最上层建立一个色彩调整层，用以对整体色彩进行调整，如图 10-3-23 所示为增加了自然饱和度的效果。

图 10-3-23

图 10-3-24 所示为使用该方法为黑白照片 s1018.jpg 上色的效果，我们不再罗列具体的步骤，而只提一些操作要点。

图 10-3-24

首先，上色不必追求一步到位，只要是除了灰度以外的任意色相、饱和度和明度的色彩都可以被使用，之后可使用色相 / 饱和度调整层来改变色彩，这是此项工作的核心技巧。如图 10-3-25 所示为原始色彩与经过调整后的色彩对比，从图层面板中可以看到每一个涂抹图层都建立了一个专属调整层以控制色彩。

其次，为了正确覆盖需要涂抹的区域，可事先就更改涂抹层的混合模式，这样可为涂抹提供良好的视觉参考。因为后期一般不会再移动图层位置，所以可以将具备相同颜色的区域合并涂抹在一个图层中，比如图中的上衣和帽子，这样的好处是可以减少调整图层的数量。

此外，这种上色操作比较难处理的是人物的皮肤，特别是面部。其实面部是由多种色彩组成的，如皮肤（橙色系）、眉毛（灰度系）、嘴唇（橙红色系）等，初接触时会觉得难以把握，但只要耐心多试验几次即可解决。必要时也可借助彩色的人物照片进行分析，可记录特定部位的颜色值再在作品中重现。

最后，这项工作需要足够的耐心和细心，在开始之前应做好相应的心理准备。

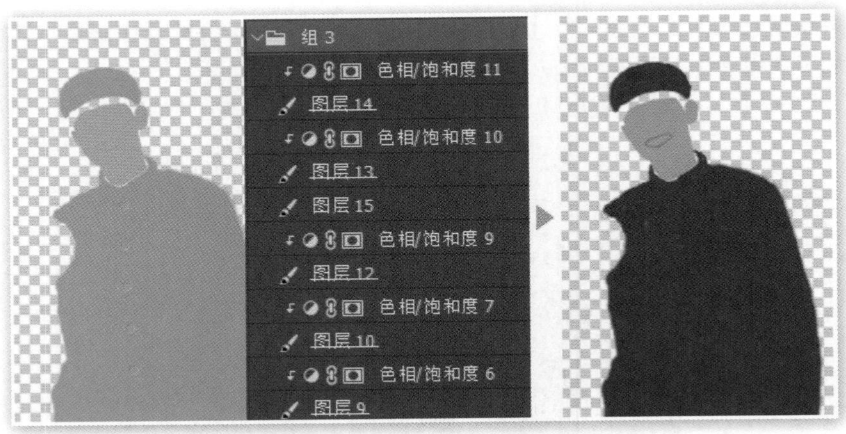

图 10-3-25

10.3.7 模拟光线影调

使用颜色减淡模式可以模拟光照效果，如图 10-3-26 所示为对素材 s1019.jpg 进行局部亮度提升的效果。方法是建立一个空白图层，混合模式设为“颜色减淡”，然后使用一个浅灰色的画笔进行涂抹。建议设置较低的画笔流量值，这样可以避免一次涂抹就产生过于剧烈的效果。

图 10-3-26

按照传统思路来说，这需要结合选区或蒙版来使用曲线等调整工具，但在本例中创建合适的选区是比较困难的，这种随手涂抹的方式更为实用。

除了加亮，也可以通过“正片叠底”混合模式模拟减暗的效果，如图 10-3-27 所示，新建一个正片叠底模式的空白图层，使用暗蓝色的画笔进行涂抹。这样明暗交织形成地面上的光影影调变化。

在具体操作时宜使用较大较软的画笔，以保证足够的大小及周围的羽化程度，这样可以避免增亮区域形成明显的边界感。而效果的强弱与涂抹所选颜色的亮度有关。可以使用暗黄色来代替加亮的部分，这样就形成了冷暖色调对比，如图 10-3-28 所示。

图 10-3-27

图 10-3-28

除了使用画笔涂抹图层以外，也可以使用曲线调整图层来实现，如图 10-3-29 所示，先后将原先负责加亮和减暗的图层内容建立为选区（按住 Ctrl 单击图层缩览图），然后在有选区的情况下新建曲线调整图层，再相应设置曲线即可。这种方法的好处是可以动态更改调整层的参数而改变最终效果。

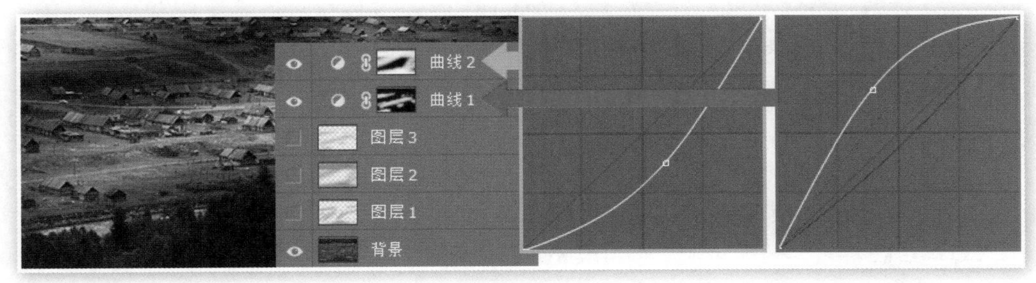

图 10-3-29

10.3.8 处理人像并添加彩妆

选用适当的色彩配合图层混合模式，可以为素材 s1020.jpg 这类人像添加彩妆效果，如图 10-3-30 所示，综合运用正常或叠加混合模式，选用不同的颜色在人物的五官部分涂抹。

第一次涂抹的颜色不到位也没关系，可以使用色相 / 饱和度或曲线对涂抹色彩的图层进行调整，从而得到满意的色彩。

图 10-3-30

10.4 使用智能对象

大家在很早的时候就知道一个道理，那就是缩放点阵图像会造成质量下降。当某些时候需要缩放点阵图像时，我们都建议大家将图层复制一份后隐藏，以备不时之需，这是出于保留文件最大可编辑性的目的。基于同样的理由，我们还要求大家使用蒙版和调整层进行操作，都是为了避免对图层造成不可逆的破坏。

使用智能对象可有效避免上述问题，并且我们还见识了通过编辑智能对象从而实现批量替换的功能，现在来正式学习如何使用智能对象。

10.4.1 建立智能对象

新建图像后分两次输入两段文字，如“普通”和“智能”，然后同时选择两个文字层，在图层面板中单击右键后选择“栅格化”或在菜单中选择【文字 > 栅格化文字图层】，将两个文字层同时转变为普通的点阵，如图 10-4-1 所示。

之后在“智能”文字的图层上单击右键选择转换为智能对象，或在菜单中选择【图层 > 智能对象 > 转换为智能对象】将其转换为智能对象。之后再次同时选择两个图层，使用快捷键〖Ctrl ＋ T〗启动自由变换，将它们缩到一个较小的尺寸（如 20%），然后再将其放大到之前差不多的大小（如 500%），然后就会看到应用了智能对象的图层内容没有受到影响，就如同矢量图形一样，如图 10-4-2 所示。

需要注意的是，智能对象并不是矢量图形，如果放大的数值超出原始尺寸很多，那么智能对象也会产生模糊现象。能够支持任意缩放的只有矢量图形。

矢量图形在转化为智能对象后不再具备直接矢量特性，但具备间接矢量特性，即进入智能对象编辑时仍然是矢量的，此时可以扩大矢量图形后更新智能对象。

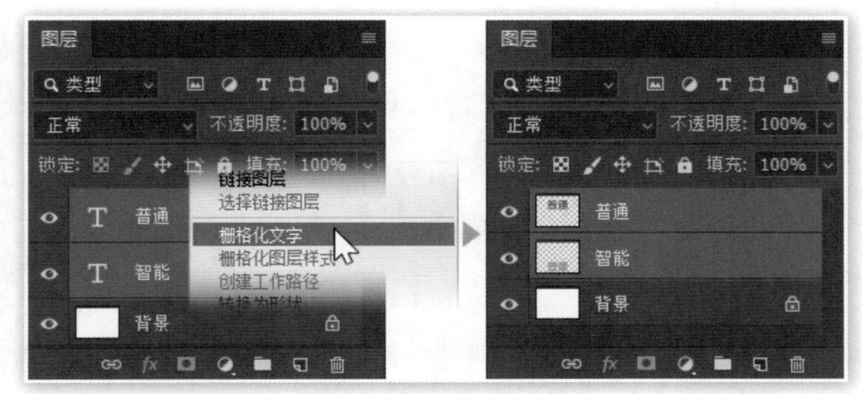

图 10-4-1

图 10-4-2

除了单个图层以外，也可以选择多个图层（或图层组）后将其建立为单一的智能对象，效果类似图层组。

10.4.2　使用智能滤镜

对智能对象使用的滤镜将自动变为智能滤镜，可累积叠加多个滤镜，如图 10-4-3 所示，在将文字层转换为智能对象后，分别执行了高斯模糊、风、水波 3 个滤镜，按照先后顺序从下往上排列。可拖动更改滤镜的先后顺序，顺序的更改可能会影响最终效果。

单击每个滤镜的名称可重设滤镜参数，单击右列的按钮可设定滤镜不透明度和混合模式（如图 10-2-13），也可改变智能滤镜的蒙版以控制滤镜有效区域。将某项滤镜拖动到垃圾桶图标处即可单独将其删除。

图 10-4-3

智能对象与普通图层一样可以添加图层样式，如图 10-4-4 所示为添加了渐变叠加的效果，可以看出图层样式是位于智能滤镜上层的。

图 10-4-4

智能滤镜在建立后可以在图层面板中拖动以改变层次，可以移动或复制到其他图层或其他图像中使用，具体操作大家可自行尝试。

10.4.3 编辑和替换智能对象

智能对象中存储着图形的原始信息，在图层面板中双击智能对象缩览图，将会另外弹出一个扩展名为 .psb 的图像，其中就是智能对象中的原始信息，如图 10-4-5 所示。可将该文件单独另存，但暂时先不要将其关闭。

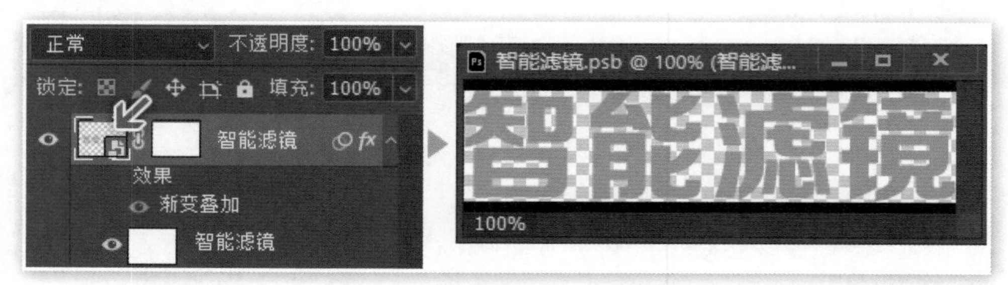

图 10-4-5

此时可以对弹出来的智能对象 psb 进行修改，修改完成后按下快捷键〖Ctrl + S〗或在菜单中选择【文件 > 存储】，其改变即可反映到原始图像中，如图 10-4-6 所示，即为在 psb 文件中添加一行文字的效果。如果改动 psb 文件的尺寸，有可能导致原始图像中的图层出现位置偏移。

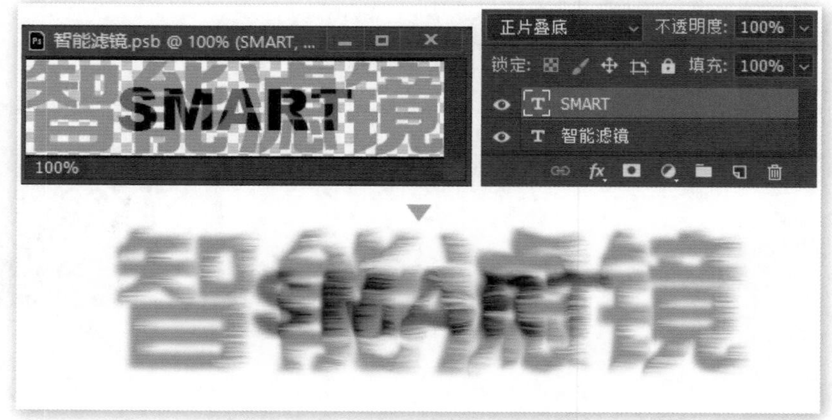

图 10-4-6

理论上 psb 图像中的边界大小不会对原图产生影响，因为其是透明的，可通过【图像 > 裁切】选择裁切透明像素来消除透明区域，但其实没有实质性影响。

智能对象可以被复制，并且可以使用不同的蒙版、图层样式、滤镜及变换设定，在修改 psb 文件并保存后这些复制的智能对象会一并被更新，如之前图 10-3-14 所示。在更改弹出的 psb 图像内容后不必关闭，直接按快捷键〖Ctrl ＋ S〗保存即可观看最终效果，如不满意可重复这个过程，直到效果满意后再关闭。

如果智能对象是由多个图层创建的，那么编辑智能对象时所弹出的 psb 文件也将是多图层结构，可以像操作普通图像那样操作 psb 的图层，如新建、删除、合并、更改不透明度、混合模式、图层样式等。

通过在菜单中选择【图层 > 智能对象 > 替换内容】，或在图层面板的智能对象层上单击右键选择替换内容，之后选择一个图像文件，智能对象中原来的内容即被新的内容替换。被替换的仅是原始内容，在其上添加的效果将会保留并直接应用在新内容上。

智能对象的引入对实际工作是非常有帮助的，其保持原始信息的特点使得其可以被反复缩放。如果是基于点阵建立的智能对象，放大以不超过原始尺寸为宜，如果是由矢量图形建立的，可在智能对象的编辑中任意放大。智能对象使用滤镜时，自动把滤镜效果附带为智能滤镜，这就使用滤镜时对原始内容就不会造成任何破坏，而可替换的特点使得其可应用在有大量相同元素的场合中（如网页设计稿）。

目前为止，我们已经掌握的作品最大化可编辑性的手段有：使用蒙版、使用调整图层、使用智能对象。在实际制作中都应该充分加以利用，它们并不能让作品的最终效果变得更好，但较高的可编辑性是非常有实用价值的。

10.5　使用渐变映射

渐变映射属于色彩调整工具，我们之前没有学习是因为它的作用特殊，在后面我们将要学习的云彩类滤镜特效中，渐变映射是必备的增效手段。除此之外，渐变映射如果使用得当，其效果和效率是其他手段难以达到的，说色彩调整的最高境界就是渐变映射也不为过。

10.5.1　渐变映射的原理

我们知道图像的一个重要指标就是亮度。打开素材文件 s1021.jpg，然后在菜单中选择【图像 > 模式 > 灰度】将其转换为灰度图，如图 10-5-1 所示，可看出草坪属于暗调，天空属于高光，屋顶属于中间调。之后撤销操作回到 RGB 模式。

建立渐变映射调整层，渐变样式选择列表中的“蓝、红、黄渐变”后即可看到图像色彩的剧烈变化。渐变映射的作用原理其实很简单，但如果没有之前的基础知识就会难以理解，其原理就是，用指定渐变样式中的各个色彩去替换原图中不同亮度的像素。如图 10-5-2 所示，原先的高光区被替换为黄色，中间调被替换为红色，暗调则被替换为蓝色。

图 10-5-1

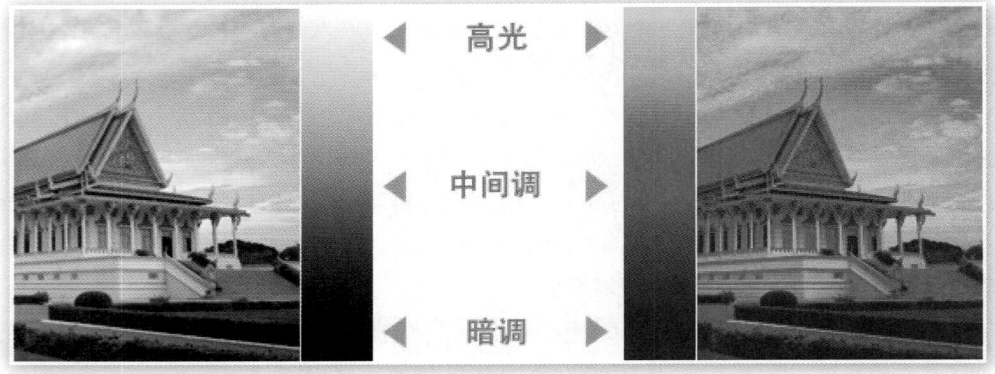

图 10-5-2

由其作用原理可知，其实渐变映射就是以渐变设定中的颜色为样本“按色阶替换颜色”。正是基于这种硬性的替换，因此渐变样式中的各色彩也应该按照亮度有序排列，刚才所使用的“蓝、红、黄渐变”样式中的 3 种颜色就是按照色阶顺序排列的。

可以另外新建一个图像，然后建立一个蓝、红、红渐变填充层，将文件转为灰度模式后，即可看出这三种颜色的色阶分布情况，如图 10-5-3 所示。其中第一和第三行属于色阶顺序排列的情况，即“黑灰白”或“白灰黑”，而第二行的“黑白灰”则不是顺序排列。

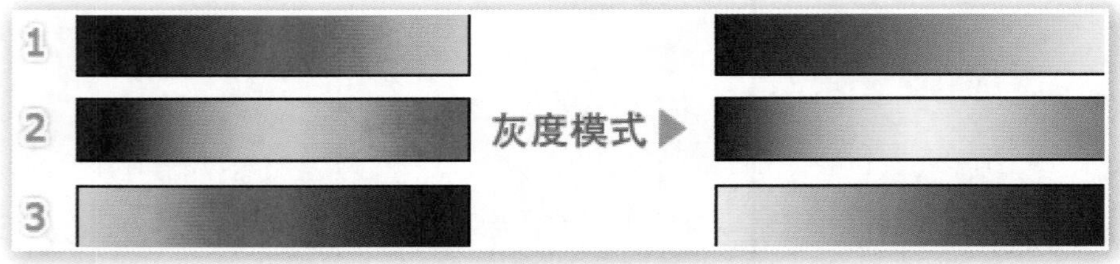

图 10-5-3

按照替换的原理，只有符合色阶顺序的渐变设定才能有较好的替换效果，否则会改变图像的亮度分布顺序造成辨识错误。如图 10-5-4 中的第二副图像中，本应属于中间调的屋顶区域就被替换成了高光区域，除非是有独特的创意需要，否则应避免这种情况。

图 10-5-4

需要注意的是，在所使用的渐变设定中应尽可能包含全色阶，即从黑场到白场的一系列过渡，否则可能令图像损失对比度从而看起来“发灰”，如图 10-5-5 所示。同理，对缺乏对比度的发灰图像使用全色阶进行映射可以提高其对比度。

图 10-5-5

10.5.2　渐变映射的应用

我们说过渐变映射是非常强大的色彩调整工具，这需要结合图层混合模式来实现，如图 10-5-6 所示为对人像使用 3 种不同的渐变样式、混合模式、不透明度组合的效果。

使用自定义的渐变色彩可以获得更好的效果，按照之前的原则，在自定义时头尾两端应使用黑场和白场以保证对比度，其余的中间过渡色标则可以根据所希望的色彩类型来决定，比如要设定一个青色系渐变，可以使用 11，76，96 和 224，238，185 作为中间色标，其应用效果如图 10-5-7 所示。存储这个渐变设定以便在后面的操作中使用它。

图 10-5-6

图 10-5-7

在尝试与混合模式的组合时，还可以通过属性面板将渐变反向以得到不同的效果，但如果渐变色标是按照色阶顺序排列的，则这样做会颠倒原图的色阶顺序形成类似反相的效果，对白色背景的素材 s1022.jpg 使用反向青色系渐变映射可以得到类似 X 光透视的效果，如图 10-5-8 所示。

图 10-5-8

只要渐变设定得当，配合混合模式后可以组合营造出非常丰富的效果，注意在选择调整层的混合模式时应设定一个相对保守的不透明度（如 50% 至 80%），这样可以避免极端色彩带来的感知误差。

一般会认为此类色彩是通过曲线或颜色替换等方式实现的，但实际上通过传统方法难以再现出这样的色彩，大家自行尝试便知。渐变本身并没有直接体现，旁人将很难复制出同样的效果，因此可以形成自己独特的色彩风格。

10.5.3　用渐变映射着色

除了使用素材图像以外，我们可以“原生”地制作出火焰图像，方法是使用分层云彩滤镜。首先新建一幅图像（800×600 左右），首先把其填充为黑色，之后在菜单中选择【滤镜 > 渲染 > 分层云彩】，然后重复此操作十次以上，即可得到一个类似烟雾的灰度图像。

现在使用渐变映射来为这个灰度图像着色，由于火焰的颜色是红色和黄色，因此建立一个“黑红黄白”的渐变样式后即可得到类似火焰的图像，如图 10-5-9 所示。

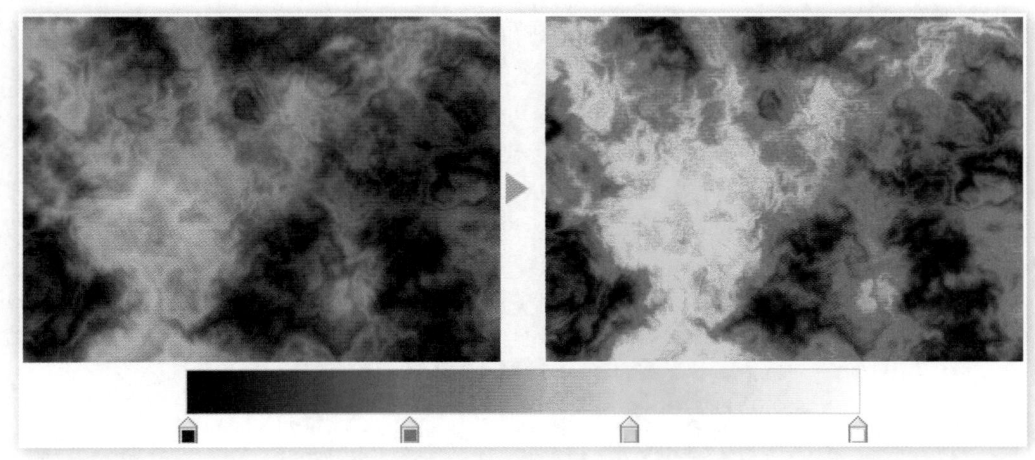

图 10-5-9

之前我们学习过使用色彩调整来控制火焰“燃烧度”的方法，此时可以用改变色标位置的方法来实现，如图 10-5-10 所示为不同色标位置对火焰效果的影响，相关原理大家应该已经能够理解。

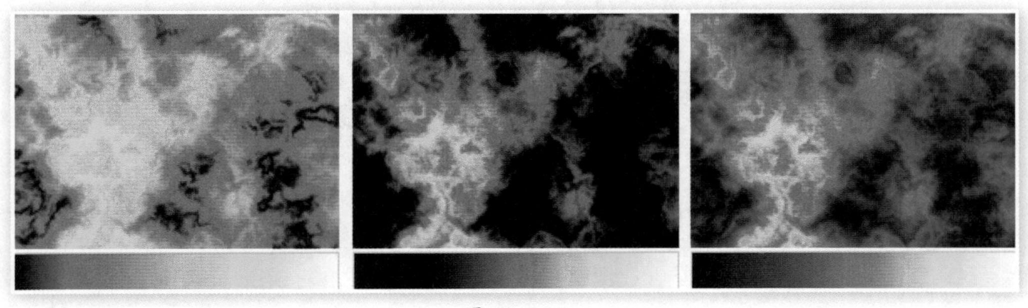

图 10-5-10

本小节其实并不算是新内容，但由于在后面会专门介绍使用云彩滤镜制作特效，其中有些地方就需要使用渐变映射，因此在这里单独学习一下。

10.6 使用滤镜

滤镜在 Photoshop 中属于可自由添加的外部组件（也称插件，英文为 Plugins），其可以使图像呈现出普通手段难以达到的效果，一些优秀的第三方滤镜多以付费商品形式单独销售。滤镜具有使用简单、效果独特的特点，即便是一个完全不懂 Photoshop 基础知识的人都可以在短时间内用滤镜制作出绚丽的效果。

本书出于篇幅所限无法逐个介绍，其实也没有必要那样做，重要的是掌握滤镜的使用方法。并且滤镜与混合模式一样，单独使用可以产生漂亮的效果但无法形成完整的作品，因此对作品本身的构思是最重要的。我们将在实例部分介绍一些使用滤镜制作特效的方法，在这里只介绍两个用法比较特殊的滤镜。所用素材图像为 s1023.jpg 至 s1025.jpg。

为了在【滤镜】菜单中显示全部的滤镜种类，应在预置（快捷键〖Ctrl ＋ K〗）的增效工具选项中勾选“显示滤镜库的所有组和名称”。

10.6.1 滤镜初识

所有的滤镜都在【滤镜】菜单中分门别类地存放，我们曾经使用过的【滤镜 > 模糊 > 高斯模糊】就是一个很典型的滤镜，如图 10-6-1 所示，在更改数值时可在小预览窗中实时看到效果，可放大或缩小预览窗中的图像。注意右侧的预览选项指的是在原图像窗口中实时显示滤镜的效果，当图像较大时可能会降低计算机运行速度。

图 10-6-1

除了单独使用滤镜外，还可以通过【滤镜 > 滤镜库】一次使用多个滤镜，如图 10-6-2 所示，只需在红色箭头处新建滤镜层即可。图例中先是使用了“成角的线条”，然后又使用了“纹理化”两个滤镜，更改滤镜层次顺序将会影响最终效果。

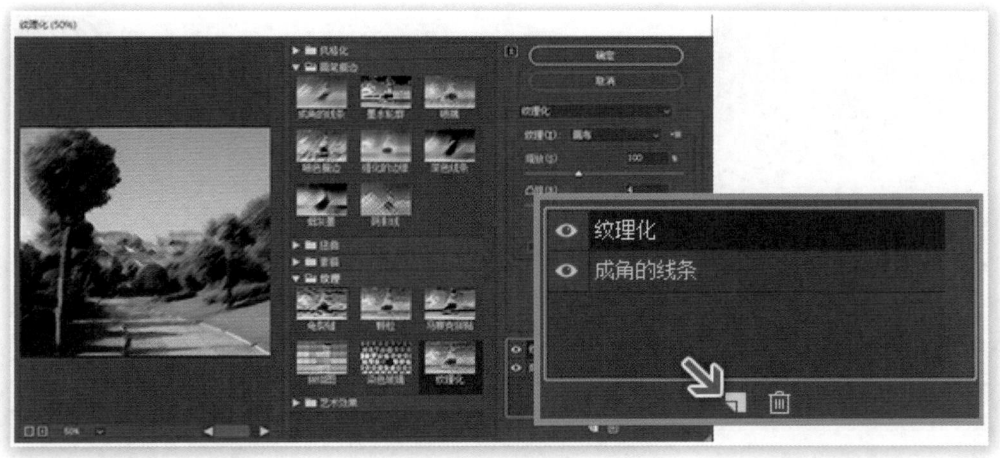

图 10-6-2

虽然可以通过智能对象方式使用滤镜和色彩调整，但如果遇到需要对其中之一使用蒙版的时候，蒙版的共用特性会同时影响两者。如图 10-6-3 所示，A、B 两种方式都是对图像使用绘图笔滤镜和渐变映射进行了调整。但在 A 方式下智能滤镜的蒙版同时影响两者，而 B 方式下渐变映射以调整层形式独立存在，不会受到智能滤镜蒙版的影响。

图 10-6-3

10.6.2　使用自适应广角滤镜

自适应广角滤镜用来修正照片中广角所造成的畸变，其使用方法很简单，就是使用约束工具手动画出希望纠正为直线的部分，如图 10-6-4 所示，沿着左侧路灯画出参照线，之后单击右键选择将其校正为垂直方式即可。也可以手动更改旋转框的角度进行矫正。

一般的照片都会附带 exif 拍摄参数信息，滤镜则会先读取其中的镜头焦距参数，并由此推算出图像各处的畸变程度，因此在绘制过程中线条会呈现出贴合畸变的弯曲形态。

以同样方式纠正画面右侧的路灯即可完成矫正，确认后会发现画面边缘出现了透明部分，这是由于矫正操作会弯曲图像从而在边角留出空隙，此时可使用裁切工具去掉多余的部分，如图 10-6-5 所示。

图 10-6-4

图 10-6-5

图 10-6-6 所示为纠正前后的对比，弯曲的部分已变平直，但弯曲效应和裁切损失了边缘的部分图像，因此在前期拍摄此类广角照片时最好在边缘预留更多的空间。

图 10-6-6

广角矫正时参照线的绘制十分重要，在一些复杂场景中需仔细分辨，一般以墙壁、立柱等作为垂直线的参照，地面或屋顶作为水平线的参照，窗户门框等其他具备明显线条的物体也可作为参照，如图 10-6-7 所示。

图 10-6-7

需要注意的是，广角矫正涉及移动像素，可能不符合纪实类摄影比赛的要求。此外大幅度的矫正可能会改变物体的外形比例，在使用时应加以注意。

10.6.3　使用消失点滤镜

消失点滤镜其实就是依照透视关系使用图章进行内容复制的工具，在使用时首先应创建一个透视平面，如图 10-6-8 所示，将图像中的墙面定义为透视平面。即使有些顶点不在图像内也可在边界外定义。

图 10-6-8

完成透视平面的定义后就可使用滤镜内的图章工具了，方法和普通的图章工具一样。如图 10-6-9 所示，先在窗户顶端按住 Alt 键定义为采样点，然后在左方复制出一个窗户，所复制出来的窗户遵循了由先前的透视平面决定的近大远小的视觉关系。复制时注意选择合适的画笔参数，本例宜使用较小的直径。

图 10-6-9

如果将建筑物的下层也定义一个透视平面的话，就可以在它们之间互相复制，如图 10-6-10 所示。一般而言位于相同角度的墙面合并为一个透视平面，并不需要分开定义，只有不同角度的墙面才必须另外定义。

图 10-6-10

除了使用图章工具以外，还可创建选区后按住 Alt 键将选区内的图像拖动复制到其他地方，拖动过程中就可以看到图像依据透视关系变化的效果，如图 10-6-11 所示。对于复制窗户这样的操作而言使用选区较为方便，因为不会误复制其他区域的图像。

图 10-6-11

创建选区后按住 Ctrl 键则是将其他地方的图像覆盖到选区中。可在滤镜顶部区域选择作用方式及其他选项。在滤镜中可使用快捷键〖Ctrl + Alt + Z〗和〖Ctrl + Shift + Z〗来撤销或重做，但仅限于滤镜内部操作。

消失点滤镜其实算是修补类工具的一种，只是由于其操作稍显复杂因而以独立插件的形式提供。决定其使用效果的最大因素就是透视平面的定义，另外要注意采样点不能无限制地使用。仔细观察原图就会发现，近处的窗户可以看见玻璃，而远处的窗户只能看到窗框，这是因为窗户是有厚度的，这种厚度会对视觉产生影响，这种影响依靠简单的透视是难以模拟的。

10.7　使用滤镜制作特效

使用滤镜可以制作出一些抽象的绚丽效果，其中以云彩类滤镜最为突出，因为其可以凭空产生无规则的灰度图像，经过渐变映射着色后再辅以其他手段即可制作出十分出色的效果，本节我们以实例方式介绍一些滤镜特效的制作方法。实例的数量不是本书追求的目标，我们所倡导的是建立思维方法，举一反三，利用本书的方法自行制作作品。

本节中所讲的效果如同之前的混合模式一样需要综合应用多种手段。如果是跳跃章节来阅读本章可能会比较困难，因为从本章开始对技术层面的内容都是一笔带过，比如只会说“用渐变映射着色”，至于如何使用渐变映射着色则不会再详细介绍。

10.7.1　云彩类滤镜的一般用法

大部分滤镜的使用必须基于现有图像，如使用频率很高的模糊类滤镜。而渲染类滤镜自身可以产生图像，典型代表就是云彩和分层云彩滤镜，都是利用前景色和背景色来生成随机的云雾效果，区别在于分层云彩滤镜会将已有的图像作为参照，因此多次使用云彩滤镜与单次使用的效果不同，而分层云彩滤镜重复使用次数越多，云雾的边缘会越发锐利。纤维滤镜的原理也相近只是图像风格不同，也可以将其看作云彩类滤镜。

由于这三个滤镜都具备“白手起家”的能力，后面的云彩类特效大都以它们为起点。典型的云彩类特效的制作步骤是：首先用云彩滤镜制作出灰度图像，接着使用曲线提高对比度并为其着色（渐变映射、色彩平衡、色相 / 饱和度），再辅以一些其他处理并视情况裁切。

优秀的摄影作品未必都是名山大川，一个平常的角落也可能成为佳作，这就是构图的作用，一个滤镜特效的整体效果也许平淡无奇，但如果只选其中某块区域也可能获得好作品，因此不要轻易放弃任何一个成品，尝试使用裁切来寻找机会。在制作过程中应充分使用智能对象和调整图层来最大化可编辑性，这样通过少量的修改就能快速得到不同的成品。

接下来我们就按照上述步骤来制作一个简单的云彩滤镜特效。

（1）新建一个 300×300 的白底图像，使用默认颜色执行【滤镜 > 渲染 > 分层云彩】并按快捷键〖Alt+Ctrl+ F〗重复多次，得到一个烟雾效果的灰度图像，将其转为智能对象，使用渐变映射将其变为火焰色（黑红黄白渐变），效果类似图 10-5-9 所示。

（2）执行【滤镜 > 模糊 > 径向模糊】，效果如图 10-7-1 所示。其实在新建图像后马上就可将背景层转为智能对象，只是其后执行多次的分层云彩滤镜时会占用较多的面板空间。

图 10-7-1

（3）单击历史记录面板中的“从当前状态创建新文档”，如图 10-7-2 所示，另外复制出两个同样的图像。

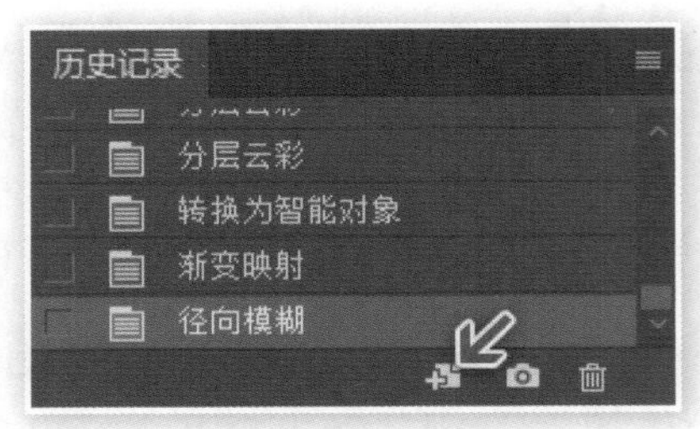

图 10-7-2

（4）将三个图像中径向模糊的混合模式分别改为“变亮”“正片叠底”和“差值”，并视情况添加曲线调整，得到类似如图 10-7-3 所示的三个成品。其中的两个白色方框稍后解释。

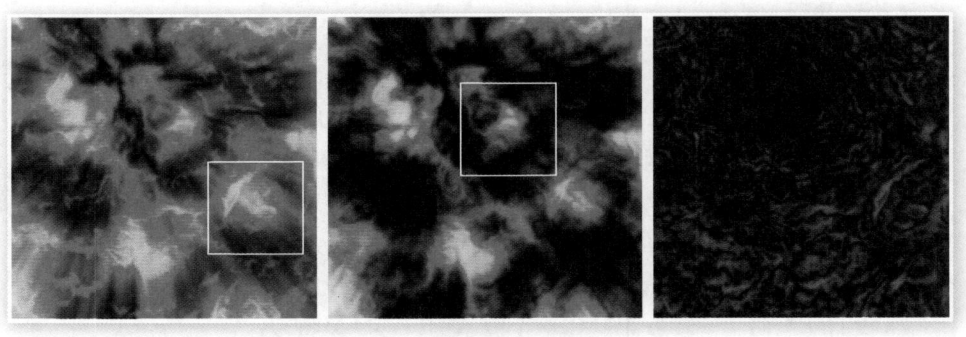

图 10-7-3

到这步为止，滤镜特效的制作就完成了，可以看出在上述步骤中只需要稍作修改就可以做出不同的作品，其实后面要制作的许多特效都是这个例子的变化形态，其制作原理都是互通的。因此实例的数量并不重要，重要的是大家在制作过程中要掌握其原理和规律，并努力拓展思维变化出更多的效果，希望大家对后面的每个特效范例都能自行制作出多种不同的衍生效果。

本例的滤镜特效带给我们的只是单一的特效图像，绚丽的外表下没有什么内涵意义，这样的图像是不能称之为作品的。这种现象也广泛存在于其他的特效制作中，特效作品一般只能提供素材，利用这些素材来组织有意义有思想的作品才是我们的目的。

现在截取图 10-7-3 中两个白色方框处的图像，方法是选择智能对象层，建立选区后通过快捷键〖Ctrl ＋ J〗将选区内图像建为新图层，如图 10-7-4 所示。大家可根据自己的图像情况选择截取的区域。

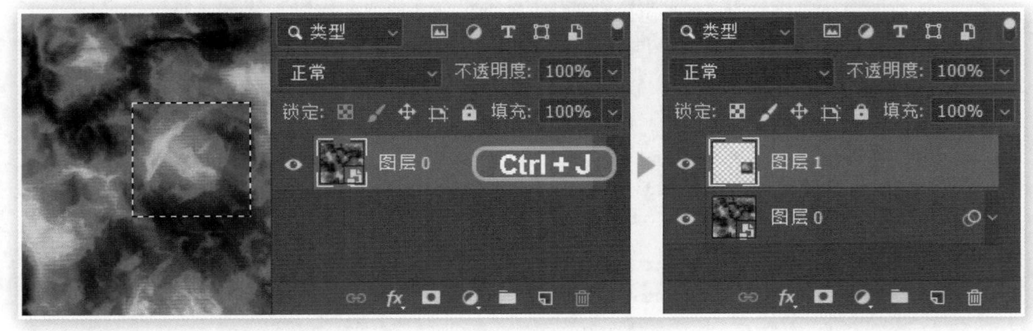

图 10-7-4

将这两小块区域与我们早先制作的星空作品进行合成，添加图层样式（描边）、画上线段、增加一些段落文字，必要时还可以调整色彩，形成如图 10-7-5 所示的新作品，给人的感觉是在介绍星系结构。

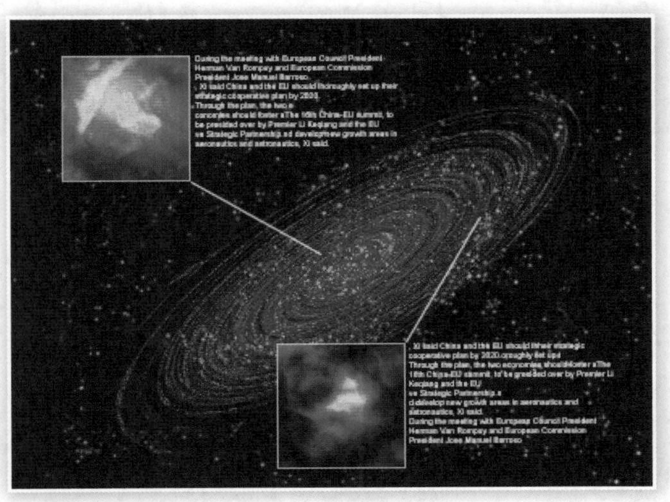

图 10-7-5

在制作滤镜特效的时候，应多去尝试更改参数带来的不同效果，这些参数可分为内部和外部两类。所谓内部就是指其自身的设定，如滤镜的数值、曲线的形态、渐变映射的色标设定等。外部则是指图层层次、不透明度、混合模式等，总之就是动用一切手段来进行组合变化。这个例子所展现的只是沧海一粟，大家只要勤加思考和实践，就可以做出更多的效果。

10.7.2 云彩类滤镜特效

新建一个尺寸为 400×200 的空白图像，然后将背景层转换为智能对象，在默认颜色下使用【滤镜 > 渲染 > 云彩】，得到大致如图 10-7-6 所示的效果。

图 10-7-6

接着使用【滤镜 > 扭曲 > 玻璃】，然后进行曲线和渐变映射调整，曲线用来适当下调亮度，自定义蓝白系渐变为波纹着色，效果如图 10-7-7 所示。

图 10-7-7

现在需要通过对图层透视变换来营造水面的观看视角，但由于透视变换对于智能对象中的智能滤镜无效，因此我们需将智能对象再次转换为智能对象，然后再使用透视变换，如图 10-7-8 所示。注意转换后原先的智能滤镜列表消失了，如果要更改之前的设定可双击缩览图开启智能对象进行编辑。

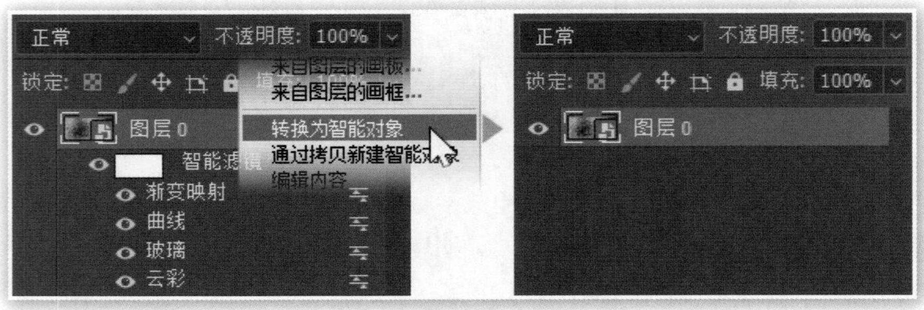

图 10-7-8

执行透视变换按快捷键〖Ctrl ＋ T〗，得到接近于平常视角的画面，如图 10-7-9 所示。这个特效到这里就算完成了。

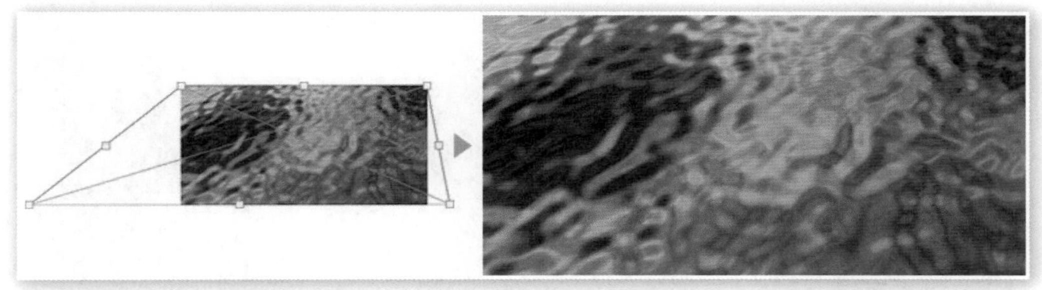

图 10-7-9

新建一个随意尺寸的正方形图像，以默认颜色依次执行【滤镜 > 渲染 > 云彩】和【滤镜 > 渲染 > 分层云彩】，转换为智能对象后再执行【滤镜 > 像素化 > 铜版雕刻】，效果如图 10-7-10 所示。

图 10-7-10

接着将图层复制一层，对新图层和原图层分别执行【滤镜 > 模糊 > 径向模糊】中的缩放和旋转，并将上层混合模式设为“变亮”，效果如图 10-7-11 所示。

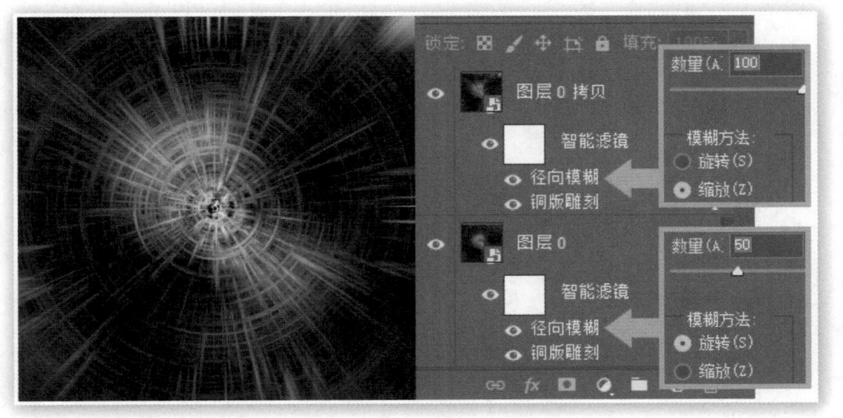

图 10-7-11

对上方图层执行【滤镜 > 模糊 > 高斯模糊】，并将高斯模糊的混合模式设为“颜色减淡”，如图 10-7-12 所示。这样可以产生高光区域，为画面增添活力。

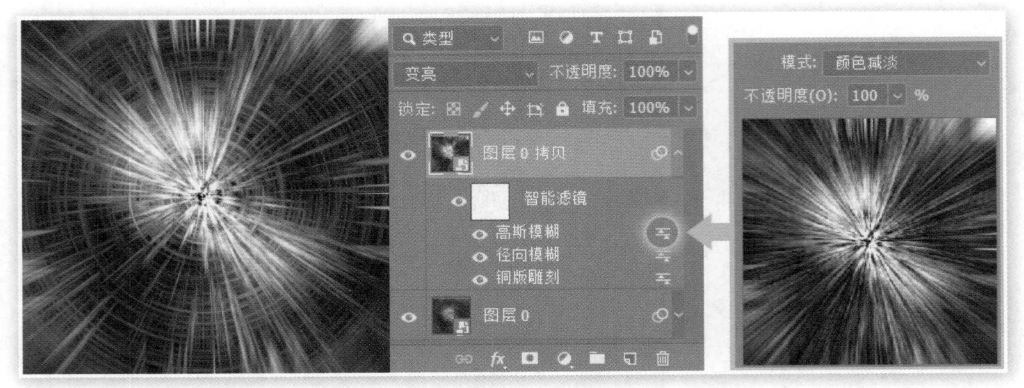

图 10-7-12

在图层面板中将这个高斯模糊滤镜复制到下方图层中，为旋转模糊部分也添加上高光区域。如图 10-7-13 所示。复制时注意目的地的层次位置。

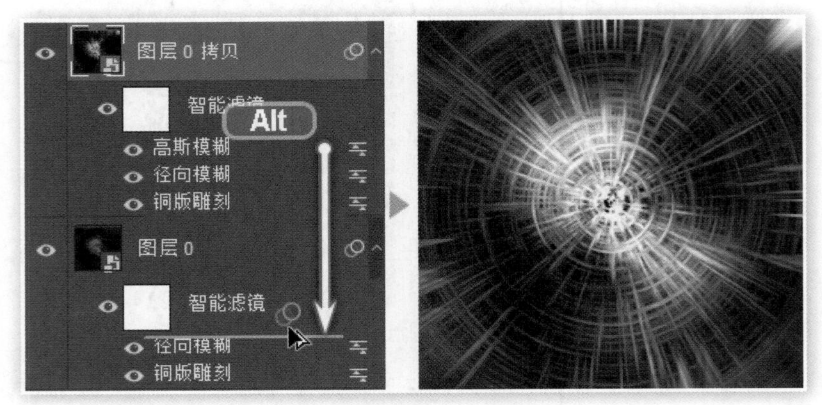

图 10-7-13

同时选择两个智能对象层，将它们转为一个新的智能对象（注意不是合并），用渐变映射为灰度着色，如图 10-7-14 所示。

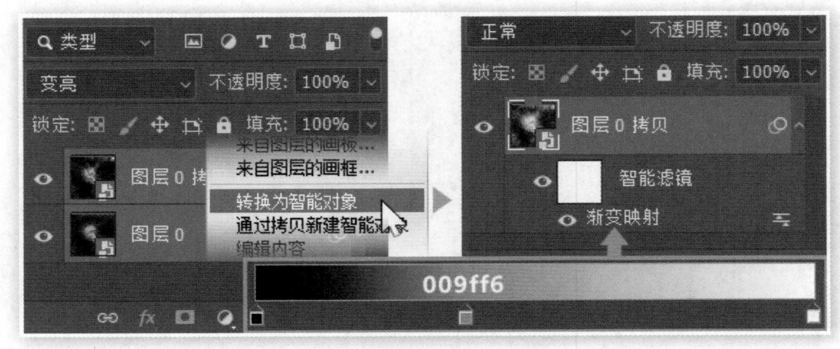

图 10-7-14

对新的智能对象使用【滤镜 > 模糊 > 高斯模糊】，并尝试更改高斯模糊滤镜的混合方式，配合色彩调整形成如图 10-7-15 所示的各种效果。

图 10-7-15

对于第三种效果而言，还可通过更改渐变设定的色标位置得到不同的图像，如图 10-7-16 所示。其他的变化方式大家自行尝试。

图 10-7-16

新建图像后用默认颜色执行【滤镜 > 渲染 > 云彩】，转为智能对象后再执行【滤镜 > 纹理 > 染色玻璃】、【滤镜 > 扭曲 > 球面化】，各种效果如图 10-7-17 所示。

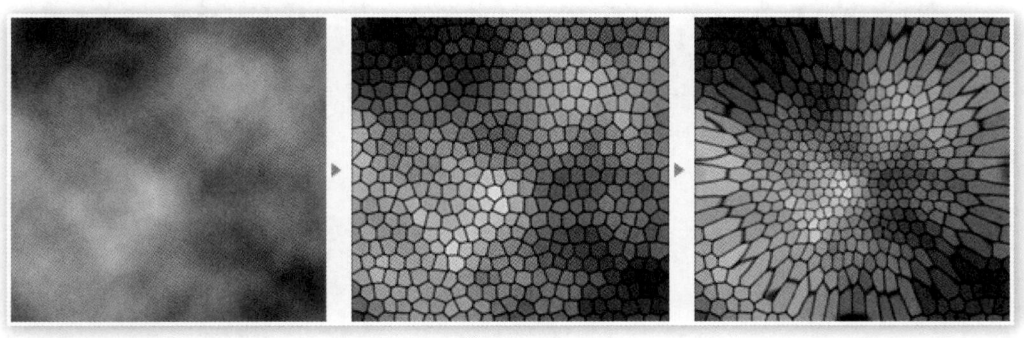

图 10-7-17

将图层复制一层出来执行【滤镜 > 扭曲 > 球面化】，之后将该层复制并再次执行【滤镜 > 扭曲 > 球面化】，即三个图层分别执行了一次、两次、三次球面化滤镜。然后将两个复制出来的图层的混合模式进行各种组合，如图 10-7-18 所示。

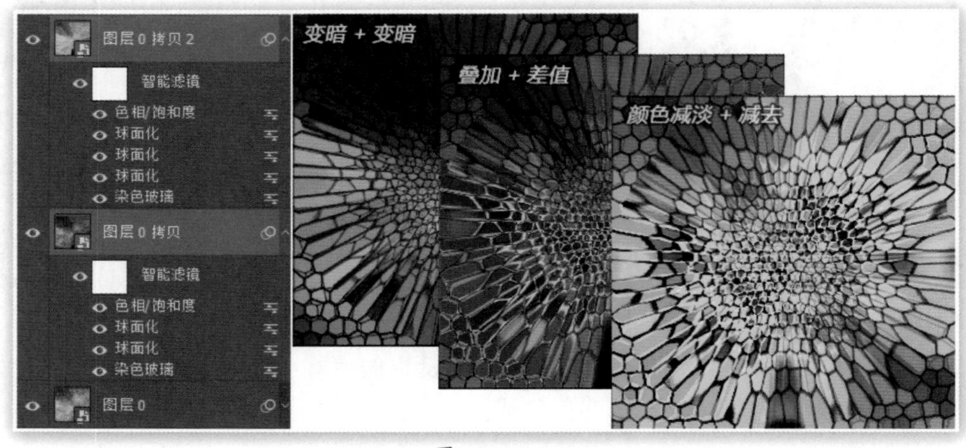

图 10-7-18

新建图像后先用黑色填充背景，然后用默认颜色多次使用【滤镜 > 渲染 > 分层云彩】。转为智能对象，依次执行【滤镜 > 风格化 > 风】、【滤镜 > 锐化 >USM 锐化】，具体参数自行尝试。最后通过渐变映射着色，渐变设定可参考图 10-7-14，效果大致如图 10-7-19 所示。

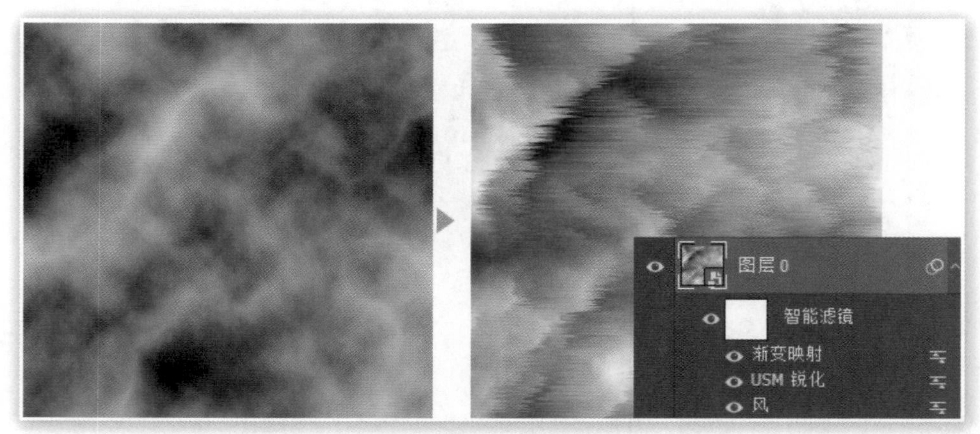

图 10-7-19

此时可以截取部分作为成品，也可继续添加滤镜如【滤镜 > 扭曲 > 极坐标】。视觉效果还是不错的，但是其中拼接的直线影响了美观度，为纠正这个缺陷我们将图层复制一份，将其转为智能对象（或栅格化）后通过自由变换旋转 180 度，改为“变暗”模式后效果如图 10-7-20 所示。

大家可能已经在图层样式的使用过程中发现如图 10-7-21 所示的 A、B 两种情形，图层样式的方向并不会跟随图形旋转，如图中的投影和渐变叠加。只有将其栅格化或转为智能对象后才可以操作。这是因为图层样式并不构成图层内容的一部分，而是基于图层内容所产生的虚拟像素，而智能滤镜的性质也属于虚拟像素，将虚拟像素固化后，它们才能跟随变换操作而变化，可通过栅格化或转为智能对象实现像素的固化。

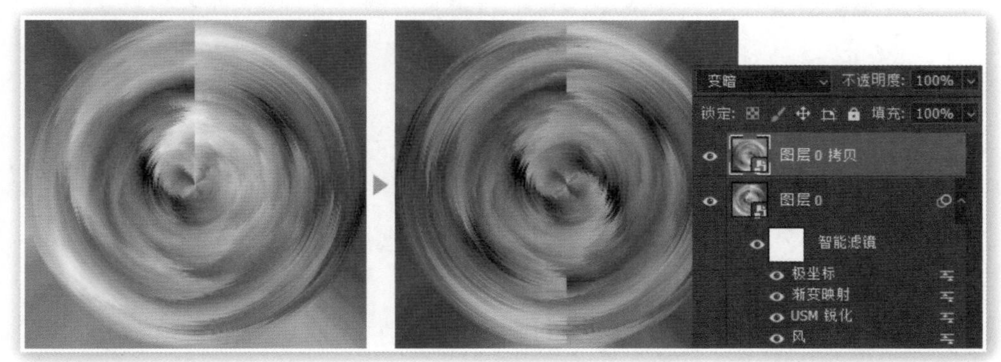

图 10-7-20

图 10-7-21

现在回到制作中，使用蒙版分别屏蔽两个图层的图像拼接处，形成一个比较平滑的画面效果，如图 10-7-22 所示。

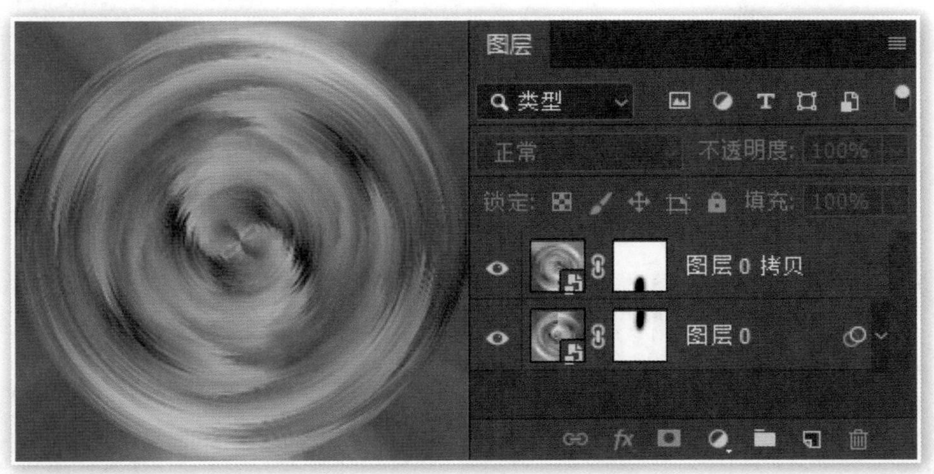

图 10-7-22

只要保持多样化的思路和勤于动手的习惯，任何时候都有着无数的效果在等待大家去发现，比如现在我们想利用这个滤镜效果制作一个球体，可将所有图层组成一个图层组，并对图层组添加一个圆形蒙版，如图 10-7-23 所示。

图 10-7-24 所示为将带蒙版的图层组整个转换为智能对象，然后对其添加斜面和浮雕样式，形成一个带有立体效果的球体。此时就可将其移动到其他图像中参与合成制作了。

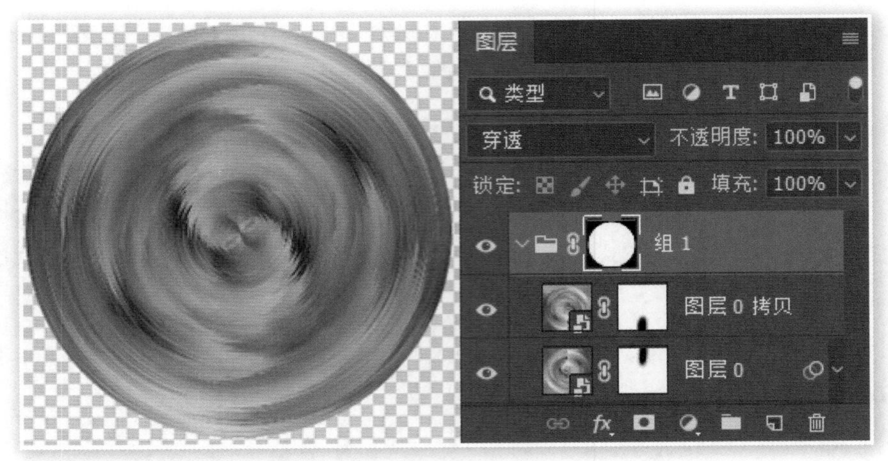

图 10-7-23

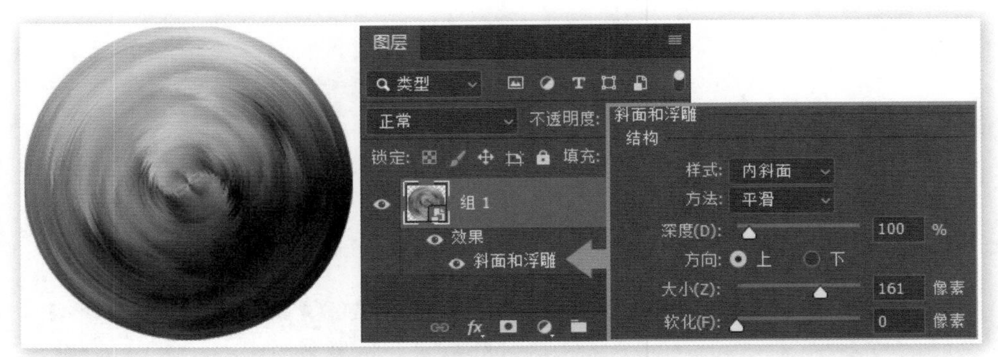

图 10-7-24

现在继续制作新特效，新建图像后以默认色执行【滤镜 > 渲染 > 分层云彩】并按快捷键〖Alt+Ctrl +F〗重复操作两到三次，然后转为智能对象，对其使用【滤镜 > 渲染 > 光照效果】，光照的颜色选一种橙黄色，如图 10-7-25 所示。

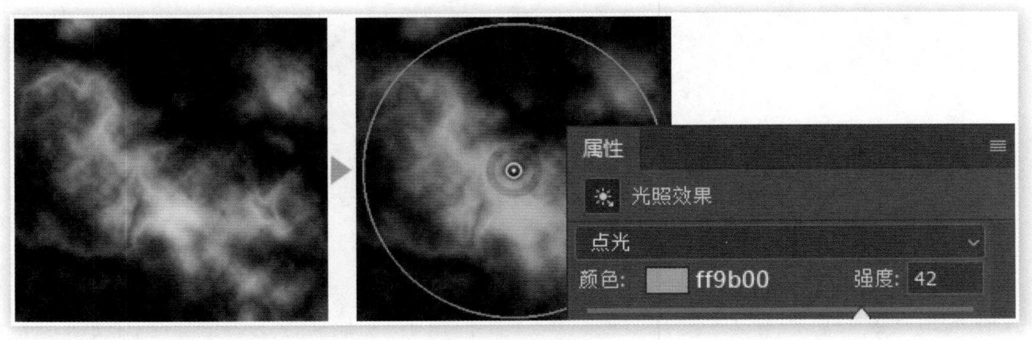

图 10-7-25

接下来依次执行【滤镜 > 艺术效果 > 塑料包装】、【滤镜 > 扭曲 > 波纹】、【滤镜 > 扭曲 > 玻璃】，如图 10-7-26 所示。

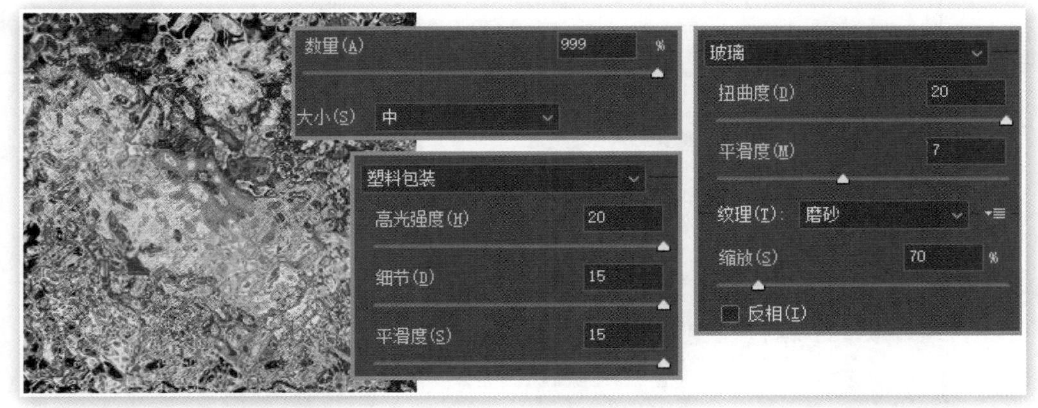

图 10-7-26

然后再次使用【滤镜 > 渲染 > 光照效果】，这次换一种较之前深一些的橙色，并选择红通道作为纹理，这样就可以营造出立体感，效果如图 10-7-27 所示。

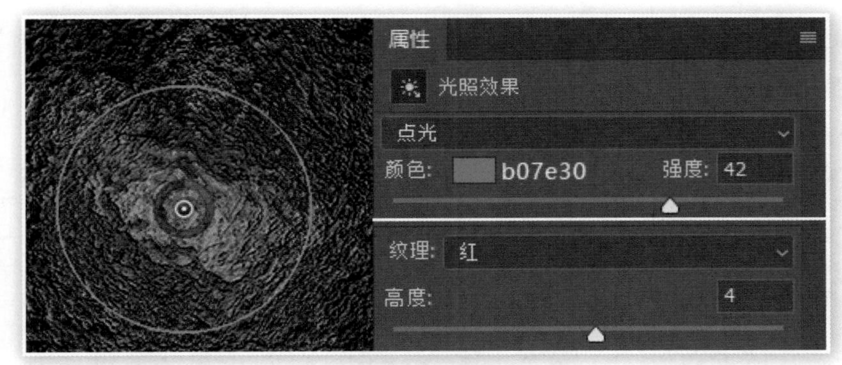

图 10-7-27

如果觉得图像过于锐利可使用【滤镜 > 模糊 > 高斯模糊】来消除锐利的边缘，效果如图 10-7-28 所示。曲线调整层为常见的增强对比度的 S 形曲线。

这则范例中使用了大量滤镜，因此可组合的数量更多，更改其中某些滤镜（如高斯模糊）的混合模式就可以得到许多派生效果。

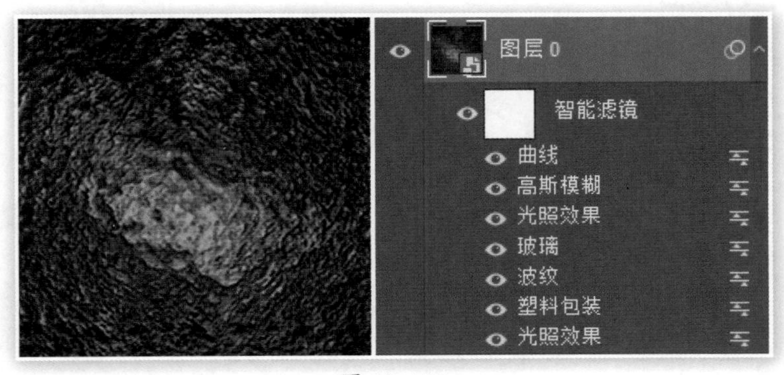

图 10-7-28

也可以直接编辑原始智能对象，如图 10-7-29 所示，A 为增加了一个心形图层，B 为将原图层通过蒙版变为心形轮廓。

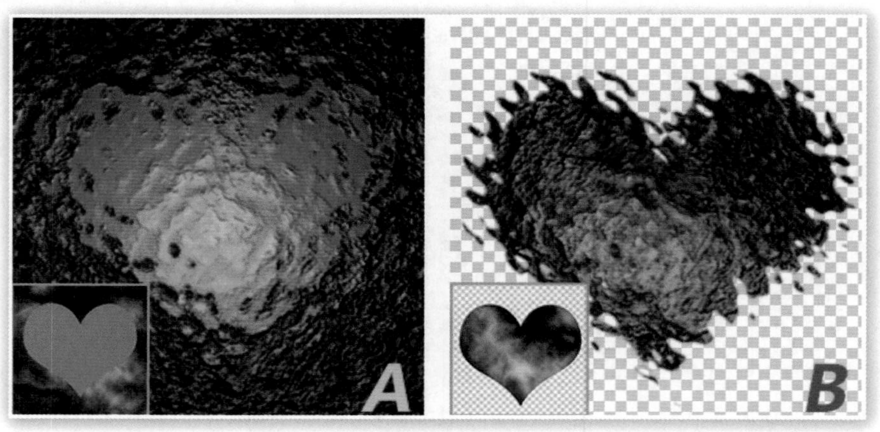

图 10-7-29

新建图像后以默认色执行【滤镜 > 渲染 > 云彩】，转为智能对象后依次使用【滤镜 > 像素化 > 马赛克】和多次的【滤镜 > 风格化 > 查找边缘】，效果如图 10-7-30 所示。

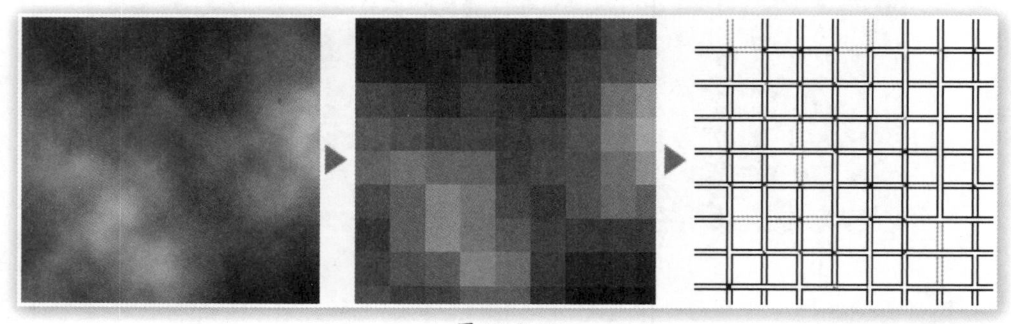

图 10-7-30

接着使用【滤镜 > 扭曲 > 极坐标】和多次的【滤镜 > 扭曲 > 挤压】，如图 10-7-31 所示。

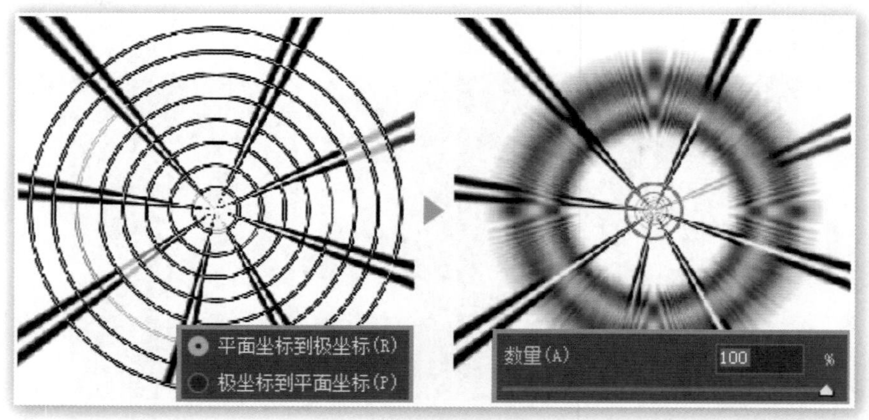

图 10-7-31

在下方新建一个图层，使用【滤镜 > 渲染 > 云彩】，转为智能对象后使用【滤镜 > 模糊 > 动感模糊】，并通过渐变填充为其着色，如图 10-7-32 所示。

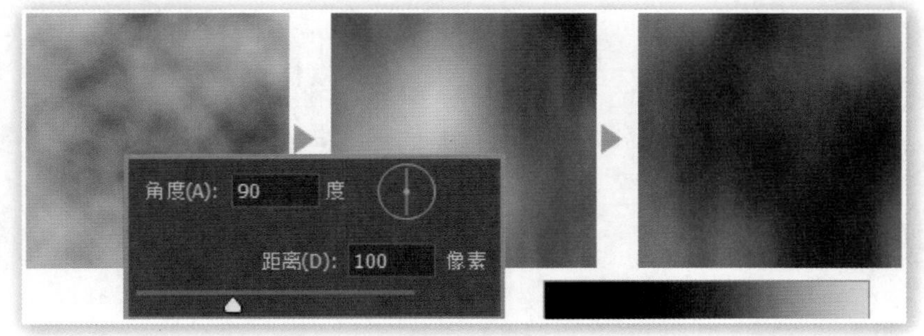

图 10-7-32

将上方图层的混合模式设为“划分”后即得到最终效果，大致如图 10-7-33 所示。

图 10-7-33

对于这个效果，我们可通过对局部的裁切来得到所需的图像，如图 10-7-34 所示为使用 100×100 选区选择的几个局部图像。

图 10-7-34

修改滤镜产生的衍生效果就不再赘述了，大家自行尝试即可，这里看一下改变渐变设定可得到的不同效果，如图 10-7-35 所示。

图 10-7-35

与之前一样，在新建图像后以默认色执行【滤镜 > 渲染 > 云彩】，转为智能对象后使用【滤镜 > 像素化 > 马赛克】，这次设置较小一些的马赛克尺寸。接着使用【滤镜 > 模糊 > 径向模糊】和多次的【滤镜风格化查找边缘】，如图 10-7-36 所示。

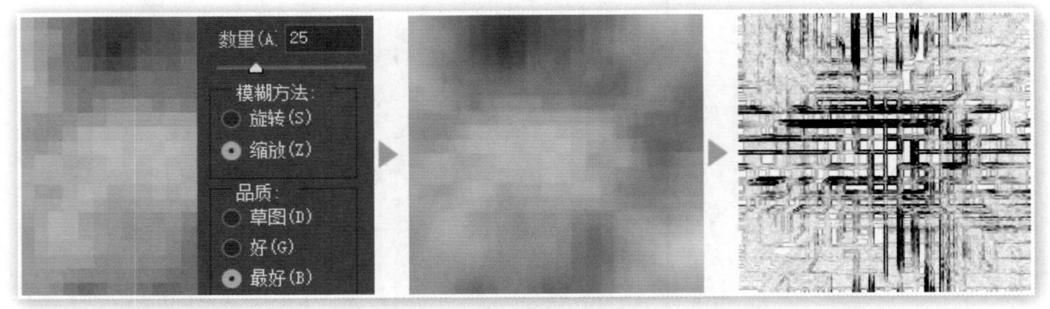

图 10-7-36

接着使用反相和渐变映射为灰度图像添加上色彩效果，如图 10-7-37 所示。

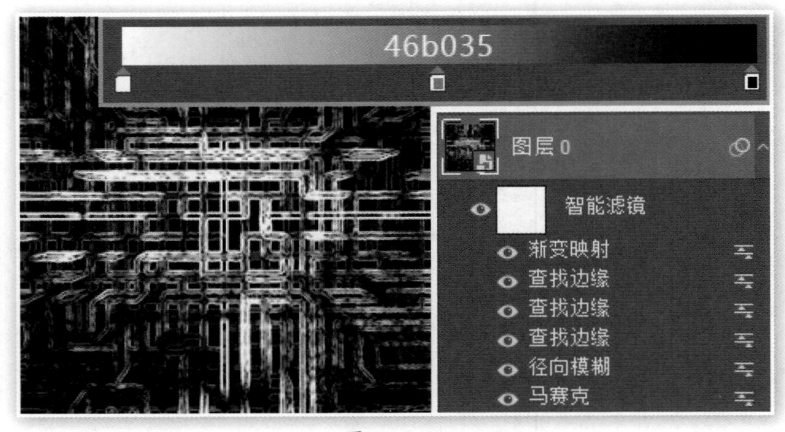

图 10-7-37

这次我们来尝试一些简单点的衍生效果，通过隐藏部分智能滤镜来创造新组合，如图 10-7-38 所示，其中一个需要修改渐变色标。

图 10-7-38

也可在已有的基础上使用【滤镜 > 扭曲 > 极坐标】和【滤镜 > 锐化 > 进一步锐化】，并隐藏之前的径向模糊和查找边缘滤镜，可得到类似图 10-7-39 的效果。

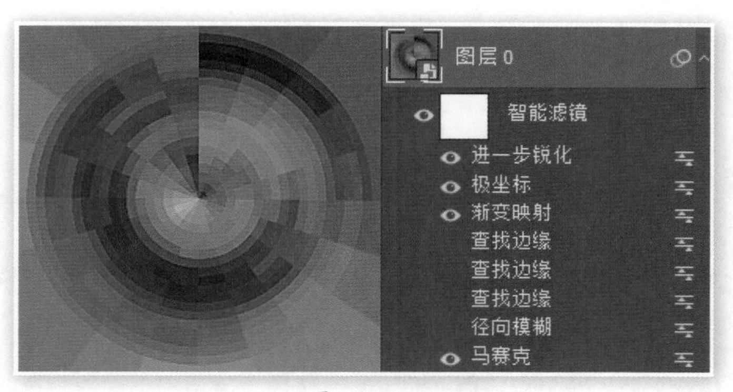

图 10-7-39

新建图像后以默认色执行【滤镜 > 渲染 > 云彩】，转换为智能对象后依次使用【滤镜 > 像素化 > 铜板雕刻】和【滤镜 > 模糊 > 径向模糊】，如图 10-7-40 所示。

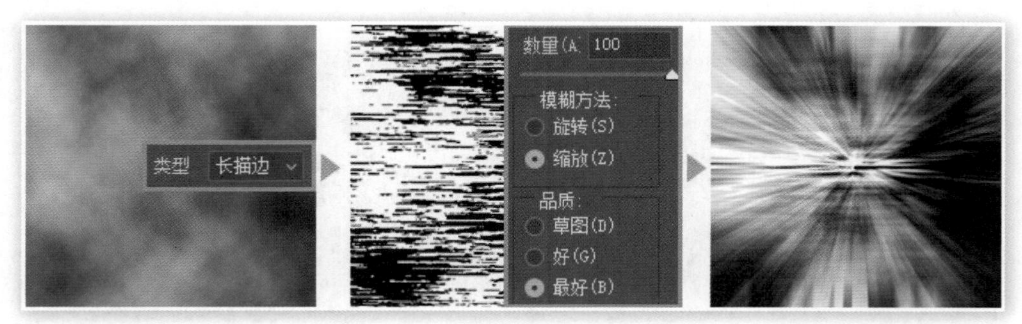

图 10-7-40

接着使用两次【滤镜 > 扭曲 > 极坐标】，旋转方向互为相反，并将第二次极坐标滤镜的混合模式设为“变亮”，如图 10-7-41 所示，这样得到了一个类似对称的图像。

图 10-7-41

再次使用第一次的【滤镜 > 扭曲 > 极坐标】设定对图像进行扭曲，可通过复制智能滤镜来完成，如图 10-7-42 所示，在图层面板中的滤镜名称上按住 Alt 键拖动到滤镜组最上方即可。

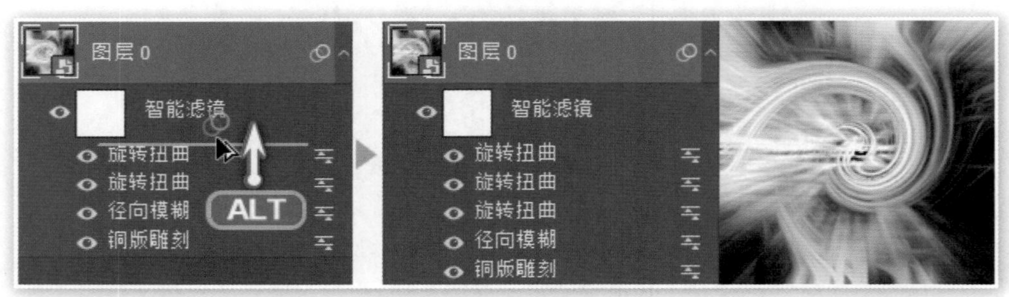

图 10-7-42

最后使用渐变映射为图像着色，各种渐变设定的效果如图 10-7-43 所示。

图 10-7-43

新建图像并以默认色执行多次的【滤镜 > 渲染 > 分层云彩】，转换为智能对象后再执行【滤镜 > 艺术效果 > 干画笔】，如图 10-7-44 所示。

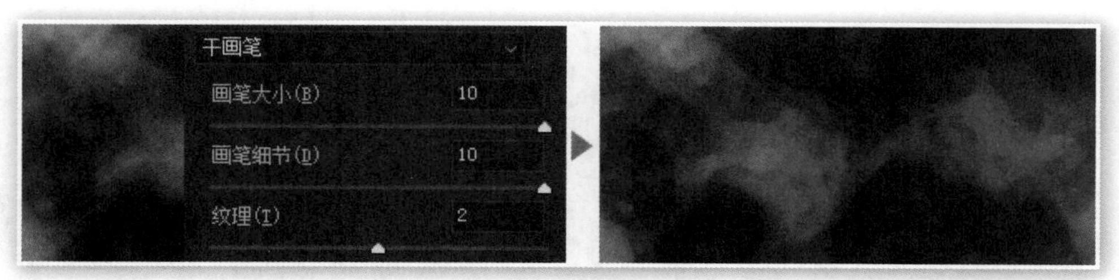

图 10-7-44

使用【滤镜 > 扭曲 > 极坐标】并重复三到五次，如图 10-7-45 所示。

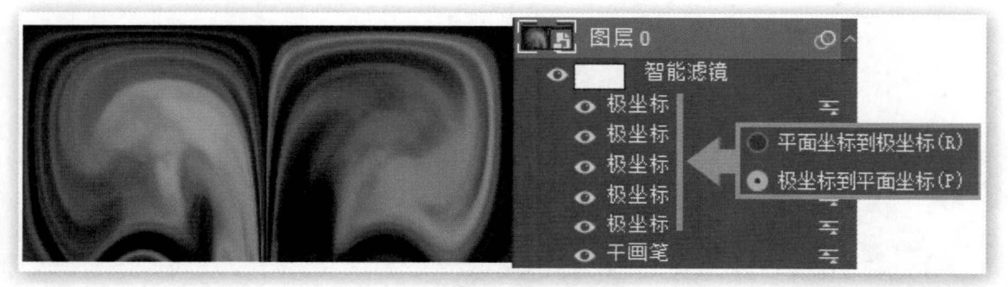

图 10-7-45

使用【滤镜 > 扭曲 > 波浪】，类型为正弦，生成器数值设为 999，波长最小 400、最大 600，波幅最小 1、最大 2，比例水平垂直均为 100%，未定义区域为折回。最后使用渐变映射为图像着色即可，如图 10-7-46 所示。更改波浪滤镜中的类型可制作出不同的图像效果，如改为“三角形”方式等，大家可自行尝试。

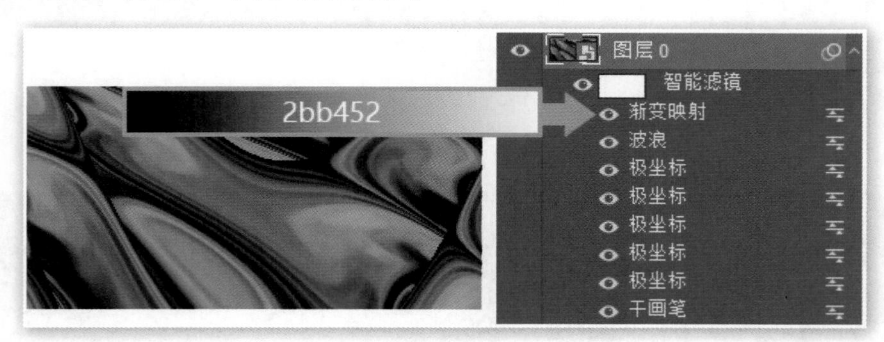

图 10-7-46

10.7.3　文字类滤镜特效

文字类特效实际上与别的特效并无本质区别，这些特效适合用于文字，但也完全可用作处理其他图像。由于大部分特效的操作都大同小异，我们在这里只介绍几个典型的实例。

新建一个正方形的图像后以黑色填充背景，然后输入白色的文字，所用字体不限，图例中为 Angryblue 字体。将文字层复制一份，之后将下方原文字图层转为智能对象，执行【滤镜 > 扭曲 > 极坐标】，设定为极坐标到平面坐标。效果大致如图 10-7-47 所示。

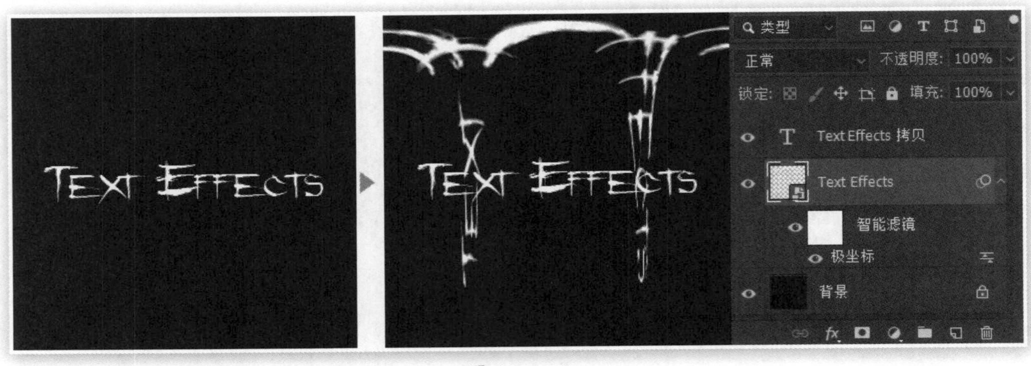

图 10-7-47

接着执行两次【滤镜 > 风格化 > 风】，设定方法为风，方向第一次为从右，第二次为从左。然后再执行【滤镜 > 扭曲 > 极坐标】，设定为平面坐标到极坐标。效果如图 10-7-48 所示。

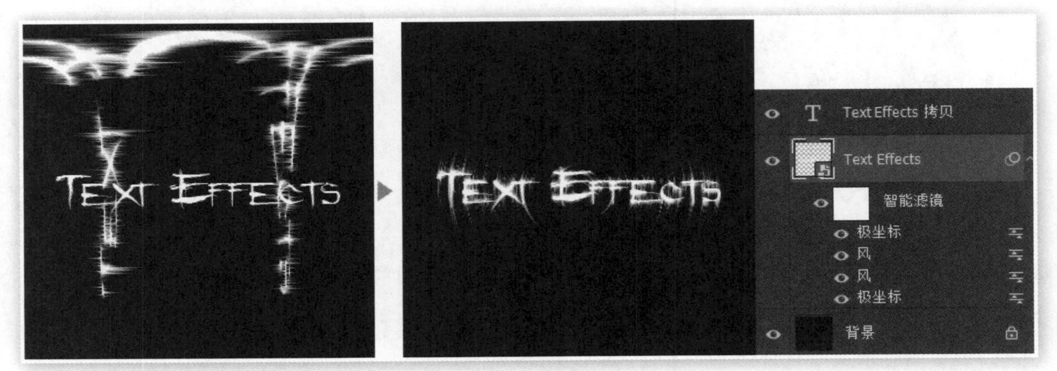

图 10-7-48

接着使用火焰色渐变映射为图像着色即可，也可自行尝试其他渐变设定，如图 10-7-49 所示。

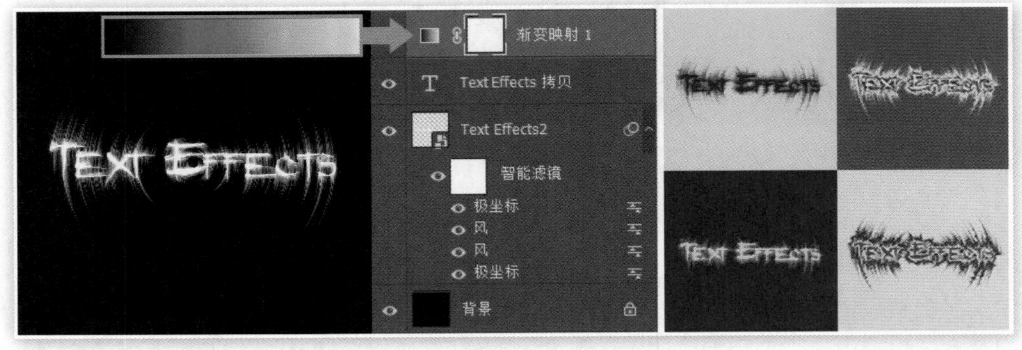

图 10-7-49

也可以将文字设为黑色以增加质感，如图 10-7-50 所示。如果要设为其他颜色则应将文字层移动到渐变映射调整层的上方，否则所选颜色都会被替换为渐变设定中的色彩。

图 10-7-50

在上述制作中不使用极坐标滤镜也可以得到不错的效果，如图 10-7-51 所示，其中右侧两个为转为智能对象后使用【滤镜 > 模糊 > 动感模糊】的效果。

图 10-7-51

新建图像并输入文字后，为文字层添加外发光图层样式，在“图素项目”中将方法设为柔和，扩展为 15%，大小 10 像素，效果如图 10-7-52 所示。如果新建的图像较大，这些像素单位的数值也要相应增大一些。

图 10-7-52

这次我们不使用智能对象，将图层样式栅格化后使用【滤镜 > 扭曲 > 极坐标】，之后通过【图像 > 图像旋转 >90 度顺时针】旋转图像，再使用【滤镜 > 风格化 > 风】并视情况重复一到两次，如图 10-7-53 所示。

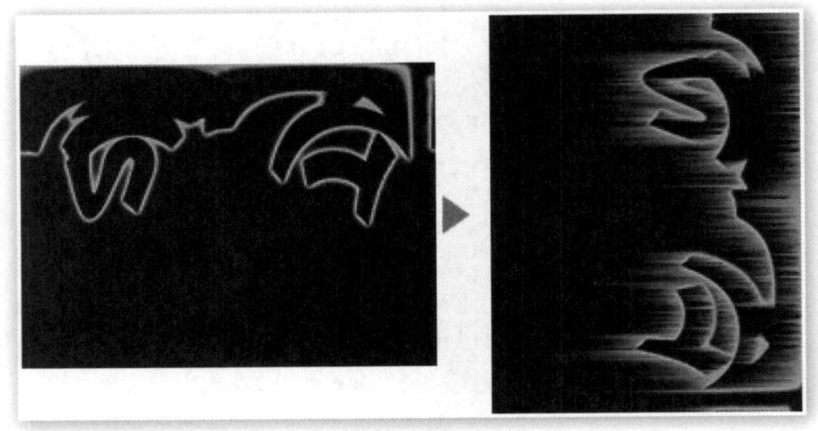

图 10-7-53

将图像旋转回原来的角度后使用【滤镜 > 扭曲 > 极坐标】将图像还原到原先的坐标系，如图 10-7-54 所示，可以看到风滤镜所形成的线条呈放射状分布。

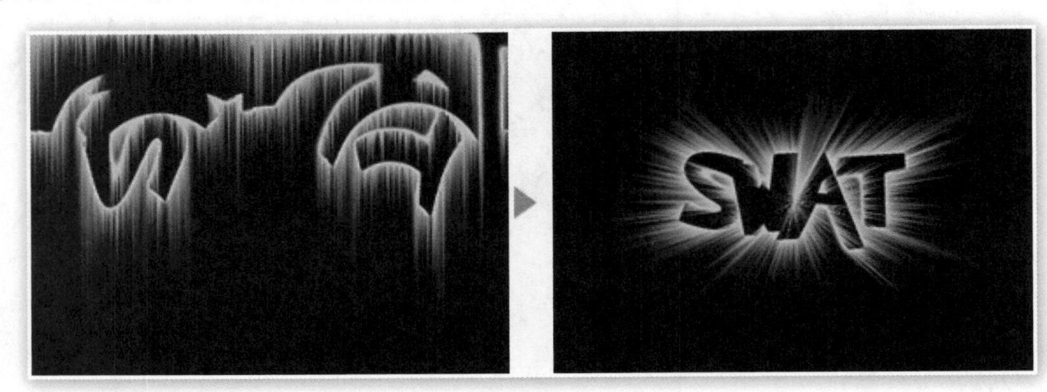

图 10-7-54

之后使用渐变映射为图像着色，如图 10-7-55 所示。

图 10-7-55

如果之前备份了文字层，现在可以用文字层来增加一些效果，如图 10-7-56 所示，为文字层添加外发光图层样式，使用溶解模式可带来独特的颗粒效果。

图 10-7-56

如图 10-7-57 所示，用不同的渐变映射及不同的颜色颗粒与原先的滤镜相叠加，可做出多种效果。

图 10-7-57

经过上面的几个实例操作后，大家对一些基本的方法应该已经熟悉了，下面就简明扼要地介绍特效的制作方法。如图 10-7-58 所示为新建图像层和文字层并结合旋转和风滤镜后的效果。

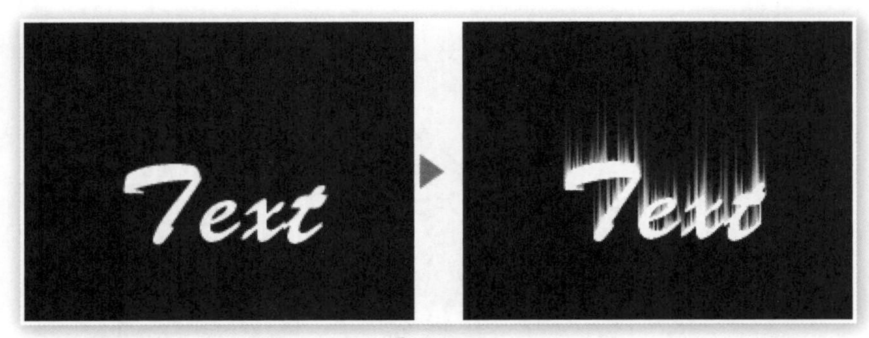

图 10-7-58

将图层转为智能对象后依次使用【滤镜 > 模糊 > 高斯模糊】和【滤镜 > 扭曲 > 波纹】，最后通过渐变映射着色，营造出火焰文字的效果，如图 10-7-59 所示，相关设定和衍生效果大家自行尝试。正如本节开头所述，这些所谓的文字类滤镜特效其实与普通的滤镜特效并无区别，只是都由文字图层开始制作因而被归为文字类特效。

图 10-7-59

10.7.4 其他滤镜特效

新建一个 30×5 的透明背景图像，选择左边一半区域（即 15×5，可使用信息面板进行参考）并填充黑色，将其通过【编辑 > 定义图案】定义为图案后，在新建的 300×300 图像中通过图案填充层填充。之后使用【滤镜 > 扭曲 > 极坐标】形成放射状效果，如图 10-7-60 所示。

图 10-7-60

对图像添加径向渐变叠加的图层样式，由于之后需要旋转图层，而图层样式无法随之改变，因此这里需要将图层样式栅格化（在图层面板中单击右键），如图 10-7-61 所示。

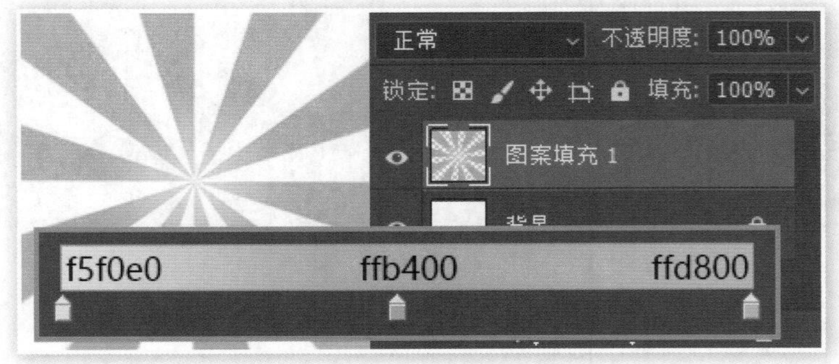

图 10-7-61

将图层复制一份，通过自由变换按快捷键〖Ctrl ＋ T〗将其旋转 10 度（可自定），设为叠加混合模式。接着再复制几份进行旋转，并尝试其他的混合模式（如线性加深、正片叠底等，可自定义），得到的效果大致如图 10-7-62 所示。

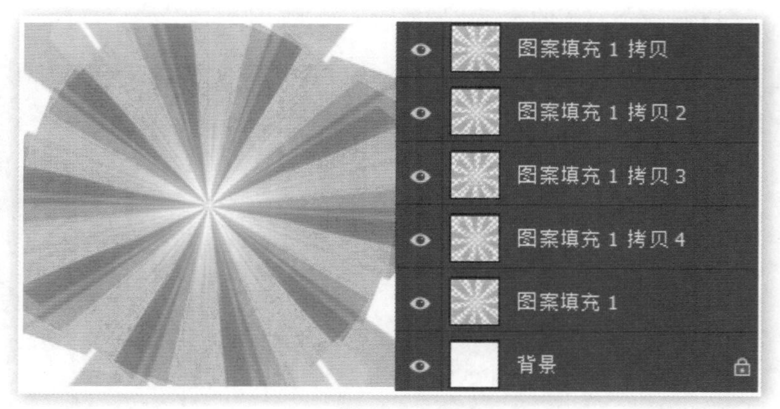

图 10-7-62

需要注意的是，由于旋转会损失图像质量，因此参与旋转的图层应该都从最初的图层复制而来，然后分别指定旋转 10 度、20 度、30 度等，而不是从已经旋转过的图层继续复制，否则，质量的损失是叠加的，虽然在本例中不会太明显，但应养成正确的操作习惯。

选择所有图案图层后转换为智能对象，对其使用各类滤镜进行进一步的效果处理，如图 10-7-63 所示，具体过程大家应该已了然于胸，此处就不再赘述了。

图 10-7-63

除了使用图案填充来制作条纹图像以外，也可通过新建渐变叠加层后对其使用【滤镜 > 扭曲 > 波浪】来制作，其中生成器数 5，波长最小 5、最大 40，波幅最小 5、最大 35，类型为方形，效果大致如图 10-7-64 所示。相对而言，这种条纹具备更多的随机性，后期可通过渐变映射或色彩调整层来为其着色。

新建一个正方形的黑色背景图像，将背景层转换为智能对象后，首先使用【滤镜 > 渲染 > 镜头光晕】，亮度为 100%，镜头类型为 50—300 毫米变焦；其次使用【滤镜 > 风格化 > 凸出】，类型为金字塔，大小为 10 像素，深度 255，随机；再使用【滤镜 > 扭曲 > 极坐标】，方式为平面坐标到极坐标；然后再使用【滤镜 > 模糊 > 径向模糊】，数量 50，模糊方法为旋转，

品质选最好。最后执行亮度对比度调整，两项均设为最高。完成后的效果大致如图 10-7-65。图 10-7-66 所示为更改智能滤镜的顺序引发的效果变化。

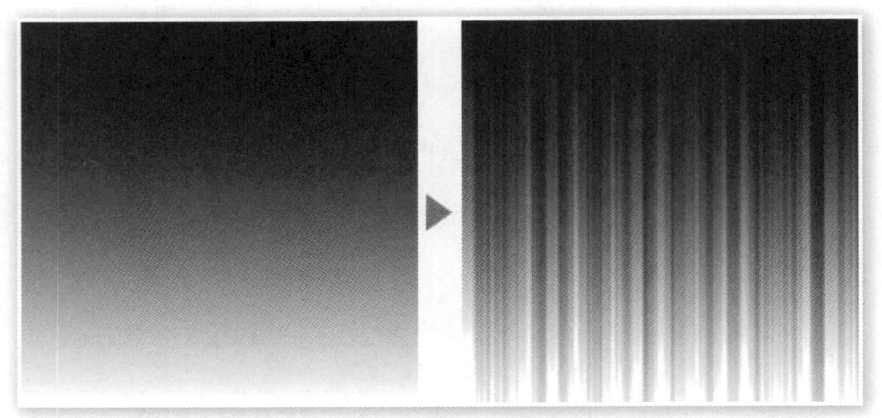

图 10-7-64

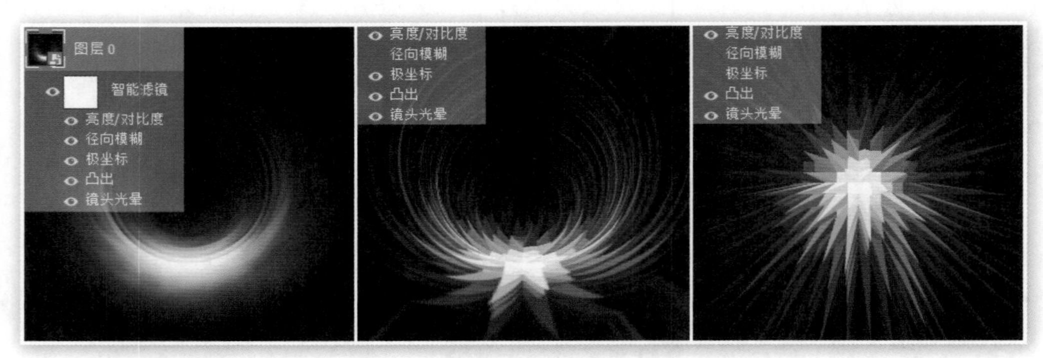

图 10-7-65

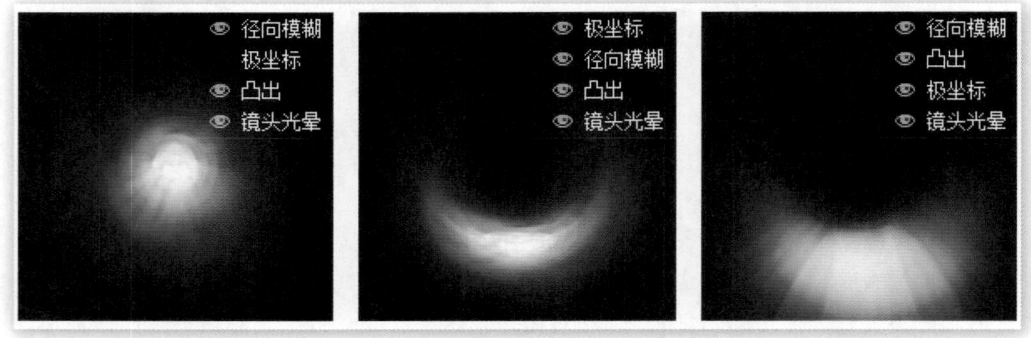

图 10-7-66

也可以在各种滤镜组合产生的多个效果之间进行混合处理，方法是将图层复制 3 份，按照上图逐个设定滤镜组合后更改混合模式，如图 10-7-67 所示为将上面两层的混合模式统一设为变亮、颜色减淡、差值的效果。

图 10-7-67

除了统一设置以外，各图层也可分别设定混合模式，如图 10-7-68 所示为其中的几个组合效果。

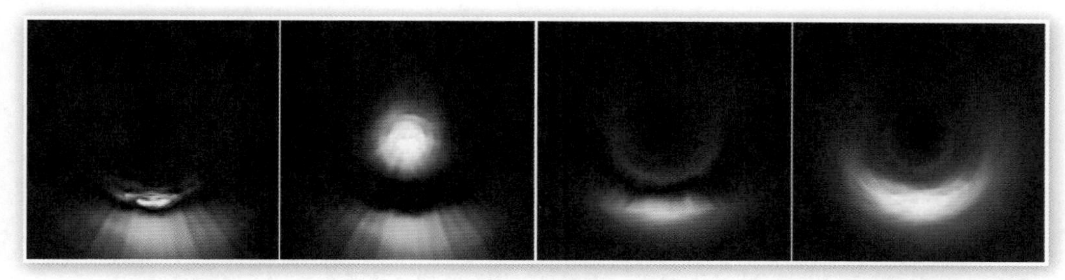

图 10-7-68

单是三个图层的混合模式排列组合就有两万多种，加上还可以对各图层的智能滤镜进行调整，本例所能生成的成品总数是非常巨大的，即便是千里挑一甚至万里挑一也可以获得数量相当可观的可用效果，只是要大家多去尝试。

保存（或另存为）文件后删除调整图层和除了镜头光晕以外的所有智能滤镜，回到最初的镜头光晕效果，这次我们依次使用【滤镜 > 艺术效果 > 塑料包装】，设定高光强度为 20，细节为 15，平滑度为 10；再使用【滤镜 > 扭曲 > 波纹】，设定数量为 100%，大小为中；然后再使用【滤镜 > 扭曲 > 旋转扭曲】，设定角度为 999。最后使用渐变映射调整层进行着色，效果如图 10-7-69 所示。

图 10-7-69

10.8　使用神经网络滤镜

神经网络滤镜的英文为 Neural Filters，可以实现一些常规方式难以实现的效果，如改变人物年龄和表情等。其原理是基于人工智能计算，通过海量的素材库进行自动匹配，其中部分项目需要与云端服务器通信，因此要在联网状态下使用。本节使用的素材为 s1027.jpg 等。

神经网络滤镜中有几类是主要针对人物处理用途的，比如皮肤平滑度可以改善人物面部的瑕疵。设定如图 10-8-1 所示，如果在图像中有多个人物存在，可在标记 1 处选择。注意标记 2 处的输出选项，它决定了处理后的效果以什么形式附加到原图中。建议大家选择“智能滤镜”方式,因为该方式不会影响图层结构且具备可重复编辑性。如果选择了“新建图层”方式，则皮肤平滑效果会存放在新图层中，如果要进行修改只能删除后重做。

图 10-8-1

智能肖像滤镜可以对人物的面部特征做出明显改变，如年龄、表情、朝向等，如图 10-8-2 所示。根据不同的设定，可能会在图像中加入牙齿和皱纹等新元素。

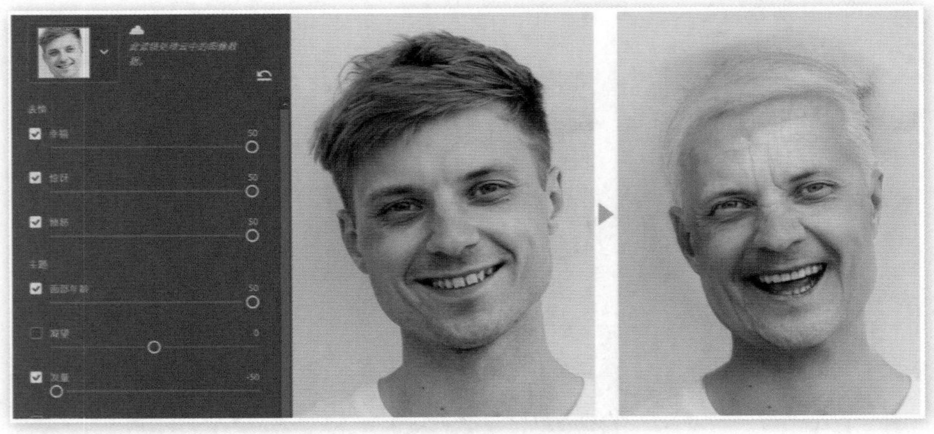

图 10-8-2

着色滤镜可以为黑白照片添加色彩，开启后会判断图像内容并自动添加色彩，如对天空添加蓝色、对草地添加绿色等。也可以手动建立色彩，方法是在需要的部位单击后选择指定的色彩，滤镜会自动判断该色彩的应用范围。如图 10-8-3 所示，对衣服指定了蓝色，对帽子指定了黄色。

图 10-8-3

除了上述几类之外，大家还可自行尝试其他神经网络滤镜，将鼠标悬停在项目名称上会出现相应的说明。

第 11 章　绘制和使用路径

虽然之前所学的各种手段，如色彩调整、图层样式、混合模式等都和路径关联不大，但不表示路径就无关紧要。事实上，掌握路径操作是区别使用者水平的重要标志之一。之前的内容可以成为熟练高效的优秀操作者，但表达创意的方式却只能局限于对素材的组合搭配。而路径将赋予创意更广阔的天地，真正的设计师使用的都是 Illustrator 等矢量设计软件。

由于路径的知识相对独立，所以本章的学习一开始可能会显得十分枯燥，但随着学习的深入，大家就会发现路径的优越之处，会觉得操控路径的成就感要胜于之前的图像合成。路径默认以蓝色显示，为确保视觉效果，建议在【编辑 > 首选项 > 参考线、网格和切片】中将路径的颜色改为黑色，如图 11-0-1 所示。

图 11-0-1

11.1　路径初识

路径也属于 Photoshop 三大基础概念之一，但在画面表现上并无独特之处，它主要被用来建立一个封闭区域，然后在其中进行类似填充或色彩调整这样的操作，也就相当于图层蒙版，而这些工作之前一直都是通过选区来完成的。

虽然路径在画面表现上可以用选区替代，但其矢量和灵活的特点是独一无二的，矢量指的是无损缩放，灵活则是针对修改的一个特点。如图 11-1-1 所示为两者在改变色彩填充层形状的方式上的区别，其中在 A 中是通过更改蒙版像素来实现的，其过程是建立圆形选区后将蒙版中的相应位置涂黑（即填充黑色），而 B 中矢量图形则是直接对图形做修改。

如果就上图这种既定的修改效果而言，其实使用点阵或是矢量都差不多，因为画面表现是一致的，但矢量的优点在图 11-1-2 中就得到了显著的体现。从图中我们可以获知两个信息：一是矢量的修改可通过运算实现，即从正方形的右下角减去一个圆形；二是矢量的运算结果是可更改的，只要简单地移动圆形就可以得到新的形状。

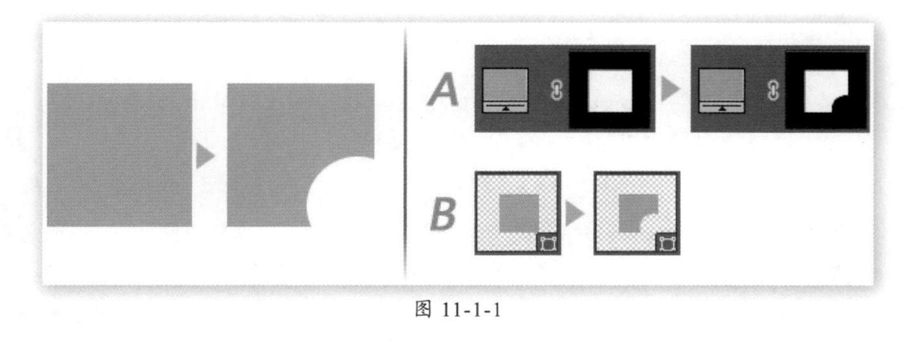

图 11-1-1

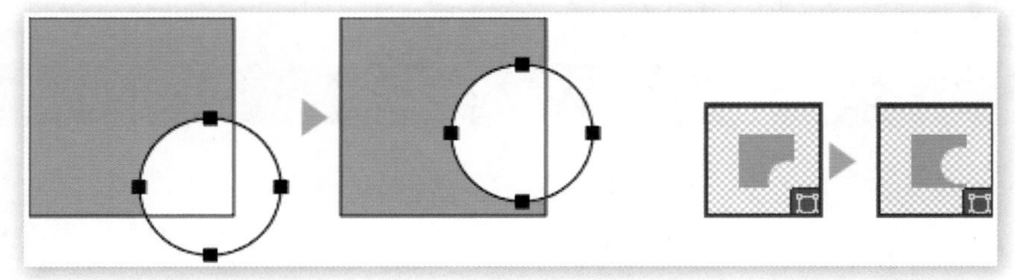

图 11-1-2

11.2　路径锚点

现在我们先明确几个概念。

首先要记住路径是矢量的，如果说图像中什么东西是矢量的，那么它就是由路径所组成的。路径可以是封闭区域也可以是一条线段，分别称作封闭型路径和开放型路径。线段可以是直线也可以是曲线。

其次，与选区类似，路径也是指示性的，本身并不是图像的内容，只有将其填充或描边后才能产生实际像素，虽然为便于使用而提供了直接填充或描边的功能，但其指示性的性质不变。

最后，在 Photoshop 中只有如图 11-2-1 所示的几类工具能够对路径进行操作，其中的钢笔工具、文字工具和形状工具都属于绘制工具，还有一类选择工具用来完成对路径的选取（移动工具〖V〗无法选择路径）。形状工具虽然提供点阵和矢量两种绘制方式，但原理上还是基于矢量的。从中可以看出文字也属于矢量工具，我们早前就提到过文字的矢量特性，但一般情况下泛指矢量工具时并不包括文字。

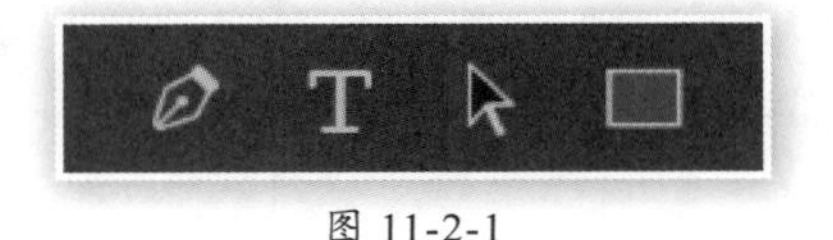

图 11-2-1

11.2.1　锚点初识

在选区章节曾学习过多边形套索工具的使用，其原理是连接单击的各点以形成选区，如图 11-2-2 所示，实际上这个选区就是由四个点所组成的。

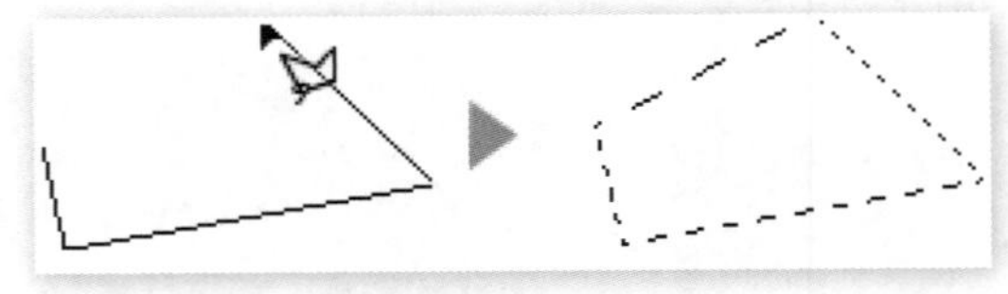

图 11-2-2

而简单的路径也可以通过类似的方式来建立，新建图像后按快捷键〖P〗选择钢笔工具，在公共栏中设置绘制方式为路径，之后在图像中分别单击四个地方，会看到几个点之间彼此相连，如图 11-2-3 所示。这就是我们绘制的第一条路径，而那四个点就是组成这条路径的锚点（anchor），它们之间的连线称为线段（segment）。

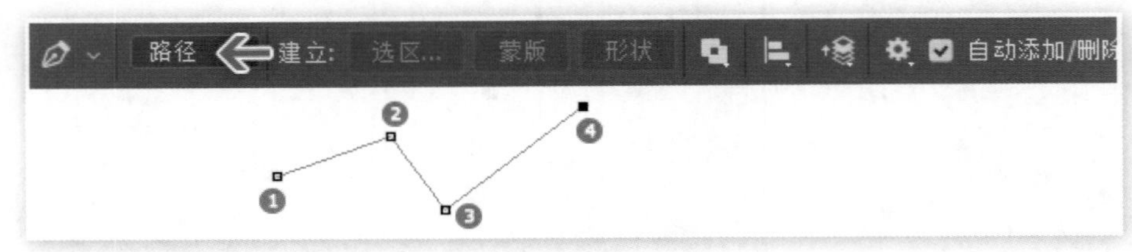

图 11-2-3

既然路径由锚点组成，那么改变锚点的位置就可以改变路径的形状，如图 11-2-4 所示为分别移动锚点和线段所造成的改变。在移动锚点时被选择锚点会变为实心方块，但在移动线段时则不会变化。

在选择锚点的情况下，也可使用键盘上的光标键来移动锚点。

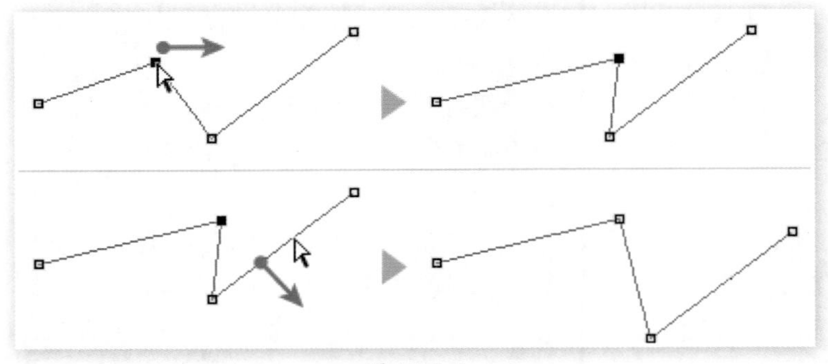

图 11-2-4

图 11-2-5 所示为选择多个锚点的方式，可通过 Shift 键单击或框选两种方式来选择描点，锚点被选择后可一起移动并相应地改变路径形状。需要注意的是，必须使用“直接选择工具”才能选择锚点，“路径选择工具”只能选取整条路径。

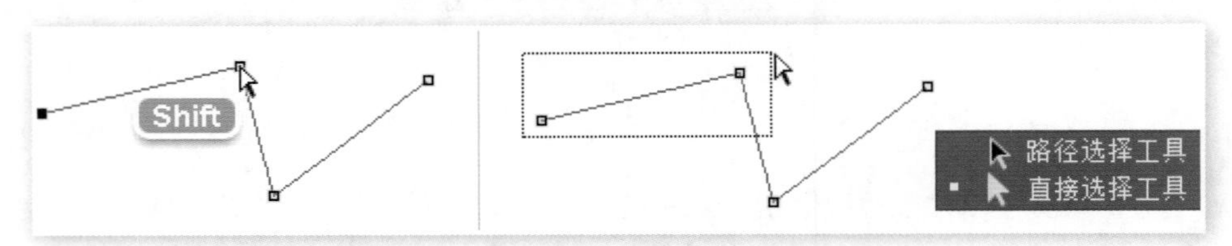

图 11-2-5

如果某些操作使得已经绘制好的路径消失不见时，可通过【窗口 > 路径】开启路径面板，在其中可看到绘制好的路径，单击即可将其显示。

有时候路径会显示为没有锚点的形状，如图 11-2-6 所示，这其实是路径的正常形状，用直接选择工具在其上单击即可显示出锚点位置，在路径以外区域单击则会隐藏锚点。

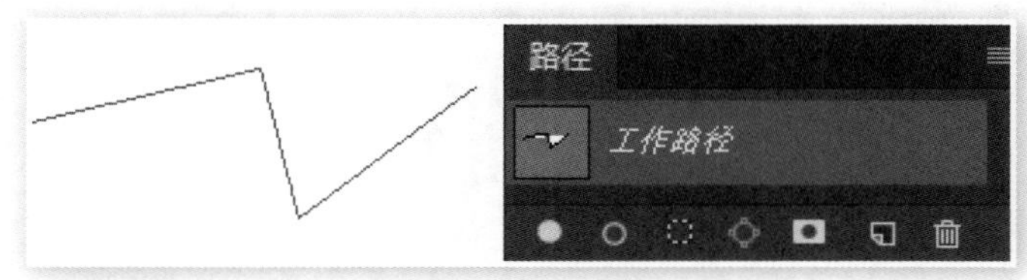

图 11-2-6

11.2.2　删除及添加锚点

可以使用专门的删除锚点工具来减少路径的锚点，如图 11-2-7 所示，在锚点上单击即可将其删除，注意路径形状可能会发生改变。

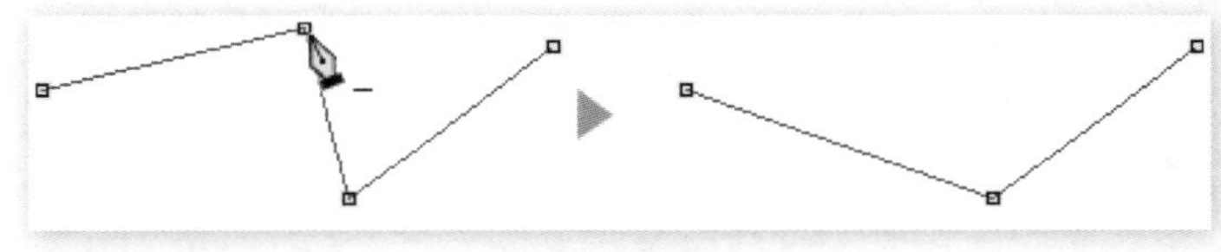

图 11-2-7

到这里大家一定联想到可以增加锚点，如图 11-2-8 所示，使用添加锚点工具在线段上单击即可增加锚点，但增加出来的锚点附带有两条带圆点的线，这是用来控制弯曲形状的锚点控制手柄。

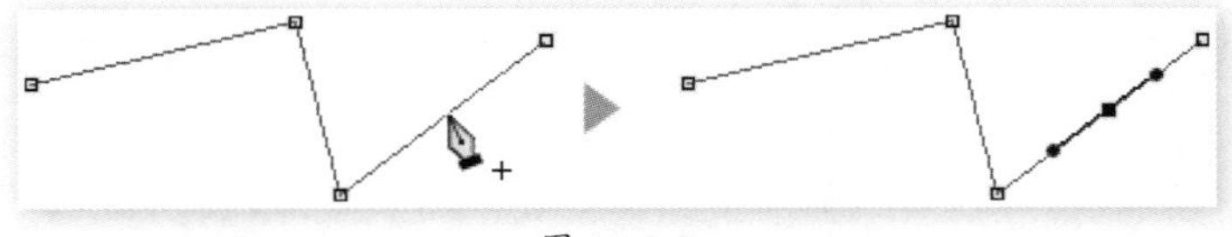

图 11-2-8

如果移动带有控制手柄的锚点，将得到弯曲的路径，如图 11-2-9 所示。控制手柄是路径的重要知识，将在下文重点介绍。

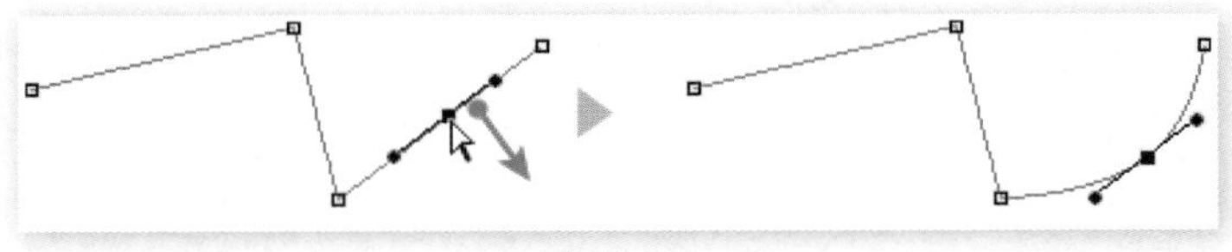

图 11-2-9

其实钢笔工具已经附带了添加和删除锚点的功能，选择并显示路径锚点后，用钢笔工具移动到已有的锚点上时就会自动变为删除锚点工具，移动到线段上则会变为添加锚点工具，而之所以单独设立添加和删除工具是为了在应付一些复杂路径时避免误操作。可在钢笔工具的公共栏设定中取消“自动添加 / 删除”选项。

除了上述两种情况，在路径之外使用钢笔工具将绘制新路径，在路径的头尾两个锚点上单击则可继续绘制路径，如图 11-2-10 所示，注意其中光标指示的区别。

此外，在使用钢笔工具时按住 Ctrl 键则可切换到直接选择工具，按住 Alt 键可切换到转换点工具（稍后介绍），这两个快捷键较为常用。

图 11-2-10

11.3　锚点控制手柄

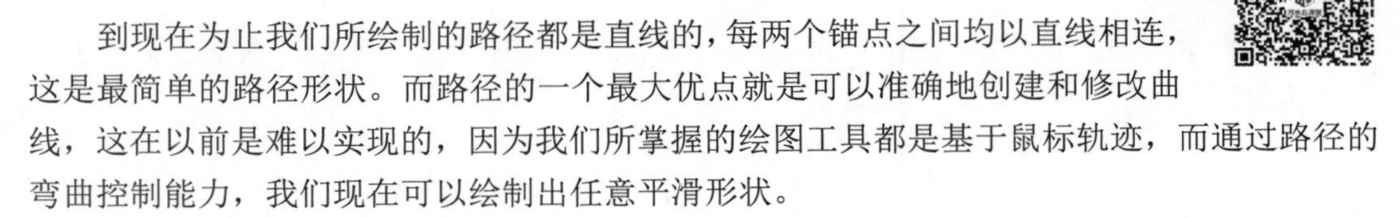

到现在为止我们所绘制的路径都是直线的，每两个锚点之间均以直线相连，这是最简单的路径形状。而路径的一个最大优点就是可以准确地创建和修改曲线，这在以前是难以实现的，因为我们所掌握的绘图工具都是基于鼠标轨迹，而通过路径的弯曲控制能力，我们现在可以绘制出任意平滑形状。

11.3.1　绘制曲线路径

新建一个 400×300 的图像并选择钢笔工具〖P〗，之前是在不同部位单击产生锚点，这次的操作有所不同，如图 11-3-1 所示，首先在起点按下鼠标并向右上方拖动些许，会看到两条以锚点为中心的射线跟随拖动，在合适的地方松手后完成起点锚点的绘制。

之后在第二个地方同样按下鼠标并向右下方拖动，此时除了看到相同的射线外，还能看到一条曲线在逐渐形成，松手后完成这个锚点的绘制。

最后在终点的位置按下鼠标向右上方稍微拖动后松手完成。这样就得到一个由三个锚点产生的 S 形曲线路径。以上操作务必掌握并重复训练 10 遍以上。

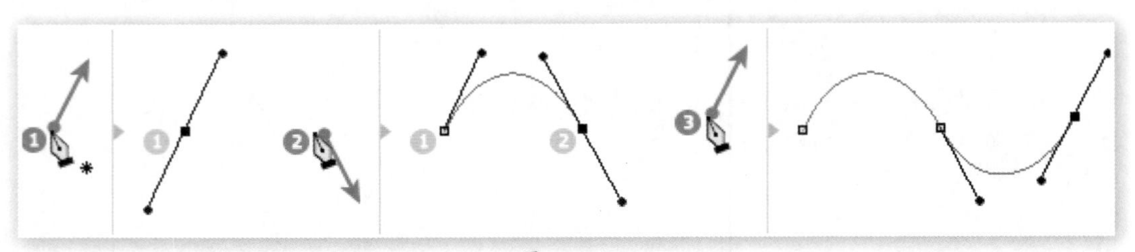

图 11-3-1

11.3.2　关于锚点控制手柄

在绘制曲线时锚点上所产生的射线称为控制手柄，它们决定着曲线的形状，理解了控制手柄就等于掌握了路径的精髓。虽然第一次接触有点抽象，但其实它们很容易通过举例被理解。假设在城市中有 A、B 两地，两地之间的道路分布如图 11-3-2 所示。

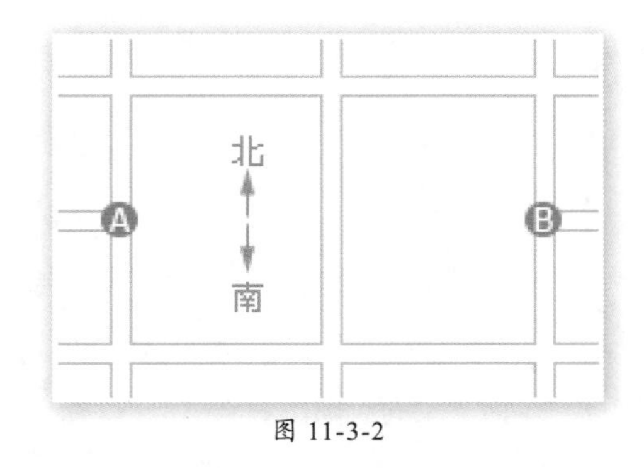

图 11-3-2

现在有人以不重复的路线从 A 地前往 B 地，在 A、B 两地分别观察他的行进方向，则可分为三种情况，如图 11-3-3 所示。

1 号线路：A 地看到他朝北出发，B 地看到他朝南进入。

2 号线路：A 地看到他朝南出发，B 地看到他朝北进入。

3 号线路：A 地看到他朝北出发，B 地看到他也是朝北进入。

其实还有第四种线路，但其与第三种是类似的，即朝南出发也朝南进入。可能初看有些混乱，但一定要完全理解这个例子再继续下面的学习。

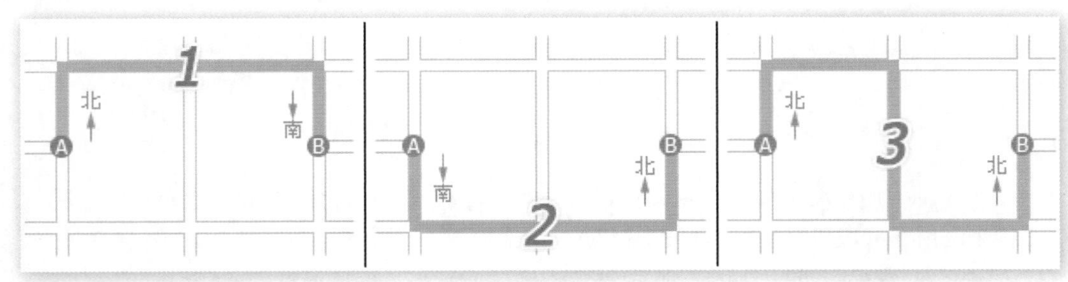

图 11-3-3

使用直接选择工具在锚点 1、2 之间的线段上单击一下，就会看到两条射线，如图 11-3-4 所示。

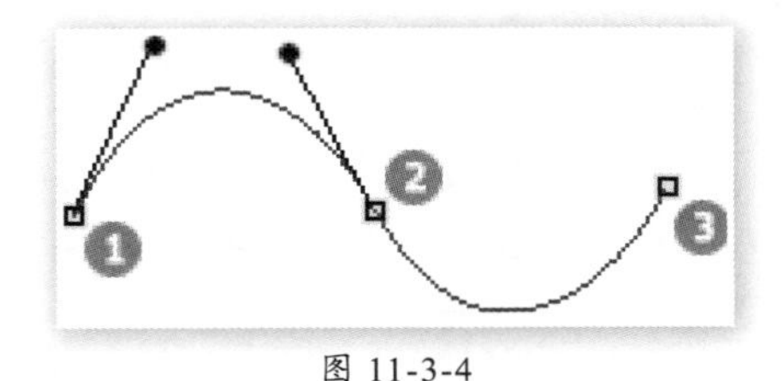

图 11-3-4

结合之前的例子来看就一目了然了，如图 11-3-5 所示，锚点 1、2 就等同于之前的 A、B 两地，两个锚点之间的线段就是走过的路，那么这条路在锚点 1 处是朝右上方出发的，在锚点 2 处是朝右下进入的，因此呈现为一个上弧形。同理，锚点 2、3 之间的线段就是一个下弧形。

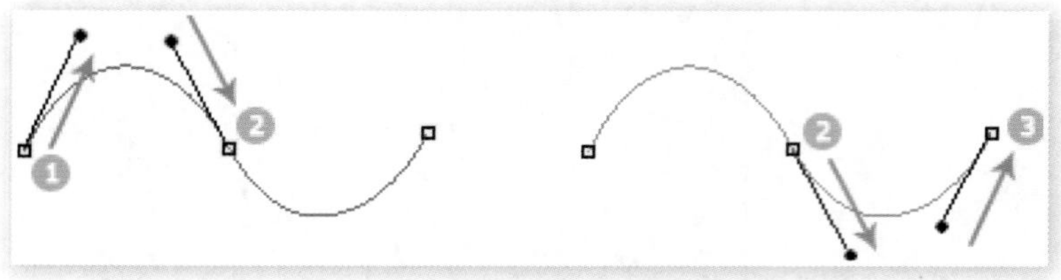

图 11-3-5

我们可以理解为：锚点都有“来向”与“去向”两条控制手柄。“去向”影响的是该锚点与下一个锚点间线段的弯曲度，而“来向”则影响着该锚点与前一个锚点间线段的弯曲度。锚点间线段的弯曲形状则由这两条控制手柄的长度和角度综合决定。

11.3.3　更改锚点控制手柄

更改控制手柄就可以改变曲线形状。如图 11-3-6 所示为使用转换点工具（与钢笔工具组合在一起），分别改变控制手柄的角度和长度的效果。大家先动手尝试几次，有一个感性认识，具体的应用方法稍后就会学习到。

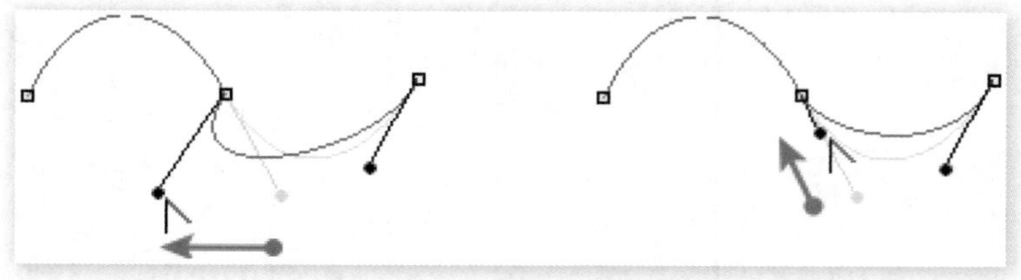

图 11-3-6

修改控制手柄角度造成的影响比较容易理解，但修改长度的影响相对比较难懂，其实可以这样来理解：线段是一根有弹性的橡皮筋，控制手柄长就好比拉力大，橡皮筋就会在这个方向上多弯曲一些。反过来如果控制手柄较短则拉力较小，橡皮筋就弯曲较小。

如果将控制手柄看待为 X 轴，曲线的相离程度为 Y 轴，则两者对比大致如图 11-3-7 所示。不难看出，在同样大的两个矩形区域内（代表 X 轴同等距离），曲线在 Y 轴上的高度有明显的不同。

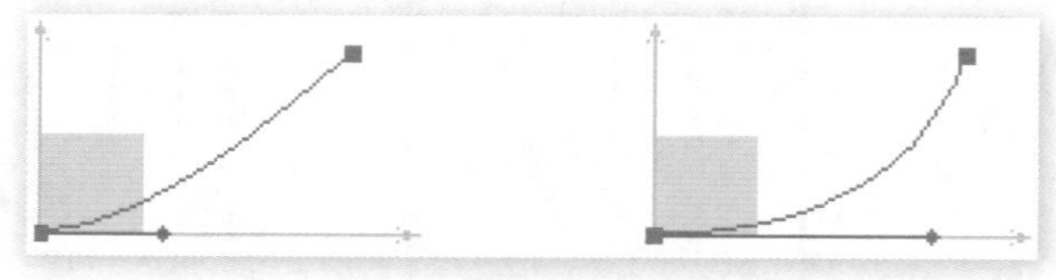

图 11-3-7

现在来总结一下：首先，可以从路径形状上将锚点分为直线锚点和曲线锚点两种，直线锚点没有控制手柄（或者说控制手柄与路径走向相同），所以一般提到控制手柄时指的都是曲线锚点。其次，曲线型锚点由两条控制手柄控制着弯曲度，一条控制着“来向”曲线，另一条控制“去向”曲线。改变控制手柄的角度和长度会影响曲线的弯曲度。

控制手柄是路径的灵魂所在，因此请务必理解透彻。

11.4 曲线形状

路径的一个很大优势在于其可以很方便地创建平滑曲线，而创建曲线路径是在需要的地方按下鼠标并拖动才能完成，这种拖动的操作实际上就是在建立锚点控制手柄，拖动的程度将会影响曲线的弯曲度。

虽然知道了如何绘制曲线，但该如何去控制曲线的样子，又该如何去确定锚点的位置呢？换言之，如果现在想要利用路径画一个心形之类的形状，究竟该如何着手？在这之前需要学习曲线形状的分类。

新建一个合适尺寸的图像，使用钢笔工具〖P〗绘制曲线路径。要结束路径绘制可按住 Ctrl 键（临时切换到直接选择工具）后在路径外单击，或将鼠标移动到起点锚点上单击，将会产生封闭路径并结束绘制。

11.4.1 绘制 C 形曲线

图 11-4-1 中的几种曲线形状都很像字母 C，故称其为 C 形曲线。仔细观察可以得知，C 形曲线的两条控制手柄具有同轴性（即都位于 X 或 Y 轴的同一侧）。通俗地说就是要么一同向上，要么一同向下，要么一同向左或一同向右。

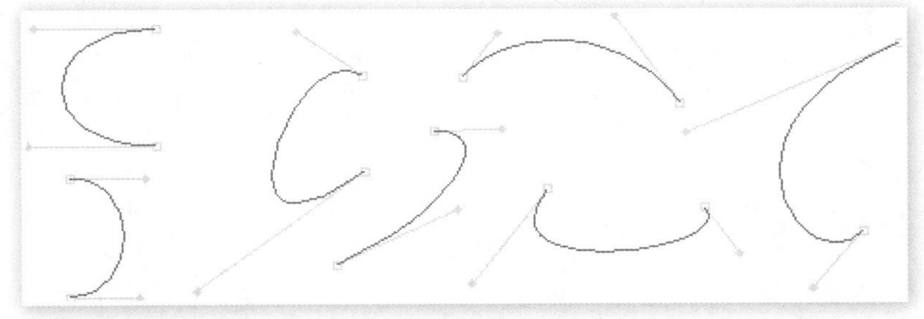

图 11-4-1

11.4.2 绘制 S 形曲线

如果相邻两个锚点的控制手柄分别位于 X 轴或 Y 轴的两侧，也就是说，要么一上一下，要么一左一右，这样的曲线称为 S 形曲线，如图 11-4-2 所示。

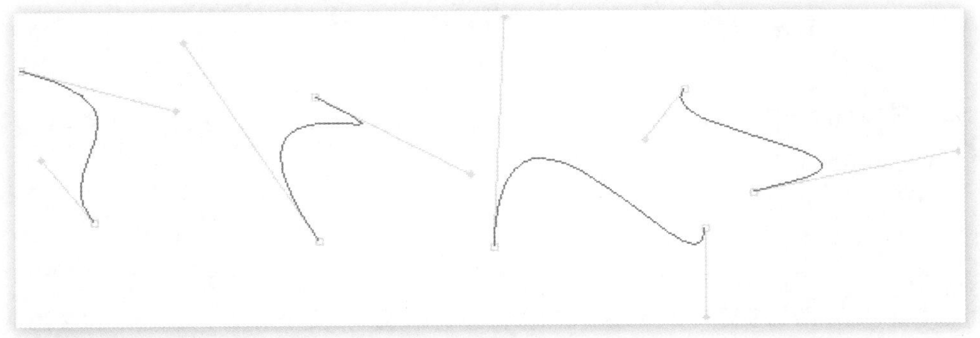

图 11-4-2

11.4.3 特殊形状的曲线

如图 11-4-3 所示为一些特殊的曲线形状，可看作是比较极端的 C 形曲线，其特点是有一条或两条控制手柄特别长。这类极端形状并不适合用来绘制物体，因为与其相邻的其他锚点和线段形状也将受其影响难以控制，因此较少使用。

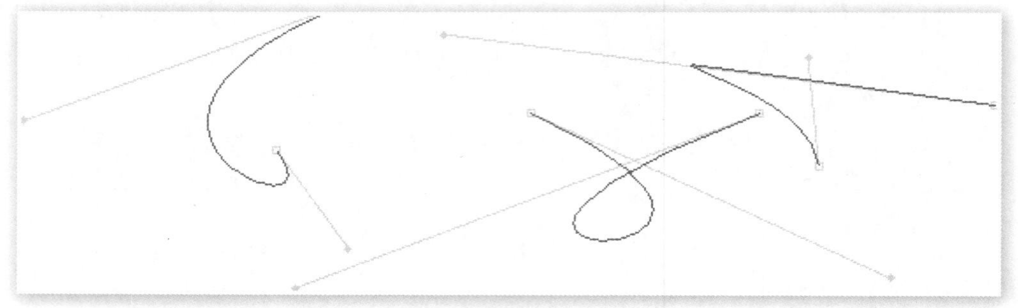

图 11-4-3

11.5 绘制曲线

所有的复杂形状都可以看作是由多个 C 形或 S 形曲线组成的，我们可通过判断 C 形和 S 形曲线的数量从而得知一个复杂形状该如何绘制。如图 11-5-1 所示，在 s1101.jpg 中有 3 条鼠标轮廓线，观察一下它们属于何种类型的曲线。得出结论后再继续往下学习。

图 11-5-1

本节所讲述的绘制技巧尽管篇幅不大但却是路径的最核心内容，掌握这些知识将铺平大家今后的创意设计之路，因此请认真学习这一部分。

11.5.1 规划路径

凭空想象并绘制物体形状需要有一定的美术基础，但像本例般在现成图像上描摹则只需要关注技术问题，即如何合理地规划所需的路径，通俗地说就是找出有几个 C 形和 S 形曲线，如图 11-5-2 所示。

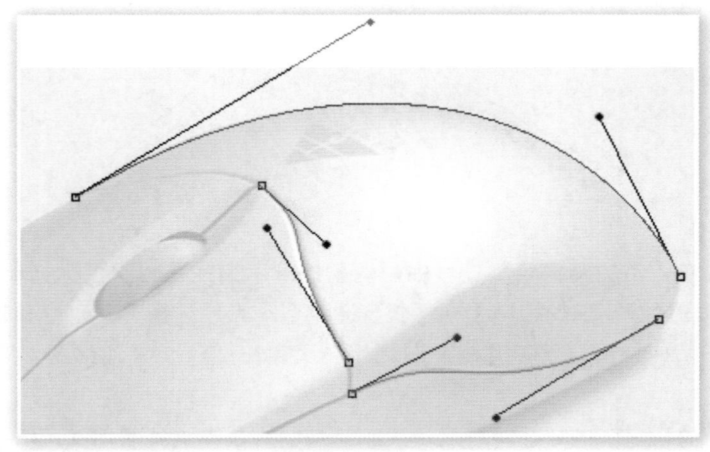

图 11-5-2

在确定了曲线的形状和数量后，下一步就是确定锚点位置。这里需要注意的是，对控制手柄的把握程度将影响大家对锚点数量的判断，比如绘制上图中的C形路径只需要两个锚点，但很多初学者会倾向于使用较多的锚点来绘制这样大跨度的曲线，如图 11-5-3 所示的红色路径，这其实就是对控制手柄的运用不熟练造成的。

控制手柄有长度和角度两个控制因素，其中长度的问题相对简单。对于既定长度的曲线而言，使用较短的控制手柄就必须使用较多的锚点，使用较长的控制手柄则可以减少锚点数量，这在图 11-5-3 中其实已经得到了体现。

由此也可以看出，虽然我们并不提倡使用较多的锚点，但在对使用长控制手柄没把握时，增加锚点数量也是一个解决方案。

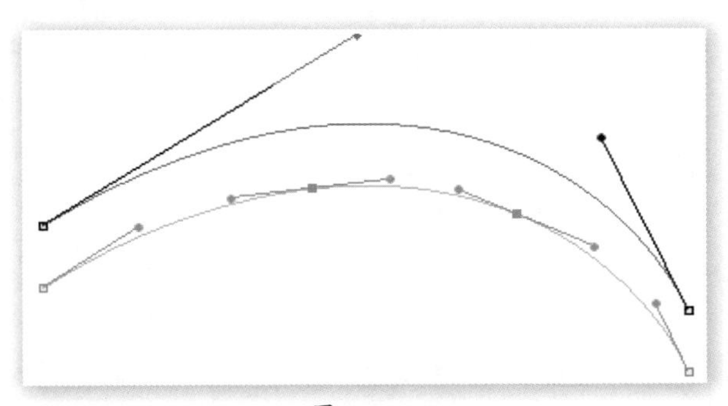

图 11-5-3

现在动手进行绘制，大致如图 11-5-4 所示，在起点锚点 1 处按下鼠标并大致沿圆弧切线方向拖动，所出现的同向控制手柄就是“去向”线。在锚点 2 处按下并拖动时，与鼠标同向的仍然是前往下一锚点的“去向”，但同时出现一条与之相反的控制手柄，这其实就是针对锚点 2 的“来向”控制手柄了。锚点 1 的“去向”与锚点 2 的“来向”共同决定了两个锚点间线段的弯曲形状。

锚点 1 由于是起点因此默认只显示“去向”，后期使用直接选择工具选择锚点 1 时就会出现另外一条控制手柄。

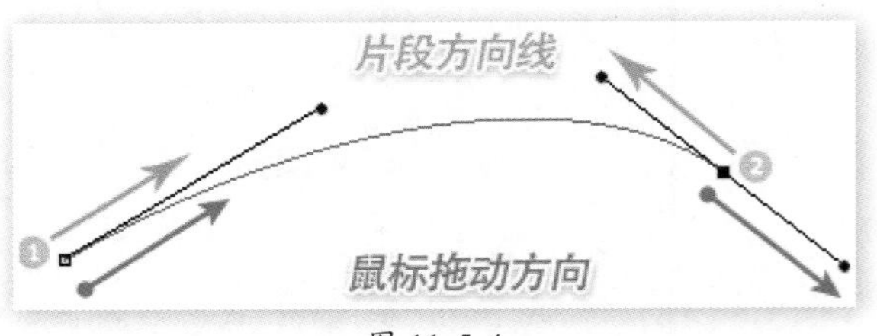

图 11-5-4

由此可见，在正常的锚点绘制过程中，两条控制手柄是在一次鼠标拖动中同时产生的，因而此时要关注与鼠标相逆的控制手柄形状，通过拖动来适当调整其角度和长度。大家一开始可能会有些不适应，反复练习几次就习惯了。大家按照这个方法将图 11-5-2 中的另外两条曲线绘制出来。

再来看角度的问题。控制手柄的默认状态就是曲线在锚点处的切线，但操作不熟练时容易发生偏差，如图 11-5-5 中所示的两条红色控制手柄就是错误的角度，其中 1 处错在与路径相离太远，这样容易使路径向上拱起从而难以贴合原图（蓝色路径），这种错误可通过后继锚点操作来弥补所以不太严重。

相比较而言，与路径相割的 2 处错误则要严重得多，因为其角度设定使得路径从该锚点出发后不可能形成贴合原图的上弧形，而只能形成下弧形或 S 形，因此对于控制手柄的角度是“宁相离勿相割”。

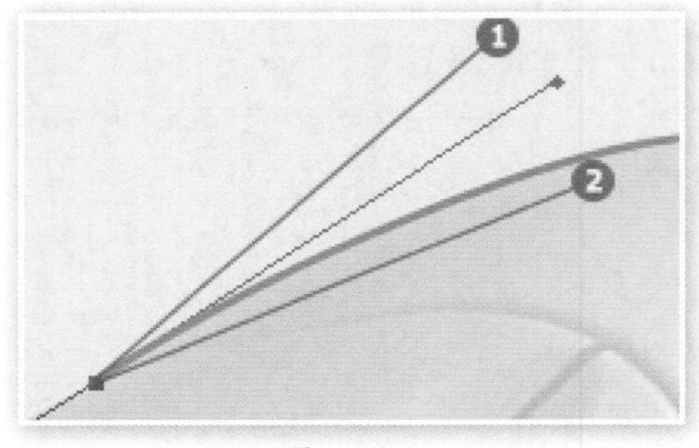
图 11-5-5

在上述绘制过程中，大家可能会因为误操作发现一个现象，那就是在两个锚点的其中一处单击并拖动出控制手柄，但在另外一处只单击而不拖动，即仅完成图 11-5-4 中的两条红色轨迹中的一条，却也能产生出曲线形状。既然如此，为何要求在两处锚点都要拖动控制手柄呢？

其实这个误操作所生成的是半曲线锚点（相关知识稍后介绍），我们现在面对的是单条路径，因此感觉不太明显，但实际上这种锚点控制能力差且不利于另一方向上的曲线绘制。出于正规的做法，大家还是应该绘制完整的控制手柄。

11.5.2 设定控制手柄

现在为止我们都只是绘制简单的两点曲线，现在新建一个图像来绘制如图 11-5-6 所示的 m 形路径。仔细观察可以看出，该形状由两个 C 形曲线构成，只是中间锚点的控制手柄夹角不同以往。仔细想一下就能理解，该锚点的控制手柄夹角必须是这样才能形成 m 形。

但大家在实际绘制过程中却只能绘制出如图 11-5-7 所示的形状，其原因就在于中间锚点的两条控制手柄位于同一条直线上，造成锚点 2、3 之间的线段呈现为 S 形。

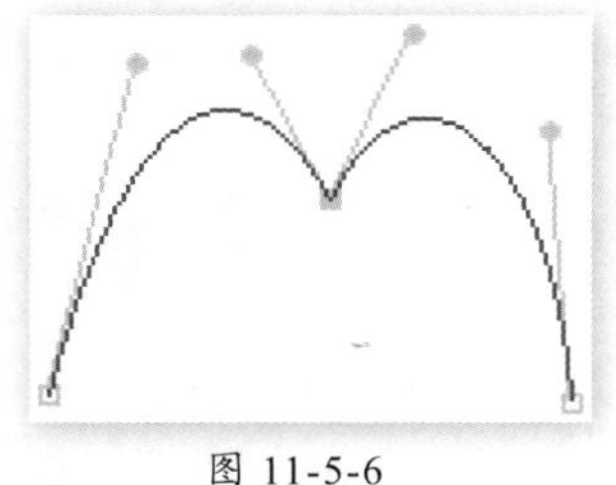
图 11-5-6

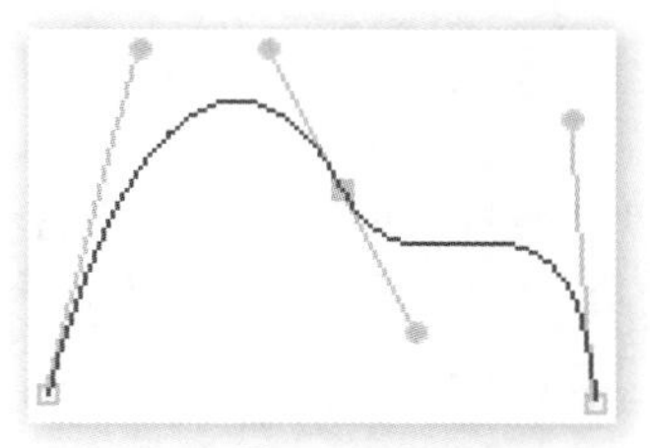
图 11-5-7

目前看来也很显然，只需要修改锚点 2 的“去向”控制手柄即可达到目的，方法是使用与钢笔工具组合中的转换点工具，在控制手柄的端点按下鼠标并拖动到相应的位置即可，如图 11-5-8 所示，拖动中按住 Shift 键可锁定为特定角度。

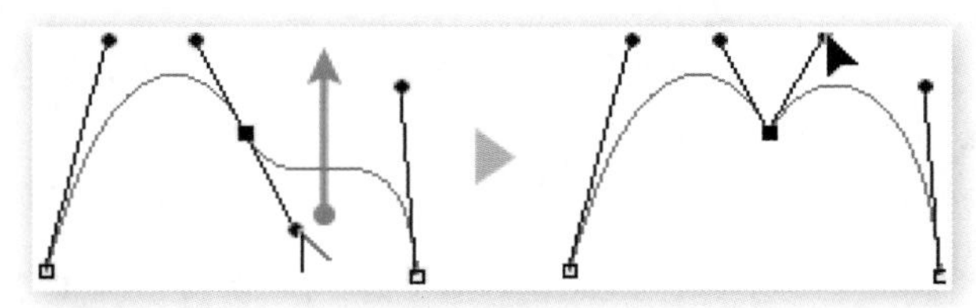
图 11-5-8

可以看出修改控制手柄并不复杂，但必须先用直接选择工具单击锚点显示出控制手柄。如果有时在复杂路径中难以判定锚点位置，可先单击选择任一线段，这样就会看到所有锚点的位置，再单击目标锚点即可，如图 11-5-9 所示。注意被选择的锚点以实心小方块显示，未选择的以空心小方块显示。

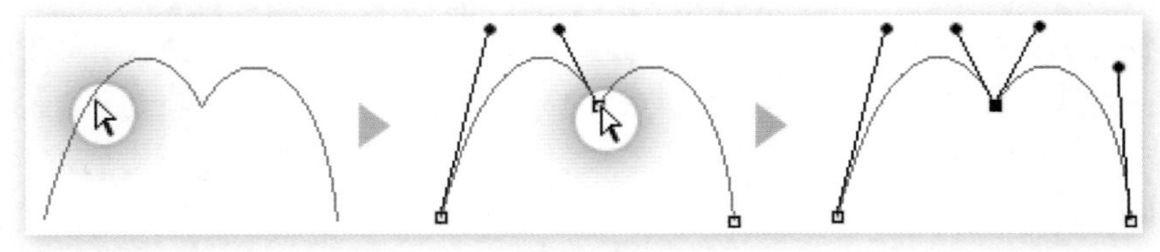
图 11-5-9

这里有个很实用的快捷键要记住：使用钢笔类（包括转换点）工具时，按住 Ctrl 键可临时切换到直接选择工具。

其实使用直接选择工具也可以完成控制手柄的调整，方法是拖动控制手柄端点，但这要分为两种情况，区别在于该锚点的控制手柄是否是初始的水平夹角。

如果该锚点的两条控制手柄是位于同一条直线且方向相反时，需按住 Alt 键才可单独移动其中一条控制手柄，如图 11-5-10 所示，否则将会同时改变两条控制手柄的角度；如果是已修改过夹角的锚点，则直接拖动控制手柄端点即可。此时若按住 Alt 键，拖动时可保持两条控制手柄的夹角不变，如图 11-5-11 所示。

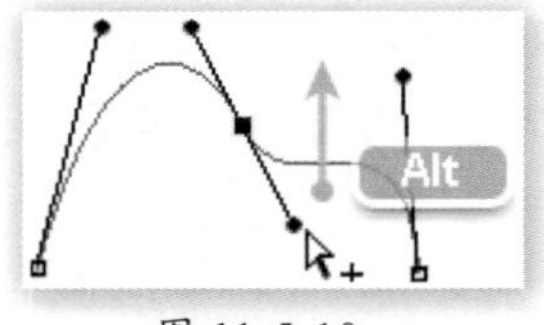

图 11-5-10

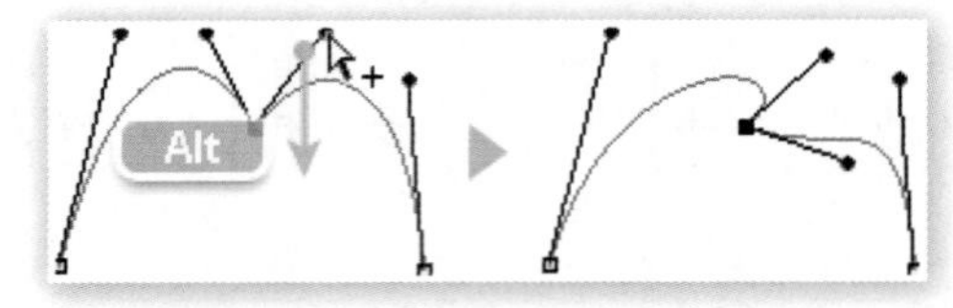

图 11-5-11

上述两种情况下的操作大家应该多练几次力求掌握，并结合 Ctrl 键或 Alt 键的快捷键使用，宗旨是在不更换工具的情况下完成所有需要的操作。现在让大家再次绘制这个 m 形的过程应为：使用钢笔工具绘制完所有锚点，先按住 Ctrl 键切换到直接选择工具，单击并显示中间锚点的控制手柄，然后再按住 Alt 键单独移动控制手柄到指定位置。之后松开 Ctrl 键和 Alt 键，回到钢笔工具的状态。

这个方法虽然好用，但其实只在大家对路径绘制不熟悉时好用，当对路径形状及控制手柄了然于胸时（比如再绘制一个 m 形），这种事后补救的做法就显得效率低下，此时可在绘制中实时设定锚点的“去向”控制手柄。

如图 11-5-12 所示，在正常绘制完锚点 2 后直接按住 Alt 键即可单独移动“去向”控制手柄到指定位置，松开 Alt 键后继续绘制锚点 3。

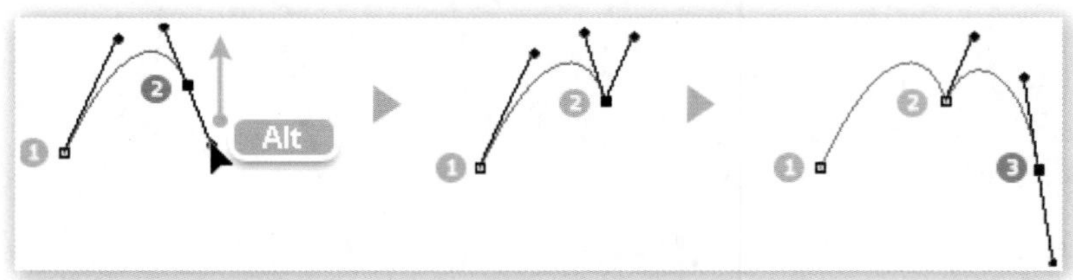

图 11-5-12

上述的在绘制过程中按住 Alt 键的方法，其实就是临时切换到了转换点工具，此时也可以修改该锚点另外的“来向”控制手柄。因此钢笔工具就有了两个快捷键，即 Ctrl 键切换到直接选择工具，Alt 键切换到转换点工具。在实际工作中掌握这些快捷键是很有益的。

本小节所讲述的设定控制手柄及钢笔工具的使用技巧非常重要，掌握它们就意味着掌握了路径的根本所在，今后使用 Illustrator 时也可原样移植使用。

11.5.3　绘制封闭路径

之前我们绘制的都是开放路径形状，封闭路径在绘制中也并无特别之处，只是将终点与起点重合即可形成封闭路径，同时结束绘制，如图 11-5-13 所示，注意重合时鼠标光标的变化。当路径封闭后，起点和终点为同一锚点。

封闭直线路径较为简单，封闭曲线路径则要复杂一些。我们之前说过起点锚点只有“去向”控制手柄，而终点锚点只有“来向”控制手柄，当路径封闭时则合二为一成为该锚点的两条控制手柄。在闭合曲线路径时，若先按住 Alt 键再闭合路径，则可如图 11-5-12 一般设定单独的控制手柄。

掌握上述的操作后大家可尝试绘制如图 11-5-14 的心形，考虑用几个锚点，并且允许先使用期修改的方法（图 11-5-10）进行试验，之后必须使用实时设定的技巧（图 11-5-12）进行绘制，绘制时应注意锚点间的对齐关系。

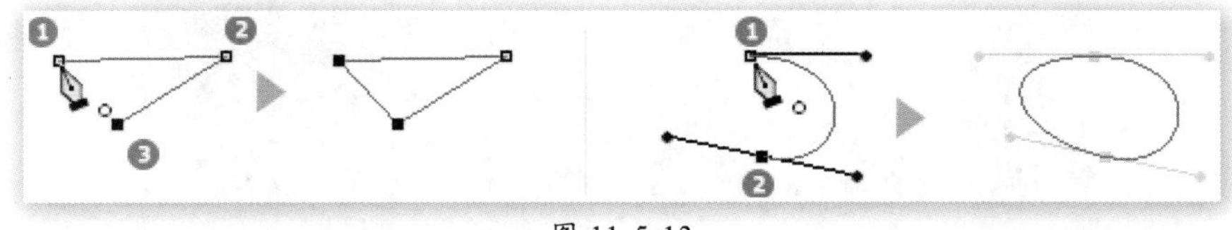

图 11-5-13

图 11-5-14

11.6　路径的其他操作

在学习完上述最重要的路径绘制技巧后，接下来学习一些针对现有路径的辅助操作，以完善路径的使用技能。

11.6.1　存储路径

很多初学者会遇到绘制完的路径消失不见的情况，而且百寻未果，其实在路径面板中就可以找到它们。而在路径面板中显示为"工作路径"的路径是临时的，虽然可以随着文件存储，但在绘制新路径时将会被取代，这一点和选区很像。

就如同使用通道存储选区一样，将路径固化在图像文件中才安全，其方法也很简单，就是在路径面板中将"工作路径"拖动到下方的新建按钮上，变为"路径 1"这样的名称时即可，如图 11-6-1 所示。

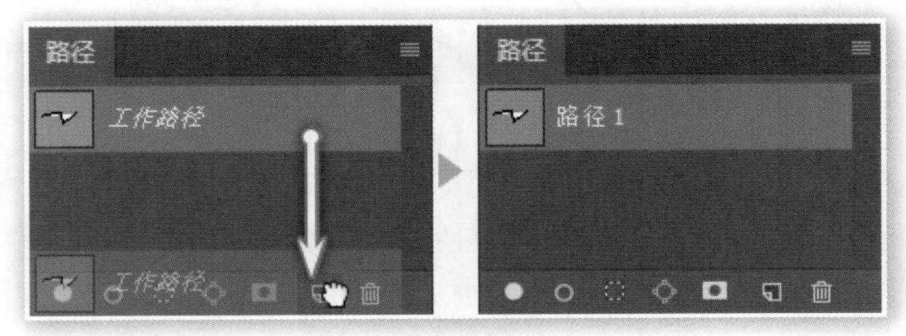

图 11-6-1

除了上述这种"后期转正"的方法以外，也可以在绘制路径之前就新建一个正式的路径项目，这样其后所绘路径就会自动具备"永久身份"。

11.6.2　复制路径

从路径面板我们很容易联想到复制路径的方式，那就是将路径名称拖动到新建按钮上，如图 11-6-2 所示，这种方法适合用来进行路径备份。

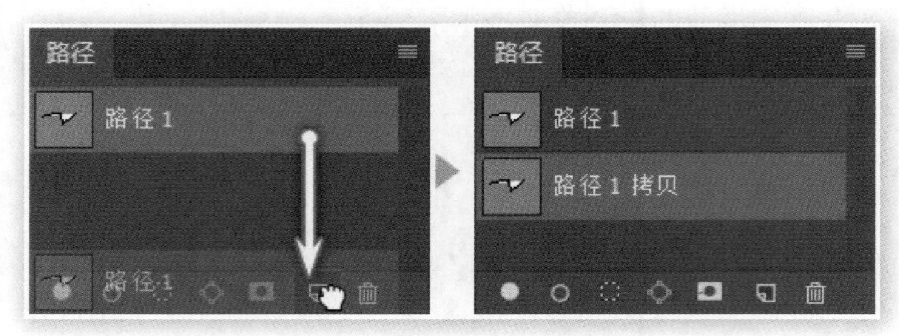

图 11-6-2

也可以通过路径选择工具进行复制，方法是按住 Alt 键后拖动路径，但所复制出的路径将处于原路径项目中，如图 11-6-3 所示。也就是说，现在“路径 1”项目中包含了两条路径。

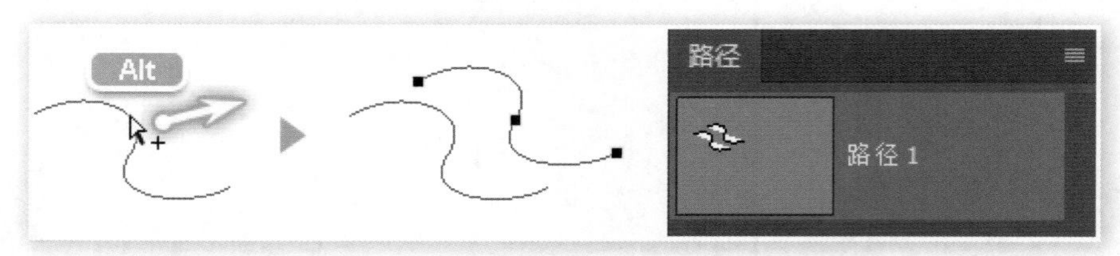

图 11-6-3

这样在同样的效果下就出现了两条路径的情况。如图 11-6-4 所示，A 是两条独立的路径项目，B 是在一个项目中包含两条路径。在后续操作中两者是有区别的，A 类中的两条路径相互独立，尽管可以同时显示却无法产生交互。而 B 类中的两条路径可以进行交互，如将其相连或进行运算等。一般而言 A 类方法适合备份路径。

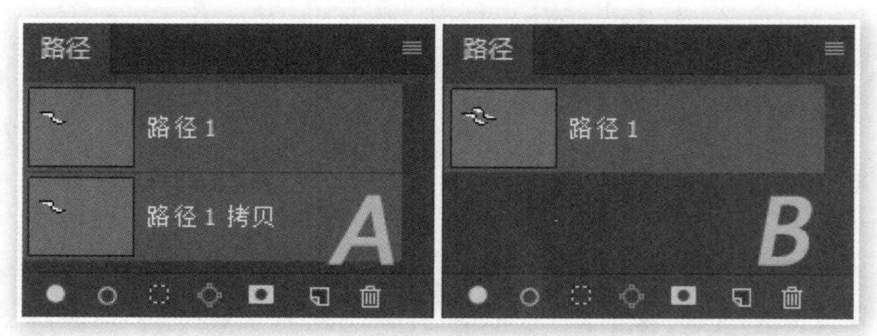

图 11-6-4

在这里我们也看到了矢量与点阵图像的不同，存储在一个图层中的多个点阵图形，无论是分离的还是合并的，都不具备独立性，只能被同时执行操作（如移动等）。而存储在同一路径项目中的矢量图形只要是分离的就具备独立性，可被单独执行操作。因此理论上所有的矢量图形都可以被绘制在一个路径项目中而不会产生混淆。

11.6.3 继续绘制与连接路径

对于已经完成绘制的开放路径，在其端点单击后即可继续绘制新锚点，在继续绘制中可拖动控制手柄绘制曲线，或直接单击绘制直线。如图 11-6-5 所示，新增的锚点 4 为曲线锚点，5、6、7 均为直线锚点。

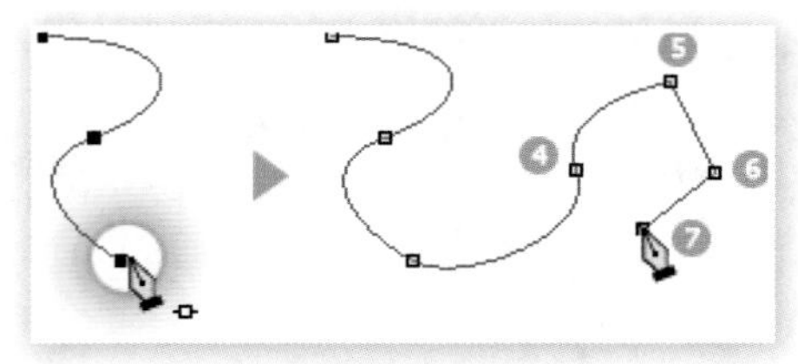

图 11-6-5

除了手工绘制新锚点以外，也可以通过这种方法连接原本分离的路径，在其中一条路径的端点上单击后，再在另外一条路径的端点上单击即可将两条分离的路径连接为一条，如图 11-6-6 所示。这要求两条路径在同一个路径层项目中，即图 11-6-4 中的 B 类。

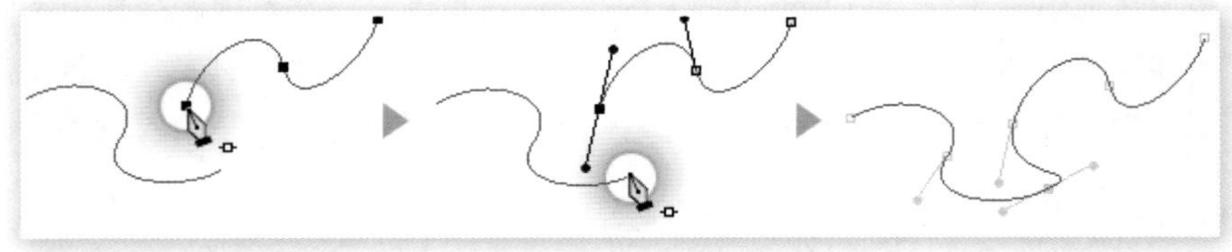

图 11-6-6

如果有时候不慎将路径分布在了多个项目中，但又需要将它们进行连接时，可从其他路径项目中将其选择后通过复制（或剪切）粘贴的方式拷贝过来，如图 11-6-7 所示。将这个方法反过来使用即可将多个路径分散到不同的路径项目中。

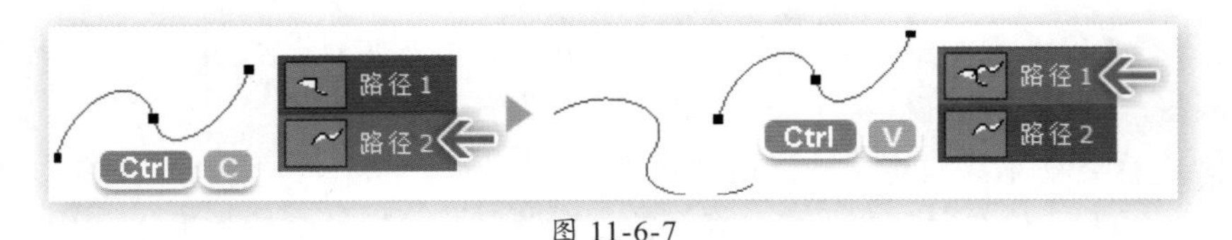

图 11-6-7

删除路径有两种方式：一是将路径选择后按下 Delete 键或 Backspace 键；二是在路径面板中直接删除项目，具体操作大家自行尝试即可。

11.6.4　转换锚点类型

使用转换点工具单击曲线型锚点将会删除其所有控制手柄，从而变为直线型锚点，如图 11-6-8 所示。注意当首先删除锚点 2 的控制手柄后，锚点 1、2 及锚点 2、3 之间的线段依然为曲线，这是因为锚点 1 仍然具备“去向”控制手柄，锚点 3 也仍然具备“来向”控制手柄，它们还在影响着线段形状。将 3 个锚点的控制手柄全部删除后，整条路径才彻底变为直线路径。

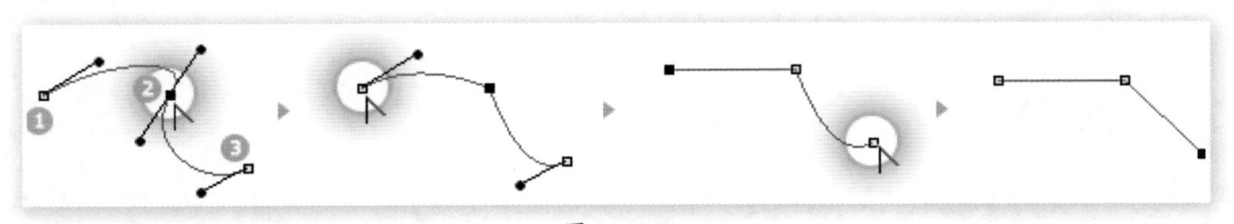

图 11-6-8

使用转换点工具在直线型锚点上单击并拖动出控制手柄后，可将该锚点变为曲线锚点，如图 11-6-9 所示，其过程大致与图 11-6-8 相反。如果在曲线型锚点上使用该方法则可以重设其控制手柄。

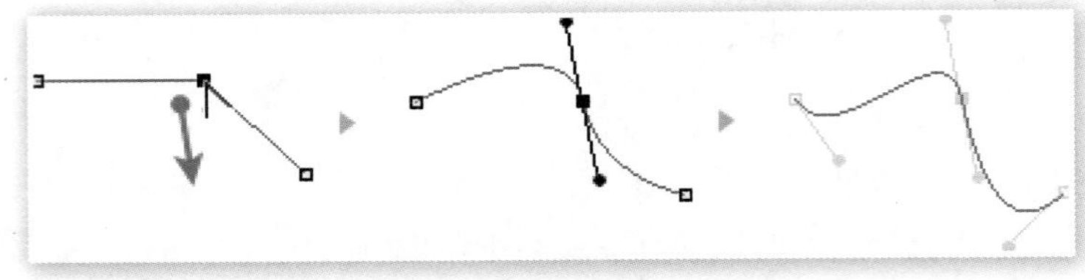

图 11-6-9

如果使用转换点工具在一个曲线锚点上按住 Alt 键单击，则会单独删除其“去向”控制手柄，从而使该锚点成为半曲线锚点，如图 11-6-10 所示。需要注意的是，半曲线锚点在没有控制手柄一侧的线段未必就是直线，因为还要参考下一个锚点，而图中的下一个锚点为直线型，因此可得到一条直线。

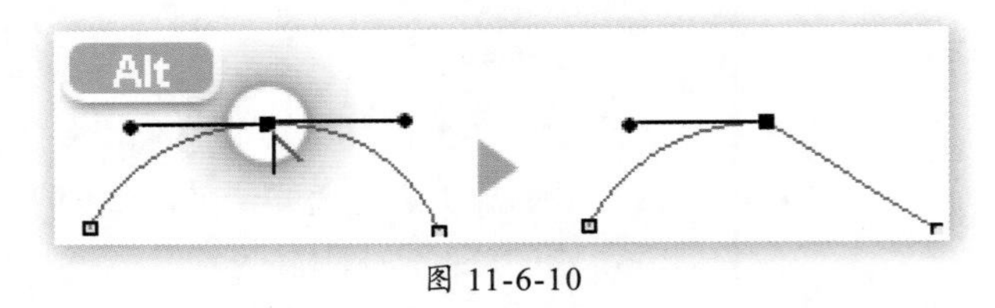

图 11-6-10

原则上不建议使用半曲线锚点，因为在只有一条控制手柄的情况下无法绘制出 S 形，不利于后期的修改。并且在实际工作中一般需要绘制的都是曲线路径，如果确实需要直线路径，将它们单独绘制后通过组合也能达到同样的效果。

如图 11-6-11 中左方为包含曲线与直线的复杂路径，直接绘制较为烦琐（并非难度大），但其实可通过曲线与直线的组合方式来完成，其过程要简单得多并且还在后期具备可编辑性。这主要是一种思路，与技术没有多大关系。

这里提到的所谓组合可以利用多个图层重叠来实现，也可以在单个图层内利用路径运算实现，路径运算的相关内容后面将会学习到。

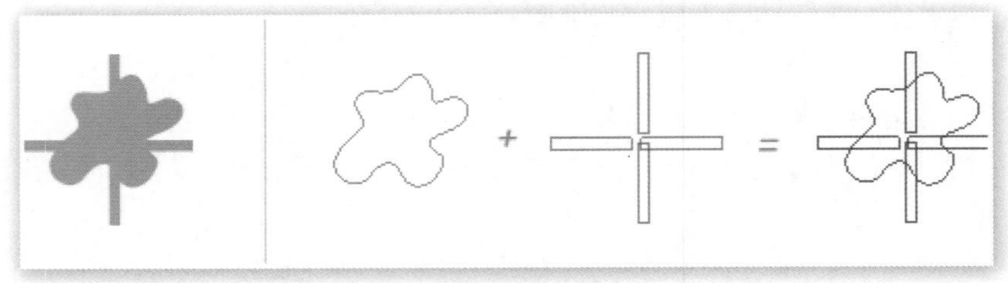

图 11-6-11

11.6.5 变换锚点

看到这个名字大家就会联想到自由变换工具，而这里要介绍的也确实是通过自由变换的方式来更改锚点位置，如图 11-6-12 所示为分别使用不同变换方式的效果。要仔细观察每个变换操作所选择的锚点。

当选择部分锚点时仅有少数变换项目可供使用，如果选择全部锚点或直接选择整条路径则可以使用所有的变换项目，具体操作大家自行尝试即可。

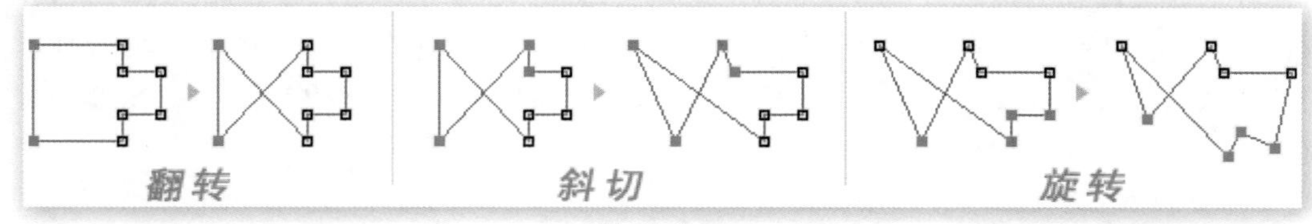

图 11-6-12

这种选择部分锚点后进行变换的方式，有时候可以意外得到一些不错的形状，如图 11-6-13 所示，选择部分锚点后进行旋转，其所得到的路径形状是传统绘制较难完成的。大家今后在使用路径进行设计时可通过该方法进行创新探索。

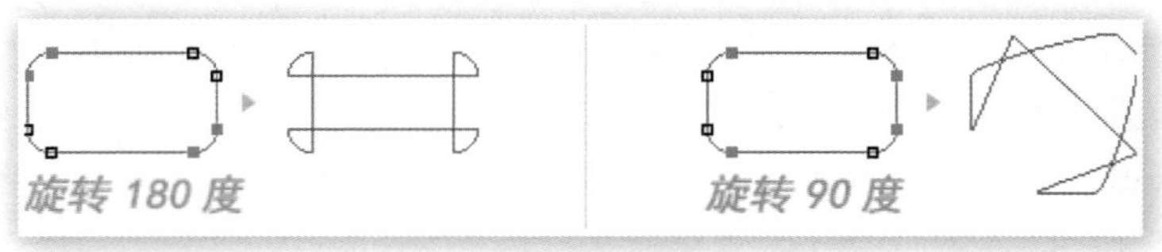

图 11-6-13

11.6.6　切换路径显示方式

如图 11-6-14 所示，使用钢笔工具时，可以在公共栏的设定中开启“橡皮带”选项，这样能实时预览即将被绘制出的路径形状，可为操作提供额外的视觉参考。也可更改显示颜色和粗细等。其他矢量类工具也具备类似的选项，如路径选择工具、直接选择工具和形状工具等。

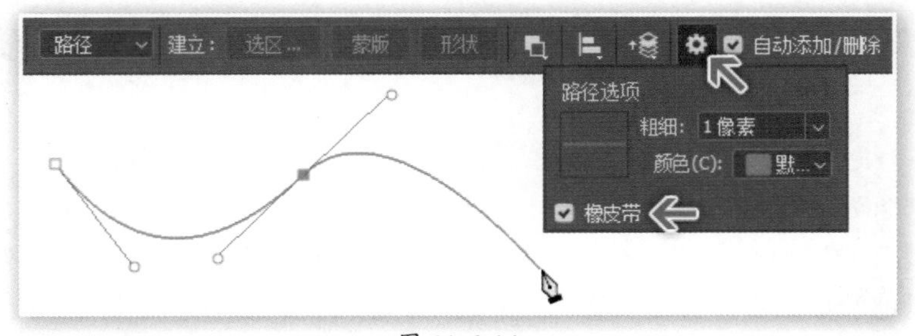

图 11-6-14

11.7　规划锚点

在之前的规划路径小节中我们学习到的是如何判定所需的路径形状，相当于将形状分割成若干线段来看待，无论是 C 形还是 S 形曲线都只需要关注两个锚点。但一个完整的路径是由若干 C 形或 S 形曲线连接而成的，这样原先很多端点锚点就会变为中间锚点，由于中间锚点会同时影响两个线段的形状，因此对锚点的规划要求比在单独的

C 形或 S 形曲线中更高。

11.7.1 锚点数量

我们强调路径的锚点应该越少越好，这是因为锚点越多意味着后期修改的工作量也越大。如图 11-7-1 所示，在将一个上弧形改为下弧形时，只有两个锚点时直接拖动线段即可迅速完成修改。但当弧上还有一个锚点时则修改变得烦琐，不仅要移动锚点还要修改两端控制手柄，精确度相比也更低。

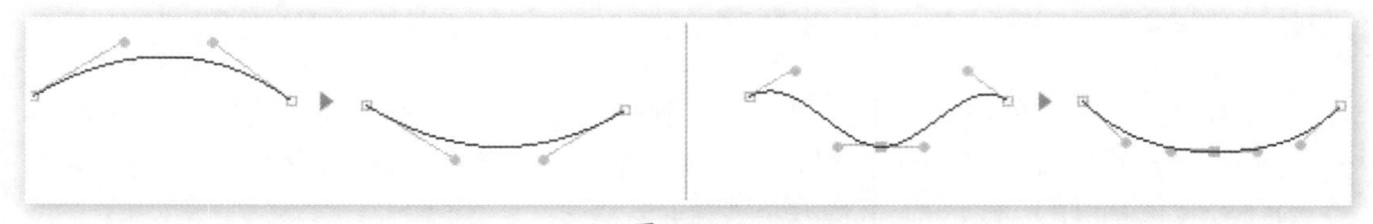

图 11-7-1

一个优秀的路径应使用最少的锚点完成，从一个路径的锚点数量上也可看出绘制者水平的高低。但这必须建立在能完美地绘制出所需形状的前提下，否则就是本末倒置。如图 11-7-2 所示的路径是一个轨迹球的外观轮廓，先期使用 4 个锚点的情况下，在锚点 2、3 之间的线段并不贴合原图，当增加两个锚点后情况得到了改善。

具体可参考 s1102.psd 中附带的两条路径（位于路径面板），也可自己动手尝试修改。

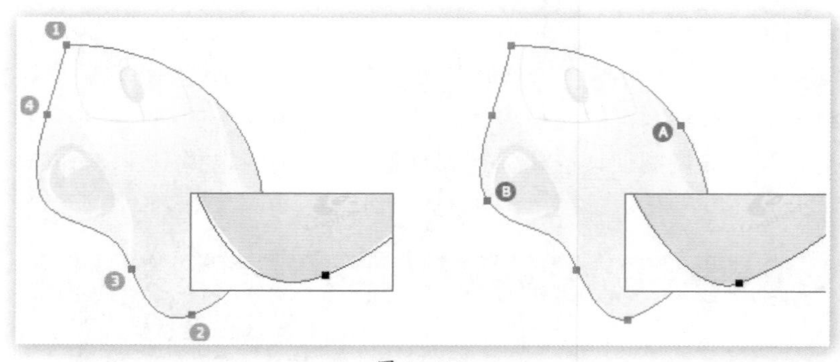

图 11-7-2

从这个例子可以再归纳出一个技巧，就是在绘制路径时应先尝试最少数量的锚点，在后期修改中如发现难以控制，则可在现有锚点之间增加新锚点。这里所说的“难以控制”有两点：其一是路径形状不够完美；其二是某些控制手柄过长而不便操作。

11.7.2 增加平衡锚点

新增的锚点以两条控制手柄长度相等（或相近）为佳，因为这样较利于设定和修改。一般来说，这样的平衡点位于线段中央，但还需要参考原先两条控制手柄的长度。如果线段的两条控制手柄长度存在较大差异，则平衡点应靠近较短的一侧。如图 11-7-3 所示，A 处虽位于线段中央附近，但控制手柄长度并不相等，而控制手柄长度大致相等的 B 处才是这个线段的平衡点。从图中可以看到新增锚点有效改善了原先控制手柄较长的问题。

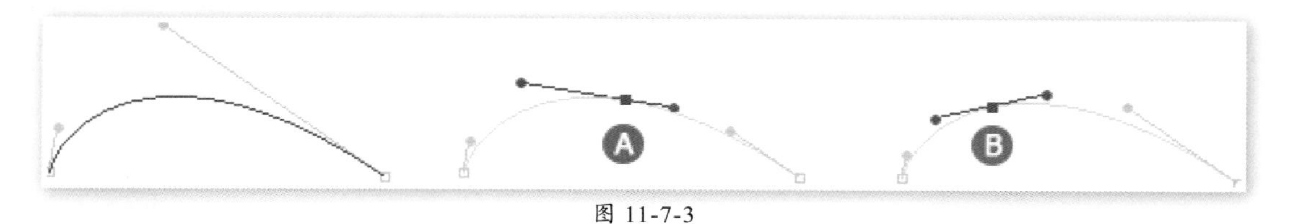

图 11-7-3

大家在实际绘制曲线路径时，曲线锚点的两条控制手柄应尽可能保持默认的水平夹角，因为这样可以保证曲线弧度平滑，不会出现尖角的情况，但在大尺寸的弧线中有时尖角会变得相对不显眼，如图 11-7-4 所示，大家在实际操作时可视情况而定。可使用转换点工具在锚点上拖动以重建默认的水平夹角控制手柄。

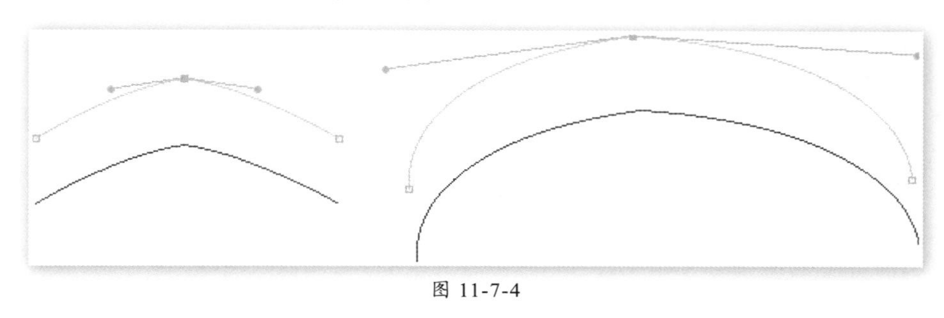
图 11-7-4

11.7.3　钢笔工具使用要点

现在大家应该多找一些图像素材来作为背景，用路径描绘出其轮廓。在开始前先大致确定路径的形状组成，即可划分为几个 S 形或 C 形曲线，之后选定起点开始路径绘制，初期使用时应注意如图 11-7-5 所示的各种钢笔光标指示。

图 11-7-5

在绘制过程中按住 Ctrl 键可临时切换到直接选择工具，用来选择已经存在的锚点。按住 Alt 键可切换到转换点工具，用来更改控制手柄。这两个快捷键常组合在一起使用，即先使用 Ctrl 选择某锚点，再使用 Alt 键修改控制手柄。

使用快捷键不会改变当前钢笔工具的使用状态，在完成锚点的选取和修改后，可继续绘制新锚点。结束绘制最方便的方法是按住 Ctrl 键后在路径之外单击。

完成绘制后保存文件为 .PSD 格式，一般情况下大家都应优先保存为该格式，以保留其中的编辑信息便于今后修改。需要 .JPG 或其他通用图像格式时，应在保存为 .PSD 后再另存为通用格式。

钢笔类工具中的“自由钢笔工具”是基于鼠标的绘制轨迹创建路径，可忠实记录鼠标的运动，但容易产生大量的锚点，使用的机会比较少。“弯度钢笔工具”可以看作是传统钢笔工具的简化版，主要用来产生默认平滑的 C 形曲线。它不再关注控制手柄，通过定义及拖动锚点位置从而影响路径形状。使用过程中可按住 Alt 键单击锚点切换曲线或直线，按住 Ctrl 键可在锁定前段路径的情况下移动锚点，大幅改变可能自动增加锚点。可用在一些基本由 C 形曲线组成的边缘较圆润的路径绘制上，大家可自行尝试。

11.8 应用路径

未加以应用的路径如同选区一样，对于图像是没有直接效果的。路径的应用可以分为两大用途：一是点阵应用；二是矢量应用。本节就来学习一下如何将技术转换为生产力。

11.8.1 互转路径与选区

路径最常见的点阵应用就是转为选区，方法也很简单，在路径处于显示状态时，在路径面板中单击红圈处的转换为选区的按钮即可，如图 11-8-1 所示。如果原先是开放型路径，转换后的选区中会将起点与终点以直线相连。

如果通过蓝圈处面板菜单中的“建立选区”选项，则会出现羽化设定等选项。这个设定在下一次单击红圈处按钮时也有效。

图 11-8-1

除了将路径转为选区以外，反过来也可以将现有的选区转为路径，如图 11-8-2 所示。通过面板菜单则可以设定容差值，较小的容差转换更精确但会产生较多锚点，较大的容差则相反。

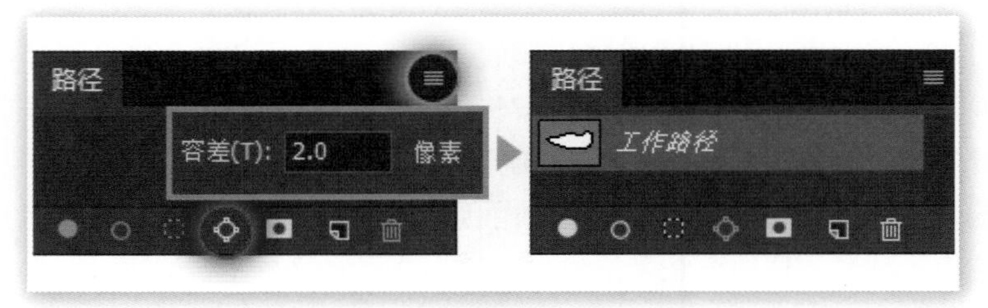

图 11-8-2

在路径和选区的互相转换中，可以通过面板菜单来设置转换参数，一般来，说较大的羽化和容差数值会令结果趋向平滑但同时会降低精度，因此应谨慎使用。

虽然与选区类工具相比，路径选区的优点在于可以创建出平滑的弧线，但在实际操作中却很少将路径转为选区，这是因为我们创建选区的目的基本就是两个：一是屏蔽部分图层内容；二是利用其建立填充层或调整层。这两种应用其实都可以归为蒙版应用，而路径可以直接作为蒙版使用，并且还保留曲线的可编辑性，因此很少将路径作为选区来直接使用。

而将选区转换为路径则会常用一些，如图 11-8-3 所示，对素材图片 s1103.jpg 先通过选区建立蒙版，之后将蒙版载入为选区后再转换为路径，得到了人物外廓的矢量图像。

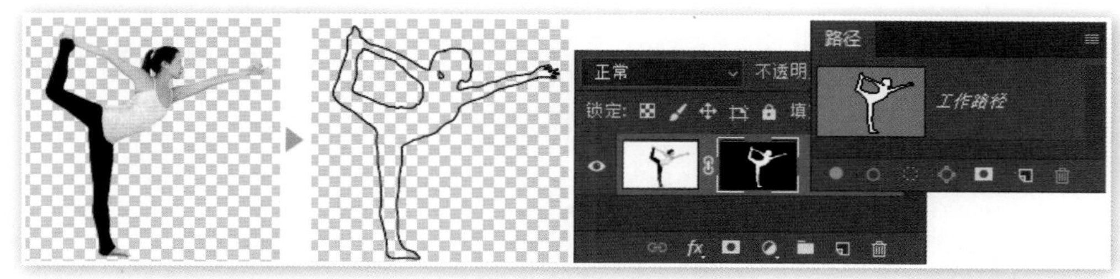

图 11-8-3

以大家现有的能力应该已经可以独立完成以上操作，如有困难或想节约时间，可以使用附带了蒙版和路径的 s1104.psd 文件继续学习。

在有矢量路径被选择的情况下，在图层面板中建立纯色填充层，将会直接生成一个矢量填充图层，如图 11-8-4 所示。用这个方法还可以建立渐变与图案矢量填充层。图层具备矢量特性，可独立与其他素材进行合成。

图 11-8-4

现在尝试利用素材图片 s1105.png 对图像进行一个简单的合成设计，如图 11-8-5 所示，还可以加入早先制作过的文字。成品保存在 s1106.psd 文件中，希望大家能够自行完成，并尝试更多衍生效果。

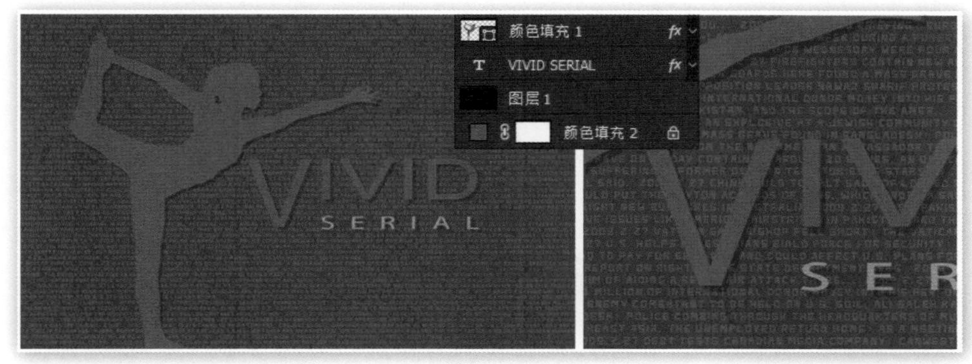

图 11-8-5

还可以使用素材图片 s1107.jpg 来进行另一个效果合成，设计创意是让人物矢量轮廓显示在车流背景中，因此将人物矢量层翻转后置于上层，并对车流层执行【滤镜 > 模糊画廊 > 场景模糊】，大致效果如图 11-8-6 所示。

图 11-8-6

在主体效果已基本建立后，可以通过添加一些元素来丰富场景，可将车流层复制到上方，通过曲线合并暗调，并适当增大模糊参数，将混合模式设为“变亮”。将之前的素材图片 s0819.jpg 也参照这个思路合并进来，共同为人物添加虚化光斑，效果大致如图 11-8-7 所示。

图 11-8-7

如果人物轮廓与较暗区域重叠而不够明显，可参照在章节 10.3.7 中学习过的方法，在车流层上建立一个空白图层并设为“线性减淡（添加）”模式，使用画笔绘制一些色彩，形成局部加亮的效果，如图 11-8-8 所示，轮廓边界就会变得明晰。

图 11-8-8

这步操作与主体创意关系不大，属于对细节的完善。但如果缺少了细节的支撑，再优秀的创意也难以体现。因此大家一定要多花时间观察，一些原本被忽略的细节会逐渐浮现出来。

11.8.2　路径填充与描边

与路径转换为选区一样，路径描边与填充也是点阵应用，如图 11-8-9 红色箭头处。它们可以直接产生实际像素，因此在使用之前必须先确认图层选择正确与否。通过路径面板菜单右上角的设置菜单下的相应选项，可以为填充和描边指定更多的选项，需要注意的是描边效果（粗细、不透明度、流量及其他）是由此设置菜单下“描边子路径”中所选择的工具而决定的，如果选择铅笔则由当前的铅笔设置所决定，如果选择画笔则由当前的画笔所决定。

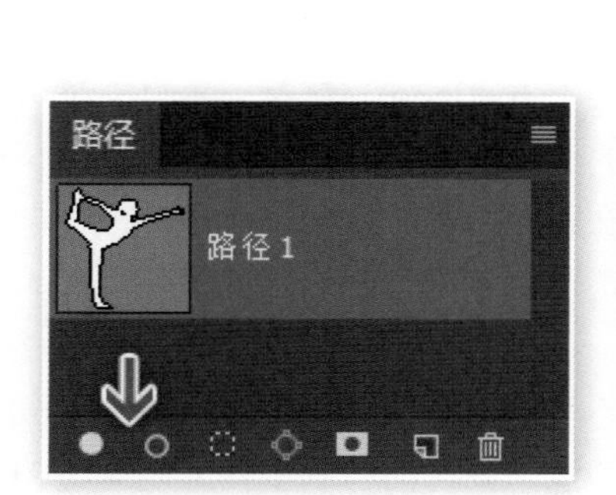

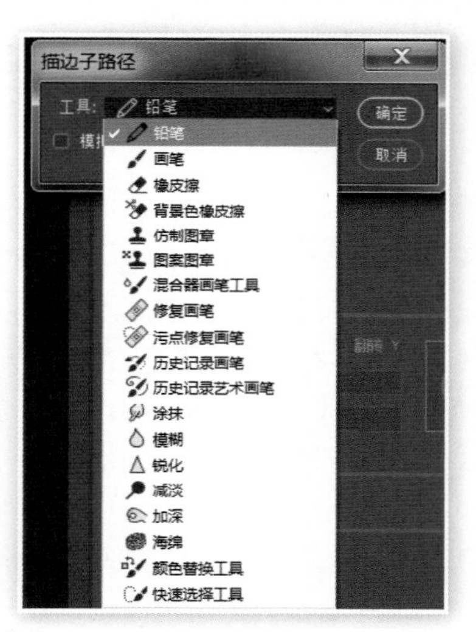

图 11-8-9

实际工作中已经几乎用不到这两个功能了，因为在选中路径的情况下，可以通过在图层面板中直接建立填充图层的方式来直接实现同样的效果，并且还具备后期可编辑性。在选择这类图层后，切换到路径选择工具或直接选择工具时，在公共栏中可切换填充方式，如图 11-8-10。单击填充方块后会出现无、纯色、渐变和图案四种方式，还可以通过最右方的拾色器选取纯色填充的色彩。

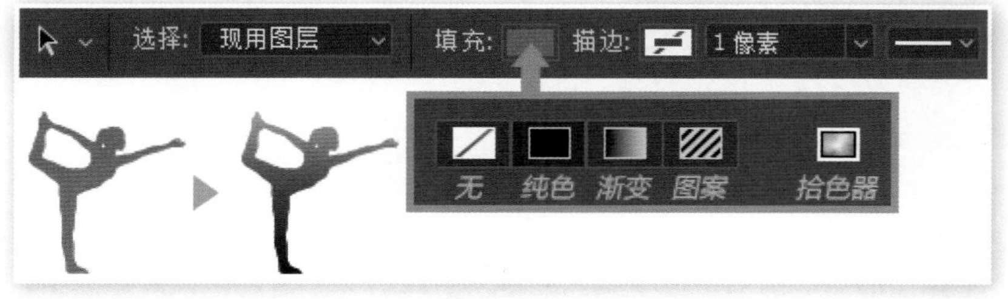

图 11-8-10

现在大家已经知道了，先绘制路径，在选中所绘制路径的情况下建立的填充图层，其实就是一个特殊的形状图层，反过来，我们也可以使用形状工具的矢量方式（形状）来直接绘制出路径，而早前使用的是像素方式。

如图 11-8-11 所示，使用矩形形状工具，在把公共栏中相关选项设置为“形状”后，绘制一个长方形，先设定为无填充色，然后分别设定不同的描边方式。描边也有纯色、渐变与图案三种方式，类似图层样式中的描边设定，主要区别是多了红色箭头处的线型选项。

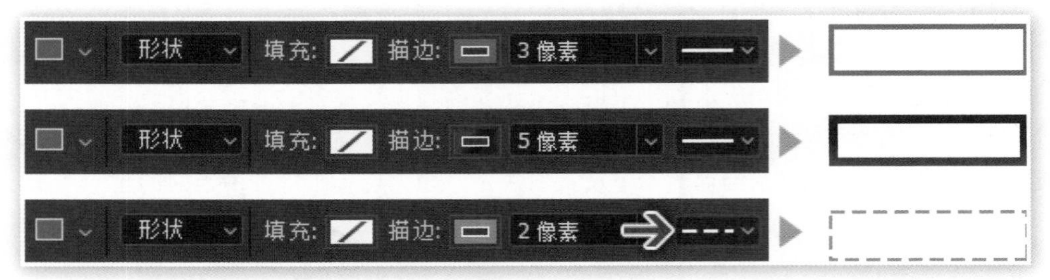

图 11-8-11

11.8.3 描边设定

描边设定中的粗细选项很好理解，数值越大则边线越粗，而线型的内容相对要多一些。在公共栏单击线型后将会出现描边选项面板，其下方有对齐、端点、角点三项，每项包含三种样式，分别如图 11-8-12 所示。

（1）对齐选项指的是描边的方向，可选择在路径内部、中间（居中）或外部。

（2）端点选项指的是路径两端的形状，可选以锚点为边界，以圆弧包围边界、以直线包围边界三种，仅适用于开放型路径。

（3）角点选项则决定路径在转弯部分的形状，可选择尖角（斜接）、圆角（圆形）和斜角（斜面）三种样式，这个选项对于平滑曲线锚点（即水平夹角的控制手柄）是无效的，对非平滑曲线锚点有部分效果，对直线型锚点的效果最明显。

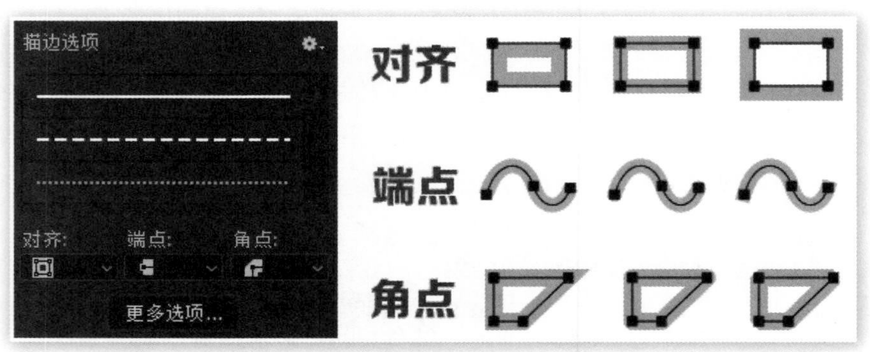

图 11-8-12

在使用上述三个描边选项时要注意对实际尺寸的影响。比如上图中对齐项目中的三个矩形的尺寸是相同的，但因为指定了不同的描边对齐方式，而呈现出的实际大小各不相同。而对于开放型路径而言，选择不同的端点形状也可能会增加路径在画面中的实际长度。这两个问题在一些对尺寸有精确规定的场合可能会造成误差，要注意避免。

11.8.4　设定虚线

在描边选项中还可以设定虚线，除了默认的两个虚线样式外也可以自行定义，单击图 11-8-12 中描边选项下方的“更多选项”按钮，即可出现虚线设定。如图 11-8-13 所示，在勾选虚线项目后填入 1 和 3 两个数字即完成了虚线设定，为方便再次使用可将其存储到预设中。

接着分别设定不同的描边粗细，这时会发现虚线形状也不相同。

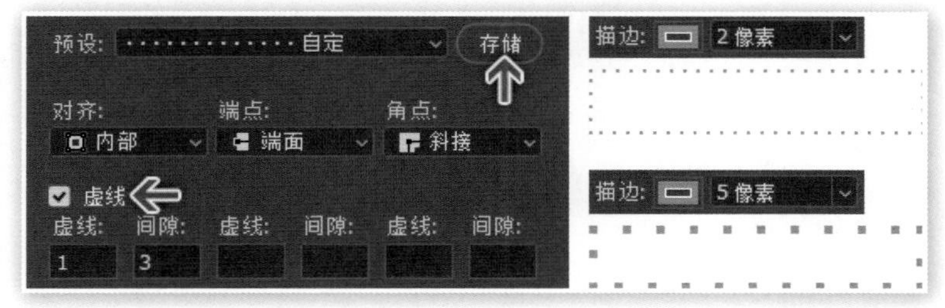

图 11-8-13

虚线设定中的“虚线”指的是每个实线段的长度是线宽的多少倍，而“间隙”指的是每个空白间隔的长度是线宽的多少倍。我们设定一个数值为 3、1、1、1 的虚线后将描边设为 20 像素，效果如图 11-8-14 所示，从中就可以清楚看出虚线的分布规律就是 3、1、1、1。

结合 20 像素的粗细计算，一组虚线所占用的长度就是 60 ＋ 20 ＋ 20 ＋ 20 ＝ 120 像素，可使用标尺工具〖I〗去测量求证。这里的计算是为了让大家理解虚线单位的含义，实际操作中无此必要。

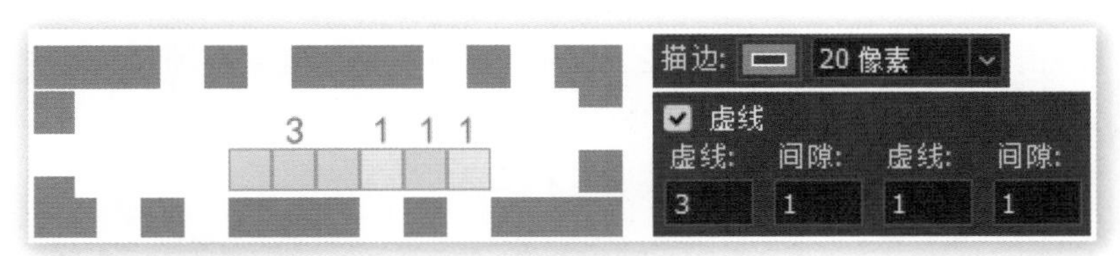

图 11-8-14

图 11-8-15 所示为一种虚线的特殊用法，通过把虚线与间隙的值设定为小数和较大的描边值，可以实现类似扫描线的效果。不过描边粗细的数值有限，仅供一般情况使用。

图 11-8-15

需要注意的是，当需要绘制如图 11-8-15 所示的直线路径并设定描边样式时，不能使用形状工具中的“直线工具”，因为这个所谓的“直线”其本质是高度值小于描边值的矩形工具，当把这个“直线”的高度值设为大于描边值 2 倍的数值时，就可以看出这是个矩形。必须是使用钢笔工具绘制出的开放型路径才能通过描边选项控制粗细和线型。

11.8.5 使用实时形状

在形状工具中的矩形工具、圆角矩形工具和椭圆工具这三者具备实时形状功能，可在完成绘制后，通过设定【窗口 > 属性】改变路径形状。如图 11-8-16 所示为对一个矩形添加圆角的效果，注意需解除四角锁定才能单独修改。

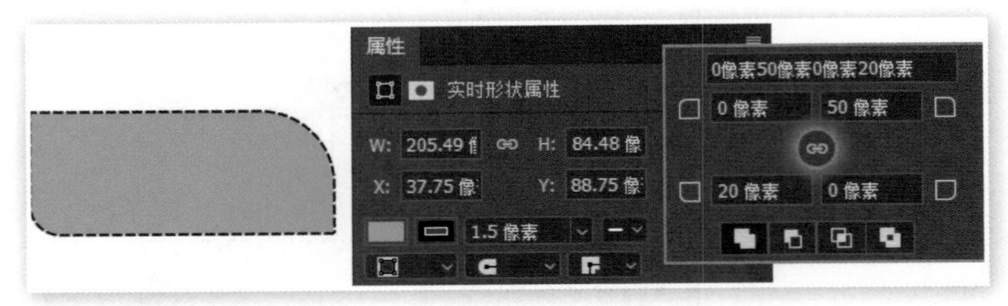

图 11-8-16

这个功能实际上是针对圆角矩形工具的，因为圆角矩形在绘制时有一个圆角半径的设定（位于公共栏），以前在绘制完成后发现半径不理想时只能从头再来，而现在可以通过属性面板动态地更改设定并实时看到效果。这对于网页设计是非常有帮助的，因为在网页设计中经常使用这样的形状。在引入实时形状后，矩形实际上成为了圆角矩形且四角半径均为 0 的特定形状。

实时形状只能在矢量绘图方式（即形状和路径）下有效，在像素方式下无效。当使用通常的移动工具选择形状层却无法显示实时形状属性设定时，可使用路径选择工具或直接选择工具在图像中直接单击形状。

所有形状图层其实都可以看成是附带了矢量蒙版的色彩填充层，因此尽管在图层面板中看不到蒙版的标志，但同样可以在属性面板的蒙版项目中对其进行设定，如图 11-8-17 所示。一般情况下不建议修改浓度，因为修改浓度会让填充的色彩“溢出”边界外。

图 11-8-17

11.8.6 使用路径蒙版

绘制好的路径也可用来直接作为图层的矢量蒙版，方法是选择路径后【图层 > 矢量蒙版 > 当前路径】，加上之前的点阵蒙版，一个图层其实可以有两个蒙版同时发生作用，如图 11-8-18 所示。

尽管路径蒙版无法直接设置半透明，但可通过属性面板调整边缘羽化的方式来达到部分半透明效果。既然蒙版的最终目的是屏蔽部分图层内容，那完全可以直接将路径应用为蒙版，且还具备后期修改能力。需要时可再建立一个点阵蒙版来进行一些“非点阵不可”的操作。

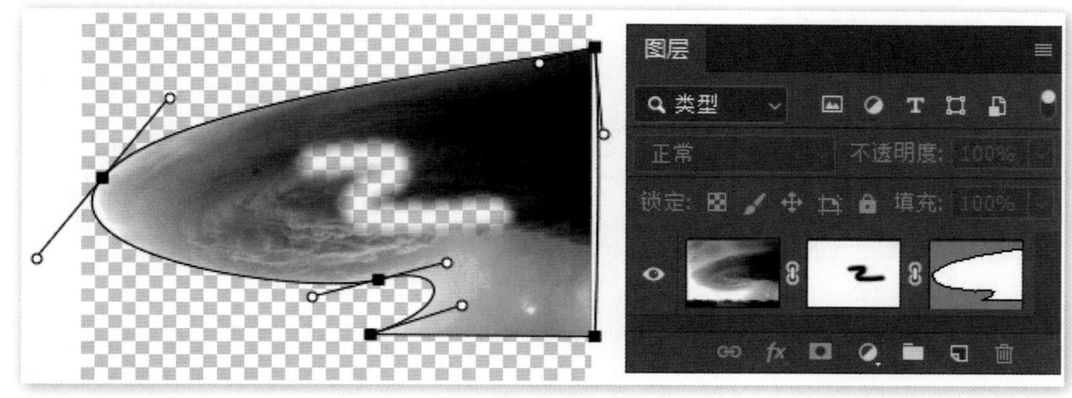

图 11-8-18

路径蒙版和点阵蒙版一样，也有与图层的链接关系，也可以结合快捷键在图层面板中单击路径蒙版缩览图，如按住 Ctrl 键单击是载入为选区，按住 Shift 键单击是禁用及恢复蒙版。还可以拖动缩览图将路径蒙版移动到其他图层，若按住 Alt 键拖动则是复制到其他图层等，大家按照与点阵蒙版相同的方法来操作就可以了。

11.9　路径运算

路径运算是路径部分的重要知识，与选区运算一样，路径运算也包含添加、减去、交叉等方式。在单纯的路径下不容易看出效果，现在使用形状图层来学习会直观得多。

11.9.1　使用路径运算

路径运算选项包含在矢量类工具的公共栏中，如图 11-9-1 所示。所谓矢量类工具就是指钢笔、路径选择和形状这三类。因此当使用其他工具（如常用的移动工具）时公共栏中是不会出现这些运算选项的，这一点要特别注意。

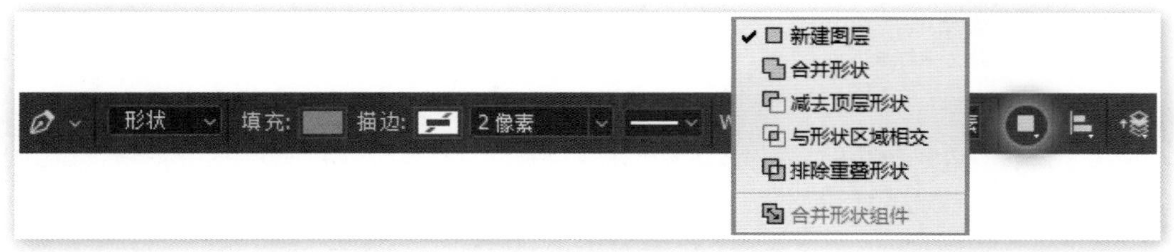

图 11-9-1

在公共栏中把路径工具设置为“形状”模式后，其运算方式默认为“新建图层”方式，在这种方式下每次绘制一个形状都会产生一个独立图层，现在新建图像并绘制一个蓝色矩形和一个橙色圆形，效果大致如图 11-9-2 所示。由于每个形状的图层都是独立的，因此可以分别设定各自的填充、描边、图层样式、图层不透明度等。完成后按快捷键〖Ctrl ＋ Z〗撤销圆形的绘制。

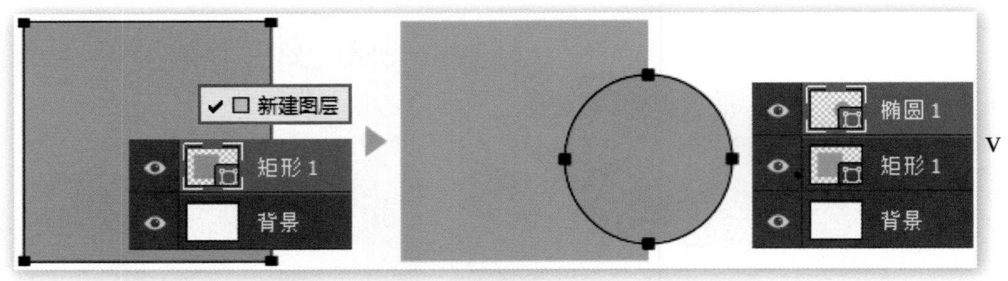

图 11-9-2

要使用运算，则应该在绘制圆形之前在公共栏选择运算方式。如图 11-9-3 所示为选用合并方式后绘制上述两个形状的效果。可以看到矩形和圆形形成了运算关系，两条路径都位于一个图层中。而此时它们是作为一个整体的形状层出现的，只能有一种填充颜色。

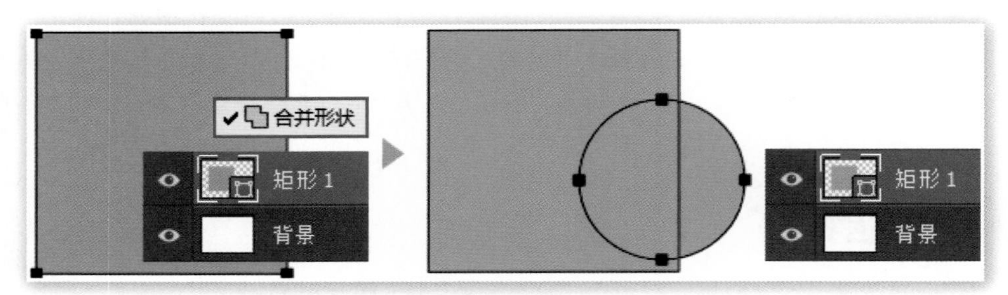

图 11-9-3

已经完成的运算方式随时可以更改，方法是先使用路径选择工具选择圆形，再在公共栏中更改运算方式，如图 11-9-4 所示。各个工具效果的区别这里不再赘述。

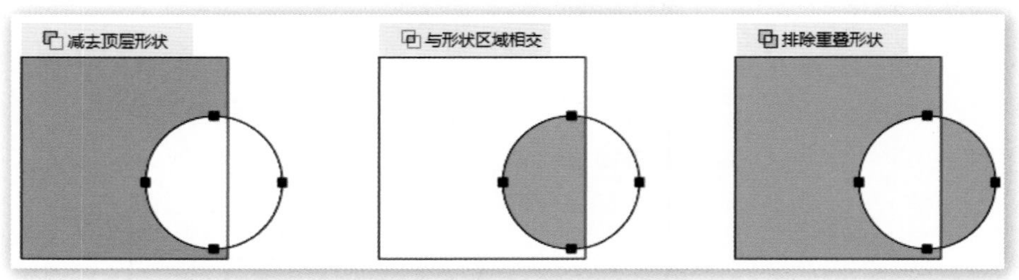

图 11-9-4

在公共栏手动更改运算方式的效率较低，在绘制数量较多的路径时就会非常麻烦。其实可以保持公共栏中为默认的新建方式，然后通过快捷键来切换运算方式即可。路径的运算快捷键和选区是相同的，即按 Shift 键为添加、Alt 键为减去、快捷键〖Shift ＋ Alt〗为相交，在鼠标按下后即可松开而不必全程按住。此外运算快捷键只在绘制时有效，后期更改运算方式时无效。

11.9.2 路径层次关系

大家可能也已经注意到了一个问题，那就是当我们使用减去方式时，其结果是矩形被减去，而不是圆形被减去。仔细看减去方式的全称是“减去顶层形状”，这就意味着是“下层被减去了上层”，因此即便在同一个图层中，路径也是有着内部层次之分的，简单来说就是“后来居上”，即最先绘制的路径为最底层，之后绘制的路径层次依次提高。

那么要实现圆形被减去的思路也就应该清晰了，那就是提升矩形的层次后再将其运算方式指定（注意不再是选择圆形）为减去方式。方法是选择路径后使用公共栏中的路径堆叠方式选项，并从中选择合适的选项，如图 11-9-5 所示。

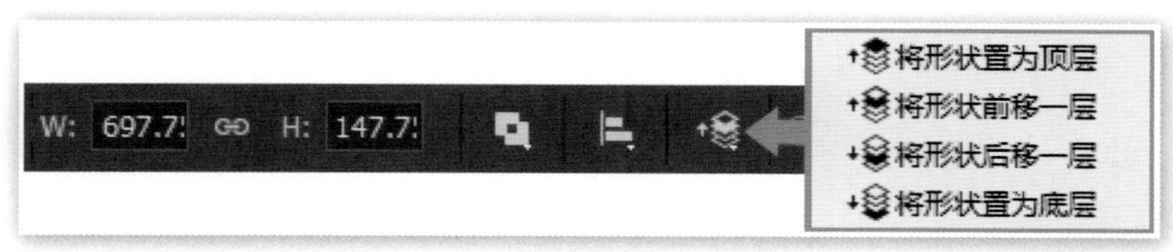

图 11-9-5

一般都是在使用减去方式时需要关注路径层次，因为它决定了被减去的对象到底是哪一个，而在合并、交叉和排除这三种方式中则无所谓。在设定三个或更多路径的运算方式时，层次的影响将会变得更加复杂，如果觉得力不从心则可以考虑分层或先行合并。

11.9.3　合并形状组件

对于一些确定的运算设定，在必要时可以通过拼合将多条路径变为一条，如图 11-9-6 所示。显而易见，拼合后的路径就形成了一个整体，两个组件之间不可再进行运算，同时也会失去实时修改形状的便利操作，因此非必要情况下不建议进行拼合。

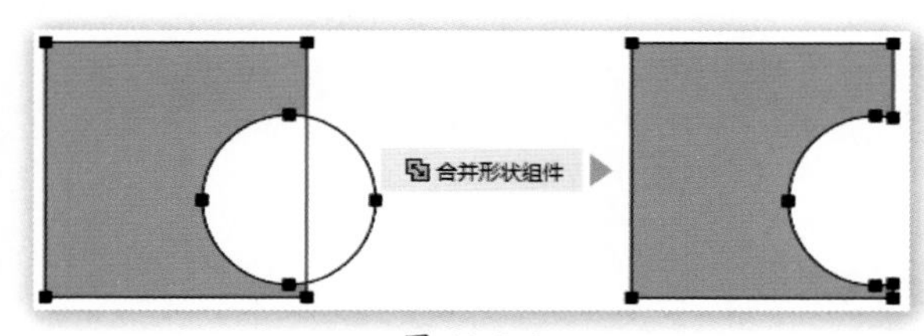

图 11-9-6

虽然合并路径会失去一部分可编辑性，但同时也能保护矢量作品不会被轻易修改。如合并路径后要实现如图 11-1-3 那样的修改就会比较麻烦，因此可在一定程度上避免被人修改后窃为己用的情况。如果大家今后从事设计行业，在向客户提交样稿时应转换为点阵格式（如保存为 JPG 等），在特殊情况下要求矢量格式时也应合并路径，而带有矢量运算原始信息的设计稿只限自己保留。

11.9.4　路径对齐

在合并路径时常会需要对齐路径以产生较规整的形状，路径对齐功能就位于路径运算选项的右侧。在使用路径选择工具选取需要进行对齐的路径后，选择相应的对齐方式即可得到对齐后的结果，如图 11-9-7 所示。

虽然对齐一般都是两个或两个以上路径之间的关系，但在只选择一个路径的情况下也可以使用对齐功能，将对齐方式设为“对齐到画布”后选择单个路径执行底边对齐，则该路径会被移动到整个画面的最下方，相关操作大家自行尝试即可。

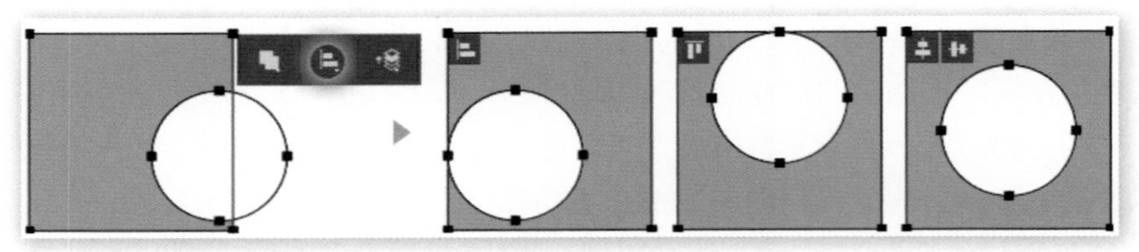

图 11-9-7

11.10 实战矢量制作

以上的一些路径知识理解起来并不复杂，现在大家需要掌握的主要是如何在实际操作中对其加以应用，本节将会结合实例进行讲解，大家在学习过程中应做到举一反三。

11.10.1 用矢量替换点阵

在制作香水广告的时候我们就曾说过，在学习完路径后要将其重制，这就是指用矢量路径替换原先的点阵内容。如图 11-10-1 所示为设计稿目前的状态，可以替换为矢量的就是色彩调整层的蒙版。

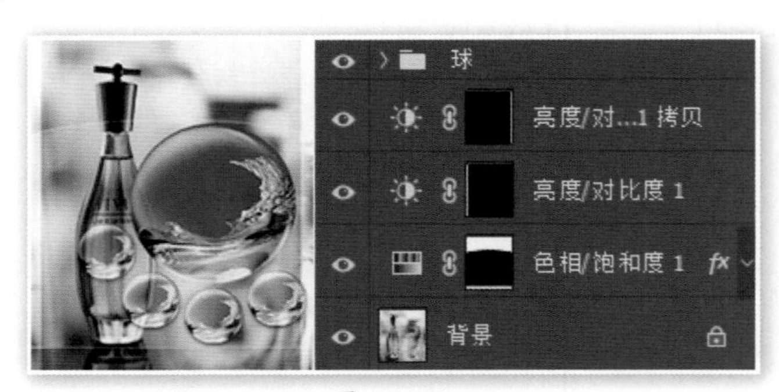

图 11-10-1

如图 11-10-2 所示为用路径重建原图弧形蒙版的大致思路，即先绘制一个矩形再使用钢笔工具添加锚点，然后将锚点向上移动即可形成弧形。这个过程比我们早前使用选区制作的方式要简单高效得多。

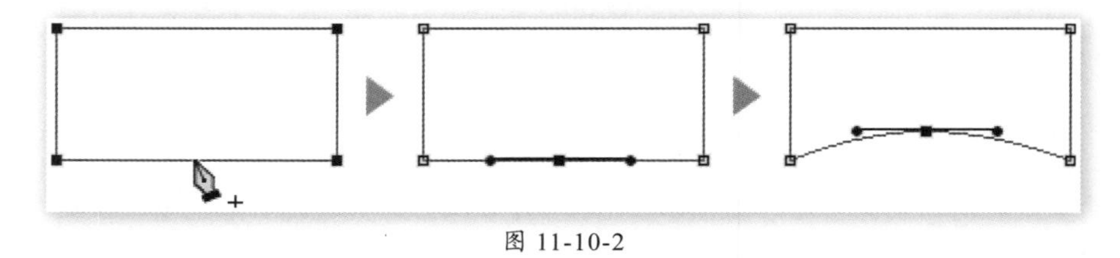

图 11-10-2

在这个色相饱和度调整层的蒙版中，除了上方的弧形以外，在下方还有一个矩形区域也需要替换为矢量，此时可以有多种方式来实现，这不是技术问题，而是一种制作思路。

首先最自然的方式莫过于使用运算功能添加矩形，即与原来的点阵蒙版内容相同，其缺点是需要再次绘制。可能大家觉得再次绘制不是一个问题，这是因为本例对形状的尺寸精度要求不高，只需要能覆盖顶部和底部区域就可以了。但在其他一些精度要求较高的操作中就需要仔细核对尺寸，这会降低效率。

避免重新绘制的方法也很简单，就是将已有的弧形路径复制一份，并通过删除和调整锚点将其改回为矩形，过程大致如图 11-10-3 所示。

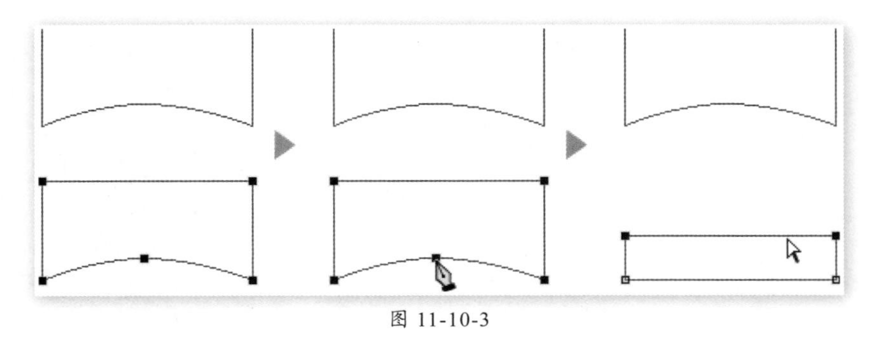

图 11-10-3

而实际上在本例中还有更简单的方法，那就是直接将复制的弧形路径移出图像的下边界，如图 11-10-4 所示。在对两边的原亮度调整层的蒙版进行矢量化时，也可以沿用这个方法。

由于只在图像有效区域内才会产生效果，因此边界外的路径并不会影响图像。整个操作就简化为两步：先用路径选择工具单击弧形路径，然后按住 Alt 键拖动复制到目的地即可，拖动过程中可按住 Shift 键保持直线轨迹。

在图中我们可以看到，弧形路径在水平和垂直方向上均有一小部分超出图像边界，这种做法是为了避免由于尺寸不精而在边界出现间隙。

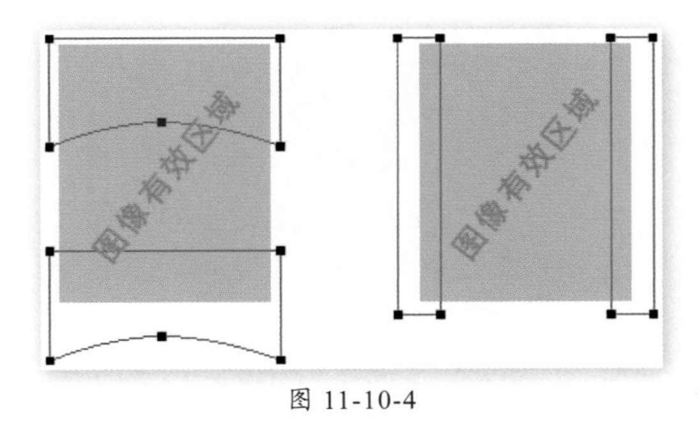

图 11-10-4

这种超边界的做法在制作印刷品时也同样存在。印刷一般是先将多页内容印在一张大纸上，然后再按照裁切线（即设计稿的图像边界）切割为指定的尺寸，而在切割过程中难免产生一些误差。当实际切割位置在裁切线以内时影响不大，但如果在基准线以外时就会产生白边而影响美观，因此此类印刷品的设计稿都有预留一些图像在裁切线以外，也称“出血”，出血尺寸一般为 3mm。

除了上面几种方法，也可以分别为顶部和底部、左边和右边的路径建立单独的色彩调整层，这样做的好处是可以使用不同的效果设定。

现在大家自己选择一种方式完成路径绘制，需要注意的是由于这里并不是要建立色彩填充层，而是要将路径作为蒙版，因此应选择路径方式而非形状方式来绘制。

完成绘制后确认路径面板中的路径（临时或固定均可）处于选择状态，确认在图层面板中选择了需要操作的图层，然后单击图层面板下方的新建蒙版按钮（或【图层 > 矢量蒙版 > 当前路径】）即可建立矢量蒙版，最后禁用（必要时可删除）原来的点阵蒙版即可，如图 11-10-5 所示。

图 11-10-5

现在可以充分利用矢量蒙版的可修改的特性，如图 11-10-6 那样制作出任意的形状来实现创意，接下来就留给大家自由发挥，在保持路径总数不变的情况下尝试做出美观的作品。

图 11-10-6

11.10.2 制作箭头

新建图像后使用矩形工具〖U〗的形状方式在图像中单击（注意不是拖动），将会出现尺寸设定框，使用这个功能可以准确定义形状的尺寸。完成矩形的绘制后切换到多边形工具，在公共栏中设定边数为 3，在路径选项中，选中“星形”以及“平滑缩进”，然后全程按住 Shift 键不放，在矩形的右方绘制一个三角星形。之后使用路径对齐功能将两者对齐。如图 11-10-7 所示。

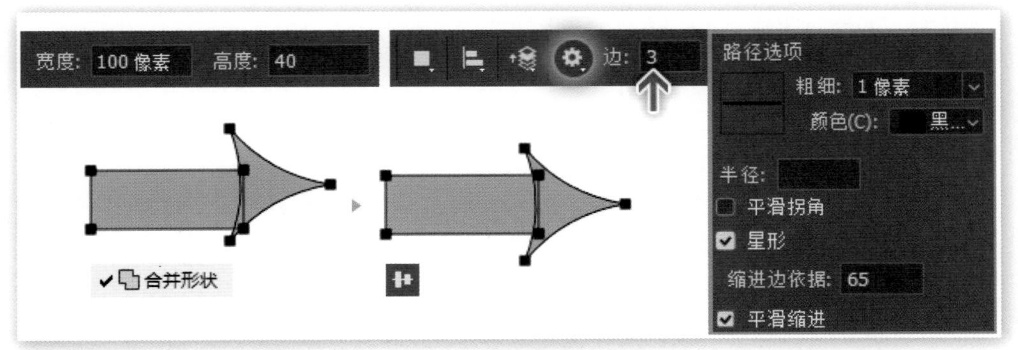

图 11-10-7

到这里大家可能会对我们强调全程按住 Shift 键有疑问，因为之前说过切换到添加方式的 Shift 键在鼠标按下后即可松开，添加方式会一直有效。但这里我们需要绘制一个星芒为水平方向的三角星形，这个水平方向的快捷键也是 Shift 键。

现在箭头是画出来了，本实例当然不会就这么简单，现在需要制作出如图 11-10-8 所示的两个效果，大家可以先考虑一下如何实现。

图 11-10-8

可能大家会想到使用描边功能来实现第一个镂空效果，这个思路是值得肯定的，因为这说明大家已经记住了形状层具备填充和描边两个属性。但由于箭头与后面的矩形在同一形状层中，因此描边设定会同时影响两者，如图 11-10-9 所示。虽然效果也不错，但并不是我们想要的。

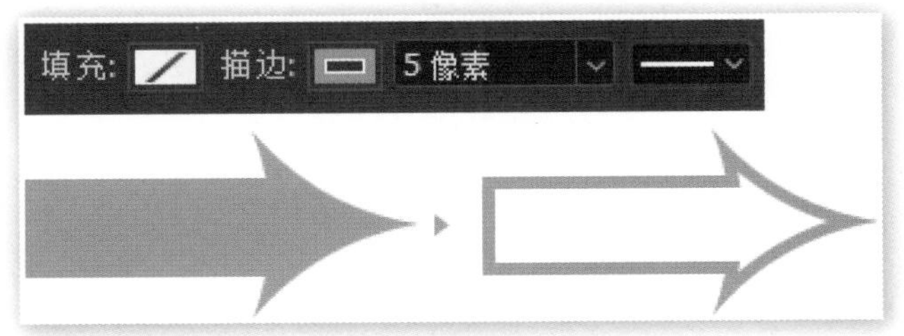

图 11-10-9

如图 11-10-10 所示就是制作过程，方法是使用直接选择工具复制出星形（按住 Alt 键拖动星形），然后使用自由变换快捷键〖Ctrl ＋ T〗将其缩小到合适尺寸，最后将复制出来的路径设为减去方式并移动到原星形中央，即可完成镂空效果。

在此基础上沿用上述思路实现第二个效果也很简单，过程如图 11-10-11 所示，先复制并缩小矩形，改为减去方式形成镂空矩形。然后再将原先的大星形复制过来并旋转和移动到合适的位置。必要时可将三条路径通过对齐功能垂直居中对齐。

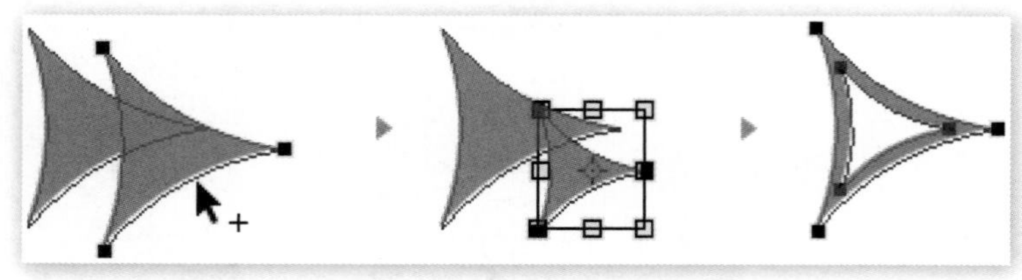

图 11-10-10

由于大星形的层次位置较高因此不会受到下方两个路径相减的影响，如果大星形也被减去，则将其的层次置顶即可。

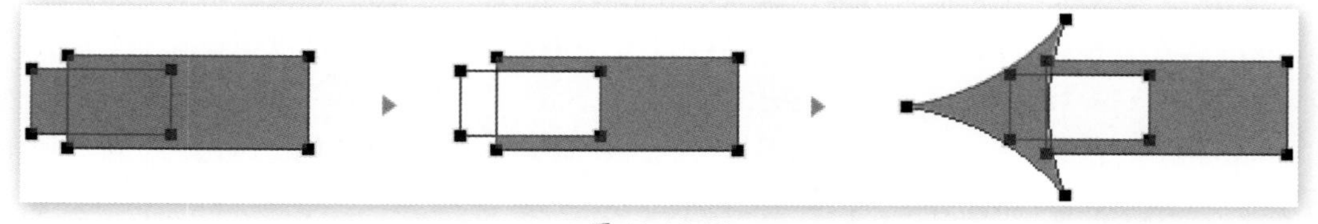

图 11-10-11

同样的效果还有第二种实现方法，如图 11-10-12 所示，先复制好大星形，将它与矩形一起复制到下方，将大星形设为减去方式，单独选择矩形并缩小其高度和宽度（缩小程度可与上方形状对比），之后将它们进行合并，得到了左边为小弧形的“弧边矩形”。最后将这个形状移动到原路径中并设为减去方式即可完成。

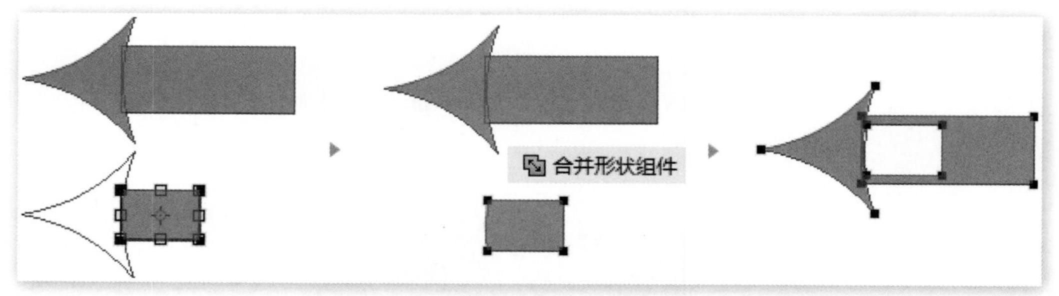

图 11-10-12

第二种方法虽是舍近求远，但我们从中学习到了另外一种制作思路。这两种方法谈不上哪个更好，只能说在最终效果已经既定的前提下，第一种方法更快速，第二种则更适合在创意思考阶段使用，则两种方法没有优劣之分。

第二种方法由于可以得到与星边同等的弧形，因此也可以实现一些独特的效果，如图 11-10-13 所示，为使用同样的方法制作出一个高度大于原矩形的弧边矩形，然后组合运用这些路径的运算关系，并视情况移动锚点后所做出的几个效果。

可以看出这个例子中的路径虽然少而简单，其调整手段也就是移动位置、更改运算方式、修改锚点位置这三种，但通过组合可以产生出很多效果。这就是路径设计的乐趣所在。优秀的矢量设计作品往往具备很高的商业价值，因此应该在创意上多思考，最简单的积累方法就是找一些优秀的设计作品并将其重现，这并不需要具备专业的美术知识，只需要毅力和时间。

图 11-10-13

11.10.3　制作徽标

这次的任务是制作如图 11-10-14 所示的徽标，首先看到这个徽标的上下两部分色彩不同，可以判断它可能并非是单一的形状层，因此需要思考的就是如何绘制这种 S 形边缘的半圆。

图 11-10-14

实际上这个半圆的绘制并不复杂，甚至还算是比较简单的，首先我们先绘制一个正圆形状，然后将其复制一份并更改为其他颜色，然后对复制出来的圆形路径进行修改，即先删除锚点后更改控制手柄形成 S 形路径，修改过程如图 11-10-15 所示。

注意 S 形路径的两条控制手柄最好互为平行且长度相等，长度相等的标准是控制手柄端点与圆的中央锚点保持垂直，如图中红色虚线所示。这么做是为了保证 S 形路径的起伏程度是平均的，这样复制该路径并旋转 180 度后能与原路径形成完整的圆形。

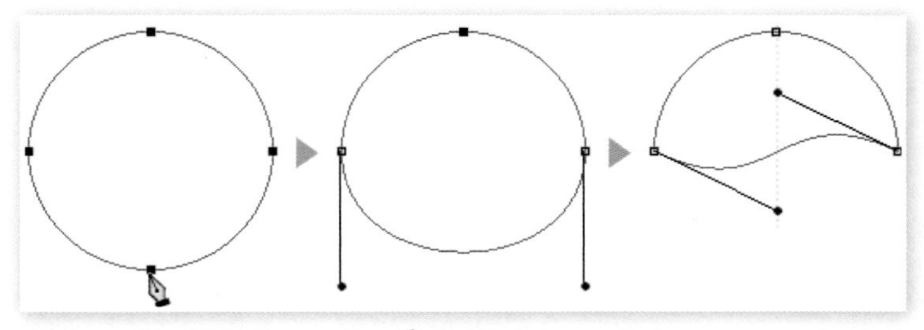

图 11-10-15

在操作中凭视觉是很难做到平均的，为了精确量化操作，可通过【视图 > 显示 > 网格】

或者快捷键〖Ctrl +’〗开启网格，并确认【视图 > 对齐到 > 网格】有效。此时鼠标的拖动轨迹会在每一个十字交叉线附近被自动吸附到交叉点，这样就很容易做到精确和平均了，如图 11-10-16 所示。

实际上大家最好在开启网格的状态下重新绘制圆形，因为这样可确保中央锚点也位于交叉点，方便之后的对齐操作。

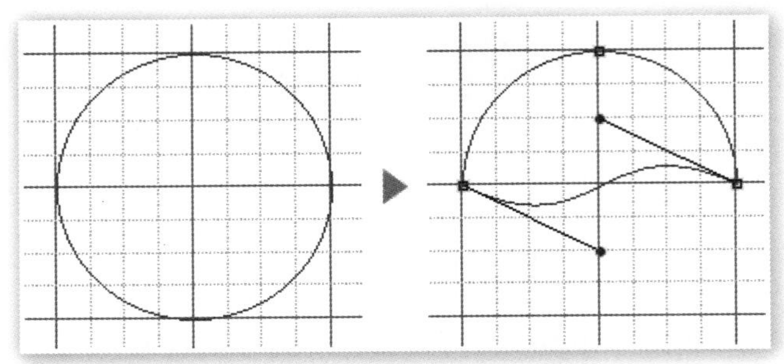

图 11-10-16

虽然通过网格做出了精确的效果，但其实在本例中对精度的要求并不很高，因此我们也可以通过半圆加正圆的方式来实现最终的效果，如图 11-10-17 所示。在这样的布局下即便不是十分精确也不会造成太大影响。

图 11-10-17

这里是为了让大家体会到精确量化的必要性，类似的操作在矢量设计中经常会遇到，因此学会使用网格是必须的。而掌握了精确绘制的技巧后，在实际执行中可以选择精确或不精确，具体要视情况而定。

可通过【编辑 > 首选项】或快捷键〖Ctrl + K〗，打开首选项设置界面，在其中的“参考线、网格和切片”项目中对网格的设定进行更改，如网格线间隔、数量、颜色和单位等。一般建议将单位改为像素以适应绝大多数的场合，本例只追求实现精确对齐，因而对网络的间隔单位并无特别要求。

两三步就能完成的实例明显不是本书的风格，现在更改效果做出如图 11-10-18 所示的形状，大家先自行思考一下该如何实现。

可能很多人首先想到的是将两个半圆各自移动一段距离，但这样会令正圆变为椭圆。其实上图的效果是在一个正圆中拦腰减去中间一段，整个图形外廓仍然保持正圆的形状。那么现在的问题就是如何制作出中间那一条“腰带”了。经过观察发现腰带的形状其实与之前制作出的 S 边形状是相同的，那么我们就通过 S 边来制作这个腰带。

图 11-10-18

我们要用刚才完成的半圆路径来处理，但直接修改其路径会同时改变形状层的填充效果，因此我们只取其路径进行处理。首先要将形状图层中的路径分离并复制出来，方法是在图层面板中显示并选择半圆形状层，此时路径面板中会出现这个形状层的临时路径，通过拖动到新建按钮的方式将其转换为永久路径，如图 11-10-19 所示。

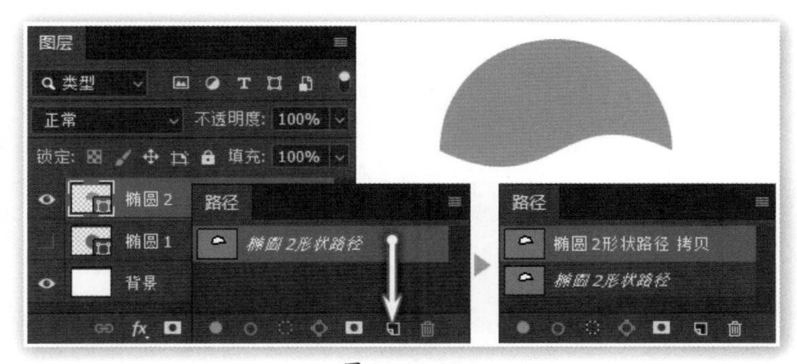

图 11-10-19

在对这条路径做修改之前，为避免视觉干扰可先隐藏形状层，并在路径面板中确认所需路径为选择状态，此时的图像应是“空无一物”的，能看到的只有这条路径，如图 11-10-20 所示。

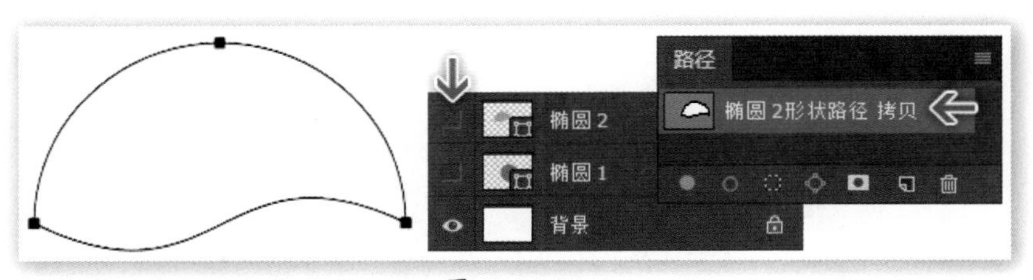

图 11-10-20

【操作提示 11.1】将封闭型路径转换为开放型路径

现在只需要保留半圆形路径下方的 S 形曲线，这实际上就是将封闭型路径转换为开放型路径，此时不能使用删除锚点工具，因为其不会形成开放型路径。应使用直接选择工具选择锚点后按下 Delete 键将其删除，即转换为开放型路径，如图 11-10-21 所示。

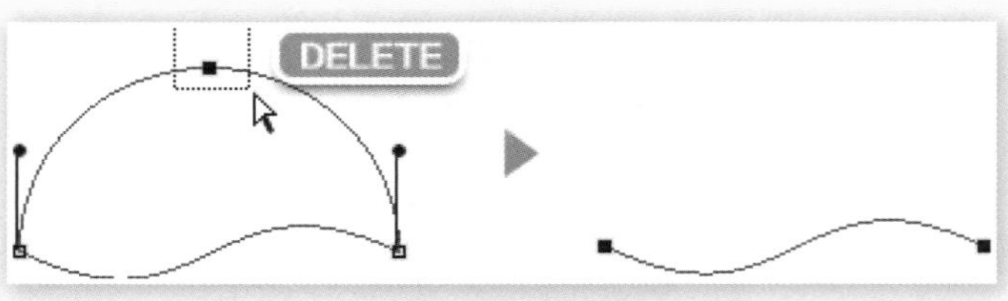

图 11-10-21

除了选择锚点进行删除以外，选择线段后按 Delete 键进行删除也会形成开放型路径。如图 11-10-22 所示为分别选择三条线段删除后的效果。这种删除操作也是一种制作思路，有时能得到不错的路径局部。

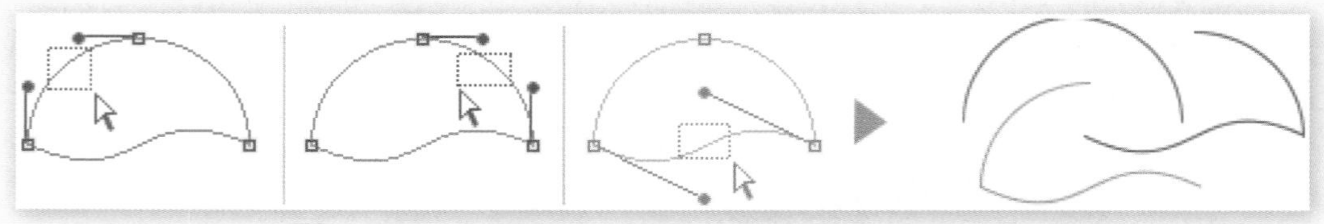

图 11-10-22

接下来如图 11-10-23 所示，按住快捷键〖Ctrl + Alt〗拖动这条 S 形曲线复制一份到正下方（可同时按住 Shift 键锁定直线轨迹），然后使用钢笔工具将两条曲线的端点连接起来，形成一个新的封闭型路径，这个形状就是需要从正圆中拦腰减去的那一部分。

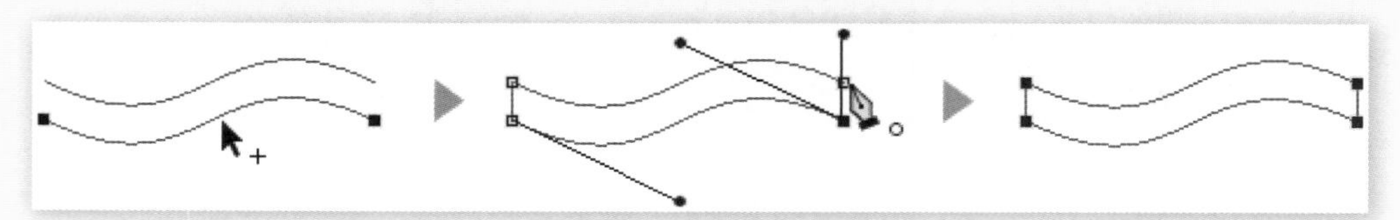

图 11-10-23

接下来的操作就会很顺利了，按快捷键〖Ctrl + C〗拷贝这条路径，接着显示正圆形状层后按快捷键〖Ctrl + V〗将路径粘贴进来，设为减去方式，并与正圆形执行对齐操作，如图 11-10-24 所示。

图 11-10-24

现在我们得到了用“腰带”分离的两个半圆，但题设中的上下两个半圆是不同的颜色，这意味着需要使用两个形状层来组合完成。那么对于现在的情况来说，应该将目前这个形状层的两个半圆形路径分成两个形状层。

但在操作时却发现无法分离，这是因为目前的路径看似两条实则为三条，只是以运算方式的“障眼法”组合在一起。因此现在需要对三条路径进行合并，如图 11-10-25 所示，合并后的路径数量变为了两条。

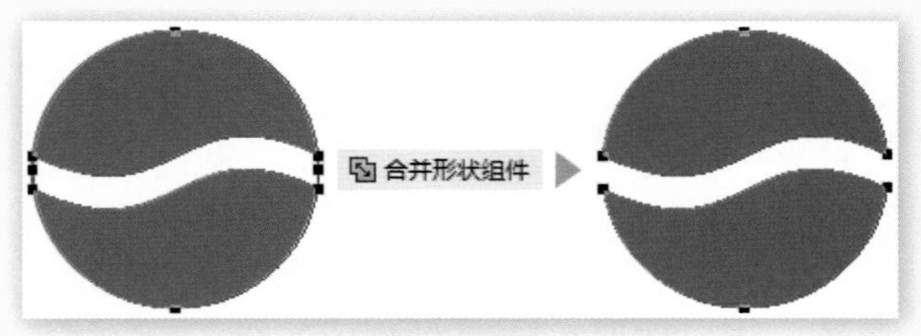

图 11-10-25

合并后的路径虽然是互不相干的两条，但已经无法单独选择，只能通过选择锚点来间接实现。使用直接选择工具选择其中一个半圆形的所有锚点后将其剪切，这样就只留下半圆形在图像中。

接着取消路径和图层选择，即路径面板中没有被选择的路径，图层面板中也没有被选择的图层，确认后将之前剪切的路径粘贴进来，此时应是以单纯路径的方式存在，如图 11-10-26 所示。

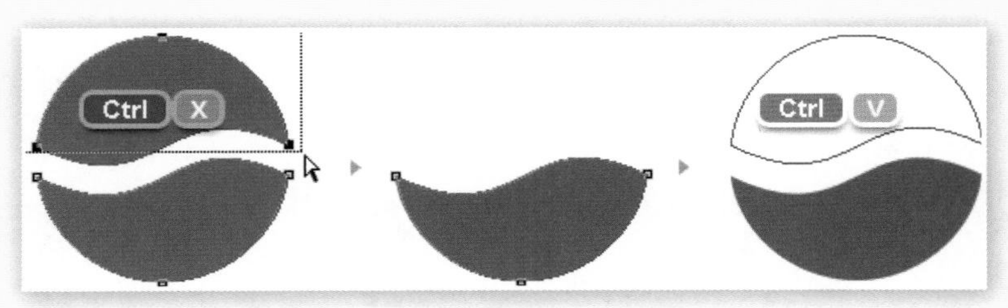

图 11-10-26

现在在图层面板底部单击建立纯色填充层，即可建立一个独立的形状层，设定填充色后即完成，如图 11-10-27 所示。

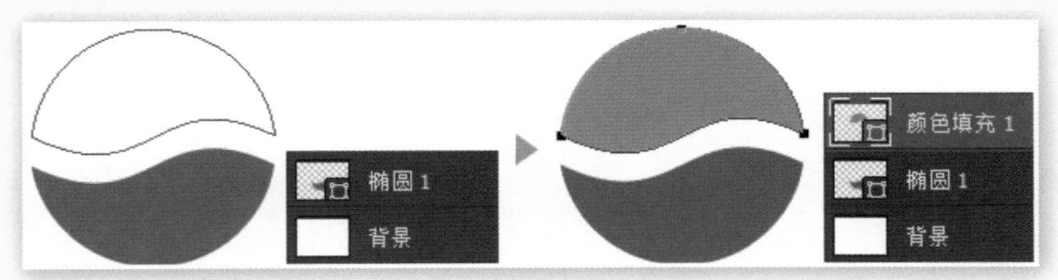

图 11-10-27

本例虽然看似难度不大，但大家在具体操作中却可能多次出错，其实本例所反映的就是实际工作中将会遇到的情况，因此大家需要反复练习，务求熟练掌握，并扩展思维设计出自己的徽标。如果大家认真学习了这个实例并做到了反复练习，就应该会在图 11-10-22 中发现一处错误。

11.10.4 制作连体字

将文字相连是常见的设计手法，要凭空绘制出文字路径需要较强的美术知识，不过在 Photoshop 中可以通过将文字层转为形状层的方法来实现，再对路径进行一些调整后，也可以做出不错的字体设计。

新建图像并输入“XD”两个字母，并将其通过【文字 > 转换为形状】或直接在图层面板上单击右键并选择“转换为形状”，这样文字就转换成了矢量形状层，具体如图 11-10-28 所示。

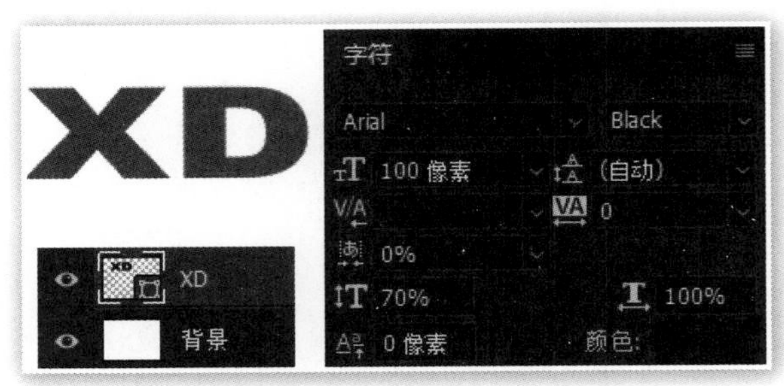

图 11-10-28

接下来就可以对文字进行修改了，如图 11-10-29 所示，首先将字母 D 向左移动些许，接着在下方添加一个矩形，高度约与字母 D 的下方笔划重合。

这种制作字体相连的方法较为常用，其原则是添加上的部分不应与原文字笔画粗细存在较大反差，以尽量避免破坏文字的可读性。

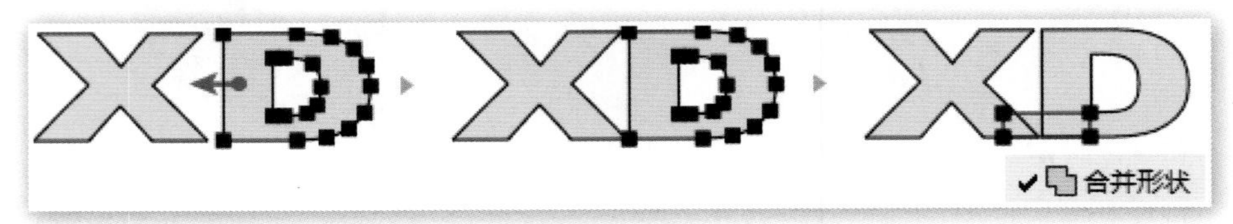

图 11-10-29

接着在字母 D 的笔划中减去一小块矩形，形成开口的效果。再移动锚点减少 D 竖向笔划的宽度。最后绘制一个三角形减去字母 X 的左下角，形成切口，如图 11-10-30 所示。

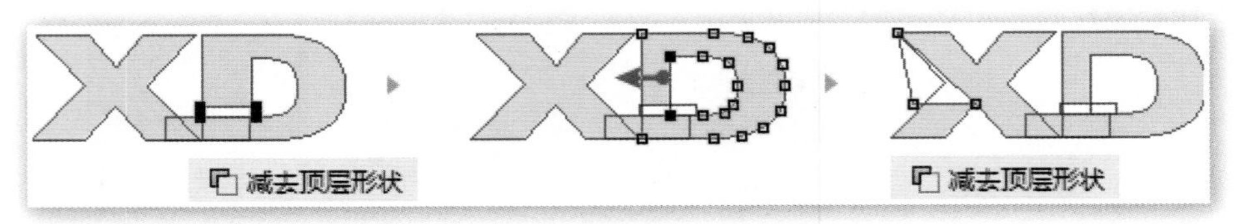

图 11-10-30

现在可以将其着色观察效果，如图 11-10-31 所示，可通过描边设定（A）和图层样式（B）两种方式进行。

这时可能会发现 X 的左上角没有处理好，并且字母 D 的开口在添加描边后又被封闭起来了，其原因都是“减得不够多”，通过移动锚点位置就可以解决了，如图 11-10-32 所示。

图 11-10-31

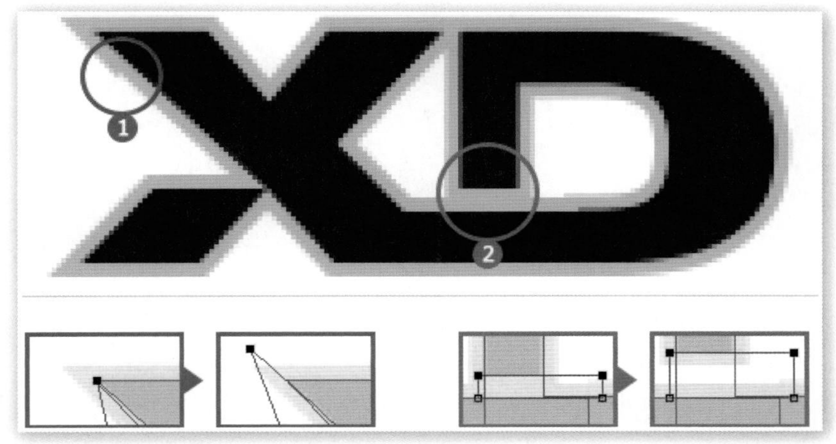

图 11-10-32

再次修改着色效果并添加图层样式后，差不多可以完成了。如果再增加一个覆盖文字的大矩形并设为排除方式的话，可以得到类似反相的效果，如图 11-10-33 所示。这两个成品都有各自适用的地方，第一个可用于浅色背景区域，第二个则可用于深色背景区域。

图 11-10-33

按照惯例，我们的实例都不会这样简单就结束，如图 11-10-34 所示为随手制作的 3 个衍生效果，其方法都很简单，无非就是缩放路径和移动锚点。大家尝试将其制作出来，可与素材 s1110.psd 对照，并自行构思其他的组合布局方式。

图 11-10-34

第 12 章　摄影后期

本章是大师之路摄影后期的精简版，主要专注于 ACR 的操作和一些基本后期理论的学习，需具备一定摄影知识与审美经验。

Photoshop 提供了专门对应摄影后期制作的工具，它就是 Adobe Camera Raw，简称 ACR。与传统的曲线等工具相比，ACR 的特点是依照摄影技术规范来提供各种操作选项，对于一位并无 Photoshop 基础的摄影师而言，可以不用理解曲线，只需通过调整曝光值来控制图像的明暗。ACR 的绝大部分操作都是通过滑块控制，相比 Photoshop 要简单许多。

ACR 在启动后相当于进入了独立的“小世界”，其中并没有涉及到 Photoshop 的部分，不存在选区、图层等内容，大家之前学过的知识此时都派不上用场。因此本章与之前的 Photoshop 部分是隔离的，可独立阅读学习，并可移植应用在专业后期软件 Lightroom 中。

12.1　初识 Camera Raw

Camera Raw 本质上属于组件，其可以在 Photoshop 中启动。也可以在未安装 Photoshop 的前提下，通过 Adobe 的图片管理软件 Bridge 来启动，这两种启动方式在进入界面之后的操作都是基本相同的。出于综合因素考虑，建议大家通过 Bridge 来启动 ACR。这样不仅节约系统开销，还可以实现一些批量管理操作。此外需注意保持 Camera Raw 的软件更新，否则有可能不支持某些新设备。

在 ACR 中的操作步骤是独立保存的，可使用快捷键〖Ctrl ＋ Z〗和快捷键〖Ctrl ＋ Shift ＋ Z〗来撤销或重做最近的操作。

12.1.1　了解 RAW 格式

RAW 格式是数码相机的元文件格式，记录着感光部件接收到的原始信息，因此具备最广泛的宽容度和中立的色彩。主流旗舰机型的相机的 RAW 一般均能记录 14 位色彩深度，即其 RGB 单色的亮度级别达到 2 的 14 次方也就是 16384 级。相比之下通用的 JPG 格式仅能支持 8 位深度的 256 级。虽然深度和宽容度并不能直接等同，但较高的色彩深度可以带来较大的宽容度，有利于后期处理工作。

相比之下，相机直接产生的 JPG 图像虽然可能具备艳丽的色彩但却缺少宽容度，并且基于其有损压缩的特点，在进行亮度或色彩调整时常会出现斑块状区域。因此要想获得良好的后期调整效果，应使用 RAW 方式进行摄影。

不同品牌的相机产生的 RAW 格式文件的扩展名各不相同，如佳能是 CR2、索尼是 ARW、尼康是 NEF 等。此外，Adobe 推出了适应未来统一标准的 DNG 格式，徕卡等品牌已支持该格式，前述各类格式也可转换为 DNG 格式。

12.1.2　界面组成

Camera Raw 的界面如图 12-1-1 所示，除了中间占大部分面积的图像显示区以外，几个常用区域编号如下：

（1）直方图和拍摄参数。在直方图上方左右两端的小方框可开关色阶溢出警告。

（2）各项参数的调整区。是主要工作的区域。

（3）各类小工具。其中最常用的是抓手工具，这些工具都有快捷键，将鼠标光标悬停在其上即会出现提示。

（4）视图切换区。

（5）照片列表区。可双击蓝色箭头处折叠，折叠后仍可在 4 区中选择列表中的其他照片。

（6）辅助功能区。可将制作好的图像独立存储或传送到 Photoshop 中。

如果不了解色彩校准的知识，建议在箭头 1 处单击，将色彩空间设为兼容性较好的 sRGB IEC61966-2.1 项目，可在很大程度上避免不同设备的显示差异问题。出于实际工作需要，建议至少选择能够显示 100% sRGB 色域的显示器，使用低于此规格的显示器可能会造成偏差，此外应设置足够的显示器亮度以便准确观察。

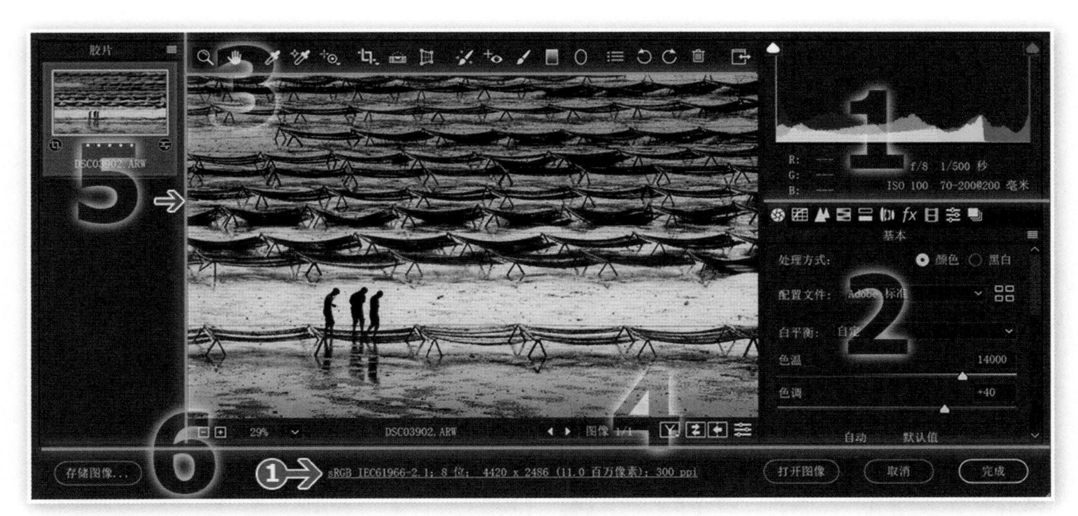

图 12-1-1　（赵鹏 摄）

12.1.3　关于设置的存储

在一篇正式的演讲稿中经常会有一些批注，注明了演讲时应注意的事项，如某些段落应缓慢、有些语句应高声等。批注并不是对演讲内容的更改，而是针对演讲稿的表现形式，

不同的批注内容可以形成不同的演讲风格。Camera Raw 并不会更改 RAW 的原始内容，而是将所做的调整单独储存，可以将其理解为 RAW 的“批注”。

这些“批注”内容默认存储在与 RAW 同名的 .xmp 文件中，在拷贝或备份时应注意不要遗漏，删除对应的 .xmp 文件会失去所做的所有调整。可在 RAW 中按快捷键〖Ctrl + K〗打开 RAW 首选项，更改存储方式，建议保持默认。此外部分格式（如 DNG）不会产生额外的 .xmp 文件。

12.1.4 工作流程

在 Camera Raw 中完成所需的制作后，直接单击右下角的“完成”按钮，所做的调整即被保存，一般并不需要将其输出为 JPG，仅在需要的时候单击左下角的“存储图像”按钮进行保存，如投稿、传递或发送到网络媒体等。再次开启照片进行制作时，所看到的将与上次离开时完全一样，所有参数均停留在之前的位置上，而并不是从零再开始。这一点类似于之前学过的色彩调整图层或智能滤镜。

一般而言，在 Camera Raw 中即可完成所有后期制作工作，如需将图像传送到 Photoshop 中，可单击右下角的“打开图像”按钮，此时 Photoshop 将启动并打开选定的图像。按住 Shift 键该按钮将变为“打开对象”，此时会直接生成智能对象层，可随时通过在图层面板中双击回到 Camera Raw 进行再处理。

12.2 后期基础知识

本节讲述关于后期处理的一些基础知识，掌握这些知识对于后面的操作是至关重要的，可以有效避免后期处理方向的偏离。

12.2.1 亮度的划分

与前期拍摄关注构图和各类参数不同，在后期处理环节中，当面对一幅照片时应首先关注其亮度，对图像中的亮度分布得到大致的了解。

亮度分为高光和阴影两个部分，它们的划分一目了然。其中高光就是指照片中较亮的部分，阴影则是指较暗的部分。在如图 12-2-1 和图 12-2-2 所示的两幅照片中，虽然拍摄时间不同，但同样都存在着高光和阴影区域，其中红点附近为高光，蓝点附近为阴影。

图 12-2-1（赵鹏 摄）

图 12-2-2（赵鹏 摄）

除了高光和阴影之外，还有白色和黑色。其中白色代表高光的极限，黑色则代表阴影的极限。相关应用将在后文介绍。

12.2.2　亮度差异的重要性

在我们的方法中，饱和度、对比度、锐化这几项参数是基本不动的。这是因为通常我们所认为的饱和度问题并不是饱和度问题，而是亮度问题。问题的核心在于亮度差异性不足，通俗来讲就是该黑的不够黑，该白的不够白。

而在解决了这个问题后色彩饱和度就会得到增强，比起直接增加饱和度选项来说，通过亮度差异性形成的饱和度更加真实，不容易产生溢出现象。如图 12-2-3 为 s1201.dng 在经过亮度调整前后的对比，可以看出饱和度和对比度已经得到了明显的改善。

类似图中的高光和黑色下降，阴影和白色上升的调整方法，简称为“左右右左”，可适用于绝大多数照片的基础亮度调整，各项参数根据实际情况适度调节即可。

图 12-2-3（卢增荣 摄）

除此之外，细节也源自于亮度差异，这是一个非常重要的概念。要想让照片呈现出足够的清晰度和锐度，首先要调整的并不是相关名称的参数，而是先要保障充足的亮度差异。如图 12-2-4 所示，在对 s1202.dng 的鸟类摄影照片进行“左右右左”的调整后，羽毛细节得到了增强，显得更加犀利。相比之下，单纯增加锐化的效果一般，且过度锐化容易形成噪点。

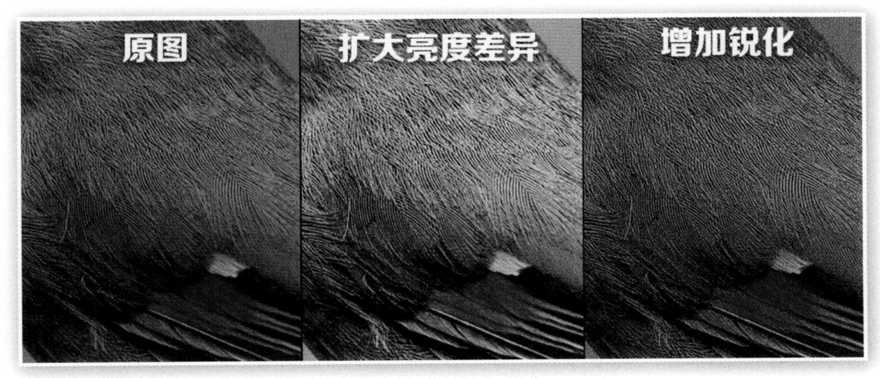

图 12-2-4（陈立 摄）

12.2.3 整体与局部的关联

在后期制作中，通常应当先对照片整体进行调整，主要是亮度调整，也就是高光、阴影、白色、黑色几项数值，调整目标是令高光区域不过曝，以及暗调区域有细节。此时如果有小部分区域未能达到理想状态也不必介意，以绝大部分区域为准即可。

由于前期拍摄的局限性，画面影调很难一次性表达到位。因此完成整体调整后就需要进入局部调整阶段，其过程以亮度调整为主，简单来说就是针对各个区域进行提亮或压暗，这个过程应遵循作者自身的表达意图。表达意图可以千变万化，但摄影最基本的表达是体现主体。那么提亮或压暗就应该以突出主体为基本目标来进行，并根据题材适当强调一些特征元素。

如图 12-2-5 所示为对一幅照片的后期处理效果，可以看出对画面中的各类元素分别予以提亮和压暗。突出了人物的动作，淡化了干扰因素，另外也对环境进行了必要的交代。

图 12-2-5（赵鹏 摄）

需要注意的是，局部调整的效果不是独立的，而是建立在整体调整之上的。如果完成局部调整后又更改了整体参数，可能需要再对局部进行适应性调整。比如将某个局部提亮后，又增加了整体曝光，那么原先的那个局部可能会呈现为过曝状态，此时需要相应地降低原先局部的提亮幅度。

12.3 整体调整

整体调整是后期制作的首要工作，主要在全局范围内改善原图在前期拍摄时的一些问题，如曝光、白平衡等，是进行局部调整的基础。

12.3.1 基本项目

基本项目中包含亮度参数、白平衡、饱和度及细节四类参数，如图 12-3-1 所示。其中 1 号标记处是切换彩色与黑白方式。2 号标记处的白平衡设置与相机机身所带的基本一致，如果前期拍摄时白平衡设置错误，可在此纠正。3 号标记处的“自动”功能可根据照片自动调整，但这个自动调整的效果是电脑对图像的判断，未必符合摄影审美。同时为了巩固关于亮度的知识，建议大家前期都通过手动进行调整。

图 12-3-1

曝光是数码照片的首要因素，在实际拍摄中可能因为各种原因没有得到正确曝光的照片，如素材图片 s1203.NEF 就属于严重欠曝的类型。此时虽然可以简单地通过增加曝光数值将其纠正，但照片看起来会显得偏灰，这是因为曝光数值上升的同时增加了高光和阴影，缺少足够的亮度差异。而亮度差异的重要性之前已经说过了，它直接影响着对比度、饱和度和细节等几大要素的体现程度。

可以将欠曝现象的概念转换为“该白的不够白”，这样上升白色数值也可以纠正欠曝现象，并且由于这种方式没有改动阴影，因此可保持亮度差异。两种调整方式的效果对比如图 12-3-2 所示，不难看出右侧的画面效果较好，原因就是亮度差异较大。

图 12-3-2（卢增荣 摄）

这个例子是为了让大家对亮度划分和亮度差异性两个概念有更直观的体会，并不是说就不允许用提升曝光值来纠正欠曝。事实上，在增加曝光的同时降低黑色，也能营造出亮度差异。

白平衡决定了照片的基础色调，无论前期拍摄时如何设定，此时都可通过更改白平衡来进行调整，如图 12-3-3 所示为对 s1204.NEF 使用自动白平衡的效果，也可手动设定具体的数值，或使用白平衡工具〖I〗在画面的理论灰度区单击。

除了纠正前期错误的白平衡以外，今后也可以利用白平衡偏移来进行后期特效制作。

图 12-3-3（卢增荣 摄）

在基本项目中的其他一些选项如纹理、清晰度、去除薄雾等，其作用效果基本与其名称一致，我们将在后文中结合实例进行介绍。而其中的两个饱和度选项在我们的课程中一般是不予调整的，因为通过前面的知识大家已经知道，饱和度问题应通过亮度差异去营造。在局部调整时才可能用其制作色彩对比效果。

12.3.2 重新构图

构图是摄影表达的重要手段，但在拍摄时可能由于各种原因而无法获得满意的构图，可如图 12-3-4 所示通过裁剪工具〖C〗对 s1204.NEF 进行重新构图处理。其使用方法与 PS 的自由变换差不多，主要就是构图框的控制，如角点缩放和旋转等。建议在裁剪框出现时单击右键选择适当的比例。并将“显示叠加”与“限制为与图像相关”选项开启，前者可以提供视觉参考线，后者可避免超出图像有效区域。

Camera Raw 中的重新构图并不会删除任何图像，构图框之外的图像只是被隐藏起来了，任何时候重新选择裁剪工具〖C〗，都可以对构图进行再调整。

图 12-3-4

在裁剪工具右方的拉直工具〖A〗可用来纠正水平或垂直线，使用方法是选择后手动在画面中拉出一条理论上应该是水平或垂直的线条，或直接双击该按钮让电脑自动判断。最终结果也将以构图框形式出现，确认后生效。使用该工具时注意要选择正确的图像比例。

虽然后期重新构图很方便，但应在积累经验后在前期拍摄时就完成正确的构图，而不应养成依赖后期构图的习惯。

12.3.3　色系调整

在 HSL 调整项目中色彩被分为了 8 个色系，可以分别控制它们的色相、饱和度和明亮度。其调整原理类似 Photoshop 中的“色相 / 饱和度”调整命令。

如图 12-3-5 所示，在调整素材图片 s1205.dng 中蓝天的饱和度时，仅下调了蓝色系的明亮度，色彩即被有效还原，且比仅上调蓝色饱和度的效果显得更加自然。

图 12-3-5（卢增荣 摄）

之所以调整亮度，是因为色彩饱和度的表达必须基于合适的亮度。亮度太高则色彩偏灰白，太低则会偏灰暗。如果要增加高光区域色彩的饱和度，应首先下调其亮度。高光区域的饱和度不足问题大都是由亮度太高造成的。

同理，如果需要增加位于阴影区域的色彩饱和度，也必须保证其有足够的亮度，因此上调亮度也比仅上调饱和度更加有效，如图 12-3-6 所示，大家可自行进行对比操作。

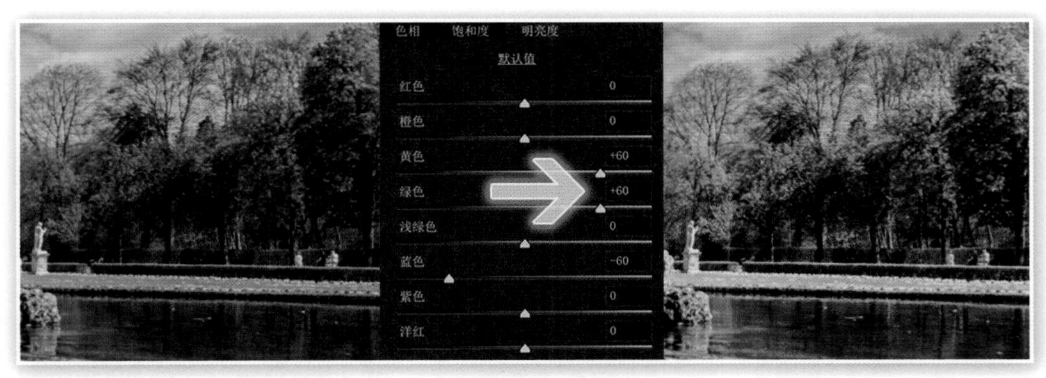

图 12-3-6

通过这个范例，我们大家要正确了解色彩饱和度和亮度的关系，尽量依靠亮度调整来还原饱和度，注意这里所用的词是还原而不是改变。在调整时应避免大幅度的改动，否则容易在一些明暗交界的区域出现亮边或暗边。

另外需要注意的是某些物体可能是跨越多个色系的，如图例中的植物跨越了黄色和绿色，因此在调整时要适当进行匹配调整。在不确定的情况下，可以尝试拉动相邻色系的滑块试试效果。

12.3.4 黑白处理

在转换为黑白模式（见图 12-3-1 中的标记 1 处）后 HSL 调整会变为黑白混合。此时这里的参数是用来控制原先各色系在黑白状态下的亮度值，如图 12-3-7 所示为调整前后的效果对比。

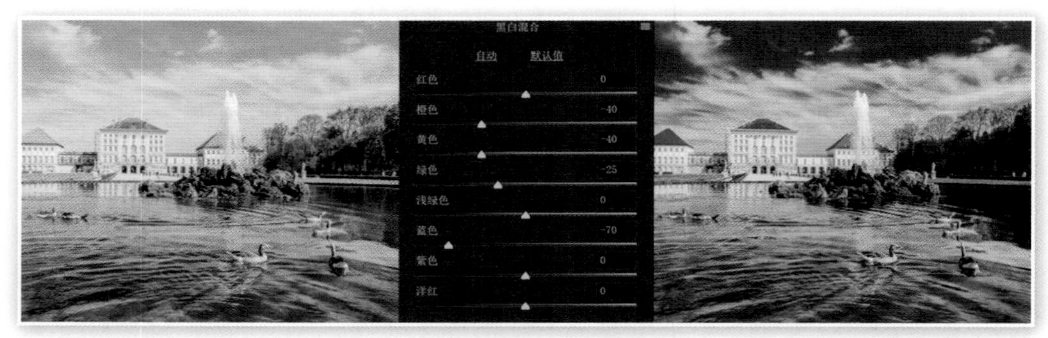

图 12-3-7

由于在黑白状态下不再有颜色的区分，画面的细节和影调就要依靠亮度来表现，因此缺少充分对比的彩色照片在黑白状态下常显得平淡无奇。此时就有必要充分表现图片的细节和影调，并以此为中心对各个色系的亮度进行再分配。除了黑白混合项目中的数值，基本项目中的曝光和白平衡等选项也会对黑白效果产生影响，可综合加以运用。

12.3.5 画面细节

当画面中存在明显的噪点时，可通过细节项目中的“减少杂色”来消除，将其中的明亮度滑块拉到最右方，即可消除画面中的任何噪点，使图像变得平滑。特别是在针对前期高 ISO 拍摄或曝光不足的照片时特别有效。如图 12-3-8 所示为对 s1206.dng 进行降噪的效果对比。

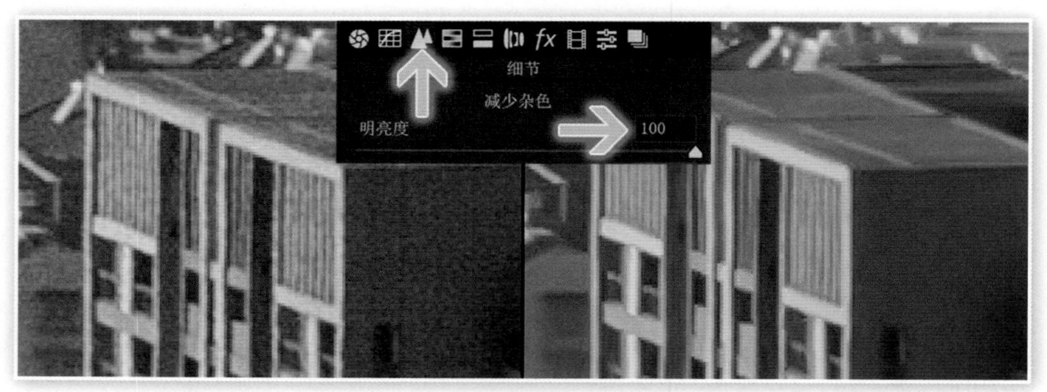

图 12-3-8

在进行降噪处理之后会发现照片中的细节也受到影响而变得模糊。这是因为细节和噪点本质上都属于杂色，因此减少杂色会对两者同时产生影响，只是出现在我们不希望的区域时称它为噪点，如果出现在我们觉得有用的区域时就称它为细节了。如何有效分配杂色的分布区域是衡量后期水平的一个重要标准。

在这里需要了解一下图像的连续区域和边界区域这两个概念。简单来说，连续区域就是指颜色和亮度变化不大的区域，没有明显的线条或边界，如图 12-3-9 中的楼房外墙。边界区域就是指存在颜色或亮度变化较大的区域，具有明显的线条感，如图中的阳台和窗户边缘等。

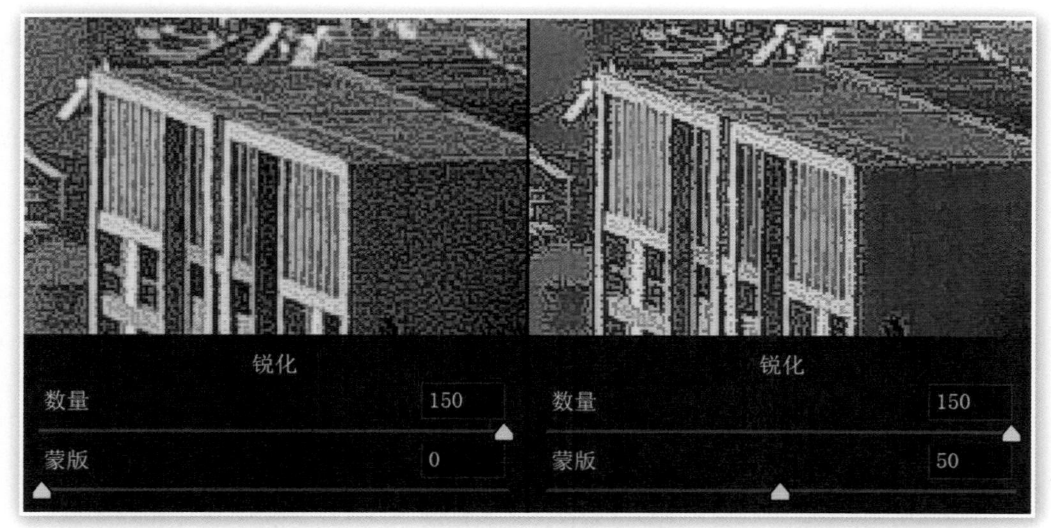

图 12-3-9

就大部分情况而言，处理的思路是将杂色保持在边界区域，有利于使图像显得清晰和锐利。而在图像的连续区域中则应尽量减少杂色，使其看起来平滑柔和。这也是今后进行局部调整时的重要指导理念。

基于这个理念，在使用锐化选项时，由于锐化会增加噪点，那么如果只是增加锐化数量，会令边界区域和连续区域都产生噪点，使图像显得粗糙。但如果同时配合锐化蒙版选项，随着蒙版数值的增加，可以动态地看到锐化效果被控制在了边界区域内。

在我们的后期制作方法中是禁用整体锐化选项的，因为其效果不易控制。如果要得到锐化的图像首先要保证充分的亮度差异，并在此基础上针对局部再做调整。

12.3.6　畸变校正

在低角度使用广角镜头拍摄高大物体时容易产生梯形透视畸变，按快捷键〖Shift ＋ T〗可利用变换工具对其进行补偿修正。可使用素材 s1207.dng 进行，在选择变换工具后，在画面中理论上应该是垂直和水平的线条处画出参考线，再通过裁剪工具〖C〗减去空白区域即可。过程如图 12-3-10 所示，并在校正后进行了“左右右左”的基础调整。

参考线最少为两条最多为四条，水平或垂直方向的数量没有限制，可以像图例中的两横两竖，也可以三横一竖或全部竖向等。

图 12-3-10

在以中长焦全景拍摄人物时，由于构图上的一些限制，很难通过低角度来增强人物的视觉高度。此时可利用校正的相反操作，人为地营造一些有利于图像视觉表现的畸变。如图 12-3-11 所示，对素材 s1208.dng 规划两条类似漏斗形的垂直参考线，即可营造出轻微的梯形畸变，从而使得人物显得修长。

图 12-3-11

这种营造出来的梯形畸变将主要集中在图像下半部分，上半部分的变化程度较低。配合全景人像即可实现上半身长度基本不变，下半身长度明显增加的效果。在使用该方法调整时应尽量轻微，一点点的参考线角度都会有明显的效果，过大的角度会令效果失真。必要时配合使用横向或纵向补正来避免产生空白区域。

12.3.7 使用快照

快照功能可以将当前对照片的所有操作存储起来，在需要时调用。快照中的项目各自独立，彼此之间没有关联。快照并不是存储图像内容本身，而仅存储与图像相关的设置和参数，几乎不占用硬盘空间，在数量上也没有限制。

利用这个功能可以建立多个调整效果，方便进行效果对比，或见证自身后期水平的进步。建立快照的方法是在右方找到快照面板，单击下方的新建按钮，输入名称即可，如图 12-3-12 所示。快照名称可以是英文、数字或中文。

图 12-3-12

已存储的快照可通过两种方式使用：一是预览；二是应用。将鼠标滑动到快照名称上（切勿单击）即可预览快照中存储的效果，移开后即可恢复原有的设置和参数。如果在快照名称上单击即为应用，那么快照中的存储会覆盖现有的设置和参数。

建议在应用快照之前，将当前的状态再新存储为一个快照以备用。如果不小心单击应用了快照，可通过快捷键〖Ctrl ＋ Z〗撤销，多次使用可多步撤销，按快捷键〖Ctrl ＋ Shift ＋ Z〗可多步撤销。如果运用了较为复杂的调整方法，或电脑的性能不高，那么快照的预览和应用的速度可能会较慢。

在已有的快照项目上单击右键可出现如图 12-3-13 所示的菜单，可在此对快照改名、删除或覆盖。为了避免误操作，建议不要改名或删除，还是以建立新快照为妥。

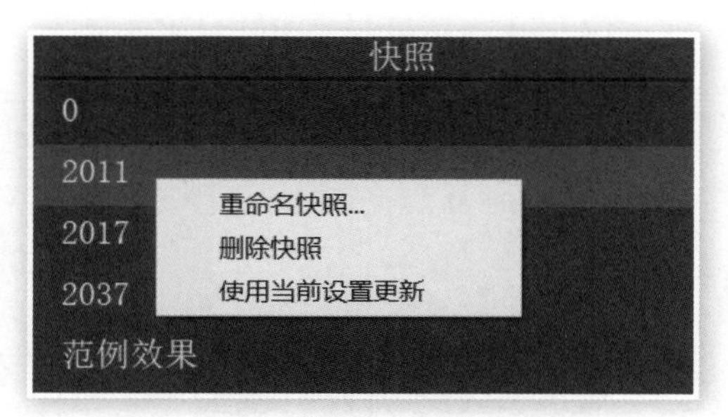

图 12-3-13

需要注意的是，快照存储后需要在 Camera Raw 右下角单击“完成”按钮后才真正保存下来，如果单击“取消”则不会保存。出于制作上的便利，建议大家第一次打开照片尚未进行任何调整之前，先行存储为一个快照，这就相当于保存了原图状态，方便今后进行比较或恢复。

如果遇到之前未事先在快照中保存又需要找回原图状态的情况。可以在 Bridge 列表中的缩览图上单击右键，在出现的菜单中选择【开发设置 > 清除设置】，该操作不会影响已存储的快照。

12.4 摄影后期的“两法一律”

“两法一律”是大师之路摄影后期制作的理论指导体系，解决后期如何入手、如何实施和如何优化提高的问题。由于其核心思想与摄影美学一致，使前期拍摄与后期制作不再独立，而是将两者贯穿起来形成统一体。

在这套体系中，前期与后期可相互促进形成螺旋上升，使得拍摄者可以实现自我提升。由于其大部分实现手段是基于局部调整的，因此在进入下一步学习之前应先行掌握。

12.4.1 后期三步法

后期三步法是解决后期如何入手的问题，具体由三个步骤组成，顺序为：确定主体、引导视线、提取元素。

主体一般是在前期拍摄时就已经确定好了的，严格来说不属于后期的范畴，但可通过重新构图等操作对其加以改进。引导视线是指要吸引观众去注视主体，当看向作品时应首先注意到主体的区域，具体内容属于视觉权重律。提取元素则是指在解决主体视线引导后，如何进一步增强画面的表达性，具体内容属于创意迭代法。

12.4.2 视觉权重律

视觉权重律用来解决如何有效引导视线的问题，它由三个方面组成，分别是：亮度权重、色彩权重、细节权重。照片中的主体应具备最高的视觉权重，一般来说就是主体的亮度要相对最亮、色彩相对最丰富、细节程度相对最高。

其中亮度权重最简单有效，因此也最常见，它对应摄影对比手法中的明暗对比。如图 12-4-1 所示为对素材图片 s1209.dng 中主体进行的明暗对比处理。

图 12-4-1（赵鹏 摄）

在风光题材中经常运用到的冷暖对比其实就是色彩对比的一种。色彩权重可分为白平衡和饱和度对比两类，白平衡对比是通过色温（蓝与黄）与色调（绿与洋红）实现，如图 12-4-2 所示。饱和度则是通过色彩饱和度的参数实现。色彩权重常与亮度权重配合使用，如图 12-4-3 所示。

图 12-4-2（赵鹏 摄）

图 12-4-3（李汝明 摄）

细节权重可以理解为清晰度对比，它通过使主体保持较高的清晰度和较高的锐利度来形成主次区别，在前期拍摄时能够与之对应的就是景深控制，但景深范围内的事物之间则很难再进行区分，因此细节权重可以认定为是后期专有的一种权重。如图 12-4-4 所示，通过弱化周围麦穗的细节来确保主体的视觉权重。

视觉权重律最常见的应用是正向运用，即主体的亮度、色彩和细节高于其他区域。除此之外对于合适的作品也可采取反向运用达到效果。如图 12-4-5 所示为同一幅照片在正向和反向两种运用下的效果对比。

图 12-4-4（郭兴华 摄）

图 12-4-5（林完生 摄）

12.4.3 创意迭代法

上文说过明确的主体、有效的视线引导是后期制作要达到的基础要求，那么如何实现继续优化就是创意迭代法要解决的问题。优化的方向既可以是对原作的细化，也可以用来表达独特的创作意图。

要实现作品的细化首先要体察到细节的存在，而后才谈得上对其进行制作，这就需要对作品进行观察。细节广泛存在于照片的各个部位，可以将其按照“承载部”和“辐射区”进行分类，并依据“递进处理”的原则进行细化。

“承载部”是对主体的逻辑存在有支撑作用的部位，一般与主体区域有交集，沿着主体区域向外延伸且保持紧密相邻。“辐射区”是指虽然与主体不相邻甚至相距较远，但依然有重要意义的区域，前者是为了令主体合理存在，后者则是为了使情节表达完整。如图 12-4-6 所示中 1 号为承载部，2 号为辐射区。

图 12-4-6

“递进处理”指的是在划分好的主体区域、承载部和辐射区内，对内容展开深层次的处理。如图 12-4-7 中所示为对素材图片 s1209.dng 的人物面部所进行的递进处理，其中综合运用了亮度、白平衡、锐化等多项内容。一般对主体区域的递进程度宜深入些，在递进处理下一个区域时，也需根据情况再次划分出主要和次要部分，并进行相应的合理调整。

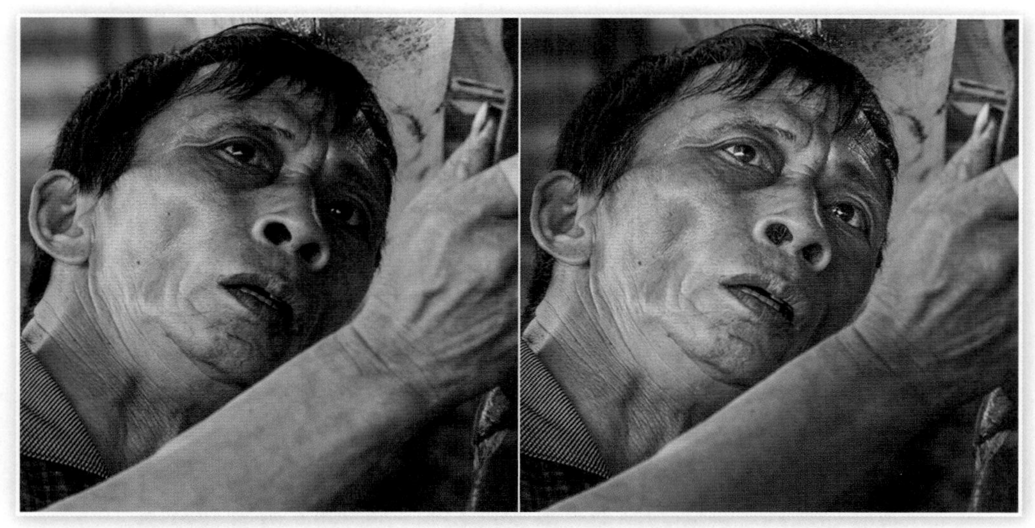

图 12-4-7

在创意迭代阶段最重要的就是时间的投入。必须用足够长的时间观察作品，一些细节才会逐渐被发现，这里就涉及后期时间比例的问题。后期的时间可分为思考和操作两部分，通俗来说就是“想”和“做”。在同样的时间内，思考所占的比例越高则作品的细节可能就会越丰富，因为会有更多的细节会被发现和处理。反之，如果在操作上消耗了太多时间则思考的空间就被压缩了。无论使用什么软件，提高操作效率都是创意实现的有力保障。

“两法一律”虽然是针对后期的理论，但与摄影前期要求是高度一致的，即要通过合理的构图、适度的光线和丰富的影调来展现作品。优秀的后期是对前期未能完美表达的摄影要素进行完善，是前期的合理延续，而不应该是颠覆性改动或内容拼凑。

12.5 局部调整

整体调整虽然是基础操作，但其效果是平均分布在图像中各个地方的，如果要针对某个区域进行调整，就需要使用局部调整工具进行。局部调整工具主要有三种，从易到难分为直线渐变（渐变滤镜）、椭圆渐变（径向渐变）和画笔。

只要掌握了前面的整体调整知识，进行局部调整的操作也就十分简单了，无非就是具体工具的使用方法而已。局部调整是后期制作的高级阶段，大部分优秀作品都是通过合理应用局部调整而得到的。

12.5.1 使用直线渐变

直线渐变又称渐变滤镜，使用方法为选择直线渐变后，从靠近画面下边缘的区域按下鼠标向上拖动出一个区域，同时右侧会切换到局部调整的面板状态。在右方参数中把曝光值下降为 -1.50 左右，其他参数均保持为零，就会看到明暗过渡效果，如图 12-5-1 所示，素材图片为 s1210.dng。

图 12-5-1

直线渐变所产生的绿色和红色两条虚线之间为参数的过渡区域，从绿线开始向红线逐渐淡化。可以看出曝光参数为负的情况下，直线渐变会产生变暗的效果，从绿线开始往红线方向逐渐变淡，到红线处完全消失，红线之外是未经调整的区域。这可以形象地理解为“绿灯行红灯停”。

绿线和红线之间的区域是参数淡化过渡区域，但调整效果并不是在红、绿两条线之间，而是从绿线方向的图像边缘就开始，在到达绿线处开始过渡淡化，到达红线处过渡结束。

因此适当调整红、绿两条线的位置可以改变渐变的范围和角度。如图 12-5-2 所示，在虚线上的标记 1 处附近拖动可移动虚线，在标记 2 处及外部拖动可改变角度，在标记 3 处拖动可同时改变两条虚线。此外直接移动红、绿两点也可实现修改。

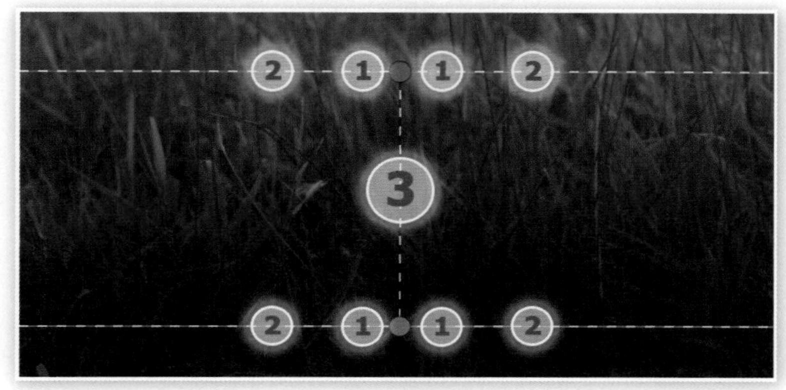

图 12-5-2

如要添加更多渐变，可在图像的其他地方直接添加。如图 12-5-3 所示为在图像上方的天空部分也添加一个直线渐变调整，曝光参数设置为负的基础上，适当将色温偏向蓝色。

需要注意的是，之前的局部设定参数会沿用到新的局部调整中，包括直线渐变、椭圆渐变和画笔，比如这次新画的直线渐变就直接附带了之前曝光下降的设定。因此如果新的局部调整与之前的有较大差异时，最好将参数归零后再做调整。

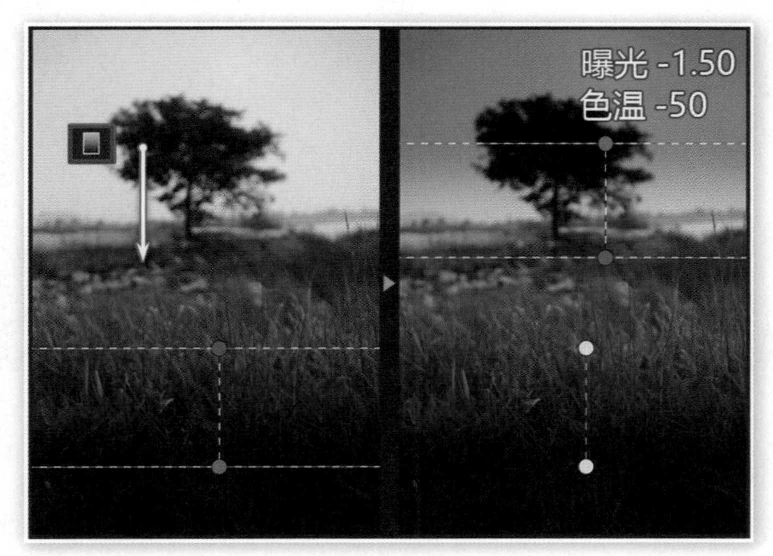

图 12-5-3

直线渐变的参考线在切换到其他工具或回到全局调整界面时会被隐藏，再次选择直线渐变工具后，原先调整过的位置会显示为白点，如图 12-5-4 所示。此时用鼠标单击将其激活后，即可再次对其进行形状位置或参数的调整。

图 12-5-4

在启用局部调整工具时，右下角均有“叠加”和“蒙版”两个选项。关闭“叠加”选项可隐藏参考线和参考点，建议保持其开启。

开启“蒙版”选项可从视觉上显示局部调整的作用范围，默认为白色，如图 12-5-5 所示。单击其右方的色彩方块可更改视觉色彩，建议选择与画面内容有较大差异的色彩。需要注意的是，该选项开启时调整参数的效果将临时被隐藏，关闭后即可恢复。

图 12-5-5

12.5.2 使用椭圆渐变

椭圆渐变又称径向渐变，调整范围为椭圆形的区域，在椭圆边界带有过渡淡化，效果如图 12-5-6 所示。右方的各项参数与直线渐变是相同的，另外在下方多出羽化和效果这两项专属参数。其中羽化可调整边缘过渡程度，效果决定椭圆的作用范围是在内部还是外部。建议将羽化数值保持为 50。

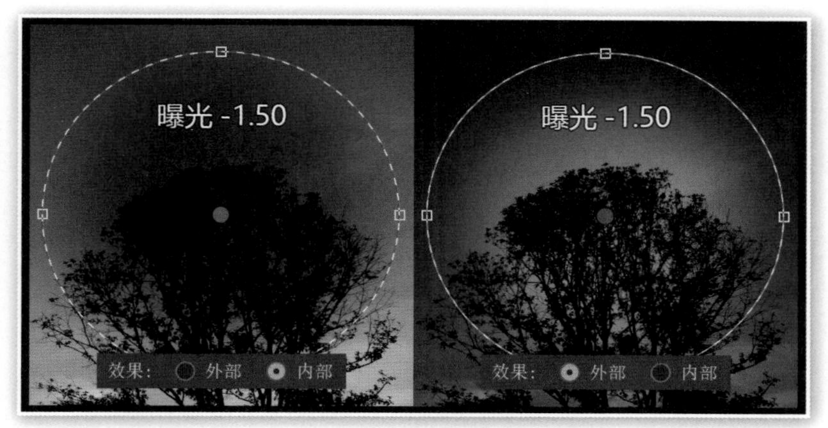

图 12-5-6

拖动椭圆上的控制点可修改其形状，在椭圆边界上可更改倾斜角度，在椭圆内部拖动可更改其位置。按下 CapsLock 键可切换过渡线显示，不过此项作用不大。

如要添加更多椭圆渐变，可在现有椭圆之外的其他区域，在鼠标光标显示为加号时直接添加。

需要注意的是，由于外部方式会对椭圆之外的全部画面产生作用，多个外部方式的椭圆会产生叠加影响，因此最好仅设一个外部方式的椭圆。如图 12-5-7 所示，对画面其他部分添加了内部方式的椭圆，并设置为加亮及白平衡偏移。

图 12-5-7

细心观察可以发现，外部方式的椭圆为红心绿圈，内部方式则相反，实际上和“绿灯行红灯停”是对应的。椭圆的大小和位置并不受限制，可以超出画面之外。

12.5.3 使用画笔

画笔是以鼠标涂抹的区域作为调整范围，因此在范围规划上更加灵活，其专属参数中多出了大小、羽化、流动和浓度选项。其中羽化是边缘淡化的程度，流动是单次涂抹的力度，较低的流动数值下，多次涂抹可得到叠加效果。而浓度是控制整体画笔调整的程度，如果设置得太低，调整效果将难以察觉。

为了得到较好的调整效果，应将羽化、流动和浓度均设为 100。画笔大小可通过〖[〗和〖]〗来更改，但更实用的方法是在绘制中按住鼠标右键不放，左右拖动来更改画笔大小，如图 12-5-8 所示。

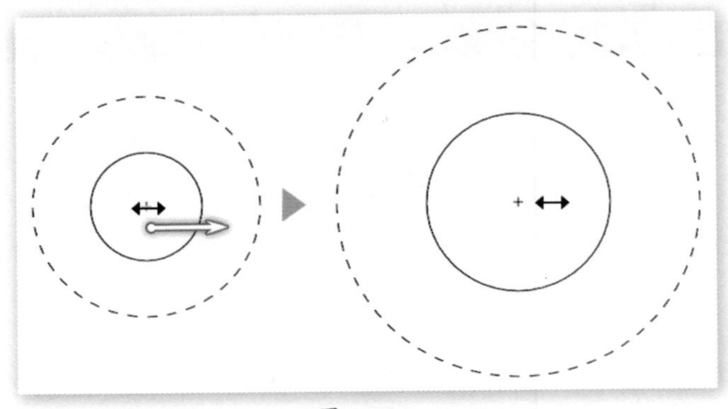

图 12-5-8

在使用画笔涂抹的过程中如果按住 Alt 键，将临时切换为橡皮擦功能，可减去已经画好的区域。需要注意的是，橡皮擦功能的设定默认与画笔是分开的，从实战经验来看，建议将两者统一，如图 12-5-9 所示，单击附加菜单区域，如果“单独橡皮擦大小”打勾，则单击将其去掉。该菜单中的“重置局部校正设置”可快速将所有调整参数归零。

图 12-5-9

画笔涂抹区域的设定依赖于鼠标的绘制轨迹，在一些存在明显差异化边界的图像中可启用“自动蒙版”选项，在此后的涂抹过程中，将以起点处的色彩亮度等指标为标准进行范围规划，可以形成精确的区域边缘，如图 12-5-10 所示，为便于观察启用了绿色的蒙版。

需要注意的是，自动蒙版功能在减去方式下依然有效。对于一些细微的边界区域可能无法一次实现覆盖，可反复涂抹几次进行完善。

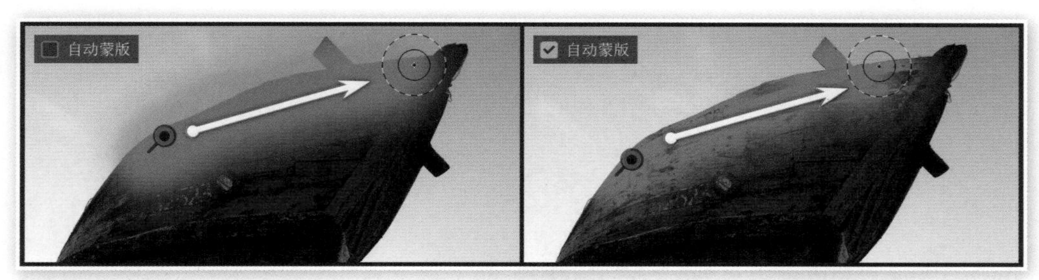

图 12-5-10

直线渐变和椭圆渐变的有效区域都是连续的，而画笔可以跨区域生效，因此画面中多个局部都可以由一个画笔设定来完成。如果需要做出不同的调整，则需要通过新建画笔来实现。新建画笔的方法是在右侧面板中选择新建，或切换到其他工具再切换回来，原先的画笔标签将显示为白色的未激活状态，此时即可建立新的画笔区域。

12.5.4　通过画笔增减区域

直线渐变和椭圆渐变的有效范围虽然是规则的，但可以利用其中附带的画笔修改功能对范围进行增减，方法是在创建直线渐变或椭圆渐变后，在右侧面板中选择“画笔”选项，然后使用添加或减去方式对直线渐变的作用范围进行增减，如图 12-5-11 所示。按住 Alt 键可在画笔加减模式之间切换。

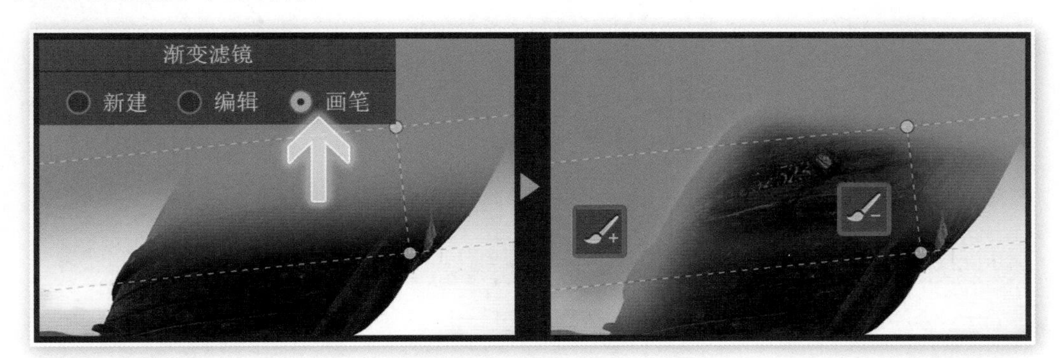

图 12-5-11

通过画笔增减操作，可以修改直线或椭圆渐变的作用范围，改变其原先的规则变化效果，在很多题材的处理上非常有用。建议在使用时将流动数值设为 10 或更低，利用多次反复涂抹来增加效果。

12.5.5　使用范围遮罩

如图 12-5-12 所示，想通过椭圆对素材文件 s1202.dng 中的花朵进行曝光和色温的调整，但背景的绿色同时也被影响到了，开启蒙版后可直观看到范围。遇到此类情况时虽然可以利用画笔细心涂抹，但所花的时间较多，而且也不容易做到精确。

当遇上这类复杂形状时，如果这些区域之间在色彩或亮度上存在明显区别，可以在局部调整中启用范围遮罩选项，利用色彩或亮度对范围进行再进一步的划分。如本例中的红色花

朵与绿色背景就存在较大的色彩差异，因此可以选择色彩方式进行操作。

图 12-5-12

在右侧面板下方找到“范围遮罩”选项，选择其中的“颜色”方式，吸管工具就会出现，接着用吸管工具在图像中选择需要指定的色彩即可。需要注意的是，即便在红色花朵内部也存在不同的深浅明暗，应该将所有的红色都包含才可以。因此可如图 12-5-13 所示，框选出一块连续区域，注意不要碰到绿色部分。再开启蒙版查看时，就会看到效果仅限于花朵的红色区域了。

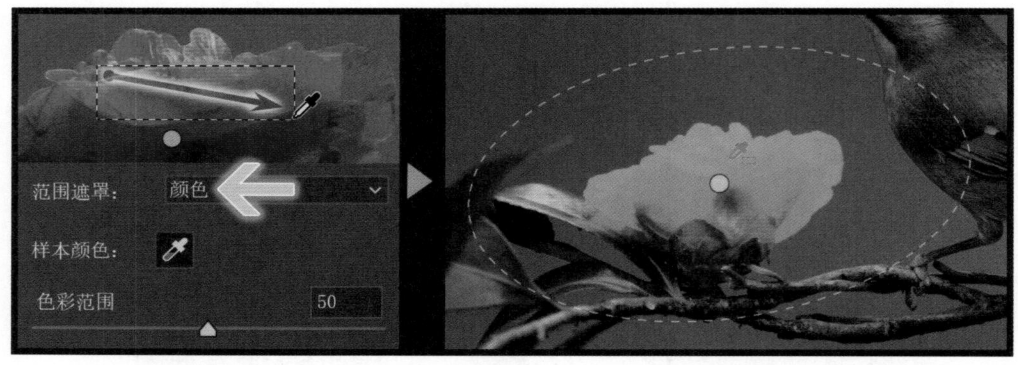

图 12-5-13

在使用颜色方式设定范围遮罩时，重要的就是用吸管确定颜色取样。可以单击某个颜色，也可以按住 Shift 键单击多个颜色，还可以通过框选包含一整片区域中的所有颜色。在使用框选方式时，一定要注意观察区域准确与否，宁可少一些也不要多。

明亮度方式则是通过亮度的区别来进行划分，如图 12-5-14 所示，对素材 s1213.dng 中的火花进行椭圆局部调整，将亮度范围指定在高光区域，即 95 ～ 100，从而避免对阴影部分造成影响。开启“可视化亮度图”可看到着重显示的颜色提示，但实际上通过蒙版方式查看更清晰。

在范围遮罩中，颜色方式下有色彩范围选项，明亮度方式下有平滑选项，它们都是用来进一步调整区域大小的，如扩大颜色容差范围或明暗部对比等。另外还有一个“深度”方式需要照片附带深度信息才能启用。

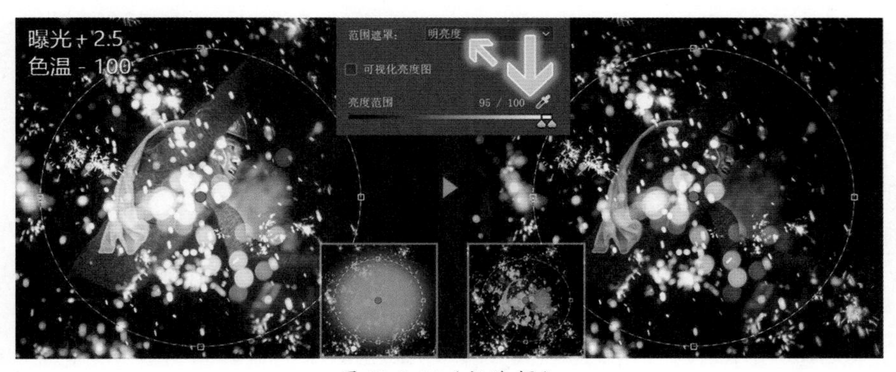

图 12-5-14（赵鹏 摄）

12.5.6　消除亮度灰雾

在经过某些剧烈的亮度调整后，被调整的地方容易呈现出偏灰的灰雾现象。在大幅提升亮度的时候尤为如此，如图 12-5-15 所示在对素材 s1214.dng 中左下方阴影区域进行曝光提升时，被提亮的区域呈现出灰雾现象。其原理就是亮度差异性不足，下调黑色即可修复。

图 12-5-15（赵鹏 摄）

同样的情况在大幅下调亮度的时候也会发生，如图 12-5-16 所示，下降高光后的区域呈现出灰雾，但此时并非是亮度差异性问题，配合偏移白平衡可得到有效纠正。

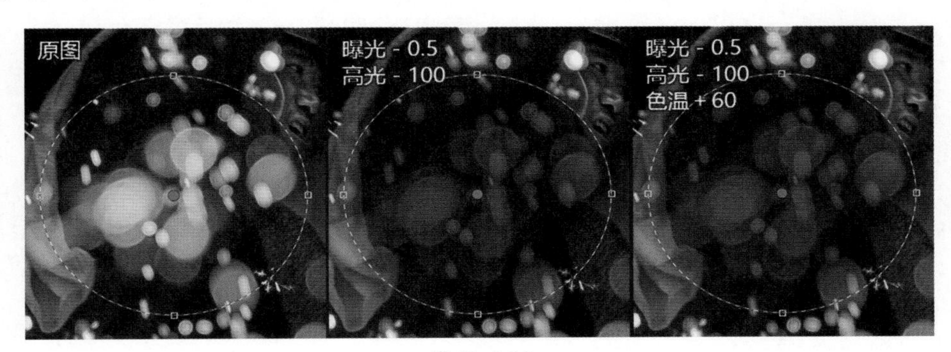

图 12-5-16

综上所述，在提升亮度时产生的灰雾可通过下调黑色进行消除，而下调亮度产生的灰雾可通过白平衡偏移进行消除。

12.5.7 以白平衡增强色彩

我们在图 12-5-3 和图 12-5-7 中都进行了白平衡偏移的操作，白平衡偏移是一个很有效的后期调整手段，特别对于需要增强色彩饱和度的时候，直接使用饱和度增强的效果往往差强人意，容易过饱和造成溢出，而白平衡偏移的调整效果实际上通过调整相机设置可在前期就得到，因此显得温和自然。

如图 12-5-17 所示，对素材 s1215.dng（卢增荣 摄）中的花瓣和花蕊分别进行调整，左侧使用饱和度增加，右侧使用白平衡偏移。可以看出对于花瓣的调整，右侧效果显得柔和，左侧效果稍显溢出。而花蕊部分通过饱和度调整收效甚微，通过白平衡调整则效果明显。

图 12-5-17

在如天空、夕照和植被等自然事物的表现中，使用白平衡偏移都可以带来很好的视觉效果。如图 12-5-18 所示，对素材 s1216.dng 中的天空部分增加了色温和色调使其呈现橙黄色，对地面部分减少了色温使其呈现冷色调，营造出整体上的冷暖对比。

图 12-5-18（卢增荣 摄）

白平衡偏移在操作实现上非常简单，在今后的实际制作中主要注意调整的合理性。我们主张后期应是顺势增强而非凭空虚构。

在新版本的 Camera RAW 中，增加了主体和天空的智能选取，并将所有局部调整作为单独的项目放置在一处，如图 12-5-19 所示，点击白色箭头处后，可选择通过主体、天空或手动绘制模式创建区域。

图 12-5-19

如图 12-5-20 所示，可通过“选择主体”功能大致确定人物区域，然后在同一个蒙版项目中点击“减去”按钮，选择画笔工具来减去多余的区域后，形成理想的效果。双击蒙版 1 的名称可对其重命名，建议使用人物、背景这样具有提示性的名称来命名蒙版项目。

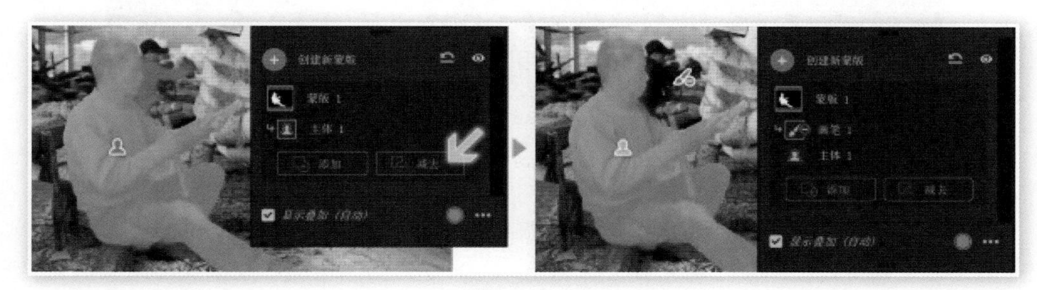

图 12-5-20

12.6　各类题材后期要点

Camera Raw 的操作相对比较简单，不需要很复杂的步骤就能完成对照片的调整，但不同的题材需要组合不同的调整方法。本节就探讨一下几类常见题材的后期制作方法。

12.6.1　风光摄影后期

风光摄影后期需将画面中的所有场景都展现出来。主要注意天空部分的高光部分是否过曝，地面以及其他地方的阴影部分细节是否明显，各自然元素是否表达充分。如图 12-6-1 所示为对素材 s1205.dng 的调整效果。

在处理方法上，可对天空和地面各使用一个直线渐变来进行调整。天空部分主要下降高光，必要时下降曝光。地面部分主要上调阴影，必要时上调白色或曝光。同时地面部分可适当通过白平衡偏移来营造绿色或蓝色，对天空部分的白平衡偏移则需谨慎，以避免改变云彩颜色。

图 12-6-1（卢增荣 摄）

12.6.2 夜景摄影后期

夜景后期与风光后期类似，以展现场景为主。不同之处在于夜景存在较亮的灯光和较暗的环境，在调整时主要需要提升暗部。如图 12-6-2 所示为对素材 s1214.dng 调整前后的效果对比。

图 12-6-2（赵鹏 摄）

在处理方法上，可对较暗的部分执行上调阴影和上调白色，如效果不明显则上调曝光。较亮的高光点则可以使用下降高光或下降曝光，同时注意消除可能形成的灰雾现象。如果照片拍摄的时间较晚，天空部分容易出现橙黄色的光污染，可通过对天空部分建立直线渐变配以白平衡偏移来纠正。

如果是如素材 s1217.dng 这类天空细节较丰富的夜景照片，就应将调整的重点放在天空部分。对光污染可使用去除薄雾，对星轨或极光可使用增强纹理，另外适当配合白平衡偏移营造出暗蓝色，调整前后对比如图 12-6-3 所示。

图 12-6-3（汤珺琳 摄）

在增强星空等天空部分的细节时要注意控制幅度，避免形成过于强烈的斑点或区域。比如星座是有星等大小明暗之分的，但大幅度地增强细节可能会抹平这种差异，必要时可使用下降清晰度选项，削弱一些星等数原本就较大的星座。

12.6.3　航拍摄影后期

航拍后期也类似风光摄影，但由于拍摄机位较高，因此在画面中会出现较大纵深，而由尘埃或雾气造成的朦胧现象会随距离而增加。可使用直线渐变配合去除薄雾参数进行消除，较为严重时可多次重叠使用。由于雾化现象会散射光线，令远处景物显得偏亮，因此在直线渐变中可同时下调曝光进行抑制，同时辅以适当的白平衡偏移。

同样也是由于高度问题，地面上的景物也常显得灰蒙蒙的，此时可通过提升曝光同时下调黑色的方法扩大亮度差异，还可适当辅以白平衡偏移来凸显植被或其他色彩。如图 12-6-4 是对素材 s1218.dng 调整前后的效果对比，可以看出以上几个要素都进行了处理。

图 12-6-4（王平 摄）

如果航拍的画面中有城市建筑，则应对其进行畸变校正以确保建筑物边缘垂直。如图 12-6-5 是对素材 s1219.dng 进行处理的前后效果对比。

图 12-6-5（唐捷 摄）

12.6.4　人像摄影后期

人像后期处理的关注点在于皮肤的柔化处理，柔化皮肤可使用下调纹理选项。在全局调整中纹理选项只能为正数，其效果是增强细节。但在局部调整中纹理选项可以为负数，可以实现削弱细节的效果。

因此可对面部建立一个局部调整并下调纹理选项，如效果不明显可配合下调清晰度的操作。需要注意的是，削弱细节应限于图像的连续区域及面部肌肤，图像的边界区域为眼睛、眉毛、鼻翼和嘴唇，应避免对这些边界区域产生影响。对于五官区域可另外通过画笔进行细节增强，参数可以是增加纹理、增加清晰度、增加锐化等。

如果觉得皮肤泛黄可通过白平衡进行调整，并适当提升曝光。如图 12-6-6 所示为对素材 s1220.dng 进行皮肤处理的效果对比。对于皮肤中某些较明显的瑕疵，可再次使用削弱细节的参数进行局部调整。

图 12-6-6

在完成了皮肤部分的处理后，可通过添加一个外部方式的椭圆来营造光线聚拢效应，如图 12-6-7 所示，椭圆的参数为下调曝光并适当偏向蓝色。这种外部椭圆的应用效果在今后的制作中还会经常用到。

图 12-6-7

除了上述各个要点之外，可适当增加人物瞳孔的亮度，营造清晰的眼神。这个操作可延伸应用在所有人物和动物面部照片的处理中。

12.6.5　鸟类摄影后期

鸟类摄影属于生态摄影的一类，关注的重点在于背景的纯净和羽毛细节的展示。在背景噪点的处理上，可如图 12-3-8 中所示通过减少杂色来实现。但要注意对全局的降噪会同时损失鸟儿羽毛的细节，所以，在进行完全局调整后可再建立一个覆盖鸟儿全身的局部调整区域（径向滤镜），并在参数中反向调整来减少杂色，这样就可抵消全局降噪带来的影响。如图 12-6-8 所示为对素材 s1221.dng 进行背景降噪的效果对比。

图 12-6-8（陈立 摄）

在羽毛细节表现方面，确保有充分的亮度差异后，可尝试使用增加细节参数来进行强化。在进行局部调整的时候，可以对头部和瞳孔重点进行增强，参数可包含提亮和增加细节等，如图 12-6-9 所示。对于头部和瞳孔的合理调整可有效提升照片的观赏性。

图 12-6-9

在增强羽毛质感的调整中应避免使用清晰度选项，因为这容易增加噪点且分布均匀，这种特性不仅不能提高反差而且还会降低画质。只要原图焦点和景深正确，通过综合亮度差异调整和细节选项已经可以营造足够的锐度（清晰度）。而如果原图有所欠缺的话，通过后期调整也是很难达到理想效果的，因此后期效果与前期拍摄质量紧密相关。

12.6.6　微距摄影后期

微距虽然也常用于生态类摄影，但它对景深的极致要求使其非常依赖人造强光源，比较明显的问题有两个，一是在小范围应用强光常令场景缺少足够的亮度差异；二是容易在一些区域形成强烈反射高光。此外还有主体指向性欠缺、容易在表面产生漫反射以及照明强度不足等问题。

解决亮度差异的方法就是在全局调整中运用“左右右左”参数组合，调整程度以全图大部分区域为准，通过局部调整解决个别高光和阴影以及需要增强质感的区域。如图 12-6-10 所示为对素材 s1222.dng 进行调整的前后效果对比。

图 12-6-10（马锋 摄）

微距摄影一般都以自然界事物为主，因此适当使用白平衡偏移可带来良好的视觉效果。此外对承载部的适当调整可增加主体的视觉权重。

12.6.7 纪实摄影后期

纪实摄影要求围绕主体或主题进行适当突出，此时可采用外部椭圆进行光线聚拢，将主体之外的区域统一压暗，然后再通过画笔对椭圆作用区域进行修改，从被压暗的区域中适当还原一部分区域回来。

如图 12-6-11 所示，在全局层面除了基础亮度调整以外，可适当增加纹理和清晰度以提升质感，之后使用外部方式的椭圆大致围绕主体区域，参数为下调曝光及纹理和清晰度。

这套参数组合实际上就形成了亮度权重和细节权重的变化，令主体在亮度和细节上要高于画面其他区域。

图 12-6-11（李在定 摄）

接着在椭圆渐变中使用画笔方式（注意不是使用画笔工具）对作用区域进行修改，将画面中需要突出表达的元素还原出来，建议将画笔的流量控制在 5 左右，这样可以形成明暗交错的效果。如图 12-6-12 所示为启用了白色蒙版后看到的画笔修改区域，以及其形成的最终效果。

图 12-6-12

现在可视情况增加白平衡偏移的参数营造冷暖对比，先在全局使色温偏黄，然后在外部椭圆渐变的参数中使色温偏蓝，形成椭圆内暖外冷的对比效果，如图 12-6-13 所示，这样就涵盖了视觉权重的所有方面。

我们提倡良好的后期应是前期拍摄的合理延续而不是颠覆。出于教学目的，本例在制作上稍微夸张了一些，实际上纪实摄影后期在调整幅度上应尽可能轻量化，并且不要大幅度改变画面原有的亮度分布。

图 12-6-13

12.7　其他摄影后期工具

除了使用 Camera RAW 对摄影作品进行后期调整，Photoshop 还提供了一些小工具和命令来配合摄影后期制作，主要是天空替换和快速操作。

12.7.1 天空替换

天空替换命令位于【编辑】菜单下，可自动判断照片中的天空部分，将其替换为指定的素材，并会对周边做相应的调整。这个功能操作简单，效果出色，如图 12-7-1 所示为对素材图片 s1224.jpg 中的天空进行替换。

从图层面板中可以看到，天空替换命令并未改变原图内容，而是在其上方新建了一个图层组来放置用于替换的内容，关闭该组就能恢复原图。在组中有与天空区域相符的蒙版用来布局素材，还有色彩调整图层用来对原图进行色彩匹配。

图 12-7-1

通过蓝色圆圈处的工具可在图中手动规划天空区域，或者对匹配色彩进行调整，但只要原始照片的内容明确，大多数情况下天空替换命令的默认判定都是比较准确的，基本不需要再进行干预。

除了自带的素材之外，也可以导入其他的天空素材，如图 12-7-2 所示的箭头处按钮可添加素材组和素材图像，或将其删除。

图 12-7-2

12.7.2 快速操作

可通过菜单【编辑 > 搜索】或快捷键〖Ctrl+F〗启动查找，然后单击快速操作项目，如图 12-7-3 所示。

图 12-7-3

可使用素材 s1225.jpg 来试用快速操作，效果如图 12-7-4 所示。图中所示的这三类操作都是基于对图像主体的判断，然后通过蒙版或智能滤镜施加影响。如移除背景是通过建立蒙版，模糊背景是通过高斯模糊，黑白背景则是使用黑白调整命令。

图 12-7-4（赵鹏 摄）

如果此时打开历史记录面板，就会看到选择主体、建立蒙版或使用滤镜等步骤，就像我们手动执行操作的结果一样。因此快速操作其实不算新功能，而是类似之前学习过的动作功能，将一系列操作打包，再在需要时直接使用。

由于是基于对主体的判断，因此当照片中的主体不明显时，其效果也会有所下降，必要时需手动进行后续调整，如修改蒙版范围或改变滤镜数值等。

还有一个增强图像的快速操作项目是通过 ACR 滤镜进行亮度和锐度的调整，而通过本章已经学习的 ACR 知识可以做出更好的调整，因此这里就不再试用该项目了。

第 13 章　实例制作

13.1　图像合成：火焰战车

Photoshop 本质上属于合成软件，其他的功能如色彩调整和滤镜等都是为这个目的服务的。其实利用素材进行图像合成的操作从技术上来说并不复杂，在加入智能选区等功能后更是简单了很多，图像合成真正的核心是作品创意。

打开素材文件 s1303.jpg，通过“创建选区 > 建立蒙版 > 微调蒙版”的过程将汽车从背景中分离。如果感觉分离操作有难度，可暂时直接使用 s1304.psd 文件继续。

新建图像（1000×750）后拖入分离好的汽车图层（命名为车身），将其转换为智能对象，再依次执行【滤镜 > 风格化 > 查找边缘】和【滤镜 > 模糊 > 高斯模糊】（半径为 1.7 左右），并将高斯模糊的混合模式设为“滤色”。完成后可得到彩色线条效果的车身，如图 13-1-1 所示。

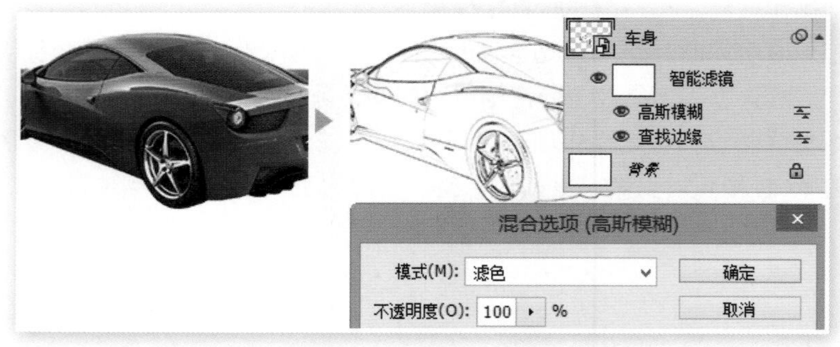

图 13-1-1

将车身层缩放到合适的尺寸（图例为 520 像素宽）后建立两个专属色彩调整层，分别是反相（正常混合模式）和渐变映射（颜色混合模式），得到与火焰颜色类似的车身线条，如图 13-1-2 所示。在设定渐变色标时，可以根据实时效果酌情而定。

以上操作令车身四周出现了类似描边的线条，其位于下缘的部分影响观感，可使用蒙版将其隐藏，效果如图 13-1-3 所示。

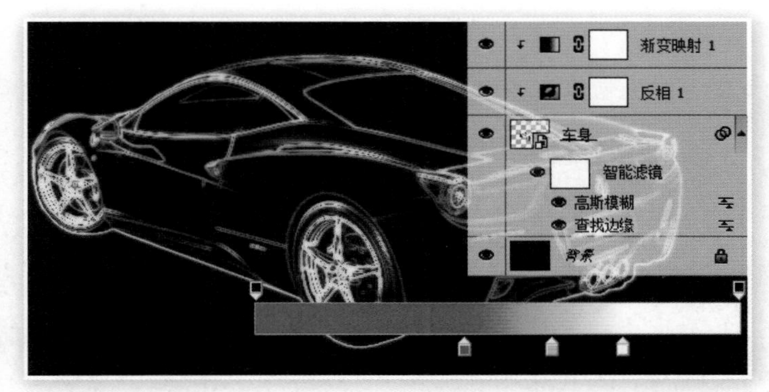

图 13-1-2

图 13-1-3

这个蒙版的创建方法可参考如下过程：先直接将车身图层载入为选区（按住 Ctrl 单击图层缩览图），再通过【选择 > 修改 > 收缩】（约 4 像素）后建立蒙版，最后再使用画笔工具进行微调，微调的主要目的是还原被一并收缩的汽车上缘部分及其他需要加工的小区域。

现在为车身加上火焰。打开素材文件 s1305.psd，将其中“左车身”图层拖动进来。删除多余部分后通过自由变换将其底部调整为贴合车身线条的弯曲形态，将中上部调整为迎风形态，如图 13-1-4 所示。

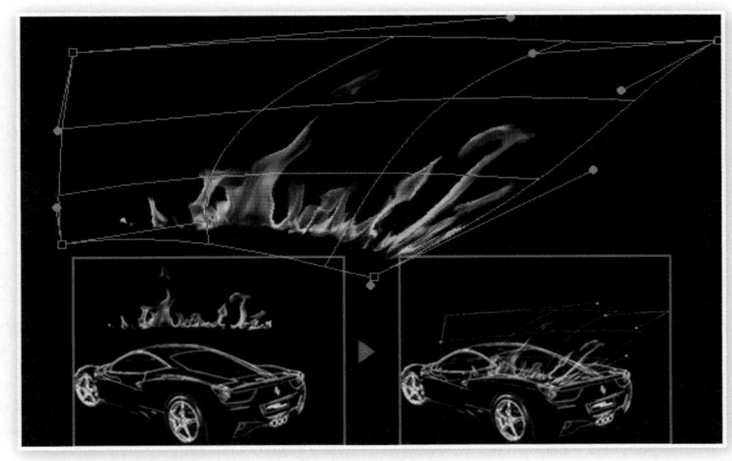

图 13-1-4

按照这个方法继续完成右车身、左右后轮和车底的火焰，如图 13-1-5 所示。

图 13-1-5

在操作时注意图层的遮挡关系，并在必要时辅以蒙版。图 13-1-6 是完成所有火焰布局之后的效果。

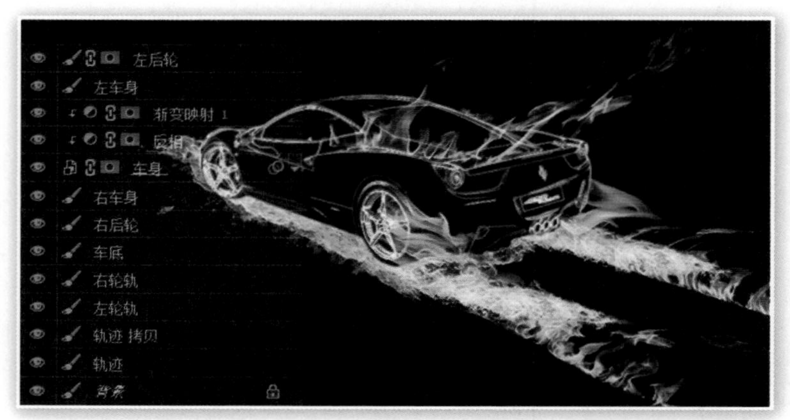

图 13-1-6

背景是体现作品质感很重要的手段，下面我们使用云彩滤镜为背景增添质感。如图 13-1-7 所示，首先建立一个暗红色（如 #140000）的填充层作为背景，再新建一个空白图层并直接转为智能对象，依次执行【滤镜 > 渲染 > 云彩】和【滤镜 > 模糊 > 径向模糊】，将其命名为“背景雾”后将该层混合模式设为“颜色减淡”，最后使用蒙版限定其作用范围。

如果对云彩滤镜产生的云雾形态不满意，可以直接在图层面板中的云彩滤镜文字上双击，相当于重新执行（不是重复）云彩滤镜。

为作品添加颗粒也是常见的增强质感手段之一。打开素材文件 s1306.png，可为背景添加颗粒效果，如图 13-1-8 所示。颗粒素材图像的尺寸较大，需适当缩小，设置合适的图层混合模式及不透明度以避免喧宾夺主。

s1307.png 是放射状粒子素材，添加效果如图 13-1-9 所示。这个素材只在背景雾中有轻微的效果且被蒙版限制了范围，因此其效果需仔细观察才可看到。

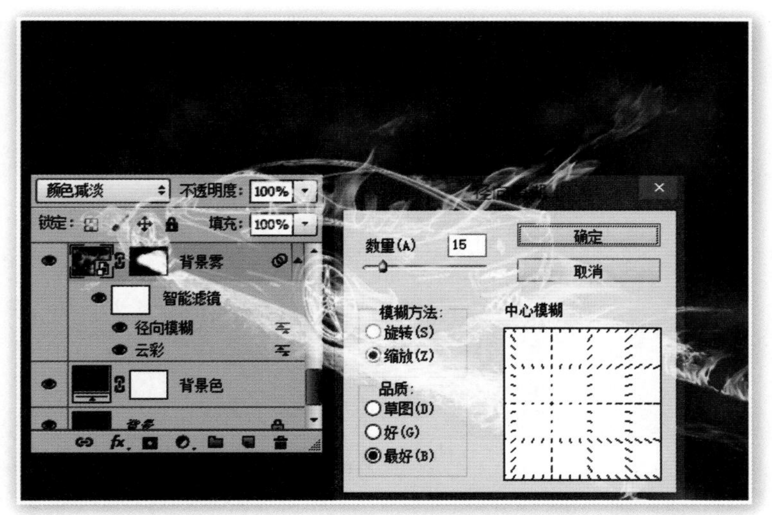

图 13-1-7

图 13-1-8

图 13-1-9

之前我们对车身使用的线条表现手法适合表达抽象，如果有具象表达的需求则需适当还原出车身轮廓。可将车身层复制一层置于原车身层（及专属调整层）之上，清除智能滤镜后设定图层混合模式为“滤色”，不透明度 40%，效果如图 13-1-10 所示。

图 13-1-10

图 13-1-11 则是强光混合模式和不透明度为 60% 的效果，更改这两个参数可以有更多变化，大家可灵活尝试。

图 13-1-11

对复制出来的车身层进行混合模式、智能滤镜、智能滤镜混合模式这三者的随意搭配，可以产生出非常多的变化，这主要取决于对于效果的需求，比如希望增加速度感，则可由径向模糊实现后再辅以锐化增强。

如图 13-1-12 所示，对复制出来的车身层添加径向模糊（正常 100%）和 USM 锐化（滤色 70%）滤镜后将图层混合模式设为“线性减淡（添加）”，再使用蒙版将速度感的效果限定在车尾部。滤镜的设置参数可自行尝试，火焰的位置也可视需要进行移动。

当我们决定以较具象的方式来展现车身时，原先的轮毂风格就显得不够匹配，所以想将其还原到最初状态，这时有两种处理方式，一是为轮毂创建好选区后，在车身层的智能滤镜和专属调整层蒙版中将其排除，如图 13-1-13 所示。但此时轮毂仍会受其上方其他图层（如复制的车身层）的影响而无法完全还原，当然如果此时已能满足要求则也无所谓了。

如果希望将轮毂彻底还原，则需要将轮毂部分单独作为一个图层置于顶部，方法是再次复制车身层并清除滤镜，然后用蒙版（可沿用上图的蒙版）单独显示出轮毂，图 13-1-14 所示为将其设为“正片叠底”混合模式，可参考素材文件 s1308.psd。

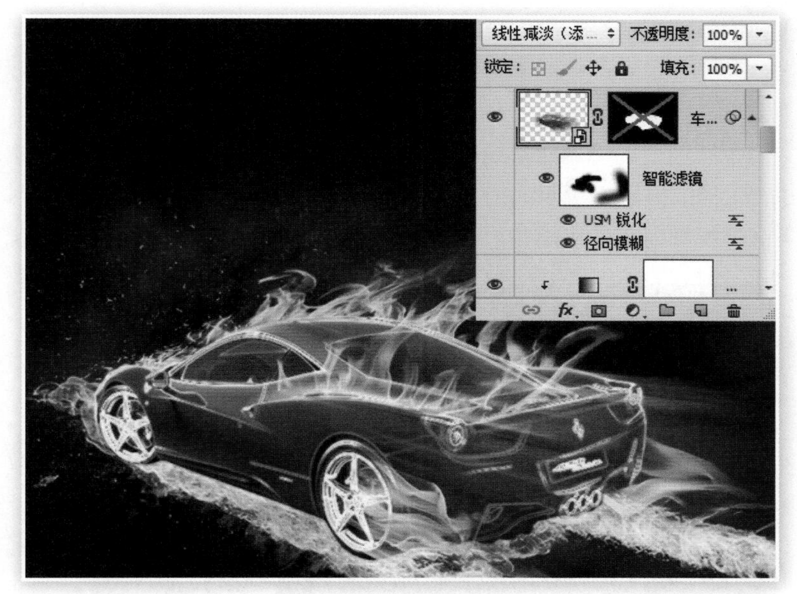

图 13-1-12

图 13-1-13

图 13-1-14

原则上我们建议使用后面这种方法，因为以独立图层存在的轮毂拥有更大的调整空间，不仅可以很方便地改变混合模式，还可以通过进一步加工实现其他（如旋转）效果。

本例的核心操作是将图像处理为线条形式，其方法是使用查找边缘滤镜后再反相，我们通过智能滤镜和调整图层的组合来实现这个效果。而添加火焰的操作则相对简单，本质上只是素材的堆砌，只要有足够丰富的素材库加上足够的耐心去处理每一个细节，要得到精美的火焰效果并不复杂。

我们在本例中所创造的“智能滤镜＋调整图层”来制作线条效果的方法，也可以直接移植到其他作品中，图 13-1-15 所示为对素材文件 s1301.jpg 进行同样处理时的两个效果，它们的区别在于高斯模糊滤镜的启用与否，以及利用蒙版隐藏部分面部区域以突出五官。

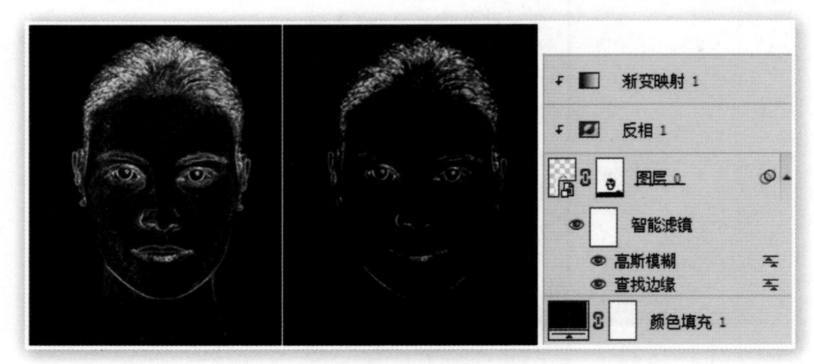

图 13-1-15

图 13-1-16 则是对火焰也采取了查找边缘和反相的处理，得到了较为抽象的火焰线条形态，再尝试将之与人物进行简单的拼合，实现模拟火焰头发的效果，这个效果目前还比较粗糙，大家可自行完善。

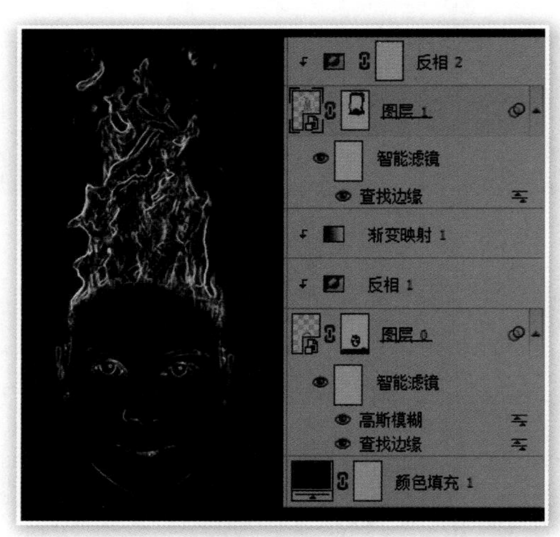

图 13-1-16

虽然核心的线条效果是通过滤镜制作出来的，但是要达到色调上的统一其色彩也很重要，因此本例中的渐变映射调整层也是关键所在，更改该渐变映射将直接影响最终效果。

我们也可以利用不同的素材来扩展想象，图 13-1-17 所示为将火焰图像更换为烟雾（s1309.jpg 和 s1310.jpg）后的效果。

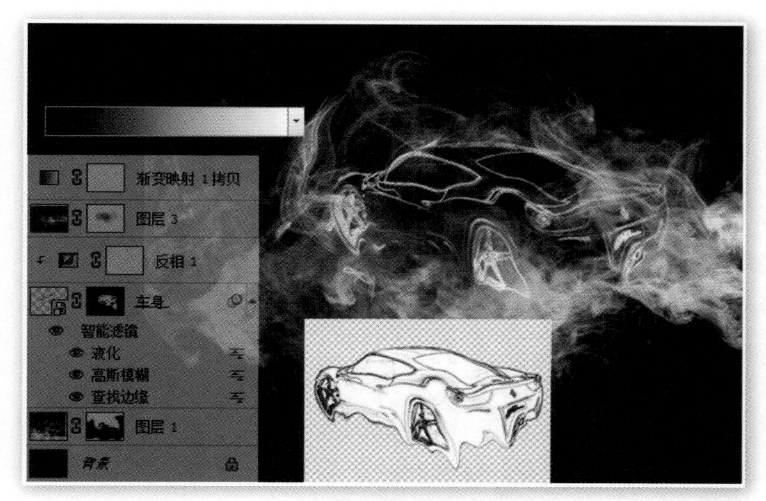

图 13-1-17

这里所做的改变主要有两个：一是用液化滤镜将车身线条变得弯曲以符合烟雾的形态特点；二是将渐变映射层（黑白渐变）调整到针对全图像的位置，这样的好处是可以一步到位地控制整个作品的色调，图 13-1-18 所示为改为使用紫橙渐变的效果，可参考 s1311.psd。

图 13-1-18

需要注意的是，使用没有纯黑色标的渐变设定，可能令作品的背景色不是纯黑，如图 13-1-18 中的背景实际上是深紫色。这在作品本身是独立存在时没有任何问题，但如果作品会被作为素材继续使用，则非纯黑的背景可能在使用图层混合模式（如滤色）时不能达到较好的融合效果。这个情况其实在使用其他素材图像时也存在（包括我们所使用的火焰素材），只是较为轻微不易发觉，解决方法也并不复杂，利用色彩调整（如曲线工具的黑场设定）将背景变为纯黑就可以了。

此外，我们还学习了添加背景的理念，其很适合本例这种“白手起家”式的作品，所添加的背景虽然简单却能在很大程度上提升视觉效果，属于典型的事半功倍。

13.2 用户界面设计：设计旋钮与图标

如果将软件功能比喻成汽车发动机，转向系统、底盘和悬挂等就相当于发动机面向驾驶员的交互层的话，那么基于不同交互设计（Interaction Design）的车型，即便都使用相同的发动机，其整体驾驶性能也会大有不同。用户界面（User Interface，UI）就是软件面对操作者的交互载体，在软件功能不变的前提下，用户界面直接影响着软件操作的便利度和效率。强大的程序功能和出色的用户界面是任何一款优秀软件都必须兼备的。

现在越来越多的操作都通过屏幕进行，显示在屏幕上的内容可称为图形化用户界面（Graphical User Interface，GUI），严格意义上它属于用户界面的一种，但由于现在的界面几乎都是图形化的，因此也就经常笼统地称为 UI。

接下来的内容就是讲解如何创建用户界面，与之前使用素材合成的内容不同，本节的作品都是从无到有“白手起家”制作出来的，主要涉及的就是矢量图形和图层样式的应用，总体技术难度较低，但需要大家动脑思考的空间更大。

13.2.1 旋钮设计

新建一个 600×600 的空白图像，绘制一个直径约 460 像素左右的正圆矢量形状层，填充和描边使用不同的灰度色（图例为 #e6e6e6 和 #b4b4b4）并将正圆与背景图层横竖都居中对齐，如图 13-2-1 所示，这就是旋钮的布局范围，之后可将图层名改为“轮廓”。

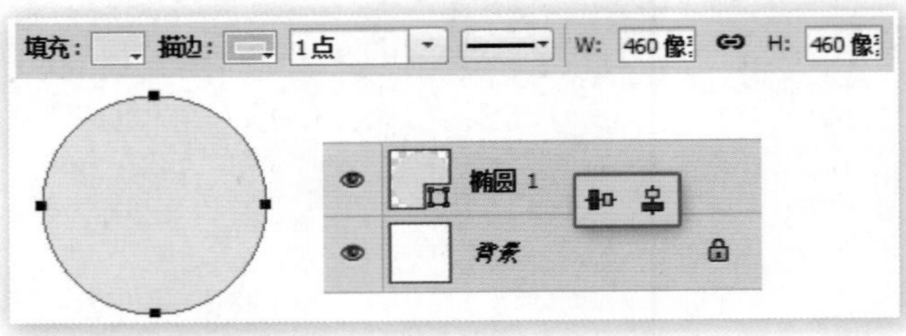

图 13-2-1

为了其后的制作中能方便地对齐各图层，需要确定一个对称中心点，建议以圆心为基准，可使用网格 Ctrl +“ 来提供视觉参照和对齐。但默认的网格较为密集使用不便，可在【编辑 > 首选项】将网格线间隔设为与图像尺寸一致，子网格数为 2，如图 13-2-2 所示。

可使用竖线字符“|”沿圆形路径排列来制作旋钮刻度。如图 13-2-3 所示，先将正圆的路径复制一份并将其沿中心点放大些许（约 530 像素）。

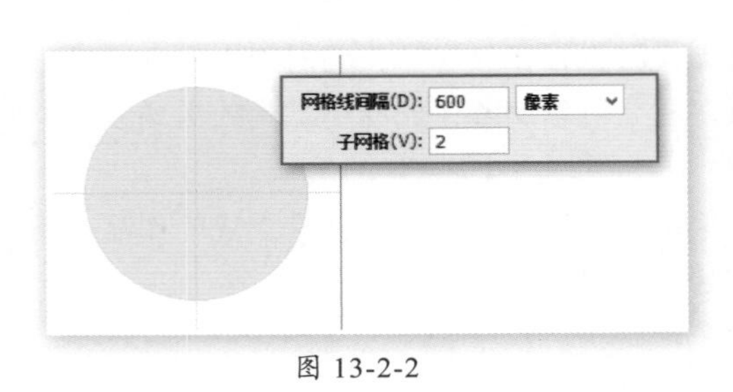

图 13-2-2

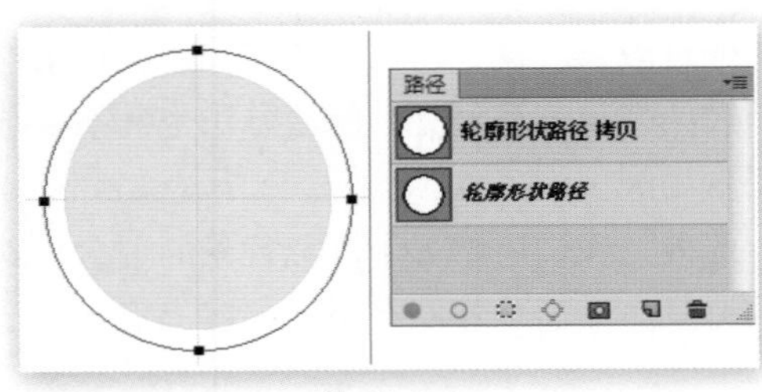

图 13-2-3

然后利用其布局路径文字，对普通刻度和整十刻度可分别设定字符的字体、大小和间距，效果大致如图 13-2-4 所示，注意让刻度左右对称（不对称也可以算作是另类效果）。

现在来制作旋钮主体，将轮廓层复制并适当缩小（约 360 像素），设填充色为白色并去除描边后更名为“旋钮”，如图 13-2-5 所示。

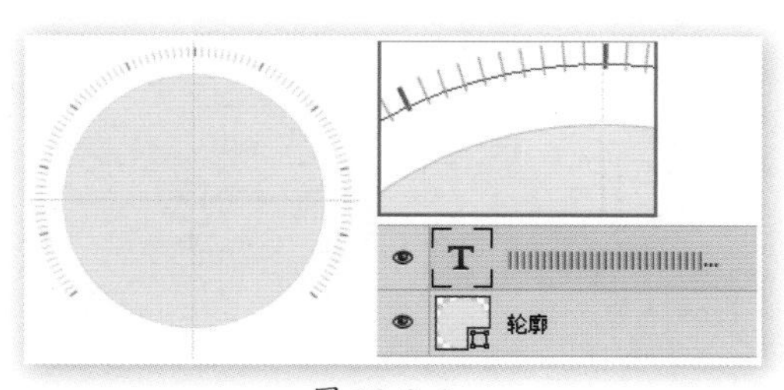

图 13-2-4

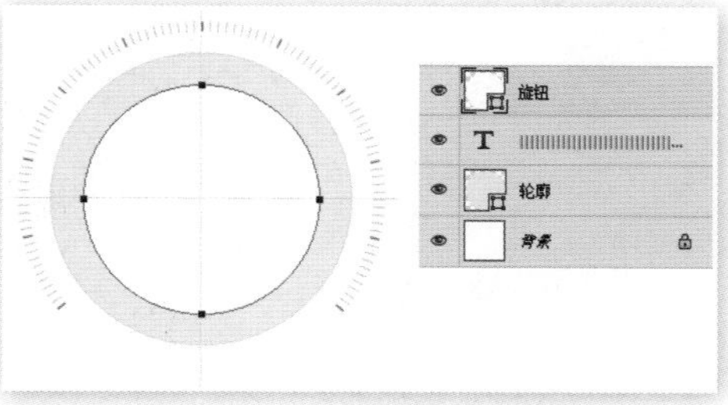

图 13-2-5

将其转换为智能对象后依次执行“添加杂色”和“径向模糊”滤镜以得到环形纹路（滤镜参数视情况自定），再为其设定渐变叠加图层样式，用自定义渐变模拟金属抛光质感，效果大致如图 13-2-6 所示。

需要注意的是，如果之前没有将圆形与背景横竖对齐，则径向模糊的中心点未必位于圆心。

接着制作辅助旋钮主体产生立体感的倒角部分，方法是将旋钮层复制并适当缩小（约 385 像素），清除原有的智能滤镜和图层样式后，重新设定投影和渐变叠加样式，效果大致如图 13-2-7 所示。

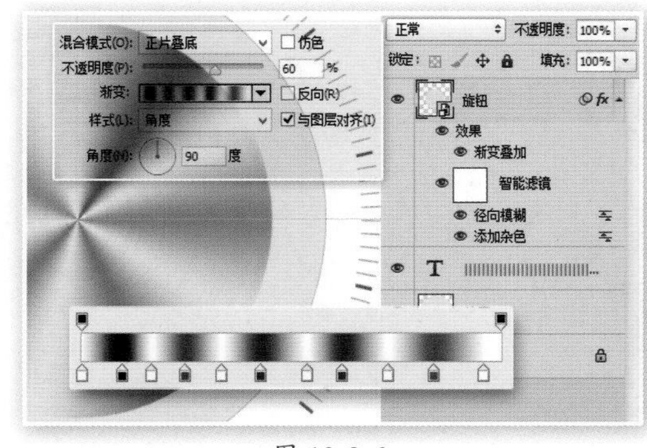

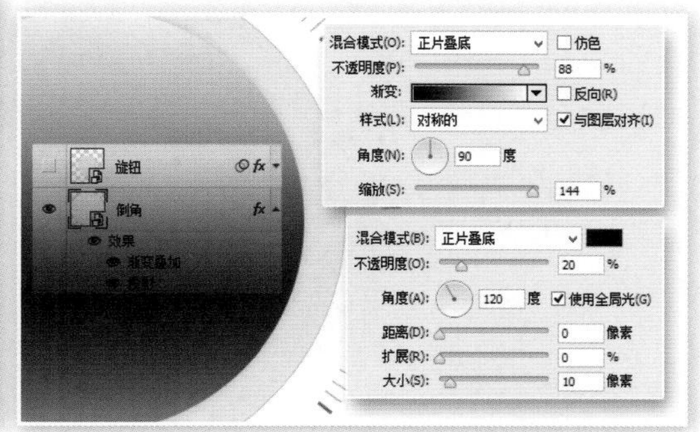

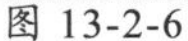

图 13-2-6

图 13-2-7

复制倒角层并清除原有样式后将其制作为旋钮阴影，方法是添加颜色叠加（黑色或深灰色）样式并执行高斯模糊，然后视情况将其缩小（约 350 像素）并适当向下移动，如图 13-2-8 所示。

这里有两个问题需要说明：首先，虽然旋钮层的投影可以直接在图层样式中设定，但其面积只能扩大而无法缩小（希望未来版本能加以改进），可控性稍显不足，因此应采取独立图层的方式来制作；其次，在智能对象的编辑状态中虽然可以更改阴影的填充色，但稍显麻烦，因此使用颜色叠加来直接实现。

复制旋钮图层并清除原有滤镜和样式，通过描边和外发光样式来制作旋钮平面与倒角之

间的边缘。由于只需要样式产生的边缘，应先将该层填充不透明度设为 0%，再视情况调整图层整体不透明度可避免边缘感太强烈，效果如图 13-2-9 所示。

图 13-2-8

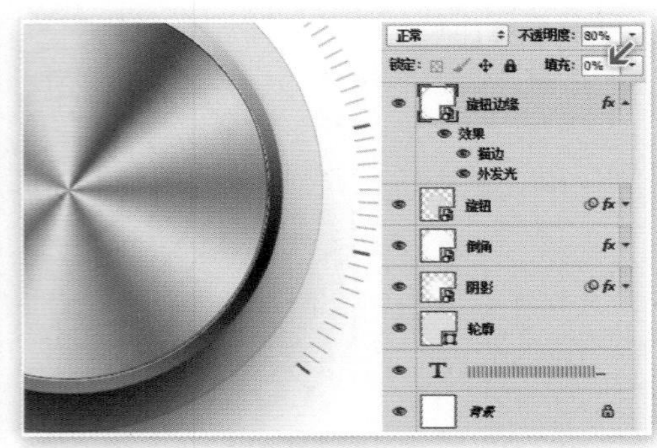

图 13-2-9

理论上这个边缘可以在旋钮层的样式中直接设定得到，但由于所使用的智能滤镜的关系，直接设定的效果差强人意。这并不是我们的问题，而是由于基于点阵的 Photoshop 自身精度有限造成的，我们只好在使用中变通解决，希望在以后的新版本中能予以改进。

复制文字图层并缩小其路径直径（约 280 像素），删除加粗的字符，再适当调整文字设定并添加投影样式将其制作成旋钮表面的蚀刻效果，如图 13-2-10 所示。

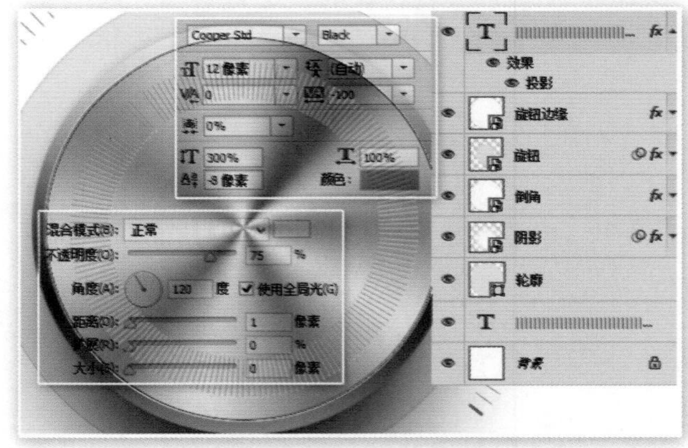

图 13-2-10

要在封闭圆形路径上使“|”字符形成不留痕迹的首尾相接，一般需要设置较大的字符间距，不过在本例中并不做这样的要求，反而要故意留出一定的空间以便后续制作。

接着制作旋钮上的指针，方法是绘制一个圆角矩形的形状层，填充深灰色并设定内阴影样式。之后在自由变换中将旋转中心设置在本例的中心点上，再将其移动到字符的空档位置上，如图 13-2-11 所示。

最后设定一个渐变样式作为全图的背景，如图 13-2-12 所示，可有效提升作品的质感。成品可对照文件 s1351.psd。

在制作技巧方面，使用文字路径来制作刻度的方法是一个独特思路。此类效果在矢量类软件中很容易就能制作，只需要让图形沿其路径排列（如同路径文字）就可以了，图形还能改变形态以适应路径的弯曲度。不过我们利用文字的方法也有独到之处，那就是可以通过字符面板来设定刻度的高度、粗细、间距及颜色等。使用 Webdings 及 Wingdings 系列特殊字体也可调出各种图案，图 13-2-13 所示为使用 4 种特殊字体输入“1234567890-=qwertyuiop[]”字符的效果，可多加以应用。

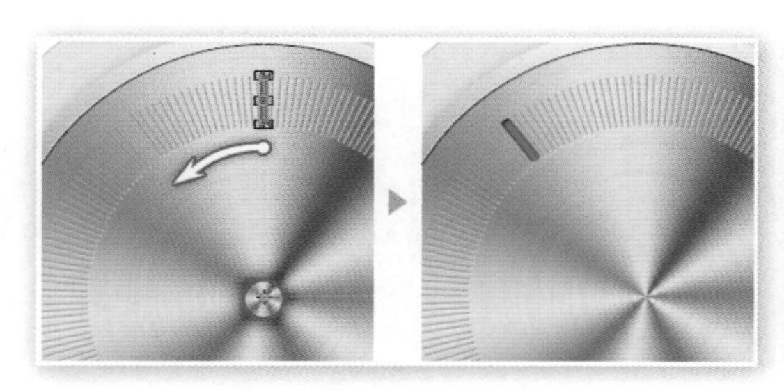

图 13-2-11

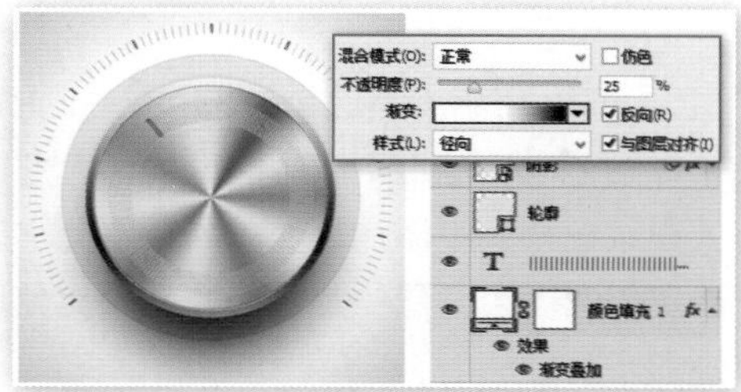

图 13-2-12

本例的整个制作过程都在和矢量图层及图层样式打交道，操作上并不难。正所谓只有想不到没有做不到，决定成品质量的往往是大家对于这类 GUI 元素的主观想象力。

由于在制作中始终使用矢量图形和智能对象，因此这个作品具有较强的可扩展性。图 13-2-14 和图 13-2-15 所示为更改文字设定所产生的不同蚀刻效果。

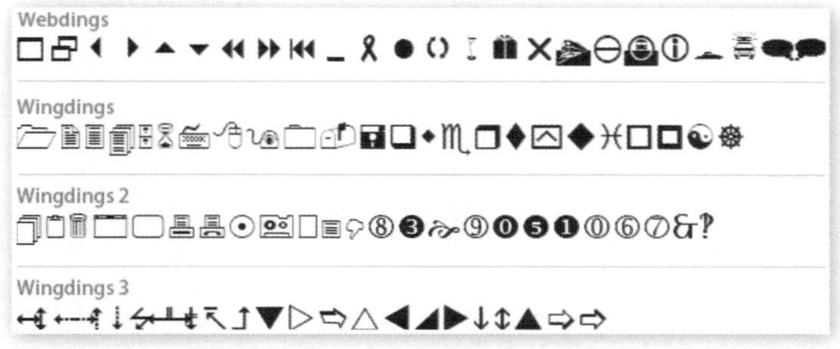

图 13-2-13

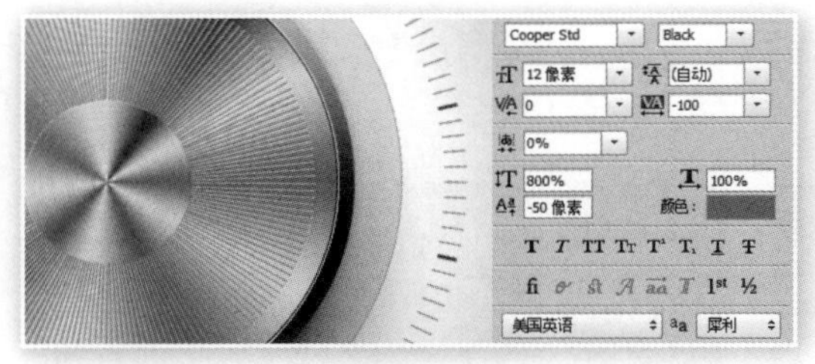

图 13-2-14

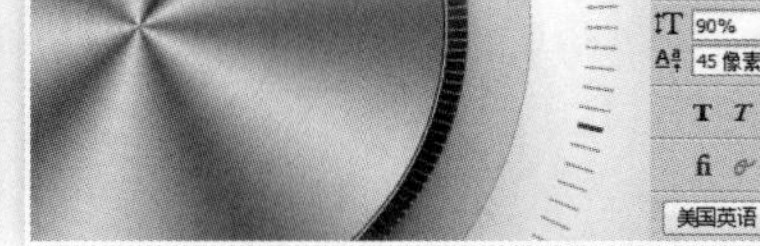

图 13-2-15

图 13-2-16 所示为另外绘制一个圆形，并设定适当的样式后替代原先的指针。注意其中的样式设定项目，具体参数大家自行尝试。

也可以在旋钮主体上进行修改，图 13-2-17 所示为停用智能滤镜并适当下降渐变叠加不透明度后产生的抛光质感效果。

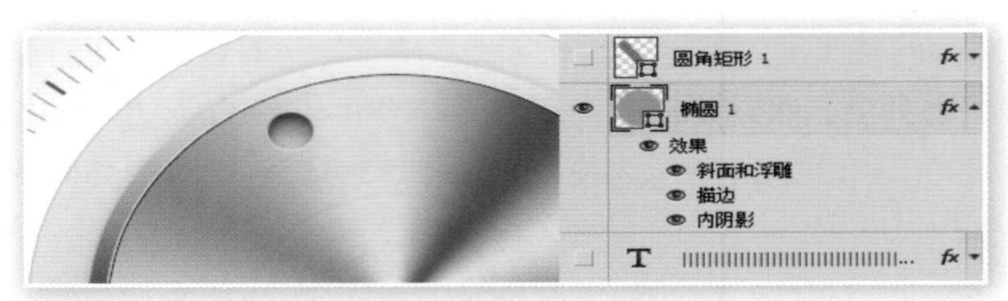

图 13-2-16

图 13-2-18 所示为更改为暗色调后与原先的效果对比，仔细观察可看出其中所做的修改：更改了背景色为深色、更改了刻度的颜色并改变了整十刻度的形式、更改了轮廓的填充和描边色、在按钮样式中添加了灰色的颜色叠加、下调了倒角层样式中的渐变叠加不透明度令整体变亮、更改了阴影层的混合模式和填充色、更改了蚀刻文字层的不透明度和混合模式、为指针添加了色彩。

在上述各项更改操作中基本都是以下降亮度为调整方向的，比较独特的是对倒角层“不暗反亮”的处理。这是因为在对大面积区域做压暗处理时，适当逆向提亮一些小面积区域的做法往往可以获得较好的效果，图 13-2-19 所示为压暗和提亮倒角层的对比。当然这属于个人主观审美差异，大家可根据自己的喜好进行选择。

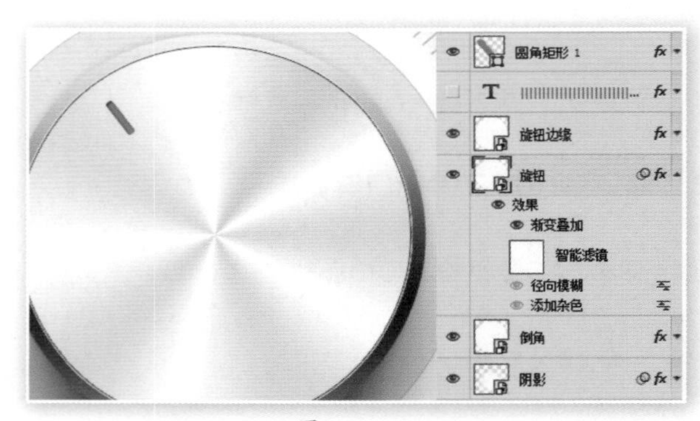

图 13-2-17

图 13-2-18

在已经更改为深色调的基础上，可适当添加发光效果，为轮廓层添加外发光样式，并将指针所在刻度范围也改为相同颜色，效果如图 13-2-20 所示。

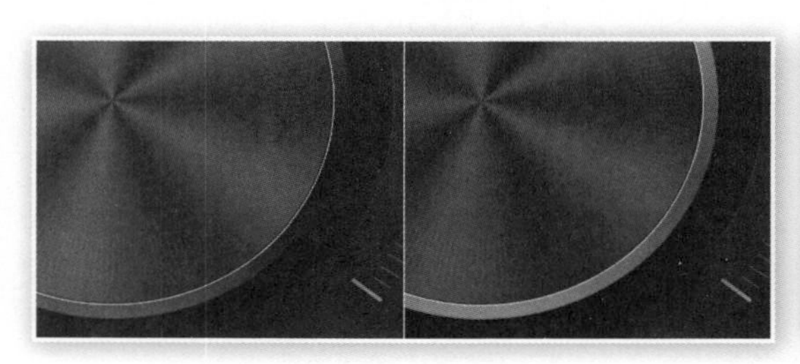

图 13-2-19

图 13-2-20

也可以单独将其中某些元素处理为彩色，图 13-2-21 所示即是通过专属调整层将旋钮变为金色的效果。由于需要同时调整旋钮与倒角，因此使用了图层组。

图 13-2-21

也可以尝试取消调整层的专属性，使其对下方所有图层有效，如图 13-2-22 所示。

图 13-2-23 所示是另外一种经修改后的扩展效果，大家先仔细观察，然后尝试动手将其制作出来，完成后可与文件 s1352.psd 对照。

图 13-2-22

图 13-2-23

13.2.2　图标设计

很多触摸设备（如手机和平板电脑等）的基础 GUI 都以图标（icon）为主，一个图标就表示一个应用程序。大部分图标的形状就是我们所熟知的圆角矩形。

新建 600×600 的图像，然后利用渐变叠加设置一个背景，这种背景制作方法速度快、效果好。再使用圆角矩形工具绘制一个浅灰色的矢量形状层，由于是实时形状，因此可以很方便地在属性面板中更改尺寸和圆角形态，效果大致如图 13-2-24 所示即可。

图 13-2-24

接着为圆角矩形添加图层样式使其具有立体感，效果如图 13-2-25 所示，具体参数不再详述，大家对照图例进行尝试，也可自主创新。

将旋钮图像（可使用 s1351.psd）中的所有图层归组后导入，缩小后将其布局在类似图 13-2-26 所示的位置上，这样就算完成了一个图标的制作。

图 13-2-25

图 13-2-26

需要注意的是，为了确保本例中“径向模糊”滤镜所产生的抛光效果正好位于旋钮中心，之前我们特意强调了必须将旋钮放置于整个图像的中心位置，否则就会产生如图 13-2-27 所示的偏差。径向模糊滤镜本身可以改变中心点，但由于无法量化难以精确定位，因此推荐在默认中心点状态下使用。

智能滤镜在某些情况下（如缩放、图像尺寸变化、导入等）会被重新执行，这样如果导入后的位置并非中心点时上述偏差就会产生，因此要确保对齐中心点。

现在为图标添加阴影，如图 13-2-28 所示是常见的样式，通过投影图层样式即可实现。

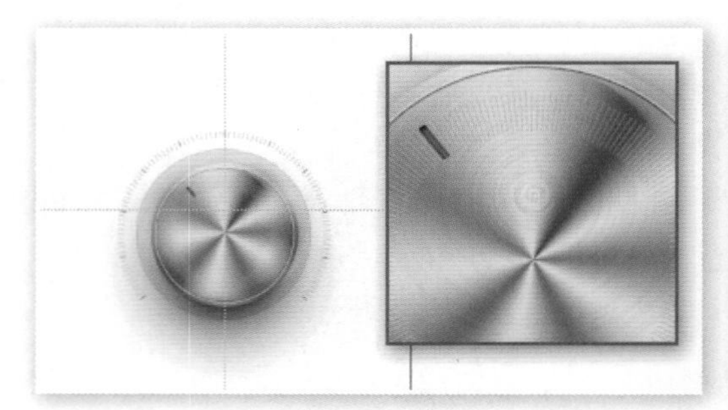

图 13-2-27

图 13-2-28

也可以尝试悬浮阴影，如图 13-2-29 所示。该阴影由一个椭圆形状层经动感模糊和高斯模糊滤镜得到，这种方法适合制作较窄小的阴影。

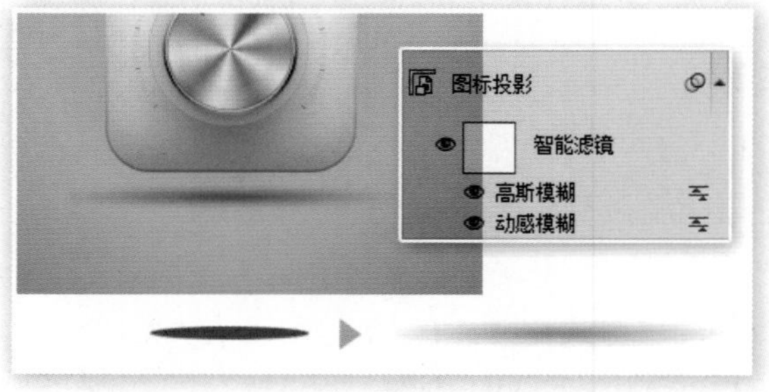

图 13-2-29

原先的旋钮是在独立环境下设计制作的，现在将其合成到图标中后，需要经过一些适应性的修改，如图 13-2-30 所示。其中，主要修改了原先的投影使其变得集中，这样更符合图标环境，这不是必须步骤，大家可自行选择风格走向。

现在可通过复制图层组并修改的方式，在原有旋钮基础上制作一些衍生作品。图 13-2-31 所示为前面演示过的 4 种效果，具体可参看文件 s1353.psd。

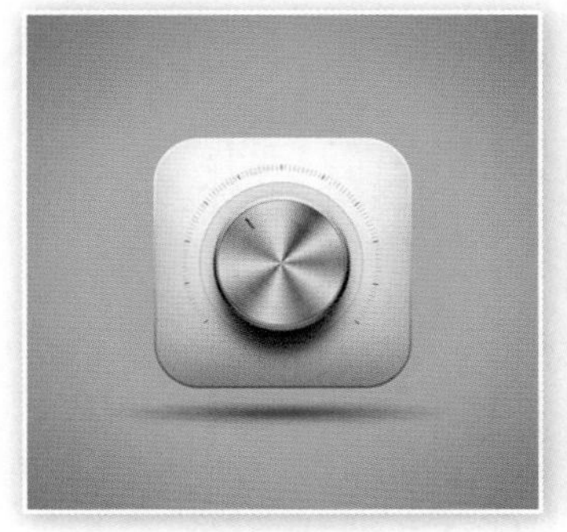

图 13-2-30

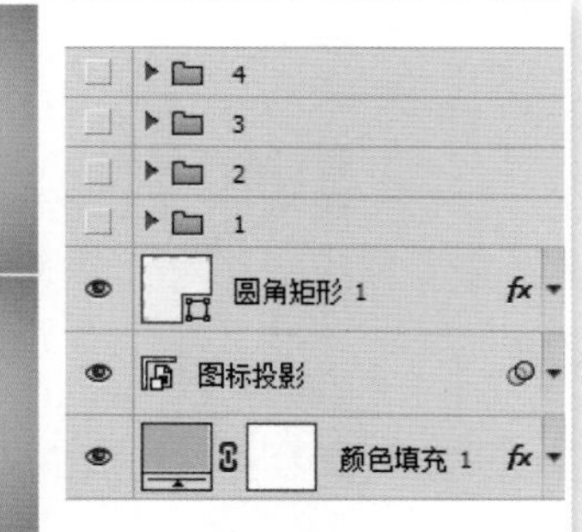

图 13-2-31

为了保证径向模糊滤镜的正常使用，在 s1353.psd 中所包含的 4 个旋钮图层组的位置都位于中心点，在将它们一字排开时就会出现问题。如图 13-2-32 所示，在以左边为基准扩大图像画布尺寸后，径向模糊滤镜就出现了偏差。虽然如果以中心为基准扩大画布就不会出现此问题，但其后在进行变换操作时依旧不免会遇到。

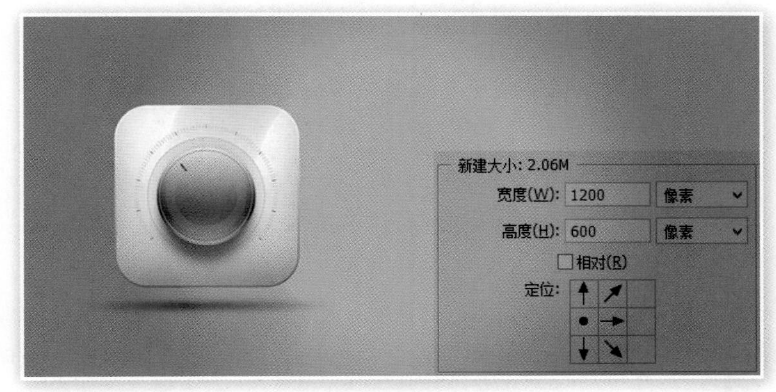

图 13-2-32

为了更好地进行布局，建议将图标及其阴影复制到各个旋钮的组中，然后将这 4 个组分别转换为智能对象，如图 13-2-33 所示。注意应回到 600×600 尺寸状态后再进行操作。

此外，在图 13-2-33 中可看出我们对背景色层进行了位置锁定，这样是为了便于通过移动工具进行框选图层的操作。

现在进行更改画布尺寸和变换操作时，就不会再出现偏差问题了，如图 13-2-34 所示。此时双击智能对象层进入编辑时，会发现其中内容还是处于正方形尺寸中，这也就是之前强调要在 600×600 状态下转换的原因所在。

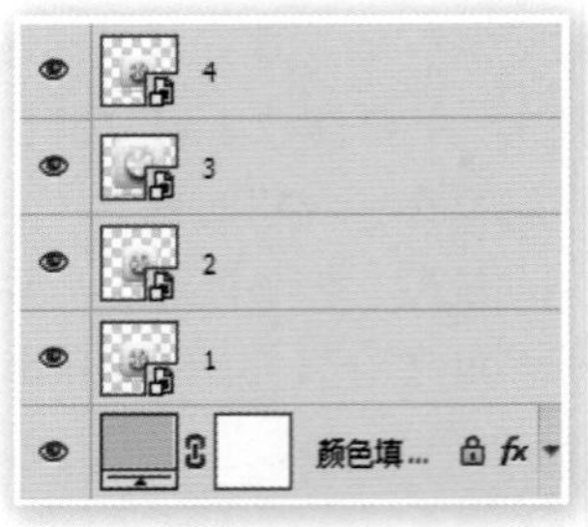

图 13-2-33

图 13-2-34

如果这 4 个旋钮作为一个作品整体出现的话，那么原先的背景径向渐变已不适用，可将其改为内阴影样式，效果如图 13-2-35 所示。

图 13-2-35

在这一步大家可能会遇到内阴影无效的情况，同时一并无效的还有描边、内发光、斜面和浮雕等。这些样式都与图层边界有关，而对于一个无边界的图层而言当然不存在内和外这两种概念，大家自行尝试如何解决此问题（可考虑从图层蒙版入手）。

以上几个操作步骤虽然并不产生直接的图像，但却是实际工作中经常会用到的操作技巧。这类操作技巧的熟练程度决定了工作效率，因此也应该加以重视。

本节所讲述的制作图标的方法十分简单，在现实工作中确实也就是如此简单，大家可以留意下自己手机上的图标，大部分还不如我们这里做得精美。这里的重点并非在于制作层面，而是让大家结合之前的旋钮构成一个有效的 GUI 元素，利用这样的元素就能逐渐组建出成体系的图形化用户界面。

大家还可自行尝试制作深色背景的图标，并与深色版的旋钮进行组合，效果如图 13-2-36 所示。需要注意的是在缩放变换后，应同时修改原样式的数值使其适应新的图层尺寸。

图 13-2-36

13.3　视频剪辑

许多人都认为 Photoshop 只能制作静态图像，其实它也包含了一套适用于视频的工具，既可以对已有的视频进行剪辑，也可制作包含 3D 的原生动画。虽然它在性能上与专业视频软件有较大差距，但大家从中可以了解到制作视频的一般方法，也有利于今后的多元化发展。

视频播放时的动态效果其实是由许多静止画面组成的，假设在 1 秒时间内包含 25 个画面，则称为每秒 25 帧（fps），每秒帧数越多则动态变化的细节越丰富。高帧数可以形成慢动作效果，如可以 100fps 的速度拍摄视频，再以 25fps 速度播放，就可以形成 1/4 倍慢动作效果。相反，如果以低帧数拍摄则可形成快进效果，延时摄影就是利用了这个原理。

如图 13-3-1 所示，在 Photoshop 中开启 sample1360.mp4 视频素材。这是使用无人机拍摄的延时视频，已经通过 Camera RAW 进行过基础色彩处理。

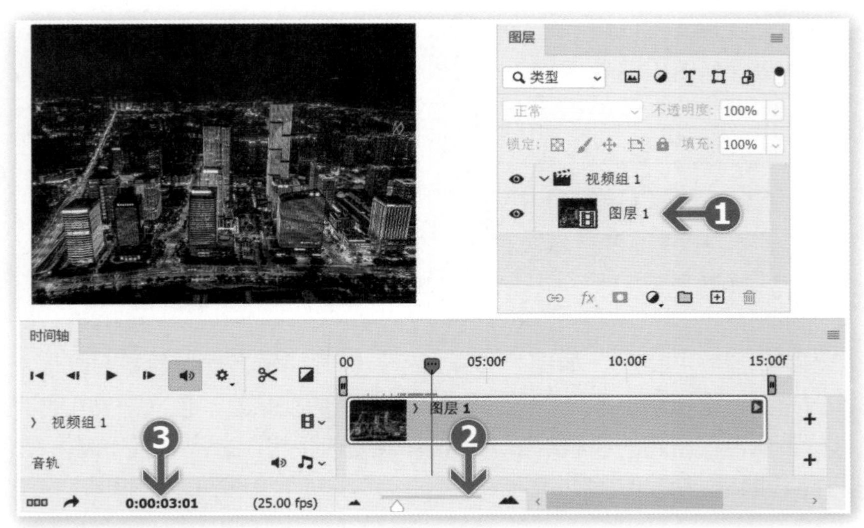

图 13-3-1

视频文件与普通图像一样在窗口中显示，箭头 1 处的图层面板也会相应出现视频层，同时会在下方出现时间轴，时间轴是视频编辑中最经常用到的。点击箭头 2 处的时间轴缩放按钮或拉杆可扩大或缩小视频的显示尺度，最小尺度为帧。

按下空格键可播放或暂停视频，播放时时间刻度线会从左向右行进，表示目前播放到什么位置。可手动拖动刻度线到某个时间点上，视频时间的表达方式为“时 : 分 : 秒 : 帧”，如箭头 3 处显示的当前时间就是 3 秒零 1 帧。右方的 (25.00fps) 则表明该视频帧率为每秒 25 帧。如果电脑性能不足，在播放视频时可能出现卡顿，帧率指示也可能变为红色。

视频剪辑要达到的效果是重新组织视频的播放顺序，这需要先对视频进行分段。方法是点击时间轴面板中的拆分按钮，拆分的位置以当前刻度线为准，因此应先将刻度线拉动到需要的时刻上。如图 13-3-2 所示，将刻度线拉动到 02:00f（即 2 秒）处后进行一次拆分，拆分后视频就会变成两段，在图层面板中也会看到变化。

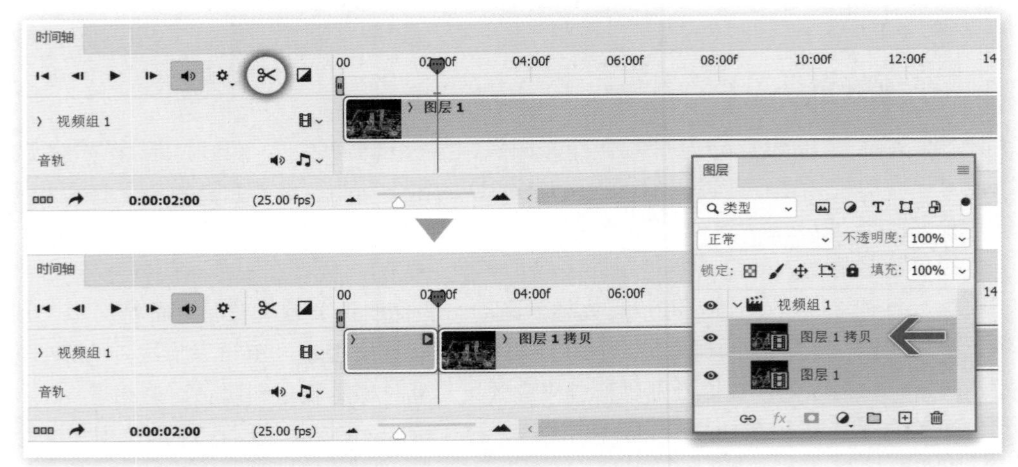

图 13-3-2

依照上述方法继续在 04:00f、06:00f 和 08:00f 处进行拆分，这样拆分 4 次后，原先的 1 段视频变为了 5 段，如图 13-3-3 所示。

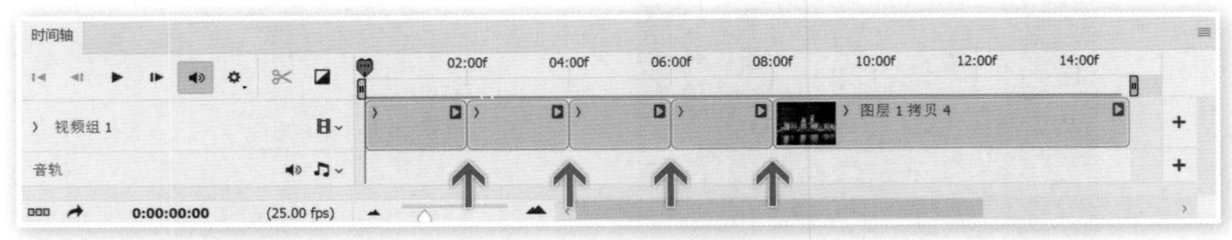

图 13-3-3

现在导入第二段视频素材。如图 13-3-4 所示，在时间轴上现有的视频组 1 上点击红圈处的按钮，选择“新建视频组”，这样就新建了一个空的视频组。接下来要在这个组中加入具体的素材，因此再在新建的视频组 2 上点击红圈处的按钮，选择“添加媒体”，然后选择 sample1361.mp4 视频文件。

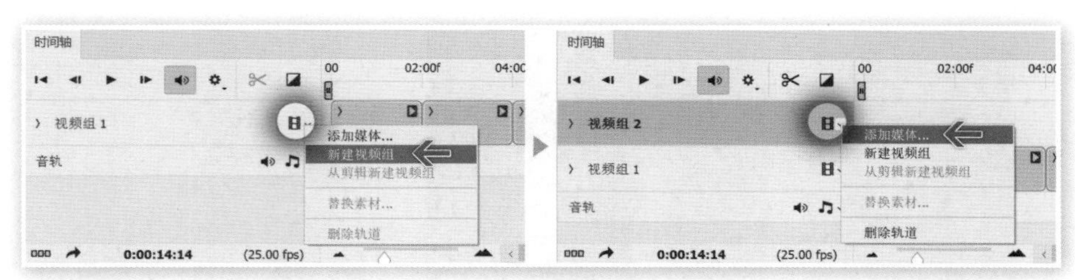

图 13-3-4

添加新视频素材后，在图层面板中交换下两个视频组的层次，使新建的视频组 2 在上方，原先的视频组 1 在下方，并为组添加色彩标签便于视觉区分，如图 13-3-5 所示。

图 13-3-5

这样操作后，时间轴面板也会发生如图 13-3-6 所示的变化。注意，更改图层层次和指定色彩标签等操作必须在图层面板中完成，时间轴面板虽会同步变化但并不具备操作功能。

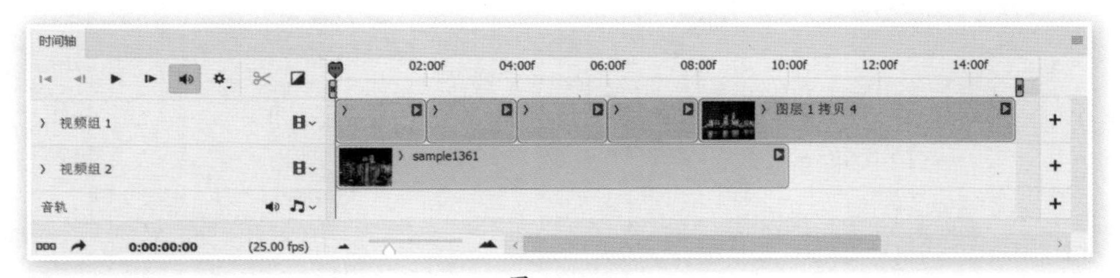

图 13-3-6

虽然对象是视频而不是图像，但从图层面板和时间轴面板不难看出，视频也是有层次遮挡关系的，上方的视频会遮挡下方。之前我们已经将上方视频组 1 中的视频拆分为了若干段，那么此时只要指定某一段不显示，就可以透出下方视频的内容了。

如图 13-3-7 所示，在时间轴面板点击选择视频组 1 中的第 2 段和第 4 段，然后在图层面板中关闭眼睛图标使其隐藏。此时刻度线位置应该显示出下方视频组 2 中的内容。

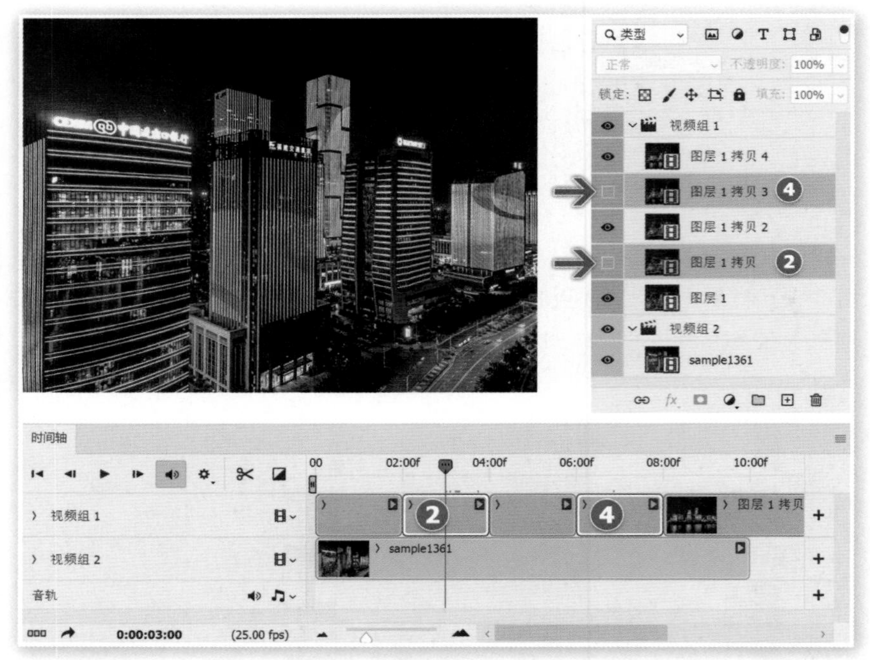

图 13-3-7

这样就已经完成初步剪辑。我们可以将刻度线移动到时间轴开头，按下空格键预览播放。如果电脑配置不足播放时可能会卡顿。可以多播放几次让系统建立缓存,之后就会较为流畅了。

通过上面的操作，我们实现了视频组 1 与视频组 2 的切换播放，只是在切换的时候显得较生硬。接下来我们使用过渡效果使其显得平滑些。如图 13-3-8 所示，在时间轴上点击过渡按钮，先将“持续时间”设为 0.5 秒，然后将“渐隐”项目拖动到图示的位置上。

图 13-3-8

按上述方法，将“渐隐”特效应用在视频组 1 第 1 段结尾，第 3 段开头和结尾，以及第 5 段开头共 4 个位置上，实现切换场景的过渡。最后将持续时间改为 1 秒，选择“黑色渐隐”特效将其应用在视频结束部分。应用的位置上会有白色三角标记，如图 13-3-9 所示。依方向不同分别代表渐入和渐出。持续时间长的，三角标记也会显得较长。此时将刻度线放置于标记区域内，即可看到视频过渡的效果。

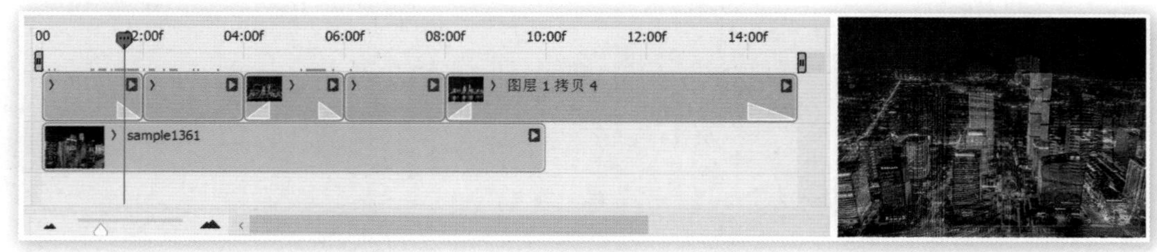

图 13-3-9

最后为视频配上背景音乐，如图 13-3-10 所示，点击音轨上红圈处按钮添加音频文件 sample1362.mp3。由于音频时间比视频要长些，我们在音轨末端向左拖动鼠标，使其缩短对齐到和视频相同的结束位置上。

图 13-3-10

到这里我们就完成了这个视频剪辑的简单效果制作，通过【文件 > 导出 > 渲染视频】即可保存成品视频文件。

本例中提供给大家的原始视频素材已经经过调色处理，因此直接使用即可，今后如果遇到需要调色的情况，可将视频组转为智能对象，然后通过【滤镜 >Camera RAW 滤镜】执行色彩调整操作。图 13-3-11 所示为对视频组 1 执行 ACR 色彩调整的效果。

图 13-3-11

需要注意的是，在转换为智能对象并执行 ACR 滤镜调整后，按空格键播放及渲染视频时，可能会较为卡顿，这是因为本质上要为每一帧都执行一次调整。按照 25fps 共 15 秒的长度计算，相当于要调整 375 张图像，所以，卡顿时耐心等待即可。

第 14 章　ACR+ 智能对象创意制作

本章内容虽然也是图片处理与合成，但与之前的内容最大的不同在于，本章不再使用传统调整工具如曲线、色相 / 饱和度等，而是结合 Camera RAW 和智能对象来实现。用 Camera RAW 对素材进行基础处理和光影效果的营造，与以往的调整工具相比，操作方式的改变将令创意得以更高效和更方便地实现。

本章范例部分为作者原创，部分为仿照网络作品而来。

14.1　调整相关设置

在开始之前我们先调整一下 Photoshop 的设置，使其可以适应接下来的制作需要。通过菜单【编辑 > 首选项 >Camera RAW】开启预置。在左方选择“文件处理”，在右方的“JPEG 和 TIFF 处理”中，将两个选项均改为“自动打开所有受支持的…”选项，如图 14-1-1 所示。

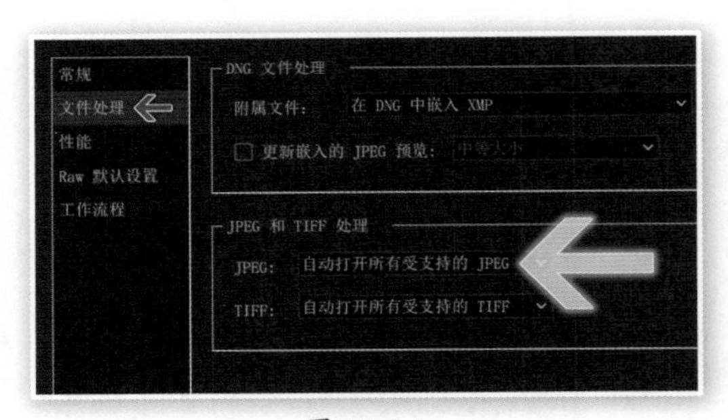

图 14-1-1

之后在左方选择“工作流程”，在右方进行如图 14-1-2 所示的设置。要注意白色箭头处的“在 Photoshop 中打开为智能对象”选项必须勾选。色彩空间设置为常规的 sRGB，其他项目均不予勾选。

在经过上述设置后，在 Photoshop 中开启 JPG 格式图像时，会先开启 Camera RAW 界面，可在其中对图像进行相关调整，之后以智能对象形式导入 Photoshop。这样不仅可以维持其原始数据不受破坏，还可以在任何时候双击图层面板中的智能对象缩览图，重新通过 Camera RAW 对其进行再调整，而早前的调整数据依旧保留，还可以通过快照功能保留多组参数。

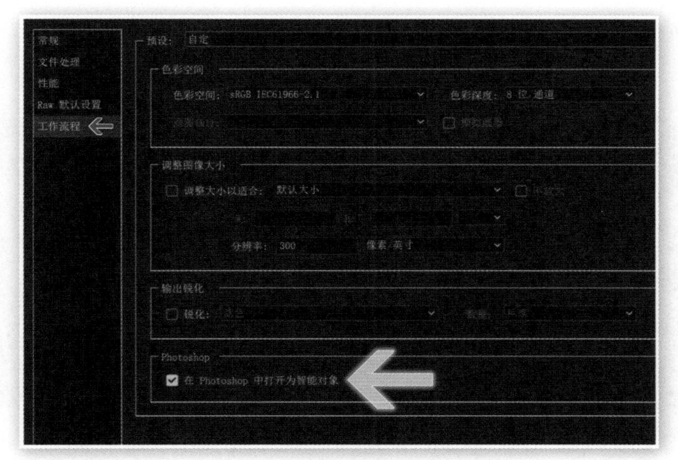

图 14-1-2

如果图像先以传统的普通图像形式进入 Photoshop，而后再将其转为智能对象，虽然看起来一样，但这种导入后转换的智能对象只能以滤镜的形式执行 Camera RAW 调整，且无法使用快照功能，因此这个小细节很重要。

此外，为了减少视觉干扰，建议在菜单【编辑 > 首选项 > 界面】中将 Photoshop 界面调整为最深色方案。

14.2　初试 ACR+ 智能对象

本节将通过制作一个小范例来展现“ACR+ 智能对象”这种制作方法的优势，通过两幅素材图像 s1401.jpg 和 s1402.jpg 进行合成，效果如图 14-2-1 所示。

图 14-2-1（Pixabay 摄）

14.2.1　通过 ACR 导入图像

首先打开 s1402.jpg，这是一个城市场景。由于之前的设置，图像并不会直接进入 Photoshop，而是会先在 Camera RAW 中打开，此时暂不需要做调整，直接在右下方点击“打

开对象”按钮，如图 14-2-2 所示。如果这个按钮显示的不是“打开对象”，则说明之前的设置未完成。

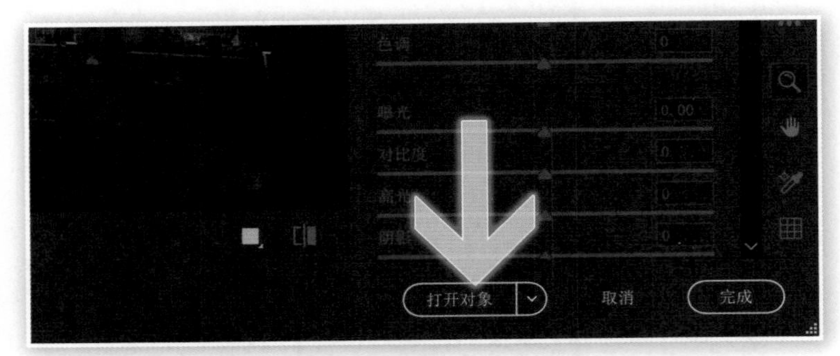

图 14-2-2

导入图像后在图层面板中会显示该层为智能对象形式，双击图层缩览图可再次启动 ACR，如图 14-2-3 所示。这时 ACR 右下方的按钮就剩下确定和取消，不再有打开选项了。

图 14-2-3

如果在 ACR 中进行了调整，按下“确定”键后 Photoshop 中的图像会同步更新。此操作可在任意时刻重复进行，每次进入 ACR 时都会保留上一次的调整参数，不会损失原图质量。这一点和我们之前学习的调整图层是类似的。

14.2.2 通过 ACR 裁剪素材

现在导入 s1401.jpg 图像，我们将利用其中的大象进行合成，因此没有必要将整幅图像都导入到 Photoshop 中去，那样不仅图像较大，且在后续变换对齐时也较为不便。因此先在 ACR 中选择裁剪工具，仅保留大象区域的图像即可，如图 14-2-4 所示。完成裁剪后导入到 Photoshop 中。

如果不熟悉 ACR 裁剪操作，可以在快照中应用我们准备好的快照项目，获得和图示相同的裁剪区域，且在后续色彩调整时可以延续构图。

接着利用蒙版将大象与背景分离，如图 14-2-5 所示。可组合使用对象选择工具和快速选择工具创建初步选区，再通过选择与遮住功能进行优化。

现在可将大象图层拖动到城市场景中，通过自由变换调整到适当的大小和位置，如图 14-2-6 所示，大象身上的光线可以与城市场景中的阳光形成呼应。后期大家可以根据自己的想法尝试其他布局。

图 14-2-4

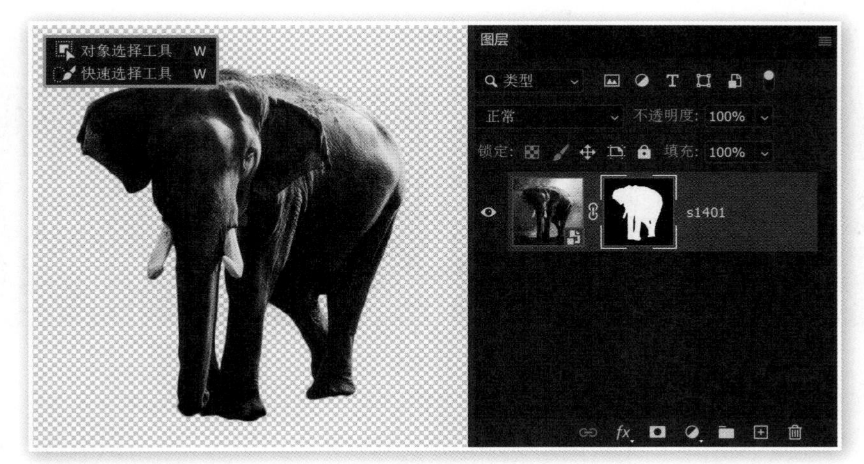

图 14-2-5

图 14-2-6

接下来将大象与城市建筑物形成遮挡，按照位置大象应该位于前方建筑物之后，因此先将建筑物区域创建为选区。首先隐藏大象图层，然后选择城市图层，再通过对象选择工具完成选区创建，如图 14-2-7 所示。这里要切记必须选择正确的图层后再使用选取工具。其实

即便不隐藏大象图层也是可以完成选区的，但建议大家还是隐藏无关内容以避免干扰。

图 14-2-7

为了显得比较有立体感，大象的长鼻子不应和四肢一同被遮挡，因此接下来要从选区中减去鼻子的区域。此时可先显示出大象图层，在选择大象图层后，通过对象选择工具的减去方式（按住 Alt）修改选区，大致如图 14-2-8 所示。

图 14-2-8

修改完选区后，选择大象图层的蒙版，如图 14-2-9 所示，在选区内填充黑色（先按快捷键 D，再按组合健 Alt+Delete），完成遮挡效果的制作。如果有不完善的地方，可用画笔工具手动对蒙版进行修改。

图 14-2-9

14.2.3 图像合成三要素

图像合成三要素：布局、色彩、清晰度。这是本书作者个人总结出来的经验，即合成作品首先要有合理的布局，之后应有统一的色调，最后考虑远近层次。

到目前为止我们已经完成了基本布局，接下来进行色彩调整，首先对城市层进行调整，如图 14-2-10 所示，涉及的操作有更改白平衡使其偏向绿色调、使用画笔工具降低建筑物区域的曝光以营造大象投影、使用直线渐变压暗天空部分、使用椭圆渐变压暗左方和增强阳光区域。

图 14-2-10

如果大家对 ACR 的操作还不太熟练，难以顺利完成上述操作，可以在 ACR 快照中点击应用事先准备好的“效果 1”快照项目，实现上述的各项调整，如图 14-2-11 所示。

图 14-2-11

之后对大象图层也通过 ACR 进行色彩调整，具体操作不再赘述，也可以使用我们预先提供的快照来完成，如图 14-2-12 所示。

图 14-2-12

需要注意的是，大家之前在导入时如果是自行裁剪的，那么位置和大小可能和快照中不同，此时如果应用快照会改变合成中大象的大小和位置，原先的蒙版可能会出现位移。因此如果之前是自主裁剪的，那么现在最好是继续自主进行色彩调整。

在完成两个图层的色彩调整后，已经达到本节开头的效果，可以算一幅成品了。如果想在清晰度方面也做出改变的话，可以考虑为城市添加上景深效果。虽然在广角场景中很难出现景深，但这种尝试也是创意的一方面。

如图 14-2-13 所示，创建一个除了前排建筑物以外的选区，然后对其执行高斯模糊滤镜，模糊参数不宜过大。

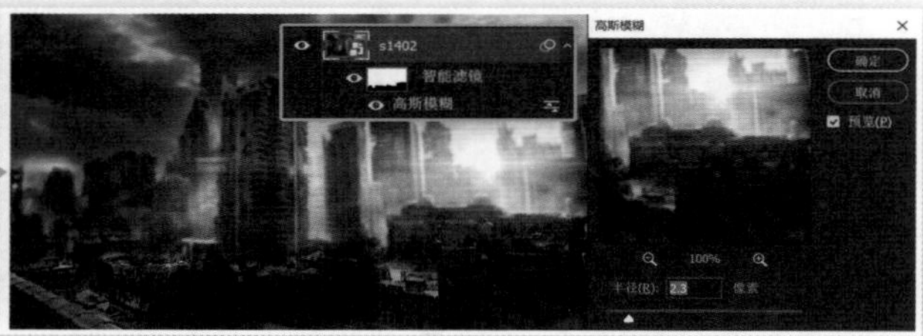

图 14-2-13

此时的背景模糊效果还比较生硬，可以对智能滤镜的蒙版进行修改来加以改善。使用较大直径、较低流量的画笔进行如图 14-2-14 所示的涂抹，则可在原本较为分明的边界中创建一些较为自然的模糊过渡。

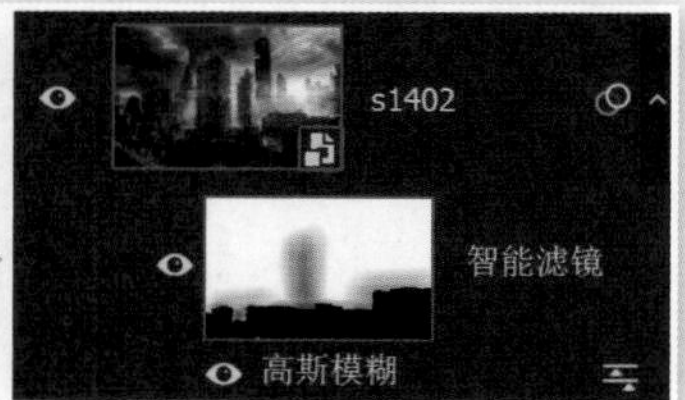

图 14-2-14

这样就完成了景深的制作，最终作品效果如图 14-2-15 所示。如果觉得还是原来的效果更好，可以在图层面板中隐藏智能滤镜。

图 14-2-15

通过上面这个例子的制作，大家体验了“ACR+ 智能对象”这种创作方法的完整流程。它的特点首先是图层结构简单，再就是调整功能强大。

首先在图层结构方面，如果我们采用以前的方式来制作，根据调整的复杂度，会多出许多调整和填充图层，这增加了图层结构的复杂度，后续如果更改元素层次会较为麻烦。

其次在调整能力方面，ACR 一站式的运作方式，以及易用高效的调整手段可以极大地增进操作效率。比如修改整体色调的白平衡，比起传统的曲线或色相 / 饱和度命令更直观，调整效果也更自然。如果原图是 RAW 格式的话则宽容度更大。对于营造投影效果，只需要用画笔局部下降曝光值就可以。如果是传统方式，需要建立深色填充图层去实现。后续如果需要修改投影的深浅和大小，ACR 直接修改曝光参数或画笔覆盖区域就可以。还可以利用 ACR 的快照功能存储多组调整效果，在需要的时候选择切换。

需要注意的是，大象的蒙版边缘可能并不完美，只是之前不易察觉。在叠加背景后应放大图像仔细检查一遍。常见的边缘问题是较暗背景上的亮边，以及较亮背景上的暗边。此类问题可以通过“选择并遮住”功能中的边缘收缩来改善。

14.2.4　关于素材的选择

我们在制作这个作品时总体是比较顺利的，没有遇到很复杂的操作。这主要得益于两幅原始素材在氛围和光线角度上比较接近，如果换一张晴天拍摄的城市，或换一张普通光线拍摄的大象，两者就显得格格不入，也会为后续的制作带来很多麻烦。因此合理地选择素材是很重要的。

大家应首先明确创意的方向，然后去搜索对应的素材图像。由于明确的光线能带来优秀的视觉体验，所以应优先选择或自行拍摄这类图像作为素材，并在后续制作中遵循统一光照的原则，这种方法能够在很大程度上减少工作量，且获得较好的最终效果。如果实在缺少恰当光照角度的素材也没有关系，下面会学习通过 ACR 手动模拟建立光照的知识。

14.3 用 ACR 模拟光照

这次我们使用单幅素材照片 s1403.jpg 进行制作，制作效果如图 14-3-1 所示，将白天照片转为夜晚，并且融入一轮穿过木屋的弯月。

图 14-3-1（Felix-Mittermeier 摄）

由于原素材图像尺寸较大，我们导入图像后先通过图像大小〖Ctrl+Alt+I〗将其缩小到 1000×1500 像素。这不是必须步骤，仅是为了在后续的操作中可以占用较少资源，不容易出现卡顿。由于是智能对象，因此不会对原图画质造成损失，可随时再改回去。

我们通过矢量图形来制作弯月，如图 14-3-2 所示，使用形状工具中的椭圆工具，先画出一个正圆，然后利用路径相减运算，得到弯月形状。

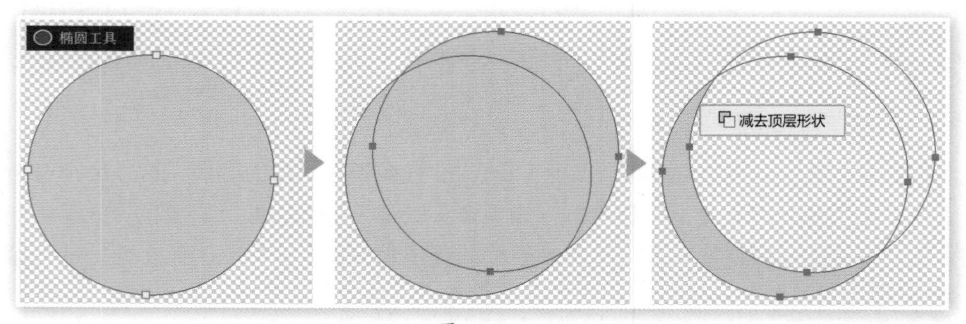

图 14-3-2

之后将弯月变换移动到合适的位置上，然后通过蒙版形成穿过木屋的效果，大致如图 14-3-3 所示。

图 14-3-3

接下来我们通过 ACR 对图像做出调整并营造出光影效果，首先整体下降曝光，之后使用画笔在人物周围绘制一圈营造轮廓光，再使用画笔在草地上沿着地形特征绘制一些亮边，最后使用画笔压暗天空并画出人物投影，如图 14-3-4 所示，相关参数供大家参考。

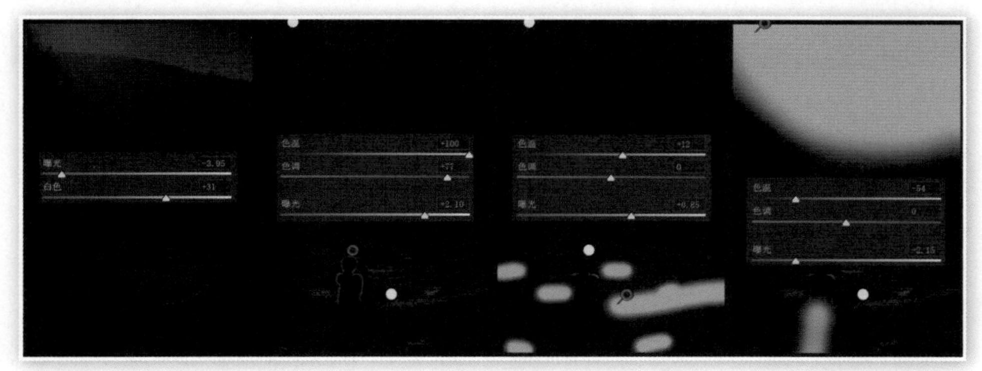

图 14-3-4

接着在草地上利用 3 个椭圆渐变制作出弯月光影，大致如图 14-3-5 所示，参数的设定思路就是提升曝光和白色以照亮草地，同时白平衡偏向黄色和品红。

图 14-3-5

接下里为月亮添加上发光效果，可以通过图层样式中的外发光和渐变叠加来实现，如图 14-3-6 所示，相关参数供大家参考。

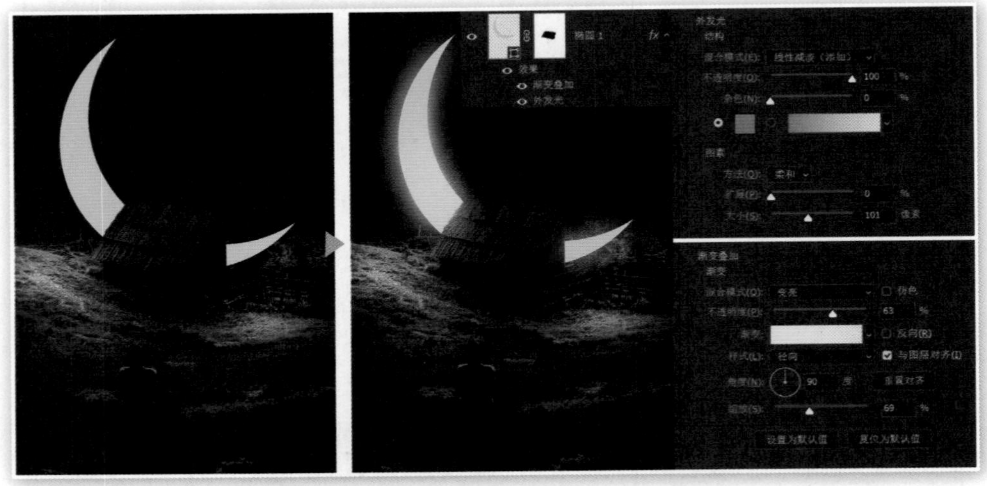

图 14-3-6

需要注意的是，图示中的参数是基于 1000×1500 像素的图像设定的，如果大家自行使用了更大或更小的图像，那么以像素为单位的参数数值需做相应调整。如果之前忘了更改图像大小，可以先退出图层样式，更改后再次进入。

由于原图中的木屋结构简单，不利于表达弯月的质感，因此我们在屋顶上开一个天窗，透过天窗可以看到穿行在屋中的弯月。

虽然名为开窗，其实画一个窗户形状就可以了。如图 14-3-7 所示，通过矢量工具绘制一个与弯月同色的四边形，并调整锚点使其符合透视，然后直接复制弯月的图层样式即可，可视情况略加修改。

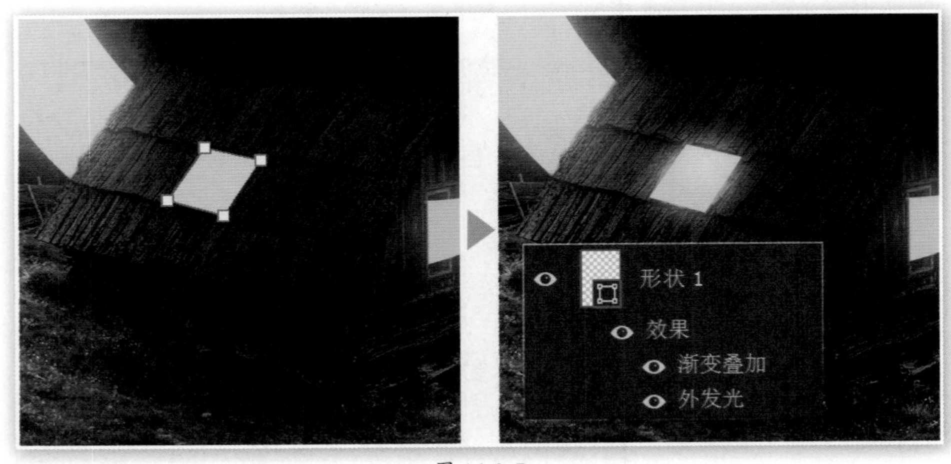

图 14-3-7

现在效果已经基本成型了，但觉得原图的背景不好，因此通过蒙版将其隐藏，然后新建一个深蓝色的颜色填充图层置于下方用以代替原背景，如图 14-3-8 所示。

图 14-3-8

用填充颜色作为背景虽然也可以，但显得过于简单，最好还是用天空类的素材。这次我们不必自备素材，而是将天空替换功能中的图像作为素材来使用。

如图 14-3-9 所示，选择原先的图层后使用菜单【编辑 > 天空替换】，选择一个多云的天空，注意设置输出到“新图层”。确定后会出现新的天空替换图层组，将其中名为“天空”的图层移出天空替换组，组中剩余的图层全部删除。

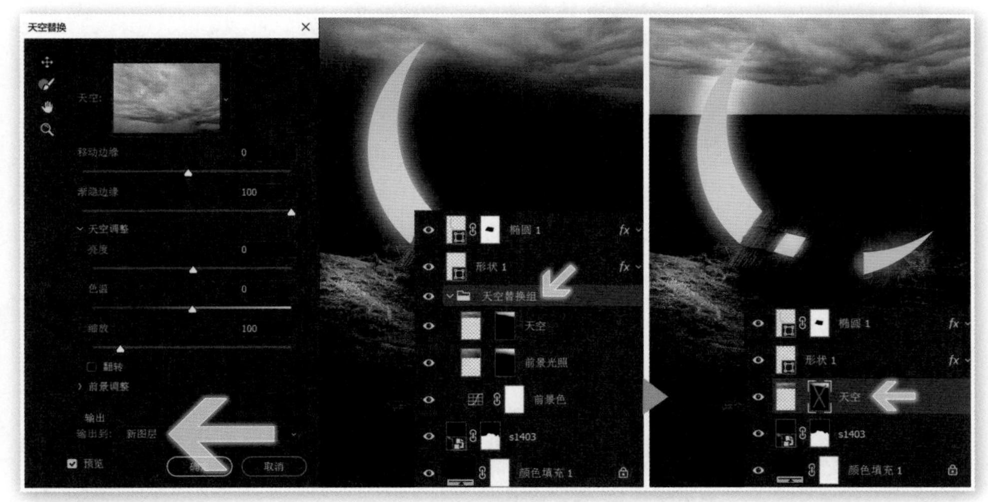

图 14-3-9

天空替换其实也是使用素材图像来实现的，只是多了自动判定并建立蒙版的功能。将其蒙版禁用或删除，就可以看到原始的天空素材图像了。

为了避免图像损失，将天空图层转换为智能对象后再进行变换和移动，使其覆盖原来的背景区域。然后通过【滤镜 >Camera RAW 滤镜】对其减曝并偏向冷色，再使用【滤镜 > 模糊 > 径向模糊】营造流动感，大致如图 14-3-10 所示。

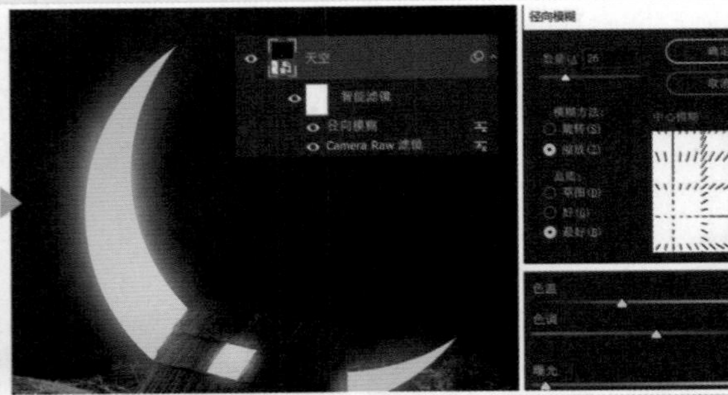

图 14-3-10

在现实中拍摄照片时，如果一个较明亮的物体被部分遮挡，在遮挡边缘常会出现光线衍射，如透过缝隙看夕阳等。我们可以尝试通过新增一个图层，将其混合模式设为“变亮”，然后在其中用画笔绘制黄色来实现，如图 14-3-11 所示。

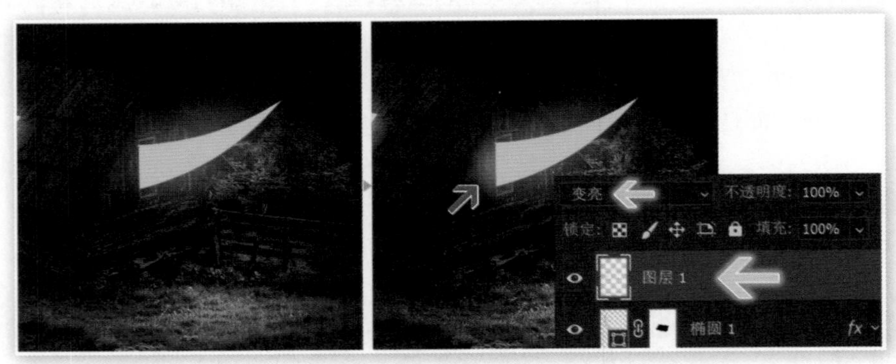

图 14-3-11

这一步不是必须的，但它可以提升作品质感。大家也可以在 ACR 中用局部调整工具实现。

如果觉得弯月的边缘过于生硬，可以在图层面板中选择其后，在属性面板的蒙版页面中，适当提升一些羽化数值，如图 14-3-12 所示，羽化效果可以实时看到。本例为了突出效果对比使用了较大的羽化值，大家实际操作时羽化值不宜过大否则容易降低质感。

需要注意的是，选择图层时必须点击图层缩览图，而不能点击蒙版缩览图，否则上述操作会羽化蒙版。

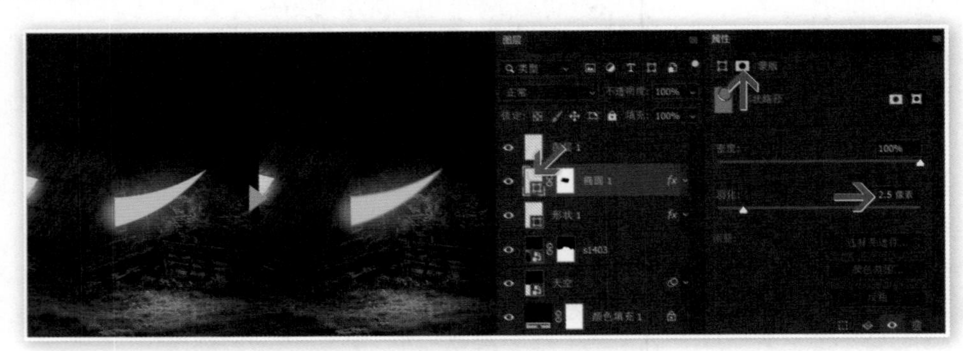

图 14-3-12

其实在很多步之前我们已经基本完成了作品，之后都是在不断地完善细节。现在看起来原先绘制的光照效果还不完善，缺少对木屋和栅栏的轮廓光营造，因此再次在 ACR 中通过画笔工具进行完善，如图 14-3-13 所示。

图 14-3-13

虽然我们也事先准备了快照，但建议大家自己完成这个操作，这将是一次很有价值的锻炼。

完成作品后及时保存，稍做休息后可以开始考虑制作衍生效果，这是一个大家自主创意的过程，图 14-3-14 所示的两个效果为撰写本例时即兴所作，供大家参考。

图 14-3-14

在本例中我们发现轮廓光对于提升质感有较大帮助，一个是对人物边缘的轮廓光营造，另一个是对木屋和栅栏的轮廓光营造。这是一个很有用的经验，今后遇到类似创作需求时要注重考虑。

由于只需要通过降低曝光值即可模拟出夜晚效果，所以建议大家在制作这类夜景光影的作品时，原图最好是白天拍摄的。因为白天拍摄的照片画质较高，后期加亮的区域其实是一种“还原”，即整体降曝光后局部还原曝光，有足够细节支撑。而如果是真正的夜景照片，强行提亮某区域会缺少细节且容易产生噪点。落实到本例中，如果原图是晚上拍摄的，那么栅栏边上的草地，再怎么提升曝光也只会出现一片模糊和众多噪点。

本例中的光影效果是通过 ACR 实现的，参数也很简单，基本就是曝光加减和白平衡偏移两类，但效果却很出色。这除了 ACR 本身的强大以外，重要的是对区域的正确划定。

其实在技术实现层面也不复杂，无非就是对片状的光线使用椭圆渐变，对不规则形状光线使用画笔而已。关键在于要知道在哪些区域操作，这需要经验。也是大家目前还比较缺乏的，平时可以多留意生活中类似的场景，从中汲取灵感。

14.4　用 ACR 模拟投影

本例计划通过 3 幅素材来合成，分别是 s1404.jpg、s1405.jpg 和 s1406.jpg。其中 s1404 是背景图像，原图是横幅的，为方便构图将其改为竖幅，可使用快照中保存裁剪好的项目。s1404 的原始素材质量较差，高度只有 500 多像素，但为了更好地容纳其他素材，我们通过图像大小【Ctrl+Alt+I】将高度设为 1100 像素。虽然是智能对象，但超越原始尺寸的放大也会导致模糊，我们将在后面通过其他方式来弥补。接着将 s1405 和 1406 以原图导入后通过蒙版将其与背景分离，适当布局后效果大致如图 14-4-1 所示。

图 14-4-1

接着我们就要通过 ACR 为合成效果添加投影，虽然在范例文件中预备了快照可直接使用，但还是希望大家按照后面所述思路自主完成。

基于上述的构图，通过下降局部曝光值来实现模特身上的投影。由于光线方向在右，因此投影应集中在模特躯干及四肢的左侧，大致如图 14-4-2 所示。注意白色箭头处为两个有重叠区域的画笔，这是为了营造出深浅不一的阴影。阴影依据光源的特点可分为本影和半影，本影位于中央，较深，半影位于边缘，较浅。同类效果我们在之前的练习中有接触过。

图 14-4-2

虽然在 ACR 中可以降低画笔流量，然后以停留时间差异来实现投影深浅变化，但操作不便，且一旦不满意就要重头再来。而拆分为两次画笔后，可以先绘制出较大、较浅的半影区，再叠加绘制上较小的本影区，这样可以通过改变参数来控制阴影区的融合，较为方便。最后使用椭圆渐变压暗人物的脚底区域形成贴地阴影。

以相同的思路为老虎添加上投影，除了躯干和四肢以外，注意额头上要为模特手部留下投影。白色箭头处的两个画笔同样是营造深浅过渡，脚底的两个椭圆是为了营造贴地阴影。头部的一个大椭圆是为了提升面部质感，此外还专门用画笔提升了眼睛的亮度，大致如图 14-4-3 所示。

图 14-4-3

图 14-4-4 所示为添加投影后的效果，可以看出整体效果更加和谐自然了。在上述操作中尤其要注意老虎脚底贴地阴影的设定，如果缺少或不到位就会形成浮空感，这也是很多合成作品经常出现的疏漏之处。

接下来对背景进行处理，如图 14-4-5 所示，首先用画笔提升几处石头和道路的纹理质感，再对背景进行压暗压冷处理，最后在地面添加上模特和老虎的阴影。

在 ACR 中完成对背景的处理后，用高斯模糊滤镜实现景深效果，如图 14-4-6 所示，创建背景区域的选区后执行【滤镜 > 模糊 > 高斯模糊】。如果觉得分界处太生硬，可使用低流量画笔在分界线上轻微涂抹予以改善。

图 14-4-4

图 14-4-5

图 14-4-6

此时效果大致如图 14-4-7 所示。接下来再对一些细节进行优化。

图 14-4-7

合成类作品要关注的细节中很大一部分在于合成的交界区域容易形成明显的边缘，最好放大图像进行检查。边缘分为两种：一种是由于明暗差异形成的亮边或暗边，造成的原因是蒙版不精确；另一种是过渡生硬，造成的原因是缺少与背景的交融过渡。

当原素材与合成后的背景之间存在较大亮度或色彩差异时，两种边缘都会更加明显。本例中我们压暗背景后，如图 14-4-8 和图 14-4-9 所示，人物和老虎都有明显的边缘。其中人物的边缘就是由于蒙版不精确所导致的原图未被完全覆盖，老虎的边缘则是因为缺少过渡。

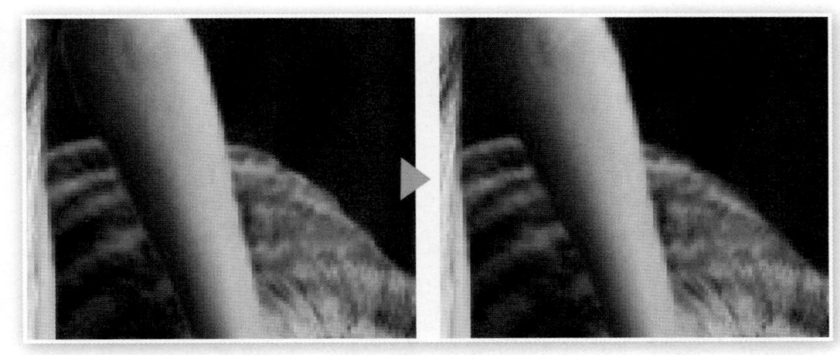

图 14-4-8

这类局部边缘问题的解决方法就是用低流量的画笔对图层蒙版进行涂抹。其中亮边和暗边可以用较小直径的画笔。边缘过渡则可以使用大一些的画笔，利用画笔边缘的过渡特性来营造与背景的融合。

图 14-4-9

如果是全局性的边缘问题，可以通过“选择并遮住”功能中的移动边缘选项，反边缘向内缩进一些来予以改善，缩进的同时可能要设置一下其他参数，如平滑和羽化等。

完成对细节的优化之后，我们来为作品添加上一个前景，这样可以令整体画面更具备层次感。首先我们打开一幅野花照片 s1407.jpg，在通道面板中按住 Ctrl 键单击红色通道，这样就将红色通道作为了选区，再建立蒙版分离出背景。完成上述操作后再将带着蒙版的图层转换为智能对象，如图 14-4-10 所示。

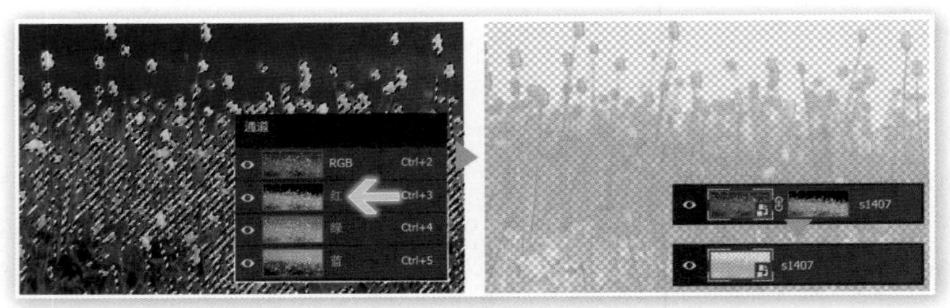

图 14-4-10

因为现在要对野花图层执行高斯模糊滤镜，所以才在上一步将其转换为了智能对象，否则蒙版会影响滤镜的效果。高斯模糊之后将野花移动到适当位置，大致如图 14-4-11 所示。

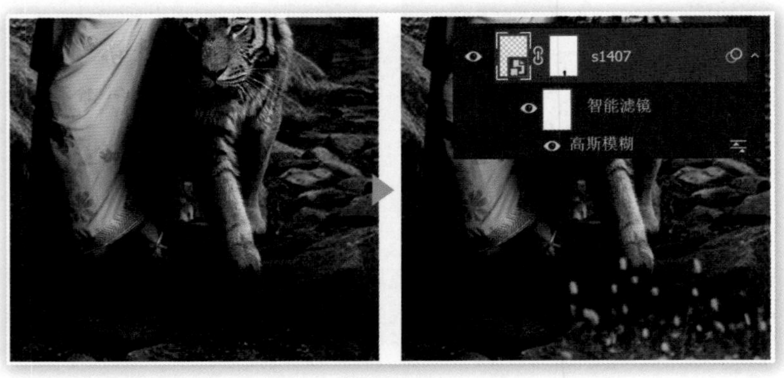

图 14-4-11

接着再利用矢量图案添加上绿草，如图 14-4-12 所示，使用矢量形状工具在自定义形状中选择类似野草的图案，填充绿色完成绘制后，在属性面板的蒙版项目中，将羽化数值提高以营造模糊效果，这次就不必通过滤镜来实现了。

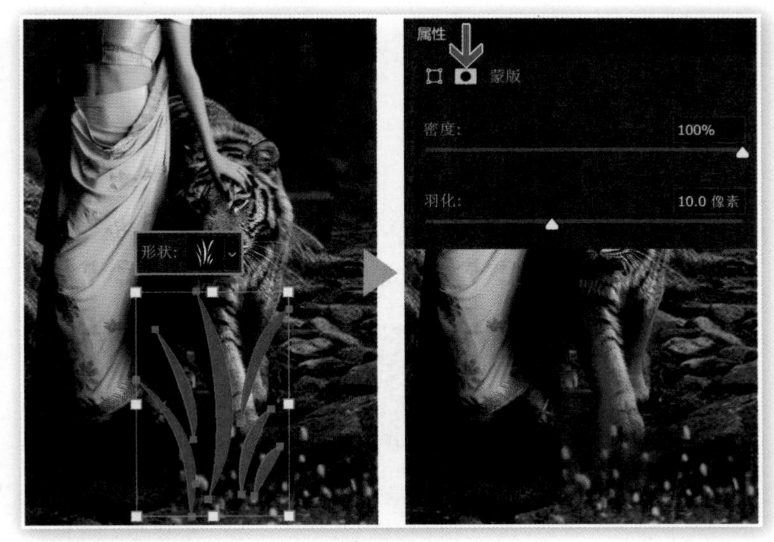

图 14-4-12

将制作好的模糊绿草图层复制几层出来，适当进行布局后将它们组成图层组，这样便于管理，大致如图 14-4-13 所示。

图 14-4-13

在本例中我们使用 ACR 来营造投影，其方法在技术实现上并不复杂，就是局部下降曝光而已。重点在于要判断好需要投影的区域以及投影应有的形状，这需要一些经验和思考。

在一些大面积阴影的制作中，不能只是做单一的深浅变化，还要注意分别营造本影和半影，这样看起来才更接近真实。

此外就是原始素材的选择，应优先选择具有相同光线角度的素材，或虽然原图不同但便于在后期调整为统一的素材。

14.5 用 ACR 协调素材

本例我们来合成一个具备大小对比场景的作品，所使用的素材为 s1408.jpg 至 s1412.jpg。首先打开 s1408，通过复制并修改红色通道后分离背景，大致如图 14-5-1 所示。

图 14-5-1

接着新建一个 1500×1000 像素的空白图像，将 s1409 作为底层，然后拖入分离背景的 s1408，适当布局后，对 s1048 开启 ACR 进行白平衡调整，统一与背景层的色彩，效果如图 14-5-2 所示。

图 14-5-2

将素材 s1410 至 s1412 分别进行背景分离后导入到图像中，适当布局，大致如图 14-5-3 所示。

图 14-5-3

现在要将北极熊融入到云层中，这时可以直接利用云彩层现有的蒙版。如图 14-5-4 所示，在标记 1 处按住 Ctrl 单击蒙版缩览图，将其载入为选区。然后单击标记 2 处的北极熊蒙版，使用黑色进行填充选区，完成融入效果的制作。

图 14-5-4

在得到大致的融合效果后，用画笔修改蒙版，根据图像特点适当增减，形成大致如图 14-5-5 的效果，这样就完成了作品的布局部分。

图 14-5-5

接下来对各素材进行ACR处理，如图14-5-6所示。增强北极熊头部的质感，提亮白色毛发部分的亮度；在小女孩身上营造出轮廓光和贴地阴影；在岩石上添加人物投影及压暗右下角。我们在素材中准备了快照供大家参考。

图 14-5-6

之后对背景云层进行 ACR 调整，在小女孩的区域使用椭圆渐变提亮图像，与小女孩身上的轮廓光形成呼应，大致如图 14-5-7 所示。

图 14-5-7

北极熊原素材中有部分高光区域缺少细节，可在 ACR 中通过污点去除工具进行改进，将其他区域的毛发复制过来，由于区域较大可能需要分为多步进行，如图 14-5-8 所示，注意污点去除工具的方式要设为“仿制”而不能是默认的“修复”。

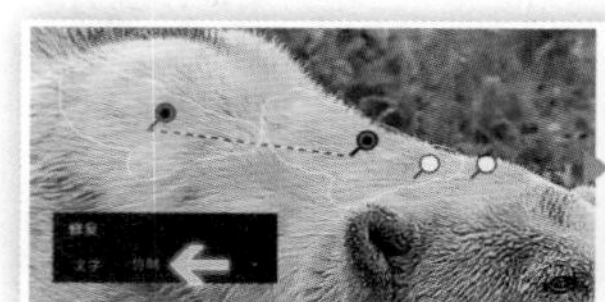
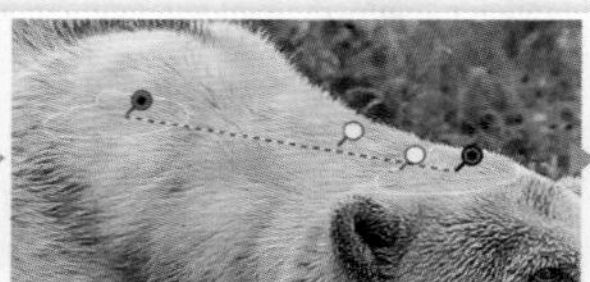

图 14-5-8

到这里已经完成作品的制作了，画面效果和图层结构大致如图 14-5-9 所示。

图 14-5-9

在完成初步作品后，可以考虑制作衍生效果，比如换一种色彩氛围。由于是要对合成后的总体效果进行调整，此时应在图层面板将所有图层选中，点击右键转换为智能对象，这样就将原先多个图层合为了一个智能对象图层。

此时双击图层缩览图将在新图像窗口展开原图层结构，不会启动 ACR 滤镜，因此要执行【滤镜 >Camera RAW 滤镜】，如图 14-5-10 所示。下降曝光更改白平衡实现冷色氛围，之后使用一个反相的大椭圆，下降椭圆以外区域的纹理和清晰度，这样令北极熊头部的细节较丰富，而头部以外地方的细节相对少一些，营造出清晰度的对比。

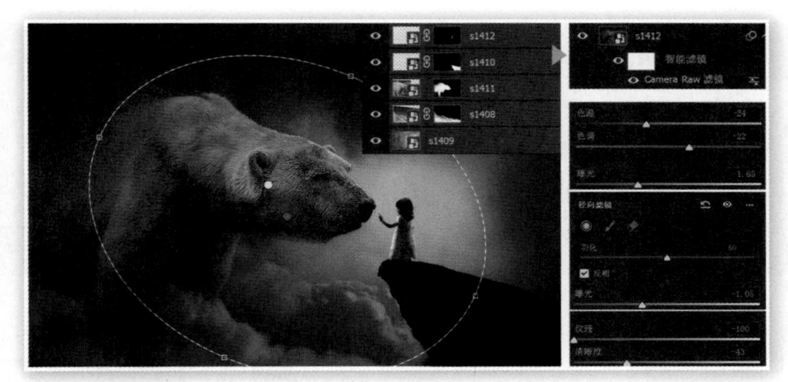

图 14-5-10

此时的冷色氛围下，可以尝试将背景更换为星空，可使用素材 s1420.jpg。在图层面板双击刚才转换产生的智能对象的缩览图，此时会在新窗口展开原先的图层结构，这个图像窗口中的操作在保存后会更新到之前的智能对象中。因此最好将两个窗口拉开一些不要互相遮挡，便于观看效果。

如图 14-5-11 所示，在原先的图层结构中插入星空图像。之后通过菜单【文件 > 存储】或快捷键〖Ctrl+S〗，新的效果就会更新到智能对象中。之后可以关闭这个窗口，或重复上述过程，一边修改一边保存后观看最终效果。

图 14-5-11

替换完星空背景后，在展开的图层结构中继续双击各原素材缩览图进行 ACR 调整，如图 14-5-12 所示，增加星空和小女孩的曝光，更改云彩的色温。之后适当修改北极熊蒙版使其符合新素材的布局。

在北极熊的原素材中有一大一小两只熊，此时我们考虑将小熊也加入到作品中，如图 14-5-13 所示，将现有的北极熊图层以“通过拷贝新建智能对象”的方式复制一份。

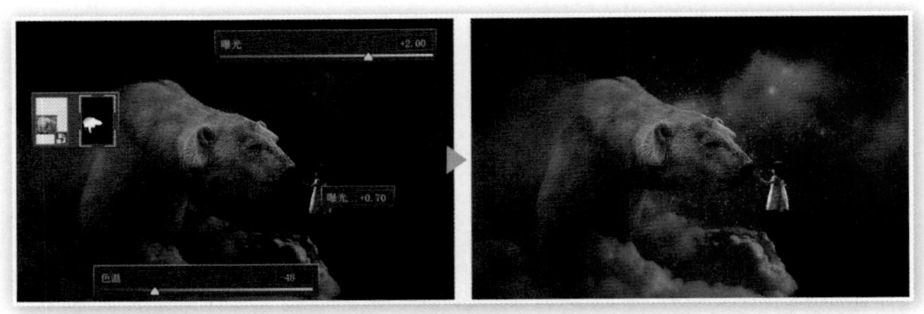

图 14-5-12

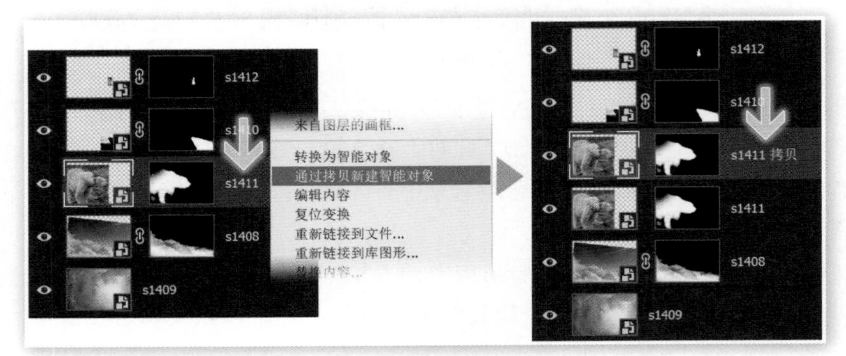

图 14-5-13

需要注意的是，如果按照传统方法直接复制智能对象图层，新图层与原图层是具备 ACR 同步关系的，对其中一个智能对象的 ACR 修改会同时影响另一个，因此必须采取上述的方法进行复制。

之后大家可以发挥自己的想象力，有机地组合小熊素材创作出衍生作品。图 14-5-14 所示是作者在撰写本例时即兴制作的几例效果，供大家参考。

图 14-5-14

本例在制作方法上与之前并无太大区别，主要不同在于对各素材的协调以及通过智能对象进行衍生制作的方法上。先是利用 ACR 将两个云彩图层的色彩进行统一，又通过修改智能对象的 ACR 参数进行衍生创作。

利用 ACR+ 智能对象可以快速将创意变现。书籍的篇幅是有限的，我们也不建议堆砌范例数量，重要的是大家要学会这套方法充分加以应用。创意永远没有尽头，图 14-5-15 所示为加入前作中的弯月素材并相应调整光影的效果对比，也是作者在撰写时即兴所作，供大家参考。

图 14-5-15

14.6　营造影调层次

这次的作品计划用洞穴和宇宙背景形成对比，对素材图像 s1413.jpg（Marius Venter 摄）通过蒙版隐藏原背景，然后使用素材 s1414.jpg（Pixabay 摄）、s1415.jpg（Aaron Ulsh 摄）及 s1320.jpg 进行布局，并适当通过图层混合模式和高斯糊滤镜来增加效果，大致如图 14-6-1 所示。

图 14-6-1

通过图层样式为地球添加上边缘发光效果模拟大气层，如图 14-6-2 所示。仅使用外发光样式会显得生硬，需同时添加内发光样式才比较完整，发光的颜色选择青蓝色。

需要注意的是，由于地球图像的蒙版会影响图层样式的效果，因此应先将其转为智能对象后再添加图层样式。

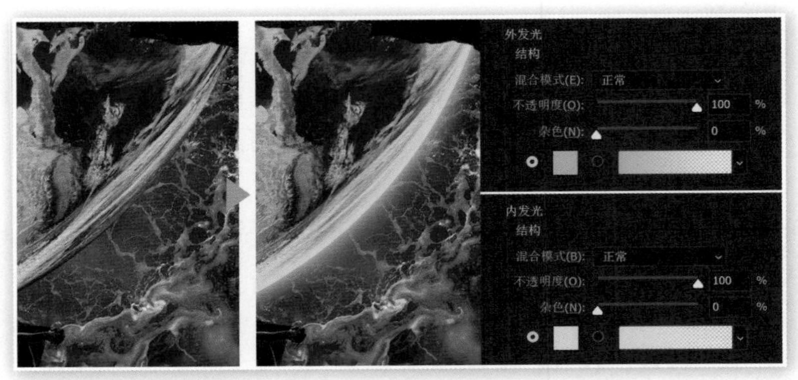

图 14-6-2

接下来对洞穴素材进行协调处理，使其符合新的宇宙背景。在 ACR 中下降整体曝光并偏向冷色，然后为人物添加投影和轮廓光，大致如图 14-6-3 所示。

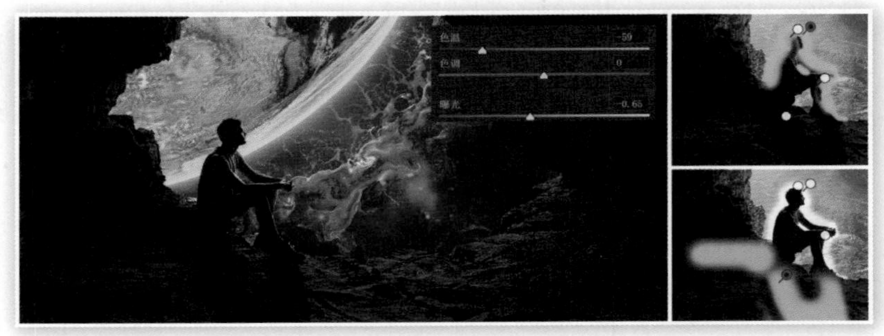

图 14-6-3

到这里可以算作已经完成初始制作了，效果也还不错，只是觉得影调过于单一缺少对比。因此又计划营造明暗和冷暖两种对比来增强画面。如图 14-6-4 所示，将篝火图像 s1416.jpg（Amine M’siouri 摄）布局到画面中。

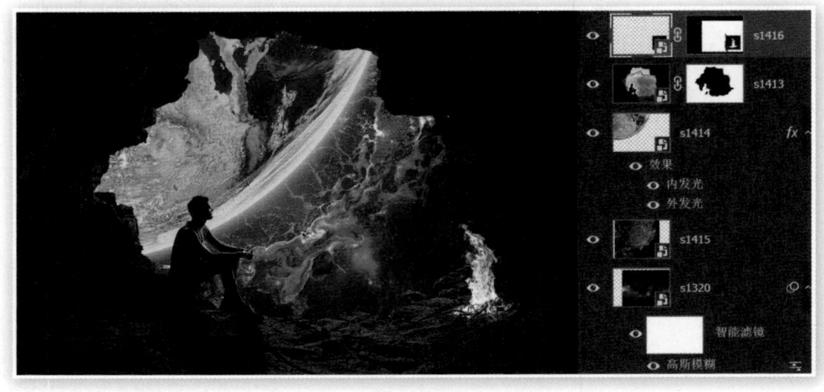

图 14-6-4

为配合篝火素材的引入，在洞穴图层的 ACR 中做出如图 14-6-5 所示的调整。大致方向就是为右边的石壁添加上暖色，为左方石壁添加上冷色，在篝火的布局位置相应加亮和偏暖色。另外注意营造洞口周围的轮廓光。范例素材中有供大家参考的快照。

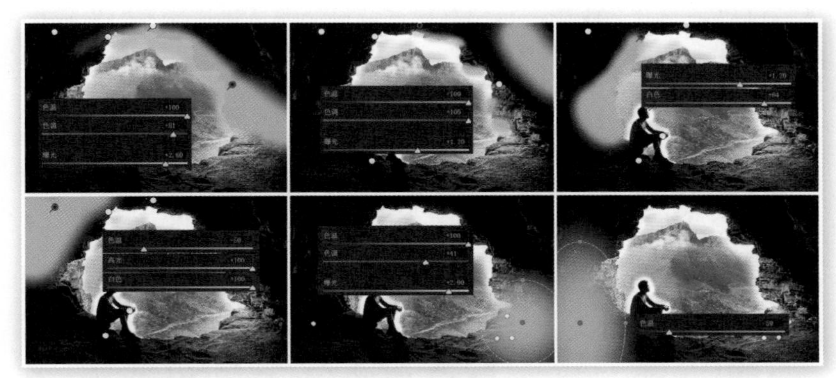

图 14-6-5

图 14-6-6 是添加了对比后的作品，与之前相比影调层次更加丰富，视觉效果也更出色了。接下来大家自行对边缘细节进行优化，相关内容不再赘述。

图 14-6-6

如果单从制作方法和具体技术实现这个层面来看，本例的复杂程度并不如之前的几例，本例的重点在于对作品内容层次的丰富上，方法就是营造对比。对比手法中常用的有明暗对比和冷暖对比两种，恰当运用这两种对比可以有效提升作品的影调层次感。在具体的参数设置上来说，一般加亮的同时应偏暖，压暗的同时应偏冷，这符合现实中的体验。

除了以上所说的两种，还可以考虑运用动静对比和清晰度对比。动静对比中的速度感可用运动模糊滤镜实现。背景部分的模糊处理就是清晰度对比的一种运用。

之前我们一直倡导大家通过更改参数形成衍生作品，那么这次我们通过更换部分素材来实现变化更大的作品。如图 14-6-7 所示，利用 s1417.jpg（Daniel Coello 摄）和 s1418.jpg（Rodnae Productions 摄）形成新框架，之后将前作的宇宙背景素材直接复制过来，完成新布局。

注意素材 s1417 原尺寸较大，有可能降低计算机性能，建议导入后先将其长边设置为 1500 像素，再继续其他步骤。

图 14-6-7

接着为人物营造轮廓光，大致如图 14-6-8 所示，首先在 ACR 中大幅下降曝光并偏向蓝色和绿色，然后使用画笔在人物边缘绘制，并设定加亮的参数。根据人物的位置在洞穴图像中通过 ACR 画笔绘制出人物投影。

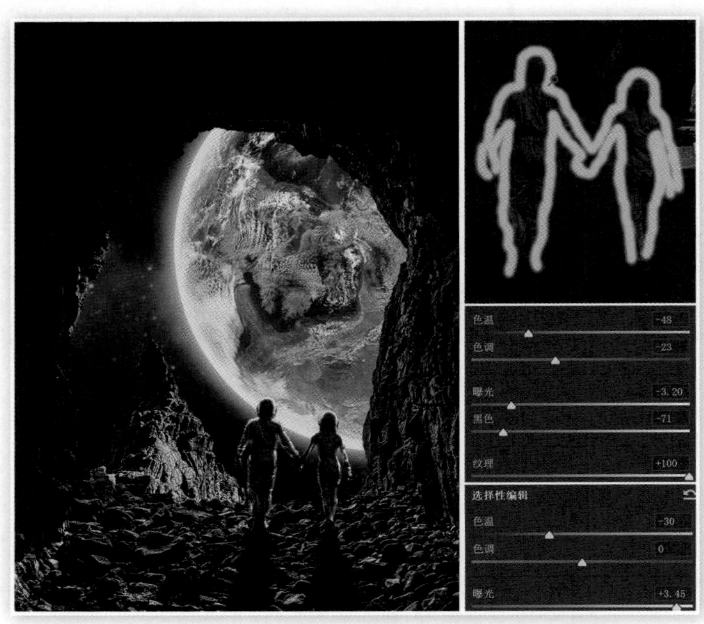

图 14-6-8

建议大家根据讲解自行完成操作，不要依赖我们所提供的快照，一是因为会浪费学习机会，二是因为快照中的画笔位置可能和大家的布局不同，不能直接使用，还要视情况修改位置。

至此已经可以算是完成衍生作品的制作了，达到了所预想的效果。但此时影调层次也还是过于单一，借鉴前作的经验，我们再次在作品中添加冷暖对比效果。直接将之前作品中的篝火图层拖动过来即可，适当布局后大致如图 14-6-9 所示。

图 14-6-9

在图 14-6-9 中大家可能已经注意到人物身上的光线也发生了改变，这是跟随篝火的加入而做的适应性光照调整，在 ACR 中的调整大致如图 14-6-10 所示，为人物靠近篝火的侧边营造出加亮和暖调效果。为节约篇幅，图中并未列出所有画笔位置，大家自行判断并完成。

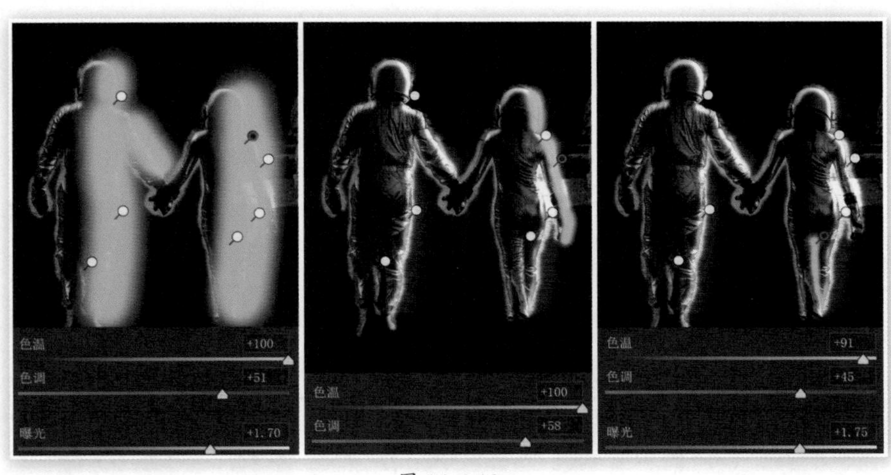

图 14-6-10

至于篝火照亮石壁的效果，虽然在 ACR 中可以实现，但需要在同一区域多次使用局部调整工具叠加才能实现。因此这次我们使用之前的老方法，即在新建图层中通过用画笔绘制橙色，并更改图层混合模式来实现光照效果，如图 14-6-11 所示。

在照片中的强光边缘常会出现眩光，因此我们可在白色箭头处添加上眩光效果，如图 14-6-12 所示。

图 14-6-11

图 14-6-12

制作眩光的方法其实比想象中简单，如图 14-6-13 所示。首先选择与光源相同的色彩，利用矢量工具画一个扁长的椭圆，转换为智能对象。更改图层混合模式为“线性减淡（添加）”后，执行高斯模糊滤镜并适当设置参数。然后将这个图层复制到其他几处类似的地方。

图 14-6-13

直接将眩光层布局在图像中，容易因为叠加形成红色箭头处那样局部过亮的情况。此时可通过建立剪贴蒙版将椭圆限制在人物区域内，使其不会对其他地方造成影响。

在完成主体制作后大家可以开始优化细节，还是和以前一样主要针对合成蒙版的边…行处理，类似图 14-6-14 所示就是一个比较容易出现边缘的位置。解决方法可通过“选择与遮住”功能中的移动边缘进行缩进并辅以平滑和羽化，以减少亮边或暗边的宽度。

图 14-6-14

以上针对蒙版的整体修改，可能会对一些原本正常的部分造成破坏，这一点需要注意。

完成细节的优化后作品即大功告成，此时还可更改星空图层的智能滤镜来形成不同的视觉效果，图 14-6-15 所示为撤销高斯模糊与执行两种不同方框模糊的效果。

图 14-6-15

还可以利用其他素材继续进行衍生创作，图 14-6-16 所示为导入飞船图像并进行针对性调整后的效果。

图 14-6-16

结束语

在遇到初学者提问时，无论问题有多么简单都请耐心回答，因为我们当初也和他们一样，在迷惘中怀着惶恐的心态却怕求知无门。帮助初学者此时已经成为大家理应承担的义务，共同进步是我们追求的目标。

本书内容至此全部完结，感谢读者一路走来的支持，祝大家一切顺利！